材料强度学

张 帆 编著

上海交通大学出版社
SHANGHAI JIAO TONG UNIVERSITY PRESS

内容提要

本书以位错及裂纹相关理论为纲,阐述工程材料变形和断裂的宏观规律及微观机理。全书共 9 章,内容包括:绪论,弹性变形,位错基础,塑性变形,强化原理,断裂力学,断裂物理,韧化原理,使役强度。本书除较深入讨论了材料强度的宏/微观基本理论外,还扼要介绍了一些因应用于材料强度研究而逐步发展起来的固体力学新分支,包括细观力学、晶体塑形理论、损伤力学等的基本概念和方法。

本书可作为材料科学与工程专业的研究生课程教材,也可作为机械、力学、航空、土建、交通等相关专业的材料力学等相关课程的教学参考书。

图书在版编目 (CIP) 数据

材料强度学 / 张帆编著. -- 上海 : 上海交通大学出版社,2025. 7. -- ISBN 978-7-313-31972-2

Ⅰ. TB301

中国国家版本馆 CIP 数据核字第 2024L3E272 号

材料强度学

CAILIAO QIANGDUXUE

编　著:张　帆

出版发行:上海交通大学出版社　　　　　　地　　址:上海市番禺路 951 号

邮政编码:200030　　　　　　　　　　　　电　　话:021 - 64071208

印　制:苏州市古得堡数码印刷有限公司　　经　　销:全国新华书店

开　本:787 mm×1092 mm　1/16　　　　　印　　张:28.5

字　数:752 千字

版　次:2025 年 7 月第 1 版　　　　　　　　印　　次:2025 年 7 月第 1 次印刷

书　号:ISBN 978 - 7 - 313 - 31972 - 2　　　电子书号:ISBN 978 - 7 - 89564 - 303 - 1

定　价:98. 00 元

前 言
FOREWORD

在机械或结构中,任何机件或构件在服役过程中总是不同程度地承受着各种形式的力,并产生相应的变形。当作用力超过一定程度后,机件或构件就会产生过大的变形甚至断裂而失效。这就要求制备机件或构件的材料本身具有一种抵抗外力而不产生过量变形和断裂的能力,这种能力就是材料的强度。

研究材料强度的相关学问已经形成了材料学科中新的分支——材料强度学,其研究范畴可以简化为研究材料变形和断裂两大力学行为,揭示材料变形和断裂机理,建立材料变形和断裂失效的准则和判据。相对于大学本科课程"材料力学性能"侧重于力学性能指标的试验方法、具体数据及在工程方面的应用,材料强度学更加注重材料力学行为的宏观规律、微观本质及宏观性能与微观结构联系的定量理论,是材料力学性能的深入和拓展,因此我国不少大学把材料强度学作为研究生课程而开设。本书即是根据作者在上海交通大学讲授十余年的研究生课程"材料强度学"所形成的讲义和课件编撰而成的。

本书内容共分 9 章:

第 1 章"绪论"概要介绍了材料强度的定义、表征方法、宏/微观理论、影响因素、统计学分析方法,以及计算模拟等基本概念,可作为学习本门课程后续章节的先导。

第 2 章至第 5 章为材料的变形与强化篇。

第 2 章"弹性变形"重点讨论了弹性的本质、弹性本构关系、弹性模量微观分析,以及各类工程材料的弹性模量,扼要介绍了橡胶弹性和黏弹性。最后简要介绍了细观力学的基本概念和方法。

第 3 章"位错基础"在引出位错的基本概念后,重点介绍了位错的弹性理论,包括位错的应力场、应变能,位错与溶质原子、位错、晶界等各种晶体缺陷的交互作用,以及位错滑移和攀移动力学,概要介绍了位错的点阵模型。

第 4 章"塑性变形"重点讨论了塑性变形的基础问题,包括塑性变形本质、塑性变形抗力、屈服、应变硬化及颈缩等塑性变形过程,以及温度和应变速率对塑性变形的影响,最后简要介绍了晶体塑性理论的基本概念和方法。

第 5 章"强化原理"结合实际金属塑性变形特征,重点讨论了四大经典强化机制:位错强化、晶界强化、固溶强化及颗粒强化。此外简要介绍了在复合材料中占据重要地位的纤维强化原理。

第 6 章至第 8 章为材料的断裂及韧化篇。

第 6 章"断裂力学"重点介绍了断裂力学的基本原理及分析方法,包括线弹性断裂力学、弹塑性断裂力学及动态断裂力学,最后简要介绍黏弹性断裂力学的基本概念。

第 7 章"断裂物理"重点讨论了断裂的微观理论,包括各种类型断裂的特征、过程及机制、韧/脆本质判据、影响断裂的外部因素,简要讨论了裂纹与位错的相互作用、裂纹尖端位错发射的分子动力学模拟等断裂物理新进展,最后简要介绍了损伤力学的基本概念及方法。

第8章"韧化原理"首先对材料韧化共性原理进行了概要性介绍,随后分别讨论了金属、陶瓷、聚合物及复合材料的断裂特征及韧化方法。

第9章"使役强度"简要介绍了3种典型工程应用条件下的材料强度,即疲劳强度、冲击强度及蠕变强度,重点讨论了它们与准静态强度特性的差异。

本书是材料科学与工程专业的研究生课程教材,作者在编写过程中始终力求保持与本专业本科课程"材料力学性能"的衔接。

首先,在内容上尽量做到取舍平衡。诸如材料力学性能的试验方法、性能指标、工程应用等本科课程的重点内容在本书中尽量简化,或仅做综合性概述。重点放在讨论变形和断裂这两种基本力学行为的宏观规律和微观机理上。要求读者具有"材料科学基础""材料力学性能"等主干专业课程的相关知识,以及"普通物理""材料力学""固体物理"等基础课程的相关知识,以作为学习本书的基础。

其次,加强讨论的深度。本书注重基本理论的来龙去脉,例如理论的背景知识或重要公式的推导过程。对于经典、成熟的重要现象、规律、理论,尽量在首次提到处以页下注的形式给出原始参考文献,供有兴趣的学生查阅,培养学生对"提出问题→分析问题→解决问题"科学研究全过程规律的认识。

再次,适当拓展讨论的广度。材料强度学是固体力学与材料科学交叉的学科,固体力学的一些基础理论是理解材料变形、断裂的宏观规律、微观机理和强度定量计算的基础。位错和裂纹是打开分析材料变形和断裂之门的两把钥匙,因此本书也重点介绍了位错(第3章)和断裂力学(第6章)的相关内容。对于已经选修过"晶体缺陷"的研究生,可以跳过第3章。此外,为了弥补材料专业学生在固体力学知识方面的欠缺,本书还在不同章节扼要介绍了近几十年来发展较为成熟的固体力学新分支,例如细观力学(第2章)、晶体塑性理论(第4章)、黏弹性断裂力学(第6章)、损伤力学(第7章)的基本概念和方法。限于篇幅的原因,这些拓展的内容以电子版(扫描二维码)的形式提供,读者可视需要选学。

最后,本书并非材料强度的前沿研究进展汇集,没有也无力将许多专门课题和最新成果列入书中一并介绍。对于欲进一步深入学习相关内容或者今后从事材料强度领域研究的学生,本书仅是一本入门指导书。

由于作者学识水平有限,书中疏漏和欠妥之处在所难免,敬请读者批评指正。

张 帆

2025 年 2 月

目　录
C O N T E N T S

1

绪　论

本章概要介绍材料强度的定义、表征方法、宏/微观理论、内/外影响因素、统计学分析方法，以及计算模拟等基本概念，作为本书后续各章节讨论的先导。

1.1　强度的定义

广义上来说，强度是指材料在外场(例如力场、温度场、电场、磁场、高能粒子辐射或其联合)作用下抵抗失效的极限能力。而失效是指材料不能完成预定功能所发生的尺寸、形状、性能的变化过程及状态。当失效主要是由力的作用引起的，可以称为力学失效。本书仅限于讨论力学失效范畴。

失效可以简单划分为过大变形和断裂2大类。

过大变形是指材料由于变形过大或产生不可恢复的永久变形而不能满足设计或使用要求的失效形式。过大变形可由多种因素造成。

(1) 弹性(含黏弹性)变形。由弹性变形导致的过大变形常称为刚度失效。不过在多数情况下，这种失效是暂时的，载荷撤去后，构件又能继续使用。

(2) 屈服及塑性变形。当材料所受应力超过屈服强度时，材料便发生不可恢复的塑性变形，使结构的精度和工作性能下降。

(3) 蠕变。材料在高温、低应力联合作用下，会随时间延长而发生缓慢的、不可恢复的变形，称为蠕变。由于蠕变与应力作用的时间相关，也可称为黏塑性。当蠕变量超过设计或使用要求时，便产生过大变形失效。

(4) 失稳。构件在承受压应力作用下突然发生较大的横向变形，导致其偏离正常工作位置或强烈振动的现象称为失稳。失稳与构件的几何形状及其约束条件有关，抵抗失稳的能力通常归结为构件的几何强度。

断裂是固体材料在力的作用下分离成两部分或若干部分的现象。当材料受力时，首先发生变形，只有当变形达到极限程度时，才会发生断裂。因此，材料的变形行为会极大地影响其断裂行为。断裂是最彻底的失效形式。一般机器零件的断裂仅造成经济损失，而大型工程结构或部件，如建筑物、机车、轮船、桥梁、储气罐、核电站的高压容器和锅炉等，它们发生断裂除造成经济损失外，还常引发重大人员伤亡事故，因此断裂失效也是最危险的失效形式。表1.1.1列出了主要的失效类型及失效表现。

综上所述，对上述失效的抗力都可以广义地认为是材料的强度。因此可以笼统地认为，强度是材料抵抗变形和断裂的能力。

表 1.1.1　主要的失效类型及失效表现

失 效 大 类	失 效 亚 类	失 效 表 现
变　形	弹性变形	变形量过大,尺寸、形状变化超标
	黏弹性变形	
	塑性变形	
	蠕变	
	屈服	产生不可恢复的永久尺寸、形状变化
	失稳	突然过大横向变形、偏离正常工作位置而失效
断　裂	脆性断裂	无明显塑性变形的断裂
	韧性断裂	有明显塑性变形的断裂
	疲劳断裂	循环载荷作用下的低应力断裂
	冲击断裂	高速加载下的断裂
	蠕变断裂	高温、低应力、长时间下的断裂
	环境断裂	应力腐蚀、氢脆、辐照等引起的局部开裂或整体断裂
	磨损	表面局部断裂、材料质量损失、尺寸变化

1.2　强度的表征

1.2.1　基本强度

任何固体材料,由于其内部原子(分子)具有键合力作用,都存在抵抗变形和断裂的基本属性。这些属性可以简单概括为刚度(抵抗过量弹性变形的能力)、强度(抵抗塑性变形和断裂的能力)、韧度(断裂前吸收外力功的能力)。这些基本属性统称为材料的强度特性,可以由标准力学性能试验测定。

在众多力学性能试验方法中,室温单向静拉伸是最重要、最基本的试验方法(以下简称拉伸)。拉伸试验的原理是,在室温、大气环境中,以缓慢的速度沿长条形标准试样施加拉伸载荷,使试样变形直至断裂,并全程记录载荷及变形数据。拉伸曲线(力-伸长曲线或应力-应变曲线)能体现材料变形和断裂的特征和规律,并表征材料抵抗过量弹性变形、塑性变形和断裂的强度指标。因此由拉伸试验测定得到的强度参数也可称为基本强度性能。图 1.2.1 为具有较好塑性的金属材料的拉伸应力(σ)-应变(ε)曲线及基本拉伸性能指标表征方法的示意图,OA 段为弹性变形阶段。当由弹性变形过渡到塑性变形时(A 点),应变对应力的响应行为发生了转变,工程上称为屈服。试样屈服后首先进入均匀塑性变形阶段

（AB 段），至 B 点处，试样在某局部产生颈缩，进入非均匀塑性变形阶段（BC 段）。C 点为试样断裂点。

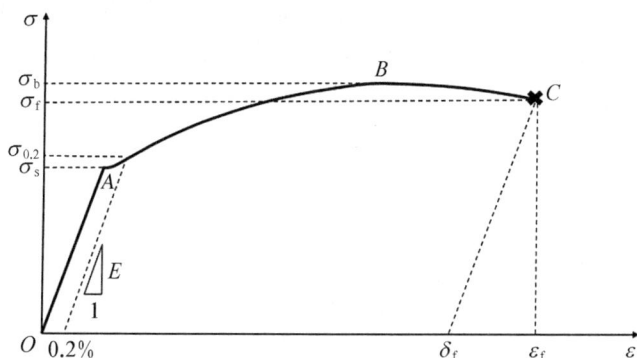

图 1.2.1 金属拉伸应力-应变曲线及基本拉伸性能指标的表征

拉伸试验可以表征相当多的力学性能指标，工程上最常用的有如下几类。

（1）弹性模量。弹性模量是增加单位弹性应变量时所需增加的应力，以 E 表示。

$$E = \frac{\Delta \sigma}{\Delta \varepsilon} \tag{1.2.1}$$

E 值越大，弹性变形越困难。因此 E 表征了材料抵抗弹性变形的能力。在工程中，常把 E 称为材料刚度，把 EA（A 为构件的截面积）称为构件刚度。刚度表征材料或构件对弹性变形的抗力，其值愈大，在相同应力条件下产生的变形愈小。在机械零件或建筑结构设计时，为了保证不产生过量的弹性变形，都要考虑所选用材料的弹性模量要达到规定要求。因此，弹性模量是材料的重要强度参数之一。

（2）屈服强度。屈服强度是拉伸曲线上屈服平台区所对应的应力，以 σ_s 表示。对于没有明显屈服平台的拉伸曲线，屈服强度定义为产生 0.2% 非比例伸长应变所对应的应力，以 $\sigma_{0.2}$ 表示。

$$\sigma_s = \frac{F_s}{A_0} \quad 或 \quad \sigma_{0.2} = \frac{F_{0.2}}{A_0} \tag{1.2.2}$$

式中，A_0 为试样工作段横截面积；F_s 为屈服平台载荷；$F_{0.2}$ 为产生 0.2% 非比例伸长应变所对应的载荷。无论何种情况，屈服强度都可以视为宏观塑性变形开始的应力，因此它是材料抵抗塑性变形的强度参数。屈服强度是工程技术上最为重要的力学性能指标之一。因为在实际生产中，绝大部分的工程构件和机器零件在其服役过程中都要求处于弹性变形状态，不允许有塑性变形产生，因此屈服强度是进行结构设计和材料选择的基本参数。

（3）抗拉强度。抗拉强度是拉伸曲线上最高点对应的应力，以 σ_b 表示。

$$\sigma_b = \frac{F_b}{A_0} \tag{1.2.3}$$

式中，F_b 为拉伸曲线最高点所对应的载荷。对于断裂前无颈缩的材料，σ_b 就是断裂强度；对于有颈缩的材料，σ_b 并非断裂强度，而是大于断裂强度 σ_f。无论有无颈缩出现，σ_b 都是材料在断裂前所能承受的最大载荷所对应的应力,可以认为是材料对断裂失效的抗力。虽然对于韧性材料,工程设计采用的主要强度参数是 σ_s 而非 σ_b,但后者也有意义。首先,σ_b 比 σ_s 更容易测定,试验时不需要测量应变;其次,σ_b 表征了材料在拉伸条件下所能承受载荷的最大应力值,当承受的应力低于 σ_b 时,材料有可能变形失效,但不会发生断裂,因此可用来初步评定材料的强度性能;再次,σ_b 也是成分、结构和组织的敏感参数,它可用来评定各种材料加工、处理工艺质量;最后,对于脆性材料,σ_b 也是结构设计的基本依据。

(4)塑性。拉伸试验还能测定材料的极限塑性。对应于断裂时刻(C 点)的应变 ε_f 为断裂应变。这个指标是瞬时应变,包含了弹性应变部分。工程上常把弹性变形部分剔除,用延伸率 δ_f 和面缩率 φ_f 来表征材料的塑性。

δ_f 是试样断裂后长度相对于初始长度的相对伸长百分数,即

$$\delta_f = \frac{L_f - L_0}{L_0} \times 100\% \tag{1.2.4}$$

式中,L_0 为试样初始长度;L_f 为试样断裂后再对接起来的长度(弹性变形已回复)。

φ_f 是试样断裂后最小断面面积相对于原始截面积的相对缩小百分数,即

$$\varphi_f = \frac{A_0 - A_f}{A_0} \times 100\% \tag{1.2.5}$$

式中,A_0 为试样初始横截面积;A_f 为试样断裂后最小断面处的截面积。

δ_f 和 φ_f 都反映了材料在断裂前发生极限塑性变形的能力,虽然不属于材料的强度参数,也不能用作任何结构设计的计算,但它们经常作为确保结构或构件免于发生脆性断裂的参考指标。

(5)静力韧度。材料断裂前吸收变形功和断裂功的能力称为韧性。韧性和脆性是相反的概念,韧性愈小,意味着材料断裂所消耗的能量愈小,材料的脆性愈大。静力韧度近似为拉伸应力-应变曲线下的面积,是一个衡量材料韧性的能量指标,以 a 表示。一般情况下,只有在强度和塑性有较好的配合时,才能获得较高的韧性。过分追求强度而忽视塑性或片面追求塑性而不兼顾强度都不能得到高韧性。对于按屈服强度设计、但在服役中不可避免地存在偶然过载的机件,如链条、拉杆、吊钩等,静力韧度是必须考虑的重要指标。

1.2.2 使役强度

材料在具体服役条件下的失效抗力会受到外界因素影响,如载荷形式、温度、环境介质等。可以把材料在特定工程应用中的失效抗力称为工程强度或使役强度。针对不同工程条件,可以定义不同的强度。例如,同一种材料在拉伸、压缩、弯曲、扭转、剪切等加载方式下的强度是不同的,故可定义出拉伸强度、压缩强度、弯曲强度、扭转强度、剪切强度。再如,同一种材料在高速加载、循环加载下的强度与慢速(准静态)加载下的强度是不同的,故可定义出冲击强度、疲劳强度。同样地,材料在高温、室温和低温下强度也是不同的,可分别定义高温强度、室温强度和低温强度。因此,单纯笼统地提强度是没有明确意义的,必须界定所指强度的含义。同样,也有标准的试验方法对各类工程强度进行测定和表征。表 1.2.1 给出了材料在不同工程条件下可能的失效形式及相应的强度参数。

表 1.2.1　常见材料工程强度的试验方法、失效形式及相应强度性能

试验方法(力场条件)		可能的失效形式	广义强度性能	
			变形失效抗力	断裂失效抗力
静力	单向压缩	屈服、断裂、失稳	压缩模量、压缩屈服强度	压缩强度
	三点(四点)弯曲	屈服、断裂	弯曲模量	弯曲强度
	扭转	屈服、断裂	剪切模量、剪切屈服强度	扭转强度
	带裂纹体拉伸或弯曲	脆性断裂		断裂韧度
	压头表面压入	表面变形、表面断裂	压入硬度	划痕硬度
动力	一次大能量冲击	冲击断裂	动态屈服强度	冲击功、冲击韧度
	多次小能量冲击	多冲疲劳		多冲抗力、多冲寿命
	交变载荷	疲劳断裂		疲劳极限、疲劳寿命等
	两表面接触相对运动	磨损		磨损率、耐磨性
力与温度	高温瞬时拉伸	屈服、断裂	弹性模量、屈服强度	抗拉强度、断裂强度
	低温冲击	冷脆断裂		冲击韧度、韧-脆转变温度
	高温+长时恒应力	蠕变变形、蠕变断裂	蠕变极限	持久强度、持久寿命
	高温+长时恒应变	应力松弛	松弛稳定性	
	温度循环	热疲劳(热震)		热疲劳寿命、热震强度
力与环境	应力+轻微腐蚀	应力腐蚀断裂		门槛应力、应力腐蚀断裂韧度
	应力+含氢介质	氢脆		门槛应力、氢脆系数
	应力+液体金属	液体金属脆断		门槛应力
	辐照	辐照脆性		韧-脆转变温度
	交变应力+腐蚀介质	腐蚀疲劳		腐蚀疲劳极限等

1.3　强度的宏/微观理论

对于不同类型的材料,其变形、断裂的宏观规律及微观机理不同。图 1.3.1 示意了材料

从变形到断裂不同阶段的宏观表现、规律、描述理论,以及相应的微观本质及理论,它们是材料强度研究的重要内容。

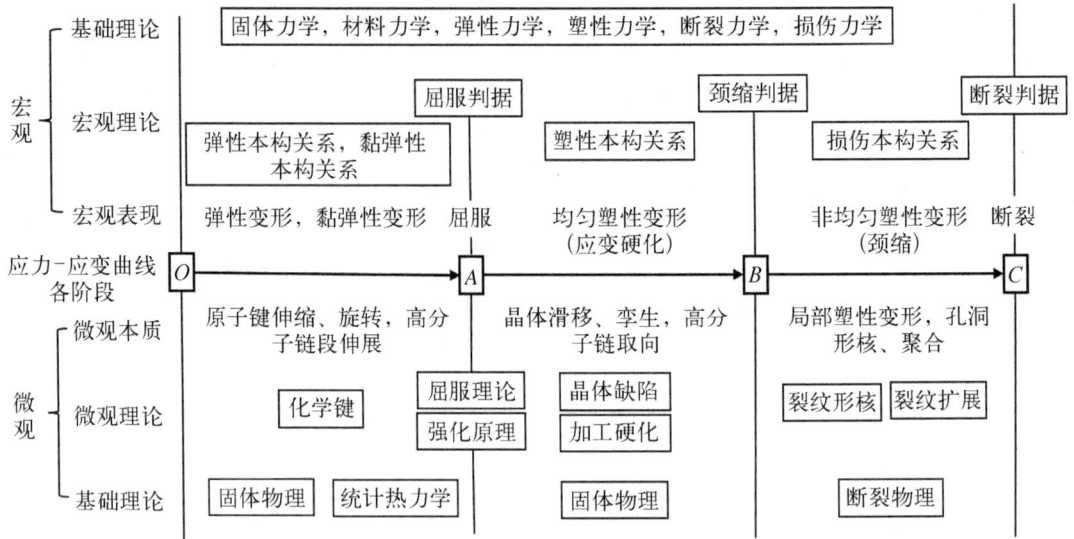

图 1.3.1　材料力学行为各阶段的宏/微观理论概括(O、A、B、C 各点意义参见图 1.2.1)

1.3.1　强度的宏观理论

所谓强度的宏观理论,就是研究材料在受力时发生变形或断裂的宏观规律,而不考虑材料内部微结构的特征及其对强度影响的理论,从方法学角度来说属于"黑箱法"。宏观理论有两个特点:第一,它是由经验(试验)或理论经归纳而获得的,有适用范围,一般由本构关系来区分;第二,宏观理论只能表象地解释客观规律,而不能解释规律的本质。

1.3.1.1　本构关系

在固体力学中,本构关系特指固体中的应力、应变、时间(或应变率)、温度等物理量之间的关系,描述本构关系的方程称为本构方程。完整的本构方程的形式为

$$\sigma_{ij} = f_{ij}(\varepsilon_{ij}, \dot{\varepsilon}_{ij}, T, 变形历史), \quad i, j = 1, 2, 3 \tag{1.3.1}$$

式中,应力 σ_{ij} 和应变 ε_{ij} 都是二阶张量;$\dot{\varepsilon}_{ij}$ 为应变率张量;T 为温度;$f_{ij}(\ )$ 为一组对应于应力 σ_{ij} 的函数。本构方程的本质是应力与应变之间的换算关系,即已知应力时求应变,或已知应变时求应力,可用于材料整体或其内部一点,是强度设计及固体变形和断裂分析的基础。

根据固体的属性或者其所处的变形状态,本构关系可分为**弹性**、**塑性**、**黏性** 3 种基本类型。在不做复杂应力、应变计算时,一般用简单应力状态(通常是拉伸)即可表征不同本构关系的特征,如图 1.3.2 所示。

1) 弹性本构关系

弹性变形的本质是化学键的伸缩及旋转,应变率 $\dot{\varepsilon}$、温度 T 及变形历史对弹性变形的影响较小,所以弹性本构方程蜕化为

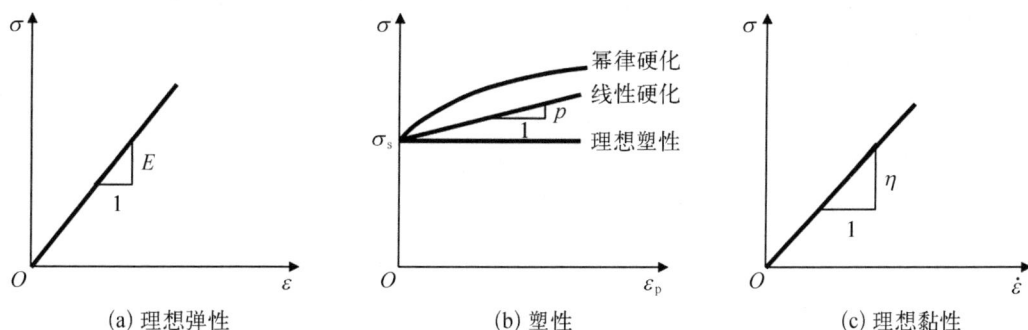

图 1.3.2　3 种基本类型本构关系示意图

$$\sigma = f(\varepsilon) \tag{1.3.2}$$

在材料科学中,仅有应力和应变两个变量的本构关系又称为应力-应变关系。在小变形条件下,弹性变形可近似为线弹性[见图 1.3.2(a)],即应力与应变成线性关系:

$$\sigma = E\varepsilon \tag{1.3.3}$$

此即著名的胡克定律。

2) 塑性本构关系

在塑性变形阶段,应力与应变之间的关系是非线性的,应变不仅与应力状态有关,而且与变形历史(加载路径)密切相关。假设讨论限于室温、准静态加载的条件,则本构方程蜕变为

$$\sigma = f(\varepsilon_p, 变形历史) \tag{1.3.4}$$

式中,ε_p 为塑性应变。塑性变形时的应力-应变关系较为复杂,为便于讨论,可建立几种理想模型[见图 1.3.2(b)]。

(1) 理想塑性:材料屈服后,在应力不增加的情况下,能持续发生塑性流动。其本构方程为

$$\sigma = \sigma_s \tag{1.3.5}$$

(2) 线性硬化:材料屈服后,应力与塑性应变呈正比关系,其本构方程为

$$\sigma = p\varepsilon_p \tag{1.3.6}$$

式中,p 为塑性线性硬化段直线的斜率,称为塑性模量。

(3) 幂律硬化:材料屈服后,应力与应变呈非线性变化,近似为幂函数变化形式,即

$$\sigma = A\varepsilon_p^n \tag{1.3.7}$$

式中,A 为大于零的常数,称为应变硬化系数;n 为应变硬化指数,其值在 0～1 之间。当 $n = 0$ 时,为理想塑性;当 $n = 1$ 时,为理想线弹性。

3) 黏性本构关系

黏性变形是指流体在很小外力作用下便会发生,并且在外力撤除后不会回复的流动变形。这种流动变形有两个明显的特点:第一,屈服值为零,即理论上任意小的外力便可引发

流动;第二,变形不仅取决于应力,同时依赖于应力作用时间。因此本构方程中应含有应变率项,即

$$\sigma = f(\varepsilon, \dot{\varepsilon}) \tag{1.3.8}$$

实际物质黏性变形时的应力-应变关系也较复杂,为分析简便计,常采用理想黏性模型[见图1.3.2(c)],即认为应力与应变率成正比:

$$\sigma = \eta \dot{\varepsilon} \tag{1.3.9}$$

此即著名的牛顿黏性流动定律。其中,η 为黏性系数(黏度),表征流体流动的难易程度,一般不随时间变化而变化。

4) 混合型本构关系

实际物质往往表现出上述3种基本类型的混合变形特征,例如弹塑性、黏弹性、黏塑性等。可把3种基本本构关系用3种基本力学元件来模拟,然后将它们以串联或并联方式组合起来,来分析混合型变形的宏观规律,这又称为唯象模型。例如金属材料总是先发生弹性变形,然后才进入塑性变形,并且在塑性变形的同时仍然保留着弹性应力和弹性应变,因此可将弹性变形和塑性变形叠加(串联)。著名的兰贝格-奥斯古德(Ramberg-Osgood)方程即为一例:

$$\frac{\varepsilon}{\varepsilon_s} = \frac{\sigma}{\sigma_s} + B\left(\frac{\sigma}{\sigma_s}\right)^m \tag{1.3.10}$$

式中,σ_s 和 ε_s 分别为屈服强度和屈服应变;B 和 m 分别为硬化系数和硬化指数,但应注意与式(1.3.7)中 A 和 n 的区别。

1.3.1.2 失效判据

失效判据建立了材料在受载条件下的力学参量与相应的材料强度参数之间的联系,用以预测工程实际条件下的失效规律。最完整的失效判据的形式为

$$\begin{cases} f(\sigma_{ij}) \geqslant C, & \text{失效} \\ f(\sigma_{ij}) < C, & \text{安全} \end{cases} \tag{1.3.11}$$

式中,σ_{ij} 为最危险截面的应力;$f(\sigma_{ij})$ 为多轴应力状态下的各应力之间关系的函数;C 为对应于力学参量的材料强度参数,通常多是实验室测定的单轴应力状态下的材料强度。例如,对于常温、准静态的载荷条件,最常用的失效判据是所谓的"经典强度理论",它包含了4个强度理论,归纳为如下统一的形式:

$$\begin{cases} \sigma_{ri} \geqslant \sigma_0, & \text{失效} \\ \sigma_{ri} < \sigma_0, & \text{安全} \end{cases} \tag{1.3.12}$$

式中,σ_0 为材料单轴失效强度,根据失效形式,可以是屈服强度或断裂强度,分别对应于屈服判据和断裂判据;σ_{ri} 为相当应力,其中 $i = 1, 2, 3, 4$,为强度理论的序号。4个强度理论的相当应力分别为

最大拉应力理论: $$\sigma_{r1} = \sigma_1 \tag{1.3.13}$$

最大拉应变理论: $$\sigma_{r2} = \sigma_1 - \nu(\sigma_2 + \sigma_3) \tag{1.3.14}$$

最大切应力理论： $$\sigma_{r3} = \sigma_1 - \sigma_3 \qquad (1.3.15)$$

畸变能理论： $$\sigma_{r4} = \sqrt{\frac{1}{2}\big[(\sigma_1-\sigma_2)^2 + (\sigma_2-\sigma_3)^2 + (\sigma_3-\sigma_1)^2\big]} \qquad (1.3.16)$$

式中，σ_1、σ_2、σ_3 为 3 个主应力；ν 为泊松比。以上 4 个理论按顺序分别称为第一、第二、第三和第四强度理论。实验表明，这 4 个理论各有其适用的场合，第一强度理论一般只适用于脆性材料断裂失效；第二强度理论适用于过量弹性变形失效和脆性断裂失效；第三和第四强度理论则既适用于屈服失效，也只适用于断裂失效。

1.3.1.3 断裂力学

断裂力学针对含裂纹材料或构件，以弹性力学、塑性力学等理论为基础，分析断裂的宏观规律。断裂力学的基本前提是材料中存在固有裂纹，在承受不大的名义应力时，裂纹尖端的应力集中就会导致裂纹扩展，并最终引起断裂。

力学上早就得出，对受拉伸的裂纹体，沿裂纹线平面上 y 方向（垂直于裂纹面）应力 σ_y 与所研究点到裂纹顶端距离 x 的关系为 $\sigma_y \propto x^{-\frac{1}{2}}$，当 $x \to 0$ 时，$\sigma_y \to \infty$，表明裂纹前沿应力场具有 $x^{-\frac{1}{2}}$ 阶奇异性。$\sigma_y \propto x^{-\frac{1}{2}}$ 也可写成：

$$x^{\frac{1}{2}} \cdot \sigma_y = K \qquad (1.3.17)$$

式中，K 为代表 $x^{-\frac{1}{2}}$ 阶奇异性大小的系数，表征了裂纹尖端附近应力场的强弱，称为应力强度因子。对如图 1.3.3 所示的特例，K 的表达式为

$$K = \sigma\sqrt{\pi a} \qquad (1.3.18)$$

式中，σ 为名义应力，a 为中心穿透裂纹半长。由式(1.3.18)可见，K 值取决于外加应力和裂纹长度，是一个复合的力学参量。该式给出了外加应力、裂纹长度以及应力强度因子 3 者之间的定量关系。

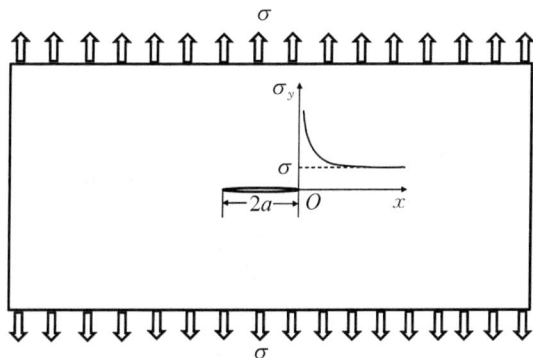

图 1.3.3 含长度为 2a 的中心穿透裂纹的无限大板受单向拉伸时裂纹尖端应力分布特征

在裂纹体受载时，K 可在如下两种情况下增加：① 在 a 保持恒定的情况下 σ 增加；② 在 σ 保持恒定的情况下 a 增加（裂纹稳态扩展）。无论何种情况，当 K 增加到某一临界值 K_C 时（此时① $\sigma = \sigma_C$ 或② $a = a_C$），裂纹发生失稳扩展，平板整体断裂，即在断裂的临界时刻有

$$\begin{cases} K_C = \sigma_C\sqrt{\pi a} \\ K_C = \sigma\sqrt{\pi a_C} \end{cases} \qquad (1.3.19)$$

式中，K_C 为材料的断裂韧度，此式是采用断裂力学原理进行强度设计的基本公式。

断裂力学的主要研究内容可归结为如下几个方面：① 裂纹尖端应力场、应变场、位移场，以及表征这些场的力学参量，如应力强度因子、裂纹尖端张开位移、J 积分等；② 上述各

场强参量在断裂时的临界值——材料的断裂韧度;③ 断裂准则;④ 裂纹扩展条件及规律;⑤ 断裂控制设计。以上几项内容中,第①项主要是数学、力学家的工作;第⑤项主要是结构设计工作者的任务;而第②～④项则是材料工作者最为关心的。当然,为了掌握材料断裂的宏观规律及物理本质,全面了解第①至第⑤项内容对材料工作者也是有益的。

断裂力学成果对材料科学最重要的启示是,引起材料断裂的真正决定因素是材料内部薄弱地区的局部应力,并非整体材料承受的平均应力,断裂抗力应该区分为裂纹萌生抗力和裂纹扩展抗力。而通常我们测得的断裂强度实际是裂纹扩展至临界尺寸发生失稳断裂时的抗力,它既不代表裂纹萌生抗力,也不代表裂纹扩展抗力。

断裂力学最重要的贡献是,提出了应力强度因子这一新的力学参量,以及与之对应的材料强度参数——断裂韧度,得到了工作应力、裂纹几何、断裂韧度 3 者之间的定量关系,建立了断裂判据和断裂设计的理论基础。应力强度因子和断裂韧度这两个参量在断裂力学中的地位和作用,堪比连续介质力学中的应力和屈服强度。

1.3.1.4 损伤力学

损伤力学是研究材料或构件在各种加载条件下,其内部损伤随变形演化发展并最终导致破坏的力学规律。从断裂过程的角度来看,损伤力学研究的是从原始材料或构件存在的微观缺陷发展到出现宏观裂纹的一段过程,而断裂力学研究的是由宏观裂纹直到断裂的下一段破坏过程,所以损伤力学与断裂力学一起组成破坏力学的主要框架,如图 1.3.4 所示。

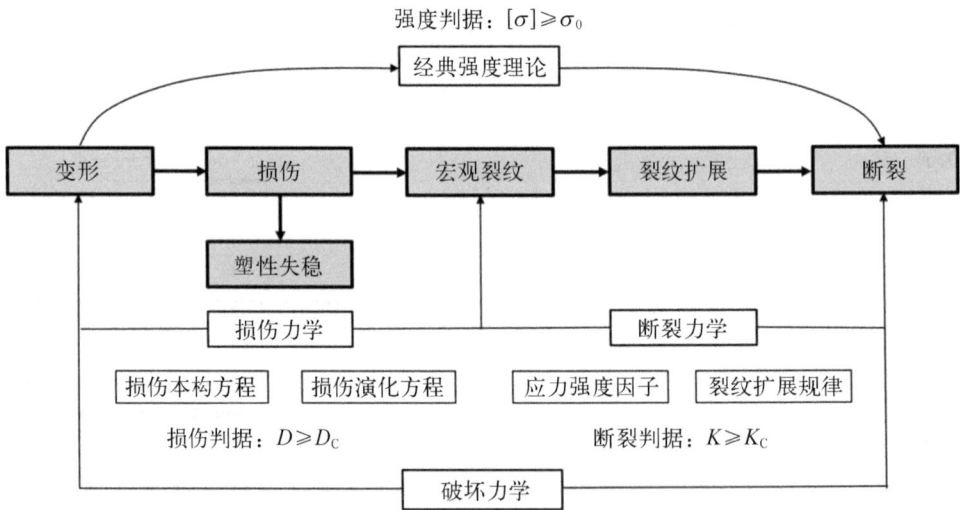

图 1.3.4 不同力学理论的研究路线

损伤力学研究的对象是含有各类微观缺陷(微裂纹、微孔洞、界面、剪切带等)的变形固体。这些微观缺陷可视为连续地分布于固体或材料内部,在各种外部因素(载荷、变温、腐蚀等)的作用下会不断地继续萌生、扩展和合并,使材料和结构的宏观性能(刚度、强度、导电性等)劣化,导致塑性失稳或形成最终引起断裂的宏观裂纹。这类连续分布的微观缺陷可用一个场变量——损伤变量 D 来描述。损伤力学方法就是选取合适的损伤变量 D,利用连续介质力学的唯象方法或细观力学、统计力学的方法,导出含损伤固体的本构方程:

$$\sigma = f(D, \varepsilon) \tag{1.3.20}$$

以及损伤演化方程(损伤率):

$$\dot{D} = g(D, \sigma) \tag{1.3.21}$$

形成损伤力学的初值、边值问题,并求解物体的应力场、变形场和损伤场。此外,在根据经验确定失效时的临界损伤参数 D_C 后,建立起材料或结构失效的损伤判据:

$$D \geqslant D_C \tag{1.3.22}$$

损伤力学可应用于破坏分析、力学性能预测、寿命估计、材料韧化等方面。

1.3.2 强度的微观理论

从微观结构的角度诠释强度的本质,包括弹性变形、塑性变形和断裂的抗力,构成强度的微观理论。强度微观理论研究材料变形和断裂的微观过程及机制,能揭示材料强度的本质及影响因素,对于传统材料挖潜和探索开发新材料是不可或缺的基础理论。

1.3.2.1 化学键理论

固体是由原子依靠化学键结合在一起的物质。化学键使固体具有强度和相应的电学、热学性能。例如,强的化学键将导致高熔点、高弹性模量和低热膨胀系数。

从微观本质上来说,弹性变形是化学键产生可逆伸缩或旋转;塑性变形是滑移面上下化学键成列被断开再"黏合"的循环过程;断裂则是断裂面上下化学键被整体断开。因此,变形和断裂的难易本质上取决于化学键的强弱,它与化学键的类型有关。固体中的化学键主要有5种:离子键、共价键、金属键、分子键(范德瓦耳斯键)及氢键,这些化学键的强度是不同的,因而影响到固体抵抗变形和断裂的能力,可以用原子间结合力的相关理论来分析,这属于固体物理学范畴。

1.3.2.2 晶体缺陷理论

晶体缺陷是指晶体内部结构完整性受到破坏的部分,在缺陷位置及附近,原子偏离其原平衡位置,产生局部点阵弹性畸变,对扩散、变形、损伤、裂纹形核等物理过程产生重要影响。晶体缺陷按其几何图像延展程度可分为点缺陷、线缺陷及面缺陷3大类,如图1.3.5所示。

点缺陷是在三维方向上尺度都极小的缺陷,例如空位、间隙原子、异类原子(杂质原子、溶质原子)占据点阵结点或间隙位置等;线缺陷是在一维方向上尺度很大,而另两个方向上尺度很小的缺陷,又称为位错;面缺陷是在二维方向上尺度都很大的缺陷,例如晶界、孪晶界、相界、堆垛层错、反相畴界等。

晶体缺陷理论是关于晶体缺陷萌生、发展、运动及其交互作用等过程基本规律的理论,是材料强度微观理论的重要支柱。晶体材料的许多重要性能是结构敏感的,即受到晶体缺陷的制约。例如,点缺陷的基础研究澄清了扩散与辐照损伤的机制;线缺陷对材料的性能尤其是力学性能有很大影响,特别是位错理论,更是晶体缺陷理论中的重中之重。晶体塑性变形的微观本质主要是沿特定晶面和晶向的滑移,并且滑移并不是滑移面上下两排原子面刚性错动,而是借助于位错的运动逐步实现的。屈服、塑性变形都是位错运动的结果,位错与点缺陷、面缺陷的交互作用及位错本身之间的交互作用是晶体材料强化的重要机制。位错几何学、运动学、动力学及位错弹性力学构成了位错理论的主要框架,它是诠释晶体材料塑性变形微观机制及各种强化原理的钥匙。

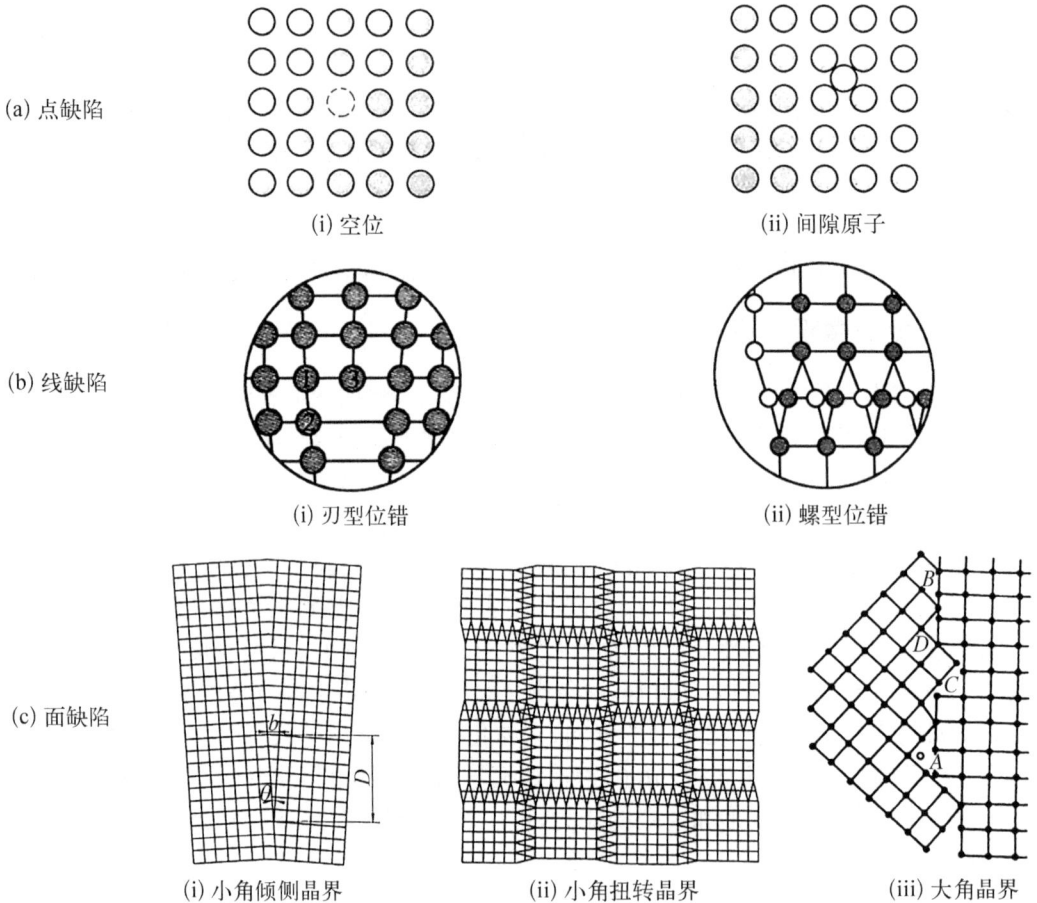

(a) 点缺陷

(i) 空位　　　　　　　　　　　(ii) 间隙原子

(b) 线缺陷

(i) 刃型位错　　　　　　　　　(ii) 螺型位错

(c) 面缺陷

(i) 小角倾侧晶界　　　(ii) 小角扭转晶界　　　(iii) 大角晶界

图 1.3.5　纯金属晶体缺陷类型示意图

1.3.2.3　断裂物理

断裂物理是以固体物理为基础,研究材料中裂纹形核及裂纹扩展的理论。

裂纹形核是指在力的作用下在材料内部某些薄弱区域产生不连续的微小裂纹,作为随后发展为能引起断裂的主裂纹的核心。裂纹形核是与塑性变形相伴进行的,大量实验表明,韧性材料在应变硬化发展到一定程度后,会由于局部地区(如晶界、夹杂物颗粒处)滑移受阻产生较高的局部应力集中,引发局部断裂形成微裂纹或微孔洞。因此位错理论在裂纹形核理论中也占有重要地位。对于陶瓷、玻璃等脆性材料,很少产生塑性变形,则可能由于结构内部不同区域或相的弹性失配而引发裂纹,可由弹性理论或热弹性理论进行分析。

裂纹扩展是指已形核裂纹或固有裂纹在力的作用下长大的过程。根据材料的韧脆性、构件的大小及受载条件,裂纹扩展又可分为亚临界扩展和临界扩展两个阶段。

(1) 亚临界扩展是指裂纹核心扩展到断裂临界裂纹尺寸的阶段。由于这一阶段裂纹扩展的速度较缓慢,故又称稳态扩展。亚临界扩展可能出现在 2 类场合。第一类主要发生在塑性较好的材料中,微裂纹(或微孔洞)在萌生后,有一个逐渐长大、汇合的过程,同时伴随着大量的塑性变形。在损伤力学中,将微裂纹(或微孔洞)体积比作为损伤变量,引入本构方程,可得到损伤本构方程,来表征损伤发展对应力-应变关系的影响。第二类主要是指在低应力且由于其他因素致使裂纹缓慢扩展的情况下,例如循环疲劳、应力腐蚀、高温蠕变等常见工程问题中都存在裂纹稳态扩展阶段,由于应力未超过屈服强度,故可以用线弹性断裂力学来分析裂纹扩展速率,并对剩余寿命进行预测。

(2)临界扩展是指裂纹尺寸发展到断裂临界尺寸(依据断裂力学确定)后发生的快速扩展,由于裂纹扩展速度极快,故又称失稳扩展。可以说,失稳扩展就是工程含义上断裂的同义词。

一般来说,如果材料脆性较大,或构件尺寸较大,或加载速率较高,稳态扩展阶段就较短,甚至没有,材料会直接发生失稳扩展。此外,组织的不均匀性会带来材料或结构内部区域强度的不均匀性,已失稳扩展的裂纹可能会发生分岔,甚至停止扩展(止裂)。

1.4 强度的影响因素

材料无论是在测试时还是在服役时,其强度都受 3 方面因素的影响:材料本身的结构因素、载荷因素和环境因素,如图 1.4.1 所示。结构因素包括材料各层次的结构,体现了材料内部组织结构对强度的影响,故又称内部因素;载荷因素包括加载方式和加载速率;环境因素包括温度和环境介质。载荷因素和环境因素统称为外部因素。它们对强度的影响体现了一条著名的哲学规律:内因是根本,外因是条件,外因通过内因起作用。

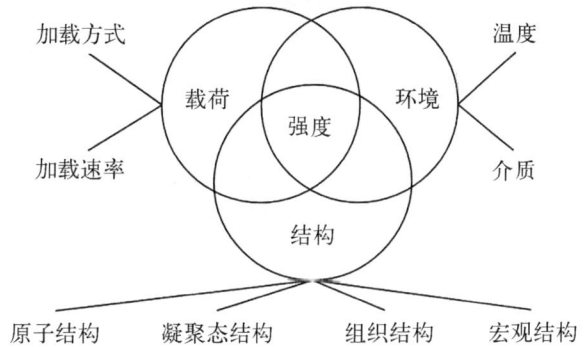

图 1.4.1 强度影响因素示意

1.4.1 结构因素

材料的结构大致可分为 4 个层次,如图 1.4.2 所示。第一层次是原子结构,包括电子结构和化学键性质;第二层次是凝聚态结构,包括晶体或非晶体结构、晶体点缺陷(空位、杂质或溶质原子)和线缺陷(位错)等;第三层次是组织结构,包括界面(晶界、相界)、多相材料中各相的形态、大小、分布,以及组织缺陷(疏松、气孔、偏析、缩孔、微裂纹等);第四层次是宏观结构,包括材料最终作为产品使用时或作为标准强度测试试样时的几何形状、大小及缺口,宏观裂纹等的形状、大小、位置等。所有的强度指标,都可以按上述结构因素一一进行分析。掌握这部分内容,有助于通过工艺改变结构,从而达到控制强度的目的。这是材料科学工作者需要掌握的重要知识。

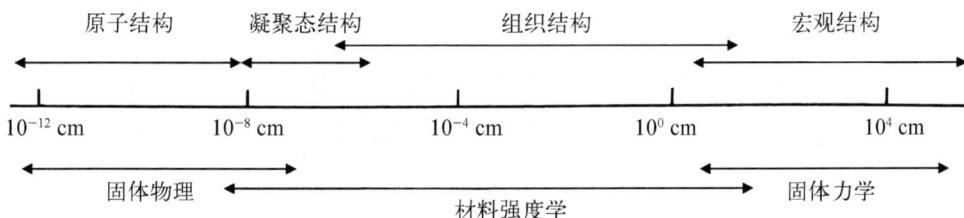

图 1.4.2 材料强度学研究的结构尺度范围

1.4.1.1 原子结构

金属、陶瓷、高分子聚合物 3 大类工程材料宏观性能的差异主要是由化学键（原子结构）的差异决定的。图 1.4.3 示意了几大类工程材料的化学键性质。金属材料以典型的金属键结合，内部有大量能自由运动的电子，在变形时不会破坏整体的键合，因此塑性好。陶瓷材料通常以离子键、共价键或这两种键的混合形式结合，不存在自由电子，键的结合力大且有方向性，故弹性模量高。而高分子聚合物虽然分子链内是共价键，但大分子链之间主要是靠范德瓦耳斯键或氢键结合，所以弹性模量低，塑性则视大分子链之间有无交联而定。

（金属键）　（离子键+共价键）　（共价键+范德瓦耳斯键）
金属　　　　陶瓷　　　　　　高分子聚合物

复合材料

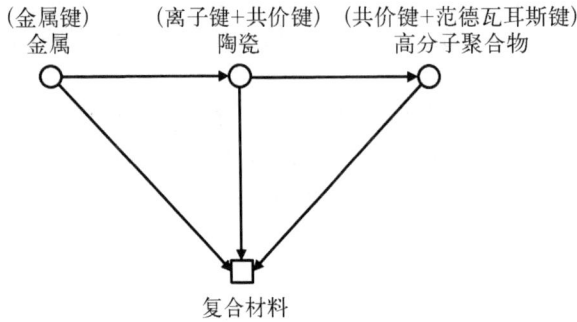

图 1.4.3　各类材料的化学键性质及相互关系

1.4.1.2 凝聚态结构

由于金属、陶瓷及高分子聚合物的化学键不同，它们的凝聚态结构也有很大差异。图 1.4.4 为一些典型工程材料的凝聚态结构示意图。

金属的原子尽最大可能致密填充其空间，一般排列成具有周期性的结构，称为晶体结构。最典型的金属晶体结构有 3 种：面心立方（fcc）[见图 1.4.4(a)]、体心立方（bcc）和密排六方（hcp）结构。其中 fcc 和 hcp 晶体属密排结构，致密度为 0.74，bcc 晶体为非密排结构，致密度为 0.68。

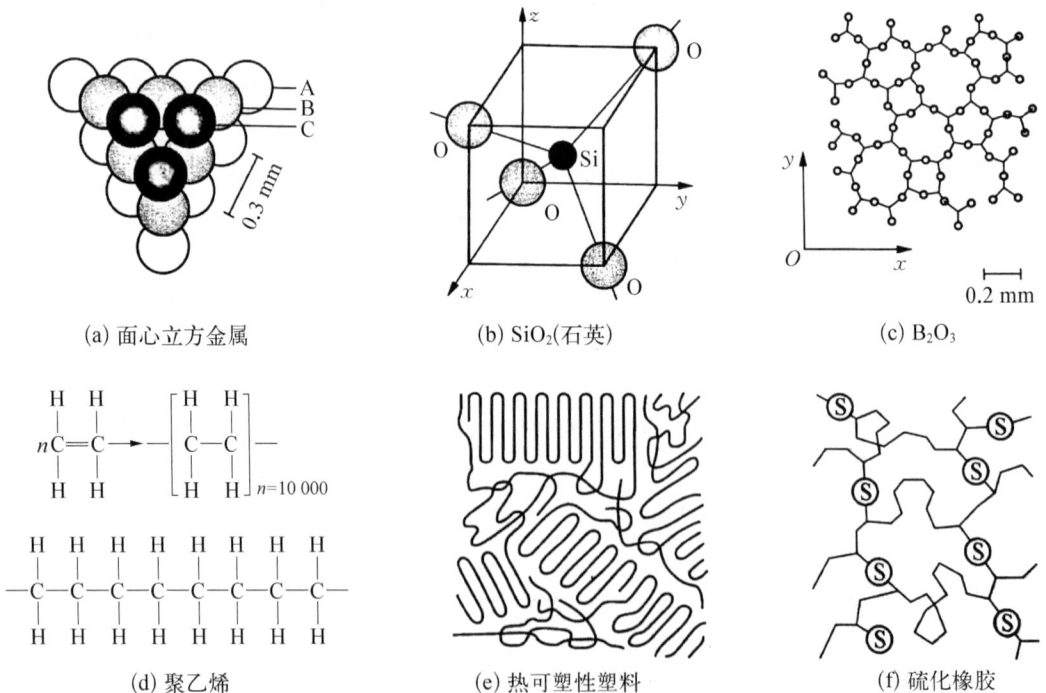

(a) 面心立方金属　　　　(b) SiO₂(石英)　　　　(c) B₂O₃

(d) 聚乙烯　　　　(e) 热可塑性塑料　　　　(f) 硫化橡胶

图 1.4.4　典型材料的凝聚态结构示意

陶瓷材料多为共价键与离子键共存的,其中氧化物陶瓷由金属与氧结合而成。例如二氧化硅(SiO_2)陶瓷中,如图 1.4.4(b)所示,Si 原子位于四面体的中心,各个顶角处则由 O 原子占据,这种排列形式在三维空间重复堆砌,构成了石英结构,它也是一种晶体结构。陶瓷材料中的原子未能像金属原子那样致密地填充,因此还可以在空间排列成层状结构或网状结构,硅酸盐陶瓷大多数属于此类结构。陶瓷在熔融状态为非晶态结构,急冷后转变成非晶态固体,如图 1.4.4(c)所示。

以塑料为代表的高分子材料,归根结底是由 C 原子与 H、Cl、F、O、N 等原子组成的巨大分子链聚合而成,其原子的填充密度非常有限。高分子的分子结构可以分为两种基本类型:第一种是线型结构,如图 1.4.4(d)所示的聚乙烯,这样的线型链在范德瓦耳斯力的作用下很容易形成具有非晶结构或者非晶与部分结晶的共存结构,如图 1.4.4(e)所示;第二种是体型结构,其特点是高分子链之间有少部分交联,构成网状结构,如图 1.4.4(f)所示的硫化橡胶就属于此类。

不同的凝聚态结构在受力时的变形方式不同,例如晶体结构塑性变形有滑移、孪生、扭折等方式;非晶体以原子扩散或低密度"活动区"流动方式来实现塑性变形;高分子聚合物的塑性变形则有银纹化、分子链伸展及分子链间滑移等方式。不同的变形方式具有不同的变形抗力,非完整凝聚态结构中还包括缺陷,例如位错、空位等晶体缺陷,它们的活动性及交互作用程度更是决定了塑性变形的抗力。

1.4.1.3　组织结构

从组织结构层次来看,多晶体晶界、多相材料的相界,以及各相的大小、形状、数量等均严重影响塑性变形的程度及均匀性,特别是微裂纹、气孔等组织缺陷会带来极大程度的应力分布不均匀,造成缺陷附近高的应力集中,极易导致应力集中部位的损伤、裂纹萌生及扩展,并使整体材料在较低的名义应力下发生断裂。因此组织结构特别是类裂纹缺陷是材料断裂强度和韧性的主要控制因素。例如,陶瓷的化学键很强,理论上强度应该很高,但由于生产工艺的限制,工程陶瓷材料内部存在很多气孔和微裂纹,使得其强度远低于预期值。

1.4.1.4　宏观结构

材料(构件)的大小、厚薄会影响应力状态。例如薄板为两向应力状态(平面应力),最大切应力分量较大,易塑性变形;而厚板为三向应力状态(平面应变),最大切应力分量较小,不易塑性变形。故前者易发生韧性断裂,而后者易发生脆性断裂。

此外,若试样或产品存在缺口,会在缺口根部产生应力集中和复杂(多向)应力,这同样影响变形和断裂行为。对本身无塑性的材料,例如陶瓷、玻璃等,缺口会严重降低强度。对塑性较好的材料,由于缺口的多向应力约束了塑性变形,会提高屈服强度,但会降低韧性。

综上所述,不同层次的结构对强度的影响程度不同,有些是主要控制因素,有些是次要控制因素。一般来说,原子结构控制了材料抵抗弹性变形的能力(刚度),凝聚态结构控制了材料抵抗塑性变形的能力(强度),而组织结构则控制了材料抵抗断裂的能力(韧度)。

鉴于结构对强度的重要性,材料工作者对几乎所有的强度性能都进行了结构影响因素的研究,力图找出结构与强度之间明确、具体的关系,以指导生产实践。但是由于问题的复杂性,只有少量"结构-强度"关系得到了理论解析表达式,可进行定量或半定量的估算,如"晶格间距-弹性模量""位错密度-流变应力""裂纹长度-断裂强度"等;还有部分"结构-强度"关系是通过大量实验数据拟合的经验关系,如"晶粒直径-屈服强度""溶质浓度-屈服强度"等,这样的经验关系也可用于半定量分析,但要注意其适用对象、条件和范围;大多数的"结构-强度"定量关系并未获得,只能做定性分析。因此,"结构-强度"关系的研究将是材料工作者长期、艰苦的任务。

1.4.2 载荷因素

1.4.2.1 加载方式

应力状态对变形和断裂有重要影响。从宏观角度看,正应力引起体积变化;切应力引起形状变化。从微观角度看,正应力引起晶格伸缩;切应力引起晶格扭曲,至一定程度后发生滑移或孪生,产生塑性变形。所以应力状态对发生韧性断裂还是脆性断裂有重要影响。

加载方式不同,例如压缩、弯曲、扭转等,最大正应力和最大切应力所在面的方位不同,并且两者的比值不同,因此发生塑性变形的倾向不同,这就影响了断裂机制和强度。

1.4.2.2 加载速率

与准静态加载不同,当载荷以极高速度施加到材料上时,称为冲击加载。在冲击加载时,应变以极快的速度发生,即应变率 $(\dot{\varepsilon} = d\varepsilon/dt)$ 很高,需要考虑惯性效应和绝热效应。

惯性效应是指高速加载时材料内部建立不了静力平衡,应力是通过波的形式传播的。惯性效应是否显著取决于材料本身的性质及变形机制。

绝热效应是指高速加载变形是一个绝热过程,变形所做的功一部分转换成热量,并且由于来不及向环境散失而使试样温度升高 ΔT,产生热软化效应。这种绝热温升对材料强度有重要影响。自然,绝热效应的影响也与材料本身的性质有关。

1.4.3 环境因素

1.4.3.1 温度

温度对材料的变形和断裂行为有极大影响。相比于常温,在高温下材料力学性能变化的总体趋势是,强度下降,塑性增加,变形和断裂与载荷作用时间有关,蠕变现象明显。产生这些变化的原因与材料微观结构和组织的变化有关:① 由于晶格热振动加剧,使晶格间距加大,晶体滑移变得更容易;② 某些常温下的强化相溶解于基体;③ 回复或再结晶使基体软化;④ 晶粒长大;⑤ 原子活动能力增强,扩散加剧;⑥ 高温氧化环境加速裂纹萌生、扩展;等等。

1.4.3.2 介质

材料总是在不同的环境介质中应用的,例如电化学腐蚀介质、含氢介质、液体金属、高能粒子辐射等。这些环境介质与材料的表面交互作用,对材料的整体变形行为不会有太大影响,但是会加速表面裂纹形核过程,并且环境介质元素通过扩散进入材料内部,也会加速内部损伤、裂纹形核及扩展过程,造成材料脆性断裂,称为环境脆性。

1.5 强度的统计分析

材料强度取决于材料自身的成分和结构,又依赖于所承受的载荷、环境等外部因素。绝大部分材料在制造加工过程中会或多或少地产生缺陷,包括组织、成分不均匀等。即使对同一型号、同批生产的材料,其强度也会有一定分散度。将材料制成构件后,使用环境、温度、承受载荷有随机性,这样便自然而然地产生了很多疑问:用小试样测定的强度是否能代表材料的强度? 依据实验室数据进行的强度设计,可靠性到底有多大? 进行寿命预测,其准确度如何? 要回答这些问题,就必须对材料强度进行统计分析,这是因为在实际强度设计中,不可能通过大量试验来确定可靠性。掌握材料强度的概率特征,进行统计分析,对于设计安全可靠的结构是至关重要的。

从数理统计的观点来看,材料强度、构件承受的载荷都属于随机变量。为表征随机变量,不仅需要指出它们可能的取值,同时还必须指出它们取这些数值的概率。分布函数 $F(x)$ 描述随机变量取值的统计学规律,定义为随机变量 ζ 小于某一实数 x 的概率,即

$$F(x) = P(\zeta \leqslant x) = \int_{-\infty}^{x} f(x)\mathrm{d}x \tag{1.5.1}$$

式中,$f(x)$ 为随机变量 x 的分布密度函数。相比较而言,脆性材料(如玻璃、陶瓷、纤维等)的强度分散性远远大于韧性材料(如金属),如图 1.5.1 所示。因此在测定脆性材料的强度时,常常每个试样的强度差别很大。图 1.5.2 给出了 125 根石墨纤维的强度分布,显然纤维的强度不是一个集中值,而是分布在一个范围内,因此像金属材料那样用少数试样(3~5 个)数据的算术平均值来表征纤维的强度就不够精确,必须对纤维的强度分布特征进行统计学分析。

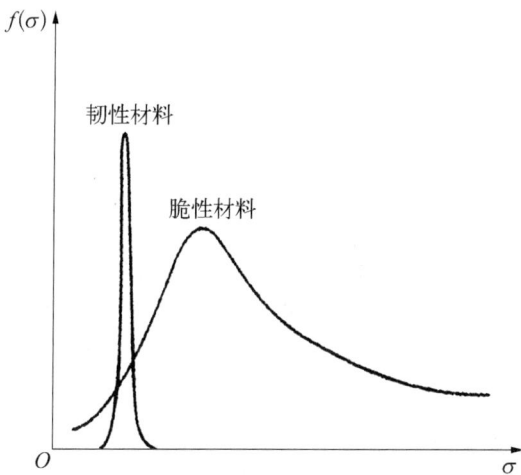

图 1.5.1 韧性材料和脆性材料强度分布特征

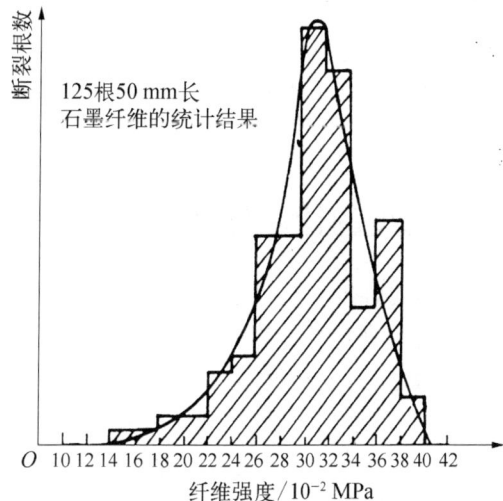

图 1.5.2 石墨纤维强度的分布特征

(乔生儒. 复合材料细观力学性能[M]. 西安:西北工业大学出版社,1997.)

若通过大量试验或经验拟合,得到强度分布密度函数 $f(x)$ 的具体形式,则根据概率论的知识可求得平均强度 $\bar{\sigma}$(数学期望)和强度分散性 S(方差)分别为

$$\bar{\sigma} = \int_{-\infty}^{\infty} \sigma f(\sigma)\mathrm{d}\sigma \tag{1.5.2}$$

$$S = \int_{-\infty}^{\infty} (\sigma - \bar{\sigma}) f(\sigma)\mathrm{d}\sigma \tag{1.5.3}$$

在工程强度和断裂分析中最常用的 3 种分布为：威布尔（Weibull）分布、正态分布及对数正态分布，表 1.5.1 给出了它们的分布特征（包括数学期望、方差）及可能的应用场合。

表 1.5.1　工程上常用的强度分布

	威 布 尔 分 布	正 态 分 布	对 数 正 态 分 布
分布密度函数	$f(\sigma) = \left(\dfrac{\sigma - \sigma_u}{\sigma_0}\right)^m$ 式中，σ_0 为尺度参数；σ_u 为位置参数；m 为形状参数	$f(\sigma) = \dfrac{1}{\sqrt{2\pi}\lambda} \exp\left[-\dfrac{1}{2}\left(\dfrac{\sigma - \sigma_0}{\lambda}\right)^2\right]$ 式中，σ_0 为位置参数；λ 为标准偏差	$f(\sigma) = \dfrac{1}{\sqrt{2\pi}\lambda} \exp\left[-\dfrac{1}{2}\left(\dfrac{\ln\sigma - \sigma_0}{\lambda}\right)^2\right]$
数学期望	$\bar{\sigma} = \sigma_0 \Gamma\left(1 + \dfrac{1}{m}\right)$ 式中，$\Gamma(\ )$ 为误差函数	σ_0	$\bar{\sigma} = \exp\left(\sigma_0 + \dfrac{\lambda^2}{2}\right)$
方差	$S = \sigma_0^2\left[\Gamma\left(1 + \dfrac{2}{m}\right) - \Gamma^2\left(1 + \dfrac{1}{m}\right)\right]$	λ	$S = \exp(2\sigma_0 + 2\lambda^2) - \exp(2\sigma_0 + \lambda^2)$
应用	脆性材料（如陶瓷、玻璃、纤维等）的断裂强度	腐蚀、磨损、老化而引起的失效	机械产品、结构、材料的疲劳寿命等

1.6　强度的计算与模拟

随着对强度本质理解的逐步加深，以及计算机和数值计算方法的迅猛发展，基于真实微观组织变化来定量计算材料的强度成为可能，材料强度的计算和模拟已成为计算材料学的重要内容之一，已在很多领域取得进展，例如位错芯结构、晶界结构、晶体各向异性和断裂强度、裂纹尖端结构、裂纹扩展元过程、位错发射等。

近年来，提出了跨尺度强度计算思想，借助量子力学、连续介质力学、断裂力学、损伤力学、细观力学等力学理论，以及分子动力学、蒙特卡罗方法、有限元等计算数学方法，逐步发展了在宏观、细观、纳观等尺度范围的强度计算及模拟方法，并力求实现各尺度的接合与镶嵌。例如，从微观本质的角度分析断裂时，必然要涉及裂纹尖端区的组织结构问题，要考虑裂纹与多尺度结构的交互作用，如图 1.6.1 所示。与裂纹发生交互作用的结构因素包括原子、位错、亚晶界、第二相颗粒、晶界，甚至结构不连续的微孔洞、微裂纹等缺陷。裂纹与这些结构单元的交互作用范围跨越了原子、纳米、微米、毫米的尺度量级，在不同尺度下采用不同的理论进行分析。例如，在原子至纳米尺度范围内采用量子力学、分子动力学；在纳米至微米尺度范围内采用位错理论、细观塑性力学等；在微米至毫米尺度范围内研究裂纹与孔洞、微裂纹、晶界等交互作用时常采用细观损伤力学。从断裂力学角度来看，上述尺度范围分属纳观断裂力学和细观断裂力学，同属微观断裂力学范畴。

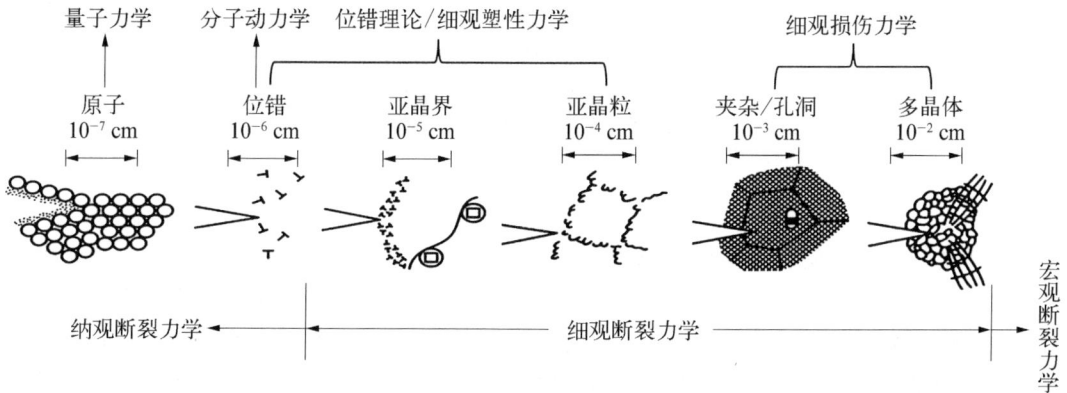

图 1.6.1 缺陷与多尺度结构交互作用示意

图 1.6.2 概略地表示了基于微结构计算模拟材料强度的基本流程。实验输入数据取自材料定量微观结构特征相和综合力学性能的测量。这个流程的核心部分是,当把实验数据输入理论模型后,计算结果必须能够与实验测得的强度相比较,其准确性必须经得起检验,或者在不断的模拟过程中不断提高,直到得到一个满意的结果。

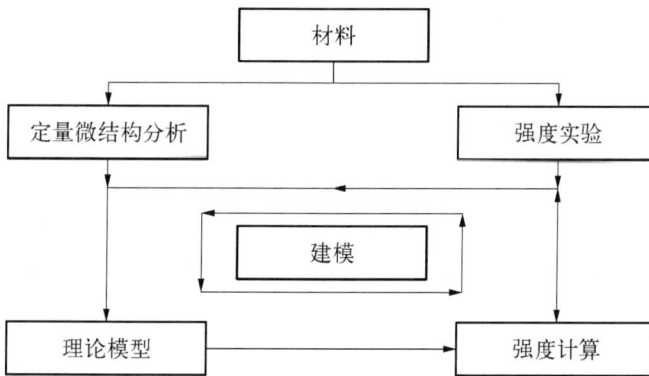

图 1.6.2 基于微观结构计算模拟材料强度的基本流程

在很多情况下,基于微观结构的模型不仅能定量地描述材料的力学行为,而且可以模拟整个构件在复杂应力状态和类似服役条件下的材料行为。从基础理论到工程应用中,这种基于微观组织的模拟方法已经成为一种必不可少的工具。

2
弹 性 变 形

　　物体受外力作用时会产生变形,如果将外力去除后物体能够完全恢复它原来的形状和尺寸,这种变形称为弹性变形。除外力能产生弹性变形外,材料内部畸变也能在小范围内产生弹性变形,如空位、间隙原子、位错、晶界、夹杂物、第二相等晶体和组织缺陷周围,由于原子排列不规则而存在弹性畸变。绝大多数材料受力时最初都会发生弹性变形,材料抵抗弹性变形的能力称为刚度,它是材料的基本强度参数之一。此外,材料弹性变形的能力对随后的塑性变形和断裂都有极大影响。

2.1　弹性变形本质

　　弹性变形的本质特征是变形可回复。从热力学角度来说,弹性变形是一个平衡可逆过程。根据热力学的第一和第二定律,对于恒温可逆过程,一个系统的状态参量变化有如下关系:

$$\mathrm{d}U = \mathrm{d}Q + \mathrm{d}W = T\mathrm{d}S + \mathrm{d}W \tag{2.1.1}$$

式中,$\mathrm{d}U$ 为系统内能的变化;$\mathrm{d}Q$ 为系统吸收的热量;$\mathrm{d}W$ 为环境对系统做的功;T 为绝对温度;$\mathrm{d}S$ 为系统熵的变化。现设在大气环境(气压为 p)及恒定温度(T)条件下,对长度为 l 的试样施加拉力 f,使试样伸长 $\mathrm{d}l$。在这一过程中,试样体积变化为 $\mathrm{d}V$,吸收热量为 $\mathrm{d}Q$,环境对试样做功为 $\mathrm{d}W$,则

$$\mathrm{d}W = f\mathrm{d}l + (-p\mathrm{d}V) \tag{2.1.2}$$

式中,$f\mathrm{d}l$ 为外力拉伸试样做的功,$-p\mathrm{d}V$ 为试样体积变化对环境(大气)做的功。将此式代入式(2.1.1)可得

$$\mathrm{d}U = T\mathrm{d}S + f\mathrm{d}l - p\mathrm{d}V \tag{2.1.3}$$

固体在弹性变形时的体积变化很小,可近似认为 $\mathrm{d}V = 0$,故有

$$\mathrm{d}U = T\mathrm{d}S + f\mathrm{d}l \tag{2.1.4}$$

在恒温恒容过程中,固体弹性变形时的张力可写为

$$f = \left(\frac{\partial U}{\partial l}\right)_{T,V} - T\left(\frac{\partial S}{\partial l}\right)_{T,V} \tag{2.1.5}$$

　　式(2.1.5)的物理意义是,弹性体变形时的张力 f(数值上等同于弹性回复力)是由内能变化和熵变化两部分引起的。弹性回复究竟是以内能减小为主来驱动,还是由熵增大为主来驱

动,取决于材料微结构特征,并且也决定了材料的弹性宏观特征。图 2.1.1 显示了金属及橡胶拉伸时在微结构、内能和熵的变化、应力-应变关系 3 方面的差异。

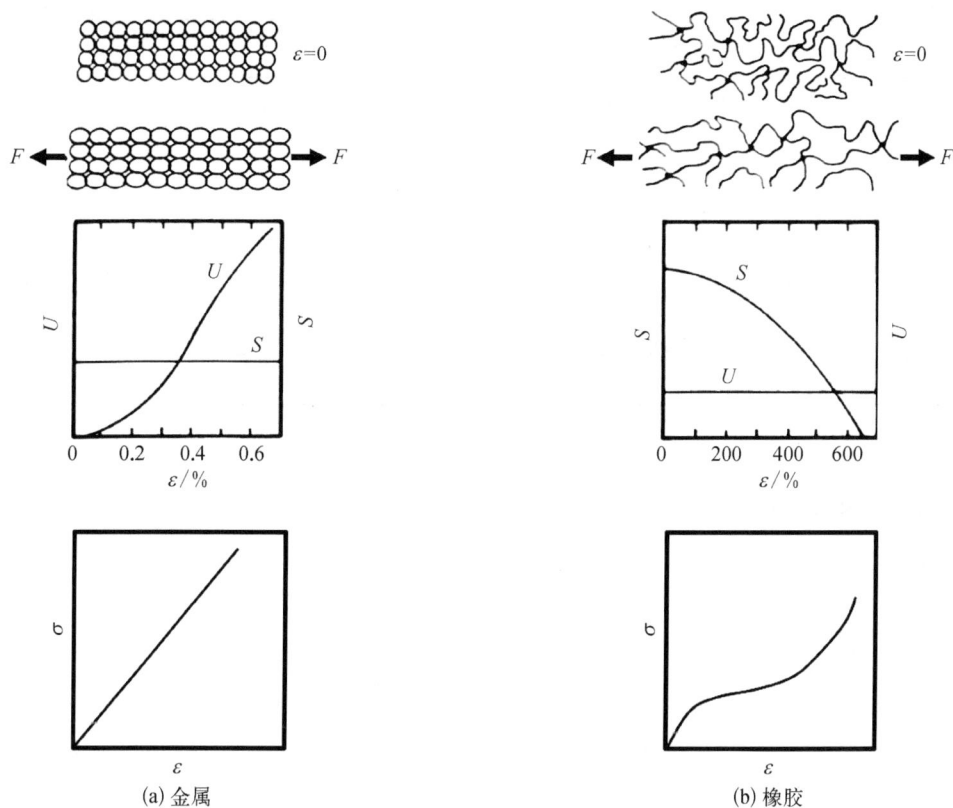

图 2.1.1　能弹性与熵弹性差异示意

对于晶体材料,如金属、陶瓷、结晶态聚合物等[见图 2.1.1(a)],拉伸时晶格沿应力方向伸长,原子间的吸引力加大,表现为晶体内能增加。与此同时,晶格中每一个原子与其近邻原子仍然维持一一对应关系,即微观有序度基本不变,表现为晶体的熵值基本不变化。外力去除后,内能自发减小的驱动力将使变形回复。这种由内能变化为主导的弹性变形称为能弹性。

对于天然橡胶或处于高弹态的线性非晶态聚合物[见图 2.1.1(b)],拉伸时虽然分子内的共价键也有伸长,但其贡献的变形很少。变形主要是卷曲状态的分子链沿着拉力方向伸展而实现的,伸展分子链的构象数目较少,因而拉伸变形时熵减小。当外力去除后,自发过程熵增大的驱动力将使分子链回复到卷曲状态,消除变形。这种由熵的变化为主导的弹性变形称为熵弹性。

由微结构差异导致的不同弹性本质一定会体现在宏观行为的差异上,表 2.1.1 概括地总结了能弹性和熵弹性在宏观行为方面的基本特征。大多数工程材料(金属、陶瓷、玻璃化温度以下的聚合物等)的弹性都属于能弹性,故一般把能弹性简称为弹性,在本书以下讨论中若无特指,提到的弹性都是指能弹性。

表 2.1.1　能弹性和熵弹性宏观力学行为比较

特　征	能弹性(金属)	熵弹性(橡胶)
应力-应变关系	线性(正比)关系,符合胡克定律	非线性
弹性极限应变	较小,一般在 0.1%~1% 之间	很大,最高可达 1 000%
弹性模量	较大,可达 10^5 MPa 数量级,最高可达 10^6 MPa 数量级(金刚石)	较小,一般在 $10\sim10^3$ MPa 数量级
时间相关性	弹性变形与应力作用的时间无关,弹性变形是瞬时达到的	时间相关
路径相关性	应力与应变之间保持单值关系,与加载路径无关	路径相关

2.2　弹性本构关系

本节仅讨论不计热效应的准静态弹性变形过程。

2.2.1　应变能密度与本构关系

设一体积为 V 的弹性体,在应力 σ_{ij} 作用下,位移有一增量 δu_i,与之对应的应变增量为

$$\delta\varepsilon_{ij} = \frac{1}{2}(\delta u_{i,j} + \delta u_{j,i}) \tag{2.2.1}$$

外力做功为

$$W = \int_V \sigma_{ij}\,\delta\varepsilon_{ij}\,\mathrm{d}V \tag{2.2.2}$$

式中,$\sigma_{ij}\delta\varepsilon_{ij}$ 为单位体积中内力做的功。因弹性变形是一个没有能量耗散的可逆过程,外力所做的功全部转化为储存在弹性体内的应变能,令单位体积应变能(即应变能密度)以 w 表示,因此有

$$\delta w = \sigma_{ij}\,\delta\varepsilon_{ij} \tag{2.2.3}$$

因弹性变形与加载路径无关,w 是状态变量 ε_{ij} 的单值函数,故 δw 必定是全微分,即

$$\mathrm{d}w = \sigma_{ij}\,\mathrm{d}\varepsilon_{ij} \tag{2.2.4}$$

由此可得

$$\sigma_{ij} = \frac{\partial w}{\partial\varepsilon_{ij}} \tag{2.2.5}$$

此即格林(Green)公式。只要已知应变能密度 $w(\varepsilon)$ 的具体函数形式,就可用格林公式求出应力和应变之间的关系,即弹性本构关系。

以上讨论的物理量及公式是用张量表示的,关于张量的概念及其基本运算可参见附录 A1。

2.2.2 广义胡克定律

假设弹性体满足连续性、均匀性、无初应力及小变形 4 个条件。在 $\varepsilon_{ij} = 0$ 附近,将应变能密度按麦克劳林(Maclaurin)级数展开,并根据小变形假设略去含应变三次方及更高次方的项,得到

$$w = w_0 + B_{ij}\varepsilon_{ij} + C_{ijkl}\varepsilon_{ij}\varepsilon_{kl} \tag{2.2.6}$$

式中,w_0 为未受力变形时的应变能密度;$B_{ij} = \left.\dfrac{\partial w}{\partial \varepsilon_{ij}}\right|_{\varepsilon_{ij}=0}$;$C_{ijkl}$ 为刚度常数,有

$$C_{ijkl} = \left.\frac{\partial^2 w}{\partial \varepsilon_{ij} \partial \varepsilon_{kl}}\right|_{\varepsilon_{ij}=\varepsilon_{kl}=0} \tag{2.2.7}$$

由连续性和无初应力假设,有 $w_0 = 0$ 及 $B_{ij} = 0$,则式(2.2.6)变为

$$w = C_{ijkl}\varepsilon_{ij}\varepsilon_{kl} \tag{2.2.8}$$

将式(2.2.8)带入式(2.2.5)得到

$$\begin{cases} \sigma_{ij} = C_{ijkl}\varepsilon_{kl}, \quad i, j, k, l = 1, 2, 3 \\ \boldsymbol{\sigma} = \boldsymbol{C} : \boldsymbol{\varepsilon} \end{cases} \tag{2.2.9a}$$

式(2.2.9a)表明,需要一个四阶张量 C_{ijkl}(共 $3^4 = 81$ 个常数)来描述一个线弹性体的总体应力-应变关系。C_{ijkl} 为刚度常数张量,有时也称为弹性常数张量或弹性模量张量。在平衡状态下,$\sigma_{ij} = \sigma_{ji}$,$\varepsilon_{ij} = \varepsilon_{ji}$,表明应力和应变都是对称二阶张量,只用 6 个独立的分量就可以表征一点的应力或应变状态,因此刚度常数的取值受到限制:$C_{ijkl} = C_{jikl} = C_{ijlk} = C_{jilk}$,独立的刚度常数由 81 个缩减为 36 个。采用表 2.2.1 给出的"双下标"与"单下标"记号(缩并记号)转换约定,则式(2.2.9a)可写为如下缩并矩阵形式:

$$\begin{bmatrix} \sigma_{11} \\ \sigma_{22} \\ \sigma_{33} \\ \sigma_{23} \\ \sigma_{31} \\ \sigma_{12} \end{bmatrix} = \begin{bmatrix} C_{11} & C_{12} & C_{13} & C_{14} & C_{15} & C_{16} \\ C_{21} & C_{22} & C_{23} & C_{24} & C_{25} & C_{26} \\ C_{31} & C_{32} & C_{33} & C_{34} & C_{35} & C_{36} \\ C_{41} & C_{42} & C_{43} & C_{44} & C_{45} & C_{46} \\ C_{51} & C_{52} & C_{53} & C_{54} & C_{55} & C_{56} \\ C_{61} & C_{62} & C_{63} & C_{64} & C_{65} & C_{66} \end{bmatrix} \begin{bmatrix} \varepsilon_{11} \\ \varepsilon_{22} \\ \varepsilon_{32} \\ 2\varepsilon_{23} \\ 2\varepsilon_{31} \\ 2\varepsilon_{12} \end{bmatrix} \tag{2.2.9b}$$

表 2.2.1　"双下标"与"单下标"记号(缩并记号)转换约定

ij 或 kl	11	22	33	23(32)	31(13)	12(21)
缩并记号	1	2	3	4	5	6

应力张量和应变张量的下标 1、2、3 分别对应坐标系的 3 个基矢量方向,采用笛卡儿直

角坐标系时,则分别对应 x、y、z 轴。因此,在采用笛卡儿坐标系分析时,式(2.2.9b)可写为

$$
\begin{bmatrix} \sigma_{xx} \\ \sigma_{yy} \\ \sigma_{zz} \\ \sigma_{yz} \\ \sigma_{zx} \\ \sigma_{xy} \end{bmatrix} = \begin{bmatrix} C_{11} & C_{12} & C_{13} & C_{14} & C_{15} & C_{16} \\ C_{21} & C_{22} & C_{23} & C_{24} & C_{25} & C_{26} \\ C_{31} & C_{32} & C_{33} & C_{34} & C_{35} & C_{36} \\ C_{41} & C_{42} & C_{43} & C_{44} & C_{45} & C_{46} \\ C_{51} & C_{52} & C_{53} & C_{54} & C_{55} & C_{56} \\ C_{61} & C_{62} & C_{63} & C_{64} & C_{65} & C_{66} \end{bmatrix} \begin{bmatrix} \varepsilon_{xx} \\ \varepsilon_{yy} \\ \varepsilon_{zz} \\ 2\varepsilon_{yz} \\ 2\varepsilon_{zx} \\ 2\varepsilon_{xy} \end{bmatrix} \tag{2.2.9c}
$$

在工程应用中,经常用正应力 σ 和切应力 τ 来分析应力状态,用正应变 ε 和切应变 γ 来分析应变状态,采用表 2.2.2 给出的应力、应变张量符号与应力、应变工程符号转换约定,并注意 $\varepsilon_{yz}=\frac{1}{2}\gamma_{yz}$、$\varepsilon_{zx}=\frac{1}{2}\gamma_{zx}$ 及 $\varepsilon_{xy}=\frac{1}{2}\gamma_{xy}$,则式(2.2.9c)可写为

$$
\begin{bmatrix} \sigma_{xx} \\ \sigma_{yy} \\ \sigma_{zz} \\ \tau_{yz} \\ \tau_{zx} \\ \tau_{xy} \end{bmatrix} = \begin{bmatrix} C_{11} & C_{12} & C_{13} & C_{14} & C_{15} & C_{16} \\ C_{21} & C_{22} & C_{23} & C_{24} & C_{25} & C_{26} \\ C_{31} & C_{32} & C_{33} & C_{34} & C_{35} & C_{36} \\ C_{41} & C_{42} & C_{43} & C_{44} & C_{45} & C_{46} \\ C_{51} & C_{52} & C_{53} & C_{54} & C_{55} & C_{56} \\ C_{61} & C_{62} & C_{63} & C_{64} & C_{65} & C_{66} \end{bmatrix} \begin{bmatrix} \varepsilon_{xx} \\ \varepsilon_{yy} \\ \varepsilon_{zz} \\ \gamma_{yz} \\ \gamma_{zx} \\ \gamma_{xy} \end{bmatrix} \tag{2.2.9d}
$$

表 2.2.2　应力、应变张量符号与应力、应变工程符号转换约定

张量符号	σ_{xx}	σ_{yy}	σ_{zz}	σ_{yz}	σ_{zx}	σ_{xy}	ε_{xx}	ε_{yy}	ε_{zz}	ε_{yz}	ε_{zx}	ε_{xy}
工程符号	σ_{xx}	σ_{yy}	σ_{zz}	τ_{yz}	τ_{zx}	τ_{xy}	ε_{xx}	ε_{yy}	ε_{zz}	γ_{yz}	γ_{zx}	γ_{xy}

因应变能密度是应变的单值连续函数,其对应变分量的二阶偏导数与微分顺序无关,很容易证明 $C_{ij}=C_{ji}$,这说明刚度常数矩阵是以对角线为镜面对称的,因此只有 21 个独立的刚度常数。

式(2.2.9a)～式(2.2.9d)是将胡克定律推广到复杂应力状态时的各种表示形式,称为广义胡克定律。广义胡克定律只有在小变形条件下才成立,其物理意义是,每一个应力分量都等于 6 个独立应变分量的线性组合,比例系数即为刚度常数。刚度常数的矩阵形式可以划分为如图 2.2.1 所示的 4 个象限,左上角象限中所有刚度常数的下标均由 1、2、3 组成,所以这一套常数描述了正应力与正应变之间的关系。在右下角象限中,仅出现由 4、5、6 组成的下标,只涉及切应力与切应变之间的关系。由于对称性,右上角象限与左下角象限是相同的,给出了正应力与切应变之间的关系。这表明,有可能通过对一些物

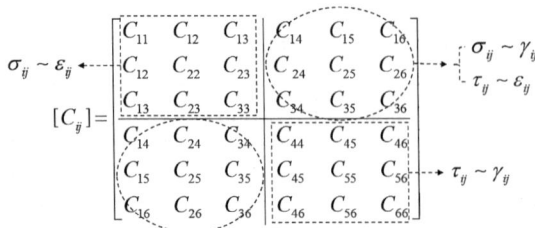

图 2.2.1　各刚度常数描述的应力-应变关系

体施加正应力而获得切应变,或者施加切应力而获得正应变,这种现象称为交叉效应。

广义胡克定律也常常写为以应力为自变量的形式:

$$\begin{cases} \varepsilon_{ij}=S_{ijkl}\sigma_{kl}\,, & i\,,\,j\,,\,k\,,\,l=1\,,2\,,3 \\ \boldsymbol{\varepsilon}=\boldsymbol{S}:\boldsymbol{\sigma} \end{cases} \tag{2.2.10a}$$

式中,S_{ijkl} 为柔度常数。当需要由一组外加应力来确定应变时,采用这一形式是方便的。同样,式(2.2.10a)也可写为缩并矩阵形式:

$$\begin{bmatrix} \varepsilon_{xx} \\ \varepsilon_{yy} \\ \varepsilon_{zz} \\ \gamma_{yz} \\ \gamma_{zx} \\ \gamma_{xy} \end{bmatrix} = \begin{bmatrix} S_{11} & S_{12} & S_{13} & S_{14} & S_{15} & S_{16} \\ S_{12} & S_{22} & S_{23} & S_{24} & S_{25} & S_{26} \\ S_{13} & S_{23} & S_{33} & S_{34} & S_{35} & S_{36} \\ S_{14} & S_{24} & S_{34} & S_{44} & S_{45} & S_{46} \\ S_{15} & S_{25} & S_{35} & S_{45} & S_{55} & S_{56} \\ S_{16} & S_{26} & S_{36} & S_{46} & S_{56} & S_{66} \end{bmatrix} \begin{bmatrix} \sigma_{xx} \\ \sigma_{yy} \\ \sigma_{zz} \\ \tau_{yz} \\ \tau_{zx} \\ \tau_{xy} \end{bmatrix} \tag{2.2.10b}$$

刚度常数 C_{ij} 和柔度常数 S_{ij} 都可称为弹性常数,两者满足关系:$C_{ij}S_{jk}=\delta_{ik}$。

2.2.3 弹性各向异性

在弹性体内,若过每一点的不同方向的弹性都不相同,称为各向异性。各向异性体有 21 个独立的弹性常数。若弹性体中每一点都有对称的方向,在这些对称方向上弹性相同,则该弹性体具有弹性对称性,此时独立的弹性常数个数将减少。弹性对称方向愈多,独立的弹性常数愈少,最简化的情况是弹性体中每一点的各方向弹性都相同,称为各向同性,独立的弹性常数减少到 2 个。

2.2.3.1 有 1 个弹性对称面的情况

如果弹性体存在一个平面,沿与该平面垂直的两个相反方向具有相同的弹性,则该平面称为弹性对称面,垂直于弹性对称面的轴称为弹性主轴。当把弹性主轴倒置时,应具有相同的应力-应变关系,即 C_{ij} 不会改变。

设 xOy 面为弹性对称面,则 z 轴为弹性主轴。将 z 轴倒置成 z' 轴时,即作坐标变换:$x'=x\,,\,y'=y\,,\,z'=-z$,则在新坐标系中的应力和应变分别为

$$\sigma_{x'x'}=\sigma_{xx}\,,\ \sigma_{y'y'}=\sigma_{yy}\,,\ \sigma_{z'z'}=\sigma_{zz}\,,\ \tau_{y'z'}=-\tau_{yz}\,,\ \tau_{z'x'}=-\tau_{zx}\,,\ \tau_{x'y'}=\tau_{xy}$$

$$\varepsilon_{x'x'}=\varepsilon_{xx}\,,\ \varepsilon_{y'y'}=\varepsilon_{yy}\,,\ \varepsilon_{z'z'}=\varepsilon_{zz}\,,\ \gamma_{y'z'}=-\gamma_{yz}\,,\ \gamma_{z'x'}=-\gamma_{zx}\,,\ \gamma_{x'y'}=\gamma_{xy}$$

显然,在弹性主轴倒置后,正应力、正应变分量,以及与弹性主轴 z 无关的切应力、切应变分量(τ_{xy}、γ_{xy})的符号不改变,只有与弹性主轴 z 相关的切应力和切应变分量(τ_{yz}、τ_{zx}、γ_{yz}、γ_{zx})的符号发生了改变。将以上各量代入式(2.2.9d),得到

$$\begin{bmatrix} \sigma_{x'x'} \\ \sigma_{y'y'} \\ \sigma_{z'z'} \\ -\tau_{y'z'} \\ -\tau_{z'x'} \\ \tau_{x'y'} \end{bmatrix} = \begin{bmatrix} C_{11} & C_{12} & C_{13} & C_{14} & C_{15} & C_{16} \\ C_{12} & C_{22} & C_{23} & C_{24} & C_{25} & C_{26} \\ C_{13} & C_{23} & C_{33} & C_{34} & C_{35} & C_{36} \\ C_{14} & C_{24} & C_{34} & C_{44} & C_{45} & C_{46} \\ C_{15} & C_{25} & C_{35} & C_{45} & C_{55} & C_{56} \\ C_{16} & C_{26} & C_{36} & C_{46} & C_{56} & C_{66} \end{bmatrix} \begin{bmatrix} \varepsilon_{x'x'} \\ \varepsilon_{y'y'} \\ \varepsilon_{z'z'} \\ -\gamma_{y'z'} \\ -\gamma_{z'x'} \\ \gamma_{x'y'} \end{bmatrix}$$

由于 z 轴的正、负两个方向的弹性相同,则经上述坐标变换前后的应力-应变关系应相同,故必有 $C_{14}=C_{15}=C_{24}=C_{25}=C_{34}=C_{35}=C_{46}=C_{56}=0$,即刚度常数减少 8 个,剩下 13 个,应力-应变关系简化为

$$\begin{bmatrix} \sigma_{xx} \\ \sigma_{yy} \\ \sigma_{zz} \\ \tau_{yz} \\ \tau_{zx} \\ \tau_{xy} \end{bmatrix} = \begin{bmatrix} C_{11} & C_{12} & C_{13} & 0 & 0 & C_{16} \\ C_{12} & C_{22} & C_{23} & 0 & 0 & C_{26} \\ C_{13} & C_{23} & C_{33} & 0 & 0 & C_{36} \\ 0 & 0 & 0 & C_{44} & C_{45} & 0 \\ 0 & 0 & 0 & C_{45} & C_{55} & 0 \\ C_{16} & C_{26} & C_{36} & 0 & 0 & C_{66} \end{bmatrix} \begin{bmatrix} \varepsilon_{xx} \\ \varepsilon_{yy} \\ \varepsilon_{zz} \\ \gamma_{yz} \\ \gamma_{zx} \\ \gamma_{xy} \end{bmatrix} \tag{2.2.11}$$

应该指出,式(2.2.11)是弹性对称面为 xOy 面的情况。若对称面是 yOz 面或 xOz 面,虽然独立刚度常数仍然是 13 个,但为零的刚度组元是不同的,即刚度矩阵是不同的。

2.2.3.2　有 3 个相互垂直的弹性对称面——正交各向异性

取坐标轴 x、y、z 为弹性主方向,沿用前述方法:首先将 z 轴倒置,可确定 $C_{14}=C_{15}=C_{24}=C_{25}=C_{34}=C_{35}=C_{46}=C_{56}=0$;再将 y 轴倒置,可确定 $C_{14}=C_{24}=C_{34}=C_{56}=C_{16}=C_{26}=C_{36}=C_{45}=0$,其中,前 4 个刚度常数在 z 轴倒置时已变为 0,而后 4 个是新增为 0 的刚度常数;再将 x 轴倒置,不会得到新的为 0 的刚度常数。这一结果说明,如果 3 个相互垂直的平面中有两个弹性对称面,则第 3 三个面也必是弹性对称面。这种弹性体称为正交各向异性弹性体,其独立的刚度常数为 9 个,应力-应变关系为

$$\begin{bmatrix} \sigma_{xx} \\ \sigma_{yy} \\ \sigma_{zz} \\ \tau_{yz} \\ \tau_{zx} \\ \tau_{xy} \end{bmatrix} = \begin{bmatrix} C_{11} & C_{12} & C_{13} & 0 & 0 & 0 \\ C_{12} & C_{22} & C_{23} & 0 & 0 & 0 \\ C_{13} & C_{23} & C_{33} & 0 & 0 & 0 \\ 0 & 0 & 0 & C_{44} & 0 & 0 \\ 0 & 0 & 0 & 0 & C_{55} & 0 \\ 0 & 0 & 0 & 0 & 0 & C_{66} \end{bmatrix} \begin{bmatrix} \varepsilon_{xx} \\ \varepsilon_{yy} \\ \varepsilon_{zz} \\ \gamma_{yz} \\ \gamma_{zx} \\ \gamma_{xy} \end{bmatrix} \tag{2.2.12}$$

参照对图 2.2.1 的讨论可知,正交各向异性固体是不存在交叉效应的。

2.2.3.3　横观各向同性

若弹性体关于某一轴(例如 z 轴)对称,也即在与此轴垂直的平面(xOy 面)内任何方向弹性都相同,则此面为各向同性面,则这种弹性体称为横观各向同性体。显然,xOz 面和 yOx 面都是对称面,故横观各向同性体必是一种正交各向异性体,式(2.2.12)仍成立。由于 x 方向和 y 方向弹性相同,把 x 轴与 y 轴互换,式(2.2.12)应不变。由此可推得 $C_{11}=C_{22}$,$C_{13}=C_{23}$,$C_{44}=C_{55}$。另外,x 轴、y 轴不论转过任何角度,应力与应变应有相同关系,利用应力和应变的坐标转换公式可证明:$C_{66}=\dfrac{1}{2}(C_{11}-C_{12})$,则横观各向同性体的独立刚度常数仅剩下 5 个,应力-应变关系为

$$
\begin{bmatrix} \sigma_{xx} \\ \sigma_{yy} \\ \sigma_{zz} \\ \tau_{yz} \\ \tau_{zx} \\ \tau_{xy} \end{bmatrix} = \begin{bmatrix} C_{11} & C_{12} & C_{13} & 0 & 0 & 0 \\ C_{12} & C_{11} & C_{13} & 0 & 0 & 0 \\ C_{13} & C_{13} & C_{33} & 0 & 0 & 0 \\ 0 & 0 & 0 & C_{44} & 0 & 0 \\ 0 & 0 & 0 & 0 & C_{44} & 0 \\ 0 & 0 & 0 & 0 & 0 & \dfrac{C_{11}-C_{12}}{2} \end{bmatrix} \begin{bmatrix} \varepsilon_{xx} \\ \varepsilon_{yy} \\ \varepsilon_{zz} \\ \gamma_{yz} \\ \gamma_{zx} \\ \gamma_{xy} \end{bmatrix} \tag{2.2.13}
$$

2.2.3.4 完全各向同性

在完全对称时,任意方向都是弹性主方向,有 $C_{11}=C_{22}=C_{33}$,$C_{12}=C_{13}=C_{23}$,$C_{44}=C_{55}=C_{66}=\dfrac{1}{2}(C_{11}-C_{12})$,独立的刚度常数仅剩下 2 个,则应力-应变关系为

$$
\begin{bmatrix} \sigma_{xx} \\ \sigma_{yy} \\ \sigma_{zz} \\ \tau_{yz} \\ \tau_{zx} \\ \tau_{xy} \end{bmatrix} = \begin{bmatrix} C_{11} & C_{12} & C_{12} & 0 & 0 & 0 \\ C_{12} & C_{11} & C_{12} & 0 & 0 & 0 \\ C_{12} & C_{12} & C_{11} & 0 & 0 & 0 \\ 0 & 0 & 0 & \dfrac{C_{11}-C_{12}}{2} & 0 & 0 \\ 0 & 0 & 0 & 0 & \dfrac{C_{11}-C_{12}}{2} & 0 \\ 0 & 0 & 0 & 0 & 0 & \dfrac{C_{11}-C_{12}}{2} \end{bmatrix} \begin{bmatrix} \varepsilon_{xx} \\ \varepsilon_{yy} \\ \varepsilon_{zz} \\ \gamma_{yz} \\ \gamma_{zx} \\ \gamma_{xy} \end{bmatrix} \tag{2.2.14}
$$

由刚度与柔度的互逆关系,柔度常数与刚度常数有如下关系:

$$
C_{11} = \frac{S_{11}+S_{12}}{(S_{11}-S_{12})(S_{11}+2S_{12})},\ C_{12} = \frac{-S_{12}}{(S_{11}-S_{12})(S_{11}+2S_{12})},\ C_{44} = \frac{1}{S_{44}} \tag{2.2.15}
$$

则由柔度常数表示的完全各向同性体的广义胡克定律可写为

$$
\begin{bmatrix} \varepsilon_{xx} \\ \varepsilon_{yy} \\ \varepsilon_{zz} \\ \gamma_{yz} \\ \gamma_{zx} \\ \gamma_{xy} \end{bmatrix} = \begin{bmatrix} S_{11} & S_{12} & S_{12} & 0 & 0 & 0 \\ S_{12} & S_{11} & S_{12} & 0 & 0 & 0 \\ S_{12} & S_{12} & S_{11} & 0 & 0 & 0 \\ 0 & 0 & 0 & 2(S_{11}-S_{12}) & 0 & 0 \\ 0 & 0 & 0 & 0 & 2(S_{11}-S_{12}) & 0 \\ 0 & 0 & 0 & 0 & 0 & 2(S_{11}-S_{12}) \end{bmatrix} \begin{bmatrix} \sigma_{xx} \\ \sigma_{yy} \\ \sigma_{zz} \\ \tau_{yz} \\ \tau_{zx} \\ \tau_{xy} \end{bmatrix} \tag{2.2.16}
$$

在进行理论分析时,用张量形式表示胡克定律比较简洁。设 Θ 为体积应变($\Theta = \Delta V/V_0$,其中,ΔV 为体积变化;V_0 为初始体积),则式(2.2.14)可改写为

$$\begin{cases} \sigma_{xx} = C_{12}\Theta + (C_{11} - C_{12})\varepsilon_{xx} \\ \sigma_{yy} = C_{12}\Theta + (C_{11} - C_{12})\varepsilon_{yy} \\ \sigma_{zz} = C_{12}\Theta + (C_{11} - C_{12})\varepsilon_{zz} \\ \sigma_{yz} = (C_{11} - C_{12})\varepsilon_{yz} \\ \sigma_{zx} = (C_{11} - C_{12})\varepsilon_{zx} \\ \sigma_{xy} = (C_{11} - C_{12})\varepsilon_{xy} \end{cases} \tag{2.2.17}$$

令 $\lambda = C_{12}$ 及 $\mu = \dfrac{C_{11} - C_{12}}{2}$，$\lambda$ 和 μ 并称为拉梅系数，其中 μ 又称为剪切模量，则式(2.2.17)可写为

$$\begin{cases} \sigma_{xx} = \lambda\Theta + 2\mu\varepsilon_{xx} \\ \sigma_{yy} = \lambda\Theta + 2\mu\varepsilon_{yy} \\ \sigma_{zz} = \lambda\Theta + 2\mu\varepsilon_{zz} \\ \sigma_{yz} = 2\mu\varepsilon_{yz} \\ \sigma_{zx} = 2\mu\varepsilon_{zx} \\ \sigma_{xy} = 2\mu\varepsilon_{xy} \end{cases} \tag{2.2.18}$$

写为张量表达式：

$$\sigma_{ij} = 2\mu\varepsilon_{ij} + \lambda\Theta\delta_{ij} \tag{2.2.19a}$$

或

$$\sigma_{ij} = 2\mu\varepsilon_{ij} + \lambda\varepsilon_{kk}\delta_{ij} \tag{2.2.19b}$$

式中，$\varepsilon_{kk} = \varepsilon_{11} + \varepsilon_{22} + \varepsilon_{33}$；$\delta_{ij}$ 为克罗内克(Kronecker)记号。同样，式(2.2.19b)可改写为

$$\varepsilon_{ij} = \frac{1}{2\mu}\left(\sigma_{ij} - \frac{\nu}{1+\nu}\sigma_{kk}\delta_{ij}\right) \tag{2.2.20}$$

式中，$\sigma_{kk} = \sigma_{11} + \sigma_{22} + \sigma_{33}$。

2.2.4　广义胡克定律的工程表示法

传统上，材料的弹性响应是由"工程弹性常数"而非刚度常数 C_{ij} 或柔度常数 S_{ij} 这些"理论弹性常数"来表征的。工程弹性常数包括杨氏模量 E、泊松比 ν、剪切模量 μ、和体积模量 K。这些参数是由简单加载状态的实验测定的，图 2.2.2 为 3 种简单加载条件下的受力状态、变形状态以及在弹性变形范围内的应力-应变关系的示意图。

在单向拉伸的弹性变形阶段内，拉伸应力 σ 与拉伸应变 ε 成正比，比例系数 E 称为杨氏模量(Young's modulus)，也称为拉伸弹性模量［见图 2.2.2(a)］；在纯剪切的弹性变形阶段内，切应力 τ 与切应变 γ 成正比，比例系数 μ 称为剪切弹性模量，简称剪切模量，它也是拉梅系数之一［见图 2.2.2(b)］；在三向等压的弹性变形阶段内，压应力 p 与体积应变 Θ 成正比，比例系数 K 称为体积弹性模量，简称体积模量［见图 2.2.2(a)］。上述 3 个模量都表征了材

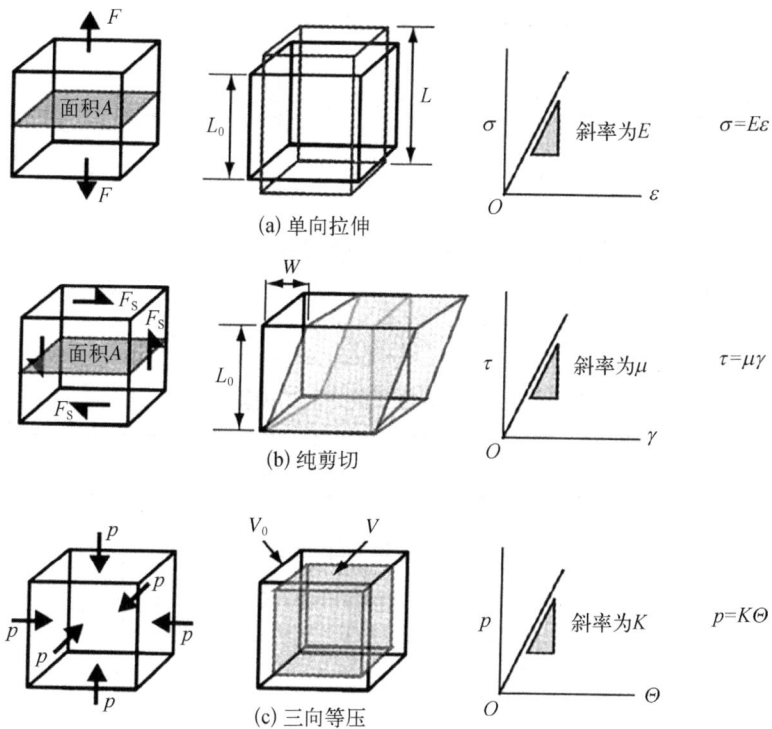

图 2.2.2 3种简单加载条件下的载荷、变形、工程弹性模量的定义及本构方程

料弹性变形难易,都是材料的弹性模量,因杨氏模量 E 在工程上应用最多,故常将杨氏模量与弹性模量等同而混用(本书后续在涉及 E 的具体表达式时,仍以杨氏模量指代)。

在单向拉伸时,弹性体在受力方向上伸长,同时在侧向收缩。设单向受力方向为 x 方向,则定义

$$\begin{cases} \nu_{yx} = -\dfrac{\varepsilon_y}{\varepsilon_x} \\[2mm] \nu_{zx} = -\dfrac{\varepsilon_z}{\varepsilon_x} \end{cases} \tag{2.2.21}$$

为泊松比,表征材料抵抗横向应变的能力。在各向同性情况下, $\nu_{yx} = \nu_{zx} = \nu$ 。

在完全各向同性情况下,将单向拉伸和纯剪切的应力、应变分量代入式(2.2.16),且令

$$E = \frac{1}{S_{11}} \tag{2.2.22}$$

$$\nu = -\frac{S_{12}}{S_{11}} \tag{2.2.23}$$

$$\mu = \frac{1}{2(S_{11} - S_{12})} \tag{2.2.24}$$

整理后可得

$$\begin{cases} \varepsilon_{xx} = \dfrac{1}{E}\left[\sigma_{xx} - \nu(\sigma_{yy} + \sigma_{zz})\right], \ \gamma_{yz} = \dfrac{1}{\mu}\tau_{yz} = \dfrac{2(1+\nu)}{E}\tau_{yz} \\[2mm] \varepsilon_{yy} = \dfrac{1}{E}\left[\sigma_{yy} - \nu(\sigma_{zz} + \sigma_{xx})\right], \ \gamma_{zx} = \dfrac{1}{\mu}\tau_{zx} = \dfrac{2(1+\nu)}{E}\tau_{zx} \\[2mm] \varepsilon_{zz} = \dfrac{1}{E}\left[\sigma_{zz} - \nu(\sigma_{xx} + \sigma_{yy})\right], \ \gamma_{xy} = \dfrac{1}{\mu}\tau_{xy} = \dfrac{2(1+\nu)}{E}\tau_{xy} \end{cases} \tag{2.2.25}$$

此即完全各向同性体广义胡克定律在工程上广泛应用的形式。

如上所述,各向同性体只有两个独立的弹性常数,只要已知任意两个弹性常数,即可求得其他弹性常数。表 2.2.3 给出了工程弹性常数之间的相互换算公式。

表 2.2.3　工程弹性常数之间的换算公式

弹性常数	换　算　公　式				
	E, ν	E, μ	K, ν	K, μ	λ, μ
E	$=E$	$=E$	$=3(1-2\nu)K$	$=\dfrac{9K}{1+3K/\mu}$	$=\dfrac{\mu(3+2\mu/\lambda)}{1+\mu/\lambda}$
ν	$=\nu$	$=-1+\dfrac{E}{2\mu}$	$=\nu$	$=\dfrac{1-2\mu/3K}{2+2\mu/3K}$	$=\dfrac{1}{2(1+\mu/\lambda)}$
μ	$=\dfrac{E}{2(1+\nu)}$	$=\mu$	$=\dfrac{3(1-2\nu)K}{2(1+\nu)}$	$=\mu$	$=\mu$
K	$=\dfrac{E}{3(1-2\nu)}$	$=\dfrac{E}{9-3E/\mu}$	$=K$	$=K$	$=\lambda+\dfrac{2\mu}{3}$
λ	$=\dfrac{E\nu}{(1+\nu)(1-2\nu)}$	$=\dfrac{E(1-2\mu/E)}{3-E/\mu}$	$=\dfrac{3K\nu}{1+\nu}$	$=K-\dfrac{2\mu}{3}$	$=\lambda$

2.3　弹性模量的微观分析

式(2.2.7)表明,要定量分析各种弹性常数须知道应变能与应变的函数关系。应变能可以认为是克服固体原子间相互作用势能 ϕ 而消耗的外力功,而应变可以用原子间距离 r 的变化来表示,因此问题归结为要求出原子间相互作用势能与原子间距离的函数关系 $\phi(r)$。通常有两种方法来获得原子间作用势。

(1) 第一性原理计算法:运用量子力学原理,根据电子运动状态,求解薛定谔(Schrödinger)方程,从而得到 $\phi(r)$。

(2) 势函数法:根据大量实验结果,得到经验的 $\phi(r)$。最常用的是对势模型,即原子间相互作用力由吸引力和排斥力两项构成。较经典的对势模型有如下几种。

莱纳德-琼斯(Lennard-Jones)势:

$$\phi_{ij}(r_{ij}) = A_m\left(\dfrac{d}{r_{ij}}\right)^m - B_n\left(\dfrac{d}{r_{ij}}\right)^n \tag{2.3.1}$$

波恩-兰德(Born-Landr)势：

$$\phi_{ij}(r_{ij}) = \frac{e^2}{4\pi\varepsilon} \cdot \frac{z_i z_j}{r_{ij}} + \frac{b}{r_{ij}^m} \tag{2.3.2}$$

莫尔斯(Morse)势：

$$\phi_{ij}(r_{ij}) = A\{\exp[-2\alpha(r_{ij} - r_0)] - 2\exp[-\alpha(r_{ij} - r_0)]\} \tag{2.3.3}$$

约翰逊(Johnson)势：

$$\phi_{ij}(r_{ij}) = -A_n(r_{ij} - B_n)^3 + C_n r_{ij} - D_n \tag{2.3.4}$$

式中，$r_{ij} = |r_i - r_j|$，为分别位于 r_i 和 r_j 的第 i 个和第 j 个原子之间的距离；e 为电子电荷；ε 为介电常数；d、b 分别为晶格常数；z_i、z_j 分别为 i、j 原子的价电子数；A、B、C、D、m、n 均为与材料相关的参数；在约翰逊势中，下角标 $n = 1, 2, 3$，代表 3 个不同 r_{ij} 范围的作用势。每个势中的参数都可以根据点阵常数、结合能、弹性模量等实验数据得出。以上 4 个对势模型表达式仅表示了 i 和 j 双原子之间的相互作用势，而双原子间的作用力可表示为

$$F(r) = -\frac{d\phi}{dr} \tag{2.3.5}$$

本节仅以势函数法简要分析弹性模量与原子结构参数的关系，关于采用第一性原理计算弹性常数的内容请参考相关固体物理学著作。

2.3.1 杨氏模量

2.3.1.1 金属晶体

从微观角度看，正弹性应变是在正力作用下由原子间距离的伸长或缩短实现的。现以双原子对势模型做简要分析，如图 2.3.1 所示。在未受拉时，双原子的平衡间距为 a_0[见图 2.3.1(a)]。相互作用总势能 ϕ 由两部分构成：排斥能和吸引能。排斥能的来源有二，对于离子半径和原子半径比值大的固体(如铜)，原子间的排斥力主要是由离子间的相互作用能引起的；对于离子半径和原子半径比值小的固体(如碱金属)，原子间的排斥力主要是由原子接近时电子的加速运动引起的。排斥力是短程的，只有在两原子的距离接近原子间距时才能显示出来。吸引能来源于核外电子与原子核之间的静电吸引作用，是长程作用，用负号表示。一般来说，排斥能对距离变化更敏感。在未受力状态下，ϕ 达到最小值 $\phi_{\min}$[见图 2.3.1(b)]，为平衡状态，此时原子间距为平衡距离 a_0，原子间相互作用力 F 为 0[见图 2.3.1(c)]。

假设对双原子键施加一个微扰力，使双原子之间产生相对微位移 dr，引起相互作用势能增加 $d\phi$，使得原子间受到吸引力或排斥力 dF。在 dr 不大时(即在 a_0 附近)，dF 与 dr 近似呈线性关系[见图 2.3.1(c)]，即

$$dF = k\,dr \tag{2.3.6}$$

式中，k 为原子键刚度。将式(2.3.5)代入式(2.3.6)得到

$$k = \frac{dF}{dr} = \left(-\frac{d^2\phi}{dr^2}\right)_{r=a_0} \tag{2.3.7}$$

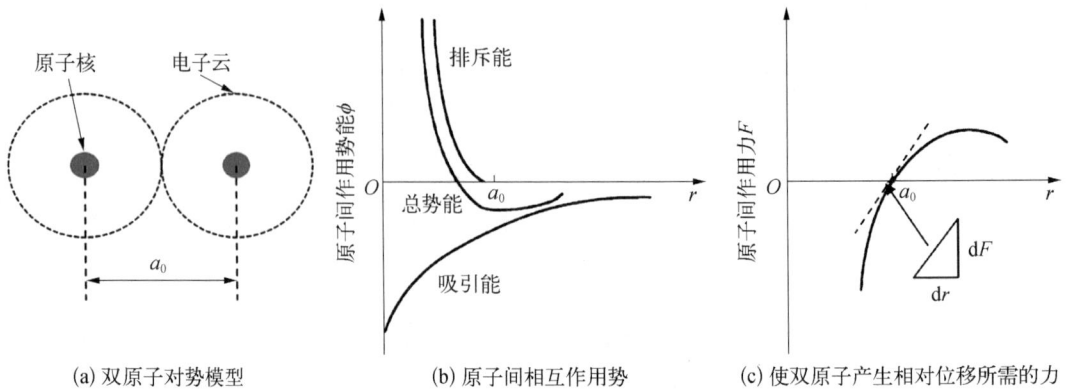

(a) 双原子对势模型　　　　(b) 原子间相互作用势　　　(c) 使双原子产生相对位移所需的力

图 2.3.1　两固体原子之间相互作用势能及相互作用力

取改写的莱纳德-琼斯势来表示双原子之间相互作用势能：

$$\phi(r) = \frac{pq}{p-q}\varepsilon_b\left[\frac{1}{p}\left(\frac{a_0}{r}\right)^p - \frac{1}{q}\left(\frac{a_0}{r}\right)^q\right] \tag{2.3.8}$$

式中，ε_b 为势能极大值(绝对值)；p 和 q 为反映势能变化趋势的常数。将式(2.3.8)代入式(2.3.7)得

$$k = A \cdot \frac{\varepsilon_b}{a_0} \tag{2.3.9}$$

式中，A 为与 p 和 q 有关的常数。式(2.3.9)表明，原子键刚度与 ε_b 成正比，而与 a_0 成反比。

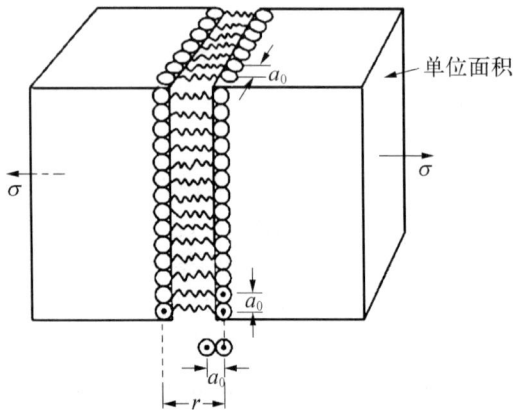

图 2.3.2　计算宏观杨氏模量的单位固体示意

为了求固体的杨氏模量，取如图 2.3.2 所示的单位固体，其两个平行面由双原子键按正方排列连接，间距为 a_0，单位面积上有 N 对原子键，作用在该单位面积上的拉力(即应力 σ)将两个面拉开相对位移为 $(r-a_0)$。在不考虑横向原子键与次近邻原子键相互作用的情况下，有 $\sigma = N[k(r-a_0)]$。因 $N = \frac{1}{a_0^2}$ 及 $\varepsilon = \frac{r-a_0}{a_0}$，故有 $\sigma = \left(\frac{k}{a_0}\right)\varepsilon$。与胡克定律比较后，得到

$$E = \frac{k}{a_0} \tag{2.3.10}$$

将式(2.3.9)代入式(2.3.10)，得到

$$E = A \cdot \frac{\varepsilon_b}{a_0^2} \tag{2.3.11}$$

与原子键刚度一样，杨氏模量也与 ε_b 成正比。ε_b 愈大，则势阱愈深，改变原子间相对距

离所做的功愈大,杨氏模量愈高。图 2.3.3 示意地给出了离子键固体和共价键固体势能曲线的比较。共价键较强的方向上引起了一个较深的势阱,且在最小势能位置处有更尖锐的曲率,因此具有较离子键固体更高的杨氏模量。

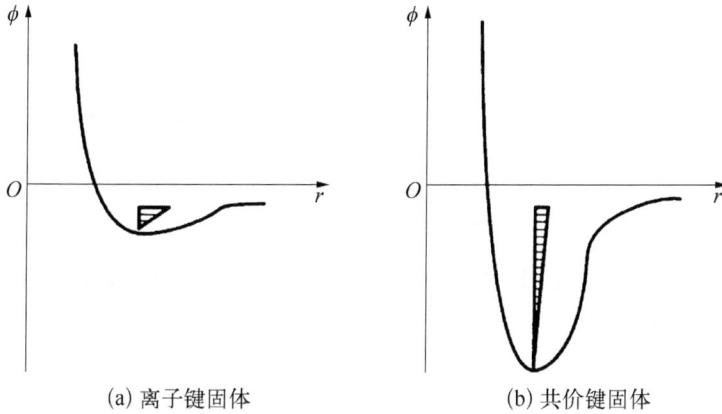

(a) 离子键固体　　　　　　　　　(b) 共价键固体

图 2.3.3　离子键与强共价键的原子间相互作用势能的比较

式(2.3.11)虽然反映了随原子平衡间距增大杨氏模量减小的总体趋势,但 $E \propto a_0^{-2}$ 的变化规律与多数金属的实验结果不符,主要原因在于简单的双原子模型忽略了横向原子键和近邻原子键的相互作用。

2.3.1.2　离子晶体

对于离子晶体,双原子模型为一对正负离子,其相互作用势可用波恩-兰德势描述:

$$\phi(r) = -\frac{q_c q_a}{4\pi\varepsilon_0 r} + \frac{b}{r^n} \tag{2.3.12}$$

式中,右边第一项为正、负离子间的静电吸引力项;第二项为经验的排斥力项,其中包括了经验常数 b 和 n;q_c 和 q_a 分别为阳离子和阴离子所携带的电荷;ε_0 为真空介电常数。

晶体中含有许多这样的离子对,必须考虑所有离子间的相互作用。对于吸引力项,由于库仑场作用较远,在相当的离子排列范围内均有相互作用,因此必须考虑相当数量的离子相互作用的叠加。其叠加结果可以引入一个马德隆(Madelung)常数 M 来表示。M 与晶体结构有关,例如 NaCl、CsCl 和 ZnS 晶体结构的 M 值分别为 1.75、1.76 和 1.64。对于排斥力项,通常认为是短程的(n 值较大),只有最近邻的 z 个离子的作用较为显著。于是,当对所有相互作用进行加和后,可得

$$\phi_z = -\frac{Mq_c q_a}{4\pi\varepsilon_0 r} + \frac{zb}{r^n} \tag{2.3.13}$$

对式(2.3.13)求微分并令其在 $r = a_0$ 处等于零,则可以消去参数 zb,即

$$\frac{\mathrm{d}\phi_z}{\mathrm{d}r} = \frac{Mq_c q_a}{4\pi\varepsilon_0 r^2} - \frac{nzb}{r^{n+1}} = 0 \tag{2.3.14}$$

从而

$$zb = \frac{Mq_cq_a a_0^{n-1}}{4\pi\varepsilon_0 n} \tag{2.3.15}$$

将式(2.3.15)代入式(2.3.13)可以得到

$$\phi_z = -\frac{Mq_cq_a}{4\pi\varepsilon_0 r}\left(1 - \frac{a_0^{n-1}}{nr^{n-1}}\right) \tag{2.3.16}$$

将式(2.3.16)除以配位数 z，即可给出在某一特定晶体结构内最近邻离子间的势能

$$\phi_b = \frac{\phi_z}{z} = -\frac{Mq_cq_a}{4\pi z\varepsilon_0 r}\left(1 - \frac{a_0^{n-1}}{nr^{n-1}}\right) \tag{2.3.17}$$

有了离子对的作用势，参照上述金属的处理方法即可得到离子晶体的杨氏模量。根据式(2.3.7)，离子对的刚度为

$$k_{ion} = \left(-\frac{d^2\phi}{dr^2}\right)_{r=a_0} = \frac{Mq_cq_a(n-1)}{4\pi z\varepsilon_0 a_0^3} \tag{2.3.18}$$

再根据式(2.3.10)，可得到离子晶体的杨氏模量为

$$E_{ion} = \frac{Mq_cq_a(n-1)}{4\pi z\varepsilon_0 a_0^4} \tag{2.3.19}$$

这表明离子晶体的杨氏模量与晶格间距的四次方成反比，即呈现 $E \propto a_0^{-4}$ 规律。

2.3.2 体积模量

固体的体积模量同样与原子间相互作用势能有关。水静压力 p 作用于每个原子键上的压力与每个键的横截面积呈比例关系，即 $dF = pa_0^2$，固体体积的相对变化大约是正应变的 3 倍，即 $\frac{dV}{V} = 3\frac{dr}{r}$，则体积模量 K 可写为

$$K = \frac{1}{3a_0}\left(-\frac{d^2\phi}{dr^2}\right) \tag{2.3.20}$$

将式(2.3.18)代入式(2.3.20)可得

$$K = \frac{Mq_cq_a(n-1)}{12\pi z\varepsilon_0 a_0^4} \tag{2.3.21}$$

令 $e = q_cq_a$，$B = \frac{M(n-1)}{12\pi z\varepsilon_0}$，则式(2.3.21)可写为

$$K = B\left(\frac{e^2}{a_0^4}\right) \tag{2.3.22}$$

这表明离子键固体的体积模量也是按照 a_0^{-4} 规律变化的(同样，剪切模量 μ 也符合此规律)，也就是说弹性模量与晶格常数的四次方成反比是一个重要的规律。此外，如果没有其他作用，参加静电作用的电子越多，弹性模量也越高。图 2.3.4 给出了周期表Ⅰ、Ⅱ、Ⅲ、Ⅳ主族

元素及ⅠB副族元素固体的体积模量与原子间距的关系,可见在双对数坐标系中,Ⅰ、Ⅱ、Ⅲ、Ⅳ主族元素关系曲线的斜率均为−4,Ⅰ族是单价元素,原子键强度最弱,因此Ⅰ族元素的连线处在最下部。

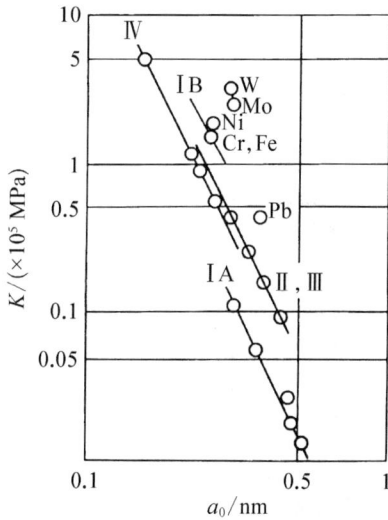

图 2.3.4　一些元素固体体积模量与 a_0 的关系

(MEYERS M A, CHAWLA K K. Mechanical behavior of materials [M]. 2nd ed. Cambridge: Cambridge University Press, 2009.)

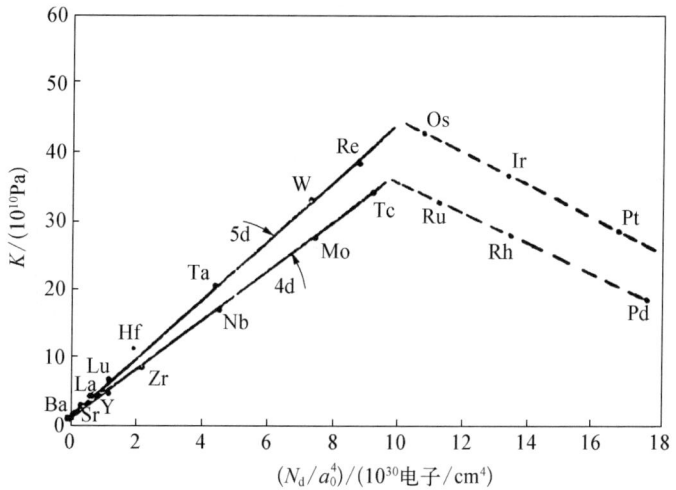

图 2.3.5　第五和第六周期诸元素的 K 与 (N_d/a_0^4) 的关系

(GILMAN J J. Electronic basis of the strength of materials [M]. Cambridge: Cambridge University Press, 2003.)

应该指出,过渡金属元素一般不符合四次方规律,且模量远高于碱金属。一般认为过渡族元素的体积模量与参加结合键的电子数有关,图 2.3.5 表示第二和第三长周期的诸元素的 d 电子数(N_d)对元素体积模量 K 的影响,确实表明 K 和 4d 电子或 5d 电子数呈比例关系。但是从 Os 到 Pt,K 随 N_d 的增加反而直线下降,可注意到这些元素的 N_d 都超过了5,例如:Ru($4d^7$)、Rh($4d^8$)、Pd($4d^{10}$)、Os($5d^6$)、Ir($5d^7$)、Pt($5d^8$)。

根据能带理论定量计算过渡金属元素的结合能很困难,但是可做定性分析:在 d 带中低能态的电子处于键轨道,这样的键轨道可使原子间隙引起电子电荷的集中,因而使结合能提高。d 带中的高能态电子处于反键轨道,在原子间隙引起电子电荷的不足,降低金属的结合能。这样,当 d 电子逐渐填入 d 带中去时,若 N_d 小于5,可以提高结合能;而当 N_d 大于5时,则降低结合能。如此便可理解图 2.3.5 的变化规律,它可能与 d 电子的填充轨道有关。

2.4　工程材料的弹性模量

2.4.1　3 大类工程材料弹性模量的比较

由 2.3 节讨论可知,固体的原子结合键基本决定了其弹性模量的高低。图 2.4.1 是 3 大类工程材料中一些典型材料的弹性模量柱状比较图,从泡沫聚合物到金刚石,弹性模量相差达 6 个数量级。

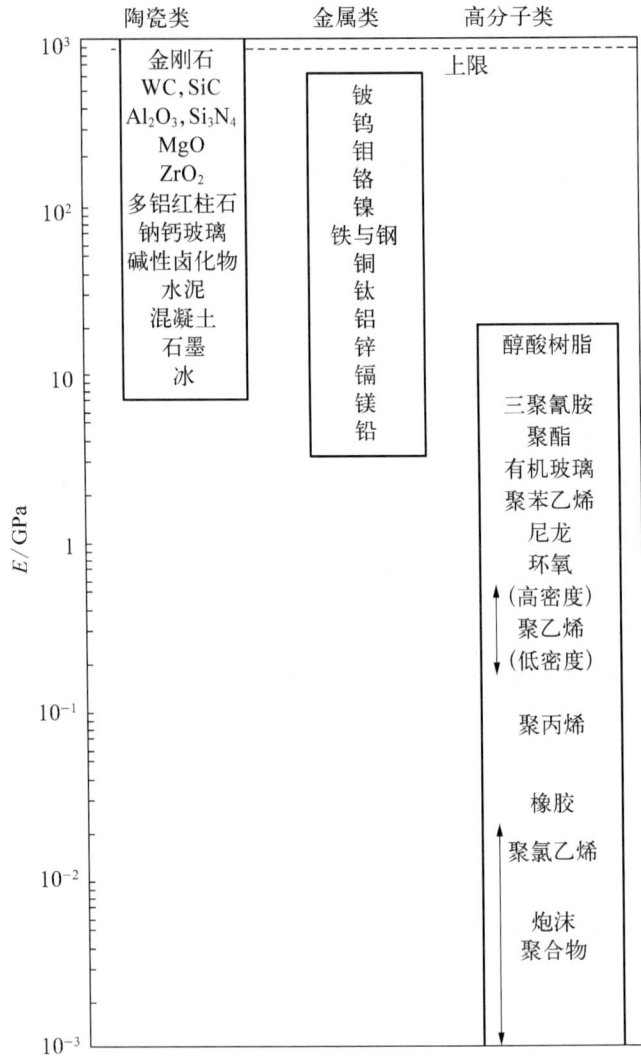

图 2.4.1　常见典型工程材料弹性模量柱状比较图

（ASHBY M F，JONES D R H. Engineering materials1：An introduction to properties，applications and design[M]. Oxford：Pergamon Press，1980.）

在所有固体材料中，金刚石的弹性模量最高，达到1 000 GPa，这源自其极强的碳原子共价键结合。在陶瓷中，其他一些共价键和极性结合键（离子键与共价键的混合键）固体，例如氧化铝（Al_2O_3）、碳化硅（SiC）及氮化硅（Si_3N_4）的弹性模量也很高，仅次于金刚石。这些材料的高刚度、高强度及低密度使得它们在高温结构材料方面的应用具有诱人的前景。

离子键固体（如碱土化合物）的弹性模量不如共价键固体高。这是因为离子键的强度低于共价键。另一种形式的碳——石墨的弹性模量要比金刚石低2个数量级。这是由于石墨是层状结构，在层内的碳原子的键很强，而层间结合却很弱。但是若将石墨制成纤维，则沿纤维方向可得到很高的弹性模量。冰的弹性模量较低，因为冰是氢键结合的。

金属键结合也较强，所以金属材料的弹性模量也很高，仅比共价键固体低。金属之间的弹性模量差别也很大，最低弹性模量的金属是 Pb，最高的是 Os。在常用工程金属材料中，难熔金属,如 W、Mo、Cr 等,具有最高的弹性模量。

聚合物的弹性模量在三大类工程材料中是最低的,其最高弹性模量仅相当于最低弹性模量金属(Pb)的水平,即约 10 GPa。这取决于聚合物的化学和分子结构。聚合物有两种结构特征:一是网络结构(热固性聚合物);二是链状结构(热塑性聚合物)。链内和网络内的化学键是共价键,链之间以及网络结构的段之间是较弱的范德瓦耳斯键。

2.4.2 单晶体弹性模量的各向异性

在不同晶向上,晶体的原子排列密度不同,表现出弹性各向异性。表 2.4.1 给出了 7 大晶系的晶体对称性、主轴柔度常数矩阵和独立弹性常数个数。三斜晶系的晶体为完全各向异性,共有 21 个独立的弹性常数,而其余 6 大晶系均具有一定的弹性对称性。已知弹性主轴方向的弹性常数的数值后,即可利用坐标转换公式计算任意晶向 $[hkl]$ 的弹性模量,表 2.4.2 给出了 7 大晶系的任意方向杨氏模量的计算公式。

表 2.4.1 各晶系的弹性各向异性特征

晶系	晶 体 对 称 性	主轴柔度常数矩阵	独立弹性常数个数
立方	23, m3, 432, $\bar{4}$3m, m3m	$\begin{bmatrix} S_{11} & S_{12} & S_{12} & 0 & 0 & 0 \\ S_{12} & S_{11} & S_{12} & 0 & 0 & 0 \\ S_{12} & S_{12} & S_{11} & 0 & 0 & 0 \\ 0 & 0 & 0 & S_{44} & 0 & 0 \\ 0 & 0 & 0 & 0 & S_{44} & 0 \\ 0 & 0 & 0 & 0 & 0 & S_{44} \end{bmatrix}$	3
四方	4mm, $\bar{4}$2m, 422, 4/mmm	$\begin{bmatrix} S_{11} & S_{12} & S_{13} & 0 & 0 & 0 \\ S_{12} & S_{11} & S_{13} & 0 & 0 & 0 \\ S_{13} & S_{13} & S_{33} & 0 & 0 & 0 \\ 0 & 0 & 0 & S_{44} & 0 & 0 \\ 0 & 0 & 0 & 0 & S_{44} & 0 \\ 0 & 0 & 0 & 0 & 0 & S_{66} \end{bmatrix}$	6
	4, $\bar{4}$, 4/m	$\begin{bmatrix} S_{11} & S_{12} & S_{13} & 0 & 0 & S_{16} \\ S_{12} & S_{11} & S_{13} & 0 & 0 & -S_{16} \\ S_{13} & S_{13} & S_{33} & 0 & 0 & 0 \\ 0 & 0 & 0 & S_{44} & 0 & 0 \\ 0 & 0 & 0 & 0 & S_{44} & 0 \\ S_{16} & -S_{16} & 0 & 0 & 0 & S_{66} \end{bmatrix}$	7
六方	6, $\bar{6}$, 6/m, 622, 6mm, $\bar{6}$m2, 6/mmm	$\begin{bmatrix} S_{11} & S_{12} & S_{13} & 0 & 0 & 0 \\ S_{12} & S_{11} & S_{13} & 0 & 0 & 0 \\ S_{13} & S_{13} & S_{33} & 0 & 0 & 0 \\ 0 & 0 & 0 & S_{44} & 0 & 0 \\ 0 & 0 & 0 & 0 & S_{44} & 0 \\ 0 & 0 & 0 & 0 & 0 & 2(S_{11}-S_{12}) \end{bmatrix}$	5

续　表

晶系	晶体对称性	主轴柔度常数矩阵	独立弹性常数个数
斜方	222，mm2，mmm	$$\begin{bmatrix} S_{11} & S_{12} & S_{13} & 0 & 0 & 0 \\ S_{12} & S_{22} & S_{23} & 0 & 0 & 0 \\ S_{13} & S_{23} & S_{33} & 0 & 0 & 0 \\ 0 & 0 & 0 & S_{44} & 0 & 0 \\ 0 & 0 & 0 & 0 & S_{55} & 0 \\ 0 & 0 & 0 & 0 & 0 & S_{66} \end{bmatrix}$$	9
三方	3，$\bar{3}$	$$\begin{bmatrix} S_{11} & S_{12} & S_{13} & S_{14} & -S_{25} & 0 \\ S_{12} & S_{11} & S_{13} & -S_{14} & S_{25} & 0 \\ S_{13} & S_{13} & S_{33} & 0 & 0 & 0 \\ S_{14} & -S_{14} & 0 & S_{44} & 0 & S_{25} \\ -S_{25} & S_{25} & 0 & 0 & S_{44} & S_{14} \\ 0 & 0 & 0 & S_{25} & S_{14} & 2(S_{11}-S_{12}) \end{bmatrix}$$	7
	32，3m，$\bar{3}$m	$$\begin{bmatrix} S_{11} & S_{12} & S_{13} & S_{14} & 0 & 0 \\ S_{12} & S_{11} & S_{13} & -S_{14} & 0 & 0 \\ S_{13} & S_{13} & S_{33} & 0 & 0 & 0 \\ S_{14} & -S_{14} & 0 & S_{44} & 0 & 0 \\ 0 & 0 & 0 & 0 & S_{44} & S_{14} \\ 0 & 0 & 0 & 0 & S_{14} & 2(S_{11}-S_{12}) \end{bmatrix}$$	6
单斜	2，m，2/m	$$\begin{bmatrix} S_{11} & S_{12} & S_{13} & 0 & S_{15} & 0 \\ S_{12} & S_{22} & S_{23} & 0 & S_{25} & 0 \\ S_{13} & S_{13} & S_{33} & 0 & S_{35} & 0 \\ 0 & 0 & 0 & S_{44} & 0 & S_{46} \\ S_{15} & S_{25} & S_{35} & 0 & S_{55} & 0 \\ 0 & 0 & 0 & S_{46} & 0 & S_{66} \end{bmatrix}$$	13
三斜	1，$\bar{1}$	$$\begin{bmatrix} S_{11} & S_{12} & S_{13} & S_{14} & S_{15} & S_{16} \\ S_{12} & S_{22} & S_{23} & S_{24} & S_{25} & S_{26} \\ S_{13} & S_{13} & S_{33} & S_{34} & S_{35} & S_{36} \\ S_{14} & S_{14} & S_{34} & S_{44} & S_{45} & S_{46} \\ S_{15} & S_{24} & S_{35} & S_{45} & S_{55} & S_{56} \\ S_{16} & S_{26} & S_{36} & S_{46} & S_{56} & S_{66} \end{bmatrix}$$	21

表 2.4.2　各晶系单晶体杨氏模量随方向的变化

晶系	$1/E$
立方	$s_{11}-2(s_{11}-s_{12}-s_{44}/2)(a_1^2a_2^2+a_2^2a_3^2+a_1^2a_3^2)$
四方	$s_{11}(a_1^4+a_2^4)+s_{33}a_3^4+(2s_{12}+s_{66})(a_1^2a_2^2)+(2s_{13}+s_{44})(a_3^2-a_3^4)+2s_{25}a_1a_3(3a_2^2-a_1^2)$

晶系	$1/E$
六方	$s_{11}(1-a_3^2)+s_{33}a_3^4+(2s_{13}+s_{44})(a_3^2-a_3^4)$
斜方	$s_{11}a_1^4+2s_{12}a_1^2a_2^2+2s_{13}a_1^2a_3^2+s_{22}a_2^4+2s_{33}a_2^2a_3^2+s_{33}a_3^4+s_{44}a_2^2a_3^2+s_{55}a_1^2a_3^2+s_{66}a_1^2a_2^2$
三方	$s_{11}(1-a_3^2)^2+s_{33}a_3^4+(2s_{13}+s_{44})(a_3^2-a_3^4)+2s_{14}a_2a_3(3a_1^2-a_2^2)+2s_{25}a_1a_3(3a_2^2a_1^2)$
单斜	$s_{11}a_1^4+2s_{12}a_1^2a_2^2+2s_{13}a_1^2a_3^2+2s_{15}a_1^3a_3+s_{22}a_2^4+2s_{23}a_2^2a_3^2+2s_{25}a_1a_2^2a_3+s_{33}a_3^4+2s_{35}a_1a_3^3+$ $s_{44}a_2^2a_3^2+s_{46}a_1a_2^2a_3+s_{55}a_1^2a_3^2+s_{66}a_1^2a_2^2$
三斜	$s_{11}a_1^4+2s_{12}a_1^2a_2^2+2s_{13}a_1^2a_3^2+2s_{15}a_1^3a_3+s_{22}a_2^4+2s_{23}a_2^2a_3^2+2s_{25}a_1a_2^2a_3+a_{33}a_3^4+2s_{35}a_1a_3^3+$ $s_{44}a_2^2a_3^2+s_{46}a_1a_2^2a_3+s_{55}a_1^2a_3^2+s_{66}a_1^2a_2^2+2s_{14}a_1^2a_2a_3+2s_{16}a_1^3a_2+2s_{24}a_2^3a_3+2s_{26}a_1a_2^3+$ $2s_{34}a_2a_3^3+2s_{26}a_1a_2a_3^2+2s_{45}a_1a_2a_3^2+2s_{56}a_1^2a_2a_3$

注：所考虑的方向$[hkl]$与x轴、y轴和z轴的夹角的余弦分别为a_1、a_2和a_3。

常用工程材料多为立方晶系。立方晶系具有最高的弹性对称性，只有 3 个独立的弹性常数，即 S_{11}、S_{12} 和 S_{44}（或者 C_{11}、C_{12} 和 C_{44}）。在已知弹性主轴的 3 个弹性常数后，可由它们计算任意晶向$\langle hkl \rangle$的杨氏模量：

$$\frac{1}{E_{\langle hkl \rangle}}=S_{11}-2\left(S_{11}-S_{12}-\frac{S_{44}}{2}\right)(a_1^2a_2^2+a_2^2a_3^2+a_1^2a_3^2) \tag{2.4.1}$$

立方晶系只有 3 个独立弹性常数的原因在于立方晶体的变形有 3 种独立的方式，如图 2.4.2 所示。

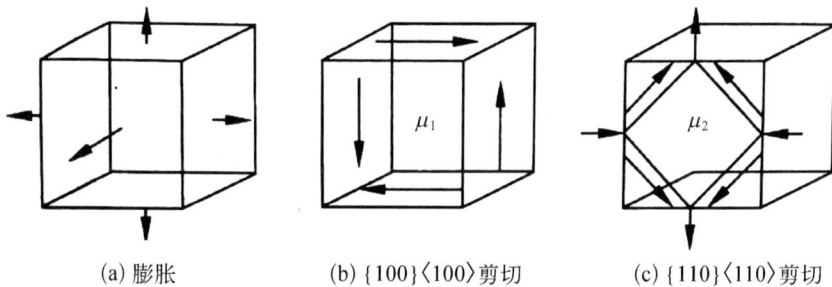

(a) 膨胀   (b) {100}⟨100⟩剪切   (c) {110}⟨110⟩剪切

图 2.4.2　立方晶体中变形的 3 种基本方式

第一种方式是在静水应力作用下的膨胀[见图 2.4.2(a)]。这种变形方式只能产生体积变化，而没有形状变化。由广义胡克定律可得到

$$\sigma=\sigma_{xx}=\sigma_{yy}=\sigma_{zz}=C_{11}\varepsilon_{xx}+C_{12}\varepsilon_{yy}+C_{12}\varepsilon_{yy}$$

$$\varepsilon_{xx}=\varepsilon_{yy}=\varepsilon_{zz}$$

$$\varepsilon_{xx}+\varepsilon_{yy}+\varepsilon_{zz}=\frac{\Delta V}{V}$$

则根据体积模量的定义可得到

$$K = \frac{-\sigma}{\Delta V/V} = \frac{(C_{11} + 2C_{12})}{3} \qquad (2.4.2)$$

另外两种变形方式与形状变化有关,分别对应于发生在{100}面上沿⟨100⟩方向的剪切[见图 2.4.2(b)]和在{110}面上沿⟨110⟩方向的剪切[见图 2.4.2(c)]。这两种变形方式具有不同的剪切模量,因为它们所代表的是使材料产生变形但同时又保证体积不发生变化的两种不同方式。

对于{100}面的剪切,有

$$\mu_1 = \frac{\tau_{yz}}{\gamma_{yz}} = C_{44} \qquad (2.4.3)$$

对于{110}面的剪切,根据应变分析理论可知,一个纯切应变等效于在相互垂直的方向上两个大小相等方向相反的正应变。由式(2.2.9),分别沿 x 轴和 y 轴方向发生两个应变 ε 和 $-\varepsilon$ 导致了如下应力:

$$\begin{cases} \sigma_{xx} = C_{11}\varepsilon - C_{12}\varepsilon \\ \sigma_{yy} = C_{12}\varepsilon - C_{11}\varepsilon \end{cases} \qquad (2.4.4)$$

因此有 $\sigma_{xx} = \sigma_{yy} = \sigma$。 利用坐标转换公式确定{110}平面上切应力和切应变的分量时可以发现: $\tau_{23} = \sigma$ 和 $\gamma_{23} = 2\varepsilon$。 于是{110}平面上应力与应变的比值,即剪切模量 μ_2,可以写为

$$\mu_2 = \frac{\sigma}{2\varepsilon} = \frac{(C_{11} - C_{12})}{2} \qquad (2.4.5)$$

将两个剪切模量的比值定义为各向异性比:

$$Z = \frac{\mu_1}{\mu_2} = \frac{2C_{44}}{C_{11} - C_{12}} = \frac{2(S_{11} - S_{12})}{S_{44}} \qquad (2.4.6)$$

Z 可以用于表征立方晶体各向异性的程度。当 $Z=1$ 时,$\mu_1 = \mu_2$,为完全各向同性,弹性常数减少为 C_{11} 及 C_{12} 两个。当 $Z<1$ 时,E 的最大值出现在⟨100⟩晶向,而最小值出现在⟨111⟩晶向。当 $Z>1$ 时,规律刚好相反。表 2.4.3 给出了一些立方晶系材料的 3 个弹性常数值及各向异性比。

表 2.4.3　一些立方晶系材料的弹性常数值和各向异性比

材料种类	材　料	C_{11} /($\times 10^{10}$ N/m²)	C_{12} /($\times 10^{10}$ N/m²)	C_{44} /($\times 10^{10}$ N/m²)	$(C_{11} - C_{12})/2C_{44}$
金属	Ag	12.4	9.3	4.6	0.34
	Al	10.8	6.1	2.9	0.81
	Au	18.6	15.7	4.2	0.35
	Cu	16.8	12.1	7.5	0.31
	α-Fe	23.7	14.1	11.6	0.41

续　表

材料种类	材　料	C_{11} /$(\times 10^{10}\ \text{N/m}^2)$	C_{12} /$(\times 10^{10}\ \text{N/m}^2)$	C_{44} /$(\times 10^{10}\ \text{N/m}^2)$	$(C_{11}-C_{12})/2C_{44}$
金属	Mo	46.0	17.6	11.0	1.29
	Na	0.73	0.63	0.42	0.12
	Ni	24.7	14.7	12.5	0.40
	Pb	5.0	4.2	1.5	0.27
	W	50.1	19.8	15.1	1.00
共价键固体	Si	16.6	6.4	8.0	0.64
	金刚石	107.6	12.5	57.6	0.83
	TiC	51.2	11.0	17.7	1.14
离子键固体	LiF	11.2	4.6	6.3	0.52
	MgO	29.1	9.0	15.5	0.65
	NaCl	4.9	1.3	1.3	1.38

资料来源：ASHBY M F, JONES D R H. Engineering materials1, an introduction to properties, applications and design[M]. Oxford: Pergamon Press, 1980.

表 2.4.4 则列出了立方晶系材料的两个重要取向及它们的多晶体的杨氏模量, 可见 fcc 和 bcc 晶体主要晶向杨氏模量的排序为 $E_{\langle 111\rangle} > E_{\langle 110\rangle} > E_{\langle 100\rangle}$, 而简单立方晶体的排序则是 $E_{\langle 100\rangle} > E_{\langle 110\rangle} > E_{\langle 111\rangle}$。

表 2.4.4　一些立方晶系材料的最大和最小杨氏模量

材料种类	材　料	$E_{\text{polycrystal}}$ /$(\times 10^9\ \text{N/m}^2)$	$E_{\langle 111\rangle}$ /$(\times 10^9\ \text{N/m}^2)$	$E_{\langle 100\rangle}$ /$(\times 10^9\ \text{N/m}^2)$	$E_{\langle 100\rangle}/E_{\langle 111\rangle}$
金属	Al	70	76	64	0.84
	Au	78	117	43	0.37
	Cu	121	192	67	0.35
	α-Fe	209	276	129	0.47
	W	411	411	411	1.00
共价键固体	金刚石	—	1 200	1 050	0.88
	TiC	—	429	476	1.11

续　表

材料种类	材　料	$E_{polycrystal}$ /($\times 10^9$ N/m^2)	$E_{\langle 111\rangle}$ /($\times 10^9$ N/m^2)	$E_{\langle 100\rangle}$ /($\times 10^9$ N/m^2)	$E_{\langle 100\rangle}/E_{\langle 111\rangle}$
离子键固体	MgO	310	343	247	0.72
	NaCl	37	32	44	1.38

资料来源：ASHBY M F, JONES D R H. Engineering materials1: an introduction to properties, applications and design[M]. Oxford: Pergamon Press, 1980.

　　Milstein 和 Marschall 定义了一个参数 δ[①]，来表征原子次近邻交互作用与最近邻交互作用之比。fcc 和 bcc 结构的晶体各晶向杨氏模量之比是随 δ 变化而变化的，如图 2.4.3 所示。可见在 fcc 晶系中，Al 最接近各向同性；而在 bcc 晶系中，W 位于所有比值曲线的交点，这意味着各晶向杨氏模量的比值均为 1，即为完全各向同性。对于 fcc 晶体，各晶向杨氏模量的比值变化范围是从 3.2 到 1；而 bcc 晶体则是从 8 到 0，显然 bcc 晶体的次近邻原子的相互作用比 fcc 晶体的更明显。

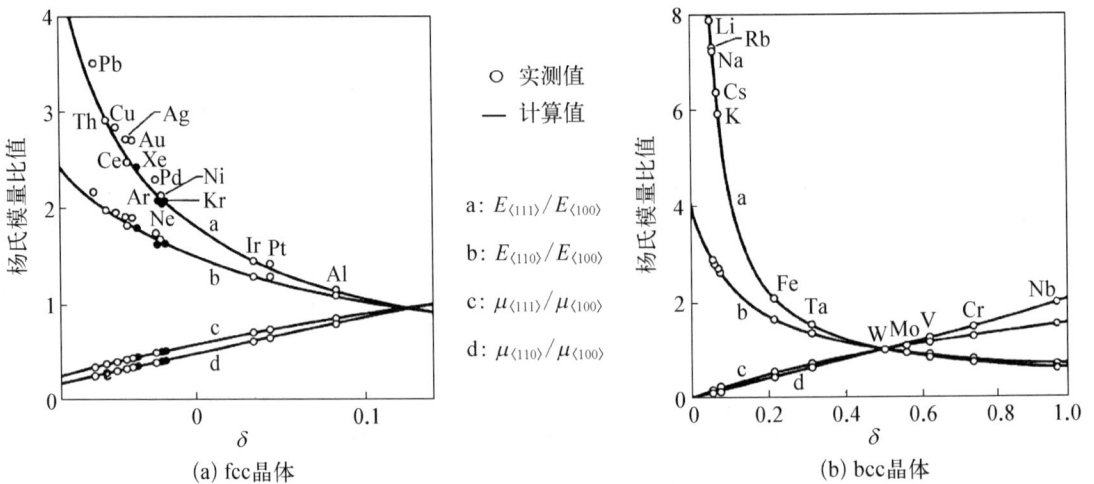

图 2.4.3　立方晶系晶体各晶向弹性模量比值与 δ 的关系

2.4.3　多晶体的弹性模量

　　绝大多数实际应用的晶体材料都是由单晶晶粒聚合而成的多晶。多晶体中各晶粒取向随机分布，即在三维空间中各取向上的分布概率几乎相同，因此可认为多晶体的弹性模量是各向同性的，且一般介于其本身单晶体最大模量和最小模量之间，参见表 2.4.4。

　　对于由不同取向晶粒聚合而成的多晶体，要依据已知单晶体的弹性模量计算多晶体弹性模量，应由各取向晶粒的弹性模量采用统计平均化方法得到，就是说要已知晶粒取向的分

---

① MILSTEIN F, MARSCHALL J. Structral bonding contributions and the elastic response of b.c.c. and f.c.c. crystals [J]. Acta Metall. et Mater. , 1992, 40: 1229 - 1235.

布函数,这是比较复杂的,通常采用一些简化模型,参见 2.4.8 节。

2.4.4 固溶体的弹性模量

在基体中加入溶质原子,既可能使合金的弹性模量增加,也可能使其弹性模量降低。当溶质和溶剂原子间结合力比溶剂原子间结合力大时,会使合金的弹性模量增加,反之则会使其弹性模量下降。例如,在铜基和银基中加入元素周期表中与其相邻的元素(铜中加入砷、硅、锌;银中加入镉、锡、铟),则随溶质原子摩尔浓度 c 增加,模量呈直线减小(见图 2.4.4)。

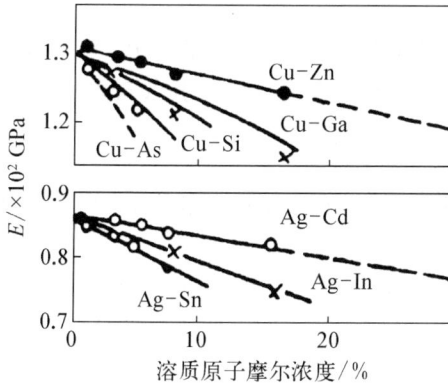

图 2.4.4 铜、银合金中溶质原子摩尔浓度对弹性模量的影响

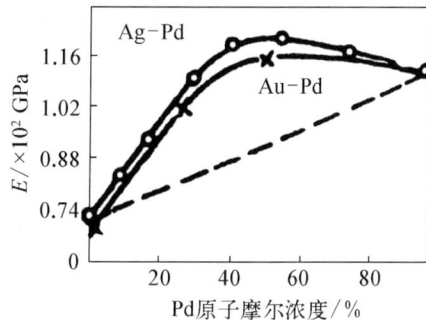

图 2.4.5 Ag-Pd 及 Au-Pd 合金成分对弹性模量的影响

溶质原子的化合价 z 愈高,弹性模量减小愈多,且有

$$\frac{\mathrm{d}E}{\mathrm{d}c} \propto cz^2 \tag{2.4.7}$$

在固态完全互溶的情况下,二元固溶体的弹性模量作为溶质原子摩尔浓度的函数一般呈线性变化。这类连续固溶体有 Cu-Ni、Cu-Au、Ag-Cu 等。如组成合金的组元含有过渡金属,则合金的弹性模量随浓度的变化呈向上凸出的曲线状[见图 2.4.5]。这主要与过渡金属元素具有未填满电子次壳层的原子结构有关。

溶剂与溶质的原子半径差也对合金弹性模量有影响。理论证明,合金弹性模量随溶剂与溶质的原子半径差增大而线性下降。

2.4.5 多相合金的弹性模量

多相合金的弹性模量较复杂,视第二相的大小、数量和分布状态而定。

对各相尺寸在同一数量级的聚合型多相合金而言,可按各相混合物体积比例的加权平均值计算,即服从混合律(参见 2.4.8 节)。

对于沉淀强化或弥散强化合金,形成高模量的第二相颗粒可以提高合金的弹性模量,例如铍青铜时效处理后模弹性量可提高约 20%。目前常用的高弹性合金往往通过合金化及热处理来形成诸如 Ni₃Mo、Ni₃Nb、Ni₃(Al, Ti)、(Fe, Ni)₃Ti、Fe₂Mo 等中间相,在实现弥散硬化的同时提高材料的弹性模量。但对作为结构材料使用的大多数金属材料,其中第二相所占比例较小的情况下,可以忽略其对弹性模量的影响。

因此,作为金属材料刚度代表的弹性模量,是一个组织不敏感的力学性能指标,在选择了基体(即确定了原子结合键性质)后,很难通过改变组织结构的办法进一步实现弹性模量的大幅度提高。

2.4.6 陶瓷的弹性模量

工程陶瓷弹性模量的大小与构成陶瓷的相的种类、粒度、分布、比例,以及组织结构中的气孔率和微裂纹有关,因此作为复杂多相体的陶瓷,很难用理论来估算其弹性模量。

2.4.6.1 气孔的影响

对于烧结或粉末冶金方法生产的工程陶瓷材料,其组织中总是存在气孔,导致其弹性模量受到严重影响。研究表明,陶瓷杨氏模量与气孔率 P 的关系可由经验公式表示:

$$E = E_0(1 - AP + BP^2) \tag{2.4.8}$$

式中,A 和 B 均为常数,当泊松比为 0.3 时,A 和 B 的值分别为 1.9 和 0.9。当气孔率低于 0.1 时,式(2.4.8)可近似为

$$E = E_0(1 - AP) \tag{2.4.9}$$

即随气孔率的增加,杨氏模量呈线性下降关系。对于大气孔率($P > 0.7$)的陶瓷泡沫材料,其杨氏模量估算式为

$$E = E_0(1 - P)^2 \tag{2.4.10}$$

2.4.6.2 微裂纹的影响

另一个影响陶瓷弹性模量的因素是微裂纹。陶瓷的组织比较复杂,陶瓷晶粒的弹性各向异性及晶内与晶界相的热膨胀系数差异使得陶瓷在生产加工的冷却过程中在晶界处会产生很高的残余应力。这种残余应力有可能直接产生微裂纹,使得陶瓷的拉伸模量低于压缩模量[见图 2.4.6(a)];或者即便未直接产生微裂纹,但在随后拉伸时在不高的应力水平下便会引发微裂纹,从而使弹性模量降低[见图 2.4.6(b)]。

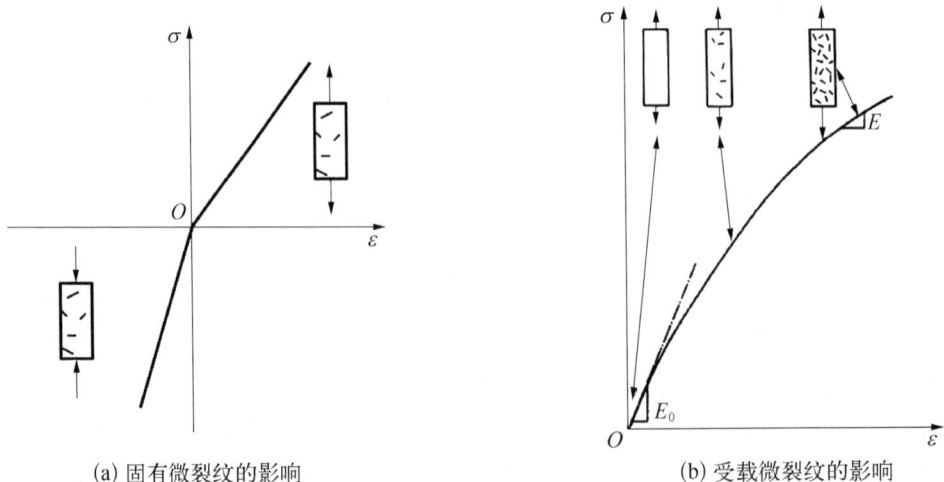

(a) 固有微裂纹的影响　　　　　　　(b) 受载微裂纹的影响

图 2.4.6　微裂纹对陶瓷弹性模量的影响

2.4.7 聚合物的弹性模量

高分子聚合物的弹性模量受微结构的影响非常大,一般有如下经验规律。

(1) 增加高分子极性或产生氢键可提高模量。

(2) 主链含芳杂环的高聚物的弹性模量比脂肪族主链的高,因此新型工程塑料大多是主链含芳杂环的。

(3) 分子链的支化程度增加将使分子之间距离增加,分子间作用力减小,从因而使弹性模量下降。

(4) 交联可使弹性模量增高。

(5) 相对分子质量增大可使弹性模量增大。

(6) 随结晶度上升,弹性模量增加。

(7) 分子链取向可以使弹性模量提高,这在合成纤维工业中是提高纤维强度的一个必不可少的措施。

值得指出的是,高聚物具有较明显的黏弹性特征(参见 2.7 节),所以其弹性模量还受载荷持续时间的影响,一般随着载荷持续时间增长,弹性模量下降。

2.4.8 复相材料的有效模量

实际工程材料的组织结构常常是很复杂的,可以归结为由 n 种不同物理、力学性质的相组成的"复相"材料,例如由不同取向单晶颗粒聚合而成的多晶体、多相合金、增强体(可以是一种或一种以上)与基体组成的复合材料等。若把气孔视为一种刚度为零的相,传统陶瓷甚至多孔材料也可以认为是复相材料。现在的问题是,当已知各组成相的弹性模量和几何结构特征(包括体积分数、形状、分布等)时,如何确定其整体的宏观弹性模量。对于这一问题,通常可将组成它的各相的弹性模量进行统计平均化而得到。由平均化方法得到的宏观弹性模量称为有效模量。

复相在变形时,每个相的变形不是独立的,它必须与相邻相的变形协调发展,微观应力和应变分布是非均匀的,精确计算非常复杂,通常采用如下几种简化假设进行处理。

2.4.8.1 等应变假设

假设在整个变形过程中,材料内部各相的应变是均匀的,且均等于 ε_0,即等于平均应变 $\bar{\varepsilon}$。在这种假设下,求得的平均应力为

$$\bar{\sigma} = \sum_{i=0}^{n} f_i E_i \varepsilon_0 = \left(\sum_{i=0}^{n} f_i E_i\right)\bar{\varepsilon} \tag{2.4.11}$$

式中,n 为所有相的数目;E_i 为第 i 相的杨氏模量;f_i 为第 i 相的体积分数,且有 $\sum_{i=1}^{n} f_i = 1$。由此可得联系平均应力与平均应变的有效模量为

$$\bar{E} = \sum_{i=0}^{n} f_i E_i \tag{2.4.12}$$

式(2.4.12)表明复相材料的宏观弹性模量等于各组成相弹性模量按其所占体积分数的加和,该式又称为混合律。对多晶体、聚合型多相合金、细小颗粒沉淀强化或弥散强化合金、颗

粒增强基体复合材料等准各向同性材料的弹性模量,包括连续纤维增强复合材料的纵向弹性模量,通常采用混合律来预测。

2.4.8.2 等应力假设

假设在整个变形过程中,材料内部各相的应力均等于 σ_0,即等于平均应力 $\bar{\sigma}$。于是,平均应变可表示为

$$\bar{\varepsilon} = \sum_{i=0}^{n} f_i \frac{\sigma_0}{E_i} = \left(\sum_{i=0}^{n} \frac{f_i}{E_i} \right) \bar{\sigma} \tag{2.4.13}$$

由此可得有效模量的另一种表达式:

$$\bar{E} = \frac{1}{\left(\sum_{i=0}^{n} \frac{f_i}{E_i} \right)} \tag{2.4.14}$$

式(2.4.14)表明复相材料的宏观弹性模量等于各组成相弹性模量按其所占体积分数加和的倒数,该式又称为倒数混合律,适用于连续纤维增强复合材料的横向弹性模量的预测。

对比上述两种假设,等应变假设自然满足变形连续性条件(相容条件),但不满足力平衡条件,该方法给出弹性模量的上限;与此相反,等应力假设满足力平衡条件,但无法保证各相材料交界处变形的连续性,该方法给出弹性模量的下限。

2.4.8.3 等应变能假设

更准确处理平均化的办法是由 Budiansky[1] 提出的等应变能假设,即在变形过程中,各相的弹性应变能密度是相等的。假设复相材料承受均匀应力 $\sigma_0 = \bar{\sigma}$,则材料中的应变分布一般来说就不会是均匀的,定义平均意义的应变为

$$\bar{\varepsilon} = \int_V \varepsilon \frac{\mathrm{d}V}{V} \tag{2.4.15}$$

整体应变能密度则是

$$U_e = \frac{1}{2} \int_V \sigma_0 \varepsilon \mathrm{d}V = \frac{\sigma_0}{2} \int_V \varepsilon \mathrm{d}V = \frac{\sigma_0}{2} \bar{\varepsilon} V = \frac{\bar{\sigma}^2 V}{2\bar{E}} \tag{2.4.16}$$

式中, $\bar{\sigma} = \bar{E}\bar{\varepsilon}$。如以各相的杨氏模量表示式(2.4.16),则有

$$U_e = \frac{\sigma_0 V}{2} \left[\frac{1}{E_0} + \sum_{i=0}^{n} f_i \left(1 - \frac{E_i}{f_i} \right) \left(\frac{\bar{\varepsilon}_i}{\sigma_0} \right) \right] \tag{2.4.17}$$

式中,当 $i=0$ 时, $1 - \frac{E_i}{E_0} = 0$; $\bar{\varepsilon}_i = \frac{1}{V_i} \int_{V_i} \varepsilon \mathrm{d}V_i$,为各相内的平均应变。比较式(2.4.16)和式(2.4.17),立即可以得到

$$\frac{1}{\bar{E}} = \frac{1}{E_0} + \sum_{i=1}^{n} f_i \left(1 - \frac{E_i}{E_0} \right) \left(\frac{\bar{\varepsilon}_i}{\sigma_0} \right) \tag{2.4.18}$$

很显然, $\bar{E}$ 不仅取决于材料的微结构,也与内部应变分布 $\bar{\varepsilon}_i$ 有关。这一方法可以同时满足

① BUDIANSKY B. On the elastic moduli of some heterogeneous materials[J]. J. Mech. Phys. Solids. 1965,13:223.

静力平衡条件和几何相容条件,统一了等应变和等应力两种假设,现在被称为自洽原理。

以上分析针对的是弹性问题。近来,结合数值计算技术的发展,自洽原理也被广泛应用于塑性、微结构演化和损伤等问题。

2.5　温度对弹性变形的影响

温度升高时,原子热运动加剧,将引起晶格势能的变化,弹性模量自然也将随之变化。但温度升高的同时固体的原子间距增大,体积膨胀。这样,弹性模量与温度的关系就不是简单的关系。按定义,弹性模量 E 是外加应力 σ 随应变 ε 的变化率,它与反映点阵原子间作用力 F 的导数成正比,即

$$E = \frac{\partial \sigma}{\partial \varepsilon} \propto \frac{\partial F}{\partial x} \tag{2.5.1}$$

在小弹性变形范围内服从胡克定律,因此

$$E \propto \frac{F}{x} \tag{2.5.2}$$

温度变化时,F 和 x 都同时受到影响

$$\frac{\partial E}{\partial T} \propto \frac{1}{x}\frac{\partial F}{\partial T} - \frac{F}{x^2}\frac{\partial x}{\partial T} \tag{2.5.3}$$

所以弹性模量随温度的变化涉及两个方面:一方面是温度变化影响原子间结合力,表现在 $\left(\dfrac{\partial F}{\partial T}\right)$ 项;另一方面是温度变化影响物体的体积,表现在 $\left(\dfrac{\partial x}{\partial T}\right)$ 项。当温度上升时,固体内部原子热振动能量增大,原子间结合力减弱,总是有 $\dfrac{\partial F}{\partial T} < 0$。相反,在一般情况下,固体有正的线膨胀系数,即 $\dfrac{\partial x}{\partial T} > 0$。因此式(2.5.3)右端为负值,说明材料的弹性模量一般总是随温度升高而减小的。

弹性模量随温度变化的程度一般用弹性模量温度系数 β 来表征:

$$\beta = \frac{1}{E}\frac{\mathrm{d}E}{\mathrm{d}T} \tag{2.5.4}$$

它表示温度升高1℃时弹性模量的相对降低值。图2.5.1给出了一些纯金属的杨氏模量与约比温度($T_s = T/T_M$)的实验关系。可以看出,如不考虑相变的影响,大多数金属的弹性模量随温度的升高几乎都直线下降。

对于一般金属,$\beta = -(300 \sim 1000) \times 10^{-6}\,℃^{-1}$,低熔点金属的 β 值较大,而高熔点金属和难熔化合物的 β 值较小。合金的弹性模量随温度上升而下降的趋势与纯金属大致相同,具体数据可以从材料手册上查到。但是当温度高于 $0.5T_M$ 时,杨氏模量与温度之间不再是线性关系,而呈指数关系:

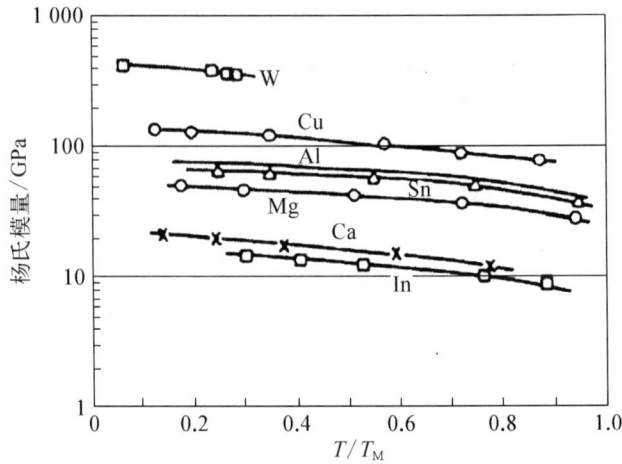

图 2.5.1　一些纯金属杨氏模量与温度的关系

（SHERBY O D. Nature and properties of materials[M]. New York：John Wiley & Sons. Inc.，1967.）

$$\frac{\Delta E}{E} \propto \exp\left(-\frac{Q}{RT}\right) \qquad (2.5.5)$$

式中，Q 为弹性模量效应的激活能；R 为气体常数；T 为绝对温度。

2.6　橡胶弹性

2.6.1　橡胶弹性的特点

天然橡胶及处于高弹态（又称橡胶态）的聚合物在变形时具有独特的力学响应行为。图 2.6.1 为橡胶或处于橡胶态聚合物单向拉伸时加载和卸载的应力-应变曲线示意图，曲线段 $OABC$ 为加载段，起始段 OA 为胡克弹性段，但该阶段很短，很快便进入高弹态，在不大的应力下，便可以发展高弹变形，呈现一段较长的平台 AB 段，直到试样断裂前曲线才出现急剧上升，至 C 点断裂。如果试样加载至高弹性阶段的 B 点后立即卸载，则应力-应变关系沿 $BA'O$ 曲线发展，BA' 段为胡克弹性回复，$A'O$ 段为高弹性回复。显然，橡胶弹性的加载-卸载曲线不重合，即应力-应变关系并非单值关系。我们把

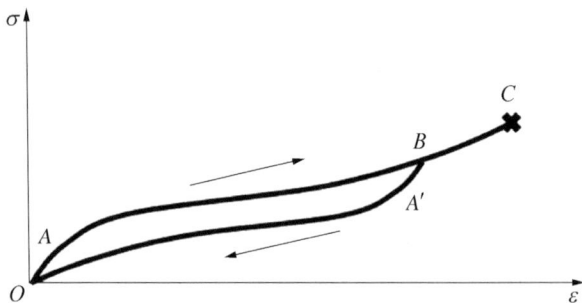

图 2.6.1　天然橡胶或橡胶态聚合物的拉伸应力-应变曲线示意

天然橡胶和高弹态聚合物表现出的高弹性称为橡胶弹性。

与一般的固体相比，橡胶弹性的重要特征如下。

（1）弹性模量很小，而弹性变形量很大。一般金属的弹性变形量只有原试样的 1%，而橡胶的弹性变形量可达 $1\,000\%$。橡胶的弹性模量是其他固体的万分之一以下。从这一特

性看,使用橡胶并不是利用其抵抗变形的刚度特性,而是利用其弹性变形量大、储存弹性应变能大的弹性特性。

(2)变形需要时间。橡胶受到外力拉伸或压缩时,变形总是随时间而发展的,最后达到最大变形,这种现象称为蠕变。另一种明显的现象是,在保持变形量(应变)固定时,固体内的应力会随时间增加而逐渐减小,这种现象称为应力松弛。

(3)变形时有热效应。橡胶在伸长时会发热,回缩时会吸热,而且伸长时的热效应随伸长率的增加而增加。

橡胶的高弹性与其特有的微结构及其运动特征相关。橡胶弹性的实质是熵弹性,借由分子链段的伸展(熵减小)和回缩(熵增大)实现变形和回复,因此要求结构中一定要有足够的内部分子活动性,以保证在变形和回复过程中能实现分子链构象重排。这样,仅从自身结构来看,应具有下列特点。

(1)具有柔性高分子链结构,其玻璃化温度要远远低于室温。这样,在室温条件下,高聚物处于高弹态,可满足大多数橡胶制品对高弹性力学性能的要求。

(2)高分子链间有适当的交联或硫化。这是为了防止在高弹性变形过程中发生不可逆的高分子链间相对位移(塑性变形)。当然,交联过度也会降低高弹性变形能力。

(3)具有足够高的相对分子质量。这样可使得对弹性没有贡献的分子链的端链数减少。

(4)结晶度低。对于柔性高分子链结构,当分子链的对称性低,又没有氢键作用时,即使在低温或高拉伸比时也不易结晶,有利于高弹性的发挥。

2.6.2 橡胶弹性统计理论

因橡胶弹性的本质是熵弹性,且橡胶体可以被认为是不可压缩体,变形时体积保持不变,因此橡胶体内抵抗弹性变形的力(弹性回复力)可以表示为

$$f \doteq - T \left(\frac{\partial S}{\partial l} \right)_{T, V} \tag{2.6.1}$$

该式表明,有可能把橡胶的宏观变形引起的回缩力与橡胶内部高分子链相应构象的变化带来的熵的变化联系起来,因此可用统计热力学方法计算体系熵的变化,进而推导出本构关系。换句话说,对橡胶交联网的应力-应变特征作定量计算,就是计算分子集合体中所有分子在应变状态下的构象熵。并且,通常可以认为本体高聚物试样的回缩力是试样中所有分子链回缩力的加和,即各个分子链对宏观试样弹性的贡献是彼此互不相干的,因而计算构象熵的工作可以从计算单个分子链入手,然后再处理交联网。

为便于进行统计热力学分析,设橡胶弹性体的交联网满足以下4个假设。

(1)每个网链的各个构象的势能相等,构象变化不引起体系内能变化,可将每个网链视作是高斯链,分子间无相互作用。

(2)每个网链的构象分布遵从高斯分布函数,且不占体积。

(3)交联网为各向同性网络,其总的构象数是各个单独网链构象数的乘积。

(4)无论在应变状态还是非应变状态,假设网络中的交联点固定在它的平均位置上。当变形时,这些交联点将仿射地变化,即它们的位置改变将与试样的宏观变形具有同一

比例。

现分析如图 2.6.2 所示的橡胶体恒体积变形过程。定义拉伸比为

$$\lambda_1 = \frac{l_1}{l_0}, \quad \lambda_2 = \frac{l_2}{l_0}, \quad \lambda_3 = \frac{l_3}{l_0} \tag{2.6.2}$$

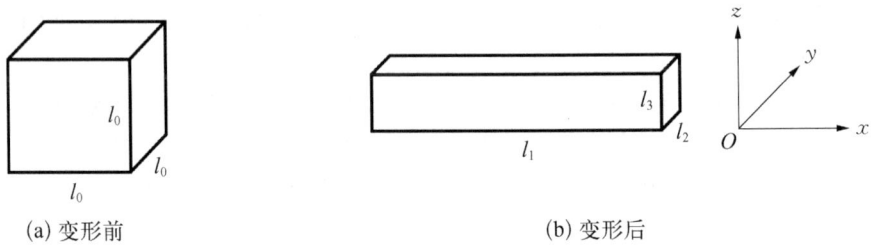

(a) 变形前   (b) 变形后

图 2.6.2　橡胶体恒体积变形示意图

因变形时体积不变,故有

$$l_1 l_2 l_3 = l_0^3 \tag{2.6.3}$$

在沿 x 方向单向拉伸时,有

$$l_2 = l_3 = \frac{l_0}{\sqrt{\lambda_1}} \tag{2.6.4}$$

及

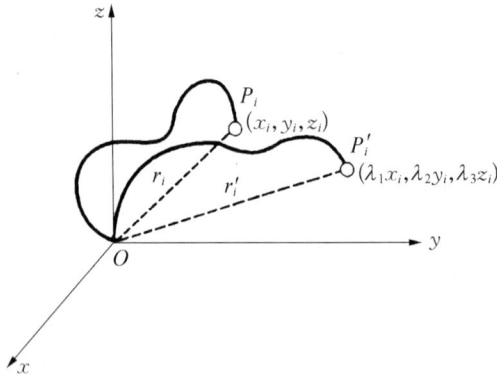

图 2.6.3　网链仿射变形前后的坐标及末端距

$$\lambda_2 = \lambda_3 = \frac{1}{\sqrt{\lambda_1}} \tag{2.6.5}$$

在橡胶体宏观变形过程中,其内部网链将伸展。假设将交联网链第 i 个网链的一端固定在直角坐标系原点上,另一端在 $P_i(x_i, y_i, z_i)$ 点处,变形后该端移动到 $P_i'(x_i', y_i', z_i')$ 点处,如图 2.6.3 所示。

首先分析一个网链在变形中的熵变。交联网链第 i 个网链末端 P_i 落在点 (x_i, y_i, z_i) 处的小体积元 $\mathrm{d}x\mathrm{d}y\mathrm{d}z$ 内的概率 p 服从高斯分布:

$$p(x_i, y_i, z_i)\mathrm{d}x\mathrm{d}y\mathrm{d}z = \left(\frac{\beta}{\sqrt{\pi}}\right)^3 \exp[-\beta^2(x_i^2 + y_i^2 + z_i^2)]\mathrm{d}x\mathrm{d}y\mathrm{d}z \tag{2.6.6}$$

式中,β 为一个参数,由下式确定:

$$\beta^2 = \frac{3}{2zb^2} \tag{2.6.7}$$

式中,z 为网链的链段数;b 为链段长度。如果 $\mathrm{d}x\mathrm{d}y\mathrm{d}z$ 为单位小体积元,则网链构象数与概率 p 呈比例关系。根据玻尔兹曼(Boltzmann)定律,体系的熵 S 与体系的微观状态数(即网

链的构象数)Ω 的关系为

$$S = k \ln \Omega \tag{2.6.8}$$

式中，k 为玻尔兹曼常数。因此，未变形时一个网链的构象熵为

$$S_{iu} = C - k\beta^2(x_i^2 + y_i^2 + z_i^2) \tag{2.6.9}$$

式中，C 为常数。当拉伸变形后，第 i 网链端点移至 $P_i'(x_i',\ y_i',\ z_i')$ 处。因有 $x' = \lambda_1 x_i$、$y' = \lambda_2 y_i$、$z' = \lambda_3 z_i$，则，变形后第 i 网链的构象熵为

$$S_{id} = C - k\beta^2(\lambda_1^2 x_i^2 + \lambda_2^2 y_i^2 + \lambda_3^2 z_i^2) \tag{2.6.10}$$

则变形后熵变为

$$\Delta S_i = S_{id} - S_{iu} = -k\beta^2\left[(\lambda_1^2 - 1)x_i^2 + (\lambda_2^2 - 1)y_i^2 + (\lambda_3^2 - 1)z_i^2\right] \tag{2.6.11}$$

接着分析交联网的总熵变 ΔS。设理想弹性体交联网络的单位体积内网链数目为 N，则单位体积网络变形前后的总构象熵为 N 个交联网链构象熵变的加和，即

$$\Delta S = -k\beta^2 \sum_{i=1}^{N}\left[(\lambda_1^2 - 1)x_i^2 + (\lambda_2^2 - 1)y_i^2 + (\lambda_3^2 - 1)z_i^2\right] \tag{2.6.12}$$

由于每个网链的末端距都不相等，依据假设取其平均值，则

$$\Delta S = -k\beta^2 \sum_{i=1}^{N}\left[(\lambda_1^2 - 1)\bar{x}_i^2 + (\lambda_2^2 - 1)\bar{y}_i^2 + (\lambda_3^2 - 1)\bar{z}_i^2\right] \tag{2.6.13}$$

因为交联网络是各向同性的，所以

$$\bar{x}_i^2 = \bar{y}_i^2 = \bar{z}_i^2 = \frac{1}{2}\bar{h}^2 \tag{2.6.14}$$

式中，$\bar{h}^2$ 为网链的均方末端距。按假设条件，网链的均方末端距等于高斯链的均方末端距，即 $\bar{h}^2 = \bar{h}_0^2$，则式(2.6.13)变为

$$\Delta S = -\frac{1}{3}\bar{h}_0^2 k N \beta^2\left[(\lambda_1^2 - 1) + (\lambda_2^2 - 1) + (\lambda_3^2 - 1)\right] \tag{2.6.15}$$

又知 $\beta^2 = \dfrac{3}{2Zb^2} = \dfrac{3}{2\bar{h}_0^2}$，代入式(2.6.15)可得

$$\Delta S = -\frac{1}{2}Nk(\lambda_1^2 + \lambda_2^2 + \lambda_3^2 - 3) \tag{2.6.16}$$

最后来分析交联橡胶状态方程。假设在等温拉伸过程中，交联网的内能 U 不变，所以亥姆霍兹(Helmholtz)自由能 F 的变化 ΔF 为

$$\Delta F = \Delta U - T\Delta S = -T\Delta S = \frac{1}{2}NkT(\lambda_1^2 + \lambda_2^2 + \lambda_3^2 - 3) \tag{2.6.17}$$

如果在等温拉伸高弹性变形过程中橡胶的体积保持不变，则外力对体系做的功以弹性应变能的形式储存起来，单位体积应变能为 w，它也等于体系自由能的增加：

$$w = \Delta F = \frac{1}{2} NkT(\lambda_1^2 + \lambda_2^2 + \lambda_3^2 - 3) \tag{2.6.18}$$

在单向拉伸情况下,将式(2.6.5)代入式(2.6.18),可得

$$w = \frac{1}{2} NkT\left(\lambda^2 + \frac{2}{\lambda} - 3\right) \tag{2.6.19}$$

又因 $w = f\,\mathrm{d}l$,则式(2.6.19)可演变为

$$f = \left(\frac{\partial w}{\partial l}\right)_{T,V} = \left(\frac{\partial w}{\partial \lambda}\right)_{T,V} \cdot \left(\frac{\partial \lambda}{\partial l}\right)_{T,V} = \frac{NkT}{l_0}\left(\lambda - \frac{1}{\lambda^2}\right) \tag{2.6.20}$$

因为 N 为橡胶交联网络单位体积内的网链数目(或称网链密度),所以 l_0 为单位长度,则式(2.6.20)可写为

$$f = NkT\left(\lambda - \frac{1}{\lambda^2}\right) \tag{2.6.21}$$

或写为

$$\sigma = \frac{f}{A_0} = NkT\left(\lambda - \frac{1}{\lambda^2}\right) \tag{2.6.22}$$

式中,A_0 为初始单位面积,值为 1。

由状态方程(2.6.22)可知,橡胶态固体拉伸时的应力-应变关系是非线性的。图 2.6.4 为天然橡胶应力-应变曲线的理论预测与实验测定结果的比较,当应变 λ 较小时,可由曲线的起始线性部分来计算弹性模量 E;当 λ 较大时,应力-应变关系已不符合胡克定律,弹性模量已不是常数。此时,可测定规定应变 ε 或规定拉伸比 λ 条件下的表观模量 σ/ε。显然表观模量也不是常数,工程上常用定伸强度来表征表观模量,如 300% 定伸强度、500% 定伸强度等。

2.6.3 穆尼-里夫林方程

早在橡胶弹性统计理论以前,穆尼(Mooney)和里夫林(Rivlin)就从橡胶的宏观弹性行为出发,采用唯象学处理方法,得到了橡胶的应力与拉伸比之间关系的半经验方程。该方法的核心是求出弹性应变能密度 $w(\lambda)$ 与拉伸比 λ 之间的函数关系,然后利用 $\sigma = \dfrac{\partial w}{\partial \varepsilon}$ 的关系,再求出 $\sigma \sim \varepsilon$ 或 $\sigma \sim \lambda$ 的关系。

对于图 2.6.2 所示的橡胶拉伸过程,弹性应变

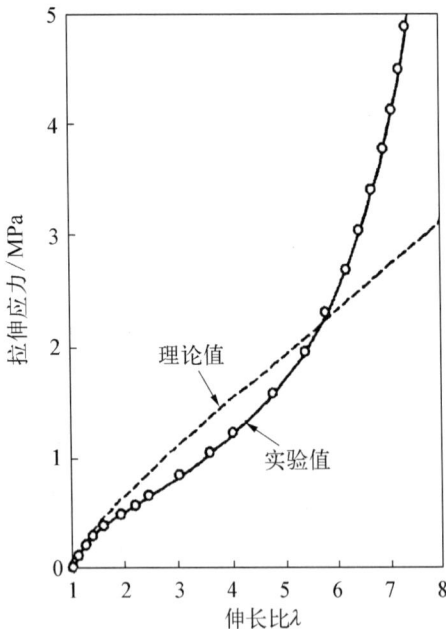

图 2.6.4 天然橡胶的应力-应变曲线
[何曼君,陈维孝,董西侠. 高分子物理(修订版)[M]. 上海:复旦大学出版社,1990.]

能密度为

$$w = \int_{\lambda_1=1}^{\lambda_1} \sigma_1 \mathrm{d}\lambda_1 + \int_{\lambda_2=1}^{\lambda_2} \sigma_2 \mathrm{d}\lambda_2 + \int_{\lambda_3=1}^{\lambda_3} \sigma_3 \mathrm{d}\lambda_3 \tag{2.6.23}$$

w 是应变状态的单值函数。对于橡胶体,应变能密度可表示为

$$w = \frac{1}{2} NKT(\lambda_1^2 + \lambda_2^2 + \lambda_3^2 - 3) \tag{2.6.24}$$

式中,N 为有效网链数。里夫林等检验了硫化橡胶的行为,并给出了如下形式的应变能函数[1]:

$$w = C_1(I_1 - 3) + f(I_2 - 3) \tag{2.6.25}$$

式中,$I_1 = \lambda_1^2 + \lambda_2^2 + \lambda_3^2$,为第一应变不变量;$I_2 = \lambda_1^2\lambda_2^2 + \lambda_2^2\lambda_3^2 + \lambda_3^2\lambda_1^2$,为第二应变不变量;$f(I_2 - 3)$ 为一与 I_2 有关的函数,可以设想为一幂级数(忽略三次方及以上项)。

$$f(I_2 - 3) = C_2(I_2 - 3) + C_3(I_2 - 3)^2 \tag{2.6.26}$$

式中,C_2 和 C_3 为常数。对于不可压缩橡胶体,$\lambda_1\lambda_2\lambda_3 = 1$,故第三应变不变量 $I_3 = \lambda_1^2\lambda_2^2\lambda_3^2 = 1$。因此,第二应变不变量也可写为

$$I_2 = \frac{1}{\lambda_1^2} + \frac{1}{\lambda_2^2} + \frac{1}{\lambda_3^2} \tag{2.6.27}$$

在此情况下,穆尼给出了如下形式的应变能函数[2]:

$$w = C_1(\lambda_1^2 + \lambda_2^2 + \lambda_3^2 - 3) + C_2\left(\frac{1}{\lambda_1^2} + \frac{1}{\lambda_2^2} + \frac{1}{\lambda_3^2} - 3\right) \tag{2.6.28}$$

在单轴拉伸时,$\lambda_1 = \lambda$,$\lambda_2^2 = \lambda_3^2 = \dfrac{1}{\lambda}$,则式(2.6.28)可写为

$$w = C_1\left(\lambda^2 + \frac{2}{\lambda} - 3\right) + C_2\left(\frac{1}{\lambda^2} + 2\lambda - 3\right) \tag{2.6.29}$$

对式(2.6.29)微分,即可求得单位面积橡胶张力为

$$\sigma = \frac{\partial w}{\partial \lambda} = 2\left(\lambda - \frac{1}{\lambda^2}\right)\left(C_1 + \frac{C_2}{\lambda}\right) \tag{2.6.30}$$

或写为

$$\frac{\sigma}{2\left(\lambda - \frac{1}{\lambda^2}\right)} = C_1 + \frac{C_2}{\lambda} \tag{2.6.31}$$

[1] RIVLIN R S, SAUNDERS D W. Large elastic deformations of isotropic materials. Ⅶ. Experiments on the deformation of rubber[J]. Philosophical Transactions of the Royal Society of London. Series A. 1951,243:251.

[2] MOONEY M. A theory of large elastic deformation[J]. J. Appl. Phys.,1940,11:582.

此即穆尼-里夫林方程,方程左边的项称为"约化应力",以它对$\frac{1}{\lambda}$作图得到穆尼曲线,显然它是一条斜直线。图2.6.5为硫化程度不同的橡胶的穆尼曲线。而按统计理论,得到的约化应力与$\frac{1}{\lambda}$之间的直线应该为一条水平线。实验证明,当λ为1~2时,穆尼曲线更好地描述了橡胶弹性模量的应变依赖性。

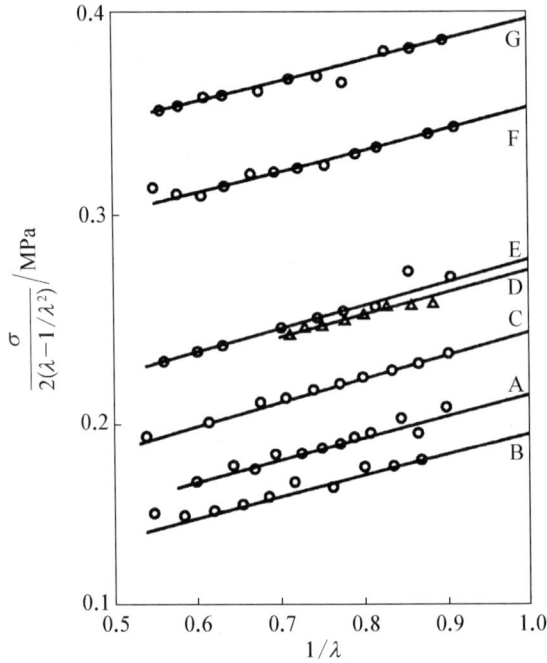

图 2.6.5　橡胶样品的穆尼曲线(A~G 表示不同硫化程度)

2.7　黏弹性

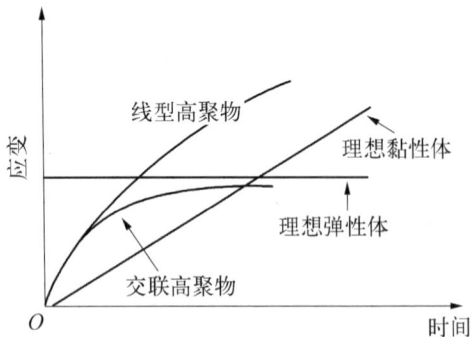

图 2.7.1　不同材料在恒应力下变形与时间的关系

一个理想的弹性体,当受到外力后,平衡变形是瞬时达到的,与时间无关。一个理想的黏性体,当受到外力后,变形是随时间而线性发展的。但是实际材料的力学响应都会或多或少偏离这两种理想状态,表现出兼具黏性和弹性的性质,合称为黏弹性。图2.7.1为理想弹性体、理想黏性体和黏弹性体在恒应力下的应变随时间的变化趋势,可见黏弹性体的力学行为也是时间相关的。在金属、陶瓷等晶体材料,以及一些非晶态玻璃中,时间相关性表现程度较弱,称为滞弹性。但在高分子聚合物材料(如塑料、橡胶、木材等)中,力学行为的时间相关性非常显著,称为黏弹性。本节介绍黏弹性的一些基本特征及描述方法,这些描述方法(除了微观机制)同样适用于滞弹性。

2.7.1 黏弹性的本质

聚合物的黏弹性源于其微结构单元对外力的响应机制。聚合物的微结构十分复杂,在力的作用下微结构单元的运动形式很多,但从造成的变形性质上来说大致可分为普弹性、高弹性、黏性 3 大类变形机制,图 2.7.2 为在 t_1 时刻施加恒定应力并持续至 t_2 时刻卸载的过程中这 3 种变形的应变随时间变化的规律。

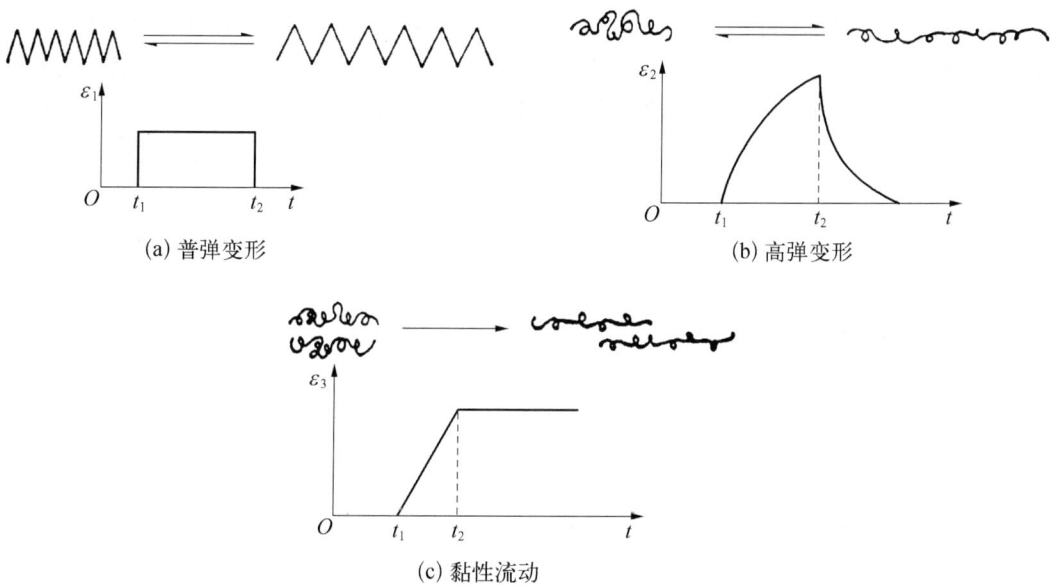

(a) 普弹变形　　　　　　　　　(b) 高弹变形

(c) 黏性流动

图 2.7.2　微结构单元对外力的响应

普弹变形是由分子链内共价键的键长伸缩或键角旋转实现的[见图 2.7.2(a)],属于能弹性,符合胡克定律:

$$\varepsilon_1 = \frac{\sigma}{E_1} \tag{2.7.1}$$

式中,E_1 为胡克弹性模量。

高弹变形由分子链链段的伸展实现[见图 2.7.2(b)],属于熵弹性,变形量比普弹变形大得多,但变形量与时间呈指数关系:

$$\varepsilon_2 = \frac{\sigma}{E_2}\left[1 - \exp\left(-\frac{t}{\tau}\right)\right] \tag{2.7.2}$$

式中,E_2 为高弹性模量;τ 为松弛时间,$\tau = \eta_2/E_2$,其中,η_2 为链段运动的黏度。外力去除时,高弹变形是随时间逐渐回复的。

黏性流动由分子链间的相对滑移实现[见图 2.7.2(c)],变形不可回复,且与时间有关。若采用理想黏性流动模型,则有

$$\varepsilon_3 = \frac{\sigma}{\eta_3} t \tag{2.7.3}$$

式中，η_3 为本体黏度，即牛顿流体的单轴拉伸黏度。

将 3 种变形叠加就可得到总的变形：

$$\varepsilon(t) = \varepsilon_1 + \varepsilon_2 + \varepsilon_3 = \frac{\sigma}{E_1} + \frac{\sigma}{E_2}\left[1 - \exp\left(-\frac{t}{\tau}\right)\right] + \frac{\sigma}{\eta_3} t \tag{2.7.4}$$

显然，高分子聚合物的变形与时间之间为复杂的非线性关系。

因为聚合物的参数 E_1、E_2、η_2 和 η_3 均与温度有关，所以聚合物的变形受到环境温度的严重影响。温度不同，可使其处于不同的力学状态。当环境温度 $T < T_g$（玻璃化转变温度）时，聚合物处于玻璃态，分子链段的伸展及滑移运动均被"冻结"，高弹变形及黏性变形无从实现，故聚合物表现为胡克弹性。当 $T_g < T < T_f$（黏流态转变温度）时，黏度下降，分子链的链段"解冻"，聚合物处于高弹态，但整个分子链仍处于"冻结"状态，故总变形由胡克弹性及高弹性贡献。当 $T > T_f$ 时，聚合物黏度大大下降，处于黏流态，上述 3 种机制都对总变形有贡献。

2.7.2 黏弹性体的力学松弛

黏弹性材料的力学性质随时间变化的现象称为力学松弛。当力的作用方式不同时，力学松弛的表现形式不同，如图 2.7.3 所示。在恒定应力或恒定应变作用下的力学松弛称为静态黏弹性，最基本的表现形式为蠕变和应力松弛；在交变应力作用下的力学松弛称为动态黏弹性，最基本的表现形式为应变滞后和力学损耗。

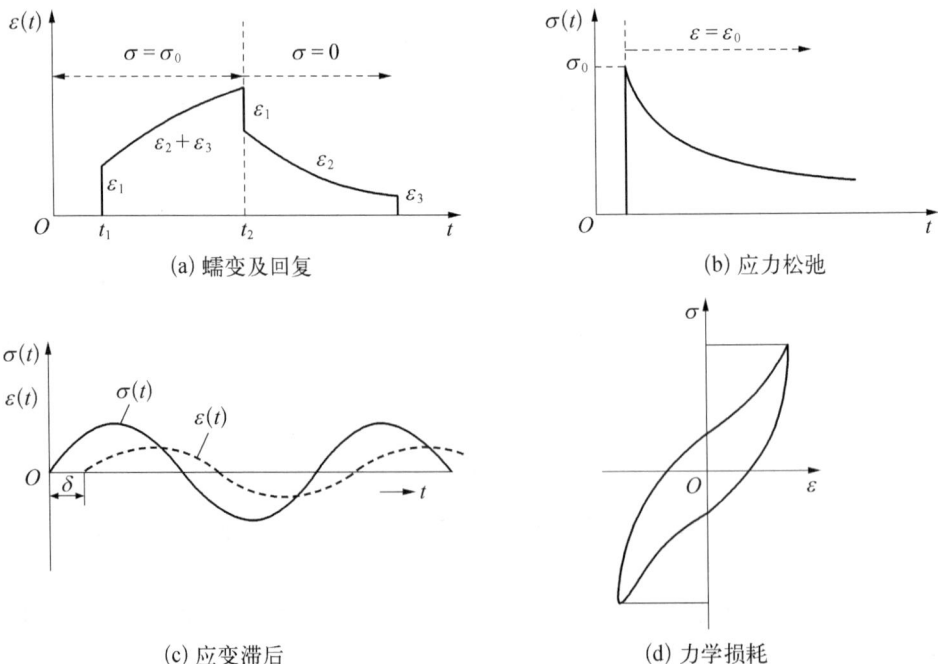

(a) 蠕变及回复

(b) 应力松弛

(c) 应变滞后

(d) 力学损耗

图 2.7.3 黏弹性材料力学松弛的表现形式

2.7.2.1 蠕变

蠕变是指在一定温度和较小的恒定外力作用下,材料的变形随时间的增加而逐渐增大的现象。图 2.7.3(a)是线性聚合物在 T_g 以上的蠕变曲线和回复曲线示意图,变形由普弹变形 ε_1、高弹变形 ε_2 和黏性变形 ε_3 三部分共同组成。值得注意的是,在 t_2 时刻卸载时,ε_1 瞬时回复,ε_2 呈指数形式回复,而 ε_3 为永久变形,不能回复。

在恒应力 σ_0 持续作用下,蠕变变形与时间的关系可由式(2.7.4)得到

$$\varepsilon(t) = \frac{\sigma_0}{E_1} + \frac{\sigma_0}{E_2}\left[1 - \exp\left(-\frac{t}{\tau}\right)\right] + \frac{\sigma_0}{\eta_3}t \tag{2.7.5}$$

蠕变与温度高低和外力大小有关。温度过低或外力太小时,蠕变很小而且很慢,在短时间内不易察觉;温度过高或外力过大时,变形发展过快,也感觉不出蠕变现象;在适当的外力作用下,通常在 T_g 以上不远,链段在外力下可以运动,但运动时受到的内摩擦力又较大,只能缓慢运动,可观察到较明显的蠕变现象。

2.7.2.2 应力松弛

应力松弛是指在恒定温度和变形保持不变的情况下,材料内部的应力随时间增加而逐渐衰减的现象[见图 2.7.3(b)]。应力与时间的关系一般为指数形式:

$$\sigma = \sigma_0\exp\left(-\frac{t}{\tau}\right) \tag{2.7.6}$$

从本质上来看,与蠕变一样,应力松弛也反映了聚合物内部分子的 3 种运动情况。当聚合物一开始被拉长时,其分子处于不平衡的构象,要逐渐过渡到平衡的构象,也就是链段顺着外力的方向运动以减小或消除内部应力。如果温度相对很高 ($T \gg T_g$),如常温下的橡胶,链段运动时受到的内摩擦力很小,应力很快就松弛掉了,甚至可以快到几乎觉察不到的地步。如果温度相对太低 ($T \ll T_g$),如常温下的塑料,虽然链段受到很大的应力,但是因为内摩擦力很大,链段运动的能力很弱,所以应力松弛极慢,也就不容易觉察得到。只有在 T_g 附近几十摄氏度范围内,应力松弛比较明显。

2.7.2.3 应变滞后

弹性体的力学响应是瞬时的,在交变应力作用下,其应变与应力同频率、同相位地周期变化。黏弹性体的力学响应依赖于时间,应变响应的周期性变化滞后于应力的变化,即同频率而不同相位,这种现象称为应变滞后[见图 2.7.3(c)]。

如果对线弹性体施加一个正弦交变应力 $\sigma = \sigma_0\sin\omega t$ (σ_0 为应力振幅;ω 为应力变化的角频率),那么应变响应为

$$\varepsilon = \varepsilon_0\sin\omega t \tag{2.7.7}$$

若对线性黏性流体施加应力 $\sigma = \sigma_0\sin\omega t$,应变响应可表示为

$$\varepsilon = \varepsilon_0\sin\left(\omega t - \frac{\pi}{2}\right) \tag{2.7.8}$$

这表明牛顿流体的应变变化比应力变化滞后 $\dfrac{\pi}{2}$ 相位。黏弹性体的力学响应介于弹性体和

牛顿流体之间,应变落后应力一个相位角 δ,δ 的值为 $0 \sim \dfrac{\pi}{2}$。因此黏弹性体的应变可表示为

$$\varepsilon = \varepsilon_0 \sin(\omega t - \delta) \tag{2.7.9}$$

滞后现象产生的分子运动机理:由于聚合物分子链的链段运动受到分子内和分子间相互作用的内摩擦阻力和热运动影响,使链段运动跟不上外力的变化。

2.7.2.4 力学损耗

1) 概念及表征

由于黏弹性体应变落后于应力,使加载曲线与卸载曲线不重合,形成一个封闭的滞后环[见图 2.7.3(d)]。滞后环的存在说明加载时吸收的变形功大于卸载时释放的变形功,因而有一部分变形功被损耗掉了,故称为力学损耗。由于这部分损耗的功是被材料内部吸收的,故又称内耗或内摩擦。

内耗的大小可用应力循环一周在单位弧度上的相对能量损耗表征,以 Q^{-1} 表示:

$$Q^{-1} = \frac{1}{2\pi} \frac{\Delta \overline{W}}{\overline{W}} \tag{2.7.10}$$

式中,$\Delta \overline{W}$ 为振动一周的能量损耗;$\overline{W}$ 为最大振动能。振动一周损耗的能量为

$$\Delta \overline{W} = \oint \sigma \, d\varepsilon = \oint \sigma \frac{d\varepsilon}{dt} dt = \sigma_0 \varepsilon_0 \int_0^{\frac{2\pi}{\omega}} \sin \omega t \cos(\omega t - \delta) \, dt = \pi \sigma_0 \varepsilon_0 \sin \delta \tag{2.7.11}$$

振动一周的能量为

$$\overline{W} = \frac{1}{2} \sigma_0 \varepsilon_0 \tag{2.7.12}$$

将式(2.7.11)和式(2.7.12)代入式(2.7.10)可得

$$Q^{-1} = \sin \delta \tag{2.7.13}$$

一般 δ 角都很小,所以常用它的正切值来表示内耗,即

$$Q^{-1} \approx \tan \delta \tag{2.7.14}$$

2) 复数模量

设 $\varepsilon = \varepsilon_0 \sin \omega t$,因应力领先应变一个相位角 δ,故应力可表示为 $\sigma = \sigma_0 \sin(\omega t + \delta)$,将应力展开成两项:

$$\sigma = \sigma_0 \sin \omega t \cos \delta + \sigma_0 \cos \omega t \sin \delta \tag{2.7.15}$$

第一项是与应变同位相的部分,幅值为 $\sigma_0 \cos \delta$,是弹性变形的动力部分,可用于储存弹性能;第二项是与应变相差 $90°$ 角的部分,幅值为 $\sigma_0 \sin \delta$,是弹性变形的阻力部分,用于克服内摩擦阻力。现定义 E' 为同相的应力与应变的振幅比值,而 E'' 为相差 $90°$ 角的应力与应变的振幅比值,即

$$E' = \left(\frac{\sigma_0}{\varepsilon_0}\right) \cos \delta \tag{2.7.16}$$

$$E'' = \left(\frac{\sigma_0}{\varepsilon_0}\right) \sin \delta \tag{2.7.17}$$

则应力表达式可写为

$$\sigma = \varepsilon_0 E' \sin \omega t + \varepsilon_0 E'' \cos \omega t \tag{2.7.18}$$

因此,模量也应包括两部分,其复数形式为

$$E^* = E' + iE'' \tag{2.7.19}$$

式中,E' 为实数模量,表征应变能在试样中的储存,称为储存模量;E'' 为虚数模量,表征能量的消耗,称为损耗模量。将式(2.7.16)和式(2.7.17)代入式(2.7.19),得到

$$E^* = \frac{\sigma_0}{\varepsilon_0}(\cos \delta + i\sin \delta) \tag{2.7.20}$$

可见

$$\tan \delta = \frac{E''}{E'} \tag{2.7.21}$$

3) 内耗和模量与频率和温度的关系

聚合物内耗的大小与其本身化学结构有关。一般刚性分子的内耗小,柔性分子的内耗大。然而内耗还受到外界条件的影响。例如,外力作用频率低时,链段来得及运动,内耗很小;外力作用频率很高时,链段来不及运动,聚合物好像一块刚硬的材料,内耗也很小;只有在外力作用频率适中时,才出现较明显的内耗。

频率与内耗的关系如图 2.7.4 所示。在频率很低时,高分子的链段运动完全跟得上外力的变化,$\tan \delta$、E' 和 E'' 均很小,聚合物表现出高弹性;在频率很高时,链段运动完全跟不上外力的变化,$\tan \delta$、E'' 也很小,但 E' 很高,呈现玻璃态;只有在中等频率范围内,随着频率的增加,$\tan \delta$、E' 和 E'' 均增加,但是进一步增大频率时,E' 继续上升,$\tan \delta$ 和 E'' 出现下降趋势,也即在中等频率范围内的某一个特征频率会出现内耗峰,这个区域中材料的黏弹性表现得很明显。

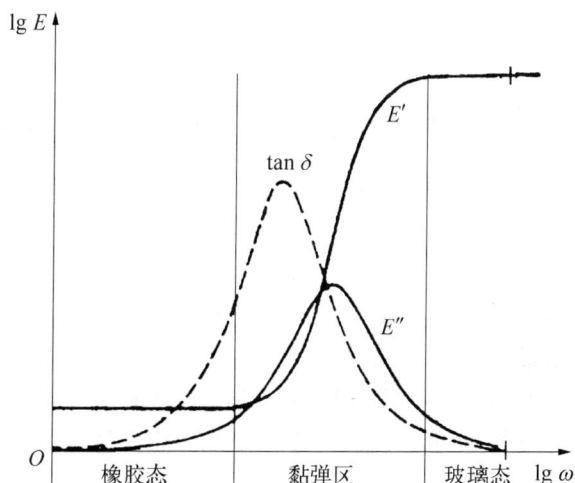

图 2.7.4 典型黏弹性固体内耗和模量与频率的关系

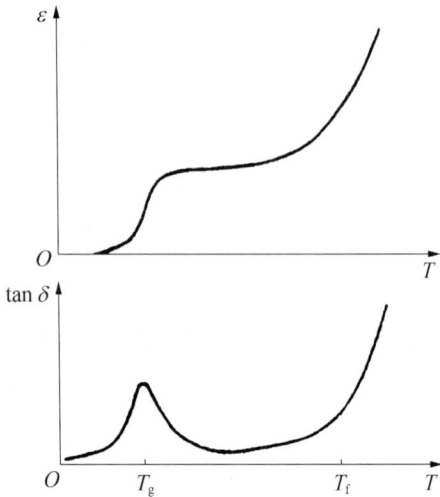

图 2.7.5 聚合物的变形和内耗与
温度的关系

温度与内耗的关系类似于频率与内耗的关系。聚合物的内耗与温度的关系如图 2.7.5 所示。在 T_g 以下时,聚合物受外力作用变形很小,这种变形主要由键长和键角的改变引起,速度很快,几乎完全跟得上应力的变化,所以内耗很小。在温度接近 T_g 时,由于链段开始运动,而体系的黏度还很大,链段运动时受到的摩擦阻力比较大,因此高弹变形显著落后于应力的变化,内耗较大。当温度进一步升高时,虽然变形大,但黏度降低,链段运动比较自由,内耗也小了。因此在玻璃化转变区出现一个内耗峰。当温度超过黏流态转变温度 T_f 时,由于分子间互相滑移,内耗急剧增大。

2.7.3　黏弹性本构关系

因黏弹性变形依赖于时间,故其本构方程应含有时间或应变率项:$\sigma = f(\varepsilon, t)$ 或 $\sigma = f(\varepsilon, \dot{\varepsilon})$。通常采用弹簧元件和活塞(阻尼器)元件分别模拟弹性和黏性特征,这两种基本力学元件的符号及力学响应特征如图 2.7.6 所示。

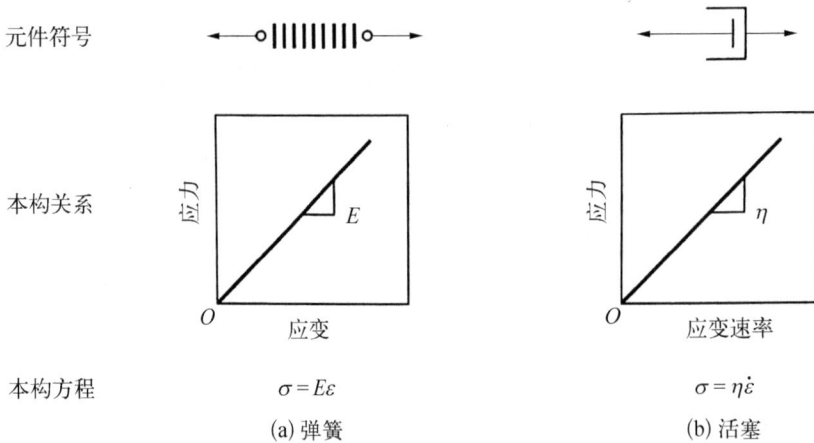

图 2.7.6　描述黏弹性的基本力学元件符号及力学响应特征

有了弹簧和活塞基本元件后,再将这两种元件以不同的形式组合起来,可描述黏弹性本构关系。由于高分子材料微结构的复杂性,致使其黏弹性表现出多样性,没有一个简洁、通用的本构方程能完全描述所有黏弹性行为。因此常将不同个数的弹簧和活塞进行不同形式的组合,得到针对具体情况的本构方程。图 2.7.7 为几种经典的组合模型。

2.7.3.1　麦克斯韦模型

麦克斯韦(Maxwell)模型由一个弹簧和一个活塞串联而成[见图 2.7.7(a)],两个元件中的应力是相同的,而应变却不同,总应变等于两个元件应变量之和,即

$$\varepsilon = \frac{\sigma}{E} + \frac{\sigma}{\eta} t \tag{2.7.22}$$

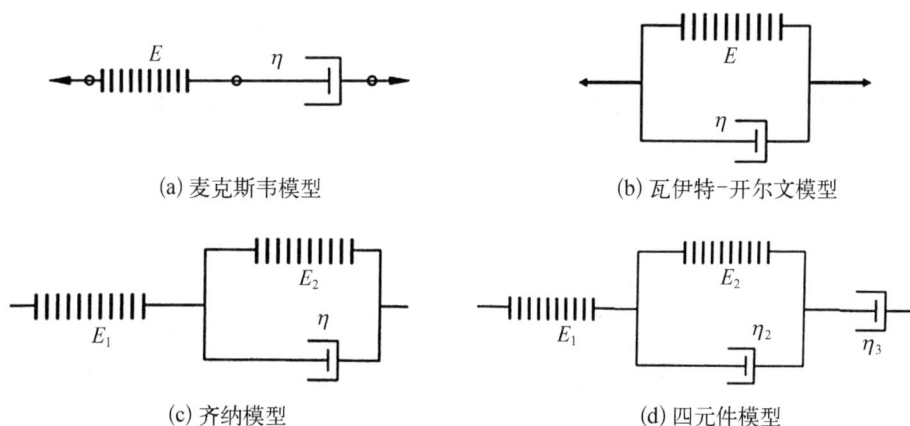

(a) 麦克斯韦模型　　　　　　　(b) 瓦伊特-开尔文模型

(c) 齐纳模型　　　　　　　(d) 四元件模型

图 2.7.7　描述黏弹性本构关系的几种经典模型

在假定弹性模量 E 和黏性系数 η 与速率无关的条件下,总应变率为

$$\dot{\varepsilon} = \frac{\dot{\sigma}}{E} + \frac{\sigma}{\eta} \tag{2.7.23}$$

当施加一个恒定应力 σ_0(蠕变)时,经时间 t 后,由式(2.7.23)得到

$$\varepsilon = \left(\frac{1}{E} + \frac{t}{\eta}\right)\sigma_0 = D(t)\sigma_0 \tag{2.7.24}$$

式中,

$$D(t) = \frac{1}{E} + \frac{t}{\eta} = \frac{1}{E}\left(1 + \frac{E}{\eta}t\right) \tag{2.7.25}$$

$D(t)$ 称为蠕变柔量,它是时间的线性增加函数,并主要由 $\dfrac{E}{\eta}$ 项支配。定义一个与材料本身性质相关的松弛时间 τ:

$$\tau = \frac{\eta}{E} \tag{2.7.26}$$

则蠕变柔量可表示为

$$D(t) = \frac{1}{E}\left(1 + \frac{t}{\tau}\right) \tag{2.7.27}$$

显然,松弛时间越大,蠕变柔量越小,在同样的应力下蠕变变形就越小。

应指出,麦克斯韦模型预示的蠕变行为不是完全真实的,因为很少观察到应变随时间增加做这样减速率变化的真实固体。由式(2.7.24)可见,在某时刻 t_1 后,完全卸去应力将引起应变中弹性分量的瞬时回复。然后不管时间持续多久,应变中黏性分量是不可逆的。这也与真实固体行为不太符合。

假设突然施加一应变 ε_0 并保持恒定,则在应力瞬时达到 σ_0 后随时间的延长,模型将产生松弛。由于 $\dot{\varepsilon} = 0$,则由式(2.7.23)积分得到

$$\sigma(t) = \sigma_0 \exp\left(-\frac{E}{\eta}t\right) = \sigma_0 \exp\left(-\frac{t}{\tau}\right) = \varepsilon_0 E \exp\left(-\frac{t}{\tau}\right) \tag{2.7.28}$$

表明应力是按指数规律衰减的。定义指定时刻的应力与恒应变之比为"松弛模量",记为 E_R (t),则有

$$E_R(t) = \frac{\sigma(t)}{\varepsilon_0} = E \exp\left(-\frac{t}{\tau}\right) \tag{2.7.29}$$

2.7.3.2　瓦伊特-开尔文模型

瓦伊特-开尔文(Vogit-Kelvin)模型(简称 V - K 模型)是由弹簧和活塞并联组成的[见图 2.7.6(b)],有如下特征:第一,当突然施加应力 σ_0 时,活塞将阻止弹簧的瞬时伸长,每一元件将承受应力 σ_0 的一部分;第二,随时间的延长,黏滞性质将引起不断增加的非线性应变,并且总应变、弹簧应变及活塞应变是完全相等的;第三,当卸去应力时,弹簧将重新迫使活塞移动和回复,即随时间延长模型显示非线性性质。

根据该模型两原件应变相等且总应力等于两元件应力之和的条件,可得到本构方程为

$$\dot{\varepsilon} = \frac{\sigma}{\eta} - \frac{E}{\eta}\varepsilon \tag{2.7.30}$$

在恒应力 σ_0 作用下(蠕变),式(2.7.30)可写为

$$d\varepsilon + \frac{E}{\eta}\varepsilon dt = \frac{\sigma_0}{\eta}dt$$

由于当 $\frac{E}{\eta} = \frac{1}{\tau}$,且 $t = 0$ 时,$\varepsilon = 0$,并利用积分因子 $\exp\left(\frac{t}{\tau}\right)$ 积分上式可得

$$\varepsilon = \frac{\sigma_0}{E}\left[1 - \exp\left(-\frac{t}{\tau}\right)\right] \tag{2.7.31}$$

与式(2.7.24)比较,V - K 模型描述的蠕变行为更接近实际情况,因为当时间接近无穷时,应变趋近于恒值 $\frac{\sigma_0}{E}$,许多固体在蠕变早期阶段能观察到这一趋势。V - K 模型的蠕变柔量是

$$D(t) = \frac{\varepsilon(t)}{\sigma_0} = \frac{1}{E}\left[1 - \exp\left(-\frac{t}{\tau}\right)\right] \tag{2.7.32}$$

假设施加恒定应变 ε_0 时,$\dot{\varepsilon} = 0$,则式(2.7.30)变为 $\sigma_0 = E\varepsilon_0 =$ 常数,这与应力松弛行为不符,故 V - K 模型不能描述应力松弛。

通过比较可以发现,麦克斯韦模型能比较合理地描述应力松弛行为;而 V - K 模型则能较好地描述蠕变行为。

2.7.3.3　齐纳模型

麦克斯韦模型和 V - K 模型作为近似模型可以分别描述黏弹性固体的应力松弛和蠕变行为,但这两种模型不能既描述蠕变又描述应力松弛行为。为此,齐纳(Zener)[1]提出了一个

---

① ZENER C. Elasticity and anelasticity of metals[M]. Chicago: Chicago University Press, 1948.

三元件(两个弹簧和一个活塞)模型[见图 2.7.7(c)],常称为"标准线性固体(standard linear solid,SLS)模型"。在该模型中,总应变为 $\varepsilon=\varepsilon_{E_1}=\varepsilon_{E_2}+\varepsilon_\eta$,总应力为 $\sigma=\sigma_{E_1}+\sigma_\eta=\sigma_{E_1}+\sigma_{E_2}$。 由此可得到本构方程为

$$\sigma+\dot\sigma\tau_\varepsilon=E_R(\varepsilon+\dot\varepsilon\tau_\sigma) \tag{2.7.33}$$

其中,

$$\tau_\varepsilon=\frac{\eta}{E_2} \tag{2.7.34a}$$

和

$$\tau_\sigma=\eta\left(\frac{1}{E_1}+\frac{1}{E_2}\right) \tag{2.7.34b}$$

式中,τ_ε 为应力松弛时间,即恒应变下应力松弛到接近平衡值的时间;τ_σ 为应变松弛时间,即恒应力下应变松弛到接近平衡值的时间。式(2.7.33)是一阶微分方程,在外加应力或应变给定的情况下就可以求解。例如,在恒应力 $(\dot\sigma=0)$ 的情况下,微分方程的解为

$$\varepsilon=\frac{\sigma_0}{E_1}+\frac{\sigma_0}{E_2}\left[1-\exp\left(-\frac{t}{\tau_\varepsilon}\right)\right] \tag{2.7.35}$$

在 $t=0$ 时,系统的模量为 E_1,这一模量称为初始模量或未松弛模量 E_U。当 $t\to\infty$ 时,应变松弛过程已充分完成:$\varepsilon_R=\sigma_0\left(\frac{1}{E_1}+\frac{1}{E_2}\right)$,则系统的松弛模量 E_R 为

$$E_R=\frac{\sigma_0}{\varepsilon_R}=\frac{E_1E_2}{E_1+E_2} \tag{2.7.36}$$

在恒应力条件下,SLS 模型的蠕变模量 $\left[E_{SLS}=\dfrac{\sigma_0}{\varepsilon(t)}\right]$ 也是随时间衰减的,如图 2.7.8 所示。

当一个 SLS 模型从任意的应力开始卸载,第一个弹簧立即回复,弹性应变相应消除。随着第二个弹簧回复导致活塞回复,黏弹性应变衰减为零。也就是说,发生了完全回复。

在一个恒定的应变作用下,SLS 模型也会表现出应力松弛,但是这种情况下的松弛时间为

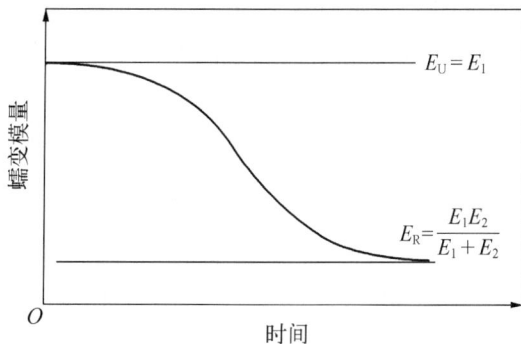

图 2.7.8 SLS 模型蠕变模量随时间的变化关系

$$\tau_\varepsilon=\frac{\eta}{E_1+E_2} \tag{2.7.37}$$

这一模型既可以描述蠕变,也可以描述应力松弛。

2.7.3.4 四元件模型
该模型是根据聚合物分子运动机理提出的。它可以看作由麦克斯韦组件和 V-K 组

件串联而成[见图2.7.7(d)]。考虑到聚合物的变形是由三部分组成的：第一部分是分子链内共价键引起的普弹性变形，可以用弹簧 E_1 来模拟；第二部分是高分子链段伸展引起的高弹性变形，可以用弹簧 E_2 和活塞 η_2 并联起来模拟；第三部分是由高分子链之间相互滑移引起的黏性变形，这种变形随时间呈线性发展，可以用活塞 η_3 模拟。通过这样四个元件的组合，可以从高分子结构的观点说明聚合物在任何情况下的变形都有弹性和黏性存在。

用此模型描述线性聚合物的蠕变过程特别合适。在蠕变过程中，$\sigma = \sigma_0$，因而聚合物的总变形可由式(2.7.5)求出。该模型的蠕变曲线和回复曲线与图2.7.3(a)相似，与图2.7.9的天然橡胶的压缩蠕变曲线比较，可以看出这个四元件模型是比较成功的。

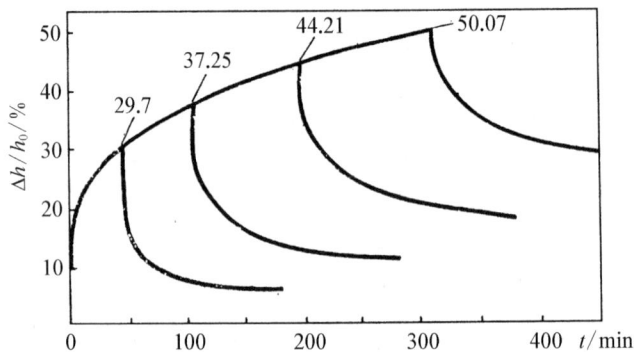

图2.7.9 天然橡胶的压缩蠕变曲线

2.7.4 玻尔兹曼叠加原理

玻尔兹曼(Boltzmann)叠加原理是处理线性黏弹性行为的第一个数学方法。该理论假设材料中的蠕变是整个加载历史的函数，每个阶段对最终变形的贡献是独立的，因此可以认为最终的应变是各个阶段加载所贡献变形的简单叠加。

图2.7.10为三次阶跃加载条件下的蠕变行为，加载程序中的应力增量为 $\Delta\sigma_1$、$\Delta\sigma_2$ 和 $\Delta\sigma_3$，对应的加载时刻为 τ_1、τ_2 和 τ_3。

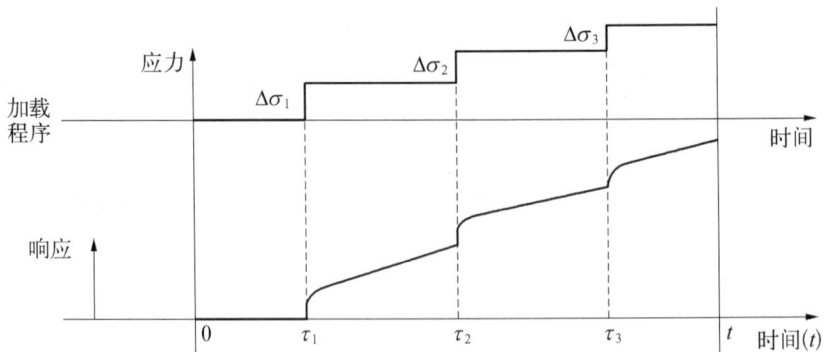

图2.7.10 线性黏弹性固体在三次阶跃加载时的蠕变行为

在时间 t 时的总蠕变量为

$$\varepsilon(t) = \Delta\sigma_1 D(t-\tau_1) + \Delta\sigma_2 D(t-\tau_2) + \Delta\sigma_3 D(t-\tau_3) \tag{2.7.38}$$

式中，$D(\Delta t)$ 为蠕变柔量函数，该函数仅仅与施加应力到测量蠕变的那一瞬间的时间间隔有关。若阶跃次数很多，则加和式可用杜阿梅尔(Duhamel)积分形式表示：

$$\varepsilon(t) = \int_0^t D(t-\tau_1)\mathrm{d}\sigma(\tau) \tag{2.7.39}$$

该式也称为遗传积分。如果将瞬时变形用未松弛模量 E_U 表示出来，式(2.7.39)可以进一步改写为

$$\varepsilon(t) = \frac{\sigma}{E_U} + \int_0^t D(t-\tau) \frac{\mathrm{d}\sigma(\tau)}{\mathrm{d}\tau}\tau\mathrm{d}\tau \tag{2.7.40}$$

对比蠕变变形与时间、模量的关系，同样可以把应力松弛写成与蠕变相似的表达式：

$$\sigma(t) = E_R\varepsilon + \int_0^t E(t-\tau) \frac{\mathrm{d}\varepsilon(\tau)}{\mathrm{d}\tau}\mathrm{d}\tau \tag{2.7.41}$$

式中，E_R 为松弛模量。

拓展：2.8　细观力学简介

本节内容为拓展知识，可扫描旁边二维码查看。

细观力
学简介

3

位 错 基 础

　　晶体材料的变形和断裂与位错活动密切相关,为了能更好地理解晶体材料的塑性变形及强韧化机制,本章对后续章节将涉及的位错基础知识做扼要介绍。

3.1　位错的基本概念

3.1.1　位错的引入

　　1926 年,弗兰克尔(Frenkel)[①]对材料的理论剪切强度进行了估算。假设晶体是完整无缺陷的理想晶体,塑性变形在切应力 τ 作用下以滑移方式进行,并且滑移是滑移面上下两部分晶体沿滑移面作整体刚性平移,如图 3.1.1 所示。滑移前原子直接位于另一个原子的正上方,原子面(滑移面)的面间距为 a,滑移方向上的原子间距为 b[见图 3.1.1(a)]。如果原子沿滑移方向移动,则应力 τ 随原子位移量 u 变化而变化。当 u 达到 $b/2$ 时[见图 3.1.1(b)],原子完成全部位移($u=b$)与返回到其初始位置的能力相同。在这一平衡点处,$\tau=0$。当 u 大于 $b/2$ 时,原子将在原子间势能的作用下被"吸引"到新的位置,相应地,τ 变为负值。显然,在原子移动一个晶格间距内,τ 有一个极大值,称为理论剪切强度 τ_{th}。

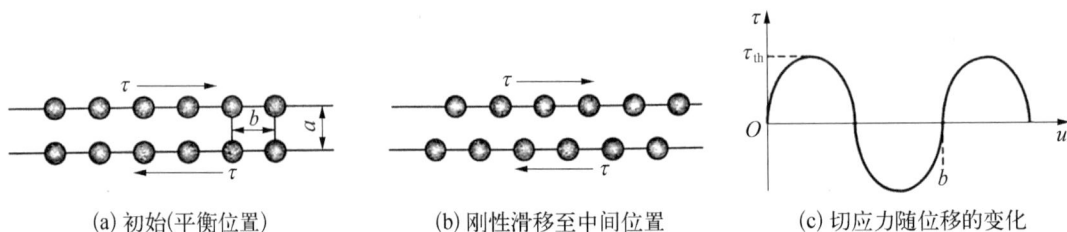

(a) 初始(平衡位置)　　　　(b) 刚性滑移至中间位置　　　　(c) 切应力随位移的变化

图 3.1.1　理论剪切强度估算模型

　　对 τ-u 关系的描述需要了解原子间相互作用势能,考虑到晶体点阵的周期性,为简便起见,假设 τ 和 u 之间的关系可用一正弦函数来近似[见图 3.1.1(c)]:

$$\tau = \tau_{\text{th}} \sin \frac{2\pi u}{b} \tag{3.1.1}$$

在 $\dfrac{u}{b}$ 很小时,式(3.1.1)可写为

$$\tau \approx \tau_{\text{th}} \frac{2\pi u}{b} \tag{3.1.2}$$

---

① FRENKEL J. The first theoretical estimate of the shear strength of a perfect crystal[J]. Z. Phys. , 1926,37:572.

此外,假设在位移很小时胡克定律也近似成立:

$$\tau = \mu\gamma = \mu\frac{u}{a} \tag{3.1.3}$$

联立式(3.1.2)和式(3.1.3),得到发生滑移时的最大切应力:

$$\tau_{th} = \frac{\mu}{2\pi}\frac{b}{a} \tag{3.1.4}$$

由此式可见,小的滑移方向原子间距(b)及大的滑移面面间距(a)具有较低的理论剪切强度 τ_{th}。作为粗略近似,取 $a = b$,因而理论剪切强度可写为

$$\tau_{th} = \frac{\mu}{2\pi} \approx \frac{\mu}{6} \tag{3.1.5}$$

这个结果是采用正弦函数来近似双原子之间应力-位移关系而得到的,在考虑其他近邻原子的影响而修正力-位移函数关系后计算得到的理论剪切强度值约为 $\frac{\mu}{30}$,这仍然是一个大数值,比实际强度一般要高 2~3 个数量级,这表明在晶体中实现原子面整体刚性滑移是不可能的。

为了解决剪切强度的理论值与实验值之间的矛盾,Taylor[1],Orowan[2] 和 Polanyi[3] 在 1934 年几乎同时提出了晶体中存在位错这一新的概念。他们的基本思想就是晶体在达到剪切断裂之前首先发生塑性滑移,而滑移是以"单原子列接力滑移"的模式进行的,如图 3.1.2 所示。很显然,一列原子移动只需要打开滑移面上一列原子的结合键,而不是像整体刚性滑移那样需要同时切断滑移面上的所有原子结合键,因此原子列接力滑移所需的应力就低得多。当原子列受力偏离其平衡位置时,就造成点阵原子错位,在原子错位区产生晶格弹性畸变。严重畸变区仅限于滑移面上下以及滑移方向左右附近几个原子间距范围内,可以设想为一个在滑移平面内的管道(图 3.1.2 中虚线圆包围区)。进一步将管道视作一根

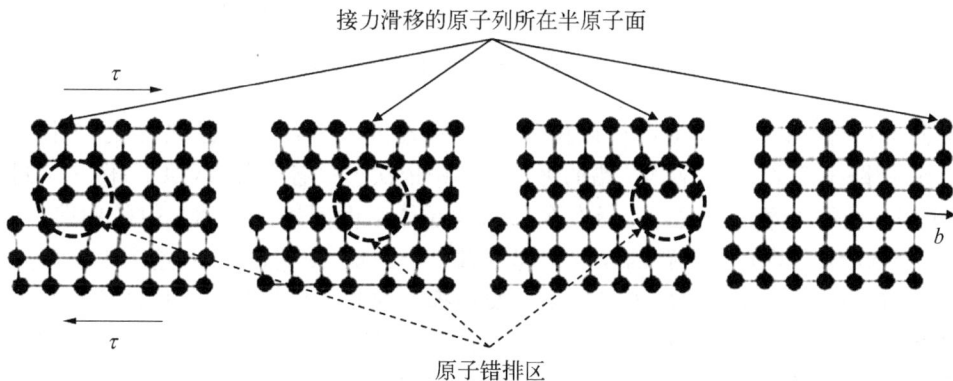

图 3.1.2 "单原子列接力滑移"过程示意

---

[1] TAYLOR G I. The mechanism of plastic deformation of crystals. Part I: theoretic[J]. Proc. Roy. Soc., 1934, A145: 362.

[2] OROWAN E. Plasticity of crystals[J]. Z. Phys., 1934, 89: 605.

[3] POLANYI M. Lattice distortion which originates plastic flow[J]. Z. Phys., 1934, 89: 660.

线,称为位错线,简称位错。原子列接力滑移的过程可以设想为一根位错在滑移面上的滑移过程,当位错移动时,原子间的结合局部断开,当位错扫过后,新的原子对象之间重新结合。由图 3.1.2 还可以看出,位错线是晶体中已滑移区域和未滑移区域的交界线。位错移动是分步进行的,每一步位移一个矢量 **b**,其方向为密排晶向,其模为一个原子间距;当一根位错滑移出晶体时,在表面形成一个原子列间距尺度的台阶,晶体内部恢复完整。

这种假想的模型已经在后来的实验中得到证实,人们在电子显微镜中直接观察到了位错和位错运动的图像,这使得位错理论得到广泛认同并发展壮大,现已成为诠释材料塑性变形、断裂、强韧化的关键基础理论。

3.1.2 位错类型及表征

位错有两种基本类型,如图 3.1.3 所示。第一类是刃型位错。位错上方多余一列半原子面[见图 3.1.3(a)]的称为正刃型位错,用符号"⊥"表示。若多余的半原子面在位错下方,则称为负刃型位错,用符号"⊤"表示。无论是正刃型位错还是负刃型位错,其运动方向均与原子位移矢量平行,也即刃型位错线是与原子位移矢量垂直的;第二类是螺型位错,是由"撕裂型"剪切造成的[见图 3.1.3(b)],螺型位错线的滑移方向与原子位移矢量垂直,也即螺型位错线与原子位移矢量平行。

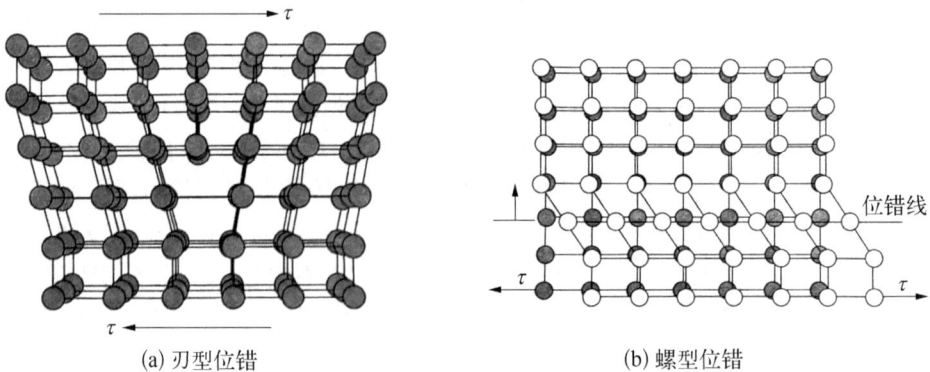

(a) 刃型位错　　　　　　　　　　　　(b) 螺型位错

图 3.1.3　两种基本类型位错的示意

由上述分析可以看出,位错可以由原子位移矢量来表征。最经典的是采用伯格斯(Burgers)回路来定义[①]:在不含位错的理想晶体中依次连接各个阵点(原子)做一个封闭回路,记录好连接的次序和步数。然后在含位错的晶体中做同样次序和步数的回路,则这个"回路"就不封闭了,现在从回路的终点向起点做一个矢量,使回路封闭,这个矢量就是伯格斯矢量,用 **b** 表示。这个伯格斯矢量就是上节中提到的原子位移矢量。根据位错与伯格斯矢量的取向关系就可以区分位错的类型了。图 3.1.4 给出了在一个滑移动作(确定了滑移面和滑移方向)下两种基本类型位错的伯格斯回路和伯格斯矢量的求法。从图中还可以看出,晶体内部有很长一段位错线,其与伯格斯矢量存在一个夹角,这被称为混合位错,它同时具有"纯"刃型位错和"纯"螺型位错的特征。

---

① BURGERS J M. Some considerations on the field stress connected with dislocations in a regular crystal lattice[J]. Nederland: Koninklijke Nederlandse Akademie van Wetenschappen,1939,42:335.

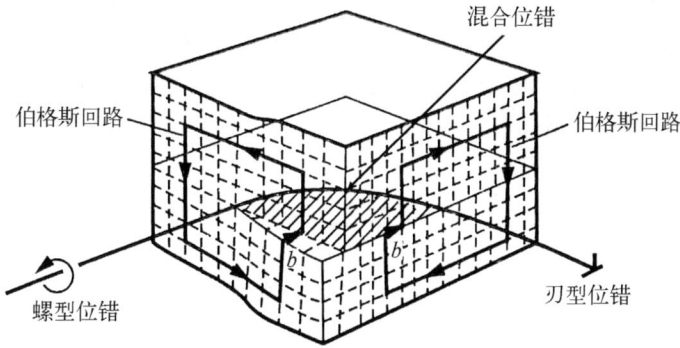

图 3.1.4 两种位错的伯格斯回路及伯格斯矢量

伯格斯矢量是表征位错的重要参数,表示了位错运动后晶体相对的滑移方向和滑移量。一般来说,具有不同伯格斯矢量的位错可以合并为一个位错;一个位错也可以分解为两个或以上不同伯格斯矢量的位错。位错的分解及合并称为位错反应。位错反应要能进行必须满足以下两个条件。

(1) 几何条件:又称结构条件,反应前的伯格斯矢量之和等于反应后的伯格斯矢量之和:

$$\sum_{i=1}^{n} \boldsymbol{b}_i = \sum_{j=1}^{m} \boldsymbol{b}_j \tag{3.1.6}$$

即满足伯格斯矢量守恒性。

(2) 能量条件:反应前总能量大于反应后总能量,即

$$\sum_{i=1}^{n} b_i^2 > \sum_{j=1}^{m} b_j^2 \tag{3.1.7}$$

实际晶体中位错分解反应的物理实质是,一个伯格斯矢量为点阵平移矢量的滑移,可以由几个小的滑移动作分步进行而叠加完成,这些分步滑移矢量小于点阵平移矢量,且方向不同于点阵平移矢量的方向。通常把伯格斯矢量等于点阵平移矢量的位错称为全位错(或单位位错),而把分步滑移矢量的位错称为分位错(又称不全位错、部分位错、偏位错等)。图 3.1.5 给出了石墨基面滑移的滑移矢量示意图,其中 **AB**、**AC** 和 **AD** 为全位错伯格斯矢量,而 **AO** 和 **OC** 则为分位错的伯格斯矢量。原子由 A 到 C 位置的移动(**AC** 全位错滑移)可以分两步走:第一步由 A 到 O 位置(**AO** 分位错滑移);第二步由 O 位置移动到 C 位置(**OC** 分位错滑移)。这就是石墨中的位错反应,它满足:

几何条件 $\dfrac{a}{3}[2\bar{1}\bar{1}0] = \dfrac{a}{3}[1\bar{1}00] + \dfrac{a}{3}[10\bar{1}0]$

能量条件 $a^2 > \dfrac{a^2}{3} + \dfrac{a^2}{3}$

应该指出的重要一点是,分位错滑移会造成堆垛层错。

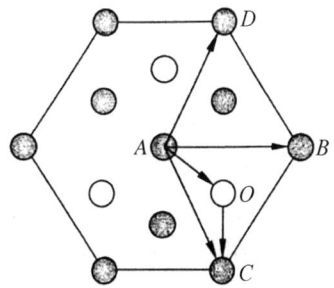

●—底面上原子;○—相邻平行面上原子。

图 3.1.5 石墨基面滑移的滑移矢量

例如上述石墨的例子中,当第一个分位错 **AO** 滑移时,A 位置处的碳原子将位于 O 位置碳原子上方,使得沿 c 轴的 ABAB 堆垛顺序被打乱,即在晶体中产生了堆垛层错。这样就在晶体中产生了额外能量,称为堆垛层错能 γ_{sf},因此实际上要发生分步滑移时,还必须克服这部分层错能,即能量条件应满足:

$$a^2 > \frac{a^2}{3} + \frac{a^2}{3} + \gamma_{sf}$$

两个分位错之间夹着一片层错,当两步滑移完成后,晶体完成一个点阵平移矢量的滑移,堆垛层错消失。

3.1.3 位错的运动

3.1.3.1 位错滑移

位错在滑移面上的滑移可以造成晶体的塑性变形。图 3.1.6 显示了两种类型位错滑移的过程,可见在同样的切应力下,两者的最终变形是一致的,但位错线的运动方向不同。刃型位错的运动方向平行于滑移方向,螺型位错的运动方向垂直于滑移方向。

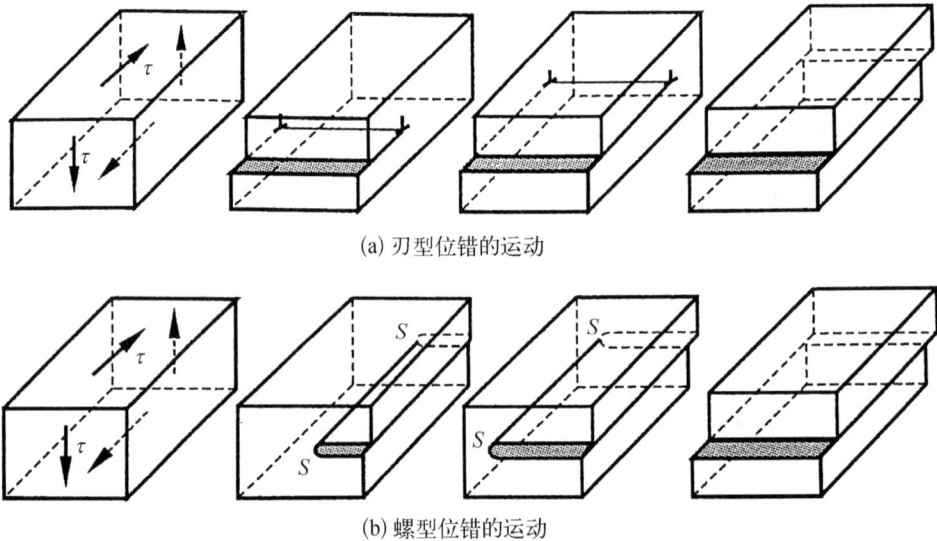

(a) 刃型位错的运动

(b) 螺型位错的运动

图 3.1.6 位错滑移及引起的宏观塑性变形

当晶体内部受不均匀应力而产生局部滑移时,已滑移区与未滑移区的交界常常成为一个封闭的位错环。位错环上各段的性质不同,如图 3.1.7 所示。位错环在切应力作用下不断扩大或缩小(视切应力方向而定)。

利用图 3.1.8 的滑移参数,可以计算位错滑移产生的晶体切应变。设一个刃型位错从晶体一侧移动了 x_i 距离,则剪切变形为 $\left(\dfrac{x_i}{L}\right)b$,晶体的平均切应变为

$$\gamma_i = \frac{1}{h}\left(\frac{x_i}{L}\right)b \qquad (3.1.8)$$

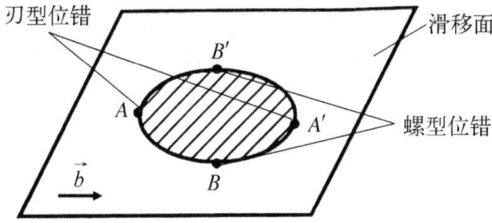

图 3.1.7　滑移面上局部滑移的位错环

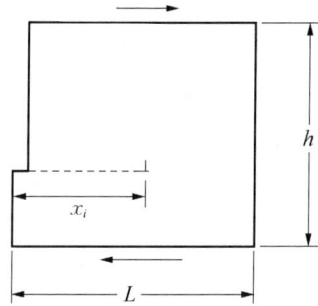

图 3.1.8　刃型位错滑移变形量的计算参数

若参与滑移的位错总数为 N 个，则切应变为

$$\gamma = \sum_{i=1}^{N} \gamma_i = \frac{b}{hL} \sum_{i=1}^{N} x_i \qquad (3.1.9)$$

定义位错平均滑移距离为 $\bar{x} = \dfrac{\sum_{i=1}^{N} x_i}{N}$，位错密度为 $\rho = \dfrac{N}{hL}$，则式(3.1.9)变为

$$\gamma = b\rho\bar{x} \qquad (3.1.10)$$

此即由刃型位错引起的切应变表达式，对螺型位错可以得到相似的结果。

对式(3.1.10)微分，可得到切应变率：

$$\dot{\gamma} = b\rho\bar{v} \qquad (3.1.11)$$

式中，$\bar{v}$ 为位错的平均移动速度。相似地，此式也可以写为正应变率的形式：

$$\dot{\varepsilon} = b\rho\bar{v} \qquad (3.1.12)$$

此即经典的位错运动学方程。

3.1.3.2　螺型位错交滑移

螺型位错的伯格斯矢量与位错线平行，因此原则上通过位错线的任何面都可以是滑移面。但是在实际晶体中是有固定的滑移系的，所以螺型位错只能在以其伯格斯矢量方向为晶带轴的滑移面之间滑动，若在某一个滑移面受阻，则有可能转到另一个滑移面上继续滑移。这种变换滑移面的滑移过程称为交替滑移，简称交滑移。图 3.1.9 描述了 fcc 晶体螺型位错交滑移的过程。在 fcc 晶体中，能量最低的稳定位错的伯格斯矢量是 $\frac{a}{2}\langle 110 \rangle$，位错最容易滑动的晶面是 $\{111\}$。螺型位错可以在以它的伯格斯矢量方向 $\langle 110 \rangle$ 为交线的两个

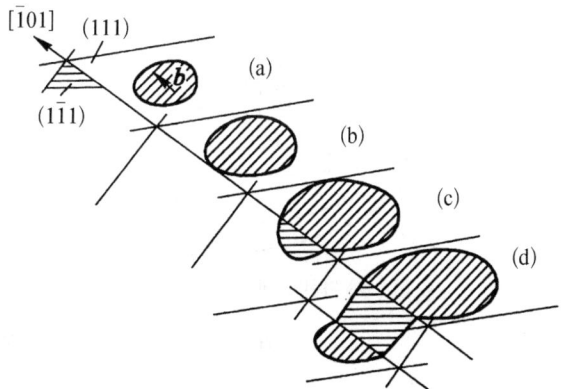

图 3.1.9　螺型位错交滑移过程示意

{111}面上完成交滑移。图 3.1.9(a)描述了 $\vec{b} = \dfrac{a}{2}[\bar{1}01]$ 的位错在(111)面上滑动,另一个滑移面$(1\bar{1}1)$也包含$[\bar{1}01]$方向。若在某点位错滑移受阻[见图 3.1.9(b)],或局部应力场发生改变,使得在另一个滑移面上滑动有利,那么螺型位错可以交滑移到这个面上继续滑移[见图 3.1.9(c)]。同样,在合适的条件下,这个过程可以反向进行,螺型位错滑移返回原来的滑移面[见图 3.1.9(d)],这称为双交滑移。双交滑移是位错绕过滑移面上障碍物的重要机制。

刃型位错的伯格斯矢量与位错线垂直,不能产生交滑移。

3.1.3.3 刃型位错攀移

刃型位错除了可滑移外,还能借助原子或空位的扩散,使其多余半原子面向上或向下移动,称为位错攀移。对正刃型位错来说,半原子面向上移动称为正攀移,它是因为半原子面底部原子扩散至其他地方,或空位扩散至半原子面底部造成的。相反,半原子面向下移动称为负攀移。图 3.1.10 给出了一个正攀移的示例,半原子面最下端的原子扩散到空位(见图 3.1.10 中方框)时,正刃型位错的半原子面就向上运动了 1 个原子间距。

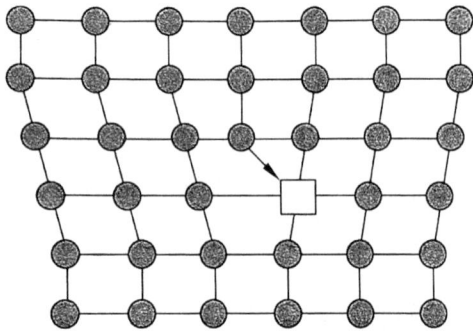

图 3.1.10　刃型位错的攀移

位错攀移必定伴随着原子扩散过程,故位错攀移为非守恒运动。而位错滑移则为守恒运动。由于螺型位错无半原子面,螺型位错不会发生攀移。

3.1.4　位错的增殖

材料中位错的初始数量与材料制备方法有关,也就是说位错总是在材料首次制备过程中就"生长"进入了结构。此外,在塑性变形过程中,位错密度增加,即位错可以增殖。最经典的是弗兰克-里德源(Frank-Read source,简称 F-R 源)位错增殖机制[1],如图 3.1.11 所示。一条位错线在 X、Y 两点被钉扎住,在应力作用下,XY 小段位错会弓起,随着这个弓形化过程的发展,端点附近位错会绕到钉扎点背后相遇而湮灭(因符号相反),同时形成一个新的位错环,并使原钉扎位错段恢复。在应力作用下,此过程反复循环,便源源不断地产生新位错。

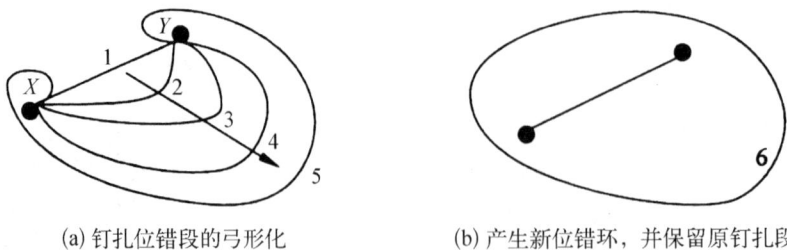

(a) 钉扎位错段的弓形化　　　　(b) 产生新位错环,并保留原钉扎段

图 3.1.11　弗兰克-里德源位错增殖机制示意图

① FRANK F C, READ W T. Multiplication processes for slow moving dislocations[J]. Phys. Rev., 1950, 79: 722.

当然,也存在其他可能的位错增殖机制。例如,经过双交滑移的位错如果在倾斜的交滑移面上的那部分位错不可动,它们可以成为在两个原滑移面上的钉扎点,这对钉扎点可作为弗兰克-里德源开动[参见图 3.1.9(d)],这就是双交滑移的位错增殖机制。

3.2 位错的弹性性质

3.2.1 位错的应力场

位错线周围原子的错排引起了晶格的弹性畸变,并由此产生了应力场。了解位错应力场是分析位错能量、位错与晶体缺陷的交互作用、位错动力学性质的基础。

精确计算位错线附近的应力场,必须考虑晶体点阵及电子结构的影响,这是个复杂且困难的问题,需采用离散的点阵模型才能解决。但是若假设晶体是一个连续的各向同性弹性介质,并忽略位错中心的点阵结构的影响,则可根据弹性力学理论获得除位错核心区以外的应力场分布。图 3.2.1 分别代表刃型位错和螺型位错的弹性连续介质模型。设想取一个弹性连续介质圆柱体,柱的方向为 z 轴方向,沿 xOz 平面做一割缝到中心,若让割缝沿 x 方向做一相对位移 b,并把位移后的割缝两面粘合起来,这就是一个伯格斯矢量为 b 的直刃型位错的连续介质模型[见图 3.2.1(a)];若让割缝沿 z 方向做相对位移 b,则得到伯格斯矢量为 b 的直螺型位错的连续介质模型[见图 3.2.1(b)]。由于该操作会造成中心处的应力为无限大及产生奇异性,中心区既不能满足弹性力学要求,也不能满足实际位错的要求,因此须把半径为 r_0 的中心区域挖去。

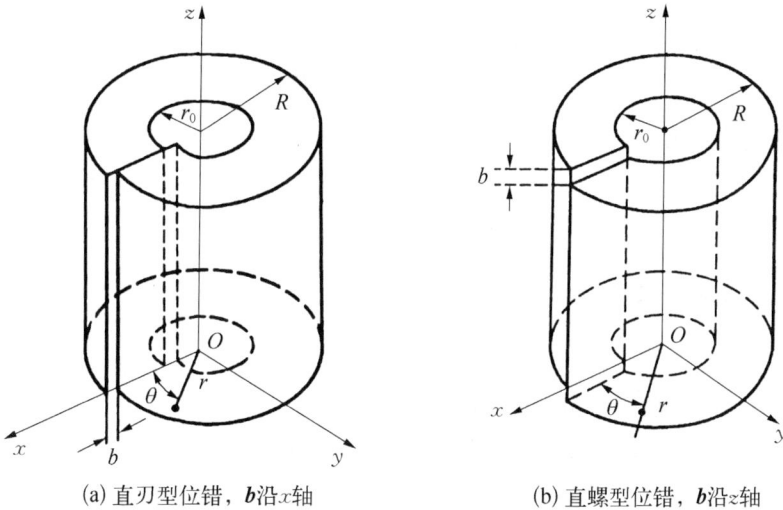

(a) 直刃型位错,b沿x轴   (b) 直螺型位错,b沿z轴

图 3.2.1 位错的弹性连续介质模型

上述操作得到的是弹性力学平面问题(关于弹性力学的边值问题可参见附录 A2)。求解平面问题最常采用的是应力函数解法,即首先求解应力函数 ϕ 的双调和方程:

$$\nabla^4 \phi = \left(\frac{\partial^2}{\partial x^2} + \frac{\partial^2}{\partial y^2} \right)^2 \phi = 0 \tag{3.2.1}$$

此方程的解必须满足下列边界条件。

（1）应力边界条件：对于自由位错，不受外界的约束力，沿内外表面上的应力分量应等于零。

（2）位移边界条件：位移 u 应满足不连续条件

$$u(M_1) - u(M_2) = b \tag{3.2.2}$$

式中，M_1、M_2 分别为处于滑移面两侧相对应的两点；b 为位错的伯格斯矢量。

在求出应力函数 ϕ 后，可根据应力函数的定义得到各应力分量：

$$\begin{cases} \sigma_{xx} = \dfrac{\partial^2 \phi}{\partial x^2} \\[2mm] \sigma_{yy} = \dfrac{\partial^2 \phi}{\partial y^2} \\[2mm] \tau_{xy} = \dfrac{\partial^2 \phi}{\partial x \partial y} \\[2mm] \sigma_{zz} = \nu(\sigma_{xx} + \sigma_{yy}) \end{cases} \tag{3.2.3}$$

3.2.1.1 刃型位错的应力场

求解刃型位错应力场的模型如图 3.2.1(a) 所示，直刃型位错线沿 z 轴，伯格斯矢量平行于 x 轴。由于位移的 z 轴方向分量 u_z 为零，且其他两个位移分量 u_x 和 u_y 不随 z 而变化，因此是一个平面应变问题，即 $\varepsilon_{zz} = 0$，$\sigma_{zz} = \nu(\sigma_{xx} + \sigma_{yy})$。解此问题采用圆柱坐标系比较方便，其应力函数的双调和方程为

$$\nabla^4 \phi = \left(\frac{\partial^2}{\partial r^2} + \frac{1}{r} \frac{\partial}{\partial r} + \frac{1}{r^2} \frac{\partial^2}{\partial \theta^2} \right)^2 \phi = 0 \tag{3.2.4}$$

而各应力分量表达式为

$$\sigma_{rr} = \frac{1}{r} \frac{\partial \phi}{\partial r} + \frac{1}{r^2} \frac{\partial^2 \phi}{\partial \theta^2}, \ \sigma_{\theta\theta} = \frac{\partial^2 \phi}{\partial r^2}, \ \tau_{r\theta} = -\frac{\partial}{\partial r}\left(\frac{1}{r} \frac{\partial \phi}{\partial \theta} \right) \tag{3.2.5}$$

现采用分离变量法求解，令

$$\phi = f(r)g(\theta) \tag{3.2.6}$$

式中，$f(r)$ 仅为 r 的函数；$g(\theta)$ 仅为 θ 的函数。考虑到当 r 一定时，θ 转过 2π 后应力必须不变（因为是同一点的应力），故知 $g(\theta)$ 应为周期函数，不妨设 $g(\theta) = \sin\theta$，则应力函数可写为

$$\phi = f(r)\sin\theta \tag{3.2.7}$$

将此式代入式（3.2.4），可得到常微分方程：

$$\left(\frac{\mathrm{d}^2}{\mathrm{d}r^2} + \frac{1}{r} \frac{\mathrm{d}}{\mathrm{d}r} + \frac{1}{r^2} \right)^2 f(r) = 0 \tag{3.2.8}$$

此方程展开后称为欧拉方程：

$$\frac{\mathrm{d}^4 f}{\mathrm{d}r^4} + \frac{2}{r}\frac{\mathrm{d}^3 f}{\mathrm{d}r^3} - \frac{3}{r^2}\frac{\mathrm{d}^2 f}{\mathrm{d}r^2} + \frac{3}{r^3}\frac{\mathrm{d}f}{\mathrm{d}r} - \frac{3}{r^4}f = 0 \qquad (3.2.9)$$

设 $r = \mathrm{e}^t$，$\mathrm{d}r = \mathrm{e}^t \mathrm{d}t$，代入式(3.2.9)，得到常系数线性常微分方程：

$$\frac{\mathrm{d}^4 f}{\mathrm{d}t^4} - 4\frac{\mathrm{d}^3 f}{\mathrm{d}t^3} + 2\frac{\mathrm{d}^2 f}{\mathrm{d}t^2} + 4\frac{\mathrm{d}f}{\mathrm{d}t} - 3f = 0 \qquad (3.2.10)$$

此方程的通解为

$$f(r) = A\ln r + Br^{-1} + Cr^3 + Dr \qquad (3.2.11)$$

一般来说，弹性理论处理晶体中的位错问题本身就是近似的。为简化起见，可仅取式(3.2.11)等号右边第一项，如此，应力函数可写为

$$\phi = Ar\ln r \cdot \sin\theta \qquad (3.2.12)$$

将此应力函数代入式(3.2.5)，可得圆柱坐标系的应力分量：

$$\begin{cases} \sigma_{rr} = \dfrac{A}{r}\sin\theta \\[2mm] \sigma_{\theta\theta} = \dfrac{A}{r}\sin\theta \\[2mm] \tau_{r\theta} = -\dfrac{A}{r}\cos\theta \end{cases} \qquad (3.2.13)$$

此应力分量也可以换算为直角坐标系的分量：

$$\begin{cases} \sigma_{xx} = A\dfrac{y(3x^2 + y^2)}{(x^2 + y^2)^2} \\[3mm] \sigma_{yy} = A\dfrac{y(x^2 - y^2)}{(x^2 + y^2)^2} \\[3mm] \tau_{xy} = -A\dfrac{x(x^2 - y^2)}{(x^2 + y^2)^2} \end{cases} \qquad (3.2.14)$$

以上诸式中，

$$A = -\frac{\mu b}{2\pi(1 - \nu)} \qquad (3.2.15)$$

现对刃型位错应力场的特征做几点讨论。

(1) 各应力分量都具有以下形式：

$$\sigma_{ij} = A \cdot \frac{1}{r} \cdot h_{ij}(\theta) \qquad (3.2.16)$$

式中，$h_{ij}(\theta)$ 为仅与方向有关的函数。当 θ 值固定时，$h_{ij}(\theta)$ 为常数，则有 $\sigma_{ij} \propto \dfrac{1}{r}$ 或 $\sigma_{ij} \times r =$ 常数。随着 r 增大，$|\sigma_{ij}|$ 按双曲线形式下降，当 $r \to 0$ 时，$|\sigma_{ij}| \to \infty$；当 $r \to \infty$ 时，$|\sigma_{ij}| \to 0$。

（2）从正应力分布特征来看，在同一地点，$|\sigma_{xx}|$ 比 $|\sigma_{yy}|$ 要大，这是因为刃型位错的形成实际上是垂直于 x 轴插入了半片原子面，因而在 x 轴方向上产生较大的应力。在 $y>0$ 的区域（$0<\theta<\pi$），σ_{xx} 为负值（压应力），产生压缩；在 $y<0$ 的区域（$\pi<\theta<2\pi$），σ_{xx} 为正值（拉应力），产生膨胀。

（3）由应变公式可以求得体积膨胀率：

$$\Theta = \varepsilon_{xx} + \varepsilon_{yy} + \varepsilon_{zz} = \frac{\partial u_x}{\partial x} + \frac{\partial u_y}{\partial y} = -\frac{b}{2\pi} \times \frac{1-2\nu}{1-\nu} \times \frac{\sin\theta}{r} \qquad (3.2.17)$$

从整体来说，介质的平均密度仍与完整无位错时相同，但是局部区域则是密度不均匀的，含多余半原子面的半部为压缩，另一半为拉伸，只有沿 x 轴处的体积不变。此外，体积变化率与离位错的距离呈反比关系。

3.2.1.2　螺型位错的应力场

螺型位错的弹性连续介质模型如图 3.2.1(b)所示，在位移分量中，$u_x = u_y = 0$，只有 z 方向分量 $u_z \neq 0$，但 u_z 也不沿 z 轴变化，即 $\dfrac{\partial u_z}{\partial z} = 0$；在应力分量中，只有 τ_{yz} 和 τ_{xz} 不为零。故有

$$\begin{cases} \dfrac{\partial u_x}{\partial x} = \dfrac{\partial u_x}{\partial y} = \dfrac{\partial u_x}{\partial z} = 0 \\[2mm] \dfrac{\partial u_y}{\partial x} = \dfrac{\partial u_y}{\partial y} = \dfrac{\partial u_y}{\partial z} = 0 \end{cases} \qquad (3.2.18)$$

$$\begin{cases} \gamma_{xz} = \dfrac{\partial u_z}{\partial x} \\[2mm] \gamma_{yz} = \dfrac{\partial u_z}{\partial y} \end{cases} \qquad (3.2.19)$$

$$\begin{cases} \tau_{xz} = \mu \dfrac{\partial u_z}{\partial x} \\[2mm] \tau_{yz} = \mu \dfrac{\partial u_z}{\partial y} \end{cases} \qquad (3.2.20)$$

因此，静力平衡方程只剩下

$$\frac{\partial \tau_{yz}}{\partial y} + \frac{\partial \tau_{xz}}{\partial x} = 0 \qquad (3.2.21)$$

将式(3.2.20)代入式(3.2.21)，得到

$$\mu\left(\frac{\partial^2 u_z}{\partial x^2} + \frac{\partial^2 u_z}{\partial y^2}\right) = 0 \qquad (3.2.22)$$

由于须满足位移边界条件 $(u_z)_{\theta=2\pi} - (u_x)_{\theta=0} = b$，最简单的解可取为

$$u_z = \frac{b}{2\pi}\theta = \frac{b}{2\pi}\arctan\left(\frac{y}{x}\right) \qquad (3.2.23)$$

从而得到

$$
\begin{cases}
\tau_{xz} = -\dfrac{\mu b}{2\pi}\dfrac{y}{x^2 + y^2} \\
\tau_{yz} = \dfrac{\mu b}{2\pi}\dfrac{x}{x^2 + y^2}
\end{cases}
\tag{3.2.24}
$$

对圆柱坐标系,有

$$
\tau_{\theta z} = \tau_{z\theta} = \frac{\mu b}{2\pi r}
\tag{3.2.25}
$$

再由物理方程,得到切应变:

$$
\gamma_{\theta z} = \frac{b}{2\pi r}
\tag{3.2.26}
$$

螺型位错应力场的最大特点是不存在正应力分量,但是各点的应力大小仍然与距离成反比。

3.2.1.3　混合位错的应力场

对于伯格斯矢量与位错线成 φ 角的混合位错,可以将其分解为刃型位错和螺型位错的应力场并进行叠加。对各向同性固体,混合位错的应力场为

$$
\sigma_{ij} = \frac{(b\sin\varphi)\mu}{2\pi(1-\nu)r}\tilde{\sigma}_{ij}^{\mathrm{e}} + \frac{(b\cos\varphi)\mu}{2\pi r}\tilde{\sigma}_{ij}^{\mathrm{s}}
\tag{3.2.27}
$$

对各向异性固体,混合位错的应力场为

$$
\sigma_{ij} = \frac{(b\sin\varphi)K_{\mathrm{e}}}{2\pi r}\tilde{\sigma}_{ij}^{\mathrm{e}}(\theta) + \frac{(b\cos\varphi)K_{\mathrm{s}}}{2\pi r}\tilde{\sigma}_{ij}^{\mathrm{s}}(\theta)
\tag{3.2.28}
$$

3.2.1.4　在弹性各向异性体中位错的应力场

前述位错应力场是在弹性各向同性的基础上得到的。对于弹性各向异性体,例如实际晶体点阵,位错的应力场很复杂,但可以概括为下列形式:

$$
\begin{cases}
\sigma_{ij}^{\mathrm{e}} = \left(\dfrac{bK_{\mathrm{e}}}{2\pi r}\right)\tilde{\sigma}_{ij}^{\mathrm{e}}(\theta), & \text{刃型位错} \\
\sigma_{ij}^{\mathrm{s}} = \left(\dfrac{bK_{\mathrm{s}}}{2\pi r}\right)\tilde{\sigma}_{ij}^{\mathrm{s}}(\theta), & \text{螺型位错}
\end{cases}
\tag{3.2.29}
$$

式中,K 为与弹性常数以及位错线与晶体取向相关的函数;$\tilde{\sigma}_{ij}(\theta)$ 为应力场的角函数,它同样与弹性常数相关。对许多重要晶体点阵的位错应力场的具体表达式可参见 Hirsch 和 Lothe 的著作[①]。

3.2.2　位错的应变能

既然位错在周围产生弹性应变,也就在其中储存了弹性应变能(以下简称应变能)。总

① HIRSCH P, LOTHE J. Theory of dislocations[M]. 2nd ed. New York:McGraw-Hill, 1982.

的应变能 W_t 包含位错中心区应变能 W_c 和位错中心区以外的应变能 W_e 两个部分。分析表明 W_c 仅约为 W_e 的十分之一，因此一般把 W_e 视作位错的总应变能。

根据应变能密度进行积分，即可计算应变能，但直接计算形成位错所做的功（即储存的应变能）要更简单一些。仍以图 3.2.1(a) 所示的直刃型位错形成为例，假设位移是从 0 到 b 逐渐增加的，位移过程中割面上的切应力 τ 所做的功即为单位长度位错线的应变能 w：

$$w = \int_{r_0}^{R} \int_0^b \tau \, \mathrm{d}b \, \mathrm{d}r = \frac{1}{2} \int_{r_0}^{R} \tau b \, \mathrm{d}r \tag{3.2.30}$$

根据刃型位错应力场，在 $\theta = 0$ 处有

$$\tau = \tau_{\theta r} = \frac{\mu b}{2\pi(1-\nu)} \frac{1}{r} \tag{3.2.31}$$

将式(3.2.31)代入式(3.2.30)，得到刃型位错应变能密度：

$$w_e = \frac{1}{2} \int_{r_0}^{R} \frac{\mu b^2}{2\pi(1-\nu)} \frac{\mathrm{d}r}{r} = \frac{\mu b^2}{4\pi(1-\nu)} \ln\left(\frac{R}{r_0}\right) \tag{3.2.32}$$

式中，r_0 为位错中心区的半径；R 是位错应力场所波及的范围。按照此式，当 $R \to \infty$ 时，$w_e \to \infty$ 是不可能的。通常 R 的大小可取平衡态下位错之间平均间距的一半，这是因为位错数量较多时，单个位错弹性应变场的长程部分将会消失（屏蔽）。

采用同样的分析方法，可以分别得到直螺型位错的应变能 w_s 及直混合位错的应变能密度 w_m：

$$w_s = \frac{1}{2} \int_{r_0}^{R} \frac{\mu b^2}{2\pi} \frac{\mathrm{d}r}{r} = \frac{\mu b^2}{4\pi} \ln\left(\frac{R}{r_0}\right) \tag{3.2.33}$$

$$w_m = \frac{\mu b^2}{4\pi K} \ln\left(\frac{R}{r_0}\right) \tag{3.2.34}$$

$$K = \frac{1-\nu}{1-\nu\cos^2\varphi} \tag{3.2.35}$$

式中，φ 为混合位错伯格斯矢量与位错线的夹角。K 值为 $(1-\nu) \sim 1$，取 $\nu = 0.25$，则 K 为 $1 \sim 0.75$。一般来说，位错中心区应变能只有位错总应变能的十分之一左右，如果把 r_0 取为 b，则计算出来的能量可视为单位长度位错线的总应变能：

$$w_e = \frac{\mu b^2}{4\pi(1-\nu)} \ln\left(\frac{R}{b}\right) \tag{3.2.36}$$

$$w_s = \frac{\mu b^2}{4\pi} \ln\left(\frac{R}{b}\right) \tag{3.2.37}$$

$$w_m = \frac{\mu b^2}{4\pi K} \ln\left(\frac{R}{b}\right) \tag{3.2.38}$$

此外，由于晶体中存在亚结构，R 一般不能超过其尺寸，即 $R \leqslant 10^{-4}$ cm。以 $R = 10^{-4}$ cm 代入式(3.2.36)～式(3.2.38)，可得到

$$w_{\mathrm{m}} = \alpha \mu b^2, \quad \alpha = 0.5 \sim 1 \tag{3.2.39}$$

若以 $\mu = 4 \times 10^5 \ \mathrm{N/cm^2}$, $b = 2.5 \times 10^{-8} \ \mathrm{cm}$ 代入,可得单位长度位错的应变能约为 $2.5 \times 10^{-11} \ \mathrm{J/cm}$,分摊到每个原子面上的应变能约为 4 eV。

3.2.3 位错的线张力

正如液体为缩小表面积以求降低能量而产生表面张力一样,位错也有尽可能缩短长度以降低能量的倾向,从而产生一种称为线张力的组态力。若位错线增长 Δl,线张力 T_{L} 做功为 $\Delta W = T_{\mathrm{L}} \Delta l$,因而线张力可表示为

$$T_{\mathrm{L}} = \frac{\Delta W}{\Delta l} \tag{3.2.40}$$

T_{L} 表示使位错增加单位长度所需增加的能量,它的数值等于单位长度位错线的应变能 w。因此,对于直位错线,有

$$T_{\mathrm{L}} = w = \frac{\mu b^2}{4\pi K} \ln\left(\frac{R}{b}\right) = \alpha \mu b^2 \tag{3.2.41}$$

对于弯曲位错线,由于远处的应力场可能相互抵消,故其线张力应比直位错小些。也就是说,位错的线张力与位错线具体形状有关。由于很难计算任意形状的位错线的应力场,因此对于线张力也只能求出近似结果。如图 3.2.2 所示,设想将一根长度为 l 的直位错线弯成波长为 λ 的波浪形,长度增长到 $l + \Delta l$,由于弯扭的位错线在远处的应力场可以相互抵消,因此在距离中央轴线大于 λ 的区域中,应力场与长为 l 的直线位错相似,这个区域中总能量为

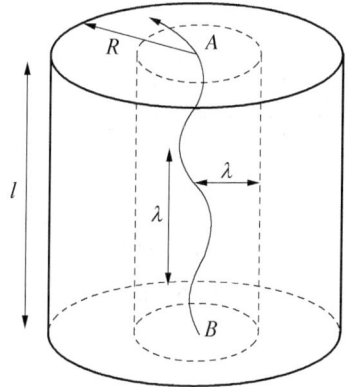

图 3.2.2 弯曲位错的线张力计算示意

$$w \cong \frac{\mu b^2}{4\pi K} l \ln\left(\frac{R}{\lambda}\right) \tag{3.2.42}$$

而在位错线近旁($r < \lambda$ 的区域),位错线的能量与长为 $l + \Delta l$ 的直线位错相似:

$$w_{l+\Delta l} \approx \frac{\mu b^2}{4\pi K} (l + \Delta l) \ln\left(\frac{\lambda}{r_0}\right) \tag{3.2.43}$$

对于没有弯曲的长度为 l 的直位错线应变能应为

$$w_l \approx \frac{\mu b^2}{4\pi K} l \ln\left(\frac{\lambda}{r_0}\right)$$

因此,弯曲后(即位错线增加 Δl 长度)的能量增加为

$$w_{l+\Delta l} - w_l = \frac{\mu b^2}{4\pi K} \Delta l \ln\left(\frac{\lambda}{r_0}\right) \tag{3.2.44}$$

此能量增值即为线张力所做的功,因此有

$$T_{L}\Delta l = \frac{\mu b^{2}}{4\pi K}\ln\left(\frac{\lambda}{r_{0}}\right)\Delta l \tag{3.2.45}$$

所以

$$T_{L} = \frac{\mu b^{2}}{4\pi K}\ln\left(\frac{\lambda}{r_{0}}\right) \tag{3.2.46}$$

取 $\lambda = 100 r_{0}$，得

$$T_{L} \approx \frac{1}{2}\mu b^{2}。 \tag{3.2.47}$$

这个数值常作为位错线张力的粗略估算值。

3.3　作用在位错上的力

3.3.1　位错在外应力场下的受力

设晶体中有一位错线元 $\mathrm{d}l$，在外力 T 的作用下发生了 $\mathrm{d}S$ 位移，产生了 $\mathrm{d}A$ 面积的滑移，晶体滑移量为 b，如图 3.3.1 所示。在该位错线元滑移过程中，外力对晶体做功（实功）为

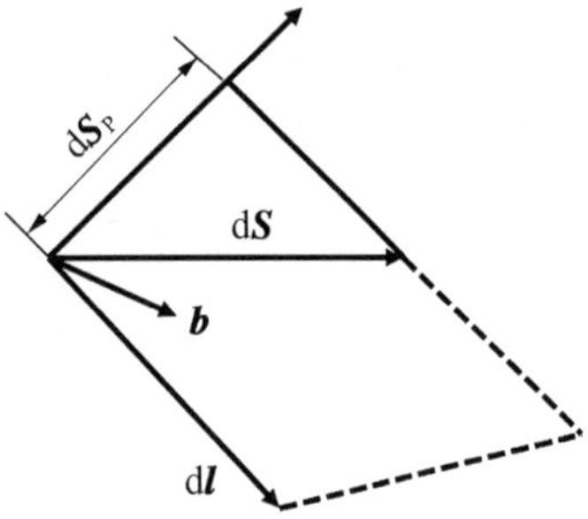

$$\mathrm{d}W = T \cdot \mathrm{d}A \cdot b \tag{3.3.1}$$

因 $T = \sigma \cdot n$，$\mathrm{d}A = \mathrm{d}l \times \mathrm{d}S$，代入式(3.3.1)并应用矢量代数运算法则可得

$$\mathrm{d}W = [(\sigma \cdot n) \mid \mathrm{d}l \times \mathrm{d}S \mid] \cdot b = (b \cdot \sigma) \times \mathrm{d}l \cdot \mathrm{d}S \tag{3.3.2}$$

而位错线元移动 $\mathrm{d}S$ 所需的功（虚功）为

$$\mathrm{d}W = F \cdot \mathrm{d}S \tag{3.3.3}$$

式中，F 为作用在位错线元 $\mathrm{d}l$ 上的虚力（组态力）。令实功和虚功相等，可解得

$$F = (b \cdot \sigma) \times \mathrm{d}l \tag{3.3.4}$$

则作用在单位长度位错线上的力为

$$f = \frac{F}{\mathrm{d}l} = (b \cdot \sigma) \times t \tag{3.3.5}$$

图 3.3.1　作用在位错上的力

式中，t 为位错线的单位矢量。此即皮奇-科勒(Peach-Koehler)公式[①]，它是外力作用在位错上的"虚力"的一般表达式，可见作用在位错上的力总是与位错线垂直。

皮奇-科勒公式还可以表示为矩阵形式。令伯格斯矢量 $b = (b_{x}, b_{y}, b_{z})$，位错线的单

① PEACH M O, KOEHLER J S. The forces exerted on dislocations and the stress fields produced by them[J]. Phys. Rev., 1950，80：436.

位矢量 $t = (t_x, t_y, t_z)$，外应力 $\sigma = \begin{bmatrix} \sigma_{xx} & \tau_{xy} & \tau_{xz} \\ \tau_{yx} & \sigma_{yy} & \tau_{yz} \\ \tau_{zx} & \tau_{zy} & \sigma_{zz} \end{bmatrix}$，则式(3.3.5)可写为

$$f = \begin{bmatrix} b_x & b_y & b_z \end{bmatrix} \begin{bmatrix} \sigma_{xx} & \tau_{xy} & \tau_{xz} \\ \tau_{yx} & \sigma_{yy} & \tau_{yz} \\ \tau_{zx} & \tau_{zy} & \sigma_{zz} \end{bmatrix} \begin{bmatrix} i \\ j \\ k \end{bmatrix} \times t \tag{3.3.6a}$$

或

$$f = (Ai + Bj + Ck) \times (t_x i + t_y j + t_z k) = \begin{bmatrix} i & j & k \\ A & B & C \\ t_x & t_y & t_z \end{bmatrix} \tag{3.3.6b}$$

式中，

$$\begin{cases} A = \sigma_{xx} b_x + \tau_{yx} b_y + \tau_{zx} b_z \\ B = \tau_{xy} b_x + \sigma_{yy} b_y + \tau_{zy} b_z \\ C = \tau_{xz} b_x + \tau_{yz} b_y + \sigma_{zz} b_z \end{cases} \tag{3.3.7}$$

3.3.2　化学力

晶体中非平衡浓度点缺陷作用在位错上的力称为化学力或渗透力。在晶体中，刃型位错攀移实际上是其吸收或放出空位的结果。当晶体中有过饱和空位时，正刃型位错倾向于吸收这些空位而使其自身向上攀移(负刃型位错相反)。在一定温度下，晶体中的空位存在热力学平衡浓度，当温度改变时空位平衡浓度也会改变，这样晶体就会自动调整使位错做上下攀移，以维持恒定的平衡浓度。

假设在一恒定温度下施加一正应力 σ_{xx}，位错受到力 $f = \sigma_{xx} b$ 而向下攀移[见图 3.3.2(a)]，将引起空位浓度增加，而此时有阻力力图保持该温度下空位的平衡浓度，这种阻力就是化学力，用 f_{ch} 表示。当 f 和 f_{ch} 相等时，位错就停止向下攀移[见图 3.3.2(b)]。

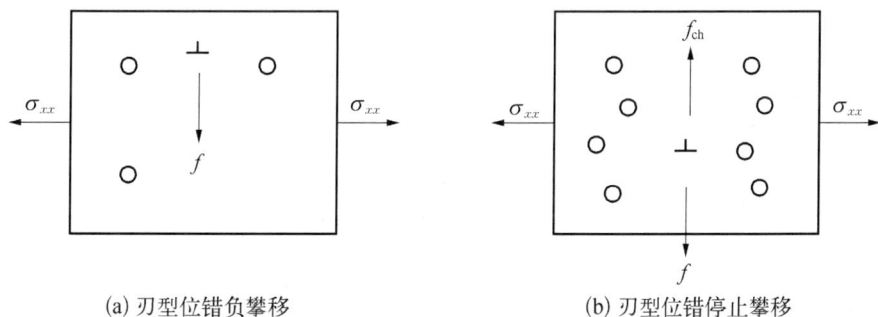

(a) 刃型位错负攀移　　　　　　(b) 刃型位错停止攀移

图 3.3.2　作用于位错上的化学力

设在一定温度下空位的平衡浓度为 C_0，实际空位浓度为 C，则空位的化学势为

$$\mu = \frac{\partial G}{\partial n} kT \ln \frac{C}{C_0} \tag{3.3.8}$$

式中，G 为体系自由能；n 为空位数；k 为玻尔兹曼常数；T 为绝对温度。如果单位长度位错攀移 dy 距离，引起的晶体体积变化为 $dy \times 1 \times b$，而空位的体积是 b^3，产生的空位数为 $dn = \dfrac{dy \cdot b}{b^3} = \dfrac{dy}{b^2}$，相应的自由能变化为 $dG = dn \cdot \mu = \dfrac{dy}{b^2} kT \ln \dfrac{C}{C_0}$。因此，当 dn 个空位聚集到位错线上时，有

$$f_{ch} = \frac{\partial G}{\partial y} = \frac{kT}{b^2} \ln \frac{C}{C_0} \tag{3.3.9}$$

可见，当 $C > C_0$ 时，$f_{ch} > 0$，促使位错向上攀移；当 $C < C_0$ 时，$f_{ch} < 0$，使位错向下攀移。

3.3.3 镜像力

晶体中的位错由于点阵畸变而储存应变能，这个能量大部分储存于位错中心区以外。当位错靠近晶体的自由表面时，点阵畸变会逐渐得到松弛，储存的应变能也会逐渐减少，使体系自由能下降。当位错到达自由表面而消失时，位错产生的应变能也消失为零。这表明，晶体的自由表面对位错有吸引力，这个力可以采用 Koehler[1] 引入的镜像位错的概念来计算，故称为镜像力。图 3.3.3 为计算螺型位错镜像力的示意图，晶体中存在一个平行于 z 轴（垂直纸面方向）且距离自由表面为 $-x$ 的真实螺型位错 S，设想在自由表面之外距离 x 处有一虚拟的反号螺型位错 S'（镜像位错），S 与 S' 之间的吸引力就是自由表面对位错的吸引力。镜像螺型位错离真实位错的距离为 $2x$，它对于共面上的真实螺型位错的作用力为

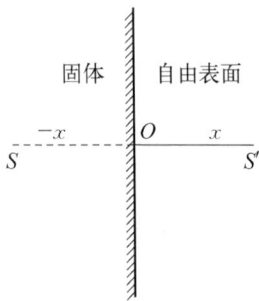

图 3.3.3 自由表面对位错的吸引力

$$\tau_{im}^{(s)} = -\frac{\mu b}{4\pi} \frac{1}{x} \tag{3.3.10}$$

则镜像力为

$$f_{im}^{(s)} = \tau_{im}^{(s)} b = -\frac{\mu b^2}{4\pi} \frac{1}{x} \tag{3.3.11}$$

位错走向自由表面方向为正。

刃型位错也有镜像力，计算略复杂，但是仍然可以采用镜像位错的概念来计算镜像力，可得到

$$f_{im}^{(e)} = -\frac{\mu b^2}{4\pi(1-\nu)} \frac{1}{x} \tag{3.3.12}$$

3.4 位错之间的交互作用

3.4.1 位错之间的长程交互作用

当两个位错相隔一段距离时，它们可以通过各自的应力场进行长程的弹性交互作用。

---

[1] KOEHLER J S. On the dislocation theory of plastic deformation[J]. Physics Review, 1941, 60: 397.

任意位错之间的弹性交互作用力的计算比较复杂,这里仅讨论如图 3.4.1 所示的 3 种平行直线位错之间交互作用的情况。

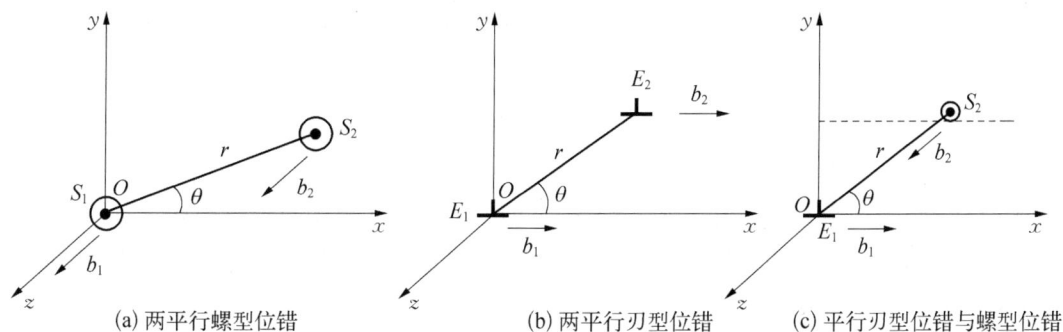

(a) 两平行螺型位错　　　(b) 两平行刃型位错　　　(c) 平行刃型位错与螺型位错

图 3.4.1　3 种平行直线位错之间的交互作用

3.4.1.1　两平行螺型位错之间的交互作用

设两个螺型位错线沿 z 轴方向,它们的伯格斯矢量也为 z 方向,它们的位置关系如图 3.4.1(a)所示。现在计算螺型位错 1(S_1)对螺型位错 2(S_2)的作用力。根据皮奇-科勒公式,有

$$\boldsymbol{f} = (\boldsymbol{\sigma}_1 \cdot \boldsymbol{b}_2) \times \boldsymbol{t}_2 = \begin{bmatrix} 0 & 0 & \tau_{zx} \\ 0 & 0 & \tau_{yz} \\ \tau_{zx} & \tau_{yz} & 0 \end{bmatrix} \begin{bmatrix} 0 \\ 0 \\ b_2 \end{bmatrix} \times \boldsymbol{k} = (\tau_{zx}b_2\boldsymbol{i} + \tau_{yz}b_2\boldsymbol{j}) \times \boldsymbol{k} = \tau_{yz}b_2\boldsymbol{i} - \tau_{zx}b_2\boldsymbol{j}$$

将 S_1 的应力场表达式(3.2.24)代入上式,得到

$$\boldsymbol{f} = \frac{\mu b_1 b_2}{2\pi r^2}(x\boldsymbol{i} + y\boldsymbol{j}) \tag{3.4.1}$$

或

$$f = |\boldsymbol{f}| = \frac{\mu b_1 b_2}{2\pi r} \tag{3.4.2}$$

矢量 $(x\boldsymbol{i} + y\boldsymbol{j})$ 正好是大小为 r、方向为 S_1 指向 S_2 的矢量,也即作用力的方向永远沿着径向,无论角度如何,S_2 都受到 S_1 的排斥力(若两个螺型位错为异号,则为吸引力),其大小与两者间距离成反比。所以一套平行螺型位错是不可能形成稳定组态的。

3.4.1.2　两平行刃型位错之间的交互作用

设两个刃型位错线沿 z 轴方向,它们的伯格斯矢量沿 x 方向,刃型位错 1(E_1)放在 z 轴上,刃型位错 2(E_2)在离 E_1 距离为 r、与 x 轴夹角为 θ 处,如图 3.4.1(b)所示。根据皮奇-科勒公式,E_1 对 E_2 的作用力为

$$\boldsymbol{f} = (\boldsymbol{\sigma}_1 \cdot \boldsymbol{b}_2) \times \boldsymbol{t}_2 = \begin{bmatrix} \sigma_{xx} & \tau_{xy} & 0 \\ \tau_{xy} & \sigma_{yy} & 0 \\ 0 & 0 & \sigma_{zz} \end{bmatrix} \begin{bmatrix} b_2 \\ 0 \\ 0 \end{bmatrix} \times \boldsymbol{k} = (\sigma_{xx}b_2\boldsymbol{i} + \tau_{xy}b_2\boldsymbol{j}) \times \boldsymbol{k}$$

$$= \tau_{xy}b_2\boldsymbol{i} - \sigma_{xx}b_2\boldsymbol{j}$$

将 E_1 的应力场表达式(3.2.14)代入上式,有

$$f_x = \tau_{xy} b_2 = \frac{\mu b_1 b_2}{2\pi(1-\nu)} \frac{x(x^2-y^2)}{(x^2+y^2)^2} \tag{3.4.3}$$

$$f_y = -\sigma_{xx} b_2 = \frac{\mu b_1 b_2}{2\pi(1-\nu)} \frac{y(3x^2+y^2)}{(x^2+y^2)^2} \tag{3.4.4}$$

f_y 是引起位错攀移的分量,与正应力 σ_{xx} 有关。当 $\sigma_{xx} < 0$ 时(压应力),引起正攀移;当 $\sigma_{xx} > 0$ 时(拉应力),引起负攀移。当 $y = 0$ 时,$f_y = 0$,不会引起位错攀移。

f_x 是引起位错滑移的分量,与切应力 τ_{xy} 有关,其值的大小和方向与两个位错的相互位置有关。在 $y = 0$ 时,有

$$f_x = \frac{\mu b_1 b_2}{2\pi(1-\nu)} \frac{1}{x} \tag{3.4.5}$$

由式(3.4.3)可见,当 $x > y$ 时,同号位错相斥,异号位错相吸;当 $x < y$ 时,情况与上述相反。当 $x = y$ 时,同号位错处于亚稳定状态,异号位错处于稳定状态;当 $x = 0$ 时,情况与上述相反。

3.4.1.3 平行螺型位错与刃型位错的交互作用

两位错相互位置如图 3.4.1(c)所示。同样,根据皮奇-科勒公式,有

$$\boldsymbol{f} = (\boldsymbol{\sigma}_1 \cdot \boldsymbol{b}_2) \times \boldsymbol{k} = \begin{bmatrix} \sigma_{xx} & \tau_{xy} & 0 \\ \tau_{xy} & \sigma_{yy} & 0 \\ 0 & 0 & \sigma_{zz} \end{bmatrix} \begin{bmatrix} 0 \\ 0 \\ b_2 \end{bmatrix} \times \boldsymbol{k} = \sigma_{zz} \cdot b_2 \cdot \boldsymbol{k} \times \boldsymbol{k} = 0$$

表明当刃型位错与螺型位错相互平行时,它们之间无交互作用力。

3.4.2 位错之间的短程交互作用

前节讨论的是位错间的长程交互作用,即相隔一定距离的位错通过弹性应力场而相互作用,而且假定了位错组态不发生变化。但当位错相互运动到很近距离时,位错相交就会改变位错组态,这种作用称为短程交互作用。

3.4.2.1 位错的会合

若两相交滑移面有位错线 XY 和 $X'Y'$,它们的伯格斯矢量间的夹角大于 $90°$,因此相交前是吸引的,并会合于 A 点[见图 3.4.2(a)]。但此四重节点是不稳定的,会分解为两个三重节点 B 及 C 以及一段新位错线 BC,以使弹性能降低。此 BC 位错即称为会合位错[见图 3.4.2(b)]。

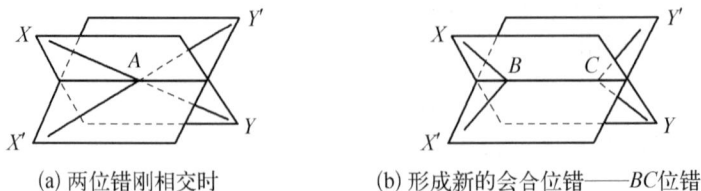

(a) 两位错刚相交时   (b) 形成新的会合位错——BC位错

图 3.4.2 会合位错的形成

如果 XY 和 $X'Y'$ 两位错要继续滑移,就必须将会合位错缩回以达到脱离,因此需要更大的外力。

3.4.2.2 位错的交割

一般晶体中一定存在位错,经过良好退火的晶体中位错密度也达到 $10^6 \sim 10^8 \mathrm{~cm}^{-2}$ 的数量级。因此一个在滑移面上滑动的位错必然会与穿过滑移面的其他位错(称为林位错)相交割。

两个不同滑移面上的位错交割后,两个位错都会产生一小段与对方伯格斯矢量大小和方向相同的多余位错线段。如果这个小位错段的滑移面与自身位错滑移面相同,则称为扭折(kink),由于位错线张力作用,通过滑移可使位错线拉直,从而使扭折消失;如果这小段位错的滑移面与自身滑移面不同,则称为割阶(jog)。因为割阶不位于原位错滑移面内,原位错继续滑移时只能带着割阶做攀移运动,所以对位错运动的阻力很大。

两个位错交截后究竟形成扭折还是割阶,取决于这两个位错的伯格斯矢量及滑移面的相对取向,表 3.4.1 给出了几种位错交割的情况。仔细分析表 3.4.1 可以看出,所有割阶均是刃型位错小段。位错线上形成割阶将增加位错线长度,从而增加了位错弹性能,其增加的能量 w_{jog} 为

$$w_{\mathrm{jog}} = \alpha \mu b_1^2 b_2 \tag{3.4.6}$$

式中,b_1、b_2 分别为相交割两位错的伯格斯矢量模;α 约为 $0.1 \sim 0.2$。对于金属,w_{jog} 约为 $0.5 \sim 1.0 \mathrm{~eV}$。

表 3.4.1 几种位错交割的情况

交割位错类型	交 割 前	交 割 后
两个伯格斯矢量互相垂直的刃型位错的交割		
两个伯格斯矢量互相垂直的刃型位错的交割		

交割位错类型	交 割 前	交 割 后
两个伯格斯矢量互相垂直的刃型位错与螺型位错的交割		
两个伯格斯矢量互相垂直的螺型位错的交割		

驱动带割阶的位错滑移需要更大的力。如图 3.4.3(a)所示的情况,刃型位错 b_1 在被螺型位错 b_2 切割后产生了一个割阶 PP',其滑移面是由 b_1 和 b_2 决定的平面 π_{sp}。可动刃型位错 b_1 的滑移面 π_1 是晶体的密排面,但 π_{sp} 往往不是晶体密排面,滑移阻力很大,甚至不能滑移而保持固定不动。这样,b_1 位错带着割阶 PP' 滑移时要受到割阶的拖拽,如图 3.4.3(b)所示。

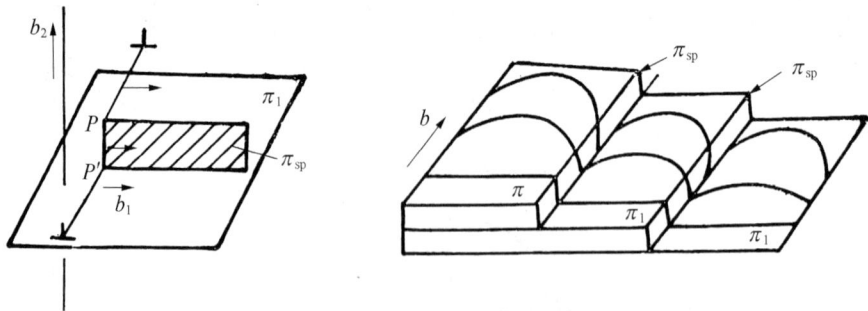

(a) 刃型位错上的割阶及其理论滑移面   (b) 带2个割阶刃型位错的滑移面示意

图 3.4.3 带割阶刃型位错的运动

螺型位错上割阶的滑移面为割阶段与其伯格斯矢量决定的平面 π_{sp},如图 3.4.4 所示。因此,当螺型位错带着割阶沿其法线方向运动时,割阶只可能进行攀移,这个过程需要热激活帮助,所以在温度较低时,割阶就成为位错运动的一个阻碍。如果外应力足够大,割阶可以被螺型位错拖着一起运动,但在割阶经过的地方留下一串空位或间隙原子。究竟是留下空位还是间隙原子,取决于位错伯格斯矢量方向与位错运动方向。

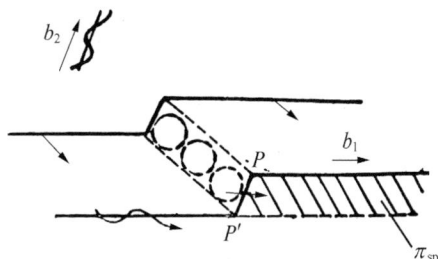

图 3.4.4　带割阶螺型位错的运动

3.5　位错与溶质原子的交互作用

晶体中缺陷的存在会破坏周围原子和电子的平衡分布,引起附加的物理场。这样,缺陷之间会产生交互作用。在完整晶体中,引入位错使晶体能量增加 U_d;引入溶质原子使晶体能量增加 U_c;若同时引入位错和溶质原子,则晶体的总能量为

$$U = U_d + U_c + U_{dc} \tag{3.5.1}$$

式中, U_{dc} 为溶质原子与位错的交互作用能。这是因为在位错存在的情况下,引入溶质原子要额外做功。如果 U_{dc} 是负值,就会使晶体的总能量降低而使晶体处于稳定状态,负值越大,晶体越稳定。换言之,交互作用的结果应使晶体缺陷重排而达到交互作用能最小。

就交互作用的性质来说可以分为弹性交互作用、化学交互作用、静电交互作用。因静电交互作用较微弱,本节仅简要讨论弹性和化学两大类交互作用,它们在固溶强化中起重要作用。

3.5.1　位错与溶质原子的弹性交互作用

弹性交互作用大致可分为长程的超弹性交互作用和短程的介弹性交互作用两大类。

3.5.1.1　超弹性交互作用

超弹性交互作用是由溶质原子和溶剂(基体)原子尺寸差造成的。由于溶质原子大于或小于基体原子,故由溶质原子置换晶格阵点上的溶剂原子或溶质原子填充溶剂晶格间隙时,会导致溶质附近晶格弹性畸变。如果是在无位错应力场的情况产生这种畸变,需做功 W_1,而在有位错应力场时要产生同样的畸变则需做功 W_2,显然 $W_2 \neq W_1$。 因此弹性交互作用能为

$$U_e = W_2 - W_1 \tag{3.5.2}$$

根据溶质原子产生畸变的对称性又可分为球形对称畸变交互作用和非球形对称畸变交互作用。

1) 溶质原子产生球形对称畸变的情况

一般地,溶质原子置换溶剂原子或填入 fcc 及 hcp 结构八面体间隙所产生的畸变是球形对称的。设溶剂原子半径为 R,溶质原子半径为 $R'(R' > R)$。 当溶质原子在距离位错 (r, θ) 处置换溶剂原子时(见图 3.5.1),产生畸变 $R' - R = \varepsilon R$,其中 $\varepsilon = (R' - R)/R$,称为错配度。由于是球形对称变形,只有体积改变,而无形状变化,则位错应力场做功为

$$U_e = p \cdot \Delta V \tag{3.5.3}$$

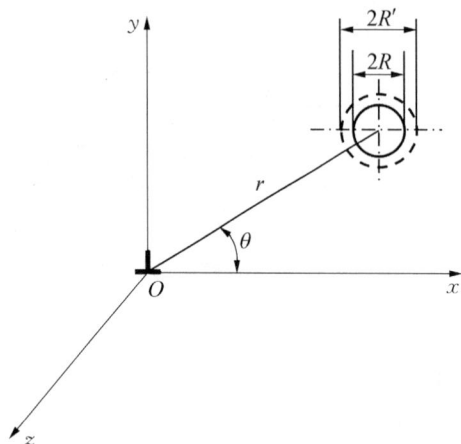

图 3.5.1 球形对称畸变溶质原子与位错超弹性交互作用计算示意

式中，$p=-\dfrac{1}{3}(\sigma_{xx}+\sigma_{yy}+\sigma_{zz})$ 为静水压力；$\Delta V=4\pi R^2 \cdot \varepsilon R$ 为体积变化。代入式(3.5.3)得

$$U_e=-\frac{4}{3}\pi R^3\varepsilon(\sigma_{xx}+\sigma_{yy}+\sigma_{zz})\qquad(3.5.4)$$

由于螺型位错应力场无正应力分量，即 $\sigma_{xx}=\sigma_{yy}=\sigma_{zz}=0$，故 $U_e=0$。表明螺型位错并不会与引起球形对称畸变的溶质原子发生超弹性交互作用。对于刃型位错，有

$$\sigma_{xx}+\sigma_{yy}+\sigma_{zz}=-\frac{1+\nu}{1-\nu}\frac{\mu b}{\pi}\frac{y}{x^2+y^2}$$

将其代入式(3.5.4)有

$$U_e=\frac{4}{3}\frac{(1+\nu)}{(1-\nu)}\mu b\varepsilon R^3\frac{y}{x^2+y^2}\qquad(3.5.5)$$

令

$$A_e=\frac{4}{3}\frac{(1+\nu)}{(1-\nu)}\mu b\varepsilon R^3\qquad(3.5.6)$$

则式(3.5.5)可写为

$$U_e=A_e\frac{y}{x^2+y^2}\qquad(3.5.7)$$

或

$$U_e=A_e\frac{\sin\theta}{r}\qquad(3.5.8)$$

由式(3.5.8)可以推出下面几个结论。

(1) 当 θ 不变时，U_e 与 r 成反比。当距离减小时，交互作用能增大，距离小到位错中心区时，弹性理论不适用，故一般规定，当 $r\geqslant r_0$(位错芯半径)时，式(3.5.8)成立；当 $r<r_0$ 时，$U_e=0$。

(2) U_e 为负值时，晶体最稳定。因此当溶质原子大于溶剂原子时，即 $\varepsilon>0$ 时，欲使 $U_e<0$，必然要求 θ 在 $\pi\sim2\pi$ 之间，即溶质原子应处于正刃型位错下半部受拉区域；当溶质原子小于溶剂原子时，同理要求 θ 在 $0\sim\pi$ 之间，即溶质原子应处于正刃型位错上半部受压区域。对于间隙式溶质原子，ε 总是大于 0，故它应处在正刃型位错下部。

(3) 当 $\varepsilon>0$ 时，在 $\theta=\dfrac{3}{2}\pi$、$r=r_0$ 处，$|U_e|$ 最大，能量最小，溶质原子位于最稳定位置；当 $\varepsilon<0$ 时，在 $\theta=\dfrac{\pi}{2}$、$r=r_0$ 处，$|U_e|$ 最大，能量最小，溶质原子位于最稳定位置。例如对于

铜中溶入锌,错配度 $\varepsilon=0.06(R_{Zn}>R_{Cu})$,$\mu=4\times10^{10}$ N/m²,$\nu=0.36$,$b=2.55\times10^{-8}$ cm,在 $\theta=\dfrac{3}{2}\pi$,$r=b$ 处有最大交互作用能 $|U_{e,max}|\doteq\dfrac{1}{8}$ eV。

(4) 当溶质原子相对位错线的位置有变化时,相应的交互作用能也变化,即位错对溶质原子有作用力。由于溶质原子在位错附近不同位置的交互自由能不同,在温度和时间允许其扩散足够距离时,它们将扩散并集结在位错近旁受膨胀的区域,产生溶质原子非均匀分布的状态。当溶质原子与位错之间距离 r 较大时(例如 $r>1$ nm),溶质原子的浓度分布服从麦克斯韦-玻尔兹曼分布(简称 M-B 分布),即

$$C=C_0\exp\left(-\frac{U_e}{RT}\right) \tag{3.5.9}$$

式中,C_0 为溶质平均浓度。显然,如交互作用能 U_e 为负值,则 $C>C_0$。但是当 r 很小时,即位错线附近,应力场强度随 r 的减小而急剧增大,溶质原子不再遵守 M-B 分布规律,而是形成聚集的溶质原子云,称为科氏气团(Cottrell atmosphere)[①]。

现以碳原子溶入 α-Fe 为例进行简要分析。由于碳原子被吸引到刃型位错下半部受张应力的区域,以消除那里由位错产生的水静张力,当碳原子达到饱和时,张应力恰好被间隙于此的碳原子完全松弛。也就是说,n 个碳原子产生的体积膨胀 $n\Delta V$ 正好等于同一体积内位错张应力部分对应的体积膨胀。刃型位错的体积膨胀率 Θ 参见式(3.2.17),由此可以求出滑移面下半部单位原子长的位错周围的体积膨胀 Δ 为

$$\Delta=2R\int_{r_0}^{r}\int_{\pi}^{2\pi}\Theta\cdot r\mathrm{d}r\mathrm{d}\theta=-\frac{Rb(1-2\nu)}{\pi(1-\nu)}(r-r_0) \tag{3.5.10}$$

式中,R 为 α-Fe 原子半径,$r_0\approx0.2$ nm。假设 n 个碳原子产生的体积膨胀 $n\Delta V$ 正好等于位错滑移面下方离位错芯 1 nm 的半径范围内膨胀的体积,则有 $n\Delta V=\dfrac{Rb(1-2\nu)}{\pi(1-\nu)}(1-0.2)\times10^{-7}$。由马氏中碳与晶格常数关系的数据可以推知,$\Delta V=0.78\times10^{-23}$ cm³,$R=2.5\times10^{-8}$ cm,$b=2.5\times10^{-8}$ cm,取 $\nu=0.33$,可计算出 $n\approx1$。这说明,离位错中心 1 nm 的半径范围内,每一个原子平面只要间隙一个碳原子便可使 α-Fe 饱和,此即饱和气团的结构,可以想象为一根平行于位错线的碳原子线,每一个原子平面中有一个碳原子,距位错中心约一个原子间距,气团的半径为 1 nm,如图 3.5.2 所示。在此范围以外,碳原子则呈 M-B 分布。

饱和气团只有在一临界温度 T_c("露点"温度)以下才能形成。换句话说,当温度高于露点温度时,聚集在位错线附近的溶质原子将

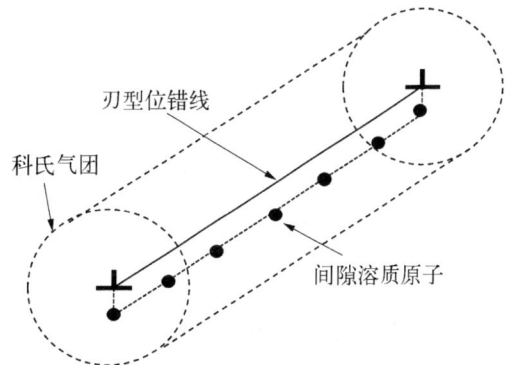

图 3.5.2 科氏气团示意图

① COTTRELL A H, BILBY B A. Dislocation theory of yielding and strain ageing og iron[J]. Proc. Phys. Soc., 1949, A62: 49.

被驱散,科氏气团将消失。在饱和状态下,交互作用能为最大值$U_{e,\,max}$,若令$C=1$,即沿刃型位错半原子平面的棱边,每一原子平面包含一个碳原子,则可求得露点温度:

$$T_C = \frac{U_{e,\,max}}{k\ln\left(\dfrac{1}{C_0}\right)} \tag{3.5.11}$$

2) 溶质原子产生非球形对称畸变的情况

当一些小尺寸的原子溶入 bcc 结构中占据扁八面体间隙位置时,引起的畸变不是球形对称的,而是四方畸变,既有体积变化又有形状变化。显然这种畸变在有或无切应力场存在时是不一样的,这就是说,非对称畸变溶质原子可与螺型位错(仅产生切应力场)产生相互作用,当然也可与刃型位错(既有正应力场也有切应力场)产生相互作用。

仍以碳溶入 $\alpha-Fe$ 为例进行分析。碳在 $\alpha-Fe$ 中占据扁八面体间隙,使扁八面体间隙纵向伸长,其他两个横向缩短,引起四方畸变。在无外力作用时,碳原子在 3 个间隙位置 $\left(\frac{1}{2},0,0\right)$、$\left(0,\frac{1}{2},0\right)$ 和 $\left(0,0,\frac{1}{2}\right)$ 上的分布是均匀的。如果在晶体上加一非水静应力,如单向应力,使整个晶体发生畸变,在拉伸方向上间隙增大,碳原子就要跳到这个间隙大的位置,以减小体系总能量,如图 3.5.3 所示,这种效应称为斯诺克效应(Snoek effect)。碳原子的换位改变了四方晶轴的方向,因此能消除切应力,这表明碳原子可以与螺型位错的切应力场产生交互作用。换句话说,螺型位错的切应力必然造成点阵的非对称畸变,碳原子就要从畸变能较大(间隙小)的位置跳动到畸变能较小(间隙大)的位置,碳原子换位时只需运动很短的距离(约点阵常数的一半),因而可在极短的时间内完成,故在斯诺克效应的影响下,碳原子可以与运动的位错起交互作用,形成所谓的斯诺克气团[①]。

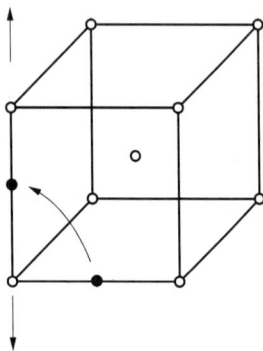

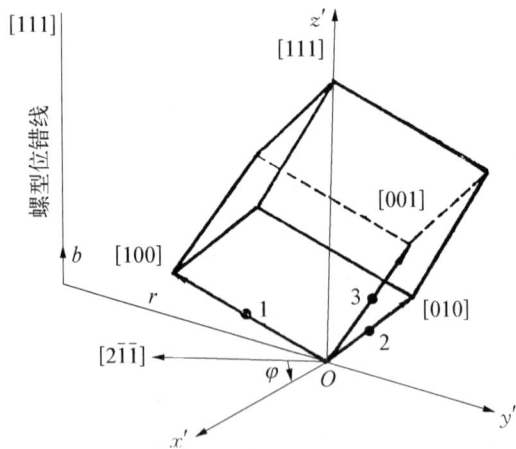

图 3.5.3 碳原子的跳动   图 3.5.4 碳原子与螺型位错交互作用计算模型

碳原子与螺型位错的交互作用能可按下列方法分析,如图 3.5.4 所示。设有一含一个碳原子的晶胞,点阵常数为 a,以 1、2、3 表示该晶胞的三个晶轴。由碳原子的四方畸变导致的晶胞的应变张量为

① SCHOECK G, SEEGER A. The flow stress of iron and its dependence on impurities[J]. Acta Met., 1959, 7: 469.

$$S_C^{123} = \begin{bmatrix} \varepsilon_1 & 0 & 0 \\ 0 & \varepsilon_2 & 0 \\ 0 & 0 & \varepsilon_3 \end{bmatrix} \tag{3.5.12}$$

再设距该晶胞距离为 r 处有一平行于 $[111]$ 方向的螺型位错,此时如要产生 S_C^{123} 应变必须做功。此功的数值即为交互作用能。为了方便计算,现选定新的坐标系 $x'y'z'$,新坐标与原 1、2、3 坐标系共一原点 O,y' 轴与 r 同一方向,z' 轴与螺型位错线平行。这样,1 坐标轴在 $x'y'$ 平面上投影为 $[2\bar{1}\bar{1}]$ 方向,x' 轴与 $[2\bar{1}\bar{1}]$ 方向的夹角为 φ。在原点处 $(x'=0,\ y'=r)$ 螺型位错的应力场为 $\tau_{x'z'} = -\dfrac{\mu b}{2\pi r}$ 及 $\tau_{y'z'} = 0$,故螺型位错的应力张量为

$$T_D^{x'y'z'} = \frac{\mu b}{2\pi r} \begin{bmatrix} 0 & 0 & 1 \\ 0 & 0 & 0 \\ 1 & 0 & 0 \end{bmatrix} \tag{3.5.13}$$

当碳原子在间隙 1 位置时,把 S_C^{123} 换算到 $x'y'z'$ 坐标系中,可得到有效的应变分量为

$$S_C^{x'y'z'} = \varepsilon_{x'z'} = \varepsilon_{z'x'} = \frac{\sqrt{2}}{3}(\varepsilon_1 - \varepsilon_2)\cos\varphi \tag{3.5.14}$$

在螺型位错应力场 $T_D^{x'y'z'}$ 作用下产生 $S_C^{x'y'z'}$ 的应变所做的功即为交互作用能 U_s:

$$U_s = -(T_D^{x'y'z'} \cdot S_C^{x'y'z'}) \cdot a^3 \tag{3.5.15}$$

将式(3.5.13)及式(3.5.14)代入式(3.5.15)可得

$$U_s = A_s \cdot \frac{\cos\varphi}{r} \tag{3.5.16}$$

式中,$A_s = \dfrac{\sqrt{2}}{3\pi}\mu b a^3(\varepsilon_1 - \varepsilon_2)$。可见交互作用能也与距离成反比。若考虑碳原子也可能处在 2 或 3 的间隙位置,其交互作用能公式与式(3.5.16)是相同的,只是 φ 尚有 120° 的位向差:

$$U_{si} = A_s \cdot \frac{\cos\left[\varphi - (i-1)\dfrac{2\pi}{3}\right]}{r},\ i = 1,\ 2,\ 3 \tag{3.5.17}$$

因此在螺型位错附近,碳原子有三个交互作用最强的相当位置,彼此间隔 120°。如取 $A_s = 1.84 \times 10^{-20}$ dyn/cm²,$r = b$,可算得 $U_{s,\,max} = 0.75$ eV。

以上分析的是产生四方畸变的溶质原子与螺型位错的交互作用,按同样方法也可以分析其与刃型位错的交互作用,只是由于刃型位错的应力场略复杂一些,这里就不再详述了。

3.5.1.2 介弹性交互作用

介弹性交互作用是由基体原子与溶质原子弹性模量差引起的。设想将溶质原子看作与溶剂原子尺寸相同的弹性球,则溶质原子弹性模量 E_P 大于溶剂原子(基体)弹性模量 E 时称为硬球,而 $E_P < E$ 时称为软球。无论是硬球还是软球塞入基体中,并没有预先造成点阵畸变,溶质原子的影响仅仅当引入位错应力场时才表现出来。位错接近一个硬球或离开一

个软球时都需要额外做功,此即弹性模量差引起的交互作用能 U_m。

以螺型位错为例,假定螺型位错接近直径约一个原子间距的小区域,该区的剪切模量为 μ_P,晶体其余部分的剪切模量为 μ,该 μ_P 小区域承受着与剪切模量 μ 相同时的切应变 γ,切应力则为 $\mu_P\gamma$,做的总功等于 $\dfrac{\mu_P\gamma^2}{2}\cdot V$,其中 V 为该小区体积。假如此小区的剪切模量与基体相同,那么做的总功应为 $\dfrac{\mu\gamma^2}{2}V$。因此由剪切模量差引起的能量改变为

$$U_m = \frac{1}{2}(\mu_P - \mu)\gamma^2 V \tag{3.5.18}$$

对螺型位错,$\gamma = \dfrac{b}{2\pi r}$,故

$$U_m = \frac{(\mu_P - \mu)b^2}{8\pi^2 r^2}\cdot V \tag{3.5.19}$$

若令 $V = \dfrac{4}{3}\pi R^3$(R 为原子半径),则式(3.5.19)可写为

$$U_m = \frac{(\mu_P - \mu)b^2 R^3}{6\pi^2}\cdot\frac{1}{r^2} \tag{3.5.20}$$

由此式可见,当 $\mu_P > \mu$,即为"硬球"时,交互作用能为正,对位错有斥力;当 $\mu_P < \mu$,即为"软球"时,交互作用能为负,对位错有引力。此外,由弹性模量差引起的交互作用能 $\propto \dfrac{1}{r^2}$,而由尺寸差引起的交互作用能 $\propto \dfrac{1}{r}$,故前者属短程交互作用;而后者属长程交互作用。

3.5.2 位错与溶质原子的化学交互作用

在层错能较小的金属中,位错是以扩展位错形式存在和运动的。为了保持热力学平衡,溶质原子倾向于富集在扩展位错之间的层错区中而使体系自由能达到最低,形成所谓的铃木(Suzuki)气团[①](见图 3.5.5),这就是溶质原子与位错的化学交互作用,其交互作用能为

$$U_{ch} = (C_0 - C_1)(\gamma_B - \gamma_A)b^2 \tag{3.5.21}$$

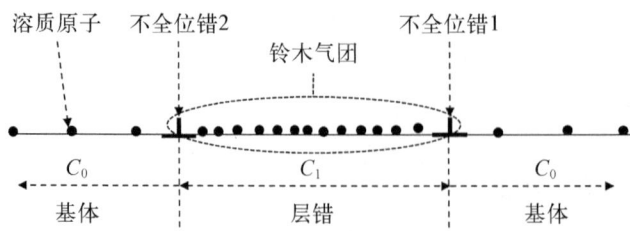

图 3.5.5 Suzuki 气团示意图

① SUZUKI H. Dislocation in Solids[M]. Vol. 4. Amsterdam: North-Holland, 1979: 193.

式中，C_0 为合金浓度；C_1 为层错区浓度；γ_A 为基体的比层错能；γ_B 为溶质的比层错能；b 为基体扩展位错的伯格斯矢量模。

将层错区和基体作为两个相来对待，就可以估计铃木气团中溶质原子的浓度。设 C_0 为合金固溶体原子摩尔浓度，C_1 与 C_2 分别代表溶质在层错区和基体中的原子摩尔浓度，则应有 $C_1 > C_0 > C_2$，由于层错区所占的体积分数很小，故可近似地认为 C_2 等于 C_0。根据热力学平衡条件应有

$$\left(\frac{\partial f^{\mathrm{m}}}{\partial C}\right)_{C_0} = \left(\frac{\partial f^{\mathrm{s}}}{\partial C}\right)_{C_1} \tag{3.5.22}$$

式中，f^{m} 和 f^{s} 分别为基体和层错区的摩尔自由能。基体的摩尔自由能为

$$f^{\mathrm{m}} = (1 - C_0)f_A + Cf_B + RT[C\ln C + (1 - C)\ln(1 - C)] - C(1 - C)W_0 \tag{3.5.23}$$

$$W_0 = \frac{NZ}{2}[2U_{AB} - (U_{AA} - U_{BB})]$$

式中，f_A 和 f_B 分别为纯基体原子 A 和纯溶质原子 B 的摩尔自由能；U_{AB}、U_{AA}、U_{BB} 分别为 A-B、A-A 和 B-B 原子对的相互作用能；N 为阿伏伽德罗常数；Z 为配位数；R 为气体常数；T 为绝对温度。假定二元合金基体为理想固溶体，则 $W_0 = 0$，所以有

$$f^{\mathrm{m}} = (1 - C)f_A + Cf_B + RT[C\ln C + (1 - C)\ln(1 - C)] \tag{3.5.24}$$

层错区摩尔自由能为

$$f^{\mathrm{s}} = (1 - C)f_A + Cf_B + RT[C\ln C + (1 - C)\ln(1 - C)] + \frac{v}{h}\gamma_C \tag{3.5.25}$$

式中，h 为层错厚度；v 为摩尔体积，故 $\frac{v}{h}$ 代表摩尔层错区宽度；γ_C 为层错区浓度为 C 时的比层错能，$\gamma_C = \gamma_A = C(\gamma_B - \gamma_A)$，其中 γ_A 和 γ_B 分别为纯 A 组元和纯 B 组元的比层错能。将式(3.5.24)及式(3.5.25)代入式(3.5.22)便得到

$$\frac{v}{h} \cdot \frac{(\gamma_B - \gamma_A)}{RT} = \ln\frac{C_0(1 - C_1)}{C_1(1 - C_0)} \tag{3.5.26}$$

因此可得层错区溶质原子浓度

$$C_1 = C_0 \left/ \left[C_0 + (1 - C_0)\exp\left(\frac{Q}{RT}\right)\right]\right. \tag{3.5.27}$$

$$Q = \frac{v}{h}(\gamma_B - \gamma_A)$$

可见，若 $\gamma_B < \gamma_A$，则 $C_1 > C_0$，层错区富集溶质原子，形成铃木气团。

3.5.3 弹性交互作用与化学交互作用大小的比较

由上面对两类交互作用的讨论得出了各自的交互作用能表达式，分别为

$$U_{e,\,max} = \frac{4}{3}\mu b \frac{(1+\nu)}{(1-\nu)} \varepsilon R^3 \cdot \frac{1}{r}$$

$$U_{ch} = (C_0 - C_1)(\gamma_B - \gamma_A)b^2$$

下面以 Cu-Zn 合金为例进行粗略比较。设 $(C_0-C_1) \approx 1\%$，$(\gamma_B-\gamma_A) \approx 200 \times 10^{-7} \text{ J/cm}^2$，$b \approx 2.55 \times 10^{-8} \text{ cm}$，$\nu = 0.33$，$\mu \approx 4 \times 10^5 \text{ N/cm}^2$，$r \approx \dfrac{b}{2}$，则计算后得出

$$U_{e,\,max} \approx 16\mu b^3 \Theta \approx 1\Theta(\text{eV})$$

$$U_{ch} \approx 0.1(C_0 - C_1)(\text{eV})$$

由于 Θ 与 (C_0-C_1) 约为同样量级（约 1%），可见 $U_{e,\,max}$ 要比 U_{ch} 大得多。因此在讨论固溶强化时，往往强调弹性相互作用。但是组成固溶体的两组元尺寸差别不大、因而弹性相互作用很微弱时，化学相互作用对强化的贡献也不可忽视。

3.6　位错与晶界的交互作用

晶体中的界面区（晶界、相界、层错等面缺陷）的原子排列与晶体内部不同，这构成了界面应力场，会与位错发生弹性交互作用，结果是对位错产生排斥或吸引作用。位错与界面的交互作用比较复杂，视位错本身性质及界面性质而定。

3.6.1　位错与晶界的长程交互作用

由于晶体的各向异性，当 A 和 B 两晶粒有一定取向差时（$\mu_B > \mu_A$），晶粒 A 内的位错向晶界的运动便受到晶粒 B 内镜像位错的排斥力。当晶界两侧取向差很大时（即晶界为大角晶界），晶界对位错的排斥力就很大，表现出晶界对位错的阻碍作用。

3.6.1.1　塞积群中位错的位置及数目

当一个滑移面上的平行同号位错在外加切应力作用下朝某一方向滑移时，若领先位错遭遇到大角晶界而受阻，则后续位错也会在弹性交互作用支配下不等距地停止在晶界前方，形成位错塞积群。位错塞积群的头部（领先位错处）会产生很大的应力集中，它将对晶体的屈服或者裂纹形核产生很大影响。

设想一组刃型位错在外加切应力 τ_0 作用下沿 x 轴滑移至大角晶界（强障碍）前塞积起来，各位错的平衡位置依次标记为 1，2，$\cdots$，n，令第一个位错（领先位错）在 $x=0$ 的地方，如图 3.6.1 所示。若假设晶界只同领先位错有交互作用，即晶界的作用力是短程的，则每一位错所受的作用力为

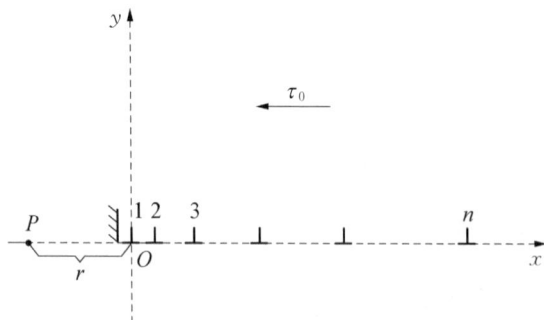

图 3.6.1　位错塞积群示意

$$f_j = -A \sum_{\substack{i=1 \\ i \neq j}}^{n} \frac{b}{x_j - x_i} - b\tau_0$$

(3.6.1)

3 位 错 基 础

式中，$A = \dfrac{\mu b}{2\pi(1-\nu)}$。 在平衡时，$f_j$ 应为零，可得到 $(n-1)$ 个联立代数方程：

$$\frac{\tau_0}{A} = A \sum_{\substack{i=1 \\ i \neq j}}^{n} \frac{1}{x_j - x_i} \tag{3.6.2}$$

解此联立方程组，即可求出塞积群中各位错的位置。当 n 很大时，Eshelby[①] 等求出的近似解为

$$x_i = \frac{A\pi^2}{8n\tau_0}(i-1)^2 \tag{3.6.3}$$

由此可见，塞积群中位错排列有一定规律，离晶界越近，排列越密。第 n 个位错的位置可以近似地代表塞积群的长度 L：

$$x_n = L = \frac{n\mu b}{\pi(1-\nu)\tau_0} \tag{3.6.4}$$

由式(3.6.4)还可求出塞积群中的位错数目 n：

$$n \approx \frac{8}{\pi^2} \frac{L\tau_0}{A} \tag{3.6.5}$$

3.6.1.2 塞积群头部的应力场

现在来计算塞积群前方 r 处的应力场。根据平行刃型位错间相互作用力公式可以得到

$$\tau(r) = \frac{\mu b}{2\pi(1-\nu)} \sum_{i=1}^{n} \frac{1}{x_i + r} + \tau_0 \tag{3.6.6}$$

下面讨论 r 的 3 种情况。

(1) $r \ll x_1$，即塞积群顶端处。应用虚功原理，设在外切应力 τ_0 作用下，整个塞积群向前移动 δx 的距离，做功为 $nb\tau_0\delta x$；而领先位错对晶界的反作用力做功为 $b\tau_n\delta x$，此二者应相等，故有

$$\tau_n = n\tau_0 \tag{3.6.7}$$

可见，塞积群头部产生了应力集中，应力集中因子就等于塞积群位错数 n。

(2) $r \gg L$，即远离塞积群处。此时有 $x_i + r \approx r$，则式(3.6.6)可写为

$$\tau = \frac{n\mu b}{2\pi(1-\nu)r} + \tau_0 \tag{3.6.8}$$

(3) $x_1 \leqslant r \leqslant L$，即塞积群内部。此时可采用位错连续分布模型来分析，即将塞积群中的位错看成是一个连续的大位错，单位长度内的位错数目为

$$\frac{\mathrm{d}i}{\mathrm{d}x} = \frac{\tau}{A\pi} \sqrt{\frac{L}{x}} \tag{3.6.9}$$

---

① ESHELBY J D, FRANK F C, NABARRO F R N. The equilibrium of linear arrays of dislocations[J]. Phil. Mag., 1951，42：351.

这样可将式(3.6.6)的求和变为如下积分形式

$$\tau(r) = \tau_0 + A\int_0^L \frac{1}{r+x}\left(\frac{\mathrm{d}i}{\mathrm{d}x}\right)\mathrm{d}x \tag{3.6.10}$$

将式(3.6.9)代入式(3.6.10)并积分,可得

$$\tau(r) = \tau_0 + \tau_0\sqrt{\frac{L}{r}} \tag{3.6.11}$$

3.6.2 位错与晶界的短程交互作用

当位错运动遇到小角晶界,会发生短程交互作用。对称倾侧小角晶界可看成由同号刃型位错堆砌而成的位错墙,如图3.6.2所示,其应力场可由下式表示:

$$\tau_{xy} = \frac{\mu b}{2\pi(1-\nu)}\sum_{n=-\infty}^{+\infty}\frac{x[x^2-(y-nd)^2]}{[x^2+(y-nd)^2]^2} \tag{3.6.12}$$

若 $x \gg d/(2\pi)$,则可近似得

$$\tau_{xy} = \frac{2\pi\mu bx}{(1-\nu)d^2}\cos\frac{2\pi y}{d}\exp\left(-\frac{2\pi x}{d}\right) \tag{3.6.13}$$

可见,x 增大时,τ_{xy} 呈指数规律下降。这说明对称倾侧小角晶界无长程应力场。当 $x=2d$ 时,τ_{xy} 大体上为单个位错应力场的 10^{-2} 倍。但若在小角晶界附近,如 $|x| \ll d/(2\pi)$ 时,τ_{xy} 在数值上随 y 值不同将大体上由最近的 $1\sim3$ 个位错的应力场决定,因而仅有短程的应力场。

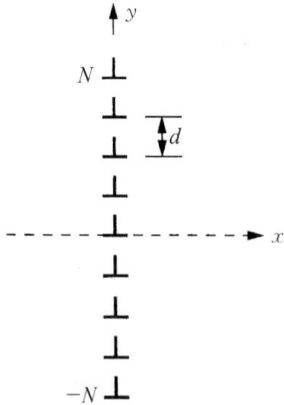

图 3.6.2 对称倾侧小角晶界   图 3.6.3 位错穿过小角晶界示意

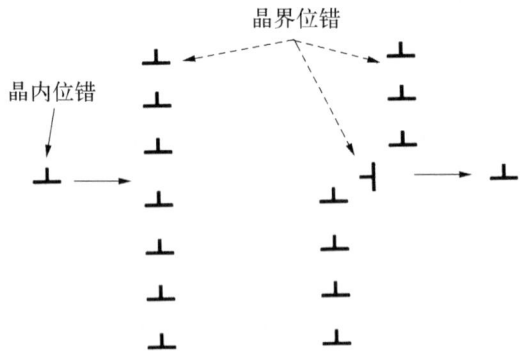

因小角晶界只有短程应力场,当晶内位错运动遇到小角晶界时,不会像遇到大角晶界那样塞积在晶界前方,它们可能穿过晶界。由于晶体位向的改变,位错穿过晶界时伯格斯矢量要改变方向,形成一个晶界位错,如图3.6.3所示。

当晶内位错移动到小角晶界附近时,也可能与晶界位错产生反应,形成新的位错。

图 3.6.4 表示一斜的晶内位错与倾侧晶界的交互作用，反应后生成新的位错段（虚线表示）。在 bcc 金属中，当一个 $\frac{a}{2}[111]$ 晶内位错进入 $\frac{a}{2}[1\bar{1}\bar{1}]$ 晶界位错构成的倾侧晶界时，就可以产生反应：$\frac{a}{2}[111] + \frac{a}{2}[1\bar{1}\bar{1}] = a[100]$，形成新的位错 $a[100]$，使能量降低。在 fcc 金属中，可观察到一个 $\frac{a}{2}[110]$ 位错在进入晶界时，分解成两个晶界位错：$\frac{a}{2}[110] \rightarrow \frac{a}{3}[111] + \frac{a}{6}[11\bar{2}]$。

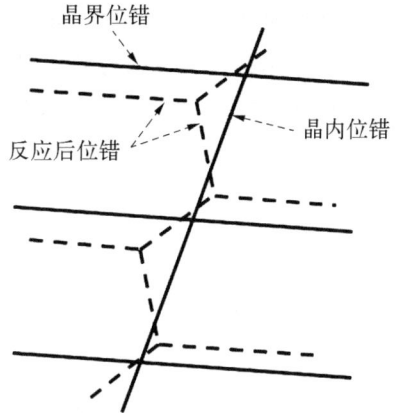

图 3.6.4 晶内位错与晶界位错反应示意

3.6.3 晶界位错源或位错阱

晶界本身有坎或台阶存在，在应力作用时，这个坎或台阶会移出晶界，向晶粒内放出（发射）位错，与此同时晶界上的坎或台阶也就消失了，如图 3.6.5 所示。小角度的倾侧晶界或扭转晶界自身就是由刃型位错或螺型位错组成的，在外力作用下放出位错是很容易的。例如，对倾侧晶界的计算表明，放出 1 个位错需要的力约为 $0.72 \times 10^{-4} \mu\theta$（$\theta$ 为倾侧角）[见图 3.6.6(a)]；若同时拉出 2 个刃型位错[见图 3.6.6(b)]，需要的力减小了，约为 $0.62 \times 10^{-4} \mu\theta$；如果倾侧晶界上同一滑移面有 2 个可动位错，则若使其中之一发射出来[见图 3.6.6(c)]，所需的力更小，只有 $0.8 \times 10^{-5} \mu\theta$。

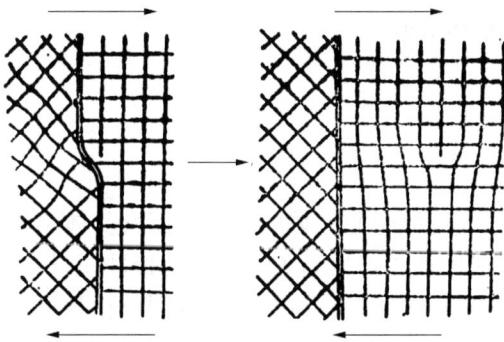

图 3.6.5 大角晶界放出位错示意

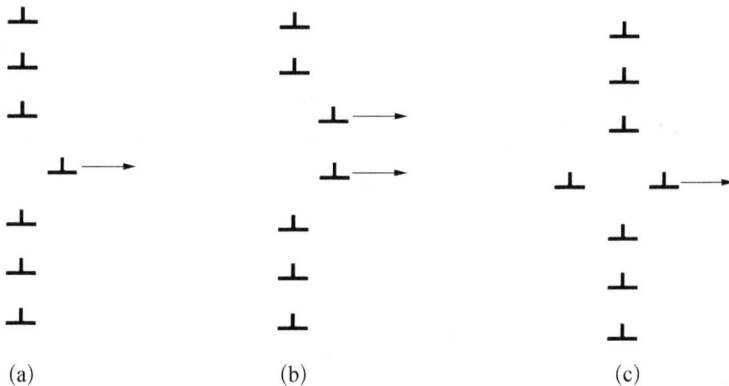

图 3.6.6 小角晶界放出位错示意

晶界除了可以放出位错，还可以吸收位错。如图 3.6.7 所示为一列刃型位错堆积到晶界时，可以被晶界吸收形成晶界位错塞积群，然后晶界位错可以借攀移使之重新分布而成为无应力的晶界[见图 3.6.7(a)~(c)]。这一过程在减轻由于位错堆积引起的应力集中方面和在回复时产生的位错组态变化方面都是重要的。同样,可以设想两个晶粒,自晶内位错源处各自放出符号相反的刃型位错,堆积到晶界后,又被晶界吸收,而这些符号相反的晶界位错可以互相销毁[见图 3.6.7(d)],这个过程与回复阶段中位错的减少有关。

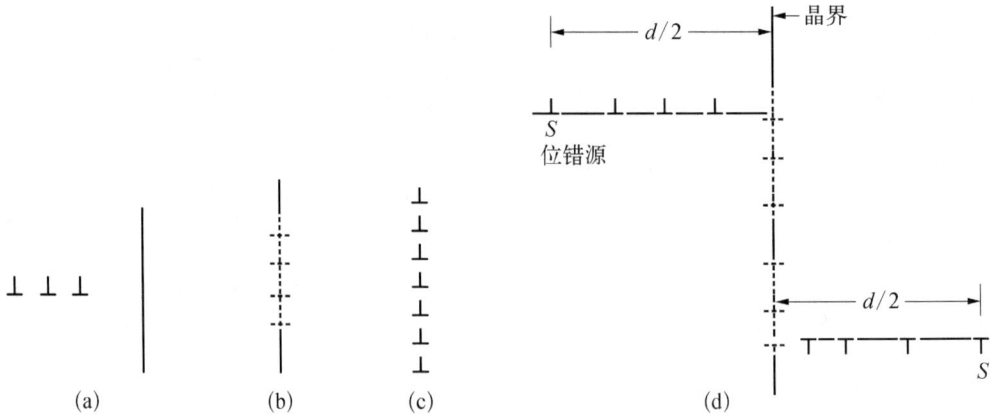

图 3.6.7　晶界吸收位错示意

3.7　位错的点阵模型

位错的连续介质模型有一定的局限性,不能处理位错中心区域的问题。而且晶体结构和电子结构对位错性质的影响在连续介质模型中只体现在伯格斯矢量和剪切弹性模量上,是比较粗糙的。理论进一步的发展就需要考虑位错线周围原子的错排情况,即位错核心结构。在此类研究中,最早是 Peierls[①] 提出,后经 Nabarro[②] 修正的简单位错点阵模型,简称 P－N 模型。本节简单介绍 P－N 模型的相关问题。

3.7.1　P－N 模型

P－N 模型如图 3.7.1 所示。设想简单立方晶体沿滑移面剖开为两半,做相对位移 $b/2$,然后再拼起来,形成刃型位错[见图 3.7.1(a)]。图中滑移面 A 及 B 上的原子又做了适当位移后才达到平衡位置。令 A 面上各原子沿 x 轴的位移以 $u(x)$ 表示,B 面上对应的原子列做相等而方向相反的位移。A 面与 B 面相对应的原子列在 x 方向上的相对位移为

$$\begin{cases} \phi(x) = 2u(x) + \dfrac{b}{2}, & x > 0 \\ \phi(x) = 2u(x) - \dfrac{b}{2}, & x < 0 \end{cases} \tag{3.7.1}$$

$\phi(x)$ 的边界条件可以按位错定义来确定:

---

① PEIERLS R E. The size of a dislocation[J]. Proc. Phys. Soc. , 1940, 52: 34.

② NABARRO F R N. Dislocations in a simple cubic lattice[J]. Proc. Phys. Soc. , 1947, 59: 256.

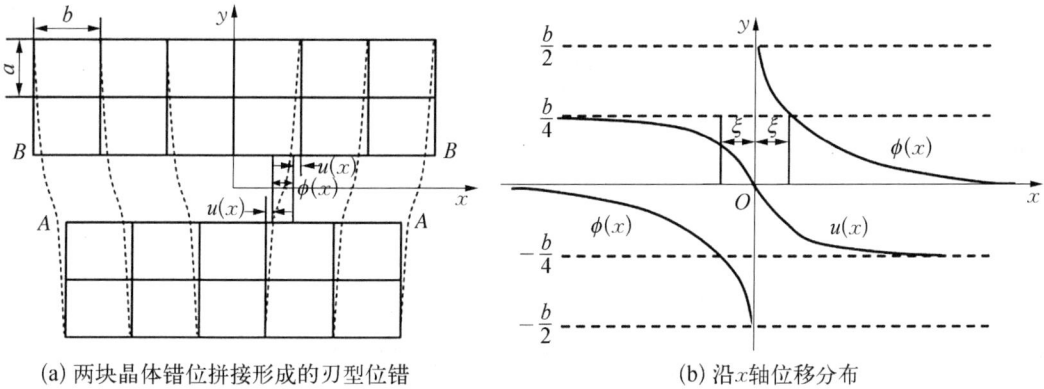

(a) 两块晶体错位拼接形成的刃型位错

(b) 沿 x 轴位移分布

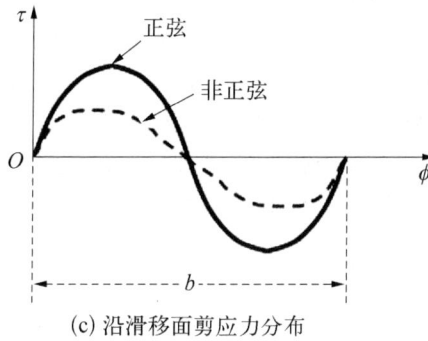

(c) 沿滑移面剪应力分布

图 3.7.1 P‐N 模型示意

$$\begin{cases} x=+\infty, \ \phi(x)=0, \ u(x)=-\dfrac{b}{4} \\ x=-\infty, \ \varphi(x)=0, \ u(x)=\dfrac{b}{4} \end{cases} \tag{3.7.2}$$

这就是说,在离位错中心无限远处,滑移面上下对应的原子必然接合得十分完好。在位错中心 $x=0$ 处,$\phi(0)=\dfrac{b}{2}$,$u(0)=0$,两原子列的相对位移 ϕ 和每一原子列的实际位移 u 都是 x 的函数[见图 3.7.1(b)]。在平衡状态下,A 排原子受两方面的力:一是 B 面以上晶体作用力,它力图使 A 排原子沿 x 方向铺开以便与上部分晶体对齐;另一是 A 面及以下原子的作用力,它力图使 A 排原子沿 x 方向靠拢。

第一步,计算周期结构 B 原子面对 A 面 x 方向的切应力。假设 A 面与 B 面之间相互作用的切应力 τ_{xy} 是相对位移 ϕ 的正弦函数[见图 3.7.1(c)中实线]:

$$\tau_{xy}=C\sin\left(\frac{2\pi\phi}{b}\right) \tag{3.7.3}$$

再假设应力、应变之间满足胡克定律,故有

$$\tau_{xy}=\mu\gamma_{xy}=\mu\,\frac{\phi}{a}$$

由于 ϕ 很小,应有

$$\sin\left(\frac{2\pi\phi}{b}\right) \approx \frac{2\pi\phi}{b}$$

由此可得

$$C = \frac{\mu}{2\pi} \cdot \frac{b}{a} \tag{3.7.4}$$

将式(3.7.4)代入式(3.7.3)可得

$$\tau_{xy} = \frac{\mu b}{2\pi a}\sin\left(\frac{2\pi\phi}{b}\right) = -\frac{\mu b}{2\pi a}\sin\left(\frac{4\pi u}{b}\right) \tag{3.7.5}$$

第二步,计算 A 面以下晶体对 A 面 x 方向的作用力。假设 A 面以下及 B 面以上的晶体可按各向同性均匀连续弹性介质处理,即相当于在半无限大弹性介质的 A 面上有外应力 τ_{xy} 分布。但是 τ_{xy} 不能直接采用连续介质模型得出的应力场公式,因为其公式只能求位错中心区以外的弹性应力,而不能处理位错中心区域。为此,把强度为 b 的单位位错视作沿滑移面连续分布、强度为无穷小的无穷多个弹性位错,假设分布密度函数为 $b'(x)$,于是在一窄条 $\mathrm{d}x$ 内,位错强度为 $b'(x)\mathrm{d}x$,则在整个滑移面上位错的总强度为

$$\int_{-\infty}^{+\infty} b'(x)\mathrm{d}x = b \tag{3.7.6}$$

这样就可以应用连续介质的位错应力场公式:$\tau_{xy} = \frac{\mu b}{2\pi(1-\nu)} \cdot \frac{1}{x}$($y=0$ 时)。一个处于 $x=\xi$ 到 $x=\xi+\mathrm{d}\xi$ 之间,强度为 $b'\mathrm{d}\xi$ 的小位错在滑移面上 $y=0$,$x=x$ 位置处产生的切应力为

$$\mathrm{d}\tau_{xy} = \frac{\mu b'\mathrm{d}\xi}{2\pi(1-\nu)} \cdot \frac{1}{x-\xi} \tag{3.7.7}$$

总强度为 b 的位错在滑移面上 $x=x$ 位置处产生的切应力为

$$\tau_{xy} = \int_{-\infty}^{+\infty} \frac{\mu b'\mathrm{d}\xi}{2\pi(1-\nu)} \cdot \frac{1}{x-\xi} \tag{3.7.8}$$

式中,$b'\mathrm{d}\xi = \mathrm{d}\phi(\xi) = \frac{\mathrm{d}\phi}{\mathrm{d}\xi} \cdot \mathrm{d}\xi = -2\frac{\mathrm{d}u}{\mathrm{d}\xi} \cdot \mathrm{d}\xi$,代入上式,得

$$\tau_{xy} = -\frac{\mu}{2\pi(1-\nu)}\int_{-\infty}^{+\infty} \frac{2\frac{\mathrm{d}u}{\mathrm{d}\xi}}{x-\xi} \cdot \mathrm{d}\xi \tag{3.7.9}$$

A 面上的原子在式(3.7.5)和式(3.7.9)表示的两个力作用下维持平衡,因此可求得 u 所满足的积分方程为

$$\int_{-\infty}^{+\infty} \frac{\frac{\mathrm{d}u}{\mathrm{d}\xi}}{x-\xi} \cdot \mathrm{d}\xi = \frac{(1-\nu)b}{2a}\sin\left(\frac{4\pi u}{b}\right) \tag{3.7.10}$$

这就是 P-N 刃型位错点阵模型的基本方程,按同样的方法也可以构造 P-N 螺型位错点阵

3 位错基础 ┃ 101

模型。

3.7.2 位错宽度

式(3.7.10)满足边界条件式(3.7.2)的解为

$$u(x) = -\frac{b}{2\pi}\tan^{-1}\left(\frac{x}{\zeta}\right) \tag{3.7.11}$$

式中,

$$\zeta = \frac{a}{2(1-\nu)} \tag{3.7.12}$$

当 $x = \pm\zeta$ 时,$u = \mp\dfrac{b}{8}$,约为无穷远处 u 值的一半,这个数值大致确定了原子严重错排区的范围。因此 ξ 可理解为位错的半宽度,$2\zeta = \dfrac{a}{(1-\nu)}$ 就是位错芯的宽度。上面所计算出的位错芯宽度很窄,仅约 1.5 个原子面间距。之所以如此,是因为 A 面与 B 面之间的力服从正弦函数关系的假设。如果采取更可能接近实际的原子间作用力关系,则有可能使 τ_{xy} 与位移的关系不再呈对称性,且峰值有显著下降[见图 3.7.1(c)中的虚线],进而使滑移面 A 和 B 上的原子之间的对齐作用下降,位错宽度也必随之增加,如果周期力的幅值减少一半,那么位错宽度就增加 4 倍。一般认为位错宽度约为正弦模型预测值的 2~3 倍比较合理。

3.7.3 P-N 位错的应力场

将位移表达式(3.7.11)代入切应力表达式(3.7.5),即可求得滑移面上的切应力为

$$\tau_{xy}(x,0) = -\frac{\mu b}{2\pi a}\sin\left(\frac{4\pi u}{b}\right) = -\frac{\mu b}{2\pi a}\sin\left[-2\tan^{-1}\left(\frac{x}{\zeta}\right)\right] = \frac{\mu b}{2\pi(1-\nu)}\frac{x}{(x^2+\zeta^2)} \tag{3.7.13}$$

当 $x \gg \zeta$ 时,有

$$\tau_{xy}(x,0) = \frac{\mu b}{2\pi(1-\nu)}\frac{1}{x} \tag{3.7.14}$$

与由连续介质模型得到的应力表达式[参见式(3.2.14)中第三式,令 $y=0$]完全相同。换句话说,在 $x \gg \xi$ 区域,应力对位错核心结构不敏感。

以上只是对 P-N 位错在滑移面上切应力的简单分析,采用更严格的连续分布的应力函数,可推导得到 P-N 位错的应力场分布:

$$\begin{cases} \sigma_{xx} = -\dfrac{\mu b}{2\pi(1-\nu)}\left\{\dfrac{x}{x^2+(y+\zeta)^2} - \dfrac{2xy(y-\zeta)}{[x^2+(y+\zeta)^2]}\right\} \\[3mm] \sigma_{yy} = -\dfrac{\mu b}{2\pi(1-\nu)}\left\{\dfrac{y}{x^2+(y+\zeta)^2} - \dfrac{2x^2 y}{[x^2+(y+\zeta)^2]}\right\} \\[3mm] \sigma_{zz} = -\dfrac{\mu b\nu}{\pi(1-\nu)}\dfrac{y+\zeta}{x^2+(y+\zeta)^2} \\[3mm] \tau_{xy} = \dfrac{\mu b}{2\pi(1-\nu)}\left\{\dfrac{x}{x^2+(y+\zeta)^2} - \dfrac{2xy(y-\zeta)}{[x^2+(y+\zeta)^2]}\right\} \end{cases} \tag{3.7.15}$$

当 $r = \sqrt{x^2 + y^2} \gg \zeta$ 时，P-N 位错的应力场可以简化为连续介质中位错的应力场表达式（3.2.14）。

3.7.4 P-N 力

一个静止的位错如果四周没有其他缺陷与之相互作用的话，它两边的应变是对称的，并不受点阵力的作用。当位错受力偏离其平衡位置时，由于对称位置被破坏，将会受到阻力，这种阻力随位错对平衡位置偏离的程度而变，并且有一极大值，当外力能克服此阻力极大值时，位错便能从一个平衡位置滑移到下一个平衡位置。因为该阻力来自晶体点阵周期性势垒，所以称为点阵阻力（又称晶格摩擦阻力），这个点阵阻力可以由 P-N 模型计算，因此最大点阵阻力又称为 P-N 力。

下面来计算 P-N 力。首先需求出滑移面上下两排原子的相互作用能。由于每个对应的原子列都有错排，它们沿着 x 方向的相互作用力为 $\tau_{xy}b$，相对位移为 ϕ，所以分摊到每一原子列的错排能 w_{AB} 为

$$w_{AB} = \frac{1}{2} \int b\tau_{xy} \mathrm{d}\phi \tag{3.7.16}$$

将式（3.7.9）和式（3.7.12）代入式（3.7.16），得

$$w_{AB} = -\frac{\mu b^3}{8\pi^2 a} \int_{\frac{b}{4}}^{u} \sin\left(\frac{4\pi u}{b}\right) \mathrm{d}\left(\frac{4\pi u}{b}\right) = \frac{\mu b^3}{8\pi^2 a}\left[\cos\left(\frac{4\pi u}{b}\right) + 1\right] \tag{3.7.17}$$

为便于求滑移面上每一对原子列错排能的和，设滑移后的位错中心距最近对称位置的距离为 ab，则滑移面两边所有原子列的位置可写为

$$x = \left(\alpha + \frac{n}{2}\right)b, \ n = 0, \pm 1, \pm 2 \tag{3.7.18}$$

将式（3.7.11）及式（3.7.18）代入式（3.7.17），并对 n 求和，便得到总错排能

$$W_{AB} = \sum_n w_{AB} = \frac{\mu b^3}{8\pi^2 a} \sum_{n=-\infty}^{+\infty} \left\{\cos 2\left[\tan^{-1}\left(\alpha + \frac{n}{2}\right)\frac{b}{\zeta}\right] + 1\right\} \tag{3.7.19}$$

用富氏展开求得

$$W_{AB} = \frac{\mu b^2}{4\pi(1-\nu)}\left[2\mathrm{e}^{-\frac{4\pi\zeta}{b}}\cos 4\pi\alpha + 1\right] \tag{3.7.20}$$

因 $\mathrm{d}x = b\mathrm{d}\alpha$，来自晶格的作用力可由式（3.7.20）对 α 微分求得

$$f = -\frac{1}{b}\frac{\partial W_{AB}}{\partial \alpha} = \frac{2\mu b}{1-\nu}\mathrm{e}^{-\frac{4\pi\zeta}{b}}\sin 4\pi\alpha \tag{3.7.21}$$

而 P-N 力是绝对零度时克服最大晶格阻力所需的临界切应力。故当 $\sin 4\pi\alpha = 1$ 时，有

$$\tau_{P\text{-}N} = \frac{2\mu}{1-\nu}\mathrm{e}^{-\frac{4\pi\zeta}{b}} = \frac{2\mu}{1-\nu}\mathrm{e}^{-\frac{2\pi a}{b(1-\nu)}} \tag{3.7.22}$$

P-N 力相当于理想晶体中移动单一位错所需的临界切应力。这种力来源于点阵的周

期结构，由位错前方和后方的原子偏离了周期场内的等效位置所致。所以 P-N 力实质是晶体点阵结构对位错运动的最大阻力。对 P-N 力进行精确计算现在尚有困难，目前仍没有满意的结果。主要原因在于对位错中心结构及原子间相互作用力的表达式尚不清楚，P-N 模型只能给出半定量的结果。按式(3.7.22)估算，P-N 力一般在 $10^{-4} \sim 10^{-2}\mu$ 之间，低于实际晶体的临界切应力，证实了位错易动的原始设想。

3.8 位错动力学

在大多数情况下，位错运动并不很快，可以用静止位错方法近似地描述。但在某些特殊场合，动力学效应显得特别重要。例如，在振动频率达 MHz 量级的内耗研究中位错须看成衰减振动的弦线，其惯量由运动位错的有效质量确定；当材料受高速冲击载荷作用时，或内部裂纹失稳扩展时，均需要用高速运动位错的特征来描述。本节仅讨论直线位错的某些动力学特性。

3.8.1 位错滑移动力学

3.8.1.1 运动位错的应力场

与静止位错相比，运动位错的平衡方程多了惯性项 $\rho_0 \frac{\partial^2 u_i}{\partial t^2}$（$\rho_0$ 为介质密度）。用位移分量表示的匀速运动位错的平衡方程为

$$\mu \frac{\partial^2 u_i}{\partial x_j^2} + (\mu+\lambda)\frac{\partial}{\partial x_i}\frac{\partial u_j}{\partial x_j} = \rho_0 \frac{\partial^2 u_i}{\partial t^2} \tag{3.8.1}$$

下面分别讨论螺型位错和刃型位错匀速运动时的应力场。

1) 运动螺型位错的应力场

设在无限介质中有一平行于 z 轴的螺型位错，沿 x 轴方向做匀速(v)运动，如图 3.8.1 所示。

若不考虑二级效应，螺型位错无体积应变($\nabla u=0$)，且 $\boldsymbol{u}_i=(0,0,u_z)$，于是螺型位错运动平衡方程可简化为

$$\left(\frac{\partial^2}{\partial x^2}+\frac{\partial^2}{\partial y^2}\right)u_z = \frac{\rho_0}{\mu}\frac{\partial^2 u_z}{\partial t^2} \tag{3.8.2}$$

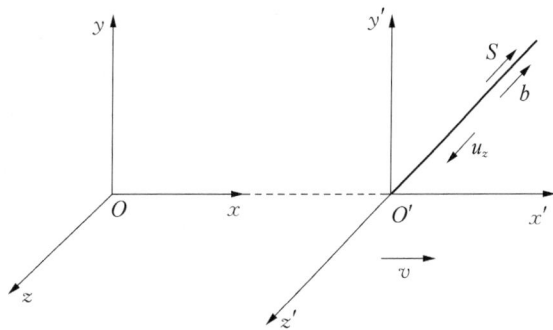

图 3.8.1 运动螺型位错的坐标系

此即剪切波(又称横波)的波动方程。将横向声波在介质中的转播速度($C_T=\sqrt{\mu/\rho_0}$)代入式(3.8.2)可得

$$\left(\frac{\partial^2}{\partial x^2}+\frac{\partial^2}{\partial y^2}\right)u_z = \frac{1}{C_T^2}\frac{\partial^2 u_z}{\partial t^2} \tag{3.8.3}$$

解此方程，得到应力场：

$$\begin{cases} \tau_{zx} = \mu \dfrac{\partial u_z}{\partial x} = -\dfrac{\mu b}{2\pi} \dfrac{\beta y}{(x-vt)^2 + (\beta y)^2} \\[3mm] \tau_{xy} = \mu \dfrac{\partial u_z}{\partial y} = \dfrac{\mu b}{2\pi} \dfrac{\beta(x-vt)}{(x-vt)^2 + (\beta y)^2} \end{cases} \tag{3.8.4}$$

其中,

$$\beta = \left(1 - \dfrac{v^2}{C_T^2}\right)^{\frac{1}{2}} \tag{3.8.5}$$

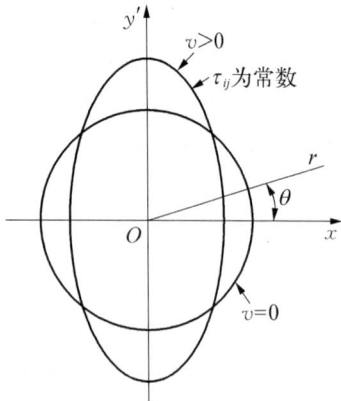

当 $v=0$ 时,蜕化为静止螺型位错应力场,仍保持 z 轴对称,等应力线为圆;当 $v \to C_T$ 时,$\beta \to 0$,应力场不再是 z 轴对称,如图 3.8.2 所示。

由以上分析可得如下推论。

(1) 滑移面上两条高速运动的平行螺型位错的交互作用能大大减小。

(2) 扩展位错中的两个分位错无排斥力,而会收缩为全位错。

(3) 平行滑移面上的平行螺型位错之间交互自由能大大增加,易导致交滑移。

图 3.8.2 静止位错与高速运动位错的等应力面

2) 运动刃型位错的应力场

设有一平行于 z 轴的刃型位错,沿 x 轴方向做匀速(v)运动。位移分量为 $u_i = (u_x, u_y, 0)$,则由匀速运动位错的平衡方程可求出诸应力分量:

$$\sigma_{xx} = \dfrac{\mu b C_T^2}{2\pi v^2}\left[\dfrac{(\lambda + 2\mu) - \beta_L^2 \lambda}{\beta_L r_L^2} - \dfrac{\mu(1 + \beta_L^2)}{\beta_T r_T^2}\right] \tag{3.8.6a}$$

$$\sigma_{yy} = \dfrac{\mu b C_T^2}{2\pi v^2}\left[\dfrac{\lambda - \beta_T^2(\lambda + 2\mu)}{\beta_L r_L^2} + \dfrac{\mu(1 + \beta_T^2)}{\beta_T r_T^2}\right] \tag{3.8.6b}$$

$$\sigma_{zz} = \nu(\sigma_{xx} + \sigma_{yy}) \tag{3.8.6c}$$

$$\tau_{xy} = \dfrac{\mu b C_T^2}{2\pi v^2}\left\{\dfrac{(1 + \beta_T^2)(x-vt)}{\beta_T[(x-vt)^2 + (\beta_T y)^2]} - \dfrac{4\beta_T(x-vt)}{(x-vt)^2 + (\beta_L y)^2}\right\} \tag{3.8.6d}$$

其中,

$$\begin{cases} C_L = \sqrt{(\lambda + 2\mu)/\rho_0} \\[2mm] C_T = \sqrt{\mu/\rho_0} \end{cases} \tag{3.8.7}$$

$$\begin{cases} \beta_L = \sqrt{1 - \dfrac{v^2}{C_L^2}} \\[4mm] \beta_T = \sqrt{1 - \dfrac{v^2}{C_T^2}} \end{cases} \tag{3.8.8}$$

$$\begin{cases} r_{\mathrm{L}}^2 = \dfrac{(x - vt)^2}{\beta_{\mathrm{L}}^2} + y^2 \\[3mm] r_{\mathrm{T}}^2 = \dfrac{(x - vt)^2}{\beta_{\mathrm{T}}^2} + y^2 \end{cases} \tag{3.8.9}$$

当 $v \to 0$ 时，$\beta_{\mathrm{T}} \to 1$，$\beta_{\mathrm{L}} \to 1$，蜕化为静止位错应力场；τ_{xy} 分布如图 3.8.3 所示。$\tau_{xy} = 0$ 的线除 y 轴之外，不再是 $|x| = |y|$，而是向 x 轴靠拢。速度愈大，靠拢愈甚。当 v 足够大时，可使 $y = 0$ 滑移面上的切应力改变符号。

在 $y = 0$ 的滑移面上，切应力为

$$\tau_{xy} = \frac{\mu b}{2\pi\beta_{\mathrm{T}}} \cdot \frac{C_{\mathrm{T}}^2}{v^2} \big[(1 - \beta_{\mathrm{T}}^2)^2 - 4\beta_{\mathrm{T}}\beta_{\mathrm{L}} \big] \tag{3.8.10}$$

图 3.8.3 运动刃型位错应力分量 τ_{xy} 的分布（坐标轴固定在运动位错上）

如果 v 足够大，$\tau_{xy} = 0$ 的线与 x 轴重合，即 $(\tau_{xy})_{y=0} = 0$，则有 $(1 - \beta_{\mathrm{T}}^2)^2 = 4\beta_{\mathrm{T}}\beta_{\mathrm{L}}$。将式（3.8.10）平方，并将式（3.8.8）代入，则有

$$\left(2 - \frac{v^2}{C_{\mathrm{T}}^2} \right)^4 = 16 \left(1 - \frac{v^2}{C_{\mathrm{T}}^2} \right)^2 \left(1 - \frac{v^2}{C_{\mathrm{L}}^2} \right)^2 \tag{3.8.11}$$

此即表面波（Rayleigh 波）的方程，其波速 v 为

$$v = \alpha C_{\mathrm{T}} \tag{3.8.12}$$

对于泊松比为 $0 \sim 0.5$ 的材料，α 为 $0.874 \sim 0.955$。这表示当刃型位错运动速率为声速 C_{T} 的 $0.874 \sim 0.955$ 时，x 轴上 $\tau_{xy} = 0$，即 $y = 0$ 的 x 轴上改变符号。

由此可推论：若有一组符号相同的刃型位错在同一滑移面上，那么在一个很高的速度下，诸位错会重叠在一起，形成一个伯格斯矢量模为 nb 的大刃型位错。这就是高速运动的位错在无障碍时仍能产生微裂纹的机制。

3.8.1.2 运动位错的能量

匀速运动位错的能量应包含静止时的弹性畸变能和动能。由于刃型位错过于复杂，以下仅讨论螺型位错。静止螺型位错的能量密度为

$$e_{\mathrm{s}}^{\mathrm{s}} = \frac{1}{2}\varepsilon_{ij}\varepsilon_{ij} = \frac{\mu}{2}\left(\frac{\partial u_i}{\partial x_j} \right)^2 \tag{3.8.13}$$

运动螺型位错的能量密度为

$$e_{\mathrm{s}}^{\mathrm{d}} = \frac{\mu}{2}\left(\frac{\partial u_i}{\partial x_j} \right)^2 + \frac{\rho_0}{2}\left(\frac{\partial u_i}{\partial t} \right)^2 \tag{3.8.14}$$

因为螺型位错线沿 z 轴，将式（3.8.14）积分，可得单位长度螺型位错的能量为

$$E_{\mathrm{s}}^{\mathrm{d}} = \frac{\mu}{2}\iint \left[\left(\frac{\partial u_z}{\partial x} \right)^2 + \left(\frac{\partial u_z}{\partial y} \right)^2 \right] \mathrm{d}x\,\mathrm{d}y + \frac{\rho_0}{2}\iint \left(\frac{\partial u_z}{\partial t} \right)^2 \mathrm{d}x\,\mathrm{d}y = \frac{1}{\beta}\frac{\mu b^2}{4\pi}\ln\left(\frac{R}{r_0} \right) \tag{3.8.15}$$

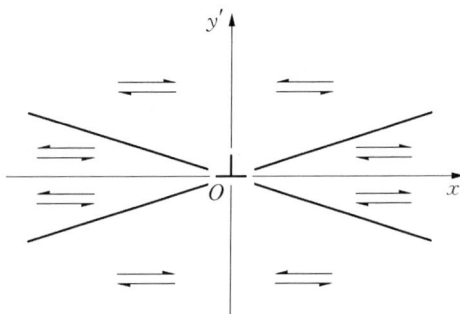

令 $E_s^s = \dfrac{\mu b^2}{4\pi}\ln\left(\dfrac{R}{r_0}\right)$，即为静止螺型位错单位长度能量，则式（3.8.15）可写为

$$E_s^d = \frac{1}{\beta}E_s^s \tag{3.8.16}$$

该式表明，运动位错的能量是静止位错能量的 $1/\beta$。当 $v \to C_T$ 时，$\beta \to 0$，则 $E_s^d \to \infty$。因此，C_T 是螺型位错运动速度的极限（同样也是刃型位错运动速度的极限）。

3.8.1.3　运动位错的有效质量

将运动位错能量表达式展开成级数，并将 $1/\beta$ 参数代入，当速度不是很高时，将高次项忽略，则有

$$E_s^d \approx E_s^s + \frac{1}{2}\frac{E_s^s}{C_T^2}v^2 \tag{3.8.17}$$

此式约等号右边第一项为势能项，第二项为动能项。与经典力学中的动能表达式对比，可将 E_s^s/C_T^2 看成单位长度运动螺型位错的有效质量 m^*：

$$m^* = \frac{E_s^s}{C_T^2} = \frac{\mu}{C_T^2}\frac{b^2}{4\pi}\ln\left(\frac{R}{r_0}\right) = \frac{\rho_0 b^2}{4\pi}\ln\left(\frac{R}{r_0}\right) \tag{3.8.18}$$

即长度为 b 的螺型位错的有效质量约为 $\rho_0 b^3$，相当于一个原子的质量。

3.8.1.4　位错运动速度与应力的关系

位错受力会运动，但力与运动速度之间的关系不是单值的，速度不同，阻尼系数不同。阻尼还受温度影响。Johnston 和 Gilman[1] 测量了 LiF 晶体中位错运动速度与所受分切应力的关系。他们用蚀坑法观察位错露头，用脉冲法施加应力，应力大小由电阻应变仪测量，根据所加力的不同大小来选择施力时间，从不到 $1\,\mu s$ 至数秒不等，总之不使位错跑出晶体。施力后观察位错露头，原位错处蚀坑为平底，新位置处为尖底。测量出一一对应的位错运动距离，再除以施力时间，便得到位错运动速度。该实验所得结果如图 3.8.4 所示。

Johnston-Gilman 实验得到许多有价值的结果。

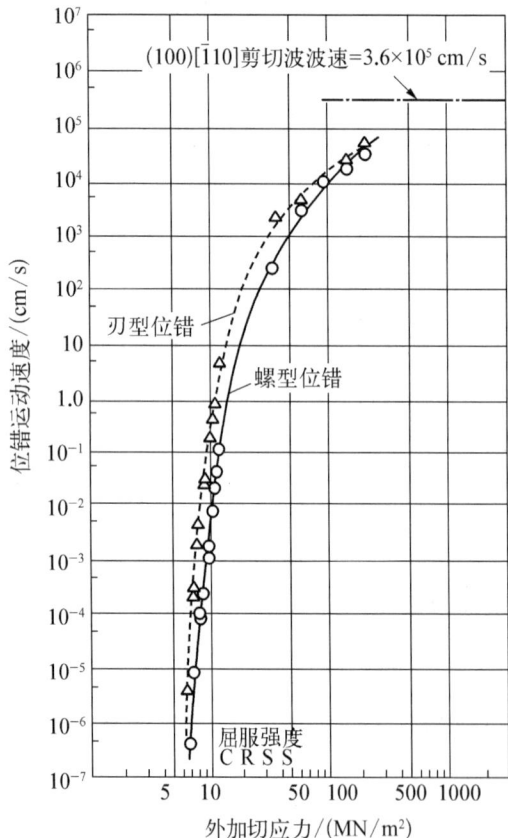

图 3.8.4　LiF 晶体中位错运动速度随外应力的变化

① JOHNSTON W G, GILMAN J J. Dislocation velocities, dislocation densities, and plastic flow in Lithium crystals [J]. J. Appl. Phys., 1959, 30: 129.

（1）存在使位错开动的应力阈值，此即 LiF 晶体的临界切应力。

（2）曲线斜率随位错运动速度 v 增大而减小，表明位错运动受到的阻尼随速度增大而增大。在 $v < 10^{-3}C_T$ 范围内（位错低速运动），曲线斜率很大，速度与应力的双对数呈线性关系：

$$v = v_0 \left(\frac{\sigma}{\sigma_0} \right)^m \tag{3.8.19}$$

式中，v_0、σ_0 均为常数；m 为速率应力敏感指数，与材料有关，其值对晶体屈服行为有重要影响。

（3）当 $v > 10^{-3}C_T$（位错高速运动）时，除会遇到低速运动位错所遇阻尼之外，还存在声子辐射阻尼、弹性波散射阻尼、热弹性阻尼、电子散射阻尼等多种散射阻尼，使得位错运动阻尼系数逐渐增大，曲线斜率逐渐减小。当 $v = C_T/10$ 时，曲线斜率进一步迅速下降，剪切波速 C_T 成为该曲线的渐近线。

（4）在较小的相同切应力下，刃型位错的速率约为螺型位错速率的 50 倍。随应力增大，运动速率增大，两者速率差减小。

3.8.2 位错攀移动力学

3.8.2.1 位错攀移阻力

设单位长度位错的攀移阻力为 f_r，攀移 ds 距离后所引起的体积变化为 $dV = b\,ds$。令原子（或空位）体积为 $V_a \approx b^3$，上述体积共包含点缺陷数目为

$$dN = \frac{dV}{V_a} = \frac{b\,ds}{b^3} = \frac{ds}{b^2} \tag{3.8.20}$$

若设点缺陷形成能为 U_f，则攀移力所做的功 $f_r ds$ 应等于对应的点缺陷形成能 $U_f dN$，故

$$f_r = \frac{U_f dN}{ds} = \frac{U_f}{b^2} \tag{3.8.21}$$

位错攀移所需的应力为

$$\sigma = \frac{U_f}{b^3} \tag{3.8.22}$$

3.8.2.2 位错攀移动力

驱动位错攀移的动力主要有两项：第一项为外加应力的正应力分量产生的动力 $f_a = -\sigma b$ [参见式(3.4.4)]；第二项为不平衡点缺陷浓度导致的化学力 $f_{ch} = \frac{kT}{b^2} \ln\left(\frac{C}{C_0} \right)$ [参见式(3.3.9)]。假设点缺陷为空位，粗略估算空位形成能 $U_f = \frac{1}{5}\mu b^3$，则由式(3.8.22)可估算出位错攀移所需的应力约为 $\mu/5$，即与理论强度相近，可见单凭外加应力使位错攀移几乎是不可能的，需要借助化学力。若仅凭化学力促使位错攀移，必须满足 $f_c \geqslant f_r$，由此可得出满足条件的点缺陷浓度 $C = 1$。在一般情况下，C 值不会如此之大，除非金属经过严重的冷加工、淬火或辐照后才能得到与它可以比较的值。

3.8.2.3 位错攀移方式及速率

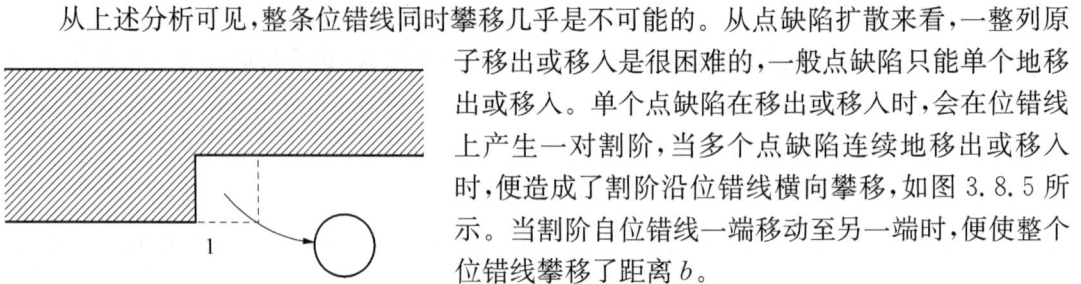

从上述分析可见,整条位错线同时攀移几乎是不可能的。从点缺陷扩散来看,一整列原子移出或移入是很困难的,一般点缺陷只能单个地移出或移入。单个点缺陷在移出或移入时,会在位错线上产生一对割阶,当多个点缺陷连续地移出或移入时,便造成了割阶沿位错线横向攀移,如图 3.8.5 所示。当割阶自位错线一端移动至另一端时,便使整个位错线攀移了距离 b。

图 3.8.5 位错局部攀移示意图

下面来分析位错攀移速率。设 L_0 为位错线上割阶的平均距离,则割阶浓度为

$$C_j = \frac{1}{L_0} \tag{3.8.23}$$

若割阶沿位错线横向运动的平均速率为 v_j,则位错攀移速率为

$$v_c = bC_j v_j \tag{3.8.24}$$

由此式可见,影响位错攀移速率的第一个因素是割阶浓度。在热平衡时

$$C_j = \exp\left(-\frac{U_j}{kT}\right) \tag{3.8.25}$$

式中,U_j 为割阶形成能。

第二个影响位错攀移速率的因素是割阶移动速率 v_j,它和割阶与点缺陷的交互作用及点缺陷的扩散有关。割阶每移动一步(例如局部负攀移时),即相当于产生一个空位,并要求此空位继续迁移一个原子间距(否则它又有被割阶吸收的可能)。因此,割阶产生此移动的激活能 Q_j 应该等于空位形成能 U_f 与空位迁移能 U_d 之和,其值也等于空位的自扩散激活能 Q_d。若外加应力 σ 在割阶上产生攀移的驱动力为 $f_a = \sigma b$,则上述过程的总激活能为

$$Q = U_f + U_d - f_a b^2 \tag{3.8.26}$$

设 n 为空位可能跳入的位置数(对密排结构,$n = 11$),则割阶自左至右移动的概率为

$$\nu_j' = n\nu \exp\left(-\frac{U_f + U_d - f_a b^2}{kT}\right) \tag{3.8.27}$$

式中,ν 为原子振动的频率。

此外,由于位错线附近过饱和空位产生一对位错的化学力 f_{ch},从而使割阶反向移动的概率为

$$\nu_j'' = n\nu \exp\left(-\frac{U_f + U_d - f_{ch} b^2}{kT}\right) \tag{3.8.28}$$

因而割阶沿位错移动的净速率为

$$v_j = b(\nu_j' - \nu_j'') = n\nu b \exp\left(-\frac{U_f + U_d}{kT}\right)\left[\exp\left(\frac{f_a b^2}{kT}\right) - \exp\left(\frac{f_{ch} b^2}{kT}\right)\right] \tag{3.8.29}$$

将此式代入式(3.8.24),即得到位错攀移速率:

$$v_c = bC_j n \nu b \exp\left(-\frac{U_f + U_d}{kT}\right)\left[\exp\left(\frac{f_a b^2}{kT}\right) - \exp\left(\frac{f_{ch} b^2}{kT}\right)\right] \tag{3.8.30}$$

由此可见,温度对位错攀移速率有很大影响。下面讨论 3 种不同情况。

(1) $|f_a b^2| \ll kT$,$|f_{ch} b^2| \ll kT$。在这种情况下,作用在割阶上的正应力和化学力都很小,近似有

$$\frac{(f_a - f_{ch})b^2}{kT} \approx \exp\left(\frac{f_a b^2}{kT}\right) - \exp\left(\frac{f_{ch} b^2}{kT}\right) \tag{3.8.31}$$

因此,

$$v_c = n \nu b C_j \frac{(f_a - f_{ch})b^2}{kT} \exp\left(-\frac{U_f + U_d}{kT}\right) \tag{3.8.32}$$

根据扩散理论,自扩散系数 D 为

$$D \approx n \nu b^2 \exp\left(-\frac{U_f + U_d}{kT}\right) \tag{3.8.33}$$

则有

$$v_c = DC_j \frac{(f_a - f_{ch})b}{kT} \tag{3.8.34}$$

这表明,在割阶附近空位未达到平衡时,$(f_a - f_{ch}) \neq 0$,空位与割阶的交互作用是攀移速率的控制因素。如果晶体内空位扩散速率比割阶发射或吸收空位的速率低,割阶处空位容易达到饱和,那么决定攀移速率的控制因素就不是空位与割阶的交互作用,而是空位的体扩散速率。

(2) $|f_a b^2| \gg kT$,$|f_{ch} b^2| \ll kT$。在这种情况下,外加应力促使攀移的作用力远大于化学力,根据式(3.8.24)和式(3.8.29)可得

$$v_c = n \nu b C_j \exp\left(-\frac{U_f + U_d - \sigma b^3}{kT}\right) \tag{3.8.35}$$

(3) $|f_a b^2| \ll kT$,$|f_{ch} b^2| \gg kT$。此时,化学力驱动攀移比外应力更显著,同样可求得位错攀移速率为

$$v_c = n \nu b C_j \exp\left(-\frac{U_d}{kT}\right) \tag{3.8.36}$$

应指出,以上分析是基于空位扩散机制。若位错攀移是通过间隙原子扩散而实现,虽然间隙原子的迁移能 U_d 小于空位,但间隙原子形成能 U_f 远大于空位形成能,使得间隙原子的 $(U_d + U_f)$ 大于空位,故位错攀移速率较小。

4

塑 性 变 形

　　材料在受力超过弹性变形范围后将发生永久变形,即卸除载荷后将保留不可回复的残余变形,这就是塑性变形。材料具有塑性变形能力在工程上有重要意义:第一,可使金属构件具有一定的抗偶然过载能力,保证构件的安全;第二,可保证实施冷变形工艺,生产形状复杂的零件和产品;第三,可利用应变硬化效应来强化金属,特别是对于不能通过热处理强化的金属,塑性变形是强化金属的重要工艺手段之一。因此,材料的塑性变形理论在材料强度学中占据举足轻重的地位。

4.1 塑性变形本质

　　塑性变形的本质可以从原子(分子)和连续介质两个层面来分析。

4.1.1 原子(分子)层面

　　在原子(分子)层面,塑性变形方式与材料凝聚态结构有关,图 4.1.1 总结了晶体、非晶体及高分子聚合物的塑性变形微观机制。

4.1.1.1 晶体
　　晶体塑性变形最主要的方式有两种:滑移和孪生。滑移是指晶体在切应力作用下,在特定晶面(滑移面)的上、下两部分晶体沿特定晶向(滑移方向)发生相互错动的现象[见图 4.1.1(a)(i)]。孪生也是晶体在切应力作用下沿着一定的晶面(孪生面)和一定的晶向(孪生方向)发生的[见图 4.1.1(a)(ii)]。滑移与孪生的异同有如下几点。① 从原子移动方式看,滑移只有滑移面上、下第一排的原子之间发生了相对错动,而第二、第三等排原子相对于第一排原子并未发生位移,也即滑移变形区只是一个"面",在表面呈现滑移线。孪生则在孪生面上、下几个面的原子都发生了切变位移,也即孪生变形区是有厚度的"层",在表面呈现浮凸。② 从晶体结构来看,滑移既不改变晶体结构,也不改变晶体取向。孪生虽保持了晶体结构不变,但与未变形的晶体呈镜面对称的位向关系,即改变了晶体取向。③ 从原子键来看,无论是滑移还是孪生,都是使原子键转动,而不是像拉应力作用下原子键的伸长。这样,所有原子相对于其最近邻原子的位移不会超过一个原子间距,即不会产生原子键的断裂,保证了晶体的连续性。但是,滑移仅使得一排原子键转动;而孪生则使得孪生区内所有排的原子发生等量的转动,孪生变形所需的应力高于滑移,滑移比孪生更加容易实现。因此一般来说,滑移是晶体塑性变形的最主要方式。

　　如上所述,滑移是晶体在切应力作用下滑移面和其上滑移方向发生原子错动的剪切变形。滑移面与滑移方向的组合称为滑移系。对于确定的晶体结构,滑移系一般都是确定的。因为滑移是位错运动的结果,所以晶体中选择的滑移系可由如下两个互相补充的准则来确定。

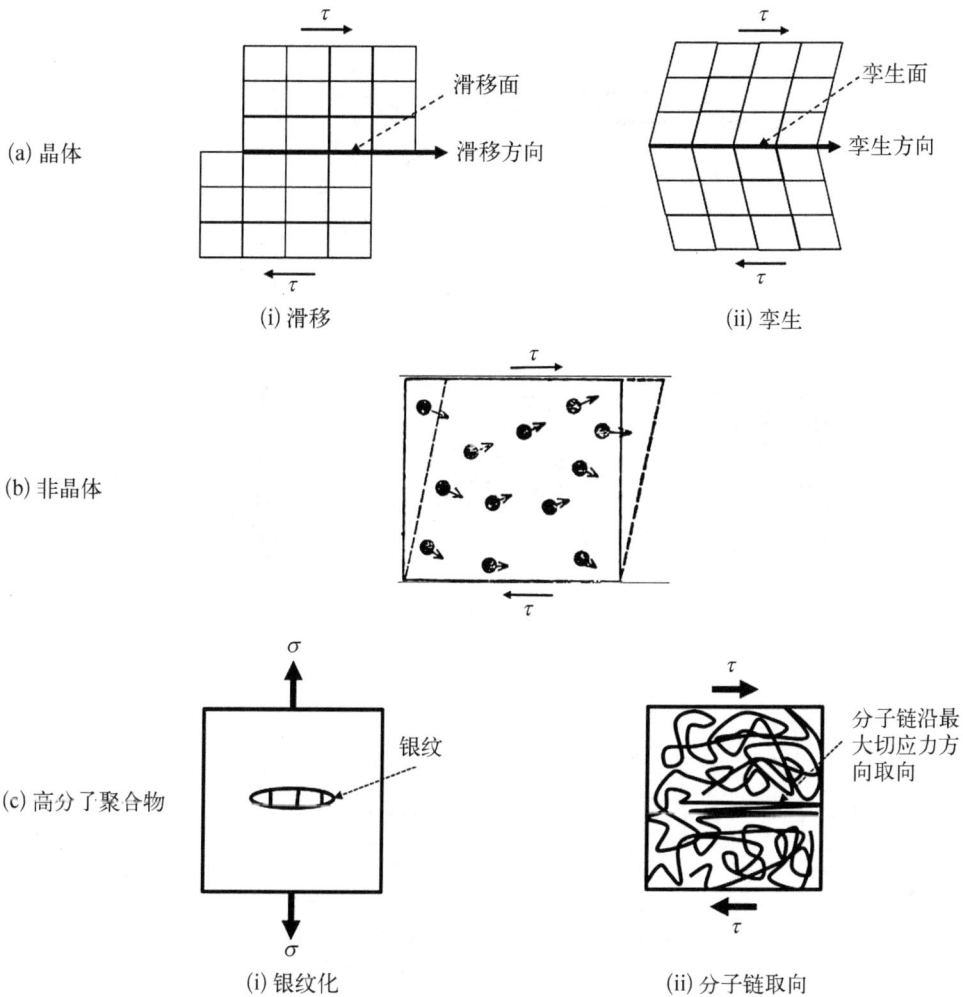

图 4.1.1　固体塑性变形方式示意

（1）能量准则：位错线能量最小。因为位错线能量正比于 μb^2，即要求位错的伯格斯矢量最小，以及它所在面之间剪切模量最小。因此，滑移方向一般是原子线密度较大的密排方向。

（2）迁移率准则：位错移动经受最小的晶格阻力。晶格阻力随位错核心的宽度与伯格斯矢量的比值呈指数下降，从一级近似看，位错核心宽度大体与位错滑动面的面间距成正比，即位错滑移的面间距与位错伯格斯矢量比值最小时位错有最高的迁移率。因此，滑移面通常是原子面密度较高的密排面，这是因为密排面的面间距大。

不同结构的晶体根据上述两准则确定的滑移系是不同的，图 4.1.2 给出了面心立方（fcc）、体心立方（bcc）和密排六方（hcp）3 种典型结构滑移系的示意图。

对于 fcc 结构，以 {111} 晶面的面间距最大，$h_{\{111\}} = \dfrac{\sqrt{3}}{3}a$；{100} 面间距次之，$h_{\{100\}} = \dfrac{1}{2}a$；{110} 晶面间距最小，$h_{\{110\}} = \dfrac{1}{2\sqrt{2}}a$。因此，fcc 晶体的滑移面比较固定，以 {111} 晶面为

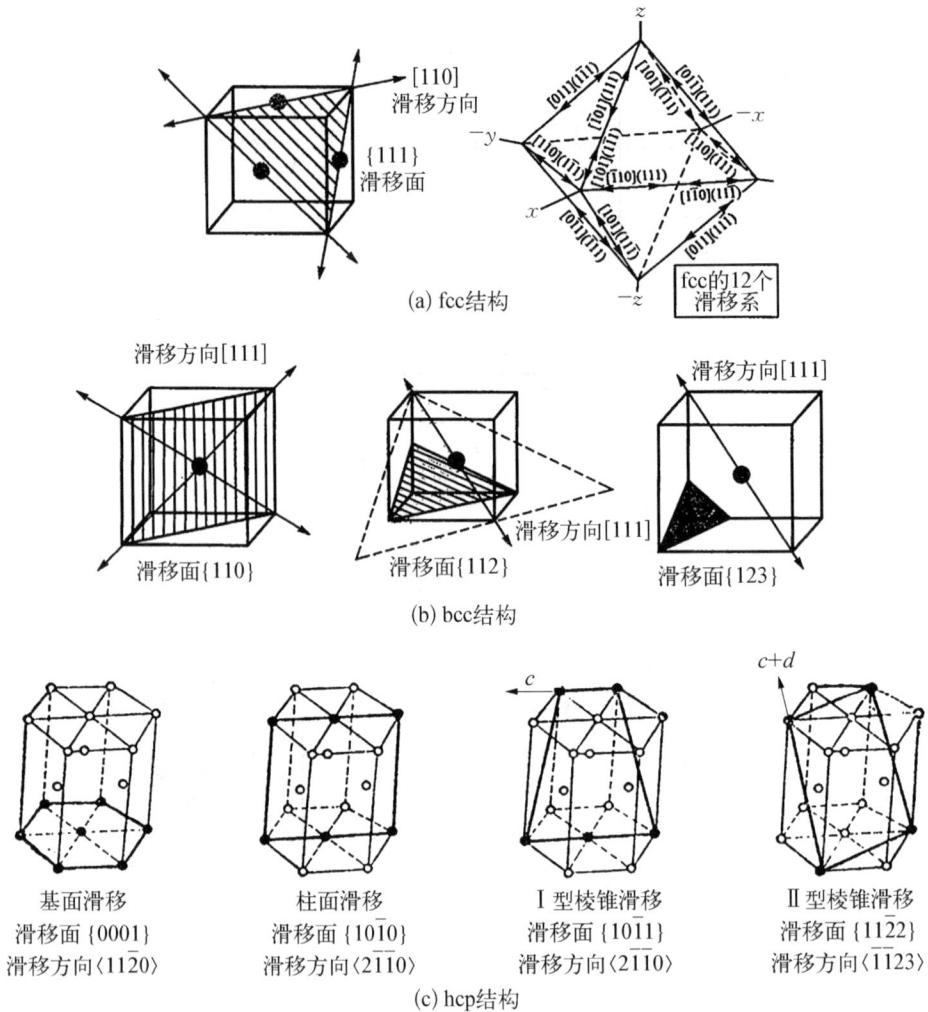

(a) fcc结构

(b) bcc结构

(c) hcp结构

基面滑移
滑移面 {0001}
滑移方向 ⟨11$\bar{2}$0⟩

柱面滑移
滑移面 {10$\bar{1}$0}
滑移方向 ⟨2$\bar{1}$$\bar{1}$0⟩

Ⅰ型棱锥滑移
滑移面 {10$\bar{1}$1}
滑移方向 ⟨2$\bar{1}$$\bar{1}$0⟩

Ⅱ型棱锥滑移
滑移面 {11$\bar{2}$2}
滑移方向 ⟨$\bar{1}$$\bar{1}$23⟩

图 4.1.2   3 种典型结构的滑移系

主。4 个不同位向滑移面上的每个滑移面都有 3 个 ⟨110⟩ 滑移方向,因此 {111}⟨110⟩ 滑移系统组合共有 3×4＝12 个滑移系。除此之外,在高温特别是层错能比较高的金属中还观察到 {100}、{110}、{112} 和 {122} 面为滑移面。

对于 bcc 结构,没有最突出的密排晶面,比较密排的晶面是 {110},可能的滑移面为 {110}、{112} 和 {123}。但是 bcc 晶体中只有一种密排方向 ⟨111⟩,在每组滑移面上的滑移方向都是 ⟨111⟩ 晶向,因此一共有 48 个滑移系。3 个 {110} 晶面、3 个 {112} 晶面和 6 个 {123} 晶面相较于同一 ⟨111⟩ 晶向,故在螺型位错发生交滑移的情况下,滑移线常呈波浪状。一般来说,选择什么滑移面与温度有关:当 $T < T_m/4$ 时,首选的滑移面是 {112};当 $T_m/4 < T < T_m/2$ 时,首选的滑移面是 {110};当 $T > T_m/2$ 时,首选的滑移面是 {123}。α- Fe 在室温时 3 种滑移面都会开动。一般地,{110}⟨111⟩ 滑移系应该是过渡族 bcc 金属首选的滑移系。

对于 hcp 结构,密排面随 c/a 比值的变化而变化。当 $c/a > 1.633$ 时,基面 {0001} 是最密排晶面;当 $c/a < 1.633$ 时,密排面改为以棱柱面 {10$\bar{1}$0} 和棱锥面 {10$\bar{1}$1} 为主。研究表

明,hcp 晶体有 4 种滑移系统：基面滑移、柱面滑移、Ⅰ型棱锥滑移和Ⅱ型棱锥滑移。不过最常见的还是 {0001} 基面滑移，该面上有 3 个 $\langle 11\bar{2}0 \rangle$ 滑移方向，因此基面滑移只有 3 个滑移系，滑移系数目较少，这也是 hcp 结构金属的塑性远低于 fcc 和 bcc 结构金属的原因。其他 3 种滑移系统的开动取决于温度和晶胞轴比 c/a，表 4.1.1 给出了几种常见 hcp 结构金属的 c/a、不同晶面相对基面的原子面密度，以及作为滑移面的难易程度，不难看出，c/a 较小则柱面及棱锥面的面密度就越大，产生非基面滑移的可能性就越大。对于镉、锌等 c/a 较大的 hcp 结构金属，主要为基面滑移。

表 4.1.1　几种常见 hcp 结构金属的 c/a 值、面密度及作为滑移面的难易程度

金　属	c/a	原子面密度(基面为 1)			观察到的作为滑移面的难易次序
		(0001)	(10\bar{1}0)	(10\bar{1}0)	
镉	1.886	1.000	0.918	0.816	$(0001),(1\bar{1}00),(10\bar{1}1)$
锌	1.856	1.000	0.913	0.846	$(0001),(1\bar{1}00),(\bar{1}\bar{1}22)$
镁	1.624	1.000	1.066	0.940	$(0001),(10\bar{1}1),(1100)$
钛	1.587	1.000	1.092	0.959	$(1\bar{1}00),(0001),(\bar{1}011)$

一般来说，结构的滑移系越多，越容易产生滑移，塑性就越好。例如 fcc 和 bcc 结构的晶体明显比 hcp 结构晶体的塑性要好。但这也不是绝对的，例如，fcc 晶体有 12 个滑移系，bcc 晶体则可能有 48 个滑移系，但并不是 bcc 晶体的塑性比 fcc 晶体好，实际上可能恰恰相反。这说明，滑移系数目并非决定塑性好坏的唯一因素。

晶体滑移是借助位错运动进行的，因此晶体滑移单位矢量就是位错的伯格斯矢量。由于晶体点阵周期作用力的要求，晶体滑移时原子移动要从一个平衡位置到另一个平衡位置，这样，在实际晶体中的伯格斯矢量就不可能是随意的，而是由晶体结构来决定。位错线的能量正比于 b^2，则 $|b|$ 愈小，位错线能量愈低、愈稳定。因此，实际晶体中最可能的伯格斯矢量是最短点阵平移矢量 t。表 4.1.2 给出了 3 种典型晶体结构中 t 矢量。

表 4.1.2　3 种典型晶体结构中的 t 矢量

晶体结构	伯格斯矢量	方　向	长度 b	数　目
fcc	$\dfrac{a}{2}\langle 110 \rangle$	$\langle 110 \rangle$	$\dfrac{1}{2}\sqrt{2}\,a$	6
bcc	$\dfrac{a}{2}\langle 111 \rangle$	$\langle 111 \rangle$	$\dfrac{1}{2}\sqrt{3}\,a$	4
hcp	$\dfrac{a}{3}\langle 11\bar{2}0 \rangle$	$\langle 11\bar{2}0 \rangle$	a	3
	$c\langle 0001 \rangle$	$\langle 0001 \rangle$	c	1
	$\dfrac{a}{3}\langle 11\bar{2}3 \rangle$	$\langle 11\bar{2}3 \rangle$	$\sqrt{a^2+c^2}$	12

实际晶体中的滑移可能是分步进行的,即一个全位错滑移一个伯格斯矢量的过程可借助于两个或多个分位错来分步滑移而完成。每个分位错的滑移矢量小于全位错伯格斯矢量,并且方向也可能不同。这样,在领先分位错与后继分位错之间将夹着一片层错。显然,各分步滑移的方向和距离(即分位错的滑移矢量)也与晶体结构有关,表 4.1.3 给出了 3 种典型晶体结构中可能出现的分位错滑移矢量。

表 4.1.3　3 种典型晶体结构的分位错滑移矢量

晶体结构	分位错滑移矢量
面心立方	$\frac{a}{6}\langle112\rangle$；$\frac{a}{3}\langle111\rangle$；$\frac{a}{6}\langle110\rangle$
体心立方	$\frac{a}{8}\langle110\rangle$；$\frac{a}{6}\langle111\rangle$；$\frac{a}{4}\langle112\rangle$；$\frac{a}{4}\langle111\rangle$；$\frac{a}{3}\langle111\rangle$；$\frac{a}{2}\langle110\rangle$
密排六方	$\frac{a}{3}\langle\bar{1}100\rangle$；$\frac{c}{2}\langle0001\rangle$；$\frac{a}{6}\langle\bar{2}203\rangle$

4.1.1.2　非晶体

相比于晶体,人们对非晶态固体塑性变形的微观机制了解还不够深入。这是因为非晶态结构是长程无序的,现在的非晶态结构测定技术尚难以唯一地、确定地得出非晶态结构中原子的三维排列情况,不可能定量表征塑性变形时原子位移矢量(包括移动距离和方向)[见图 4.1.1(b)]。目前主流的非晶体塑性变形机制是黏滞性流变机制,即认为在非晶态结构中存在原子密度较低(空隙较大)活动性较高的局部区域 Ω(也称为自由体积),活动区域大小和分布的不同,表现为非晶态结构中活动区域的不均匀分布,活动区域的大小直接影响原子间的相对流动性。在切应力作用下,活动区域 Ω 发生了相对的剪切位移。

聚合物结构的最主要特征是存在大分子链。在合适的温度下,它们可借助银纹化或分子链取向实现塑性变形。银纹化是非晶态聚合物在拉应力作用下形成的一种"类裂纹"缺陷的过程[见图 4.1.1(c)(i)]。这种类裂纹缺陷密度低于基体而反光呈银灰色,故称为银纹(craze)。银纹内部含有一定量(约 40%～50%)的称为银纹质的物质,是一条一条平行于应力方向的微纤,故仍有一定的力学强度。银纹中有约一半的孔洞,故伴随着银纹化过程,材料体积在膨胀,因此也称为膨胀塑性,这是与切应力导致的滑移或孪生显著不同的地方。随着塑性变形量增大,银纹数量增多。高密度的银纹可产生超过 100% 的应变,因此,银纹是聚合物塑性变形的主要贡献者,银纹的产生和发展是聚合物塑性变形的主要形式。此外,银纹化使得大量分子键及部分分子链中的共价键断开,因而银纹也是聚合物断裂过程中的损伤及裂纹源;聚合物的另一种塑性变形机制是分子链取向[见图 4.1.1(c)(ii)]。一般来说,韧性高聚物拉伸至屈服点时,局部区域的卷曲大分子常断开相互之间的分子键而沿最大切应力方向协同取向,形成与拉伸方向成大约 45° 角倾斜的剪切滑移带。剪切带的形成,表征材料开始屈服。进一步拉伸时,变形带中由于大分子链高度取向使强度提高,暂时不再发生进一步变形,而变形带的边缘则进一步发生剪切变形。同时,倾角为 135° 的斜截面上也要发生剪切变形,因而试样逐渐生成对称的细颈,直至细颈扩展到整个试样为止。

4.1.2　连续介质层面

从连续介质角度来看,一个完整固体当应力小于理想剪切强度时不会出现塑性变形。塑性变形需要有局部缺陷的局部运动,以能形成各种形式的局部应变导致的形状变化。在最宽泛的意义上,所有塑性变形可以被视作一系列剪切转变的开始,这些剪切转变发生在局部较高应力的很小体积内,可形成剪切带。剪切带内携带的塑性应变量远高于带外,所以剪切带是集中变形带。剪切带内变形的微观机制因材料凝聚态结构不同而异,如图4.1.3所示。在晶体中,滑移带、孪晶片和固态切变转变得到的马氏体片在细观层次上都呈现剪切带的形貌;在非晶态固体中,活动区域 Ω 的黏滞性流动也形成剪切带;在高分子固体中,分子链沿着切应力方向的定向排列同样能形成剪切带。

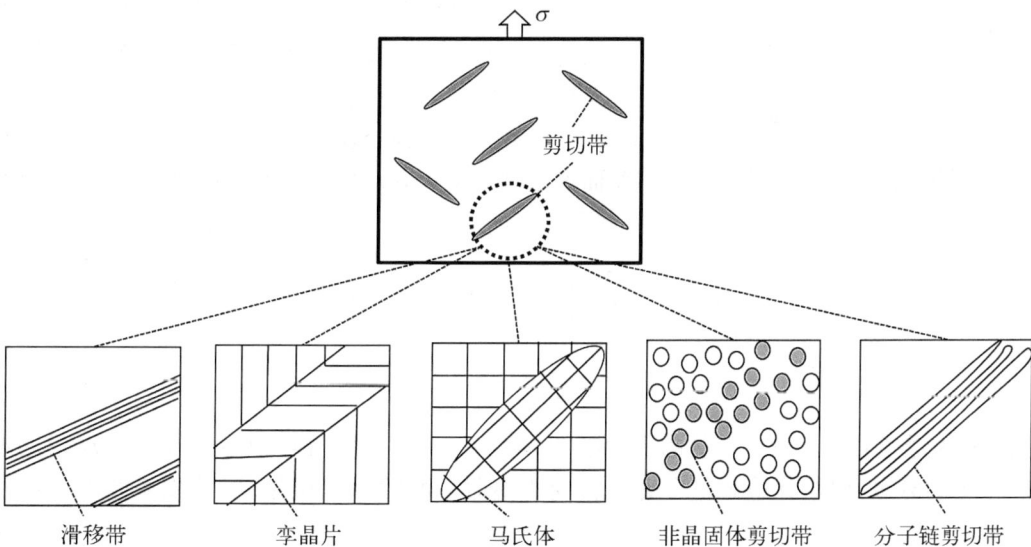

图 4.1.3　剪切带组织示意

塑性变形在细观乃至纳观尺度上总是非均匀的,在连续介质力学中描述塑性变形时必须采用代表性体积元进行均匀化处理。设在一个体积为 V 的固体内部有一个小体积元 Ω_f 发生剪切转变(见图4.1.4),用 ε^T 表征无基体约束转变应变(亦称本征应变),用 ε^c 表征受基体弹性约束时的应变。如2.8.节所述,当 Ω_f 为椭球状而基体 V 极大时,Ω_f 内部的弹性应力、应变场是均匀的。当基体为有限尺寸时,可以在基体中采用像应力(背应力)处理方法进行补偿,以维持 Ω_f 椭球体内部均匀的应力(应变)场。

如果材料中有 f 体积分数部分发生同样的切应变,则在整个材料中的总的体积平均塑性应变可表示为

$$\varepsilon = f\varepsilon^T \qquad (4.1.1)$$

其增量形式为

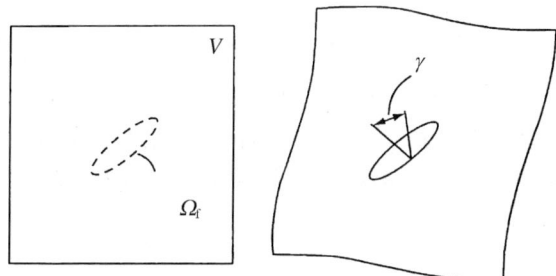

图 4.1.4　Ω_f 体积元内发生剪切转变

$$d\varepsilon = \varepsilon^{T}df \qquad (4.1.2)$$

如果材料中有 k 种不同的剪切转变(图 4.1.5),每一种转变的本征应变用 ε_k^T 表示,每一种转变的体积分数为 f_k,则总的体积平均塑性应变为

$$\varepsilon = \sum_k f_k \varepsilon_k^T \qquad (4.1.3)$$

增量形式为

$$d\varepsilon = \sum_k f_k \varepsilon_k^T df_k \qquad (4.1.4)$$

假设 $\sum_k f_k$ 相对较小,以至各类型转变的体积元 Ω_{fk} 之间的交互作用可以被忽略,则所有发生转变的体积元具有相同的力学性能。

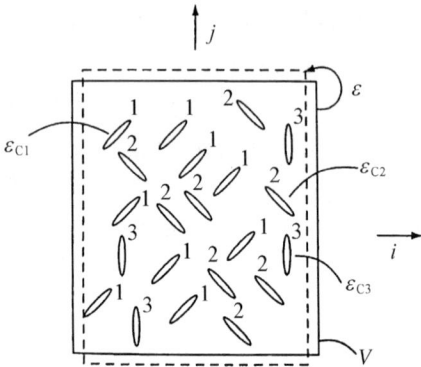

图 4.1.5 材料中发生三种不同取向剪切转变

如果材料中各处发生了一系列相同的、均匀应变为 γ 的透镜状或片状剪切转变,其切变面的法向矢量为 n,切变方向为 m,则材料总的塑性应变增量仍然是所有塑性切应变的体积平均值,表示为

$$\delta\varepsilon_{ij}^{p} = \left(\frac{h\delta\gamma}{V}\right)\int_A \frac{1}{2}(d_i n_j + d_j n_i)dA$$
$$= f \cdot \delta\gamma \frac{1}{2}(d_i n_j + d_j n_i) \qquad (4.1.5)$$

式中,h 为透镜状或片状转变区的平均厚度;n_i、n_j、m_i、m_j 分别为单位矢量 n 和 m 沿宏观轴 i 和 j 的分量;面积分是对整个剪切转变的主剪切面的面积积分;f 为发生转变的体积分数。

显然,如果材料中发生 k 种剪切转变,每一种剪切面的主方向矢量为 n^k,剪切方向为 m^k,应变增量为 $\delta\gamma_k$,则材料塑性应变 ε^p 的总增量为

$$\delta\varepsilon_{ij}^{p} = \sum f_k \delta\gamma_k \alpha_{ij}^k \qquad (4.1.6)$$

式中,α_{ij}^k 为施密特分切应变张量,表示为

$$\alpha_{ij}^k = \frac{1}{2}(d_i^k n_j^k + d_j^k n_i^k) \qquad (4.1.7)$$

若剪切转变是由于位错滑移造成的,并且滑移面法向矢量为 n,滑移方向矢量为 m,其单位长度矢量为 b(伯格斯矢量),则这种剪切转变就是滑移塑性变形(见图 4.1.6)。k 个滑移系滑移导致的总塑性应变增量可表示为

$$\delta\varepsilon_{ij}^{p} = \sum_k b_k \frac{\alpha_{ij}^k \delta a_k}{V} \qquad (4.1.8)$$

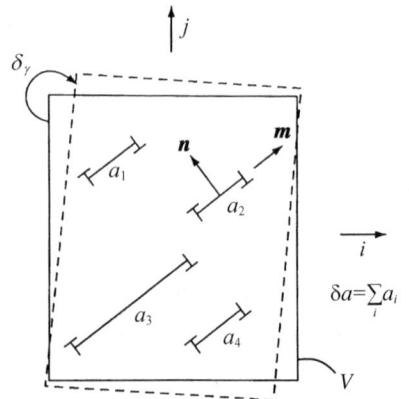

图 4.1.6 4 对位错沿平行滑移面滑移造成剪切变形示意图

式中，α_{ij}^k 具有式(4.1.7)相同的表达式；δa_k 为位错线扫过的面积。

在滑移机制分析中最常采用的是单滑移系，则式(4.1.8)可简化为

$$\delta\varepsilon_{ij}^{\mathrm{p}}=\left(\frac{b\delta a}{V}\right)\alpha_{ij} \tag{4.1.9}$$

式中，δa 为所有平行于单滑移面位错滑移扫过的面积。若用 δx 表示总长度为 Λ 的位错线的平均位移，则式(4.1.9)可写为

$$\delta\varepsilon_{ij}^{\mathrm{p}}=\left(\frac{b\Lambda\delta x}{V}\right)\alpha_{ij}=b\rho_{\mathrm{m}}\alpha_{ij}\delta x \tag{4.1.10}$$

式中，$\rho_{\mathrm{m}}=\dfrac{\Lambda}{V}$，为滑移(可动)位错密度。塑性应变速率可表示为

$$\dot{\varepsilon}_{ij}^{\mathrm{p}}=b\rho_{\mathrm{m}}\alpha_{ij}\dot{x} \tag{4.1.11}$$

此式将基于位错速度 $\dot{x}$ 的内部滑移速率与外部宏观应变速率联系了起来，建立了基于位错活动性的滑移运动学表达式。

在某些情况下，还需要考虑形成 δa 位错滑移的孕育期 t_{a}，则表征形核控制变形过程的应变率为

$$\dot{\varepsilon}_{ij}^{\mathrm{p}}=b\,\frac{\delta a}{t_{\mathrm{a}}}\,\frac{1}{V}\alpha_{ij} \tag{4.1.12}$$

这种形式适用于孪生、马氏体相变的情况，并且也适用于热激活克服滑移面上具有障碍的滑移过程。

4.2　起始塑性变形抗力

4.2.1　门槛应力

塑性变形是在弹性变形发展到极限以后才产生的，因此必然存在一个门槛应力。Argon[1] 设想了一个理想实验：在绝对零度温度($T=0$)及绝对零度以上某个温度($T>0$)下，对一个仅含少量微观结构缺陷的近似理想晶体施加切应力 τ，同时测定切变过程中晶体的切应变率 $\dot{\gamma}$ 的变化，作出切应力-切应变率关系曲线。图 4.2.1 示意给出了该理想实验最可能得结果，当切应力 τ 小于一个确定值 $\hat{\tau}(0)$ 时，测量不到切应变率 $\dot{\gamma}$，也即 $\dot{\gamma}=0$。当 $\tau=\hat{\tau}(0)$ 时，$\dot{\gamma}$ 突然爆发式升高。显然，在含有微观结构缺陷的真实材料中，这种突然爆发现象不会那么

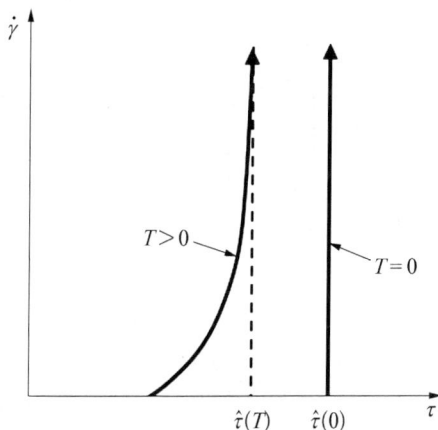

图 4.2.1　切应变率 $\dot{\gamma}$ 与切应力 τ 的关系示意

① ARGON A S. Strengthening mechanisms in crystal plasticity [M]. Oxford：Oxford University Press，2008.

明显，但是仍然展现出存在一个门槛的特征。Argon 称 $\hat{\tau}(0)$ 为起始塑性变形的力学门槛值，简称为门槛应力。$\hat{\tau}(0)$ 是材料常数，并且与具体的阻碍变形的具体微结构缺陷有关，例如，晶体点阵阻力（P-N 力）、溶质原子或第二项颗粒对位错滑移的阻力等。

在这个理想实验中，$T = 0\,\mathrm{K}$ 的特征可以由下式表示：

$$\begin{cases} \dot{\gamma} = 0, & \tau < \hat{\tau}(0) \\ \dot{\gamma} > 0, & \tau = \hat{\tau}(0) \end{cases} \tag{4.2.1}$$

对给定初始微观缺陷的晶体，在准静态条件下无法使 $\tau > \hat{\tau}(0)$。

当 $T > 0$ 时，有两方面因素使门槛应力降低。一方面，控制门槛值 $\hat{\tau}$ 的基本过程通常是原子级别的弹性交互作用机制，温度升高导致弹性模量下降（弹性交互作用减弱），从而使门槛值 $\hat{\tau}(T)$ 下降；另一方面，随温度升高，借助于热起伏，较小的分切应力就可以克服阻碍变形的局部能垒障碍，也即使 $\hat{\tau}(T)$ 下降。如此，甚至在 $\tau < \hat{\tau}(T)$ 时也能观察到有限的非弹性应变，如图 4.2.1 中 $T > 0$ 的曲线所示。

应该指出，在高温范围内，例如接近二分之一熔点或更高温度，扩散、回复、再结晶、蠕变等过程加剧，门槛应力的概念就不存在了，$\hat{\tau}(T)$ 只是在室温或低温下才有意义。

4.2.2　临界分切应力

4.2.2.1　施密特定律

一般晶体的滑移系有数个到数十个，但它们并非同时参与滑移，而只是当外力在某一滑移系中的分解切应力达到一个临界值时，该滑移系方可开始滑移，该分解切应力称为滑移的临界分切应力（critical resolved shear stress，CRSS），以 τ_{CRSS} 表示。如图 4.2.2 所示，设想在一个圆柱形晶体施加拉伸载荷 P，拉伸轴与滑移面法线方向的初始夹角为 ρ_0，拉伸轴与滑移方向的初始夹角为 λ_0，而 χ_0 为滑移平面与拉伸轴之间的初始夹角。

由简单的几何分析，可得到沿滑移面上滑移方向的分切应力：

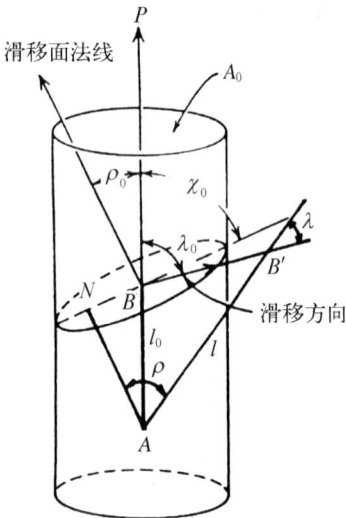

图 4.2.2　拉伸前后晶体取向变化

$$\tau = \frac{P\cos\lambda_0}{A_0/\cos\rho_0} = \frac{P}{A_0}\cos\rho_0\cos\lambda_0 = \sigma\cos\rho_0\cos\lambda_0 \tag{4.2.2}$$

令

$$\Omega = \cos\rho_0\cos\lambda_0 \tag{4.2.3}$$

称为施密特（Schmidt）因子（亦称取向因子），则有

$$\tau = \Omega\sigma \tag{4.2.4}$$

图 4.2.3 为同一温度及应变速率下的一些 hcp 结构金属（如 Zn、Cd 和 Mg）单晶体开始塑性变形的应力 σ/τ 与 Ω 的关系，其为双曲线，说明式（4.2.4）中的 $\Omega\sigma$ 为常数。这表明滑移系开动所需要的分切应力是一个定值，与外加力的取向无关，此即临界分切应力 τ_{CRSS}。

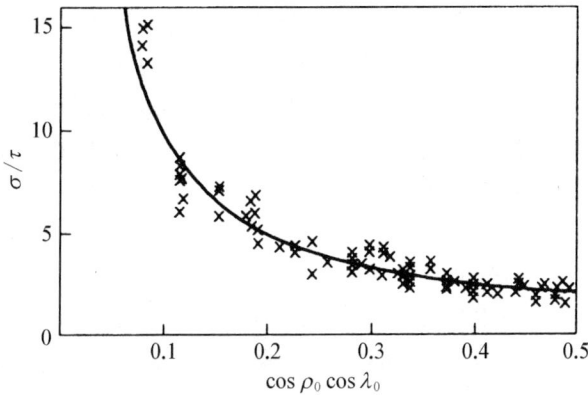

图 4.2.3　一些 hcp 晶体开始塑性变形时的 σ/τ 与 Ω 的关系

(DUESBERY M S. Dislocations in solids. Vol. 8：The dislocation core and plasticity[M]. Amsterdam：Elsevier Science, 1989：67 - 173.)

当滑移系上的分切应力达到 τ_{CRSS} 时，晶体沿此滑移系开始滑移，意味着晶体屈服，相应的正应力达到屈服应力 σ_s（即单晶体屈服强度），则由式(4.2.4)可得

$$\tau_{\mathrm{CRSS}} = \Omega\sigma_s \tag{4.2.5}$$

或

$$\sigma_s = \frac{\tau_{\mathrm{CRSS}}}{\Omega} \tag{4.2.6}$$

此即施密特定律[①]。

由施密特定律可知，屈服发生在 Ω 为最大的滑移系上，而这与晶体相对于拉伸轴的取向有关。ρ_0 角越接近 $45°$，σ_s 越小；而当滑移面平行或垂直于拉伸轴时，屈服应力无限大，不可能发生滑移。通常把 Ω 较大（σ_s 较低）的拉伸方向称为软位向；反之则称为硬位向。图 4.2.4 给出了 fcc 晶体[100]极射赤面投影图所描述的拉伸轴取向与施密特因子的关系，可以看出，当 $\lambda_0 = \rho_0 = 45°$ 时，$\Omega = 0.5$，在 $(111)[10\bar{1}]$ 滑移系的分切应力最大，即这个取向就

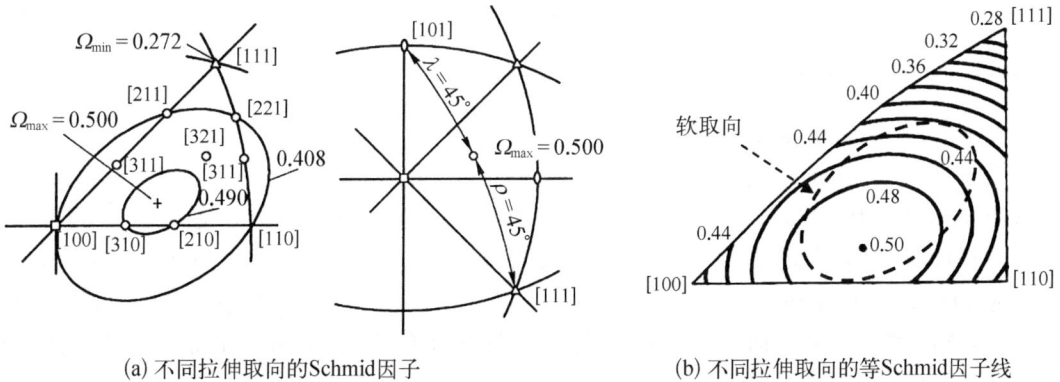

(a) 不同拉伸取向的Schmid因子　　　　(b) 不同拉伸取向的等Schmid因子线

图 4.2.4　fcc 晶体[100]极射赤面投影图所描述的拉伸取向与施密特因子的关系

---

①　SCHMIDT E, BOAS W. Plasticity of crystals[M]. London：F. A. Hughes and Co. , 1950.

是最"软"取向。Ω 值越小,拉伸轴的取向就越"硬"。在图 4.2.4(a)中,还画出了 $\Omega = 0.490$ 和 $\Omega = 0.408$ 的等施密特因子线,[310]和[210]取向在 $\Omega = 0.490$ 线上,拉伸取向较软。[100]、[110]、[221]和[211]取向在 $\Omega = 0.408$ 线上,拉伸取向较硬。[111]取向的施密特因子最小,$\Omega = 0.272$,为最硬取向。图 4.2.4(b)则给出了 fcc 晶体在极射赤面投影图描述的等施密特因子线分布图,从中可直观看出力轴取向与滑移开动难易的关系。

表 4.2.1 列出了一些金属晶体的 τ_{CRSS}。从 3 种典型结构的比较来看,bcc 结构的 τ_{CRSS} 较高,而 fcc 结构和 hcp 结构基面滑移的 τ_{CRSS} 较低,相差约 2 个数量级(fcc 的 Ni 除外),这是 bcc 结构金属本质较硬的重要原因。从滑移系看,hcp 结构的锥面滑移比基面滑移的 τ_{CRSS} 高约 1 个数量级。此外,温度越高,τ_{CRSS} 越低,这与温度升高结合键强度减弱有关。

表 4.2.1　一些金属晶体的临界分切应力

金属	结构	温度/℃	纯度/%	滑移面	滑移方向	临界分切应力/MPa
Ag	fcc	室温	99.99	{111}	⟨110⟩	0.47
Al	fcc	室温	—	{111}	⟨110⟩	0.79
Cu	fcc	室温	99.90	{111}	⟨110⟩	0.98
Ni	fcc	室温	99.80	{111}	⟨110⟩	5.68
Fe	bcc	室温	99.96	{110}	⟨111⟩	27.44
Nb	bcc	室温	—	{110}	⟨111⟩	33.80
Ti	hcp	室温	99.99	{10$\bar{1}$0}	⟨11$\bar{2}$0⟩	13.70
Mg	hcp	室温	99.95	{0001}	⟨11$\bar{2}$0⟩	0.81
Mg	hcp	室温	99.98	{0001}	⟨11$\bar{2}$0⟩	0.76
Mg	hcp	330	99.98	{0001}	⟨11$\bar{2}$0⟩	0.64
Mg	hcp	330	99.98	{10$\bar{1}$1}	⟨11$\bar{2}$0⟩	3.92

4.2.2.2　可动滑移系

为了分析不同取向拉伸时开动的滑移系,可以设想晶轴(例如[001]或[100])是固定的,而拉伸轴与晶轴有不同的取向,也就是说在晶体的局部坐标系中,讨论的是施密特因子 Ω 的变化,这样采用极射赤面投影方法来分析比较直观,如图 4.2.5 所示。设想在参考球上建立坐标系 $Oxyz$,x 轴、y 轴、z 轴分别指向[100]、[010]、[001],ρ 是拉伸轴与[001]晶向的夹角,φ 是拉伸轴在赤道平面(xOy 面)上的投影与 x 轴的夹角,ρ 和 φ 是标准的欧拉角[见图 4.2.5(a)]。沿拉伸轴的单位矢量为

$$l_0 = [\sin\rho\cos\varphi \quad \sin\rho\sin\varphi \quad \cos\varphi]^{\mathrm{T}} \tag{4.2.7}$$

单轴拉伸所对应的应力张量 $\boldsymbol{\sigma}$ 为

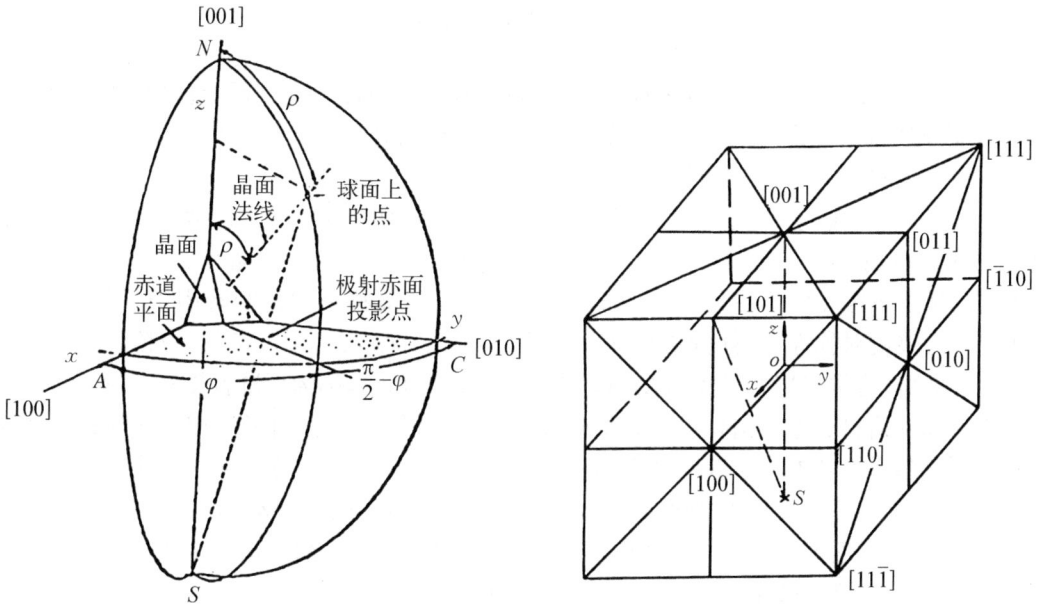

(a) 极射赤面投影原理

(b) fcc 晶体晶向与坐标系关系

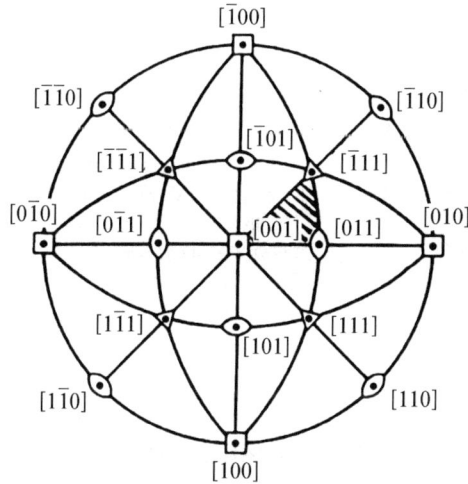

(c) fcc 晶体[001]极射赤面投影

图 4.2.5　极射赤面投影原理及 fcc 晶体[001]极射赤面投影图

$$\boldsymbol{\sigma} = \sigma \boldsymbol{l}_0 \boldsymbol{l}_0^{\mathrm{T}} \tag{4.2.8}$$

在滑移面上的应力矢量 $\boldsymbol{f}$ 为

$$\boldsymbol{f} = \boldsymbol{\sigma} \boldsymbol{n}^{\alpha} = \sigma \boldsymbol{l}_0 (\boldsymbol{l}_0^{\mathrm{T}} \boldsymbol{n}^{\alpha}) \tag{4.2.9}$$

式中，$\boldsymbol{n}^{\alpha}$ 为第 α 滑移系的滑移面法线单位矢量。在滑移方向的分切应力 τ^{α} 为

$$\tau^{\alpha} = \sigma (\boldsymbol{l}_0^{\mathrm{T}} \boldsymbol{m}^{\alpha})(\boldsymbol{l}_0^{\mathrm{T}} \boldsymbol{n}^{\alpha}) \tag{4.2.10}$$

式中，$\boldsymbol{m}^{\alpha}$ 为第 α 滑移系的滑移方向单位矢量。由此得第 α 滑移系的施密特因子为

$$\Omega^{\alpha} = \frac{\tau^{\alpha}}{\sigma} = (\boldsymbol{l}_0^{\mathrm{T}} \boldsymbol{m}^{\alpha})(\boldsymbol{l}_0^{\mathrm{T}} \boldsymbol{n}^{\alpha}) \tag{4.2.11}$$

由此式可以计算在特定拉伸取向下任意滑移系的施密特因子。若约定滑移切应变只能是正的,反向滑移将看作另一个滑移系,则 fcc 晶体应看作有 24 个主滑移系。在图 4.2.5(b)中,立方体的每个面被晶向线分割成 8 个三角形区域。这个面心立方体的上半部分恰好有 24 个三角形区域,这 24 个三角形区域是与图 4.2.5(c)所示的[001]极射赤面投影图上的 24 个三角形区域一一对应的。换句话说,每个滑移系对应着一个择优的三角形区域,当拉伸方向的极射投影点位于择优的三角形区域内,相应的滑移系的施密特因子将是最大的。由于立方晶体的对称性,在分析单滑移时,采用一个以{001}、{110}、{111}为顶点的曲边三角形表征即可,通常采用的是图 4.2.5(c)中的带阴影三角形,称为标准投影三角形。

图 4.2.6 给出了 fcc 晶体中[001]极射赤面投影图及 24 个三角形区域所对应的最大施密特因子滑移系。若外力轴取向处在每一个以{001}、{110}、{111}为顶点的曲边三角形内时,只有 1 个滑移系的施密特因子最大,即只有 1 个滑移系最先开动,以大写英文字母 A、B……和罗马数字序号 Ⅰ、Ⅱ……的组合来表示。例如,拉伸轴处在 w_1-Ⅰ-A 取向三角形内时,只有 BⅣ 滑移系(即(111)[$\bar{1}$01])最先开动。

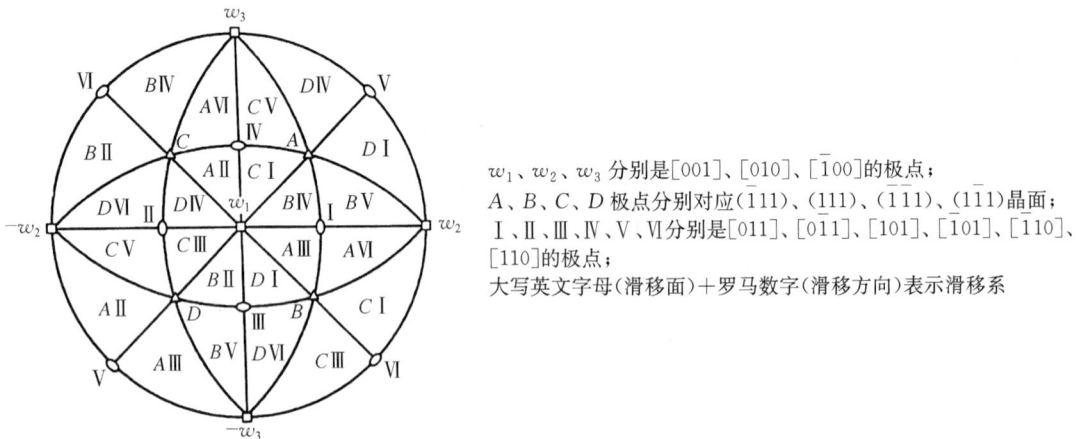

w_1、w_2、w_3 分别是[001]、[010]、[$\bar{1}$00]的极点;
A、B、C、D 极点分别对应($\bar{1}$11)、(111)、($1\bar{1}1$)、(11$\bar{1}$)晶面;
Ⅰ、Ⅱ、Ⅲ、Ⅳ、Ⅴ、Ⅵ 分别是[011]、[0$\bar{1}$1]、[101]、[$\bar{1}$01]、[110]、[$\bar{1}$10]的极点;
大写英文字母(滑移面)+罗马数字(滑移方向)表示滑移系

图 4.2.6　拉伸轴相对于 fcc 晶体[001]晶向不同取向时所对应的最大施密特因子滑移系

由于立方晶体的对称性,只要知道其中一个取向三角形内最先开动的滑移系,就可以推出其他任意一个三角形内最先开动的滑移系。例如,知道了 w_1-Ⅰ-A 取向三角形内的可动滑移系是 BⅣ,以 Ⅴ-Ⅴ 线[($\bar{1}$10)面的迹线]为对称面,则 w_1-Ⅳ-A 三角形内可动滑移系的滑移面是与 B 点对称的 C 面,滑移方向是与Ⅳ点对称的Ⅰ方向,即可动滑移系是 CⅠ(即($\bar{1}\bar{1}1$)[011])。

4.2.2.3　滑移时晶体的转动

一般来说,试验机夹头是固定不动的,也即拉伸轴的方向是不变的,因此晶体的取向就要发生变化。晶体取向的变化由刚性旋转完成,结果是使拉伸轴转回原来的方向。如 4.2.2.2 节一样,建立空间固定的直角坐标系 $Oxyz$,设想拉伸轴与 z 轴一致,在变形过程中保持不变。而 x 轴适当选择使变形前的滑移方向位于 xOz 平面内,如图 4.2.7 所示。再设 $\boldsymbol{m}$ 为滑移方向的单位矢量,$\boldsymbol{n}$ 为滑移面法线的单位矢量,则有

$$\begin{cases} \boldsymbol{m} = [\sin\lambda_0 \quad 0 \quad \cos\lambda_0]^T \\ \boldsymbol{n} = [\cos\chi_0\cos\varphi_0 \quad \cos\chi_0\sin\varphi_0 \quad \sin\chi_0]^T \end{cases}$$
$$(4.2.12)$$

下面考察晶体上任意的与 z 轴平行的线段 $\overline{P_0Q_0}$，此时有

$$\overline{P_0Q_0} = d\boldsymbol{X} = [0 \quad 0 \quad dZ]^T \quad (4.2.13)$$

在大变形条件下，总的变形梯度 $\boldsymbol{F}$ 可以分解为滑移变形和刚性转动两部分。

$$\boldsymbol{F} = \boldsymbol{R}\boldsymbol{F}^p \qquad (4.2.14)$$

式中，$\boldsymbol{R}$ 为转动张量，是一个正交张量；$\boldsymbol{F}^p$ 为滑移变形梯度张量：

$$\boldsymbol{F}^p = \boldsymbol{I} + \gamma\boldsymbol{m}\boldsymbol{n}^T \qquad (4.2.15)$$

图 4.2.7 晶体刚性旋转分析示意

依照假设，变形前与 z 轴平行的任意线段 $\overline{P_0Q_0}$ 变形后仍然与 z 轴平行，这意味着线段 $\overline{PQ}$ 只有 z 轴方向的分量：

$$\overline{PQ} = d\boldsymbol{x} = [0 \quad 0 \quad dz]^T \qquad (4.2.16)$$

另一方面，

$$d\boldsymbol{x} = \boldsymbol{R}\boldsymbol{F}^p d\boldsymbol{X} = \boldsymbol{R}\{d\boldsymbol{X} + \gamma(\boldsymbol{n}^T d\boldsymbol{X})\} = \boldsymbol{R}\{d\boldsymbol{X} + \gamma(dZ \cdot \sin\chi_0)\} \qquad (4.2.17)$$

将此式写成分量的形式，有

$$R_{13} + a(R_{11}\sin\lambda_0 + R_{13}\cos\lambda_0) = 0 \qquad (4.2.18a)$$

$$R_{23} + a(R_{21}\sin\lambda_0 + R_{23}\cos\lambda_0) = 0 \qquad (4.2.18b)$$

$$R_{33} + a(R_{31}\sin\lambda_0 + R_{33}\cos\lambda_0) = \frac{dz}{dZ} \qquad (4.2.18c)$$

式中，$a = \gamma\sin\chi_0$。 任意的正交转动张量 $\boldsymbol{R}$ 可用三个欧拉角 φ、ρ、θ 来表示：

$$\boldsymbol{R} = \begin{bmatrix} \cos\theta\cos\varphi\cos\rho - \sin\theta\sin\varphi & -\sin\theta\cos\varphi\cos\rho - \cos\theta\sin\varphi & \sin\rho\cos\varphi \\ \cos\theta\cos\varphi\cos\rho + \sin\theta\sin\varphi & -\sin\theta\cos\varphi\cos\rho + \cos\theta\sin\varphi & \sin\rho\sin\varphi \\ -\cos\theta\sin\rho & \sin\theta\sin\rho & \cos\rho \end{bmatrix}$$
$$(4.2.19)$$

$\boldsymbol{R}$ 的几何意义如图 4.2.8 所示，它使 $Oxyz$ 坐标系刚性转动至 $Ox^*y^*z^*$ 系，将式 (4.2.19)代入式(4.2.18)，可得如下一组解：

$$\begin{cases} \theta = 0 \\ \tan\rho = -\dfrac{a\sin\lambda_0}{(1 + a\cos\lambda_0)} \end{cases} \qquad (4.2.20)$$

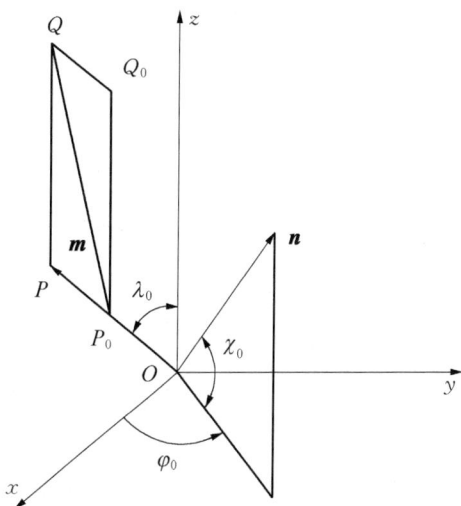

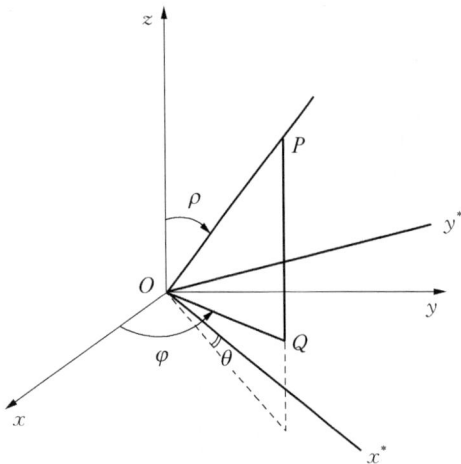

图 4.2.8 正交转动张量 R 的几何意义

而角度 φ 可以是任意值,这个结果很容易得到物理解释。参见图 4.2.7,晶体滑移使原来平行于 z 轴的线元在 xOz 平面内发生偏转,为了使该线元(例如 $\overline{P_0Q}$)重新平行于 z 轴,只需将晶体绕 y 轴做一个刚性转动即可。转动角度 ρ 由式(4.2.20)给出。由于绕 z 轴的转动不可能改变线元同 z 轴的平行关系,因此 φ 角取任意值均是可以的。

现在来讨论晶体滑移方向的改变。单轴拉伸后滑移方向的单位矢量 $\boldsymbol{m}^*$ 为

$$\boldsymbol{m}^* = \boldsymbol{Fm} = \boldsymbol{RF}^{\mathrm{p}}\boldsymbol{m} = \boldsymbol{R}\{\boldsymbol{m} + \gamma\boldsymbol{m}(\boldsymbol{n}^{\mathrm{T}}\boldsymbol{m})\} = \boldsymbol{Rm} \tag{4.2.21}$$

为简化起见,取 $\varphi = 0$,则有

$$\boldsymbol{R} = \begin{bmatrix} \cos\rho & 0 & \sin\rho \\ 0 & 1 & 0 \\ -\sin\rho & 0 & \cos\rho \end{bmatrix} \tag{4.2.22}$$

带入式(4.2.21)得

$$\boldsymbol{m}^* = [\sin(\lambda_0 + \rho) \quad 0 \quad \cos(\lambda_0 + \rho)]^{\mathrm{T}} \tag{4.2.23}$$

该式表明,变形后的滑移方向仍在 xOz 平面内,滑移方向与 z 轴的夹角为 $\lambda_1 = \lambda_0 + \rho$。

类似地可以求得单轴拉伸变形后的滑移面法线方向:

$$\boldsymbol{n}^* = [\cos\varphi_0\cos\chi_0\cos\rho + \sin\chi_0\sin\rho \quad \cos\chi_0\sin\varphi_0 \quad \sin\chi_0\cos\rho - \cos\varphi_0\cos\chi_0\sin\rho]^{\mathrm{T}} \tag{4.2.24}$$

记 $\boldsymbol{n}^*$ 的方位角为 φ_1、χ_1,则有

$$\boldsymbol{n}^* = [\cos\varphi_1\cos\chi_1 \quad \sin\varphi_1\cos\chi_1 \quad \sin\chi_1]^{\mathrm{T}} \tag{4.2.25}$$

除了数学方法分析晶体转动以外,采用极射赤面投影方法分析晶体转动更加直观。图 4.2.9 为 fcc 晶体[100]极射赤面投影图基本投影三角形来分析拉伸轴的传动的例子,拉伸轴在基本取向三角形([100]-[110]-[111])时开动的滑移系是 $(11\bar{1})[101]$,拉伸轴向着[101]方向朝着[100]-[111]边转动[见图 4.2.9(a)]。当拉伸轴转至[100]-[111]边上时,另一个共轭的滑移系 $(1\bar{1}1)[110]$ 上的分切应力相等,它也可以开动。这一对共轭的等效滑移系同时开动,使拉伸轴沿着[100]-[111]边向着[101]及[110]合成的方向[211]转动,直至到达[211]方向为止[见图 4.2.9(b)]。如果拉伸轴按任何方向离开[211]方向,变形转动都会使力轴返回到[211]方向上来,所以这是最终稳定的方向。

实际上当拉伸轴转至[100]-[111]边上时,虽然共轭的等效滑移系可以开动,但共轭滑移系中的潜在硬化比原来的滑移系的实际硬化要大一些,因此原滑移系继续开动,共轭滑移系暂不能开动,拉伸轴继续转动超过[100]-[111]边,进入另一个取向三角形([100]-[101]-[111])后,共轭滑移系才开动。这个现象称为超射,如图 4.2.10 所示。拉伸轴又沿超射位

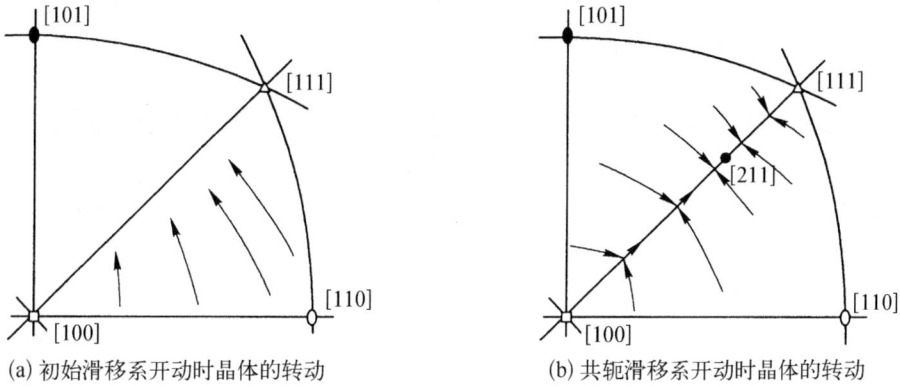

(a) 初始滑移系开动时晶体的转动　　(b) 共轭滑移系开动时晶体的转动

图 4.2.9　fcc 晶体拉伸时的转动

置向着[110]做反向转动,重新回到[100]-[111]边上,这一共轭滑移系的滑移也有可能发生超射现象。对超射现象不严重的晶体,经一次或两次超射后,就在[100]-[111]边上转动直到拉伸轴与[211]方向重合为止。因为当拉伸轴与[211]方向重合时,两个滑移方向与拉伸轴在同一个平面上,并处在拉伸轴两侧,转动的效果完全抵消,继续拉伸,将不再发生取向的变化。

　　发生超射的原因是存在潜在硬化。所谓潜在硬化是指在一个潜在的或基本未参与的滑移系上观察到的硬化现象。还未开动的滑移系要开动时,它的滑移位错要与原来滑移面的位错交截,故它们开动需要更大的切应力,这就是潜在硬化的本质。材料的层错能越低,扩展位错平衡

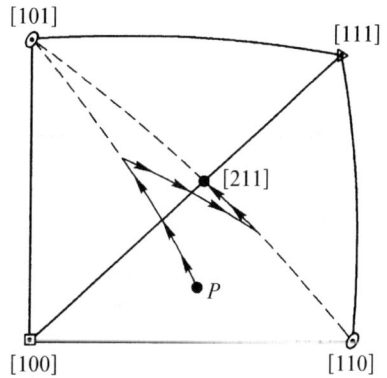

图 4.2.10　fcc 结构晶体转动的超射现象

宽度就越宽,潜在硬化就越强。例如,高层错能的铝没有超射现象,而低层错能的铜有超射现象,α 黄铜因合金化后进一步降低了层错能,其超射更为明显。

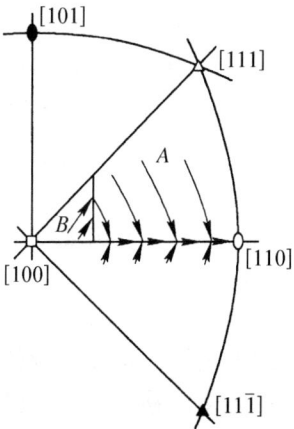

图 4.2.11　拉伸时 bcc 晶体[111]方向交滑移时晶体的转动

　　因为拉伸滑移时晶体发生转动,使晶体各部分相对外力的取向不断改变,各滑移系的施密特因子也发生变化。如果起始取向 ϕ_0 和 λ_0 大于 45°,在转动时施密特因子加大,出现软化,这种现象称为几何软化。若转动使 ϕ 和 λ 小于 45°,施密特因子又重新减小,出现硬化,这种现象称为几何硬化。

　　bcc 晶体以[111]方向交滑移时,拉伸轴向着[111]方向转动。如果拉伸轴靠近[110]和[111]方向,即处在图 4.2.11 中基本取向三角形的 A 区域时,力轴向[11$\bar{1}$]方向转动,转动到达[100]-[110]边上时,另一个等效的共轭滑移[111]方向的交滑移开动,结果使力轴沿着[100]-[110]边向[11$\bar{1}$]和[111]合成的[110]方向转动,直至到达[110]稳定方向为止。如果拉伸轴在靠近[100]方向,即处在图 4.2.11 中基本取向三角形的 B 区域时,拉伸轴将向[111]方向转动,一旦转动到达 A

区域,则按上述在 A 区域的转动方式转动,直到到达稳定的[110]方向为止。

4.2.2.4 等效滑移系和多滑移

当拉伸轴处于某一特定取向时,有可能使两个或多个滑移系同时达到临界切应力,从而使它们同时进行滑移,称为多滑移。这些滑移系称为等效滑移系(或共轭滑移系)。根据立方晶体的对称性,可以很容易求得不同"特定"取向时等效滑移系及其数目。图 4.2.12 给出了 fcc 晶体不同拉伸取向时能开动的滑移系数目,可见产生多系滑移的拉伸取向都在极射赤面投影三角形的边上或顶点上。

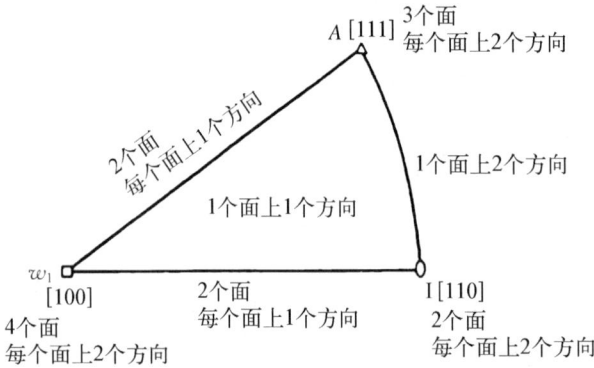

图 4.2.12　fcc 晶体不同取向拉伸时能开动的滑移系及数目

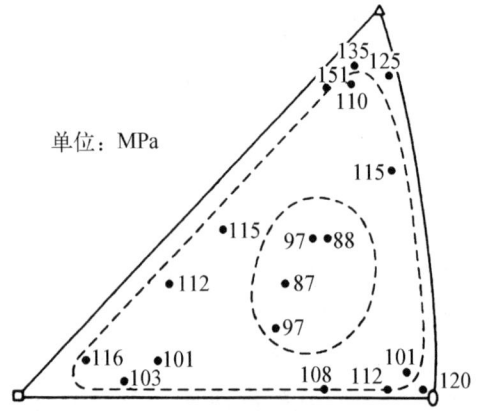

图 4.2.13　Cu 单晶体临界分切应力与外力取向的关系

图 4.2.13 则绘出了铜单晶体实测的不同拉伸轴取向时的临界分切应力。如施密特定律所述,临界分切应力本应是一个常数,与拉伸轴取向无关,但图 4.2.13 显示测出的临界分切应力却似乎与拉伸轴取向有关。其原因是,实际测量的临界分切应力在某些取向范围内并不是对应单滑移系开动,而是对应于两个或多个滑移系同时开动,这样测出的临界分切应力已经不是原则上的理论分切应力了。由于位错交割等交互作用引起硬化,其临界分切应力比真实临界分切应力高。从这个角度看,这些取向是"硬"取向。拉伸轴处于取向三角形中心范围时,不引起多滑移,只有 1 个滑移系开动,其临界分切应力接近于真实临界分切应力,这样的取向是软取向。由此可见,对于 fcc 晶体,只有拉伸轴在取向三角形中间部分(可能是单滑移)时才能较好地遵守施密特定律。还应注意,这里所说的"软"和"硬"取向不同于前面所说的由施密特因子不同而使屈服应力产生的差异,而这里的"软"和"硬"取向是因发生多系滑移而使临界分切应力产生差异。

bcc 晶体滑移系很多,也容易出现多系滑移;而 hcp 晶体由于滑移系少,不易出现多系滑移,这也是采用 hcp 结构金属单晶体进行实验验证施密特定律的原因。

对于具有较多滑移系的晶体而言,除多滑移外,还常可发现交滑移现象,即两个或多个滑移面沿某个共同的滑移方向同时或交替滑移。交滑移的实质是螺型位错在不改变滑移方向的前提下,从某一个滑移面转到相交接的另一个滑移面的过程,可见交滑移可以使滑移有更大的灵活性。

4.2.2.5 bcc 结构的特殊性

施密特定律只对 fcc 结构和 hcp 结构的金属才成立,而 bcc 结构的金属一般不遵守施密特定律。现在认为这是由 bcc 结构中螺型位错核心在{112}面上的非共面扩展特征所导致。

关于纯螺型位错在{112}面的分解形式曾提出过 3 种模型,如图 4.2.14 所示。

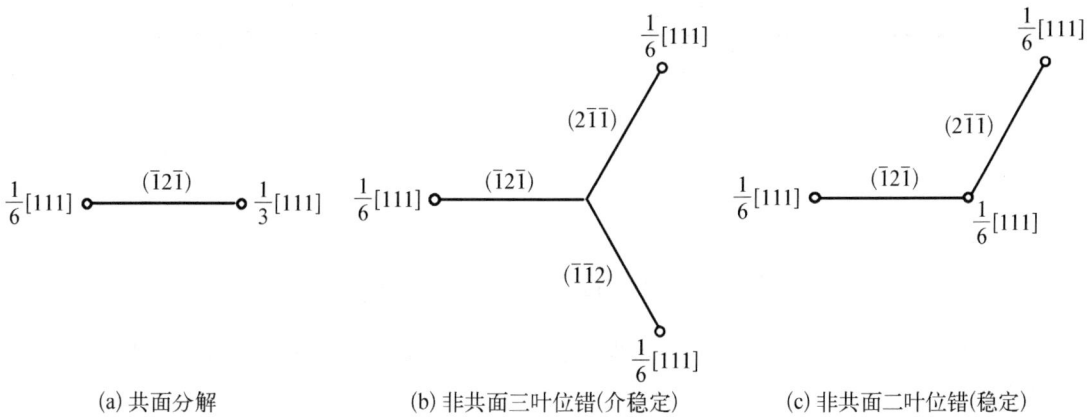

(a) 共面分解　　　　(b) 非共面三叶位错(介稳定)　　　　(c) 非共面二叶位错(稳定)

图 4.2.14　螺型位错在{112}面上的分解

第一种是共面分解[见图 4.2.14(a)]:$\frac{1}{2}[111] \rightarrow \frac{1}{3}[111] + \frac{1}{6}[111]$。这个分解使能量由 3/4 下降为 5/12,在能量上是有利的,但是这两个不全位错的伯格斯矢量是平行的,在均匀的切应力下不能分开,而可以在 3 个{112}面上的任意一个面上滑动,且滑动的阻力不大。

第二种是非共面扩展为三叶位错[见图 4.2.14(b)]:$\frac{1}{2}[111] \rightarrow \frac{1}{6}[111] + \frac{1}{6}[111] + \frac{1}{6}[111]$。全螺型位错沿带轴⟨111⟩在 3 个{112}面上同时对称扩展,,其平衡宽度(每一位错离中心距离)为 $r_0 = \frac{\mu b^2}{2\pi \gamma_{sf}}$,式中,$\gamma_{sf}$ 为比层错能。这种位错组态是介稳定的,一旦受到外应力作用,当其中一个位错向中心靠拢时,另两个位错必定向远离中心的方向运动。因此有人提出了第三种分解模式。

第三种是非共面扩展为二叶位错[见图 4.2.14(c)],虽然还是分解成 3 个 $\frac{1}{6}[111]$ 型不全位错,但只有两个沿{112}面扩展,第三个则停止在中心线上。

上述 3 种位错分解反应从结构条件(伯格斯矢量守恒)和能量条件来看均能满足,但究竟取哪一种形式,下面做一个简要分析。

共面分解得到的两个分位错的伯格斯矢量平行,在均匀的切应力下不能分开,而可以在三个{112}面上的任意一个面上滑动,且滑动阻力不大。若全位错 $\frac{1}{2}[111]$ 做非共面扩展,分解为 3 个 $\frac{1}{6}[111]$ 分位错 A、B 和 C,其平衡距离可由图 4.2.15 中求得。

在对称扩展为三叶位错时[见图 4.2.15(a)],B 位错和 C 位错对 A 位错的斥力为

$$F_C = F_B = \frac{\mu b^2}{2\pi r_1 \sqrt{3}} \tag{4.2.26}$$

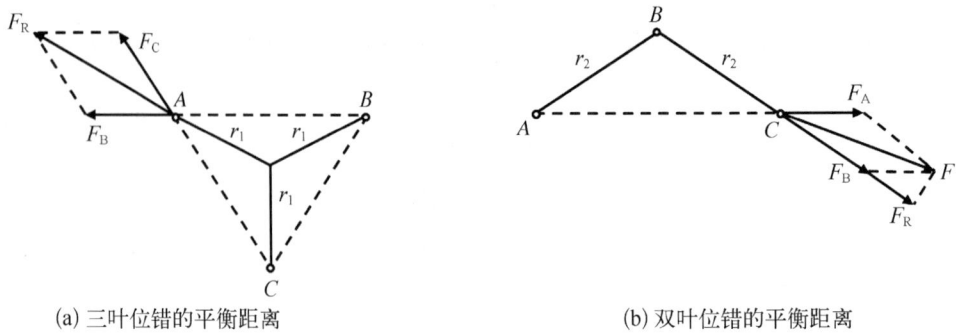

(a) 三叶位错的平衡距离　　　　　　(b) 双叶位错的平衡距离

图 4.2.15　计算分位错平衡距离示意

式中，r_1^2 为 3 个分位错到原位错中心的距离，简称平衡距离。而位错 B、位错 C 对位错 A 斥力的合力为

$$F_R = 2F_C \cos 30° = \frac{\mu b^2}{2\pi r_1} \tag{4.2.27}$$

当斥力与层错的吸力（即比层错能 γ_{sf}）相等时即达到平衡距离：

$$r_1 = \frac{\mu b^2}{2\pi \gamma_{sf}} \tag{4.2.28}$$

这样的位错结构是不稳定的。Sleeswyk[①] 设想在外加切应力的作用下，作用于位错上的力使位错 B 向中心运动，而位错 A 和位错 C 则远离中心［见图 4.2.15(b)］，在平衡时，位错 B 所受的力为

$$-\gamma_{sf} - \tau b + \frac{\mu b^2}{2\pi}\left(\frac{2r_1 + r_2}{r_1^2 + r_1 r_2 + r_2^2}\right) = 0 \tag{4.2.29}$$

位错 A 和 C 所受的力为

$$-\gamma_{sf} + \frac{1}{2}\tau b + \frac{\mu b^2}{2\pi}2\left(\frac{\frac{1}{2}r_1 + r_2}{r_1^2 + r_1 r_2 + r_2^2} + \frac{1}{2r_2}\right) = 0 \tag{4.2.30}$$

联立解方程式(4.2.29)及式(4.2.30)，得

$$\tau = -\frac{\gamma_{sf}}{b}\left(\frac{r_1 - r_2}{2r_2 + r_1}\right) \tag{4.2.31}$$

由此可见，τ 值一定是负的，与原来假定指向中心的力相反，即为了不使位错 B 跑向中心（$r=0$），必须加力，所以这种结构是一种介稳状态。因为只要其中一个位错稍稍偏离原来位置并靠向三叶位错中心的话，就有一个指向中心的静力作用在这个位错上，使之自发地由三叶位错变成双叶位错。参考图 4.2.15(b)可知：

---

① SLEESWYK A W. Screw dislocations and nucleation of {112} twins in the b.c.c lattice[J]. Phil. Mag., 1963，8：1467.

$$F_A = \frac{\mu b^2}{2\pi r_2 \sqrt{3}} \tag{4.2.32}$$

及

$$F_B = \frac{\mu b^2}{2\pi r_2} \tag{4.2.33}$$

平面 BC 上力的分量为

$$F_R = F_B + F_A \cos 30° = \frac{\mu b^2}{2\pi r_1}\left(\frac{1}{r_2} + \frac{1}{r_2\sqrt{3}} \cdot \frac{\sqrt{3}}{2}\right) \tag{4.2.34}$$

在平衡时有 $F_R = \dfrac{3\mu b^2}{4\pi r_2} = \gamma_{sf}$，则可得到

$$r_2 = \frac{3\mu b^2}{4\pi \gamma_{sf}} \tag{4.2.35}$$

bcc 晶体螺型位错这种非共面、非对称扩展造成了两个不同于 fcc 和 hcp 晶体的特征：第一，螺型位错运动阻力高于刃型位错；第二，临界分切应力存在拉-压不对称性。

在一般情况下，滑移开动的面是 $\langle 111\rangle$ 晶带轴中最大分切应力 τ_{MRSS}（maximum resolved shear stress, MRSS）所在的面。图 4.2.16 表示了 bcc 晶体理想滑移面及真实滑移面，当拉伸轴取向处在基本取向三角形（$[001]$-$[011]$-$[\bar111]$三角形）中心附近时，最合适的滑移方向是 $[\bar111]$，力轴 P 与 $[\bar111]$ 的夹角为 ξ。3 个可能的理想滑移面（$\bar1\bar12$）、（$\bar101$）和（$\bar211$）中，（$\bar101$）是最适合的滑移面，即它是最大施密特因子的面。但是在 P 和 $[\bar111]$ 共处的大圆上的 Q 点对应的面上分切应力最大，这个面与（$\bar101$）面的夹角是 χ。实际滑移面既不是（$\bar101$）面也不是分切应力最大的面 Q，而是 R 点对应的面，这个面与（$\bar101$）面的夹角是 ψ。这样，以 χ 和 ψ 这一对角（称为泰勒角）代替力轴与理想滑移面法线的夹角 φ 来描述 bcc 结构金属的真实滑移几何，则真实的施密特因子为

$$\Omega = \sin\xi\cos\xi\cos(\chi-\psi) = \frac{1}{2}\sin 2\xi\cos(\chi-\psi) \tag{4.2.36}$$

图 4.2.16 bcc 晶体当拉伸轴取向（P）处在极射投影图基本取向三角形中心附近且滑移方向为 $[\bar111]$ 时的理想滑移面和真实滑移面

当 R 和 Q 处在 $[\bar101]$ 与 $[\bar1\bar12]$ 之间时，泰勒角为负值；当 R 或 Q 处在 $[\bar101]$ 与 $[\bar211]$ 之间时，泰勒角为正值。若以相同轴拉伸或压缩时，χ 和 ψ 这两个角或重合或偏离，呈现非对称。例如，对 Fe-3%Si 合金的实验得出，在低温（77 K）拉伸时，χ 角在 $-20°\sim 20°$ 变化，ψ 都为 $0°$ 左右；而压缩时，若 $\chi < 0$，则 ψ 为 $0°$，若 $\chi > 0°$，则 χ 和 ψ 大体相等。

如果滑移具有对称性（理想情况），那么 τ_{MRSS} 面与（$\bar101$）面偏离时的 τ_{CRSS} 相对于（$\bar101$）

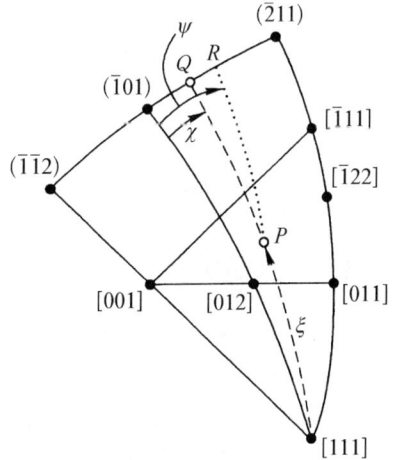

面是对称的,即在 $\pm\chi$ 处相等。但实际情况是,当 τ_{MRSS} 面接近 $(\bar{1}\bar{1}2)$ 面,即 χ 为负值时,滑移方向是孪生切变方向,这时 τ_{CRSS} 较低;相反,当 τ_{MRSS} 面接近 $(\bar{2}11)$ 面,即 χ 为正值时,τ_{CRSS} 就很高。如图 4.2.17(a)所示为从滑移方向[111]看最大分切应力的面与 $(\bar{1}01)$ 面的取向关系,并给出了孪生面和逆孪生面;图 4.2.17(b)中的实线表示如果遵守施密特定律时的临界分切应力与剪切模量的比值 (τ_{CRSS}/μ) 与 χ 角的关系,τ_{CRSS}/μ 相对于 χ 是对称的;黑圆点是不遵守施密特定律时的计算结果,τ_{CRSS}/μ 相对于 χ 是很不对称的。

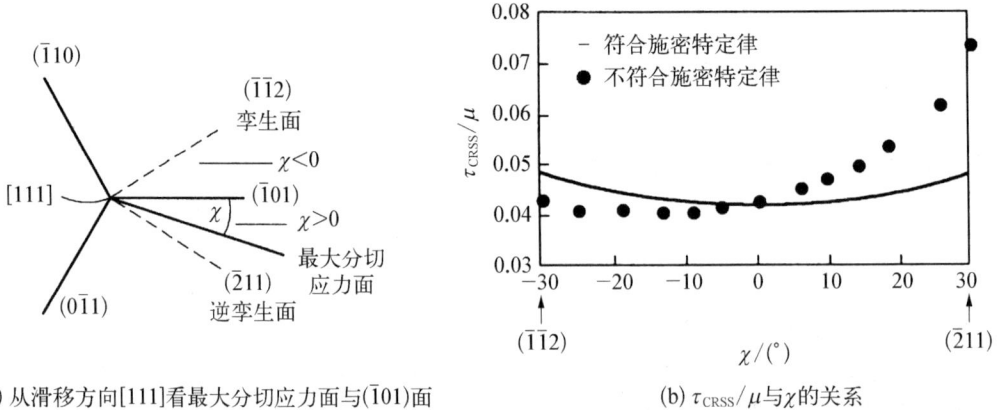

(a) 从滑移方向[111]看最大分切应力面与 $(\bar{1}01)$ 面　　　　(b) τ_{CRSS}/μ 与 χ 的关系

图 4.2.17　bcc 金属滑移临界分切应力的非对称性

(ITO K, VITEK V. Atomistic study of non-Schmidt effects in the plastic yielding of b. c. c. metals[J]. Phil. Mag. , 2001, 81: 1387.)

4.3　屈服强度

4.3.1　屈服现象

材料从弹性变形过渡到塑性变形时,由于塑性变形的硬化率明显低于弹性变形的硬化率,因而应力-应变曲线必有转折,形象地称为屈服。在工程上,由于加载方式或材料性质的不同,屈服转折的表现形式大致可分为 3 类(见图 4.3.1):非均匀屈服、均匀屈服及连续过渡。前两种有明显载荷(或名义应力)下降的称为物理屈服,而无载荷下降的可理解为条件屈服。

4.3.1.1　非均匀屈服

工业纯铁和低碳钢在单向静拉伸时常发生载荷明显下降现象,且随后在载荷小幅波动的情况下继续屈服伸长(锯齿平台区),最后进入应变硬化阶段。这类屈服称为非均匀屈服[见图 4.3.1(a)]。对应载荷下降前的顶点称为上屈服点,对应锯齿平台中最低载荷的点称为下屈服点。

科特雷尔[①]用气团钉扎模型来解释屈服时的载荷下降现象,得到广泛认同。因为早期的大量试验表明,非均匀屈服与金属中含有少量的间隙型溶质或杂质原子有关。例如,采用湿氢处理从低碳钢中将碳与氮除去,屈服点也就消除了。可是只要有任何一个元素的含量达

---

① COTTRELL A H. Theory of brittle fracture in steel and similar metals[J]. Trans. AIME, 1958, 212: 192.

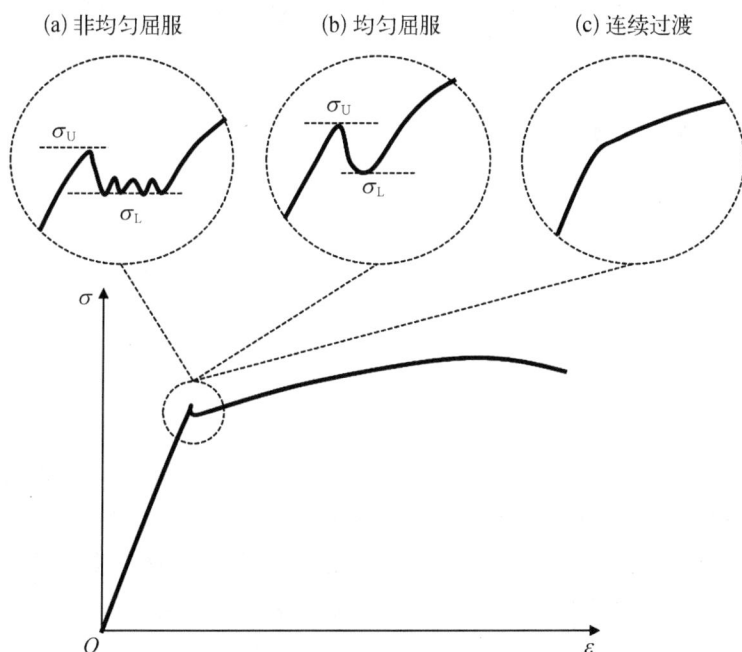

图 4.3.1 拉伸应力-应变曲线中的 3 种典型屈服形式

0.001%,屈服点就又重新出现。间隙溶质原子(如碳、氮等)与位错发生弹性交互作用,使得它们倾向于扩散到位错线附近,形成科氏气团,从而锚定位错。位错要运动,必须在更大的应力下才能挣脱间隙原子的"钉扎"而移动,这就形成了上屈服点。而一旦"脱钉"后,位错运动比较容易,因此应力有下降,出现下屈服点。

屈服平台的出现与试样内部应力的不均匀性有关。当应力达到上屈服点时,首先在试样应力集中处开始塑性变形,并在试样表面产生一个与拉伸轴约成 45°角的变形带——吕德斯(Lüders)带,与此同时应力降落到下屈服点。随后吕德斯带沿着试样长度方向不断形成与扩展,从而产生拉伸曲线锯齿平台的屈服伸长。其中应力的每一次波动都对应着一个新吕德斯带的形成。当吕德斯带扩展到整个试样长度后,屈服伸长阶段结束,随后将进入应变硬化阶段。

另外应指出,聚合物在拉伸时也会出现载荷下降并伴随屈服平台的非均匀屈服现象,少量剪切带的形成对应着载荷降落,随着剪切带沿试样长度方向扩展,产生平台伸长应变,整个试样工作段逐渐"细颈"化。

对于出现非均匀屈服的材料,工程上规定下屈服点或平台应力为屈服强度。

4.3.1.2 均匀屈服

部分无位错的金属单晶体或晶须、低位错密度的共价键晶体 Si 和 Ge、离子晶体 LiF 等在拉伸时也会出现载荷下降现象,但与非均匀屈服不同的是,这些材料内部应力分布比较均匀,不出现非均匀伸长的屈服平台,载荷下降后即刻开始应变硬化[见图 4.3.1(b)]。为区分起见,将这一类屈服称为均匀屈服,下屈服点应力规定为屈服强度。

由于这些晶体位错密度很小,且不存在间隙型溶质原子,科氏气团钉扎理论就不能解释此类屈服的原因。为此需要从位错运动本身的规律来加以诠释,这就发展了更为普适的位

错增殖动力学理论[①]。将位错运动学方程式中的位错密度用可动位错密度 ρ_m 来代替,有

$$\dot{\varepsilon} = b\rho_m \bar{v} \tag{4.3.1}$$

而位错运动平均速度 $\bar{v}$ 与施加的应力有关:

$$\bar{v} = \left(\frac{\sigma}{\sigma_0}\right)^m \tag{4.3.2}$$

式中,σ_0 为位错做单位速度运动所需的应力;m 为位错速率应力敏感指数。将式(4.3.2)代入式(4.3.1)得

$$\dot{\varepsilon} = b\rho_m \left(\frac{\sigma}{\sigma_0}\right)^m \tag{4.3.3}$$

在一般拉伸试验中,通常采用位移控制模式,即保持夹头位移速度恒定,在变形量不是非常大的情况下应变率 $\dot{\varepsilon}$ 近似为常数。在拉伸载荷升至上屈服点以前,可动位错密度 ρ_m 较小,需要较高的应力 σ 维持 $\dot{\varepsilon}$。一旦到某一临界点(上屈服点),塑性变形开始大量发生,位错迅速增殖,ρ_m 加大,则维持恒定 $\dot{\varepsilon}$ 所需的 σ 就减小,载荷会迅速下降,出现下屈服点。

从材料角度看,居于支配地位的材料参数是 ρ_m 和 m。由式(4.3.1)和式(4.3.2)可以得到上屈服点应力 σ_U、下屈服点应力 σ_L 与位错密度的关系:

$$\frac{\sigma_U}{\sigma_L} = \left(\frac{\rho_L}{\rho_U}\right)^{\frac{1}{m}} \tag{4.3.4}$$

对于较小的 m 值($m < 15$),σ_U/σ_L 值较大,存在显著的屈服降落。对于铁($m = 35$),只是在初始位错密度 ρ_U 小于 10^3 cm^{-2} 左右时,屈服降落才是明显的。而退火铁的位错密度至少是 10^6 cm^{-2},这就要求多数的位错必须被钉扎住。位错钉扎可以由溶质、杂质间隙原子或细小碳化物、氮化物等实现。由此可以看出,位错钉扎理论和位错增殖理论在揭示物理屈服时并不是相互排斥而是相互补充的。表4.3.1给出了一些材料的 m 值。本质很软的材料(如fcc结构金属)的 m 值都很大(>100),接近于理想塑性 ($m = \infty$),稍许提高应力就能引起位错速率大幅度增加;本质很硬的材料,如锗、硅等,在高温滑移时 m 值很小,接近于纯黏滞性($m = 1$),流变应力与位错速率呈线性关系;bcc结构金属的 m 值介于上述二者之间。

表 4.3.1 不同材料的 m 值

材　　料	m 值
Si(600~900℃)	1.4
Ge(420~700℃)	1.4~1.7
Cr	~7

---

① JOHNSTON W G. Yield points and delay times in single crystal[J]. J. Appl. Phys. , 1962, 33: 2716.

材　　料	m 值
Mo	~8
W	5
LiF	14.4
Fe-3%Si	35
Cu	~200
Ag	~300

　　屈服后位错迅速增殖,既产生屈服降落,又开启了应变硬化过程,应力-应变曲线是二者综合作用的效果。一般来说,位错密度是随应变增加的,可用如下经验关系描述:

$$\rho = \rho_0 + C\varepsilon_p^a \tag{4.3.5}$$

式中,ρ_0 为变形前的位错密度;C 和 a 都是常数。设可动位错密度为总位错密度的一个分数:

$$\rho_m = f_0\rho_0 + f_p(C\varepsilon_p^a) \tag{4.3.6}$$

式中,f_0 为变形前可动位错密度占总位错密度的分数;f_p 为变形过程中增加的总位错密度中可动位错密度所占的分数。由于新、老位错被杂质钉扎的情况不同,f_0 和 f_p 可以有不同的数值。在塑性变形过程中,作用于位错上的有效应力比实际外加应力 σ 要小,其中有一部分用来克服内应力场。假定内应力随塑性应变 ε_p 线性增加,有效应力 σ^* 就可以表示为 $\sigma - q\varepsilon_p$(q 为应变硬化系数),将其代入式(4.3.2),可解得

$$\sigma = q\varepsilon_p + \sigma_0 v^{1/m} \tag{4.3.7}$$

再将式(4.3.3)和式(4.3.6)代入式(4.3.7),得到

$$\sigma = q\varepsilon_p + \sigma_0\left\{\frac{\dot\varepsilon_p}{\Omega b\left[f_0\rho_0 + f_p(C\varepsilon_p^a)\right]}\right\}^{\frac{1}{m}} \tag{4.3.8}$$

式中,Ω 为小于 1 的正数。式(4.3.8)表示的关系如图 4.3.2 所示,等式右边第一项与 ε_p 成正比,表示线性应变硬化效果;等式右边第二项是随 ε_p 增大而减小的。若第二项下降比第一项增加更快,则表现明显的屈服降落。可见,影响屈服的主要材料参数是原始位错

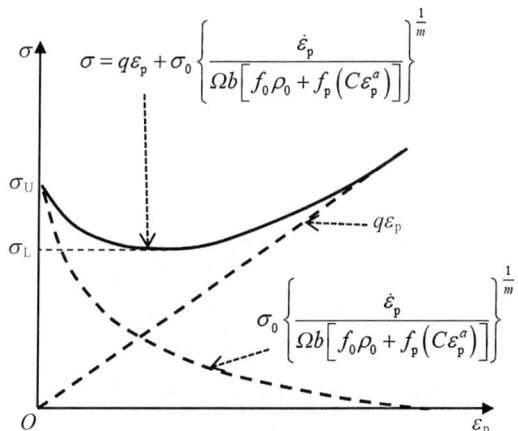

图 4.3.2　形成屈服降落的示意图

密度 ρ_0 及位错速率应力指数 m，小的 ρ_0 及小的 m 值都将导致明显的屈服降落。

4.3.1.3 连续过渡

fcc 结构金属及多数有色金属的 m 值较大，拉伸时一般不出现明显的载荷下降现象，拉伸曲线上有一个拐点[见图 4.3.1(c)]，称为连续过渡屈服。在弹性变形连续过渡到塑性变形的情况下，如何表征屈服强度呢？

从理论上来说，只要作用的分切应力超过临界分切应力，位错便开始滑移运动，材料便产生塑性变形而屈服。大量的研究表明，金属在极低的应力下即可屈服，例如软金属的临界切应力一般约为 1 MPa 或更小，而硬金属的临界切应力也才只有 10 MPa 左右，并且随着测量技术及金属纯度的提高，测定的临界切应力还会下降，可见产生起始塑性变形所需的应力远低于由常规静拉伸试验测定的比例极限和弹性极限。因此，现在工程上采用规定非比例伸长应力 σ_{np} 的概念来表征不同塑性变形阶段的抗力。σ_{np} 是指在拉伸时达到"规定非比例伸长应变（或残余应变）ε_{np}"时所对应的应力。图 4.3.3 给出了 ε_{np} 为 $1 \times 10^{-7} \sim 5 \times 10^{-3}$ 时的塑性变形抗力指标。当 ε_{np} 为 $1 \times 10^{-7} \sim 5 \times 10^{-4}$ 时，塑性变形仅在个别晶粒中产生，塑性变形量微小，故称为微塑性变形抗力。对光学、精密仪器仪表等重要器件，服役期间要严格限制塑性变形，因此规定 ε_{np} 为 $10^{-7} \sim 10^{-6}$ 所对应的应力作为强度设计指标，称为微屈服强度。但在一般工程中，对微量塑性变形的限制不是那么严格，常把 $\varepsilon_{np} = 2 \times 10^{-3}$ 所对应的应力（$\sigma_{0.2}$）作为屈服强度，因它是人为规定的，故又称条件屈服强度。由于 ε_{np} 达到 2×10^{-3} 时，材料已产生了明显的塑性变形，显然 $\sigma_{0.2}$ 实质上属于宏观屈服强度。

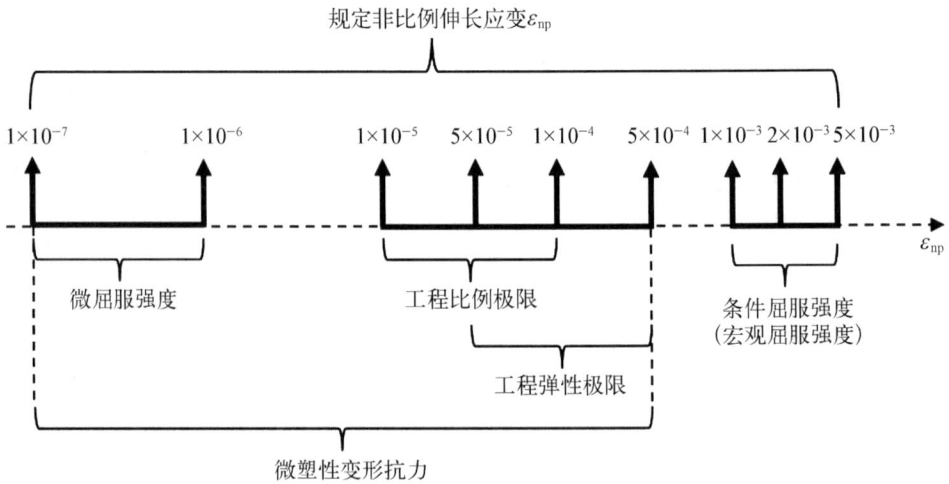

图 4.3.3　规定非比例伸长应力

4.3.2　工程材料的屈服强度

图 4.3.4 给出了几大类典型工程材料屈服强度的比较，可以看出，不同工程材料的屈服强度差别很大，可达 6 个数量级。

在所有工程材料类别中，陶瓷具有最高的屈服强度，图中陶瓷的屈服强度值是由硬度试验估计出来的，因为陶瓷非常脆，很难采用拉伸试验来测定屈服强度值。但是应特别强调，陶瓷屈服强度高只表明它对塑性变形的抗力高，并不能表明陶瓷断裂强度高。实际上，陶瓷总是在远低于其屈服强度的应力水平发生断裂,这与其总是存在很多微裂纹并很难通过塑性变形来松弛裂纹尖端的应力集中的缘故有关。

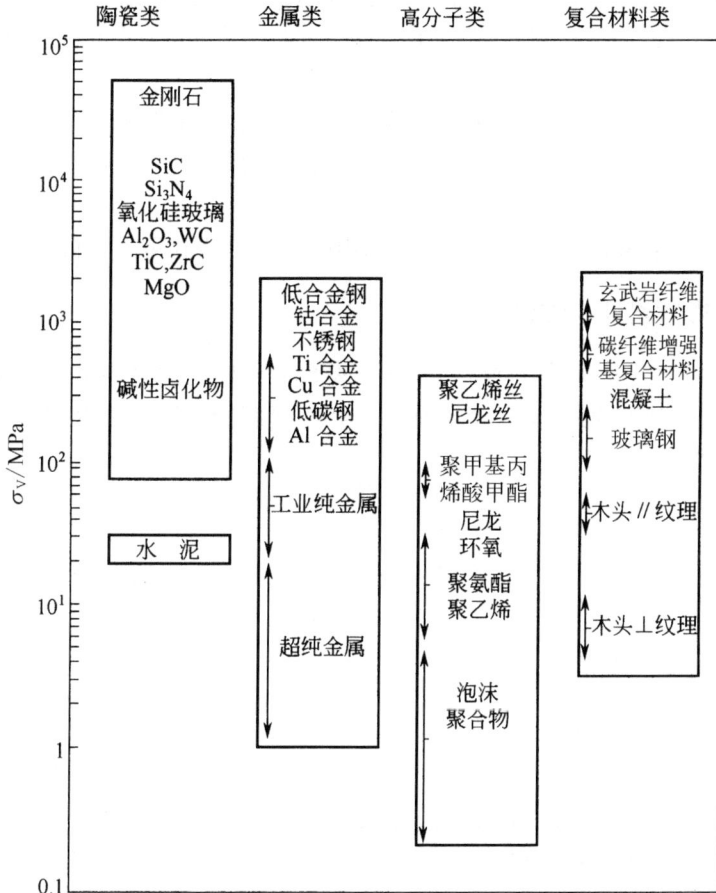

图 4.3.4　几大类工程材料屈服强度的比较

(ASHBY M F, JONES D R H. Engineering materials Ⅰ: an introduction to properties, applications and design[M]. Oxford: Pergamon Press, 1980.)

作为一个材料类别,高分子聚合物具有最低的屈服强度,其中最低的是泡沫聚合物,这正反映了其多孔的性质。具有最高屈服强度的塑料是重度冷拉的热塑性纤维,其屈服强度与铝合金相近。纤维的高强度来源于其长分子链平行排列并与拉力方向重合,这样实际上是由很强的共价键而不是像块体材料中那样由较弱的分子键来抵御外力。

相对来说,金属的屈服强度介于陶瓷和高分子聚合物之间。超纯金属相当软,屈服强度甚至只有 1MPa 左右。合金比纯金属强度高很多,这是因为合金元素的加入可起到相当大的强化效果,其强化的可能机制包括固溶强化、第二相强化、晶粒细化强化等。当然,基体元素和合金元素不同,会有不同的强化效果。

复合材料的屈服强度可由组元的屈服强度按混合律粗略地估算,但估算精度远不如弹性模量。

屈服强度是对结构非常敏感的性能指标。对金属及合金而言,在成分确定后,通过各种加工、热处理工艺改变组织结构,可以很大程度提高屈服强度,达到材料强化的目的。最重要的 3 个组织结构因素如下。

(1) 晶粒大小。一般来说,晶粒越细,屈服强度越高,称为晶粒细化强化。

(2) 溶质原子。在纯金属中加入溶质原子形成固溶体合金,一般可提高屈服强度,称为固溶强化。

(3) 第二相颗粒。通过热处理或粉末冶金等方法,在合金中形成细小、弥散分布的硬颗粒第二相(模量和强度高于基体),可很大程度提高合金的屈服强度,称为颗粒强化(或第二相强化)。

以上强化方法是金属材料 4 大经典强化机制中的 3 种,将在第 5 章做进一步讨论。

4.3.3 复杂应力状态下的屈服

对于简单应力状态,可以利用材料屈服强度参数方便地确定材料进入塑性状态的屈服点。但对于复杂应力状态,必须有一个判别材料开始屈服的准则。如果用应力来描述屈服条件,其一般形式可表示为

$$f(\sigma_{ij}) = 0 \tag{4.3.9}$$

式中,$f(\sigma_{ij})$ 称为屈服函数。式(4.3.9)表示三维空间中的曲面,称为屈服面。因任意的应力状态总可以用 3 个主应力 σ_1、σ_2、σ_3 来表示,故式(4.3.9)可改写为

$$f(\sigma_1, \sigma_2, \sigma_3) = 0 \tag{4.3.10}$$

4.3.3.1 最大切应力准则

特雷斯卡(Tresca)基于材料在塑性变形时的滑移线基本上沿最大切应力的方向这一事实,提出了最大切应力屈服准则:在多向应力条件下,当最大切应力等于纯剪切屈服强度 τ_s 时,材料开始屈服。屈服条件可表示为

$$\tau_{\max} = \tau_s \tag{4.3.11}$$

由于 $\tau_{\max} = \dfrac{\sigma_1 - \sigma_3}{2}$,且在单向拉伸(或压缩)时有 $\tau_s = \dfrac{\sigma_s}{2}$,则用主应力表示的特雷斯卡屈服准则为

$$\sigma_1 - \sigma_3 = \sigma_s \tag{4.3.12}$$

由此可见,特雷斯卡屈服准则没有涉及中间应力 σ_2,因此不适用于静水应力下的屈服情况。

4.3.3.2 畸变能准则

固体在受力时的应变能 U 一般可分为两部分:

$$U = U_v + U_d \tag{4.3.13}$$

式中,U_v 为与体积变化有关的应变能,亦称体积改变能,它主要是由弹性变形产生的,与滑移变形无关;U_d 为与形状变化有关的应变能,即畸变能(亦称歪形能),与滑移变形有关。

畸变能准则认为,在多向应力条件下,单位体积畸变能 U_d 达到某一临界值 U_{ds} 时,材料开始屈服。即屈服条件为

$$U_\mathrm{d} = U_\mathrm{ds} \tag{4.3.14}$$

由弹性力学理论很容易求得：

$$U = \frac{1}{2}\sigma_{ij}\varepsilon_{ij} = \frac{1}{2E}\left[\sigma_1^2 + \sigma_2^2 + \sigma_3^2 - 2\nu(\sigma_1\sigma_2 + \sigma_2\sigma_3 + \sigma_3\sigma_1)\right] \tag{4.3.15}$$

$$U_\mathrm{v} = \frac{1}{2}\sigma_\mathrm{m}\Theta = \frac{1}{2}\frac{\sigma_\mathrm{m}^2}{K} = \frac{1-2\nu}{6E}(\sigma_1 + \sigma_2 + \sigma_3)^2 \tag{4.3.16}$$

式中，Θ 为体积应变；$\sigma_\mathrm{m} = \frac{1}{3}(\sigma_1 + \sigma_2 + \sigma_3)$ 为平均应力；$K = \dfrac{E}{3(1-2\nu)}$ 为体积模量。单位体积畸变能为

$$U_\mathrm{d} = U - U_\mathrm{v} = \frac{1}{2}\left(\frac{1+\nu}{3E}\right)\left[(\sigma_1 - \sigma_2)^2 + (\sigma_2 - \sigma_3)^2 + (\sigma_3 - \sigma_1)^2\right] \tag{4.3.17}$$

在单向应力下屈服时 $(\sigma_1 = \sigma_\mathrm{s})$，畸变能 U_ds 为

$$U_\mathrm{ds} = \frac{(1+\nu)}{3E}\sigma_\mathrm{s}^2 \tag{4.3.18}$$

将式(4.3.17)和式(4.3.18)代入式(4.3.14)，得到屈服条件为

$$\frac{1}{\sqrt{2}}\sqrt{(\sigma_1 - \sigma_2)^2 + (\sigma_2 - \sigma_3)^2 + (\sigma_3 - \sigma_1)^2} = \sigma_\mathrm{s} \tag{4.3.19}$$

式(4.3.19)也可以用应力的坐标分量表示：

$$\frac{1}{\sqrt{2}}\sqrt{(\sigma_x - \sigma_y)^2 + (\sigma_y - \sigma_z)^2 + (\sigma_z - \sigma_x)^2 + 6(\tau_{xy}^2 + \tau_{yz}^2 + \tau_{zx}^2)} = \sigma_\mathrm{s} \tag{4.3.20}$$

式(4.3.19)和式(4.3.20)中左边的项可记为等效应力 σ_eq，作用相当于把一个复杂应力状态等效为单向应力状态，其张量表达式为

$$\begin{cases} \sigma_\mathrm{eq} = \sqrt{\dfrac{3}{2}}\sqrt{S_{ij}S_{ij}} \\ S_{ij} = \sigma_{ij} - \delta_{ij}\sigma_\mathrm{m} \end{cases} \tag{4.3.21}$$

由于畸变能准则的表达式(4.3.19)与由冯·米泽斯(von Mises)在无说明的情况下直接给出的屈服准则完全相同，且后者提出在先，所以现在多将畸变能准则称为米泽斯屈服准则。

大量实验表明，特雷斯卡屈服准则及米泽斯屈服准则在预测延性材料屈服时有较好的准确度，因而得到了广泛的应用。但是两者相比较，后者比前者与实验结果符合得更好。

4.3.3.3　库仑屈服准则

特雷斯卡屈服准则与米泽斯屈服准则适用于各向同性材料，对拉伸和压缩异性材料，该两准则都不能很好地预测屈服失效。为此，库仑(Coulomb)在最大切应力准则的基础上做了进一步修正，即认为发生在任一平面的屈服临界切应力 τ_s 线性地随该平面的法向应力 σ_N 变化：

$$\tau_s = \tau_0 - k\sigma_N \tag{4.3.22}$$

式中，τ_0 为材料的内聚力；k 为内摩擦因数，它确定了屈服平面的方向。当 σ_N 为压缩应力时取负值，所以，在任一平面发生屈服时的临界切应力随施加于该平面的垂直压应力的增加而线性增加。

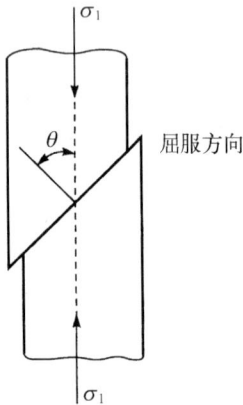

现在用库仑屈服准则来分析单向压缩的屈服行为。如图 4.3.5 所示，假设屈服发生在其法线与压缩压力 σ_1 间夹角为 θ 的平面上，σ_1 分解在屈服平面内的切应力为 $\tau_1 = \sigma_1 \sin\theta\cos\theta$，分解的垂直（法线）应力为 $\sigma_N = -\sigma_1\cos^2\theta$，则库仑屈服准则可表示为

$$\sigma_1 \sin\theta\cos\theta = \tau_0 + \sigma_1 k\cos^2\theta \tag{4.3.23}$$

移项可得

$$\sigma_1(\sin\theta\cos\theta - k\cos^2\theta) = \tau_0 \tag{4.3.24}$$

该式右边为一常数，而屈服时的应力 σ_1 绝对值应该最小（因 σ_1 压缩时为负值，故绝对值最小即为最大屈服应力），所以此时（$\sin\theta\cos\theta - k\cos^2\theta$）值应该最大，即有

$$\frac{\mathrm{d}}{\mathrm{d}\theta}(\sin\theta\cos\theta - k\cos^2\theta) = 0$$

图 4.3.5 单向压缩屈服的库仑屈服准则分析

即 $k\tan 2\theta = -1$，解出对应的 θ 角为

$$\theta = \frac{\pi}{4} + \frac{\tan^{-1}k}{2} \tag{4.3.25}$$

因此，可以认为 k 决定屈服的方向，反过来由屈服方向可以确定 k。如果 σ_1 为拉伸应力，则 θ 为

$$\theta = \frac{\pi}{4} - \frac{\tan^{-1}k}{2} \tag{4.3.26}$$

由此可见，库仑屈服准则既规定了屈服发生所需的应力条件，同时又规定了屈服发生时试样的变形方向。

4.4　塑性流变抗力

4.4.1　应变硬化

大量实验结果表明，在屈服以后的均匀塑性流变阶段，应力-应变关系符合幂律关系。若以真应力 S 和真应变 e 来拟合，则在整个塑性变形阶段（包括均匀塑性变形和颈缩）都符合幂律关系，即材料在整个塑性变形阶段都是硬化的。现已提出的幂律关系按相关性系数由高到低排列为

斯威夫特（Swift）公式[①]：　　　$S = K(e_0 + e)^n \tag{4.4.1}$

---

① SWIFT H W. Plastic instability under plane stresses[J]. J. Mech. Solids, 1952, 1: 1.

路德维克(Lüdwick)公式[①]：

$$S = S_0 + Ke^n \tag{4.4.2}$$

霍洛曼(Holloman)公式[②]：

$$S = Ke^n \tag{4.4.3}$$

以上 3 式中，e_0 为预应变；S_0 为屈服时的真应力；K 为硬化系数；n 为硬化指数。3 种真应力-真应变曲线如图 4.4.1 所示。硬化系数 K 和硬化指数 n 均可作为表征应变硬化的参量，表 4.4.1 给出了一些金属材料的 n 值和 K 值。在 K 和 n 这两个参数中，工程应用上用得最多的是应变硬化指数 n，它反映了金属抵抗继续塑性变形的能力，是表征金属材料应变硬化的性能。在极限情况下，$n=1$，S 与 e 呈正比关系，表示材料为完全理想弹性体；$n=0$ 时，$S=K=$常数，表示材料没有应变硬化能力，如室温下即产生再结晶的软金属和已经受强烈应变硬化的材料。大多数金属的 n 值为 $0.1 \sim 0.5$，如表 4.4.1 所示。

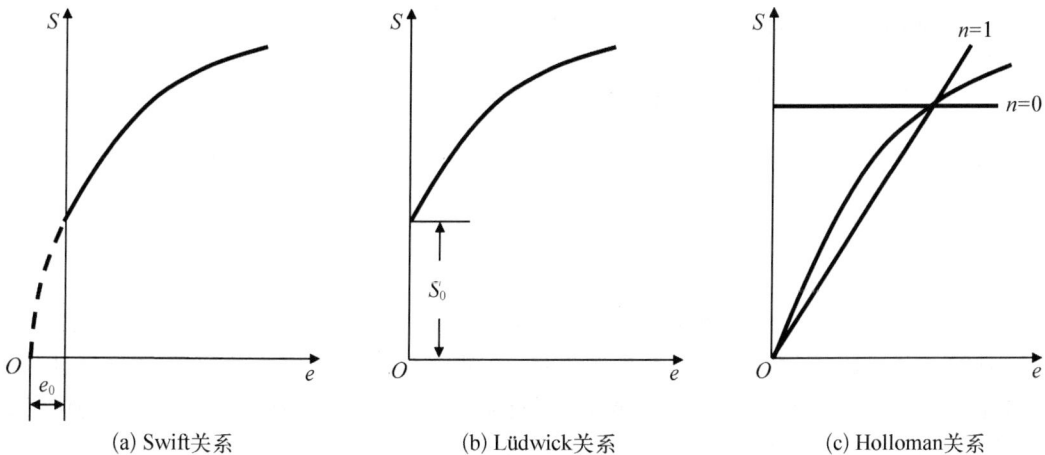

图 4.4.1　3 种幂律关系的流变曲线示意

表 4.4.1　几种金属材料室温下的 n 值和 K 值

物理量	纯铜退火	黄铜退火	纯铝退火	纯铁退火	40 钢调质	40 钢正火	T8 钢调质	T8 钢退火	T12 钢退火	60 钢淬火＋500℃回火
n	0.443	0.423	0.250	0.237	0.229	0.221	0.209	0.204	0.170	0.10
K	448.3	745.8	157.5	575.3	920.7	1 043.5	1 018	996.4	1 103.3	1 570 MN/m²

资料来源：黄明志，骆竟晞，贺保平. 金属硬化曲线的阶段性和最大均匀应变[J]. 金属学报，1983，19(4)：A291.

应变硬化指数 n 是结构敏感参量。现已发现，材料的层错能愈低，其 n 值就愈高；退火态 n 值比较大，而在冷加工状态比较小；晶粒尺寸愈大，n 值提高；在某些合金中，随溶质原

① LÜDWICK P. Element der technologischen mechanik[M]. Berlin：Julius Springer，1909：32.
② HOLLOMAN J H. Tensile deformation[J]. Trans. AIME.，1945，162：268.

子含量增加，n 值减小。试验得知，n 值与屈服强度大致呈反比关系，即 $n\sigma_s =$ 常数。这反映了一个大致的趋势，即金属材料的 n 值随强度等级的增加而降低。

4.4.2 流变应力

所谓流变应力是指材料在屈服以后的均匀塑性流动过程中的瞬时应力。从本质上来说，流变应力表征了材料对继续塑性变形的抗力，由两大部分组成：

$$\tau_{fl} = \tau_0 + \tau_{dis} \tag{4.4.4}$$

式中，τ_0 代表位错交互作用以外的因素对位错运动的阻力；τ_{dis} 为位错之间相互作用对流变应力的贡献。下面分别进行讨论。

4.4.2.1 点阵阻力

对单晶体，τ_0 为晶体点阵阻力，包括晶格摩擦力 τ_{P-N} 和声子拖拽阻力 τ_{phon}。在准静态条件下，τ_{phon} 可以忽略，τ_0 主要为 τ_{P-N}。如 3.7 节介绍的 P-N 模型所述，单个位错在晶体中滑移时受到的晶格摩擦力为

$$\tau_{P-N} = \frac{2\mu}{1-\nu} \exp\left(\frac{4\pi\zeta}{b}\right) \tag{4.4.5}$$

式中，μ 为剪切模量；ν 为泊松比；b 为伯格斯矢量模；ζ 为位错半宽，可表示为

$$\zeta = \frac{a}{2(1-\nu)} \tag{4.4.6}$$

2ζ 为位错核心宽度，这个数值大致确定了原子严重错排区的范围。对于一般金属而言，$\nu = 0.3$，则 $2\zeta \approx 1.5a$，说明位错的宽度是很窄的。对螺型位错，$2\zeta = a$。但这一数值是过低估计的，位错宽度通常为 $b \sim 5b$。密排金属的位错宽度较宽，而金刚石等共价键晶体的位错宽度则很窄。如图 4.4.2 所示为 P-N 位错点阵模型中原子位移、位错宽度及伯格斯矢量分布的情况。

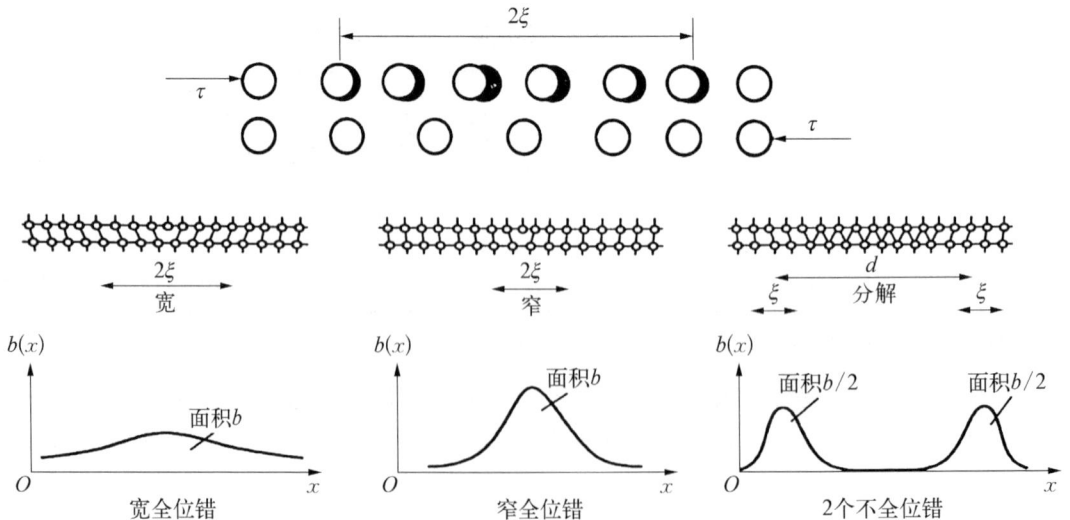

图 4.4.2　P-N 模型中的位错宽度示意

式(4.4.5)表明,点阵阻力与晶体的弹性性质(μ、ν)和晶体结构(a、b)有关,更进一步地,是与结合键的类型和方向性有关。对简单立方点阵,$a=b$,则$\tau_{\text{P-N}}$约为$4.6\times10^{-4}\mu$,远低于理想晶体的临界切应力$\mu/30$。因$\tau_{\text{P-N}}$与b/a成指数关系,b/a愈小,$\tau_{\text{P-N}}$也愈小,因此滑移总是趋于在原子最密排的面和方向上进行。

图4.4.3给出了一些金属和陶瓷晶体由P-N模型预测的$\tau_{\text{P-N}}$值,与由实验测量并外推到0 K的$\tau_{\text{P-N}}$值的结果比较,两者是相当吻合的。从图4.4.3中也能明显看出,$\tau_{\text{P-N}}$取决于晶体结合键的类型以及位错结构特征。一般地,随原子结合键方向性增强,$\tau_{\text{P-N}}$值迅速增加,故共价键固体$\tau_{\text{P-N}}$最高,离子晶体次之,金属晶体最低。在金属晶体3种常见结构中,又以fcc的$\tau_{\text{P-N}}$值最低,bcc的$\tau_{\text{P-N}}$值最高,他们在数量级上的差别如表4.4.2所示。因此从本质上来说,fcc金属属于"软金属",bcc金属属于"硬金属"。

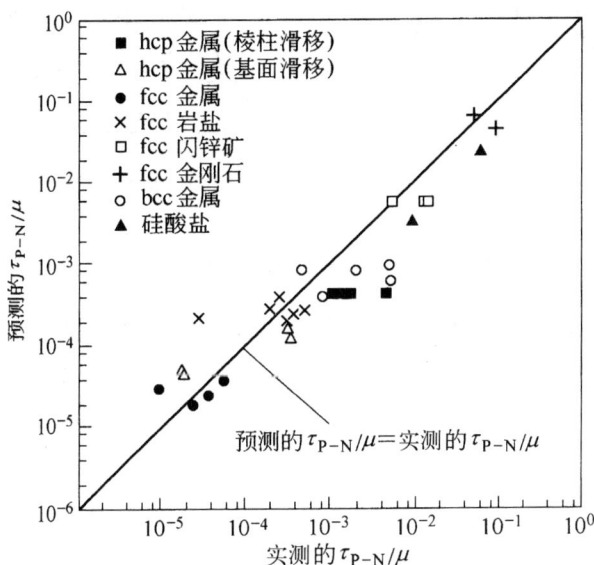

图4.4.3 一些材料按预测$\tau_{\text{P-N}}$与实测$\tau_{\text{P-N}}$的比较

(WANG J N. Prediction of Peierls stresses for different crystal[J]. Mater. Sci. Eng. , 1996, A206: 259.)

表4.4.2 几类晶体结构材料的$\tau_{\text{P-N}}$值的数量级(外推至0 K)

结 构 及 滑 移 系	近似的$(\tau_{\text{P-N}})_0/\mu$
fcc及hcp结构中的基面滑移	$<10^{-5}$
bcc、hcp柱面滑移以及fcc非密排面滑移	5×10^{-3}
离子晶体、碱卤化物氧化物	$10^{-2}\sim2\times10^{-2}$
共价键固体	$2\times10^{-2}\sim5\times10^{-2}$

4.4.2.2 位错交互作用阻力

位错之间的交互作用有多种具体机制,如图4.4.4所示。这些交互作用机制包括但不限于：平行位错之间长程弹性交互作用、林位错对可动位错的钉扎、位错交割形成的割阶阻力、两运动位错相遇后形成固定的会合位错对可动位错的障碍等。

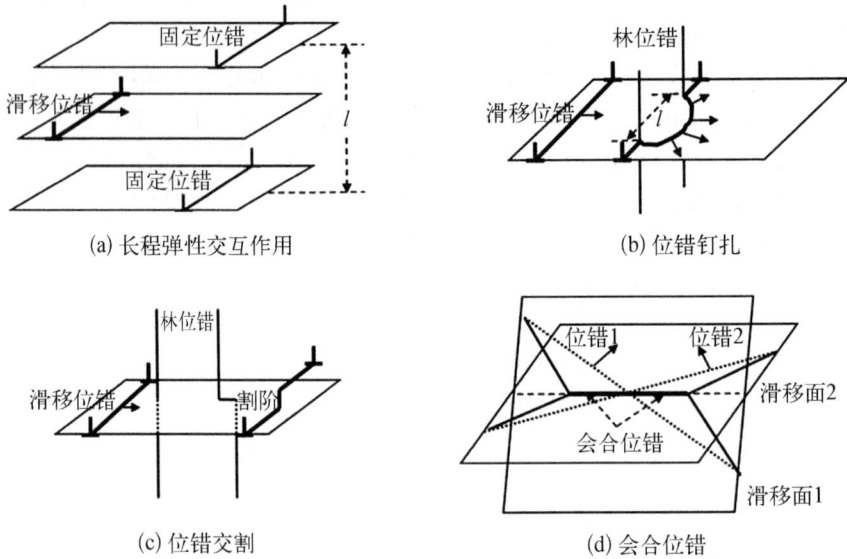

图 4.4.4　位错之间各种相互作用机制示意

（1）位错的长程弹性交互作用。为简化估算，只考虑平行位错之间的弹性交互作用。如图 4.4.4(a)所示，中间的位错从上、下两同号位错之间滑过时，必受相邻滑移面上位错的弹性相互作用。根据平行位错间相互作用力公式(3.4.5)，可将此时所需最小的应力 τ_{el} 写为

$$\tau_{el} = \alpha_1 \frac{\mu b}{l} \tag{4.4.7}$$

式中，l 为上、下两滑移面间距；α_1 为一常数。对刃型位错，$\alpha_1 = \dfrac{1}{2\pi(1-\nu)}$；对螺型位错，$\alpha_1 = \dfrac{1}{2\pi}$。

（2）位错钉扎。在一些情况下，晶体中位错平衡组态为网络形态，变形时位错网络结点被钉扎，节点间的位错受应力作用而弓出，形成弗兰克-里德位错源，如图 4.4.4(b)所示，此时所需克服的阻力是位错线完成半圆形时张力造成的向心恢复力：

$$\tau_{F\text{-}R} = \frac{\mu b}{l} \tag{4.4.8}$$

式中，l 为位错网平均节点间距。

（3）位错交割。滑移位错运动过程中遇到林位错时会因相互交截而产生割阶如图 4.4.2(c)所示，此时阻力来自两部分：一是割阶形成能，二是割阶运动能。

割阶形成能对流变应力的贡献可由图 4.4.5 所示的模型进行粗略估算。设林位错扩展宽度为 d，林位错平均距离为 l。根据位错理论，长度为 b 的全位错割阶形成能约为

$(\alpha_2\mu b^2)\cdot b$,其中 α_2 为一常数,则此时的割阶形成能为 $(\alpha_2\mu b^2)d$。现设外加切应力为 τ_{jog},如果忽略掉位错线的凸出,则在交截过程中所做的功便如图 4.4.5 中阴影区部分所示,其值为 $\tau_{\text{jog}}bld$,令其等于割阶形成能,可解得

$$\tau_{\text{jog}}=\alpha_2\frac{\mu b}{l} \tag{4.4.9}$$

下面以螺型位错割阶为例估算割阶运动能对流变应力的贡献。螺型位错割阶每前进一步,会形成一个点缺陷(空位或间隙原子),设点缺陷形成能为 U_d,螺型位错线上割阶的距离为 l,产生一个点缺陷走过的距离为 b,则产生一个点缺陷需做的功为 $w=\tau_d blb$,该值应等于点缺陷形成能 $U_d=\alpha_3\mu b^3$,其中 α_3 为一常数,则可以得到

$$\tau_d=\alpha_3\frac{\mu b}{l} \tag{4.4.10}$$

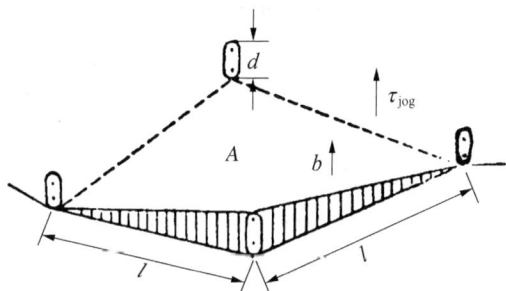

图 4.4.5　位错交截作用力示意图　　　　图 4.4.6　会合位错示意

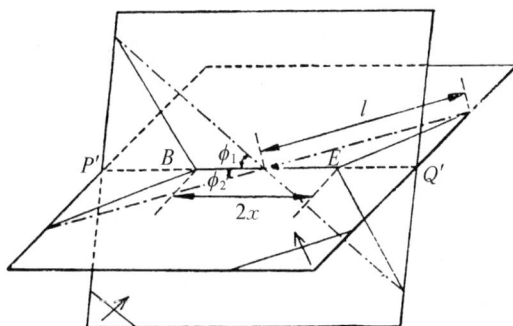

(4) 位错会合。相交位错会产生会合位错[见图 4.4.4(d)],使总能量降低。若相交位错要继续滑移前进,势必要将此会合位错拆散。如将流变应力视为拆散此会合位错之用,则可按如图 4.4.6 所示的模型进行估算。

假设是对称组态,即各段位错线长度均为 l,它们与滑移面交线的夹角均等于 ϕ,且会合位错线的长度为 $2x$,则在外加应力 τ_{jun} 作用下会合位错缩短 $2dx$ 时,系统能量增加 $dE=(4T_1\cos\phi-2T_2)dx$,其中,T_1、T_2 分别为原位错和会合位错线张力。此时每个位错线段滑移的平均距离为 $\frac{1}{2}\sin\phi dx$,则外应力做功为 $dW=4\tau_{\text{jun}}bl\cdot\frac{1}{2}\sin\phi dx$。令 $dE=dW$,可解得

$$\tau_{\text{jun}}=\frac{2T_1\cos\varphi-T_2}{bl\sin\varphi}$$

在 fcc 金属中,会合位错反应是 $\frac{1}{2}[110]+\frac{1}{2}[0\bar{1}1]\rightarrow\frac{1}{2}[101]$,故可取 $T_1=T_2=0.5\mu b^2$,$\varphi=45°$,则有

$$\tau_{\text{jun}}=\alpha_4\frac{\mu b}{l} \tag{4.4.11}$$

式中，α_4 为 0.2～0.3 的常数。在 bcc 结构金属中，会合位错是 $\langle 100 \rangle$ 型，即 $T_1 < T_2$，会合位错反应对晶体流变应力的贡献在 fcc 结构中更大。

上述(1)至(4)种不同交互作用对流变应力的提升略有不同，且在一种具体金属中可能同时存在几种交互作用机制，分析比较复杂。但是从唯象角度可以做简化分析，它们同属于弹性交互作用，且均遵从如下规律：

$$\tau = \alpha \frac{\mu b}{l} \tag{4.4.12}$$

式中，α 为与位错交互作用机制有关的常数；l 大体上是位错的平均间距。当为平衡位错组态时，l 可以认为是位错平均自由程，它与位错密度 ρ 有近似关系：$l = \rho^{-\frac{1}{2}}$，将此关系代入式 (4.4.12) 可得

$$\tau_{dis} = \alpha \mu b \sqrt{\rho} \tag{4.4.13}$$

这表明，位错运动时克服种种障碍所需的应力都与位错密度的平方根成正比。因此整个流变应力可表示为

$$\tau_{fl} = \tau_0 + \alpha \mu b \rho^{\frac{1}{2}} \tag{4.4.14}$$

表 4.4.3 给出了式 (4.4.14) 中参数的实验值，可见 fcc 晶体的 τ_0（近似为点阵阻力）对流变应力的贡献几乎可以忽略不计，流变应力主要来自位错间交互作用；bcc 晶体位错交互作用对流变应力的贡献与 fcc 晶体差别不大（α 值差别不大），但点阵阻力对流变应力的贡献较大，不可忽略。

表 4.4.3　式 (4.4.14) 中参量的实验值

晶体类型		α	τ_0 / μ
面心立方	Cu(多晶)	0.55	～0
	Cu(单晶)	0.3	～0
	CuAl(单晶)(含 0.8, 2.5, 4.5%Al)	0.5	～0
	Ag(多晶)	0.55	～0
	Ni-Co(单晶含 0, 40, 60, 67%Co)	0.3	～0
体心立方	Fe(多晶)	0.4	0.46×10^{-3}
	Mo(单晶)	0.49	0.56×10^{-3}

4.4.3　准静态塑性本构关系

论述材料准静态塑性本构关系的理论常用的有两类：第一类是全量理论，又称形变理论，描述的是在塑性状态下应力与应变全量之间的关系。它以简单加载因而满足比例变形为前提条件。第二类是增量理论，又称流动理论，描述的是材料在塑性状态下应力与应变增量之间的关系，它反映了塑性变形的本质，适用于任何加载方式。

4.4.3.1 全量理论

全量理论企图把弹性理论中那样的全应变与应力的关系,扩展到塑性状态中来,其中最有名的是亨基(Hencky)方程,即认为塑性应变与偏应力成正比:

$$\varepsilon_{ij}^{p} = \phi S_{ij} \tag{4.4.15}$$

式中,ε_{ij}^{p} 为塑性应变张量;$S_{ij} = \sigma_{ij} - \dfrac{1}{3}\sigma_{kk}\delta_{ij}$,为偏应力张量;$\phi$ 为标量比例系数,加载时为正值,卸载时为零。由式(4.4.15)变换得

$$\phi = \frac{\varepsilon_{ij}^{p}}{S_{ij}} \tag{4.4.16}$$

$$\phi^2 = \left(\frac{\varepsilon_{ij}^{p}}{S_{ij}}\right)^2 = \frac{\varepsilon_{ij}^{p}\varepsilon_{ij}^{p}}{S_{ij}S_{ij}} \tag{4.4.17}$$

$$\phi = \frac{\sqrt{\varepsilon_{ij}^{p}\varepsilon_{ij}^{p}}}{\sqrt{S_{ij}S_{ij}}} \tag{4.4.18}$$

考虑应变能

$$U = \int \sigma_{ij}\,\mathrm{d}\varepsilon_{ij} = \int \sigma_{ij}\,\mathrm{d}\varepsilon_{ij}^{e} + \int \sigma_{ij}\,\mathrm{d}\varepsilon_{ij}^{p} = U^{e} + U^{p} \tag{4.4.19}$$

式中,U^{e} 为弹性应变能;U^{p} 为塑性应变能,在塑性不可压缩假设下,有

$$U^{p} = \int \sigma_{ij}\,\mathrm{d}\varepsilon_{ij}^{p} = \int (S_{ij} + \delta_{ij}\sigma_{m})\,\mathrm{d}\varepsilon_{ij}^{p} = \int \mathrm{d}U^{p} \tag{4.4.20}$$

无卸载时,有

$$U^{p} \propto S_{ij}\varepsilon_{ij}^{p} = \boldsymbol{S}\cdot\boldsymbol{\varepsilon}^{p} = |\,S\,||\,\varepsilon^{p}\,|\cos\theta = \sqrt{S_{ij}S_{ij}}\,\sqrt{\varepsilon_{ij}^{p}\varepsilon_{ij}^{p}}\cos\theta = \sigma_{eq}\sqrt{\frac{2}{3}}\,\sqrt{\varepsilon_{ij}^{p}\varepsilon_{ij}^{p}}\cos\theta \tag{4.4.21}$$

式中,σ_{eq} 为等效应力;θ 为偏应力矢量与塑性应变矢量的夹角。定义等效塑性应变:

$$\varepsilon_{eq}^{p} = \sqrt{\frac{2}{3}}\,\sqrt{\varepsilon_{ij}^{p}\varepsilon_{ij}^{p}} \tag{4.4.22}$$

对于各向同性材料,在一般情况下,$\boldsymbol{S}$ 与 $\boldsymbol{\varepsilon}^{p}$ 同向,即 $\cos\theta = 1$,$U^{p} \propto \sigma_{eq}\cdot\varepsilon_{eq}^{p}$,这意味着复杂应力状态以等效应力和等效应变来表示时,从能量的角度是与单向应力状态等效的。因此,我们可以将复杂应力状态的应力-应变关系用单向应力试验曲线来描述,即认可 $\sigma_{eq}-\varepsilon_{eq}^{p}$ 曲线与单向拉伸时的 $\sigma-\varepsilon^{p}$ 曲线相同。利用等效应力与等效应变的概念,式(4.4.16)中的比例系数可表示为

$$\phi = \frac{\sqrt{\varepsilon_{ij}^{p}\varepsilon_{ij}^{p}}}{\sqrt{S_{ij}S_{ij}}} = \frac{\sqrt{\frac{2}{3}}\,\sqrt{\varepsilon_{ij}^{p}\varepsilon_{ij}^{p}}}{\sqrt{\frac{2}{3}}\,\sqrt{S_{ij}S_{ij}}}\,\frac{3}{2} = \frac{3}{2}\frac{\varepsilon_{eq}^{p}}{\sigma_{eq}} \tag{4.4.23}$$

再代入式(4.4.22),得到复杂应力状态下的塑性本构关系:

$$\varepsilon_{ij}^{\mathrm{p}} = \frac{3}{2} \frac{\varepsilon_{\mathrm{eq}}^{\mathrm{p}}}{\sigma_{\mathrm{eq}}} S_{ij} \tag{4.4.24}$$

由于全量理论没有考虑卸载,不能应用于有卸载时的情况,所以它实际上也是非线性弹性的本构方程。

4.4.3.2 增量理论

由于在塑性状态下应变与加载路径有关,因而欲求塑性阶段的总应变,就不能像弹性阶段那样可简单地由应力直接用胡克定律求出应变,而只能由应变增量 $\mathrm{d}\varepsilon_{ij}$(即应变在加载过程中的微小变化),通过积分来求出总应变。换句话说,在塑性状态下应力与应变之间的关系本质上是增量关系,而不再是弹性状态下胡克定律所描述的全量关系。

1) 罗伊斯方程

罗伊斯(Reuss)认为,在塑性变形过程中的任一微小时间增量内,塑性应变增量与瞬时偏应力呈正比关系,即

$$\mathrm{d}\varepsilon_{ij}^{\mathrm{p}} = \mathrm{d}\lambda \cdot S_{ij} \tag{4.4.25}$$

式中,$\mathrm{d}\lambda$ 为非负的标量比例系数,在加载过程中是变化的,即与当前应力状态有关。在屈服前,由于无塑性变形,$\mathrm{d}\lambda = 0$,只是在屈服后才大于零。用与导出全量理论时相同的方法可得到

$$\mathrm{d}\lambda = \frac{3}{2} \frac{\mathrm{d}\varepsilon_{\mathrm{eq}}^{\mathrm{p}}}{\sigma_{\mathrm{eq}}} \tag{4.4.26}$$

式中,$\mathrm{d}\varepsilon_{\mathrm{eq}}^{\mathrm{p}}$ 为等效塑性应变增量:

$$\mathrm{d}\varepsilon_{\mathrm{eq}}^{\mathrm{p}} = \sqrt{\frac{2}{3}} \sqrt{\mathrm{d}\varepsilon_{ij}^{\mathrm{p}} \mathrm{d}\varepsilon_{ij}^{\mathrm{p}}} \tag{4.4.27}$$

将式(4.4.26)代入式(4.4.25),可得罗伊斯本构方程的普遍表达式:

$$\mathrm{d}\varepsilon_{ij}^{\mathrm{p}} = \frac{3}{2} \frac{\mathrm{d}\varepsilon_{\mathrm{eq}}^{\mathrm{p}}}{\sigma_{\mathrm{eq}}} S_{ij} \tag{4.4.28}$$

将此式与各向同性弹性体的广义胡克定律相比可见,两者形式上相似,除应变部分前者是增量形式而后者是全量形式之外,两者之间所不同的只是系数部分。如果将广义胡克定律中的 ν 用 $\frac{1}{2}$ 代替,$\frac{1}{E}$ 用 $\frac{\mathrm{d}\varepsilon_{\mathrm{eq}}^{\mathrm{p}}}{\sigma_{\mathrm{eq}}}$ 代替,即可得到罗伊斯方程。泊松比 $\nu = \frac{1}{2}$ 反映了塑性变形的体积不变性;$\frac{\mathrm{d}\varepsilon_{\mathrm{eq}}^{\mathrm{p}}}{\sigma_{\mathrm{eq}}}$ 反映了塑性变形过程中应力-应变关系的非线性及与加载路径的相关性。

2) 普朗特-罗伊斯方程

普朗特(Prandtl)和罗伊斯(Reuss)认为,当材料的变形较小时,弹性变形与塑性变形为同一量级,弹性应变不应略去,总的应变由弹性和塑性两部分应变组成,即

$$\mathrm{d}\varepsilon_{ij} = \mathrm{d}\varepsilon_{ij}^{\mathrm{e}} + \mathrm{d}\varepsilon_{ij}^{\mathrm{p}} \tag{4.4.29}$$

式中，$d\varepsilon_{ij}^{e}$ 为弹性应变增量；$d\varepsilon_{ij}^{p}$ 为塑性应变增量。$d\varepsilon_{ij}^{e}$ 可由增量形式的广义胡克定律确定：

$$d\varepsilon_{ij}^{e} = \frac{1}{2\mu} + dS_{ij} \tag{4.4.30}$$

而 $d\varepsilon_{ij}^{p}$ 则按罗伊斯方程确定：

$$d\varepsilon_{ij}^{p} = d\lambda S_{ij} \tag{4.4.31}$$

此即普朗特-罗伊斯本构方程，其中，$d\lambda = \dfrac{3}{2} \dfrac{d\varepsilon_{eq}^{p}}{\sigma_{eq}}$。

3）莱维-米泽斯方程

莱维（Lvy）和米泽斯（Mises）认为，当塑性应变增量比弹性应变增量大得多时，就可略去弹性应变增量，于是总应变增量就可用罗伊斯方程所确定的塑性应变增量来代替，即

$$d\varepsilon_{ij} = d\lambda \cdot S_{ij} \tag{4.4.32}$$

其中，$d\lambda = \dfrac{3}{2} \dfrac{d\varepsilon_{eq}^{p}}{\sigma_{eq}}$，在此因为略去应变增量的弹性部分，所以可以用等效应变增量 $d\varepsilon_{eq}$ 代替等效塑性应变增量 $d\varepsilon_{eq}^{p}$，故

$$d\lambda = \frac{3}{2} \frac{d\varepsilon_{eq}}{\sigma_{eq}} \tag{4.4.33}$$

因此

$$d\varepsilon_{ij} = \frac{3}{2} \frac{d\varepsilon_{eq}}{\sigma_{eq}} S_{ij} \tag{4.4.34}$$

此即莱维-米泽斯方程，可看成是普朗特-罗伊斯方程的简化形式。

4.5　抗拉强度

抗拉强度 σ_b 是由试样拉断前最大载荷所决定的临界应力。对塑性很好的韧性材料来说，塑性变形最后阶段会产生缩颈，致使载荷下降，所以最大载荷就是拉伸曲线上的峰值载荷。虽然断裂时试样断裂面上所承受的真实应力高过抗拉强度，但工程界更关心的是抗拉强度。对于脆性材料，断裂前仅发生弹性变形或少量塑性变形，不会颈缩，故最大载荷就是断裂时的载荷，此时抗拉强度就是断裂强度。

4.5.1　颈缩判据

试样在拉伸塑性变形时，应变硬化和截面减小是同时进行的。前者使承载力 P 不断提高，后者又使 P 不断下降，二者相互矛盾变化，构成了拉伸曲线 B 点前后的不同情况（见图1.2.1）。实际拉伸试样由于材质和加工问题，沿整个长度上截面不可能是等应力和等强度的，总会存在薄弱部位。在 B 点之前，虽然薄弱部位先开始塑性变形，但是由于应变硬化作用，变形马上被阻止，将变形推移至其他次薄弱部位，这样的变形和硬化交替进行，就构成

了均匀变形。而且由于应变硬化,其承载力 P 一直增加,表现为 $dP > 0$。 B 点之后,因应变硬化跟不上变形的发展,变形在薄弱部位持续发展,形成颈缩,承载力 P 下降,表现为 $dP < 0$。 因此,B 点是最大载荷点,也是颈缩开始点,亦称拉伸失稳点或塑性失稳点。由于颈缩变形速度较快,很快会导致断裂,所以找出拉伸失稳的临界条件(即颈缩判据)对于构件设计无疑是有益的。

颈缩条件应为 $dP = 0$。 在任一瞬时,载荷 P 为真应力 S 与瞬时截面积 A 的乘积,即 $P = SA$。 对 P 全微分,并令其等于零:

$$dP = A dS + S dA = 0 \tag{4.5.1}$$

由此解得

$$\frac{dA}{A} = -\frac{dS}{S} \tag{4.5.2}$$

在塑性变形过程中,dS 恒大于 0,dA 恒小于 0,故式(4.5.2)中等号左边的项为正值,表示应变硬化使承载力增加;等号右边的项为负值,表示截面收缩使承载力下降。根据塑性变形体积不变条件,即 $dV = 0$,且因 $V = AL$(L 为试样长度),故有

$$A dL + L dA = 0 \tag{4.5.3}$$

由此得

$$-\frac{dA}{A} = \frac{dL}{L} = de = \frac{d\varepsilon}{1+\varepsilon} \tag{4.5.4}$$

联立解式(4.5.2)及式(4.5.4)得

$$S = \frac{dS}{de} \tag{4.5.5}$$

或

$$\frac{dS}{de} = \frac{S}{1+\varepsilon} \tag{4.5.6}$$

式(4.5.5)和式(4.5.6)均为颈缩判据。由此可知,当真应力应变曲线上某点斜率(应变硬化速率)等于该点的真应力时,即开始颈缩。用几何作图法可确定颈缩点,如图 4.5.1 所示。

用分析方法也可确定颈缩点。在失稳点处,Hollomon 关系成立:$S_B = K e_B^n$,$dS_B = K n e_B^{n-1}$。因此,$K e_B^n = K n e_B^{n-1}$,由此得

$$e_B = n \tag{4.5.7}$$

这表明,当金属材料的最大真实均匀塑性变形量等于其应变硬化指数时,颈缩便会产生。

4.5.2 抗拉强度

σ_b 和 S_B 都是代表最大均匀塑性变形抗力的指标。前者是外载荷除以原始截面积,称为名义抗拉强度;后者是外载荷除以颈缩开始时的瞬时截面积,称为真实抗拉强度。两者有

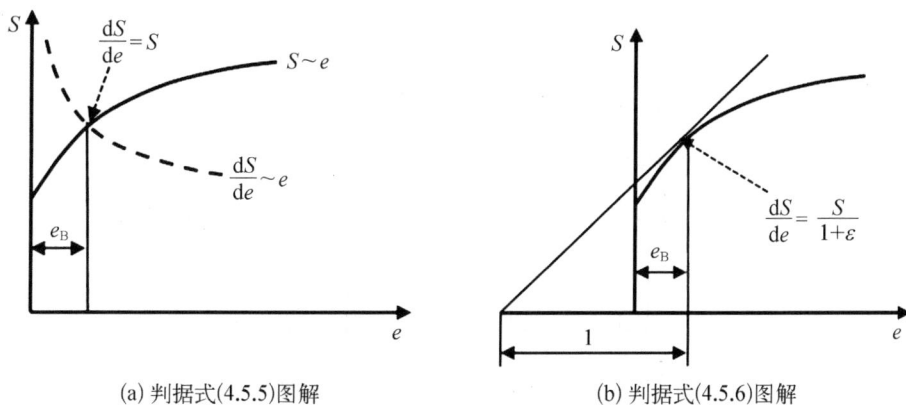

(a) 判据式(4.5.5)图解   (b) 判据式(4.5.6)图解

图 4.5.1 颈缩判据图解

如下关系：

$$S_B = \sigma_b \frac{A_0}{A_b} = \sigma_b \frac{1}{1-\psi_b} \qquad (4.5.8)$$

式中，ψ_b 为颈缩开始时的面缩率。由式(4.5.8)可见，除了在均匀变形量极小(即 ψ_b 趋近于零)的情况下 $S_B = \sigma_b$ 外，在其他情况下，无论有无颈缩现象出现，S_B 恒大于 σ_b。两者的差值随 ψ_b 增大而增大。例如 18-8 不锈钢，$\sigma_b = 750$ MPa，$\psi_b = 44\%$，代入上式后得到 $S_B = 1\,340$ MPa，比 σ_b 增大了一倍。

在工程上，人们更关心材料或构件的实际承载能力，因此 σ_b 在工程上更为实用，故名义抗拉强度就简称为抗拉强度或强度极限。从应力应变曲线上可以看到，σ_b 的高低首先取决于屈服强度 σ_s(或 $\sigma_{0.2}$)，其次取决于均匀伸长率 ε_b(或 ψ_b)和应变硬化指数 n。σ_s 是一个非常活泼的力学性能指标，而 ε_b(或 ψ_b)和 n 虽主要受控于基体相的性质和状态，但第二相等其他组织因素、温度等外因对这些性能也是有影响的，因此 σ_b 也是一个活泼地性能指标，合金化、热处理、冷热加工可以在很大程度上改变它的大小。

4.5.3 形变强化容量

由于颈缩开始后，应变硬化就停止了(宏观表现为应变软化)，所以 δ_b 及 ψ_b 的大小表征了材料利用形变强化的能力，因此又称为形变强化容量。

任何金属与合金，从组织上看，不管它有几个相，总有一个是基体相，其他相都算第二相或第三相。塑性变形主要集中在基体相内进行，其他相的存在对它有影响。从上述形变强化容量的含义可知，δ_b 及 ψ_b 主要取决于基体相的状态，它们反映了基体相已被强化的程度。图 4.5.2 的实验正说明了这一点，图中为不同含碳量的钢淬火后在不同温度回火后的 ψ_b 数值。可以看出，尽管含碳量不同，回火温度不同，从而渗碳体(第二相)的数量、大小和分布都不同，但 ψ_b 的数值不受渗碳体的影响，而只决定于回火温度的高低，即决定于铁素体(基体相)的状态。回火温度越低，基体保留的强化效果越大，则余下的可供继续强化的容量(ψ_b)就越小。这一实验充分说明了 ψ_b 或 δ_b 主要取决于基体状态，反映着基体已被强化的程度。基体越强，ψ_b 就约低。

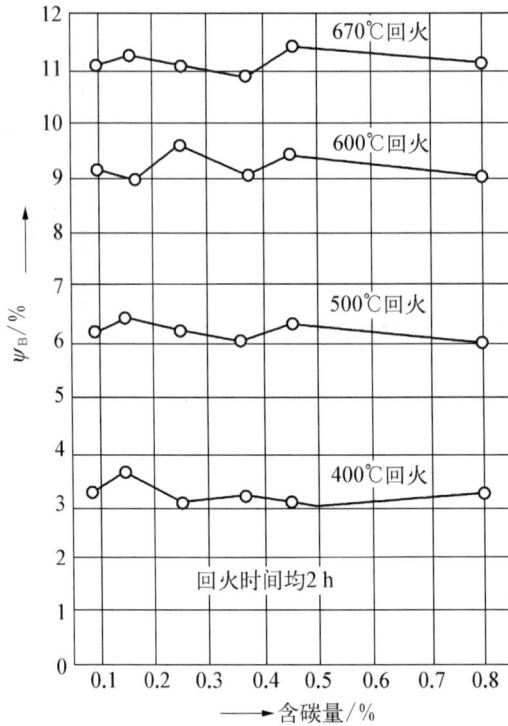

图 4.5.2 不同含碳量的钢淬火＋不同温度回火后的 ψ_b

（周惠久，黄明志.金属材料强度学[M]. 北京：高等教育出版社，1989.）

4.6 温度对塑性变形的影响

4.6.1 塑性变形的热激活分析

位错运动阻力从其作用范围的角度可分为两类。第一类是由持续障碍产生的长程阻力，包括晶格阻力、其他位错弹性应力场阻力、位错可绕过颗粒的阻力等。这些障碍一般呈现交替的相吸和相斥的波动应力 $\tau_i^{(loc)}$，其振幅为 τ_i，称为长程内应力[见图 4.6.1(a)]；第二类是由某些障碍的局部能垒造成的短程阻力，如位错切过颗粒阻力、林位错阻力等。在晶体中一般长程阻力和短程阻力是同时存在的，它们对位错运动产生的阻力需要叠加起来[见图 4.6.1(b)]。

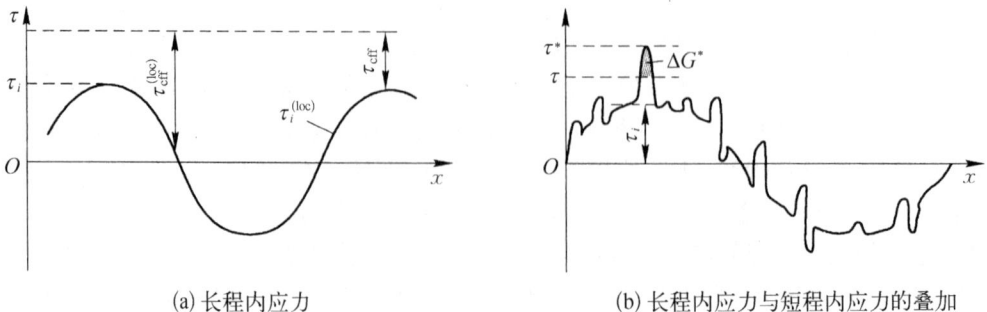

(a) 长程内应力　　　　　　　　　(b) 长程内应力与短程内应力的叠加

图 4.6.1 基底应力示意

若晶体滑移的分切应力为 τ，则它可用于克服短程势垒的有效切应力为 $\tau_{eff}^{(loc)}=\tau-\tau_i^{(loc)}$，由于 $\tau_i^{(loc)}$ 是高低波动的，$\tau_{eff}^{(loc)}$ 也应是波动的。$\tau_i^{(loc)}$ 的波峰和波谷相应对位错运动产生最大和最小阻力，也相应于位错运动的最小和最大速度。因为位错运动的平均速度也只是最小速度的几倍，所以一般假设有效应力为 $\tau_{eff}=\tau-\tau_i$，位错运动速度为 $v=v(\tau_{eff})$。当应变量较小或内应力 τ_i 较小时，也经常把有效应力 τ_{eff} 简单地看成是外应力 τ。

现考虑一位错在外应力 τ 作用下沿 x 轴方向运动，当遇到障碍时便与其产生交互作用，如图 4.6.2 所示。设每一障碍产生的阻力为 K，沿着位错线障碍物间距为 l，则在此位错线段上向前的作用力为 τbl。如果 $\tau bl < K_{max}$，位错就停止在障碍前某处（视外力大小而定），此时若欲使位错完全克服障碍势垒继续运动，须靠热激活提供额外能量 ΔG^*：

$$\Delta G^* = \Delta F - \tau\Omega^* \qquad (4.6.1)$$

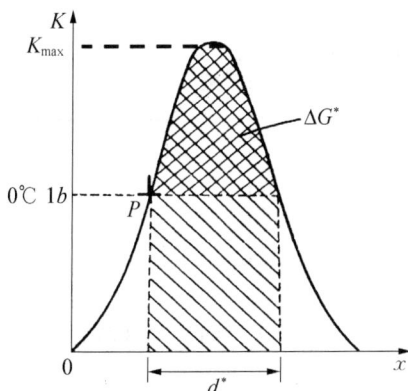

图 4.6.2 障碍对位错阻力的影响

式中，ΔF 为亥姆霍兹（Helmholtz）自由能变化，代表阻力曲线下总面积；Ω^* 为激活体积，则 $\tau\Omega^*$ 为外力提供的功。在温度 T 时，依靠热涨落提供 ΔG^* 的概率为 $e^{-\frac{\Delta G^*}{kT}}$，设位错线振动频率为 ν，位错每秒内由热激活克服障碍的概率为 $\nu e^{-\frac{\Delta G^*}{kT}}$。当位错克服障碍移动距离 d^* 时，位错的速度就可表示为

$$v = d^*\nu e^{-\frac{\Delta G^*}{kT}} \qquad (4.6.2)$$

将式(4.6.2)代入位错运动学方程可得

$$\dot\varepsilon = bd^*\nu\rho_m e^{-\frac{\Delta G^*}{kT}} = A\rho_m e^{-\frac{\Delta G^*}{kT}} \qquad (4.6.3)$$

式中，$A = bd^*\nu$。假定障碍物为规则分布，每一障碍的阻力是恒定的，则有

$$\Delta G^* = \Delta F\left[1 - \frac{\tau(T)}{\tau(0)}\right] \qquad (4.6.4)$$

式中，$\tau(0)$ 为绝对零度时（无热激活贡献）克服障碍所需的应力。将式(4.6.4)代入式(4.6.3)可得

$$\frac{\tau(T)}{\tau(0)} = \frac{kT}{\Delta F}\ln\left(\frac{\dot\varepsilon}{\rho_m A}\right) + 1 \qquad (4.6.5)$$

当温度高于某一数值，比如 T_C 时，$\tau(T_C) = \tau(0)$，即单凭热激活就能克服障碍，则可由式(4.6.5)求出 T_C：

$$T_C = \frac{-\Delta F}{k\ln(\dot\varepsilon/\rho_m A)} \qquad (4.6.6)$$

再代入式(4.6.5)便可得

$$\frac{\tau(T)}{\tau(0)} = \left(1 - \frac{T}{T_C}\right) \tag{4.6.7}$$

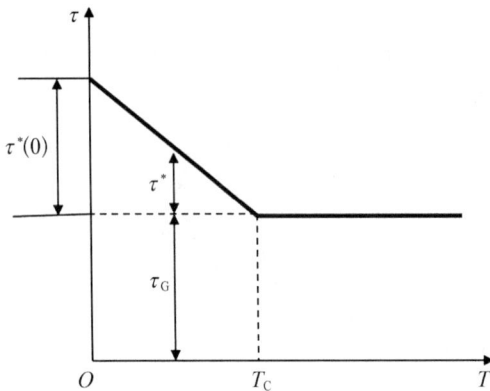

图 4.6.3　流变应力和温度的关系

此方程最早是因研究温度对流变应力的影响而得到的,后来的研究表明它对临界分切应力也适用。将此方程略做变换可将流变应力分为与温度有关和无关的两部分(见图 4.6.3):

$$\tau = \tau_G + \tau^* \tag{4.6.8}$$

其中,τ_G 为与温度无关的分量;τ^* 为与温度有关的分量,当温度从 0 K 上升到 T_C 时,τ^* 从 $\tau^*(0)$ 减小到 0。

τ^* 和 τ_G 这两项的作用与位错障碍性质有关。如果位错与障碍是长程交互作用,流变应力主要取决于 τ_G;如果是短程障碍,则主要是 τ^* 控制。例如,平行位错间的弹性交互作用,主滑移位错与林位错之间的交互作用,内应力场作用的范围较大,位错仅靠热激活克服这一障碍不大可能,于是 τ_G 起主要作用。相反,螺型位错交截产生的割阶做攀移运动时,就取决于热激活过程,属于短程障碍,受 τ^* 控制。

4.6.2　温度对宏观塑性变形的影响

在讨论宏观力学性能时,一般习惯以室温为起点,温度降低至室温以下的称为低温性能,而温度向高温方向变化的称为高温性能。

4.6.2.1　低温的影响

图 4.6.4 分别给出了 3 种典型结构金属在低温下不同温度的拉伸曲线。

图 4.6.4(a)为区域熔炼提纯的纯铁(bcc 结构)在不同温度下的应力-应变曲线,随着温度下降,屈服强度显著上升(特别是在 200 K 以下会大幅升高)、伸长率下降、应变硬化速率基本不变。在流变应力中,对温度敏感的主要是晶格点阵阻力(P-N 力)项,而 bcc 晶体因其特殊的位错核心结构使得 P-N 力在流变应力中占很大份额,因此 bcc 结构金属的屈服强度对温度很敏感。至于 bcc 结构金属应变硬化率比 fcc 结构金属低且对温度不甚敏感,则可能是由于它比较容易进行交滑移、位错交截作用比较弱等原因所致。bcc 结构金属应变硬化率随温度变化不大,因此随温度下降其抗拉强度与屈服强度的差别可以保持基本不变。而其延性则越来越低,这与低温时滑移变形越来越少、孪生变形越来越占重要地位有关,反映在应力-应变曲线上则表现出锯齿形波动。可以认为,在 77 K 温度以下,纯铁的塑性变形主要是孪生方式,塑性较差。

图 4.6.4(b)为纯铜(fcc 结构)在不同温度下的应力-应变曲线。随温度降低,纯铜的屈服强度基本不变,均匀延伸率上升,应变硬化率显著上升,从而抗拉强度也显著上升。低温时较大的均匀延伸率和较高的抗拉强度都是与 fcc 结构交滑移比较困难有关。由于交滑移难以发生,所以在较大的变形量时仍能保持高的硬化率,足以抵偿试样因截面收缩造成的承载能力下降,推迟了颈缩的产生,因而增大了均匀延伸率。抗拉强度随温度降低而升高可认

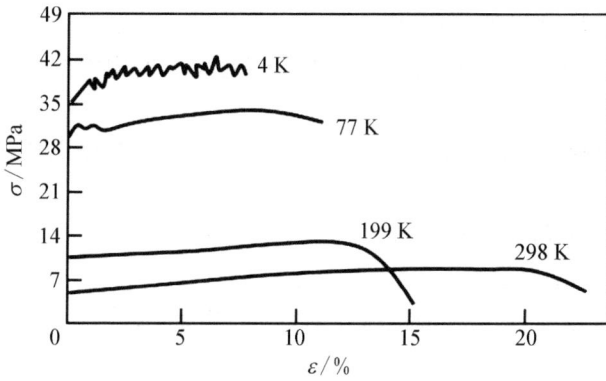

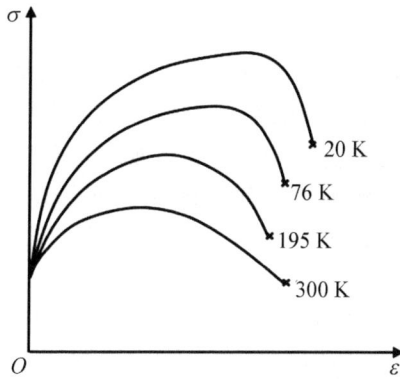
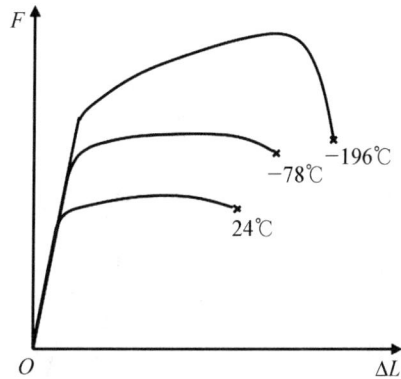

图 4.6.4   3 种典型结构金属在不同温度的拉伸曲线

(周惠久,黄明志. 金属材料强度学[M]. 北京:高等教育出版社,1989.)

为是应变硬化率增高和均匀伸长阶段加长的综合结果。而屈服强度不变,是因为 P-N 力在 fcc 结构金属中的流变应力组成中所占份额很小,因此 fcc 结构金属的屈服强度表现出对温度不敏感。这样,随温度降低,屈服强度基本不变而抗拉强度却显著上升,使得 fcc 结构金属在低温时有较低的屈强比 σ_s/σ_b,这意味着它在失效前可以承受较大的塑性变形,其断裂类型可以始终保持为韧性断裂。因此 fcc 结构金属在低温下使用是比较安全的。

图 4.6.4(c)为纯钛(hcp 结构)在不同温度下的载荷-伸长曲线,随温度下降表现出"三高",即屈服强度、均匀延伸率及应变硬化率均升高,这是 hcp 结构金属的典型现象,它既不同于 bcc 结构金属,也不同于 fcc 结构金属。

4.6.2.2 高温的影响

图 4.6.5 为低碳钢在低温、室温和高温 3 种温度下的应力-应变曲线,可见随温度升高,强度(包括屈服强度、流变应力、抗拉强度)降低、伸长率升高、应变硬化率降低。金属变形抗力随温度升高而降低的原因总体上可以概括为以下几点

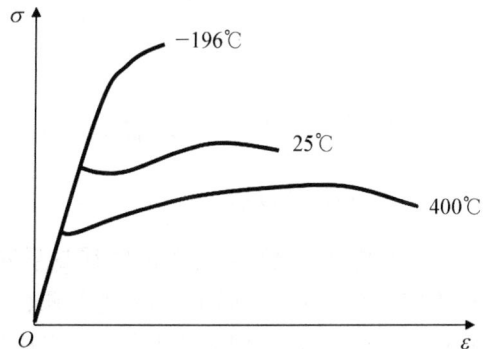

图 4.6.5   低碳钢在 3 种温度下的
应力-应变曲线

（1）晶格平衡间距加大，点阵阻力降低。

（2）一些位错运动的障碍将减弱，以致完全丧失其对位错的阻滞能力。例如科氏气团消散。

（3）位错克服障碍的能力加强，而且形式也有变化。例如位错可以通过交滑移或攀移越过障碍。

（4）回复或再结晶减弱或消除应变硬化效果。

（5）组织变化，例如强化相溶于基体，晶粒长大。

综合低温和高温，在指定应变 ε 和恒定应变率 $\dot{\varepsilon}$ 的条件下，流变应力 σ 与温度的关系一般可表达为

$$\sigma = C\exp\left(\frac{Q}{RT}\right)_{\varepsilon,\,\dot{\varepsilon}} \tag{4.6.9}$$

式中，C 为一常数；Q 为塑性流变激活能；R 为气体常数；T 为绝对温度。式（4.6.9）表明，材料的流变应力（包括屈服强度）随温度的升高而呈指数形式下降。图 4.6.6 给出了一些材料屈服强度随温度的变化趋势，可大致归为 3 类。

（1）屈服强度在 $T < 0.15T_m$ 范围内很高，但随着温度升高而迅速降低，温度效应明显。bcc 过渡族金属铁、钨、钼、铌、钽等属于此类，为本质"硬"金属。

（2）在所有温度下，屈服强度都不高，表明滑移容易，塑性良好，温度效应不明显。fcc 结构金属铜、铝等，以及沿基面滑移的 hcp 结构金属镁等属于此类，为本质"软"金属。

（3）在 $T < 0.5T_m$ 范围内屈服强度急剧上升，呈现硬而脆的特征。共价键晶体硅和锗、离子晶体 Al_2O_3、金属间化合物 NiAl 等属于此类，为本质极脆材料。

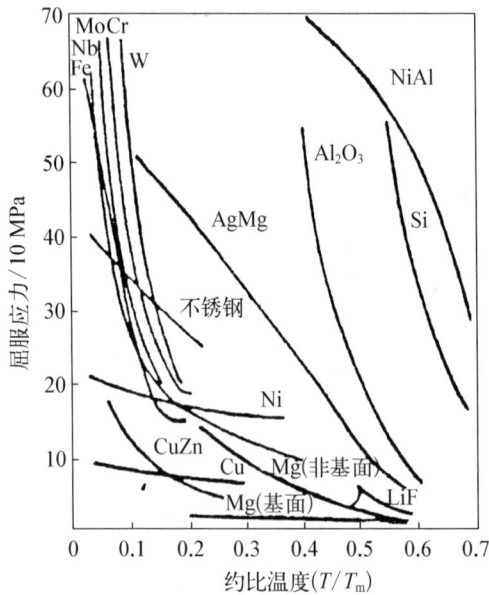

图 4.6.6　不同材料屈服强度随温度的变化趋势
（师昌绪，李恒德，周廉. 材料科学与工程手册[M]. 北京：化学工业出版社，2004：5 - 40.）

4.7　应变率对塑性变形的影响

4.7.1　应变率效应

材料应变率效应最显著的特征就是屈服强度及流动应力随着应变率增大而增大，这也称为应变率硬化。实际上，不同的金属材料对应变率的敏感程度不同，其应变率硬化的宏观特征也有所区别，如图 4.7.1 所示。在中低应变率区间内，不同材料屈服强度与流动应力对应变率的敏感程度大致可分为 3 类。第一类为屈服强度很低的退火态高纯 fcc 结构金属（如 Cu、Ni、Al、Ag 等），其屈服强度几乎表现为与应变率无关，然而后续与应变硬化相关的流动

应力则表现出较强的应变率敏感性[见图 4.7.1(a)];第二类为初始屈服强度较高的一些 bcc 结构金属及合金(如 Fe、Ta、W、Mo、Nb 等)与 hcp 结构金属及合金(如 Zr、Be、Zn、Ti 等),这些材料的高晶格阻力表现出极强的应变率依赖性,相比于极高的初始屈服强度,后续的应变硬化量较小,因此宏观上表现出类似于应变率无关的应变硬化,即应力-应变曲线的硬化斜率接近不变[见图 4.7.1(b)]。这里需要注意的是,实际上第一类材料的初始屈服强度与第二类材料的后续应变硬化都有一定的应变率敏感性,只不过相比于另一个作用(应变硬化或初始晶格阻力)的大小与作用处于相对次要的地位。第三类敏感性特征介于第一类与第二类之间,其初始屈服强度与应变硬化均表现出一定的应变率敏感性,这种材料主要包括 fcc 结构合金以及晶格阻力较低或处于高温环境下的 bcc 与 hcp 结构金属[见图 4.7.1(c)]。

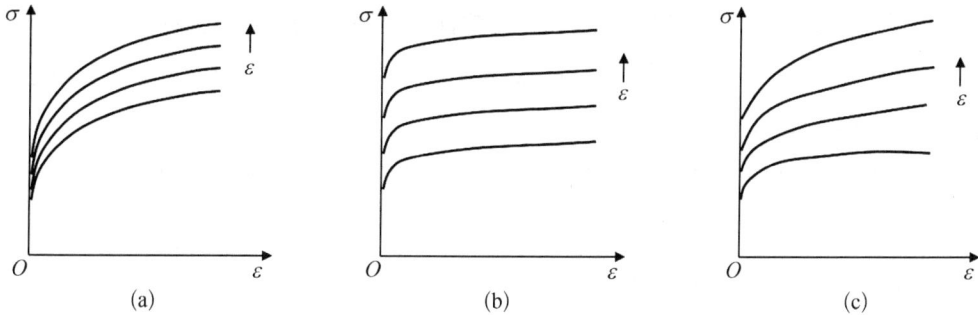

图 4.7.1 金属的 3 种应变率敏感性

图 4.7.2 为低碳钢在不同温度条件下剪切屈服应力随应变率变化的关系曲线,可以看出,在不同的应变率范围内,屈服应力的应变率敏感性不同。一般可分为低敏感区(Ⅰ区)、中敏感区(Ⅱ区)及高敏感区(Ⅳ区)。

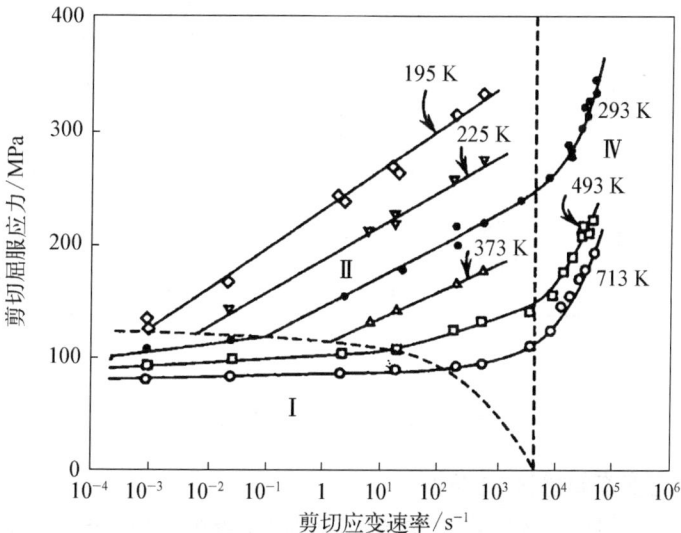

图 4.7.2 低碳钢在不同温度条件下剪切屈服应力随应变率的变化

(CAMPBELL J D, FERGUSON W G. The temperature and strain-rate dependence of the shear strength of mild steel[J]. Phil. Mag. , 1970, 21: 63.)

在 $\dot{\varepsilon} < 10^{-1}\ \mathrm{s}^{-1}$ 范围内,流变应力随 $\dot{\varepsilon}$ 增加而略有增加或无明显增加,为低敏感区。

在 $10^{-1}\ \mathrm{s}^{-1} < \dot{\varepsilon} < 10^{3}\ \mathrm{s}^{-1}$ 范围内,为中敏感区,流变应力与应变率之间服从对数关系:

$$\sigma = \sigma_0 + \lambda \ln \dot{\varepsilon} \tag{4.7.1}$$

式中,σ_0 为 $\dot{\varepsilon} = 1\ \mathrm{s}^{-1}$ 时的流变应力,系数 $\lambda = \dfrac{\mathrm{d}\sigma}{\mathrm{d}\ln\dot{\varepsilon}}$,近似为常数,称为绝对应变率敏感系数。不同晶格类型金属的应变率敏感程度不同,bcc 结构金属的应变率效应非常显著。λ 值一般在 10 MPa 以上,钼的 λ 值甚至达到 72 MPa;fcc 结构金属如铜、铝等对应变率不敏感,λ 值为 1～10 MPa;相比较而言,hcp 结构金属及合金应变率敏感性最低。

当 $\dot{\varepsilon} > 10^{3}\ \mathrm{s}^{-1}$ 时,为高敏感区,在各种温度条件下流变应力对应变率的敏感性都急剧增加,应力不再与对数应变率呈线性关系,而是与塑性应变率 $\dot{\varepsilon}_\mathrm{P}$ 呈线性关系:

$$\sigma = \sigma_0 + \eta\dot{\varepsilon}_\mathrm{P} \tag{4.7.2}$$

式中,σ_0、η 为材料常数。

此外,从图 4.7.2 中还可以看出,温度对应变率效应有明显影响。在低温条件下,应变率效应更加明显。

4.7.2 应变率效应的微观理论

考虑温度和应变率的共同影响,一般来说,金属材料应变率敏感性可划分为 4 个区域,在不同区域内,应变率敏感性的微观机制不同,如图 4.7.3 所示。

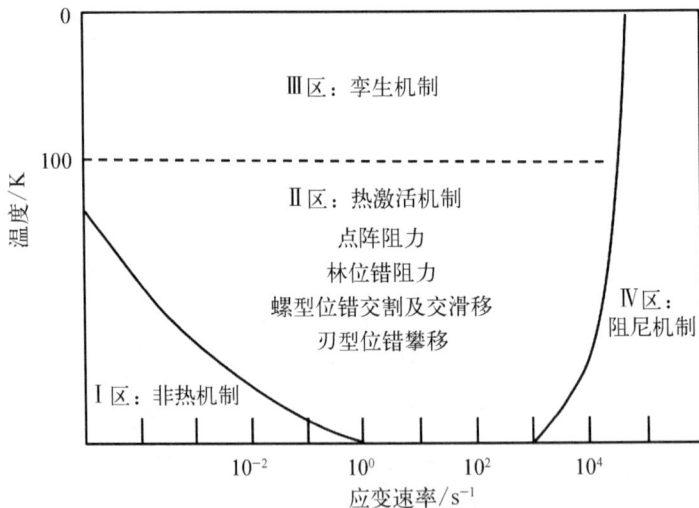

图 4.7.3 塑性流动变形机制

4.7.2.1 低应变率敏感区(Ⅰ区)

Ⅰ区内流变应力较低,对温度和应变率敏感性也比较小。在这一范围内,位错运动的阻力主要产生于位错、沉淀颗粒和晶界的长程应力场。这种阻力不是依靠热激活机制来克服的,因而称作非热机制。在此范围内,位错运动速度 v 是应力的指数函数:

$$v = K\sigma^m \tag{4.7.3}$$

式中,K 是温度 T 的函数;m 值为 15～25。此式说明应力的微小变化将造成位错运动速度很大的改变。

根据位错动力学理论,宏观塑性应变率 $\dot{\varepsilon}_P$、可动位错密度 ρ_m 及位错运动平均速度 $\bar{v}$ 之间有下列关系

$$\dot{\varepsilon}_P = \varphi b \rho_m \bar{v} \tag{4.7.4}$$

式中,φ 为位向因子;b 为伯格斯矢量模。将式(4.7.4)代入式(4.7.3),得

$$\dot{\varepsilon}_P = K(T) \varphi b \rho_m \sigma^m \tag{4.7.5}$$

4.7.2.2 中应变率敏感区(Ⅱ区)

Ⅱ区内流变应力对温度和应变率敏感。一般认为,对于 hcp、fcc 和 bcc 结构金属,塑性变形速率主要为位错运动热激活过程所控制,包括点阵阻力、林位错、螺型位错交割和交滑移、刃型位错攀移等。位错必须依靠热激活过程克服这些障碍,而热激活是施加应力和温度的函数,这决定了这一机制出现的区域。

由于位错热激活过程类似于化学反应中的阿伦尼乌斯方程,位错运动速度 $\bar{v}$ 可表示为

$$\bar{v} = v_0 \exp\left[-\frac{\Delta U}{kT}\right] \tag{4.7.6}$$

式中,v_0 为无热激活时的位错速度;ΔU 为位错热激活能,它可表示为应力的线性函数:

$$\Delta U = \Delta U_0 - \Omega(\sigma - \sigma_a) \tag{4.7.7}$$

式中,Ω 为激活体积;σ 为外加总应力;σ_a 为应力的非热分量。将式(4.7.6)及式(4.7.7)代入式(4.7.4)可得

$$\dot{\varepsilon}_p = \dot{\varepsilon}_0 \exp\left\{-\left[\Delta U_0 - \frac{\Omega(\sigma - \sigma_a)}{kT}\right]\right\} \tag{4.7.8}$$

式中,$\dot{\varepsilon}_0 = \phi b \rho_m v_0$ 称为频率因子。由式(4.7.8)可反演出本构关系的应力显示表达式:

$$\sigma = \sigma_a + \frac{\Delta U_0}{\Omega} + \frac{kT}{\Omega} \ln\left(\frac{\dot{\varepsilon}_p}{\dot{\varepsilon}_0}\right) \tag{4.7.9}$$

在 $\sigma \sim \ln \dot{\varepsilon}_p$ 图上为一条直线,其斜率 λ 为

$$\lambda = \left(\frac{\partial \sigma}{\partial \ln \dot{\varepsilon}_p}\right) = \frac{kT}{\Omega} \tag{4.7.10}$$

4.7.2.3 应变率不敏感区(Ⅲ区)

Ⅲ区是低温区,流变应力对温度、应变率的变化不敏感。在此区域内,位错滑移所依赖的热激活能非常小,滑移不能顺利进行,塑性变形主要依靠孪生突发方式进行。不论何种晶体结构,孪生变形所造成的形变量很小。由于孪生将造成很大应力集中,倘若不能为滑移所松弛,便导致脆性断裂。

4.7.2.4 高应变率敏感区(Ⅳ区)

Ⅳ区对应于高应变率范围,$\dot{\varepsilon} > 10^3 \text{ s}^{-1}$。在这一区域,除短程障碍外,位错运动还受到一种黏滞性阻力,决定了应变率高度敏感特征。这种黏滞性阻力与晶格原子振动有关,高速

运动的位错与晶格原子振动的相互作用加强,产生一种黏滞性阻力,导致了高应变率下的黏塑性性质。依据Ⅳ区位错动力学条件,可以导出高应变率下宏微观结合的本构方程。

在高应变率条件下,位错运动速度和施加的分切应力成正比,位错阻尼效应可表示为

$$F = Bv \qquad (4.7.11)$$

式中,F 是作用在单位长度位错上的力;v 是位错运动速度;B 是阻尼系数。对于黏滞塑性变形,应力和应变率的关系可表示为

$$\sigma - \sigma_B = \beta \dot{\varepsilon}_P \qquad (4.7.12)$$

式中,σ_B 为克服林位错等障碍所需的应力,称为反向应力;β 是比例常数,对应于该区域应力-应变率曲线的斜率。根据定义,作用于位错上的力 F 为

$$F = (\sigma - \sigma_B)b \qquad (4.7.13)$$

将式(4.7.4)、式(4.7.11)和式(4.7.12)代入式(4.7.13),可得

$$\frac{B}{\rho_m} = \phi b^2 \beta \qquad (4.7.14)$$

β 可由应力-应变率曲线斜率测得,ρ_m 可通过实测或某些经验公式得到,则可以利用式(4.7.14)计算出阻尼系数 B。对某一特定金属材料,ϕ、b 为常数,故式(4.7.14)表示了宏观可测量 β 与微观量 B、ρ_m 之间关系。另外,β 值越大,单位应变率增加所需应力增量也越大,因而 β 值也是材料应变率敏感性的量度。式(4.7.14)表明,在高应变率范围,应变率敏感性与阻尼系数 B 呈正比关系,与可动位错密度 ρ_m 呈反比关系。依据高速运动位错应力场分析,材料在高应变率范围的宏微观相结合的本构关系表示为

$$\sigma - \sigma_B = \left\{ A_1 \left[\left(1 - \frac{\dot{\varepsilon}_p}{\alpha^2}\right)^{\frac{1}{2}} + \left(1 - \frac{\dot{\varepsilon}_p}{\alpha^2}\right)^{-\frac{3}{2}} \right] + A_2 \left(1 - \frac{\dot{\varepsilon}_p}{\alpha^2}\right)^{-1} \right\} \frac{3\dot{\varepsilon}_p}{\rho_m b} \qquad (4.7.15)$$

式中,A_1、A_2 为材料常数;α 为应变率极限值:

$$\alpha = \frac{\rho_m bc}{\sqrt{3}} \qquad (4.7.16)$$

式中,$c = \sqrt{\dfrac{\mu}{\rho}}$,为剪切波波速。当应变率远小于 α 时,式(4.7.15)简化为式(4.7.2),表示应力和塑性应变率呈线性关系。但是当 $\dot{\varepsilon}_p$ 接近于 α 时,位错运动速度接近于声速,应力与 $\dot{\varepsilon}_p$ 关系是非线性的,阻尼增大。

4.7.3 经验本构方程

基于试验数据的拟合,人们已经提出了大量的经验方程来描述材料的塑性变形行为。如图 4.7.4 所示为温度和应变率对铁屈服应力的影响。温度的影响可表示为

$$\sigma_s = \sigma_{ref} \left[1 - \left(\frac{T - T_{ref}}{T_m} \right)^m \right] \qquad (4.7.17)$$

式中，T_m 为熔点；T_{ref} 为参考温度；σ_{ref} 为参考应力，即 T_{ref} 所对应的屈服应力；m 为温度指数，由实验数据拟合而定。这是一种简单的曲线拟合方程，该方程所描述曲线的"凹度"随 m 值的增大而增大。图 4.7.4(b)显示的应变率对屈服应力的影响可以表示为 $\sigma_s \propto \ln\dot{\varepsilon}$，这正是前已述及的中应变率敏感区的应变率效应。

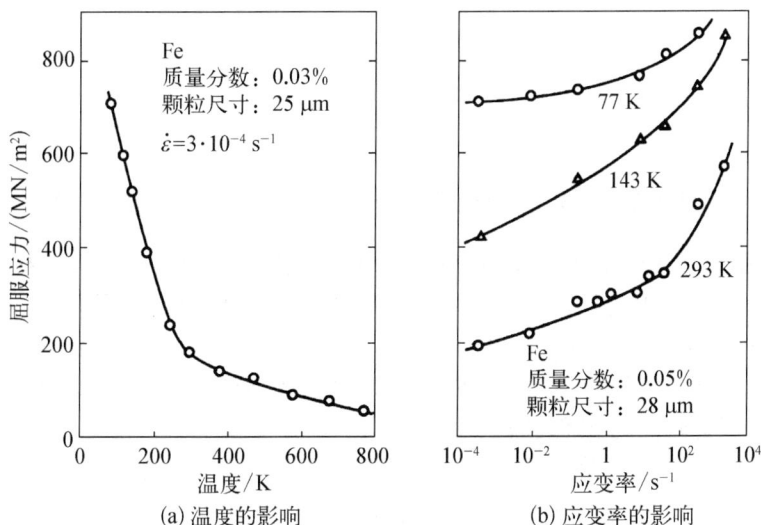

图 4.7.4 温度和应变率对铁的屈服应力的影响

(MEYERS M A. 材料的动力学行为[M]. 张庆明，刘彦，黄风雷，等译. 北京：国防工业出版社，2006.)

综合温度和应变率的影响，约翰逊(Johnson)和库克(Cook)[①]提出了有 5 个拟合参数的经验方程：

$$\sigma_s = (\sigma_0 + B\varepsilon^n)(1 + C\ln\dot{\varepsilon})[1 - (T^*)^m] \tag{4.7.18}$$

$$T^* = \left(\frac{T - T_{ref}}{T_m - T_{ref}}\right) \tag{4.7.19}$$

迄今已有大量经验拟合方程发表，但是约翰逊-库克方程仍是应用最广泛的，也适用于陶瓷材料，并且大多数材料的经验参数也已由实验获得。

拓展：4.8 晶体塑性理论简介

本节内容为拓展知识，可扫描旁边二维码查看。

晶体塑性理论简介

---

① JOHNSON G R, COOK W H. Fracture charateristics of three metals subjected to various strain, strain rates, temperatures and pressure[J]. Eng. Fract. Mech. , 1985, 21: 31.

5

强 化 原 理

5.1 概述

由固体理论断裂强度的近似分析得到 $\sigma_{th} = \left(\dfrac{E\gamma_s}{a_0}\right)^{\frac{1}{2}}$（见 6.1.1 节），其中，$E$ 为杨氏模量，γ_s 为表面能，a_0 为原子间距。该式表明固体的理论断裂强度取决于 3 个材料参数 E、γ_s 和 a_0，具有最大破坏强度的材料，要求弹性模量要高、表面能要大、原子间距要小。共价键晶体和金属晶体可有最高的 σ_{th} 值，而离子型固体中，主要因其电中性的平面可成为低 γ_s 的解理面，因而相比之下有较低的 σ_{th} 值。在金属中，过渡族金属相比贵金属和铝，有较高的 σ_{th} 值，因过渡族金属有较高的 E 值和较小的 a_0 值。

理论断裂强度 σ_{th} 通常大于理论剪切屈服强度 τ_{th}（$\approx \mu/2\pi$，参见 3.1 节），因为原子沿滑移面滑移时，通过该平面的相邻原子间的化学键周期性地更新，除了在晶面端部留有阶梯形的台阶外，没有增加新的表面，这一过程与解理相比变动要小。对大量固体的 σ_{th} 和 τ_{th} 的计算表明，金属类材料有较低的 τ_{th}/σ_{th} 比值。对于金刚石和岩盐，此比值接近于 1。对于铜和贵金属，则为 1/31。bcc 结构的过渡族金属的 τ_{th}/σ_{th} 值要比 fcc 结构金属大得多，但比典型的共价键或离子键固体小。一般来说，若 $\tau_{th}/\sigma_{th} < 1/10$，材料是韧性的，断裂前已出现显著的塑性流变；当 $\tau_{th}/\sigma_{th} \approx 1$ 时，材料是脆性的；如果 $\tau_{th}/\sigma_{th} \approx 1/5$，尚需参照其他因素再做判断。对于金属，$\tau_{th}/\sigma_{th} < 1/10$，因此可以预期金属的完整晶体是由剪力破坏的，并且由 τ_{th} 控制其所能达到的最大强度。

理想高强固体的 σ_{th} 和 τ_{th} 都应有大的数值。为了保证有大的 τ_{th}，剪切模量 μ 和 τ_{th}/μ 比值都必须尽可能得大。在化学键具有方向性的一些共价键固体和极性极高的离子键固体中有此情况。在共价键固体中，为了保证弹性模量大，要有键长短的小原子，在单位体积内可以有高的键密度。为了保证共价键的三维网状结构，需要 3 个或 4 个共价键，使之形成分子晶体而不是一个一个的分子。离子晶体的弹性模量随化合价的增加而增加，与离子间距离的 4 次方成反比。高电价的小离子有大的极化力，因此，高弹性模量的离子键固体必定有高的极化键。可以简单地说，高强度材料应是方向性强且密度最高的材料，必须要形成键的三维网状结构。因此，所有原子的化合价至少为二价，且其键长应尽量短。符合这种要求的元素有锂、硼、碳、氮、氧、铝和硅。最强的材料场含有这些元素中的一种，而且通常也只含这些元素。

从最强固体的化学结构的定义出发，可以引出以下重要的结论：要求原子小，这就确定要有轻的元素，同时定向键就意味着非密排的晶体结构，因此，强度最高的材料有低的密度。更进一步，弹性模量大就意味着固体的结合能大，也意味着熔点高和热膨胀系数小。因此，最强的固体将具有弹性模量高、密度低、熔点高和热膨胀系数小的特性。

上述分析表明，高强度材料需要具有高的理论屈服强度 τ_{th} 和理论断裂强度 σ_{th}，但是这两个值都是针对无缺陷的完整固体近似计算得到的,反映的是材料的本征强度。而实际材料中总是存在各种缺陷,其中晶体缺陷将严重降低屈服强度(相比于 τ_{th}),缺口、裂纹等组织缺陷将严重降低断裂强度。因此,从实用的角度来说,必须讨论缺陷对强度的影响。对高 τ_{th}/σ_{th} 值的共价键固体和离子键固体,以及因一些因素(例如应变约束)而在断裂前基本不发生塑性变形的脆性材料,裂纹类缺陷对强度影响极大,我们将留待第 6、第 7 和第 8 章来讨论相关问题。对低 τ_{th}/σ_{th} 值的金属材料,断裂前首先发生屈服,隧之产生显著的塑性流变,特别地,工程构件在服役过程中一般不允许有明显的塑性变形,因此屈服强度成为结构设计的关键强度指标。在这种大背景下,提高材料的塑性变形抗力(包括屈服强度和流变应力)是材料科学家和工程师所追求的最重要目标之一。

晶体塑性变形的主要机制是位错滑移,所以位错运动的难易决定了材料塑性变形抗力的高低。一切阻碍位错运动的因素,例如点缺陷(空位、溶质原子)、线缺陷(林位错、固定位错)、面缺陷(晶界、相界)的存在都将改变材料的强度。在一定意义上可以说,材料的强度实质上是缺陷数量和相互作用的度量。研究材料的强化原理,就是要研究材料缺陷在特定环境下的运动规律;发展新材料、改善材料强度,就是要开发可以限制缺陷运动的材料。总之,晶体缺陷理论是材料强度微观理论的核心。

本章重点讨论晶体的 4 种经典强化机制:位错强化、晶界强化、点缺陷强化及颗粒强化,它们是以阻碍可动位错的微结构单元(缺陷)而命名的,在实际工程中分别对应加工硬化、细晶强化、固溶强化及第二相颗粒强化。最后简要介绍在复合材料中起重要作用的纤维强化。

5.2　位错强化

位错之间有弹性交互作用,固定位错对可动位错的运动起到障碍作用,这即是位错强化。对金属进行冷加工,随着塑性应变的增加,位错因增殖而密度升高,位错强化效果也升高,故又称为加工硬化(或形变强化),其实质就是位错强化。

5.2.1　晶体强度与位错密度的关系

由 3.1 节可知,完整晶体的强度远高于实际晶体强度,这是因为实际晶体中总是存在位错等晶体缺陷。可以预期,随着位错的增殖,晶体完整性下降,强度也应该持续下降。但是由 4.4 节讨论又可知,金属在塑性变形过程中随着位错的增殖而使流变应力增高,即产生应变硬化。这反映出位错增殖对变形强度的影响在不同的位错密度范围内有不同的规律。图 5.2.1 为纯铁屈服强度随位错密度(ρ)变化的趋势,可见存在一个临界位错密度 ρ_c,当 $\rho < \rho_c$ 时,随 ρ 增大,强度降低,可称为位错增殖软化区;当 $\rho > \rho_c$ 后,随 ρ 增大,强度升高,可称为位错增殖硬化区。这两个区的不同规律反映了位错强化的不同机制。在位错增殖软化区,位错密度极小,塑性变形时几乎不存在位错之间的交互作用,按照位错动力学方程[见式(4.3.3)],在恒定应变率下,位错密度愈低,流变应力(屈服强度)就愈高;在位错增殖硬化区,随位错密度增加,位错之间的交互作用愈来愈强烈,使得强度迅速增高。

由以上分析可见,欲强化晶体材料,可有两种思路。第一,尽量减少晶体缺陷,使之趋近于理想晶体,例如精心制备的晶须可以视为位错极少的较完整晶体,强度极高,它也可用来

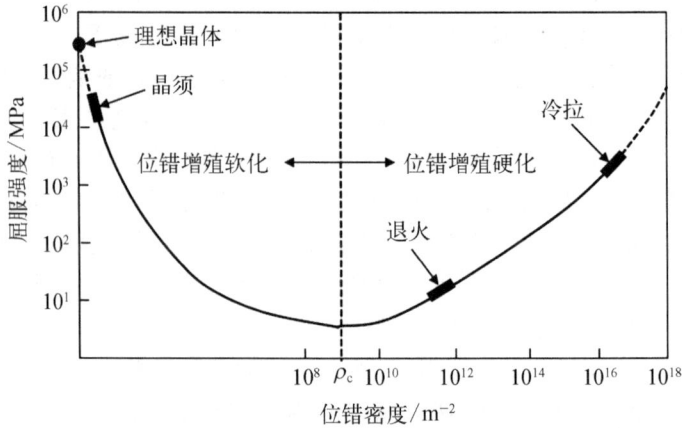

图 5.2.1　纯铁屈服强度与位错密度的关系

增强基体材料。但是这种方法虽然强化效果好，且不损失塑性，但工艺实现极其困难，工程上几乎不可实现。第二，通过冷变形增加位错密度，使位错间交互作用加强，位错运动阻力升高。例如纯铁在退火态下位错密度较低，其量级约为 $10^{11} \sim 10^{12}$ 个/mm²，强度也很低，约 60 MPa。经冷拉的铁丝的位错密度相比之退火态，位错密度大大升高，其量级达到 $10^{15} \sim 10^{16}$ 个/mm²，强度也大大提高，达到 3 000 MPa。从 60 MPa 提升至近 3 000 MPa，可见位错强化的潜力之大。因此，具有良好塑性的金属及合金材料一般都采用第二种方法来强化。特别地，这种强化方法对不能热处理强化的金属材料尤其重要。由于在生产上增加金属材料的位错密度大多是由冷加工(冷变形)实现的，故常称为加工硬化，也有称为冷作硬化或冷变形强化的。应特别指出，加工硬化有一个特点，即屈服强度比抗拉强度提高迅速得多，使屈强比 σ_s/σ_b 明显增高，因此加工硬化后的材料的残余塑性较小，脆性较大。

5.2.2　单晶体的加工硬化

在纯金属单晶体中，不存在晶界、溶质原子、第二相颗粒等阻碍位错运动的结构因素，塑性变形过程中流变应力的提高完全源于位错本身之间交互作用的贡献，因此，研究单晶体的加工硬化更能突出位错之间交互作用而强化的本质。

单晶体加工硬化规律受晶体结构影响很大。迄今为止，对 3 种典型结构单晶体的加工硬化规律均已进行了大量实验研究，限于篇幅不能一一引用，仅以图 5.2.2 所示的加工硬化曲线示意地给出这 3 种结构的晶体在加工硬化方面的差别。

(1) 从临界分切应力 τ_{CRSS} 来比较，密排结构的 fcc 和 hcp 晶体的 τ_{CRSS} 远低于 bcc 晶体的 τ_{CRSS}。这是因为 bcc 晶体具有较高的点阵阻力 τ_{P-N}。

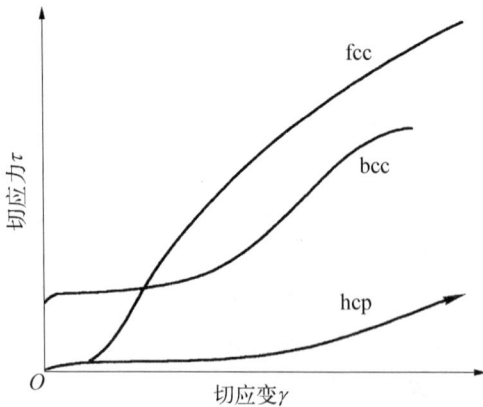

图 5.2.2　3 种典型结构金属单晶体的加工硬化曲线

（2）从加工硬化速率 $\theta(=d\tau/d\gamma)$ 来比较，fcc 晶体具有最高的 θ 值，bcc 晶体次之，hcp 晶体最低。这显然与它们的滑移系数目差别有关。

在合适的取向下，fcc 和 bcc 结构的单晶体的加工硬化存在 3 个不同的阶段，如图 5.2.3 所示。

第 I 阶段为易滑移阶段，特征是加工硬化速率很低，$\theta_{\mathrm{I}} \approx 10^{-4}\mu$。晶体表面上滑移线细而长且均匀分布，看不到交叉滑移线的痕迹，说明位错主要在主滑移系统上运动。

第 II 阶段为线性硬化阶段，特征是加工硬化速率很高，$\theta_{\mathrm{II}} \approx 10^{-2}\mu$，切应力与切应变之间基本保持线性关系。对单晶体表面的观察表明，此阶段滑移线的长度 L 随应变量 γ 的增加有如下规律：

$$L = \frac{\Lambda}{\gamma - \gamma_{\mathrm{I}}} \tag{5.2.1}$$

式中，Λ 是一个常数，对于铜，$\Lambda = 4 \times 10^{-4}$ cm；γ_{I} 相当于第 I 阶段终止时的应变量。这说明随着应变量的增加，滑移线逐渐变短，因为每根滑移线上位错数大致不变，所以变形量的增加又出现许多新的滑移线。透射电镜分析表明，此阶段位错已呈缠结、胞状等组态，交互作用强烈，说明次滑移系也参与运动，并且次滑移系上的位错运动对变形量的贡献约占总变形量的 $30\% \sim 50\%$，表明第 II 阶段主滑移系上的位错和次滑移系上的位错密度在同一数量级上。

第 III 阶段的特征是，随应变量的增加，加工硬化速率 θ_{III} 逐渐降低，曲线呈抛物线形，故又将该阶段称为抛物线硬化。该阶段内部组织变化的特征是出现了滑移带，随应变量的增加，滑移都集中于滑移带内，在滑移带之间不再出现新的滑移痕迹，而在滑移带内出现了交叉滑移线，显示出现了交滑移。

单晶体加工硬化曲线受拉伸轴取向影响很大。图 5.2.4 为纯铜单晶体的晶体取向与加工硬化的关系，硬化曲线上的短划线标示出第 II 阶段的开始和终止[见图 5.2.4(b)]。晶体"软位向"拉伸时主要为单滑移；其他部分为"硬位向"，主要为多滑移，尤其靠近[011]-[001]连线处往往有三到四个滑移系统同时激活。取向在[$\bar{1}$11]点和[001]点附近的 θ_{I} 较大，而在[011]点附近的 θ_{I} 较小[见图 5.2.4(c)]；θ_{II} 的影响不如 θ_{I} 明显，取向在[011]点附近的 θ_{II} 较小，在[$\bar{1}$11]-[001]连线附近的较大[见图 5.2.4(d)]。

hcp 结构金属的加工硬化曲线也对晶体取向十分敏感，当取向远离[0001]-[10$\bar{1}$0]对称线时，硬化曲线十分类似于 fcc 晶体的，即出现典型的三阶段，但 hcp 晶体的应变量（即塑性）要低。然而如果取向合适，例如基面与拉伸轴的取向为软位向时，则将以基面滑移为主，只出现加工硬化第 I 阶段，并且第 I 阶段可以很长（见图 5.2.2）。

综上所述，只要条件合适，3 种典型结构的金属单晶体都能得到一个发展比较完全的 3 阶段加工硬化曲线。例如，对 fcc 结构金属，只要形变温度足够低；对 hcp 及 bcc 结构金

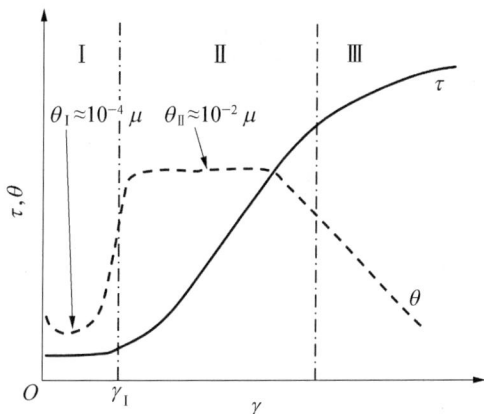

图 5.2.3　单晶体加工硬化曲线三阶段

(a) 拉伸轴取向

(b) 各取向拉伸的剪应力−剪应变曲线

(c) 不同取向的 θ_{I} (kg/mm²)

(d) 不同取向的 θ_{II} (kg/mm²)

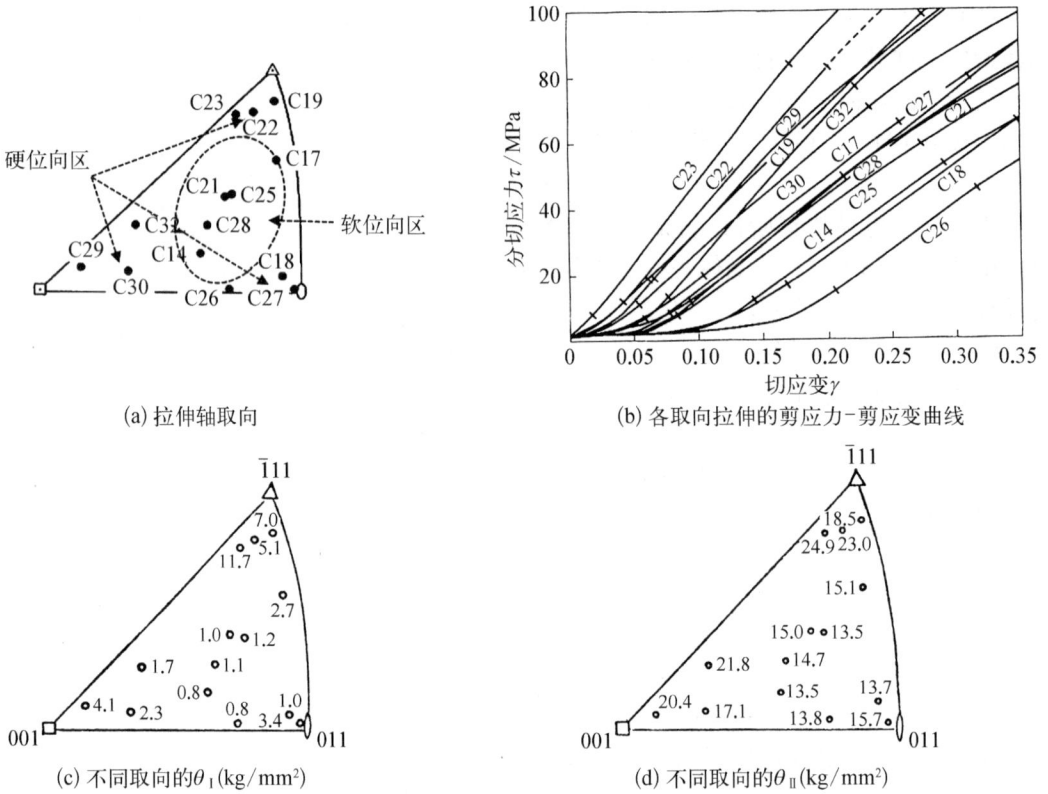

图 5.2.4 纯铜单晶体的晶体取向与加工硬化的关系

(哈宽富. 金属力学性质的微观理论[M]. 北京：科学出版社，1983.)

属，只要纯度足够高（不含或极少含 C、N、O 等小半径杂质原子）。此外，3 种结构中线性硬化的出现都对应第二滑移系的激活。

5.2.3 加工硬化位错理论

5.2.3.1 第 I 阶段硬化模型

第 I 阶段只有取向最软的主滑移系开动，位错主要在主滑移面内运动，无次滑移系的干扰，硬化基本来自平行位错的弹性交互作用，故硬化速率很低。在已经提出的第 I 阶段硬化模型中，最早提出、也是最经典的是泰勒模型[①]，如图 5.2.5 所示。

设单位体积内的位错源数目为 n，滑移面上的一个位错环移动的平均距离为 λ（即平均自由程），相邻平行滑移面间距为 h，且 $h \ll \lambda$。n 个位错滑移后，晶体的应变量为

$$\gamma = nbA \tag{5.2.2}$$

图 5.2.5 第 I 阶段硬化的泰勒模型 式中，A 为每一个位错扫过的面积，对应有

---

① TAYLOR G I. The mechanism of plastic deformation of crystal. Part I：Theoretical[J]. Proc. Roy. Soc.，1934，145：362.

$$A = P\lambda^2 \tag{5.2.3}$$

式中，P 为位错线形状系数。如果应力增加 $d\tau$，引起位错源放出的位错环数增加 dN，则应有

$$d\gamma = nbP\lambda^2 dN \tag{5.2.4}$$

因为 $n = \dfrac{1}{h\lambda^2}$，并设 $P = 1$，故有

$$d\gamma = \frac{b\,dN}{h} \tag{5.2.5}$$

产生 dN 个新位错环后，也使作用在位错源上的反作用力 τ_B 有一个增量 $d\tau_B$

$$d\tau_B = \frac{\mu b}{K \times 2\pi\lambda} dN \tag{5.2.6}$$

式中，K 为与位错性质有关的参数。当 $d\tau = d\tau_B$ 时，位错源就不再产生新环了，联立式（5.2.5）和式（5.2.6）可得

$$\theta_I = \frac{d\tau}{d\gamma} = \frac{\mu}{2\pi K}\left(\frac{h}{\lambda}\right) \tag{5.2.7}$$

此即泰勒模型得到的第 I 阶段硬化速率表达式。进一步处理后得到

$$\theta_I = \frac{8\mu}{9\pi}\left(\frac{h}{\lambda}\right)^{\frac{3}{4}} \tag{5.2.8}$$

因 λ 与位错密度 ρ 有关，所以 θ_I 不是定值。取典型值 $h = 30\,\text{nm}$，$\lambda = 0.5\,\text{mm}$，可得 $\theta_I = 3 \times 10^{-4}\mu$，这与实测结果（$\mu/3\,000$）很接近。

5.2.3.2 第 II 阶段硬化模型

在第 II 阶段，主、次滑移系同时开动，位错间交互作用强烈，硬化速率很大。根据位错运动障碍机制不同，已提出了很多硬化模型，大致可分为两大类：第一类是平行位错长程障碍模型，以位错塞积群硬化理论为代表；第二类是位错交截近程障碍模型，包括林位错硬化及割阶硬化理论。

1）位错塞积群硬化理论

塞格（Seeger）[①]首先提出，主、次滑移系同时开动后，相交时产生洛默-科特雷尔（Lomer-Cottrell）位错（简称 L-C 位错），形成障碍，限制了滑移位错的平均自由程，于是在这些障碍前产生位错塞积，晶体中形成了许多塞积群，这些塞积群的长程交互作用决定了流变应力。

如果位错源放出的位错环在 3 个 $\langle 110 \rangle$ 方向都被 L-C 位错所构成的障碍阻塞，则被封闭成一个六角形，如图 5.2.6 所示，在两个相邻的滑移面上被塞积的位错群的相互作用造成的硬化效果，可大致做如下的估计。

假定单位体积的位错源数目为 N，在每一障碍内被阻塞的位错数为 n，滑移线长度为 L，则应变 γ 可表示为

① SEEGER A. Dislocations and mechanical properties of crystals[M]. New York: John Wiley & Sons. Inc., 1957.

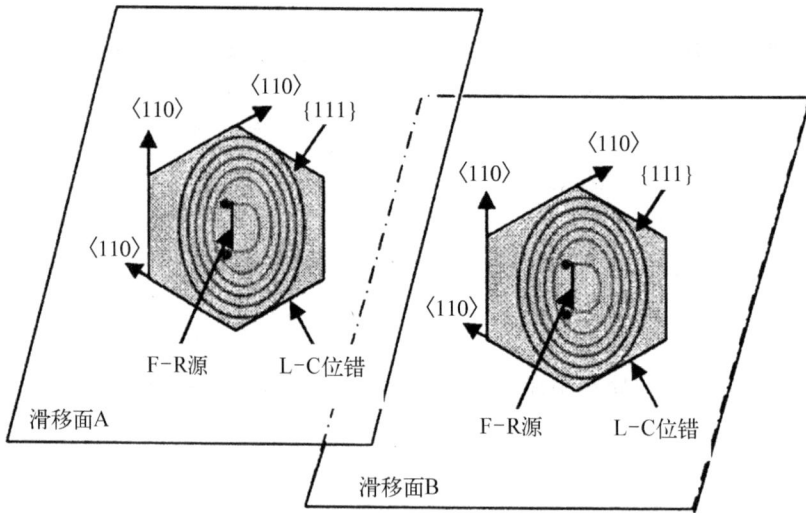

图 5.2.6　相邻滑移面上位错塞积群的相互作用

$$\gamma = N\pi L^2 nb \tag{5.2.9}$$

由于塞积群可以被看作一个伯格斯矢量为 nb 的超位错，所以塞积群间的距离 l 为

$$l = \frac{1}{(2NL)^{\frac{1}{2}}} \tag{5.2.10}$$

使位错通过塞积群的应力场所需的应力为

$$\tau = \frac{\mu bn}{2\pi l} \tag{5.2.11}$$

式中，n 为被一个 L-C 位错阻塞的位错数，取决于施加的应力，可表示为

$$n = k \cdot \frac{\tau l}{\mu b} \tag{5.2.12}$$

由以上这些方程可知

$$\frac{\tau}{\mu\gamma} = 常数 \tag{5.2.13}$$

这一比值不受滑移线长度的影响，再结合实验观察结果，塞格估计出第Ⅱ阶段硬化率为

$$\theta_{\mathrm{II}} = \beta \cdot \frac{\mu}{6\pi^2} \quad 或 \quad \theta = \alpha\mu\sqrt{\frac{nb}{\Lambda}} \tag{5.2.14}$$

式中，β、α 为常数，$\beta \doteq 0.5$，$\alpha \doteq 0.2$。按此式计算的加工硬化率很接近实测数值。

　　位错塞积群硬化理论在解释 fcc 结构金属加工硬化时出现困难。对于 fcc 晶体，似乎不太可能经受得住由位错塞积引起的高度应力集中，而且位错环在周边均被塞住也是不太可能的，特别是在用透射电镜观察第Ⅱ阶段位错结构时，发现大部分 fcc 结构金属（铜、银、金），除了层错能很低的不锈钢、α 黄铜以外，很少看到晶体内部有位错塞积群，而多是以缠结、网络、胞状等形态存在。为此又提出了林位错硬化理论。

2）林位错硬化理论

林位错硬化理论[①]的基本思想是在第Ⅱ阶段硬化开始时，主滑移系中位错塞积产生的长程应力使次滑移系激活，于是产生大量的林位错，主位错与林位错的弹性交互作用导致了第Ⅱ阶段的硬化。

若以林位错作为主位错的运动障碍，则流变应力为

$$\tau = \alpha \mu b \sqrt{\rho_f} \tag{5.2.15}$$

式中，ρ_f 为林位错密度。如果第Ⅱ阶段硬化过程中位错分布的几何特点保持不变，则 ρ_f 与原滑移系统中位错密度 ρ 应有下述关系：

$$\rho_f = k_1 \rho \tag{5.2.16}$$

$$L = k_2 \rho^{-\frac{1}{2}} \tag{5.2.17}$$

式中，k_1、k_2 为两个比例常数；L 为每一位错源激活后所产生的正方形位错环边长之半。再令 dN 为在应变 $d\gamma$ 中单位体积所激活的位错源数，n 为单位长滑移线上的位错数，便可得下列两关系式：

$$d\gamma = 4L^2 bn dN \tag{5.2.18}$$

$$d\rho = 8Ln dN \tag{5.2.19}$$

由式(5.2.15)～式(5.2.19)不难得到第Ⅱ阶段硬化率：

$$\theta_{\mathrm{II}} = \left(\frac{d\tau}{d\gamma}\right)_{\mathrm{II}} = \alpha \frac{k_1}{k_2} \mu \tag{5.2.20}$$

可见该理论也属于线性硬化。

3）割阶硬化理论

割阶硬化理论认为[②]，当第Ⅱ阶段硬化开始时，由于林位错的滑移，主滑移系中的位错源必然会产生大量的固定割阶，流变应力可由位错源上固定割阶的数目决定：

$$\tau = \alpha \mu b f m \tag{5.2.21a}$$

$$d\tau = \alpha \mu b f dm \tag{5.2.21b}$$

式中，m 为割阶密度，即单位长度位错线上的割阶数目；α 为一系数，约等于 $\frac{1}{5}$；f 为固定割阶占总割阶的百分数。又已知位错源上固定割阶数目应与次滑移系统的应变有关，而次滑移应变应与主滑移应变成正比，故有

$$dm = g \frac{d\gamma}{b} \tag{5.2.22}$$

① BASINSKI Z S, BASINSKI S J. Dislocation distributions in deformed copper single crystals[J]. Phil. Mag. , 1964, 9：51.

② HIRSCH P B. Dislocations and mechanical properties of crystals[J]. Acta Cryst. , 1958, 11：755.

式中,g 为次滑移与主滑移之比,是一常数。则由式(5.2.21)和式(5.2.22)联立可得

$$\theta_{\mathrm{II}} = \left(\frac{\mathrm{d}\tau}{\mathrm{d}\lambda}\right)_{\mathrm{II}} = \alpha g f \mu \tag{5.2.23}$$

若取 $\alpha = \dfrac{1}{5}$, $f = \dfrac{1}{20}$, $g = \dfrac{1}{3}$,则可得 $\theta_{\mathrm{II}} = \dfrac{\mu}{300}$。

5.2.3.3 第Ⅲ阶段硬化模型

在第Ⅲ阶段中,起决定作用的是螺型位错在热激活过程中产生的交滑移。由于螺型位错或混合位错的螺型分量可以借助交滑移方式越过障碍,使滑移得以继续进行,位错自由程显著增大,所以硬化速率随之降低。交滑移激活能 Q 与外加切应力 τ 之间有如下关系:

$$Q = Q_0 - c \ln\left(\frac{n\tau}{\tau_0}\right) \tag{5.2.24}$$

式中,Q_0 为无外应力时的交滑移激活能;τ_0 为交滑移面内的分切应力;c 为常数;n 为塞积群中位错数目。故交滑移的概率可写为

$$P = P_0 \exp\left[-\frac{Q(\tau)}{kT}\right] \tag{5.2.25}$$

假定第Ⅲ阶段开始时 P 为一定值 P_{III},由式(5.2.24)和式(5.2.25)可得

$$\ln \tau_{\mathrm{III}} = A - BT \tag{5.2.26}$$

式中,$A = \dfrac{Q_0}{C} + \ln\dfrac{\tau_0}{n}$,$B = \dfrac{k}{c} \ln\dfrac{P_0}{P_{\mathrm{III}}}$。式(5.2.26)表明,随温度的升高,第Ⅲ阶段开始应力 τ_{III} 下降,即第Ⅲ阶段较早出现。这一结果在镍和铜的试验中已得到很好的证实。

利用交滑移机制,很容易解释高层错能金属第Ⅲ阶段出现早,以及金属形变后产生胞状结构等现象。因为层错能高位错扩展宽度就窄,便于交滑移的进行。当第Ⅲ阶段到来时,塞积群内的螺型位错易于与另一塞积群中的反向螺型位错在交滑移面内相互抵消,这时留在原滑移面和交滑移面的就是如图 5.2.7 所示的两群刃型位错。若形变温度不高,位错攀移就难以进行,于是便得到胞状结构或出现滑移带破碎现象。

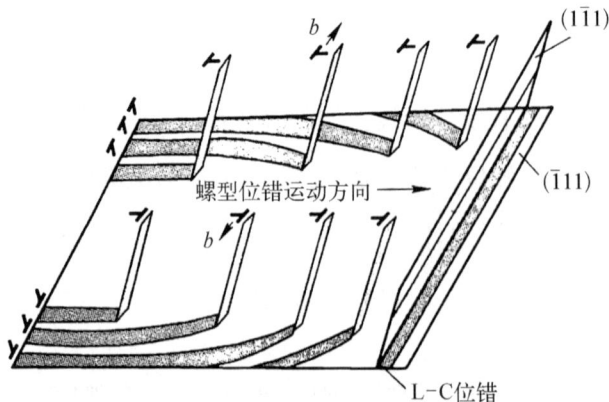

图 5.2.7 第Ⅲ阶段塞积群中螺型位错交滑移后留下两群刃型位错的组态

当第Ⅲ阶段开始时,如不考虑热激活,则使螺型位错产生交滑移所需应力为

$$\tau = \frac{2\mu}{n}\left(0.056 - \frac{\gamma_{sf}}{\mu b}\right) \qquad (5.2.27)$$

式中,γ_{sf} 为比层错能。以铜单晶低温实验结果为例,$\tau_{Ⅲ} = 16 \text{ kg/mm}^2$,$\mu = 4\,100 \text{ kg/mm}^2$,$b = 5.56 \times 10^{-8} \text{ cm}$,$\gamma_{sf} = 50 \text{ erg/cm}^2$,则可算得 $n \doteq 26$,这与试验观察结果还是比较接近的。

5.2.3.4 加工硬化唯象理论

上述各种加工硬化模型都涉及位错具体的运动和交互作用机制,唯象理论就是避开这些细节,仅从位错运动学和动力学理论来分析加工硬化的一般规律[①]。

令 $\bar{l}$ 表示位错间的平均距离,它约等于位错密度 ρ 的平方根的倒数,即 $\bar{l} = \rho^{-\frac{1}{2}}$。位错的平均自由程 λ 应与 $\bar{l}$ 成正比,引入比例常数 g,则有

$$\lambda = g\bar{l} = g\rho^{-\frac{1}{2}} \qquad (5.2.28)$$

另一方面,应变增量 $d\gamma$ 与参与滑移的位错密度的增量 $d\rho_m$ 应满足如下关系:

$$d\gamma = b\lambda d\rho_m \qquad (5.2.29)$$

而晶体中的总位错密度的增量 $d\rho$ 也应与 $d\rho_m$ 成正比,引入比例系数 β,则有

$$d\rho = \beta d\rho_m \qquad (5.2.30)$$

将式(5.2.30)代入式(5.2.23),得到

$$d\gamma = \frac{bg}{\beta}\frac{d\rho}{\rho^{1/2}} \qquad (5.2.31)$$

由第 4 章的讨论可知,流变应力与位错密度的关系为 $\tau = \alpha\mu b\sqrt{\rho}$,微分后可得

$$d\tau = \frac{\alpha\mu b}{2}\frac{d\rho}{\rho^{1/2}} \qquad (5.2.32)$$

将式(5.2.32)除以式(5.2.29),从而得出加工硬化率的表达式:

$$\theta = \frac{d\tau}{d\gamma} = \frac{\alpha\beta\mu}{2g} \qquad (5.2.33)$$

可以看出,对加工硬化起关键作用的量是比值 β/g。

上述唯象理论可以解释加工硬化三阶段现象:在加工硬化第Ⅰ阶段,变形产生的位错基本分布在主滑移面上,几乎都是可动位错,因而 $\beta \approx 1$。从观测的滑移线很长可以推断,位错具有很大的平均自由程 λ,因而 g 值也很大。这样 β/g 就较小,反映了易滑移阶段硬化率小这一特征。在从第Ⅰ阶段进入第Ⅱ阶段时,林位错大量产生,使 β 突然增大,由于林位错对滑移没有贡献,而大量林位错逐步向胞壁转化,导致胞状结构出现,使得位错滑移的平均自由程 λ 大为减小,相应于 g 下降。这样,β/g 比值的升高导致大的硬化率 θ。一般理论都认为,在第Ⅱ阶段硬化中,由于位错密度的增高导致胞状结构中的胞的尺寸减小,但是基于相似性原理,β/g 比值保持不变,也即 $\theta_{Ⅱ}$ 为常数。第Ⅱ阶段向第Ⅲ阶段过渡可以理解为位错交滑移的大量出现,从而使位错三维运动得以实现,因而不可滑移的位错数骤减。而 g 值

---

① 冯端. 金属物理学(第Ⅲ卷):金属力学性质[M]. 北京:科学出版社,1999.

的情况仍然与第Ⅱ阶段相似,这样就导致在第Ⅲ阶段 θ 逐步下降。

5.3 晶界强化

实际应用的晶体材料绝大多数都是多晶体,微观结构中存在大量晶界。由于晶粒取向差异,在某一晶粒内滑移的位错不能直接穿越晶界滑移到相邻晶粒,也就是说晶界对位错运动有阻碍作用,此即晶界强化。多晶体的晶粒愈细小,晶界所占份额愈高,晶界强化效果越好。因此晶界强化又可称为细晶强化,是金属材料最常用的强化方法之一。

5.3.1 多晶体塑性变形的一般特点

多晶体虽然塑性变形的原子机制与单晶体相同,但也表现出一些新的特点。

(1)各晶粒起始塑性变形具有非同时性。由亿万个同相晶粒(单相合金)或不同相晶粒(多相合金)组成的实际材料,由于各晶粒空间取向不同,不同相的晶粒各自力学及物理性质不同,因此在外载荷作用下它们由弹性变形向塑性变形过渡不可能在同一时刻一起开始,而是在那些滑移面对外力具有软取向的晶粒中先开始;或者在本质比较弱的晶粒中先开始;或者在存在应力集中的晶粒中先开始。材料组织愈不均匀,这种起始塑性变形非同时性的情况就愈严重。也就是说,任何实际材料在外力作用下最初的塑性变形都是局部的。

(2)各晶粒塑性变形具有非均匀性。这种非均匀性不仅存在于各晶粒之间,而且在同一个晶粒的中心与靠近晶界的区域之间也存在变形量不同的非均匀性。

(3)各晶粒塑性变形具有相互制约性。由于各晶粒变形失配,它们在变形过程中必然会相互约束,以保证整体的连续性。这种相互协调以保证连续性的性质可称为变形适配。如果多晶体材料的变形失配程度大而变形适配能力小,则容易在宏观塑性变形量(即统计平均值)不大的情况下,因个别晶粒已达到其塑性极限值而在晶粒之间产生微裂纹或孔洞,导致断裂。组织愈不均匀,变形失配就愈大,断裂前的宏观塑性就愈小,材料的脆性就愈大。

(4)各晶粒取向具有趋同性。多晶体变形时各晶粒会发生转动,随着塑性变形的进行,各晶粒的取向会逐渐转向某一个或多个稳定的取向,这种现象称为择优取向,又称为织构。特别是大塑性变形量的情况下,择优取向非常明显,这使得原来随机取向的准各向同性的多晶体变为类似于单晶体的各向异性。

可以证明,多晶体变形时要保证应变适配必须有5个独立的滑移系同时开动。这是多晶体进行塑性变形时必须满足的基本条件,称为米泽斯条件。由弹性力学知,任意一点的应变状态可以由应变张量 ε_{ij} 的6个独立的分量给定。此外,根据塑性变形时体积不变假设: $\dfrac{\Delta V}{V} = \varepsilon_{11} + \varepsilon_{22} + \varepsilon_{33} = 0$,可见3个正应变分量中只有2个是独立的。因此,可由5个独立的应变分量给出任一点应变状态。每个独立的应变分量可由一个滑移系开动给定,故相应地便要求5个独立的滑移系同时开动。

米泽斯条件具有重要的实际意义,可根据这一变形条件判断多晶体塑性的好坏。fcc金属的滑移系为⟨110⟩{111},共有12个,其满足条件的可能性为 $C_5^{12} = \dfrac{12!}{5!\,7!} = 792$,进一步考虑到每一滑移面上的3个滑移方向中仅有2个是独立的,则满足米泽斯条件的可能性降为384

个,可见 fcc 结构金属易满足米泽斯,具有良好的塑性。对 bcc 结构金属来说,其滑移系数目更多(48 个),理应塑性更好,但其实不然,bcc 结构金属的塑性一般不如 fcc 结构金属。这是因为影响塑性的因素除了滑移系数量以外,还应考虑晶体点阵的 P-N 势垒,bcc 结构金属的 P-N 阻力一般要远高于 fcc 金属金属(见 4.2.1 节)。

若多晶体材料的独立滑移系数量上不足 5 个,需借助其他变形方式,如孪生、晶界滑动、攀移、马氏体相变等,以满足米泽斯条件。例如在基面滑移的 hcp 金属中,滑移系为 $\langle 11\bar{2}0 \rangle$ $\{0001\}$,仅有 2 个独立的滑移系,塑性变形时尚需 3 个独立的孪生系统开动,因此孪生变形成为 hcp 结构金属的重要变形方式。

5.3.2　晶界强化效应

晶界会对位错滑移起强烈障碍作用。无论是小角晶界还是大角晶界都可以看成位错的集合体,从而直接阻碍晶内位错运动,这称为晶界的直接强化作用。此外,晶界还可能引起潜在的强化效应,称为间接强化作用。例如,晶界的存在可引起晶界两侧的晶粒弹性和塑性失配,在晶界附近引起多滑移,增加额外的林位错强化效果。

晶界强化效应从宏观表现上体现在能提高塑性变形抗力。霍尔(Hall)[1]和佩奇(Petch)[2]根据大量实验拟合的结果,给出了多晶体屈服强度 σ_s 与晶粒直径 d 之间的关系:

$$\sigma_s = \sigma_i + k d^{-\frac{1}{2}} \tag{5.3.1}$$

式中,σ_i 为晶格摩擦力;k 为常数,称为佩奇斜率。此即著名的霍尔-佩奇关系。图 5.3.1 给出了一些金属材料屈服强度与晶粒直径的关系,可见实验结果与霍尔-佩奇关系符合得很好。

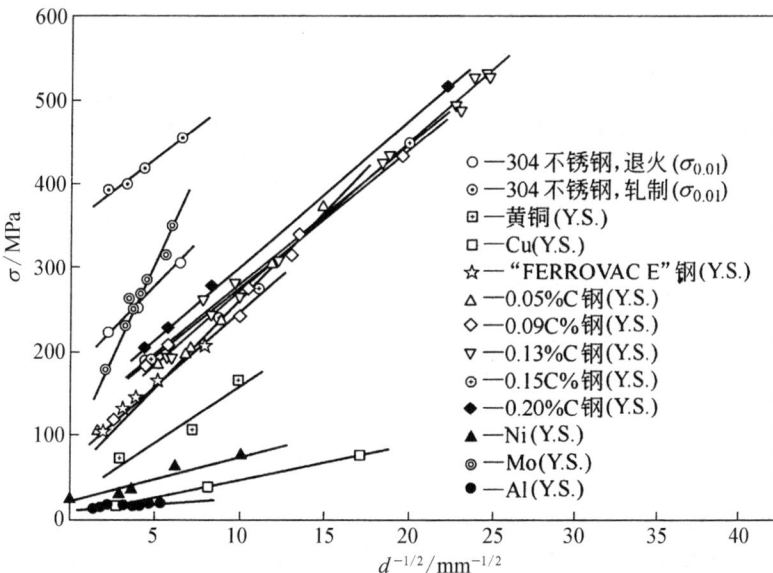

图 5.3.1　一些金属材料的屈服强度(Y.S.)与晶粒直径(d)的关系

(余永宁. 金属学原理[M]. 2 版. 北京:冶金工业出版社,2013.)

① HALL E O. The deformation and ageing of mild steel:Ⅲ. discussIon of results[J]. Proc. Phys. Soc., 1951, B64:747.
② PETCH N J. The cleavage strength of polycrystals[J]. J. Iron Steel Inst., 1953, 174:25.

除了晶界以外,材料内部还有其他亚结构(如亚晶界、孪晶界、相界等)能起到阻碍位错运动的作用,可以产生类似于晶界强化的效果。亚结构对强度的影响可以表示为

$$\sigma_s = \sigma_i + k_{sub} d_{sub}^{-m} \tag{5.3.2}$$

式中,d_{sub} 为亚结构特征尺寸;m 为常数,其值为 $0.5 \sim 1$。

晶界的存在,改变了位错运动的自由程和滑移的连续性,一般会提高加工硬化速率,这在滑移系少的 hcp 结构金属中十分明显。图 5.3.2 为镁单晶试样和多晶试样的应力-应变曲线,可以看出,多晶体不存在易滑移阶段,从塑性变形一开始就很快进入抛物线硬化阶段,虽然应变硬化速率逐渐降低,但仍比其单晶体的应变硬化速率高得多。这表明,晶界的存在使单滑移乃至双滑移收到抑制,一开始就是多滑移。此外因 hcp 结构滑移系少,所以其塑性(延伸率)急速降低。

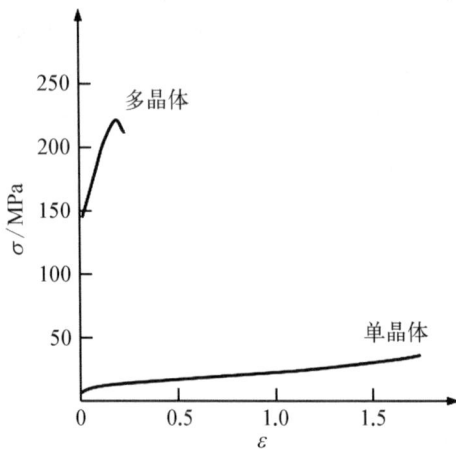

图 5.3.2　镁单晶试样和多晶试样的
应力-应变曲线

(哈宽富. 金属力学性质的微观理论[M]. 北京:
科学出版社,1983.)

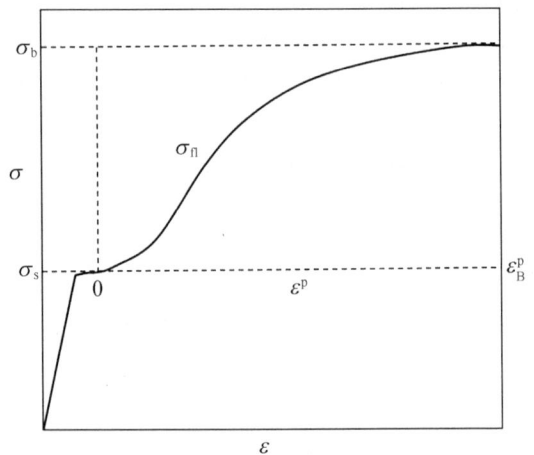

图 5.3.3　多晶体金属拉伸应力-应变曲线及塑性
流变过程中的加工硬化示意

在流变应力 σ_{fl} 达到抗拉强度 σ_b 之前的多晶体金属的应力-应变曲线一般为如图 5.3.3 所示的形状,在应力达到初始屈服强度 σ_s 之前的变形为弹性变形。越过屈服平台并继续变形直至达到抗拉强度 σ_b 的阶段为均匀塑性变形,该阶段随着塑性应变 ε^p 的增加所需的流变应力 σ_{fl} 和流变临界分切应力 τ_{cfl} 也不断升高,即呈现加工硬化现象。

如果把拉伸应力-应变曲线($\sigma \sim \varepsilon$ 曲线)中的塑性变形部分用虚线坐标表示,则变为流变应力-塑性应变曲线($\sigma_{fl} \sim \varepsilon^p$ 曲线),如图 5.3.3 所示。设 ε_B^p 为最大均匀塑性应变,则可根据拉伸试验的实测曲线近似的拟合特定金属材料塑性变形过程中的流变应力 σ_{fl} 和流变临界分切应力 τ_{cfl} 随塑性应变 ε^p 的变化,即包含了塑性变形加工硬化的行为:

$$\sigma_{fl}(\varepsilon^p) = \sigma_s + (\sigma_b - \sigma_s)\left(\frac{\varepsilon^p}{\varepsilon_B^p}\right)^{\frac{1}{n}}; \quad \frac{\sigma_{fl}(\varepsilon^p)}{\sigma_s} = 1 + \left(\frac{\sigma_b}{\sigma_s} - 1\right)\left(\frac{\varepsilon^p}{\varepsilon_B^p}\right)^{\frac{1}{n}} \tag{5.3.3}$$

或

$$\tau_{cfl}(\varepsilon^p) = \tau_c + (\tau_{cb} - \tau_c)\left(\frac{\varepsilon^p}{\varepsilon^p_B}\right)^{\frac{1}{n}}; \quad \frac{\tau_{cfl}(\varepsilon^p)}{\tau_c} = 1 + \left(\frac{\tau_{cb}}{\tau_c} - 1\right)\left(\frac{\varepsilon^p}{\varepsilon^p_B}\right)^{\frac{1}{n}} \quad (5.3.4)$$

式中，n 为针对特定金属的拟合参数；τ_c 为初始临界分切应力；τ_{cb} 为拉伸达到抗拉强度时的临界分切应力。

5.3.3 多晶体变形理论

一般来说，多晶体塑性变形问题都是在单晶体变形基础上按唯象塑性连续理论来处理的，其中心问题就是从单晶体的拉伸曲线推导出由同样物质构成的多晶体拉伸曲线。

前已述及，单晶体拉伸应力与滑移面上分切应力满足 $\tau = \sigma\cos\rho\cos\lambda = \Omega\sigma$，其中 ρ 和 λ 分别为滑移面法线和滑移方向与拉伸轴的夹角，而 $\Omega = \cos\rho\cos\lambda$，称为施密特因子。对于多晶体，假设各晶粒变形是自由而不受约束的，则各晶粒的应力分布是连续的。这样就可以多晶体中各个晶粒独立变形最小拉伸阻力的平均值来作为多晶体拉伸阻力。

设 Ω' 为多晶体中一个晶粒相对于拉伸轴的最有利滑移系施密特因子的倒数，即

$$\Omega' = \frac{1}{\Omega} = \frac{1}{\cos\rho\cos\lambda} \quad (5.3.5)$$

对这一特定晶粒的拉伸阻力为

$$\sigma_i = \Omega'\tau \quad (5.3.6)$$

多晶体 Ω' 的平均值为

$$\bar{\Omega} = \frac{\int \Omega'N(\Omega')\mathrm{d}\Omega'}{\int N(\Omega')\mathrm{d}\Omega'} \quad (5.3.7)$$

式中，$N(\Omega')$ 是 Ω' 值处在 $\Omega' \sim (\Omega' + \mathrm{d}\Omega')$ 范围内的晶粒数。这样便有

$$\sigma = \bar{\Omega}\tau \quad (5.3.8)$$

由实验可得单晶体应力-应变关系 $\tau = f(\gamma)$，又已知 $\varepsilon = \Omega'\gamma$，代入式(5.3.8)便得到多晶体应力-应变关系

$$\sigma = \bar{\Omega}f(\bar{\Omega}\varepsilon) \quad (5.3.9)$$

现在的问题是求 $\bar{\Omega}$ 值。这个问题比较复杂，要考虑到多晶体中各晶粒之间的两个连续性：第一个是应力连续性；第二个是应变连续性。上节已证明，要保持应变连续性，晶体必须至少存在 5 个独立滑移系。在满足应力连续性的条件下，对于 fcc 晶体，$\bar{\Omega} = 2.238$。在满足应变连续性的条件下，泰勒[①]最早提出了最小塑性功原理，即在 5 个独立滑移系中选择能量损耗最小的一组，即 $\tau \cdot \sum_{i=1}^{5} \mathrm{d}\gamma_i$ 最小的一组。利用虚功原理，有

---

① TAYLOR G I. Plastic strain in metals[J]. J. Inst. Metals[J]. 1938, 62: 307.

$$\sigma d\varepsilon = \tau \cdot \left\langle \sum_{i=1}^{5} d\gamma_i \right\rangle \qquad (5.3.10)$$

式(5.3.10)等号右端表示对多晶体中所有晶粒内部能量耗散增量求平均值,这样可获得

$$\frac{\sigma}{\tau} = M = \frac{\left\langle \sum_{i=1}^{5} d\gamma_i \right\rangle}{d\varepsilon} \qquad (5.3.11)$$

式中,M 为泰勒取向因子。对 fcc 晶体,$M = 4.06$。许多研究结果表明,满足应变连续性的泰勒模型计算的取向因子比仅满足应力连续性模型计算的取向因子更符合实际情况。

多晶体与单晶体的加工硬化速率可通过施密特因子 Ω 联系起来。因 $\tau = \Omega\sigma$ 及 $\gamma = \Omega\varepsilon$,则有

$$\frac{d\sigma}{d\varepsilon} = \Omega^2 \frac{d\tau}{d\gamma} \qquad (5.3.12)$$

对具有多滑移系并易于交滑移的 bcc 结构金属,$\Omega \approx 2$,所以其加工硬化速率很低。对于 hcp 结构金属,在不产生孪生变形的情况下,$\Omega \approx 6.5$,可以预计,其加工硬化速率比单晶体要大一个数量级。而对于 fcc 多晶体,其加工硬化速率介于 bcc 结构和 hcp 结构之间,$\Omega \approx 3$。图 5.3.4 为一些 fcc 和 bcc 结构金属多晶体的修正应力-应变曲线,可以看出,bcc 金属(如 Fe、Mo、Nb)的硬化速率低于 fcc 结构金属(Ag、Cu、Al)。此外,比较 Fe 的数据可知,晶粒越细,硬化速率越高。

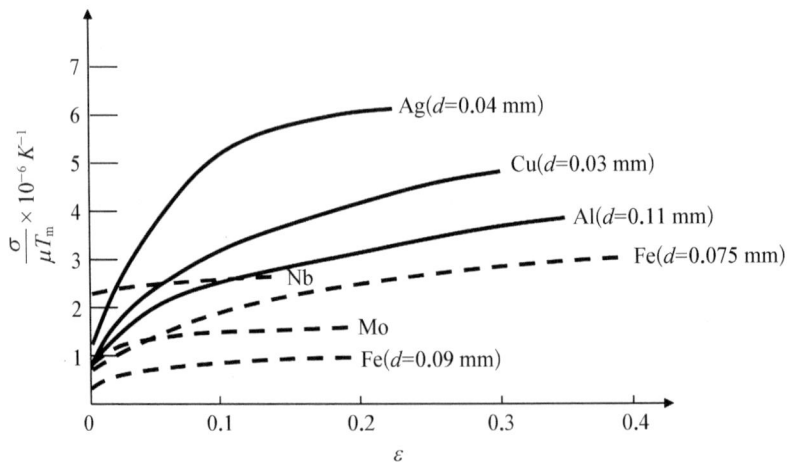

图 5.3.4 一些 fcc 和 bcc 结构纯金属多晶体的修正应力-应变曲线的比较

(MCLEAN. Mechanical properties of metals[M]. New York: John Wiley & Sons. Inc., 1962.)

5.3.4 晶界强化机制

在多晶体中,总是有部分晶粒处于软位向,而另外的晶粒处于硬位向,并且由位错滑移产生的塑性变形总是首先在软位向晶粒中开始。因此,多晶体屈服微观理论的重点就在于解决滑移是如何从软位向晶粒传播到邻近硬位向晶粒中去的问题。对此,已提出了很多模

型,现做简要介绍。

5.3.4.1 位错塞积模型

位错塞积群在 3.6.1 节已讨论过,如图 3.6.1 所示,这里对位错运动的强障碍变为晶界。该理论[①]的基本思想是,在外加切应力 τ 的作用下,软位向晶粒中位错源开动后放出位错,在运动到晶界附近受到阻碍并塞积于晶界前方,当位错塞积产生的应力集中达到相邻硬位向晶粒位错源(P 点处)开动的临界应力时,硬位向晶粒也开始滑移,这样就使滑移从一个晶粒传播到另一个晶粒,这意味着多晶体的宏观屈服开始,相应的应力即为屈服强度。由式(3.6.11),硬位向晶粒 P 点处的应力为

$$\tau_P = \tau\left(1 + \sqrt{\frac{L}{r}}\right) \tag{5.3.13}$$

由于 $r \ll L$,有 $\tau\sqrt{\dfrac{L}{r}} \gg \tau$,即 P 点应力主要由位错塞积群贡献,故式(5.3.11)可近似写为

$$\tau_P = \tau\sqrt{\frac{L}{r}} \tag{5.3.14}$$

设 $L = \dfrac{d}{2}$,d 为晶粒直径,并且外加切应力 τ 中有一部分用于提供克服晶格阻力 τ_i,实际作用在位错上的有效应力为 $(\tau - \tau_i)$,则式(5.3.14)变为

$$\tau_P = (\tau - \tau_i)\left(\frac{d}{2r}\right)^{\frac{1}{2}} \tag{5.3.15}$$

由此式可解出 τ 为

$$\tau = \tau_i + (2r)^{\frac{1}{2}}\tau_P \cdot d^{-\frac{1}{2}} \tag{5.3.16}$$

当 P 点应力 τ_P 达到临界分切应力 τ_{Pc} 时,此处位错源开动,即变形从右边晶粒传到左边晶粒,多晶体达到屈服,$\tau \to \tau_s$,则有

$$\tau_s = \tau_i + (2r)^{\frac{1}{2}}\tau_{Pc}d^{-\frac{1}{2}} \tag{5.3.17}$$

令 $k_\tau = \sqrt{2r}\,\tau_{Pc}$,则式(5.3.17)变为

$$\tau_s = \tau_i + k_\tau d^{-\frac{1}{2}} \tag{5.3.18}$$

此即霍尔-佩奇关系的切应力表达式。对此式两边同乘以泰勒取向因子 M,得到

$$M\tau_s = M\tau_i + Mk_\tau d^{-\frac{1}{2}} \tag{5.3.19}$$

令 $Mk_\tau = k_\sigma$,$M\tau_i = \sigma_i$,$M\tau_s = \sigma_s$,则有

[①] COTTRELL A H. Theory of brittle fracture in steel and similar metals[J]. Trans. Met. Soc. AIME, 1958, 212: 192.

$$\sigma_s = \sigma_i + k_\sigma d^{-\frac{1}{2}} \tag{5.3.20}$$

此即霍尔-佩奇关系的正应力表达式。

5.3.4.2 晶界发射位错模型

位错塞积模型虽能很好地说明霍尔-佩奇关系,但这类模型也与观察到的许多实验结果不符,其中最主要的是在纯金属、低碳钢及低碳合金钢中都观察不到位错塞积,只有在低层错能合金或是长程有序合金中才有观察到。有研究表明,在 Fe - 3%Si 合金中应力远低于屈服应力时,并不需要借助位错塞积,就可从晶界发射位错。照位错塞积模型,必须有位错在晶界处堆积产生足够大的应力集中,才能激活相邻晶粒的位错源。显然,这一模型无法解释这个现象。为克服这一困难,李[①]提出了由晶界坎发射位错的模型(见图 3.6.5):开始屈服的位错密度受晶界上坎的密度控制,位错移出晶界,必须通过坎位错林,这个应力的大小就取决于坎的密度,并随晶粒尺寸的减小而增加。

用晶界坎模型同样可以导出霍尔-佩奇公式。晶界发射位错的能力与晶界结构及晶界的成分偏聚有关,而与晶粒大小无关。设 m 为单位晶界面积上发射的位错总长度,则对球形晶粒,屈服时的位错密度为

$$\rho_s = \frac{\dfrac{1}{2}(\pi d^2 m)}{\dfrac{1}{6}\pi d^3} = \frac{3m}{d} \tag{5.3.21}$$

式中,d 为晶粒直径;系数 $\dfrac{1}{2}$ 是考虑晶界面为两个晶粒所公有。将式(5.3.21)代入流变应力与位错密度的关系 $\sigma = \sigma_i + \alpha\mu b(\sqrt{\rho})$ 可得

$$\sigma_s = \sigma_i + \alpha\mu b\sqrt{3m} \cdot d^{-\frac{1}{2}} \tag{5.3.22}$$

令 $k = \alpha\mu b\sqrt{3m}$,即可得霍尔-佩奇关系。

5.3.4.3 晶界/晶内塑性失配模型

Meyers 和 Ashworth[②] 分析了相邻晶粒之间弹性和塑性失配应力的影响。弹性加载时,由于晶体的弹性各向异性,不同方向的弹性模量也是不同的(例如镍的 $E_{[100]} = 137\ \text{MPa}$、$E_{[110]} = 233\ \text{MPa}$、$E_{[111]} = 303\ \text{MPa}$),则一定会因相邻晶粒应变协调而在晶界产生应力集中。Meyers 和 Ashworth 采用有限元方法计算得到失配应力 $\tau_I = 1.37\sigma_{AP}$,其中 σ_{AP} 为施加到晶粒上的正应力。因此,由失配应力导致的界面切应力几乎是晶粒内分切应力 $\left(\tau_H = \dfrac{\sigma_{AP}}{2}\right)$ 的 3 倍多,这意味着晶界区比晶内更早产生位错运动。

当应力达到发射位错的临界应力时,局部塑性变形就开始了。这些位错不会贯穿晶粒内部,原因有二:一是随着离晶界的距离增加,失配应力 τ_I 迅速衰减;二是晶粒中心由均匀分切应力 τ_H 控制,它与拉伸轴呈 $45°$ 方向。此外,τ_I 与 τ_H 取向不同。图 5.3.5 为该模型示

① LI JAMES C M. Petch relation and grain boundary sources[J]. Trans. Metall. Soc. AIME, 1963, 227: 239
② MEYERS M A, ASHORTH E. A model for the effect of grain size on the yield stress of metals[J]. Phil. Mag., 1982, 46: 737.

意图,在晶界发射位错前,由于晶界而导致侧晶粒的变形失配,在晶界处产生应力集中[见图 5.3.5(a)]。当晶界开始发射位错后,大量几何必须位错(GND)和位错锁的产生,导致了局部高位错密度层。晶界区塑性流动减弱了应力集中,GND 协调了应力失配[见图 5.3.5 (b)],这标志着微屈服的开始。应变硬化后的晶界层的流变应力为 σ_{GB},而多晶体的流变应力为 σ_B。随着外载荷的增加,材料响应行为类似于由连续晶界网和隔离的岛状晶体构成的复合材料。外载荷的增加并不导致晶内塑性流动(尽管 $\sigma_{GB} > \sigma_B$),这是因为连续晶界网提供了结构的刚性,连续晶界网的总应变不超过 0.005,在弹性范围内。这样,晶内塑性流动被禁止,这种现象称为塑性失配。

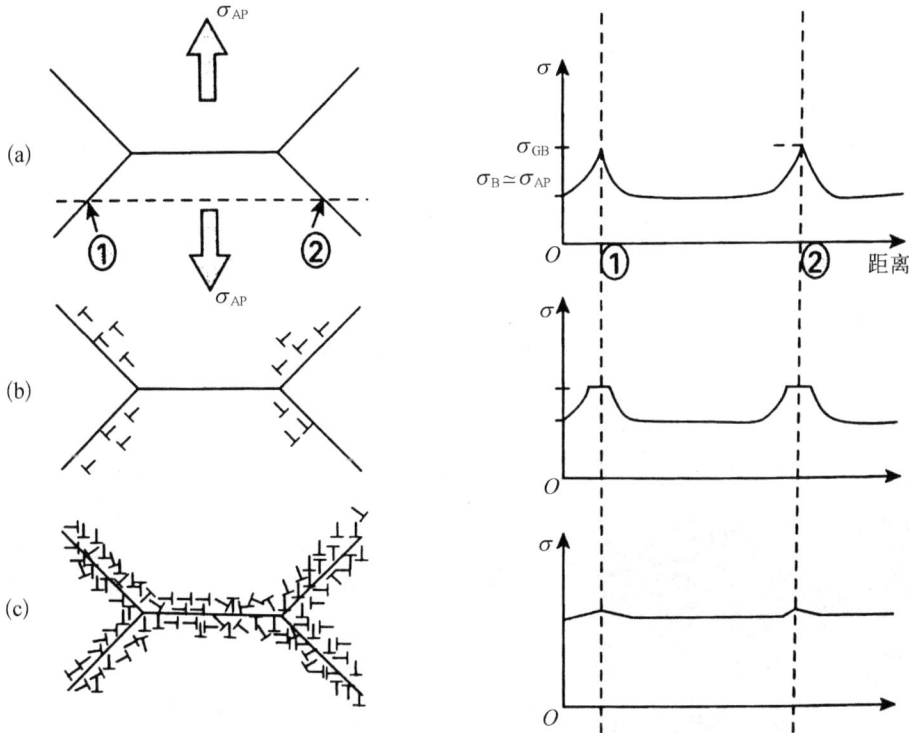

图 5.3.5 Meyers - Ashworth 模型
(a) 多晶体塑性变形开始;(b) 晶界区局部塑性流动(微屈服);(c) 晶界硬化层

当施加载荷使得晶界区应力等于 σ_{GB} 时,则晶界区塑性变形又恢复了。连续基体的塑性变形导致晶内应力增加[见图 5.3.5(c)],这标志着宏观屈服的开始。在经过一定量的塑性变形后,晶界区和晶内的位错密度变得相同,两个区具有相同的流变应力,塑性失配消失,则 $\sigma_{AP} = \sigma_{GB} = \sigma_B$。屈服强度可表示为

$$\sigma_s = \sigma_B + 8k(\sigma_{GB} - \sigma_B)d^{-\frac{1}{2}} - 16k^2(\sigma_{GB} - \sigma_B)d^{-1} \tag{5.3.23}$$

式中,最后一项在小晶粒尺寸情况下变得重要,并且降低了 σ_s - $d^{-\frac{1}{2}}$ 关系曲线的斜率。

5.3.5 晶粒尺度效应

霍尔-佩奇关系是普适的经验规律,对各种常规晶粒尺寸的强度、硬度都是适用的。那

么这种规律在纳米晶固体中是否仍然适用呢？自 20 世纪 80 年代末以来，对多种纳米金属、合金及化合物材料的硬度与晶粒尺寸的关系进行了大量实验研究，归纳起来有 3 种不同的规律（见图 5.3.6）。

（1）正霍尔-佩奇关系：即佩奇斜率 $k>0$。

（2）反霍尔-佩奇关系：$k<0$，即硬度随纳米晶粒尺寸的减小而降低。这种关系在常规多晶材料中从未出现过，但对许多纳米材料都观察到这种反霍尔-佩奇关系。

（3）正-反混合霍尔-佩奇关系：即不是单调关系，而是存在一个拐点（临界晶粒直径 d_c），当 $d>d_c$ 时，呈正霍尔-佩奇关系（$k>0$）；当 $d<d_c$ 时，呈反霍尔-佩奇关系（$k<0$）。

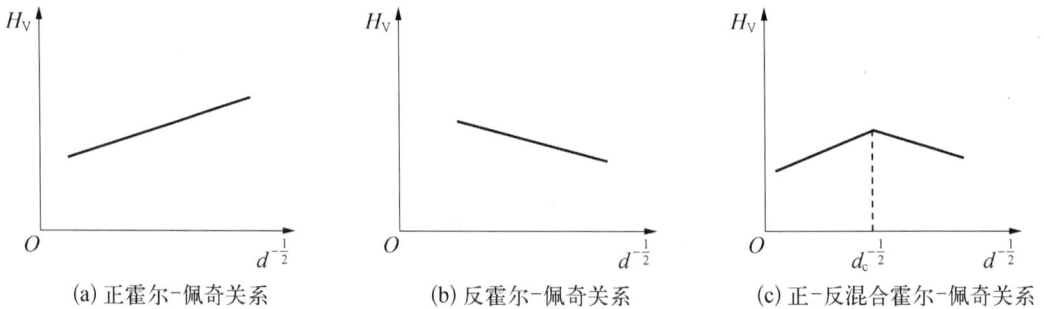

（a）正霍尔-佩奇关系　　（b）反霍尔-佩奇关系　　（c）正-反混合霍尔-佩奇关系

图 5.3.6　一些材料显微硬度 H_V 与纳米尺度范围内晶粒直径 d 的关系

纳米晶固体出现反霍尔-佩奇关系与其结构特征有关，图 5.3.7 为纳米晶粒的原子排列示意图。在纳米晶粒材料中，无序排列的晶界区原子数目与周期排列的晶内点阵原子数目的比值大于常规粗晶材料，且随着晶粒越细，这个比值就越大，当晶粒尺寸减小到一个临界尺度 d_c 时，下列两个起软化的因素就转为主导因素，而位错塞积的强化作用丧失：第一是位错贫乏，位错都通过晶界区耗散了，晶粒内即使有弗兰克—里德位错源，也很难开动，不会存在大量位错增殖的问题；第二是晶界滑移，晶界区比晶内的原子密度低，易产生晶界滑移。

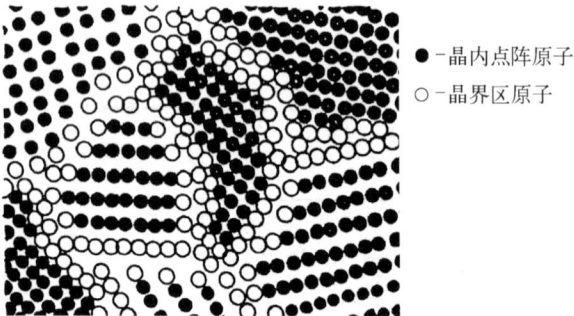

● —晶内点阵原子
○ —晶界区原子

图 5.3.7　纳米晶粒的原子排列示意

图 5.3.8 为根据实验结果和分子动力学（MD）模拟画出的 fcc 结构金属变形机制与晶粒尺寸的关系，分为 4 个区。

（1）纳米 1 区。变形机制为晶界滑移，无晶内位错滑移。MD 模拟预测在该尺寸至超细晶粒尺寸区域内会产生拉伸/压缩（T/C）的屈服不对称，拉伸屈服强度比压缩屈服强度低。

（2）纳米 2 区。fcc 结构金属会出现晶内滑移，分位错首先被激活，因层错能不同，纳米 1 区与纳米 2 区边界对应的 d 值不同。对于 Cu，d 是 8 nm；对于 Ni，d 是 12 nm。在这一区域内，肖克莱分位错滑动，被另一侧晶界吸收，在晶内留下内禀层错。这一现象只有在 MD 模拟预测到，而在透射电镜中没有观察到。bcc 结构结构金属一般不存在纳米 2 区，因为 bcc 结构金属层错能很高，很少存在分位错。

（3）超细晶粒区。全位错可以切过晶粒，即领先分位错启动并向前运动后，随后的分位错也能形核而形成扩展位错。在此区内，主要位错源是晶界。

（4）传统晶粒区。在该区，主要是晶内弗兰克-里德源作为位错增殖源，晶界主要起阻碍位错滑移的作用，符合霍尔-佩奇关系。

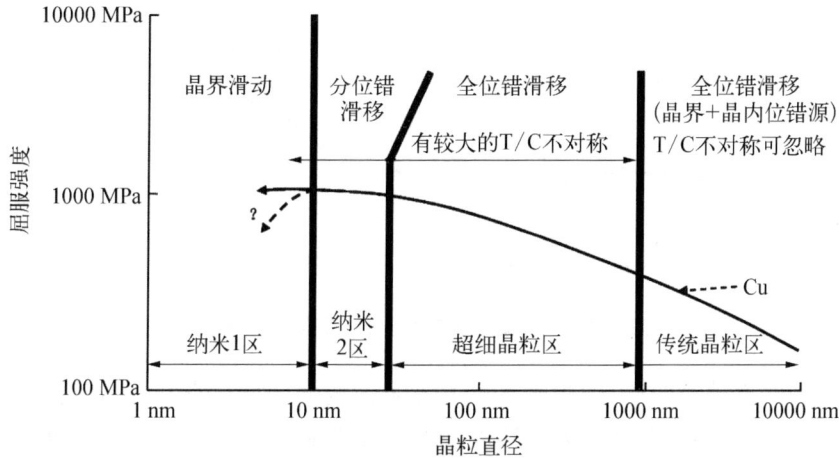

图 5.3.8　fcc 结构金属不同晶粒直径范围的变形机制及屈服强度变化趋势

5.4　点缺陷强化

晶体中的点缺陷与位错会产生各种交互作用，从而阻碍位错运动，起到强化效果。纯金属中的点缺陷（空位、间隙原子）是热力学平衡的点缺陷，在一定温度下有对应的平衡浓度。向纯金属中加入一定浓度范围的溶质原子形成固溶体合金，能大大增加点缺陷（溶质原子），使合金的强度升高，这称为固溶强化。另外，通过淬火、辐照等工艺手段，也能在材料中引入空位、离位原子等点缺陷，起到强化效果。由于固溶强化是材料 4 大经典强化机制之一，故本节重点讨论固溶强化。

5.4.1　固溶体合金的塑性变形

与纯金属相同，单晶固溶体的应力-应变曲线也分为 3 个阶段。需要指出的是，在多数情况下屈服延伸区（吕德斯应变）代替了第Ⅰ阶段曲线的局部或全部，如图 5.4.1 所示。纯金属在Ⅰ期硬化阶段的变形相应为初始滑移面的滑移和极少量其他滑移系的滑移，加工硬化速率较低。然而，合金固溶体在第Ⅰ阶段的变形量较大，且随浓度的增加而加大。这是因为，合金化使所有可能滑移系的临界切应力成比例地增加，所以产生具有第Ⅰ阶段结束特征的次级滑移必然需要更高的局部应力。如果这些应力是由初始滑移系上的位错塞积引起的，那么需要的塞积数是比较大的，这只有在易滑移比纯金属延长时才有可能。

与纯金属相同，固溶体第Ⅱ阶段的硬化速率也显著上升，不过流变应力要高得多，这一阶段的切应变一般可达 $75\%\sim80\%$。在第Ⅱ阶段的硬化开始时，很可能形成洛默-科特雷尔位错锁或其他障碍，在第Ⅲ阶段，大量位错以交滑移方式绕过障碍，从而形成滑移带。从

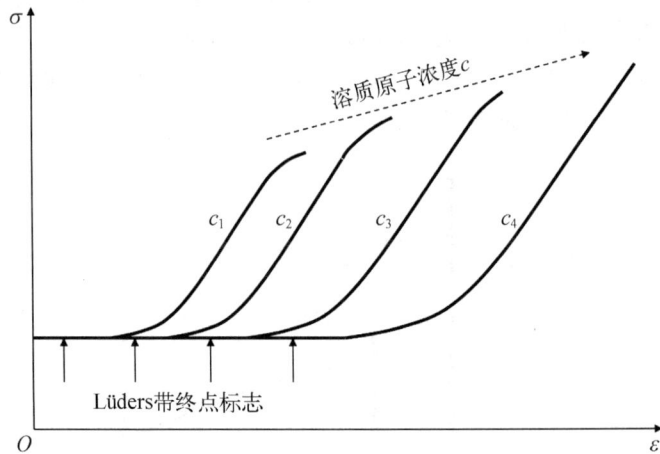

图 5.4.1 室温下固溶体应力-应变曲线特征

图 5.4.1 可看出,在第 Ⅱ 阶段,硬化速率 θ_{II} 随溶质浓度的增加而略有减小,但从第 Ⅲ 阶段硬化开始,应力 τ_{III} 很明显地向高应力推移以至不出现第 Ⅲ 阶段,这与溶质原子的加入降低了堆垛层错能使交滑移更难于进行有关。

与纯金属相比,固溶体中的所有元素都使滑移的临界切应力 τ_{c} 升高。至今对大量二元合金固溶体的研究表明,在溶质浓度不太高时(即稀固溶体),临界切应力与溶质浓度的关系可以表示为

$$\tau_{\text{c}} = \tau_0 + kc^m \tag{5.4.1}$$

式中,τ_0 为基体(溶剂)的临界分切应力;c 为溶质的原子浓度;k 为固溶强化系数;m 为固溶强化指数。m 值与溶剂和溶质的结构和性质有关:对于溶质原子造成点阵球形畸变的情况(如置换固溶体或间隙溶质原子溶入 fcc 及 hcp 晶体正八面体间隙),$m = 1$,即为线性强化[见图 5.4.2(a)];对于溶质原子造成点阵四方畸变的情况(如间隙溶质原子溶入 bcc 晶体扁八面体间隙),$m = \dfrac{1}{2}$,即为抛物线强化[见图 5.4.2(b)],例如 C、N、O 原子溶入 Fe、Nb 等 bcc 晶体就是这种情况。

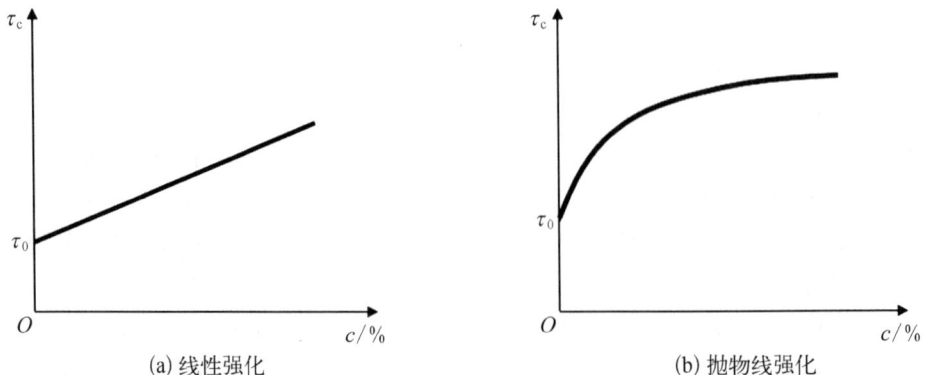

(a) 线性强化　　　　　　　　　　　　　　　(b) 抛物线强化

图 5.4.2 稀固溶体临界分切应力与溶质原子浓度的关系

值得指出的是,在过渡族金属为基的合金中,有反常的 τ_c - c 关系。例如在 Cu 中加入 Zn、Ga、Ge 和 As 后,在浓度小于 0.1％时,剪切模量和杨氏模量出现极大值。在 Fe 中加入 Cr、Mo、W 及 Al 等各种元素后,也有这种反常现象。这与过渡族金属的 d 电子壳层的畸变有关。

当溶质浓度较大时,式(5.4.1)不成立。图 5.4.3 显示了完全互溶固溶体的 τ_c - c 关系。若为无序状态,当浓度达到约 50％时,τ_c 达到极值。由于完全互溶只有在溶剂(A)和溶质(B)晶格相同且原子尺寸相差不大的条件下才能实现,所以由原子尺寸差造成的弹性交互作用不大,强化效果主要来源于化学交互作用。

A 和 B 两金属若在定比成分处能形成超点阵,即形成长程有序固溶体,则因附加有序强化而使强度升高,在定比成分处达到峰值,如图 5.4.4 所示。

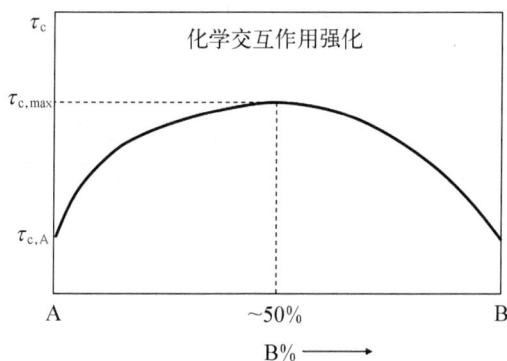

图 5.4.3 完全互溶固溶体 τ_c - c 关系　　　**图 5.4.4 长程有序固溶体的有序强化**

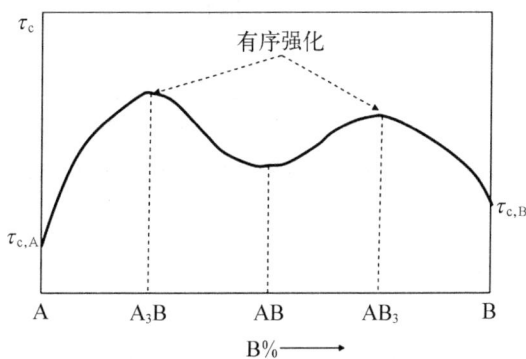

固溶强化理论要处理两个关键问题:第一,确定溶质原子与位错的基本交互作用效果,即确定单个溶质原子对位错运动的阻力;第二,确定溶质原子在基体中的分布特征,以便对固溶强化的整体效果进行预测。

5.4.2　溶质原子对位错运动的阻力

溶质原子与位错之间有弹性、化学、静电 3 大类交互作用。由于静电交互作用较微弱,对固溶强化的贡献很小,且因 3.5 节已讨论过弹性交互作用和化学交互作用的机制,故本节仅讨论前 2 类交互作用的效果。

5.4.2.1　超弹性交互作用阻力

由溶质原子与基体原子尺寸错配引起的畸变应力场与位错应力场产生的交互作用称为超弹性交互作用。参见式(3.5.8),在溶质原子造成球形畸变的情况下,它与位错交互作用能为 $U_e = A_e \dfrac{\sin\theta}{r}$,式中,$\dfrac{\sin\theta}{r}$ 为位置函数;$A_e = \dfrac{4}{3} \dfrac{(1+\nu)}{(1-\nu)} \mu b \varepsilon R^3$,为与材料性质相关的常数,其中 ν 为基体泊松比,μ 为基体剪切模量,R 为基体原子半径,ε 为原子错配度,$\varepsilon = \dfrac{\Delta R}{R}$。显然,在位置确定后,交互作用能的大小取决于基体金属性质(μ、ν、b)和 ε,且 ε 越大,交互作用越强烈。

为了实际分析方便,在各向同性的情况下,一般采用晶格错配度的概念,其定义为

$$\delta = \frac{1}{a} \frac{da}{dc} \tag{5.4.2}$$

式中，a 为晶格常数；c 为溶质原子浓度。δ 的含义是每增加单位浓度溶质原子造成的晶格尺寸相对变化。

在溶质原子造成基体球形畸变时，例如 fcc 和 hcp 结构的置换固溶体及间隙固溶体，溶质原子与螺型位错无交互作用，与刃型位错的最大交互作用力为

$$F_{p, max} = \mu b^2 \delta \tag{5.4.3}$$

$F_{p, max}$ 约为 1×10^{-10} N。

在溶质原子造成基体四方畸变时，例如 bcc 结构的间隙固溶体，存在切变应力场的交互作用，溶质原子与刃型位错和螺型位错都能产生交互作用，总的交互作用更强烈，交互作用力的典型值为 5×10^{-10} N 左右。

5.4.2.2 介弹性交互作用阻力

介弹性交互作用是由溶质和溶剂的弹性模量差引起的，这是因为位错应变场正比于剪切模量。环绕溶质原子区域的剪切模量与基体金属的剪切模量有差别，可用模量错配度来表征：

$$\eta = \frac{1}{\mu} \frac{d\mu}{dc}, \quad x = \frac{1}{K} \frac{dK}{dc} \tag{5.4.4}$$

它们分别对应于剪切模量 μ 和体积模量 K。位错的介弹性交互作用能变化 U_d 可表示为

$$U_d = \eta W_s \Omega + \chi W_d \Omega \tag{5.4.5}$$

式中，Ω 为原子体积；W_s 为剪切能量密度；W_d 为膨胀能量密度。而最大交互作用力为

$$F_{d, max} = \alpha \mu b^2 \mid \eta \mid \tag{5.4.6}$$

对于刃型位错，$\alpha = 16$；对于螺型位错，$\alpha = 3$。以 Cu-Ce 合金为例，一个刃型位错的最大介弹性交互作用力 $F_{p, max}(edge) \approx 0.27 \times 10^{-10}$ N；而对于螺型位错，$F_{p, max}(screw) \approx 0.21 \times 10^{-10}$ N。

5.4.2.3 化学交互作用阻力

在两个分位错之间的堆垛层错里，因降低能量的要求，会发生溶质原子的偏聚（形成铃木气团）。偏聚在层错里的溶质原子对位错运动产生钉扎作用，对单位长度层错的钉扎阻力（即化学交互作用力）等于溶质原子在层错带里平均分布与偏聚分布时层错能 γ_{sf} 的差值：

$$F_s = \gamma_{sf}(c_0) - \gamma_{sf}(c_1) \tag{5.4.7}$$

式中，c_0 为基体中溶质原子浓度；c_1 为层错带中溶质原子浓度。这一作用相对于刃型位错来说要比螺型位错更强烈，而且在高温下更明显。

5.4.2.4 各种点缺陷强化效果的比较

实际上，除了溶质原子外，位错还会与诸如空位、离子等其他点缺陷产生交互作用，

表 5.4.1 给出了位错与各类点缺陷交互作用后导致的强化效果 $d\tau/dc$(单位浓度点缺陷增高导致的临界分切应力增量)。根据强化效果的量级分为两类:第一类为弱强化,$d\tau/dc$ 在 $(0.01\sim0.1)\mu$ 量级;第二类为强强化,$d\tau/dc$ 在 $(1\sim10)\mu$ 量级。强、弱两类的强化效果可相差 3 个数量级。

表 5.4.1　各种点缺陷强化效果

材　　料	溶质原子或点缺陷类型	$d\tau/dc$
Al	置换溶质原子	$\mu/10$
Cu	置换溶质原子	$\mu/20$
Fe	置换溶质原子	$\mu/16$
NI	间隙碳原子	$\mu/10$
Nb	置换溶质原子	$\mu/10$
KCl	F 中心	$\mu/2.5$
NaCl	单价置换离子	$\mu/100$
Al(淬火)	空位盘	2μ
Cu(辐照)	离位原子	9μ
Fe	间隙碳原子	3μ
LIF(辐照)	间隙氟原子	5μ
Nb	间隙氮原子	2μ
KCl	间隙氯	7μ
NaCl	双价置换离子	2μ

从表 5.4.1 中还可以总结出如下规律。

(1) 对于金属及合金,间隙原子强化效果远比置换原子好。

(2) bcc 结构间隙原子强化效果比 fcc 结构间隙原子强化好。

(3) 对于离子键固体,间隙或置换原子也可产生强化,且置换离子的化合价越高,强化效果越好。

(4) 由淬火、辐照等产生的点缺陷(空位、离位原子等)具有很强的强化效果。

5.4.3　固溶强化机制

在具体分析固溶强化机制和效果时,首先需要确定溶质原子的分布状况。一般根据溶质原子在基体中的分布特征分为 3 大类。

（1）溶质原子呈无规均匀分布，对位错运动有"漫散性"阻力，称为均匀强化。

（2）相互作用使溶质原子偏聚于位错线周围，形成各种"气团"，对位错运动有"局域性"阻力，称为非均匀强化。

（3）溶质原子有序排列，称为有序强化。

5.4.3.1 均匀强化

假设溶质原子随机地分布于基体中，位错运动遇到溶质原子障碍后将弯曲成柔性位错线。在溶质浓度和分布特征均相同、而溶质原子与位错相互作用强度不同时，位错的弯曲程度就不同，也即位错线上溶质原子障碍的平均间距（有效钉扎间距 L）不同，如图 5.4.5 所示。当为强相互作用时，位错弯曲程度较大，障碍平均距离较小，大致等于溶质原子的平均间距，即 $L \approx l$ [见图 5.4.5(a)]；当为弱相互作用时，位错弯曲程度较小，位错线上溶质障碍间距较大，即 $L > l$ [见图 5.4.5(b)]。

若以 l 和 L 分别表示两种情况下可独立滑移的位错段平均长度，F_m 表示溶质原子对位错的阻力（主要取决于溶质原子与位错的交互作用强弱），则位错运动所需的切应力可写为

强相互作用时：$\tau = \dfrac{F_m}{bl}$ （5.4.8a）

弱相互作用时：$\tau = \dfrac{F_m}{bL}$ （5.4.8b）

此式只适用于稀固溶体。在高浓度固溶体中，溶质原子分布十分密集，以致位错线的弹性不能发挥作用（即位错线不能变弯曲），这时，由于位错线附近溶质原子对它的作用力有正有负，统计平均后其强化作用就为零了。

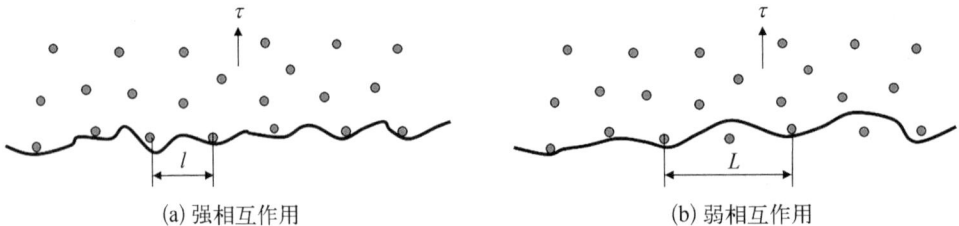

(a) 强相互作用　　　　　　　　　　(b) 弱相互作用

图 5.4.5　溶质原子与位错相互作用强度对位错弯曲程度的影响

关于均匀固溶强化机制，已提出了多个理论，这里仅扼要介绍较为经典的弗莱舍（Fleischer）理论[①]，其模型如图 5.4.6 所示。设溶质原子在滑移面上的平均间距为 l，位错在溶质原子前受阻而弯曲[见图 5.4.6(a)]，L 为位错线上溶质原子的平均间距，Λ 为位错弯曲的曲率半径，T_L 为位错线张力，F 为溶质原子对位错向前运动的阻力，它与具体的交互作用类型有关。

位错弯曲的曲率半径与外加应力 τ 的关系为

$$\Lambda = \frac{T_L}{\tau b}$$ （5.4.9）

根据简单的几何关系，$L = 2\Lambda \sin\theta$，故有

---

① FLEISCHER R L. Substitutional solution hadening[J]. Acta Met.，1963，11：203.

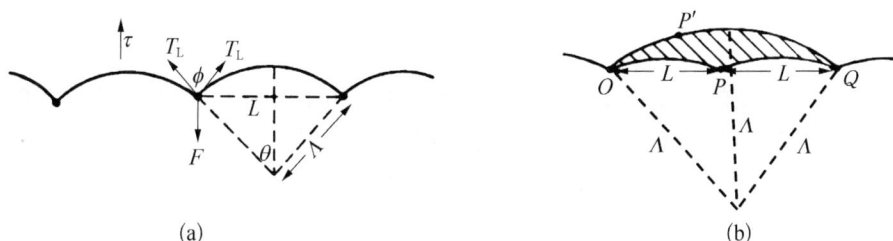

图 5.4.6 位错与溶质原子的近程交互作用

$$\tau b = \frac{T_L}{\Lambda} = 2T_L \frac{\sin\theta}{L} = 2T_L \frac{\cos\phi}{L} \tag{5.4.10}$$

切应力使位错克服 P 处的障碍滑移至 P' 的障碍前停止［见图 5.4.6(b)］，则位错扫过的面积（图中阴影区）等于 l^2。假定圆弧 OP、PQ 和 $OP'Q$ 的半径均为 Λ，弦长为 L 的弓形面积为 $\frac{L^3}{12\Lambda}$，则图 5.4.6(b) 中阴影区的面积为

$$l^2 = \frac{2L^3}{3\Lambda} - 2\left(\frac{L^3}{12\Lambda}\right) = \frac{L^3}{2\Lambda} = \frac{L^3\tau}{\mu b} \tag{5.4.11}$$

由式 (5.4.9) 和式 (5.4.10)，得到

$$l^2 = L^2 \cos\frac{\phi}{2} \tag{5.4.12}$$

将式 (5.4.12) 代入式 (5.4.10)，得到

$$\tau = \frac{1}{lb} \cdot 2T_L \left(\cos\frac{\phi}{2}\right)^{\frac{3}{2}} \tag{5.4.13}$$

当位错脱离钉扎而离开溶质时，ϕ 值达到临界值 ϕ_c，此时位错线所受的阻力为

$$F_m = 2T_L\left(\cos\frac{\phi_c}{2}\right) \tag{5.4.14}$$

代入式 (5.4.13)，得到

$$\tau = \frac{1}{lb} \cdot \frac{F_m^{\frac{3}{2}}}{(2T_L)^{\frac{1}{2}}} \tag{5.4.15}$$

设溶质的体积浓度为 c，则在滑移面上单位面积厚度为 b 的薄层中溶质原子数为 $bc/b^3 = 1/l^2$，将此代入式 (5.4.15)，并利用 $T_L = \mu b^2/2$，得到

$$\tau = \frac{F_m^{\frac{3}{2}}}{b^3}\left(\frac{c}{\mu}\right)^{\frac{1}{2}} \tag{5.4.16}$$

该式表明，固溶强化量与溶质浓度的平方根成正比。式中的 F_m 是位错摆脱溶质钉扎所需的临界力，也就是克服溶质原子与位错的交互作用所需的力。因此

$$F_{\mathrm{m}} = \left| -\frac{\partial U}{\partial r} \right| \tag{5.4.17}$$

式中,U 为溶质与位错的交互作用能。在 3.5.1 节中已指出,刃型位错与溶质原子的弹性交互作用包括由尺寸差引起的超弹性交互作用 U_{e} 及由模量差引起的介弹性交互作用 U_{M}。将总的交互作用能 $U = U_{\mathrm{e}} + U_{\mathrm{M}}$ 代入式(5.4.17)可求出 F_{m},再由式(5.4.16)可计算出流变应力。

对于螺型位错,在一级近似下没有正应力分量,因此也就不会有螺型位错与产生球形畸变溶质原子之间的超弹性交互作用。但是若考虑二级近似,螺型位错周围也有静水压应力分量,据此得到螺型位错与溶质原子的超弹性交互作用能为

$$U_{\mathrm{s}} = -\frac{2K\varepsilon\mu(1+\nu)R^3}{3\pi(1-2\nu)}\left(\frac{b}{r}\right)^2 \tag{5.4.18}$$

式中,K 为一系数。对于纯螺型位错,尺寸效应与模量效应的叠加为

$$U = U_{\mathrm{s}} + U_{\mathrm{M}} = \frac{\mu R^3}{6\pi}(\eta - 16K\varepsilon)\left(\frac{b}{r}\right)^2 \tag{5.4.19}$$

同时,式(5.4.19)还利用了 $\nu = \frac{1}{3}$ 及原子体积 $V_{\mathrm{a}} = \frac{4}{3}\pi R^3$ 的条件。位错克服与溶质原子的交互作用,沿 r 方向离开溶质原子所需的力为

$$F_{\mathrm{m}} = \left| -\frac{\partial U}{\partial r} \right| = \frac{\mu R^3 b^2}{3\pi r^3} \mid \eta - 16K\varepsilon \mid \tag{5.4.20}$$

将此式代入式(5.4.16),得到流变应力:

$$\tau \propto \mid \eta - 16K\varepsilon \mid^{\frac{3}{2}} c^{\frac{1}{2}} \tag{5.4.21}$$

该式表示了由尺寸错配和模量错配共同造成的强化效果。在分析时可引入一个综合参数 ε_{S},其定义为

$$\varepsilon_{\mathrm{S}} = \eta' - \alpha\varepsilon \tag{5.4.22}$$

其中,

$$\eta' = \frac{\eta}{1 - \frac{1}{2}\eta} \tag{5.4.23}$$

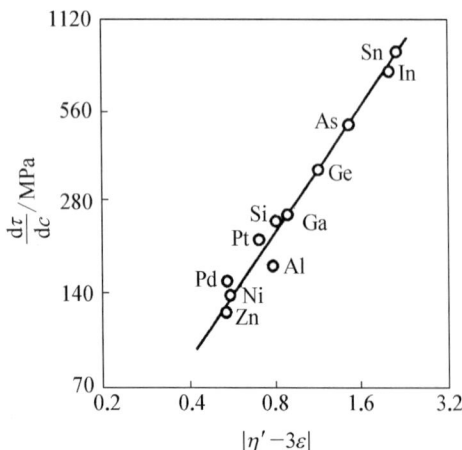

图 5.4.7　铜合金的固溶强化与综合参数 ε_{S} 的关系(螺型位错)

为修正后更精确的模量错配度。α 为一系数,对于螺型位错,$\alpha = 3$;对于刃型位错,$\alpha = 16$。弗莱舍研究了 11 种不同溶质元素引起铜固溶强化的效果,如图 5.4.7 所示,取 $\alpha = 3$,在双对数坐标上作图,$\mathrm{d}\tau/\mathrm{d}c$ 与 ε_{S} 的关系呈线性关系,且与实验结果符合很好。这说明尺寸因素和模量因素二者对固溶强化都是重要的。这两个因素对强化的相对

贡献是可以估计的,$\alpha \dfrac{\delta'}{\varepsilon_S}$ 为尺寸因素对强化贡献的分量。从这个比值可以得出,像钯、铂溶入铜中时,尺寸因素与模量因素对强化的贡献大体上相当;而对其他合金元素,如锌、硅、锡等,尺寸因素对硬化的贡献只有 10% 左右。平均来说,尺寸因素的贡献约为 25%,因此在铜基合金中模量差别的影响更大。但是在考虑固溶强化时,尺寸因素的影响总是不可忽略的。

5.4.3.2　非均匀固溶强化理论

在很多情况下,溶质原子优先分布于位错附近,形成溶质原子"气团"。位错滑移时要拖着气团一起运动,也即气团会钉扎位错,此时的强化称为气团强化,属于非均匀强化一类。金属中最常见的是科氏气团强化、斯诺克气团强化和铃木气团强化。

1)科氏气团强化[①]

科氏气团的结构已在 3.5.1 节讨论过,科氏气团的结构不同,对位错的钉扎效应也不同。

饱和气团的钉扎是十分强的。仍以碳原子在 $\alpha - Fe$ 中为例做简单分析,如图 5.4.8(a)所示,有一正刃型位错线,平衡时其下方有一列饱和的碳原子线,两者距离为 r_0。当施加应力使位错滑移 x 距离后,位错与碳原子的交互作用能为

$$U_e(x) = A_e \cdot \frac{\sin \theta}{r} = A_e \cdot \frac{r_0}{r^2} = A_e \cdot \frac{r_0}{r_0^2 + x^2} \tag{5.4.24}$$

则使位错移动 x 距离所需的力为

$$F = \frac{\partial U_e}{\partial x} = \frac{2A_e r_0 x}{(r_0^2 + x^2)^2} \tag{5.4.25}$$

F 与 x 的关系呈峰值变化,如图 5.4.8(b)所示。求 $F(x)$ 极值并令 $\dfrac{dF}{dx} = 0$,可解得当 $x = \dfrac{r_0}{\sqrt{3}}$ 时 F 的极大值:

$$F_{max} = \frac{9}{8\sqrt{3}} \cdot \frac{A_e}{r_0^2} \tag{5.4.26}$$

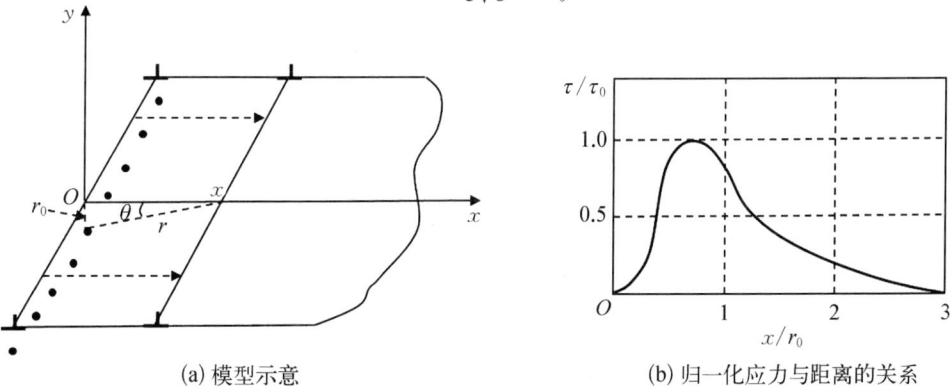

(a) 模型示意　　　　(b) 归一化应力与距离的关系

图 5.4.8　科氏气团对刃型位错的钉扎

---

① COTTRELL A H, BILBY B A. Dislocation theory of yielding and strain ageing of iron[J]. Proc. Roy. Soc., 1949, A62: 49.

故作用在每一原子平面长位错线上的切应力为

$$\tau_0 = \frac{9}{8\sqrt{3}} \cdot \frac{A_e}{b^2 r_0^2} \tag{5.4.27}$$

此即位错欲从科氏气团挣脱钉扎所需的最小的应力。取 $A_e = 0.1\mu b^4$，r_0 与 b 为同一数量级，按式(5.4.27)求得 $\tau_0 = \frac{\mu}{30}$，与实验测得的 4 K 温度时 α - Fe 的屈服强度$\left(约为 \frac{\mu}{80}\right)$很接近。由此可见，饱和科氏气团脱钉力很大，但常温下 α - Fe 的屈服强度远低于此值，这是因为在上述模型中，位错是"刚性"脱钉，而在常温下，位错可借助热激活自身某一部分凸起，即产生局部脱钉，这样脱钉力就较低了。

当为稀释气团时，位错有可能拖着溶质气团一起运动，这也对位错滑移产生阻滞作用。位错是否能拖着溶质气团一起运动取决于位错运动速度。在位错运动较慢时，溶质原子的扩散速度跟得上位错运动，位错可以拖着气团向前运动；但当位错运动速度(取决于外加应力)快到超过某一临界速度 v_c 时，位错将单独运动，把气团抛在后面，v_c 即为溶质原子定向运动的平均速度：

$$v_c = \frac{DF}{kT} \tag{5.4.28}$$

式中，D 为溶质原子扩散系数；F 为位错与溶质原子的相互作用力。式(5.4.28)可近似写为

$$v_c = \frac{D}{kT} \cdot \frac{A_e}{r^2} \tag{5.4.29}$$

令 r 为气团的有效半径 $\frac{l}{2}$；l 为一特征长度，表示位错中心到热振动能与交互作用能两者相等的距离，即

$$l = \frac{A_e}{kT} \tag{5.4.30}$$

则式(5.4.29)变为

$$v_c = \frac{4D}{l} \tag{5.4.31}$$

粗略估算，位错拖着溶质以 v_c 速度滑移时所需的应力约为

$$\tau_0 = 23 A_e \frac{c_0}{b} \tag{5.4.32}$$

当位错运动速度 $v < v_c$ 时，所需的应力大致为

$$\tau = \left(\frac{v}{v_c}\right) \tau_0 \tag{5.4.33}$$

但实际上，外加应力还需要一部分来克服 P - N 力及其他阻力。

2）斯诺克气团强化[①]

间隙溶质原子与螺型位错切应力场或刃型位错应力场中切应力分量相互作用后，会选择特定间隙位置呈局部有序分布（动态有序），形成斯诺克气团。由于间隙有 3 个可能的位置，其交互作用能可表示为

$$U_s = A_s \cdot \frac{\cos\left[\varphi - (i-1)\dfrac{2\pi}{3}\right]}{r}, \quad i=1,2,3 \tag{5.4.34}$$

考虑实际间隙原子（如碳原子）在 3 类间隙位置中应保持动态有序分布，在 i 位置碳原子的平均浓度应为

$$\bar{c}_i = c_0 \cdot \frac{\exp\left(-\dfrac{U_{si}}{kT}\right)}{\sum_i \exp\left(-\dfrac{U_{si}}{kT}\right)} \tag{5.4.35}$$

式中，c_0 为固溶体中碳的平均浓度。因此，位错的弹性能 U_0 比碳原子混乱分布时要小：

$$U_0 = \int_0^{2\pi}\int_0^L \sum_i \bar{c}_i U_{si} \cdot r\mathrm{d}r\mathrm{d}\varphi \tag{5.4.36}$$

式中，L 为位错胞大小。若 $L \gg \dfrac{A_s}{kT}$，有

$$U_0 = 2\pi \frac{P}{a^3} \cdot \frac{A_s^2}{kT}\left[1.1 + \log\left(\frac{LkT}{A_s}\right)\right] = K\frac{P}{a^3} \cdot \frac{A_s^2}{kT} \tag{5.4.37}$$

式中，$K=41$；$P=\dfrac{1}{2}c_0 a^3$。

在螺型位错周围碳原子形成斯诺克气团的另一个条件是 $U_s \geqslant kT$。这是因为若 $U_s < kT$，则热起伏势必将碳原子驱散而使其成麦克斯韦-玻尔兹曼分布。可以推算出斯诺克气团的半径 R 为

$$R \leqslant \frac{A_s}{kT} \tag{5.4.38}$$

欲使螺型位错自斯诺克气团脱钉，则外加应力必须将其驱出气团的势能槽，而此势能槽深度即为 U_0，宽度为 $2R$。故要使单位长度螺型位错脱钉所需的力为

$$\tau_0 b = \frac{U_0}{2R} \tag{5.4.39}$$

将式（5.4.37）和式（5.4.38）代入式（5.4.39），得

$$\tau_0 = 20.5\frac{A_s}{ba^3} = 10.25\frac{A_s}{b}c_0 \tag{5.4.40}$$

① SCHOECK G，SEEGER A. The flow stress of iron and its dependence on impurities[J]. Acta Met.，1959，7：469.

可见斯诺克气团的强化效果与碳的浓度成正比,而与温度无关。

3) 铃木气团强化[1]

如果扩展位错滑移时,溶质原子来不及扩散到新形成的层错区中去,即滑移前的层错区 (x_1x_2) 的浓度为 C_1,而滑移后的层错区 $(x_1'x_2')$ 的浓度为 C_0,如图 5.4.9 所示,单位长度位错在滑移过程中要克服层错区浓度改变带来的阻力功 $\tau_0 b^3$,其数值等于化学交互作用能 U_{ch},即

$$U_{ch} \doteq \tau_0 b^3 = (C_0 - C_1)(\gamma_B - \gamma_A) \quad (5.4.41)$$

由此得到

$$\tau_0 = \frac{(C_0 - C_1)(\gamma_B - \gamma_A)}{b} \quad (5.4.42)$$

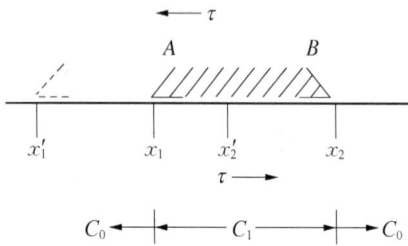

图 5.4.9 扩展位错 A、B 运动示意

铃木气团的强化作用没有科氏气团钉扎的作用那么强,但这种强化受温度影响较小,扩展位错若要脱离铃木气团,需要走的距离比全位错脱离科氏气团所走的距离要远得多。一般而言,室温条件下热激活很难使铃木气团与扩展位错分离。

5.4.3.3 有序强化

1) 短程有序强化

当一个位错在具有短程序的固溶体中运动时,由异类原子对构成的局部有序被破坏,引起能量升高,即必须付出破坏短程序提高能量的代价才能使位错运动。若位错扫过单位面积而增高的能量为 ΔE,则位错运动的阻力为

$$\tau = \frac{\Delta E}{b} \quad (5.4.43)$$

关键的问题在于知道 ΔE 和短程有序度 α 的关系。Flinn[2] 首先针对 fcc 结构做了计算,在忽略熵的变化影响下,且当有序度不大时得到

$$\tau = 32\sqrt{\frac{2}{3}} \frac{(m_A m_B)^2 W^2}{a^3 kT} \quad (5.4.44)$$

式中,m_A、m_B 为 A、B 两组元的物质的量;a 为晶格常数;k 为玻尔兹曼常数;T 为绝对温度;W 为原子对作用能差值:

$$W = \frac{1}{2}(U_{AA} + U_{BB}) - U_{AB} \quad (5.4.45)$$

式中,U_{AA}、U_{BB} 及 U_{AB} 分别为 A - A、B - B 及 A - B 原子对键能。W 的值可由 X 射线测 α 求得:

$$W = \frac{\alpha}{m_A m_B} kT \quad (5.4.46)$$

---

① SUZUKI H. Dislocation in solids[M]. Vol. 4. Amsterdam: North-Holland, 1979: 193.

② FLINN P A. Solid solution strengthening[C]. A Seminar of ASM, 1960: 17.

该式中虽含有温度变量,但由于热激活不能使位错同时破坏许多原子键,所以短程有序强化对温度并不敏感。

2) 长程有序强化

当合金由无序态转为长程有序态(超点阵)时,通常有两类变化:一是结构变化,即位错的伯格斯矢量发生变化,一般是变大;二是有序态中较大伯格斯矢量的位错可以分解为两个分位错(原无序态时的全位错),这两个分位错组成一对超位错,在这两个分位错之间是反相畴界,如图5.4.10所示。

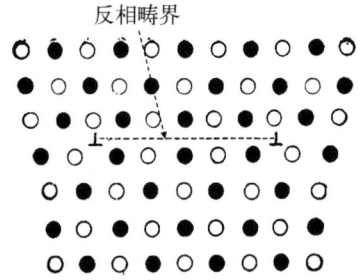

图 5.4.10 长程有序合金中的超位错

与层错能和扩展位错宽度的关系类似,反相畴界能越大,超位错的平衡宽度越小。在长程有序合金中,位错运动的阻力表现在超位错运动的阻力。令图5.4.10的垂直于纸面的厚度为单位厚度,且超位错宽度也为单位厚度,则切应力 τ 使超位错移动的功 $2\tau b = \gamma_{APB}$,其中,γ_{APB} 为单位面积反相畴界能,b 为超位错中分位错的伯格斯矢量模,则超点阵的位错运动阻力为

$$\tau = \frac{\gamma_{APB}}{2b} \tag{5.4.47}$$

实际的长程有序合金也并非完全理想的超点阵排列,而是预先存在反相畴界。当位错滑移切割已有反相畴界时,会产生新的反相畴界,这需要提供额外的能量,也即起到强化作用。图5.4.11表示了超位错滑移时切割已有反相畴界的情况:超位错中的领先位错在滑移过基体时,产生反相畴界,而后续位错滑过时又恢复了规则有序状态[见图5.4.11(a)(b)]。当领先位错滑移切割基体中已存在的反相畴界时产生有序台阶[见图5.4.11(c)],而当后续位错再切割时,有序台阶将变为反相畴界[见图5.4.11(d)]。这个反相畴界台阶就是新的反相畴界。如此,多个位错滑移可使反相畴界越来越多,其所包围的区域(反相畴)的尺寸越来越小,如图5.4.12所示。

在长程有序合金中,反相畴大小对强度有很大影响,并存在一个对应于最大强度的最佳反相畴尺寸。这是因为,一方面,反相畴尺寸越小,同样的变形造成的新反相畴界就越多,所以变形阻力就越大;另一方面,反相畴越小,本身就对应着较高的无序态,所以合金急剧越软。一般来说,当晶体滑移为反相畴大小的一半时,长程有序度破坏最严重。在长程序破坏前,沿滑移面单位面积的能量为

$$U_1 = \alpha \frac{\beta}{l} \frac{\gamma_{APB}}{2} \tag{5.4.48}$$

式中,α 为反相畴界宽度;β 为与反相畴形状有关的参数;l 为反相畴尺寸。长程序破坏后沿滑移面单位面积的能量为

$$U_2 = \frac{\gamma_{APB}}{2} \tag{5.4.49}$$

当滑移 $l/2$ 时,应力 τ 做功为 $\tau \cdot \dfrac{l}{2} = \dfrac{\gamma_{APB}}{2} - \alpha \dfrac{\beta}{l} \dfrac{\gamma_{APB}}{2}$,由此可得

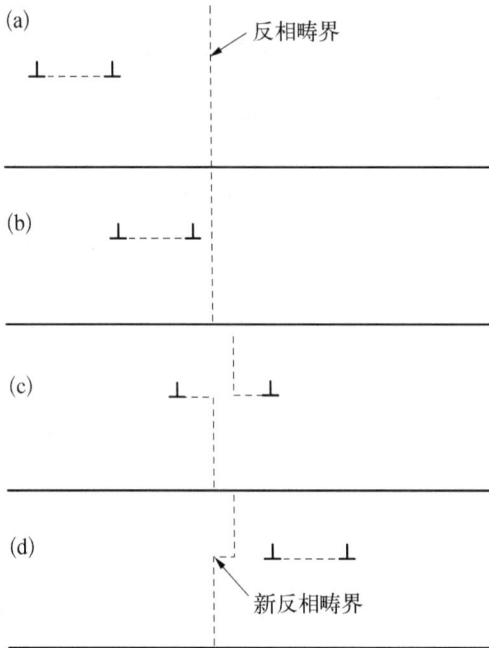

图 5.4.11　超位错滑移产生新反相畴界示意

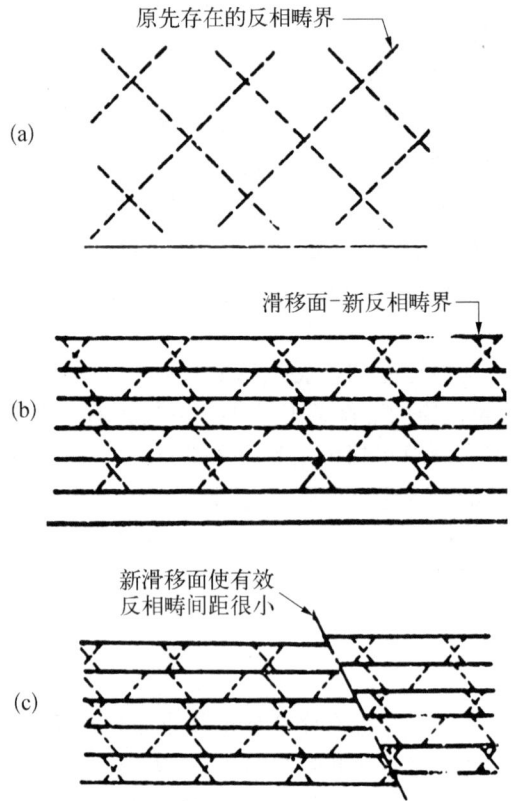

图 5.4.12　位错滑移细化反相畴示意

$$\tau = \frac{\gamma_{\mathrm{APB}}}{l}\left(1 - \alpha\,\frac{\beta}{l}\right) \tag{5.4.50}$$

当 $l = 2\alpha\beta$ 时,有极大值:

$$\tau_{\max} = \frac{\gamma_{\mathrm{APB}}}{4\alpha\beta} \tag{5.4.51}$$

此结果在 Cu_3Au 中已得到证实。

5.4.4　固溶强化与电子结构

在前述讨论固溶强化时,通常是把原子(包括溶质和溶剂)视为具有一定弹性性质(弹性模量 E 或 μ)的小球体,而未涉及其原子结构。许多研究表明,合金的平均价电子浓度 e/c 与合金力学性质有一定关系。Thornton 等[1]研究了 Al 和 Zn 含量对 Ag 基合金层错能的影响,如图 5.4.13 所示,可见平均电子浓度愈高,层错能就愈低。一般来说,具有同样浓度的固溶体溶质原子价数越高,对层错的影响就越大。关于 e/c 与合金强度间关系,最说明问

---

[1]　THORNTON P R, MICHELL T E, HIRSCH P B. The dependence of cross-slip on stacking-fault energy in face-centred cubic metals and alloys[J]. Phil. Mag., 1962, 7: 1349.

题的是 Allen 等[1]的研究工作。他们在 Cu 中加入 Zn、Ga、Ge 和 As,使其 e/c 值均为 1.082,结果发现所有合金的应力-应变曲线基本上都重合在一起,如图 5.4.14 所示。改变电子浓度时,这 4 种合金的屈服应力与电子浓度也具有同样函数关系。关于原子结构对强度影响的本质涉及固体物理学理论,比较复杂。简言之,可形象地归结为溶质原子溶入溶剂后,它的原子半径会改变,从而影响原子键强度。

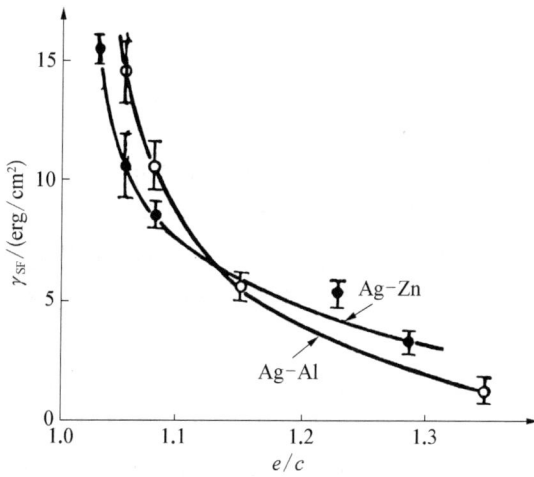

图 5.4.13 电子浓度对层错能的影响

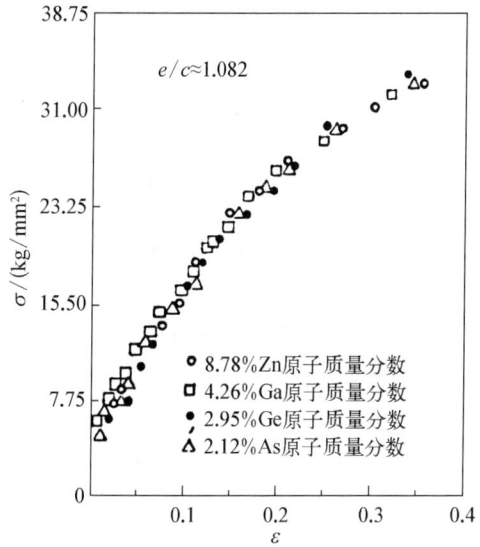

图 5.4.14 同样 e/c 的 4 种铜基合金的应力-应变曲线

5.5 颗粒强化

两相合金的塑性变形不仅取决于基体相的性质,更决定于第二相的情况:① 第二相的强度、塑性、应变硬化性质等力学性质;② 第二相的尺寸大小、形状、数量、分布等几何性质;③ 基体相与第二相的晶体学匹配情况、界面能、界面结合等。

在分析两相合金塑性变形时,通常可按第二相的尺度大小将合金分为两大类,如图 5.5.1 所示:第一类是第二相的尺寸与基体相晶粒尺寸属同一数量级,称为聚合型两相合金;第二类是第二相尺寸十分细小,以颗粒形式弥散分布在基体上,称为弥散型两相合金。这两类合金的塑性变形特征和强化规律有所不同。

对于聚合型两相合金,若两个相均是塑性相(只是两个相的塑性及刚度不同),其塑性变形行为可用混合律来描述。

对于弥散型两相合金,第二相颗粒一般比基体更硬,它均匀、弥散地分布于基体中会产生很大的强化效果。

① ALLEN N P, SCHOFIELD T H, TATE A E L. Mechanical properties of α-solid solutions of copper, with zinc, gallium, germanium and arsenic[J]. Nature, 1951, 168: 378.

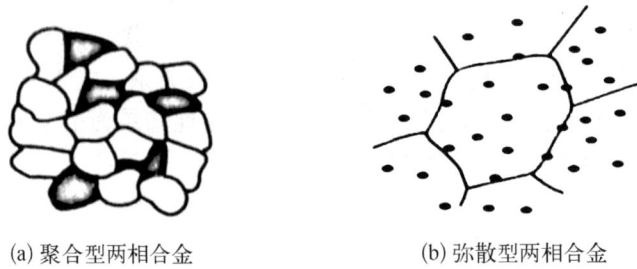

(a) 聚合型两相合金　　　　　　　　　　(b) 弥散型两相合金

图 5.5.1　两相合金的组织特征

5.5.1　弥散型两相合金的塑性变形

在基体中引入第二相颗粒通常有两种方法,其一是借助于合金本身的相变特性,通过相分解或过饱和固溶体的时效沉淀析出第二相颗粒;其二是通过粉末冶金法人为地添加所需的第二相颗粒,如基体金属的氧化物、氮化物、碳化物等。前一种是非热稳定的,随温度变化,强化效果或增大或减小甚至消失;而第二种一般是热稳定的,温度影响较小。

无论是哪一种方法得到的弥散型两相合金,其单晶的滑移系统都与纯金属的一样,只不过处在滑移系上的第二相颗粒会提高流变应力。图 5.5.2 为 Al-1.7%Cu 单晶时效出现GP 区后在 4.2 K 温度的应力-应变曲线,与纯铝比较,除了临界切应力有显著提高外,硬化曲线基本上是平行的。同时,硬化曲线与晶体取向的关系也与纯铝的一样。此外,合金加工硬化的第Ⅲ阶段一般较纯金属来得晚,这可能是合金元素抑制基体回复的结果。在 Al-Zn、Al-Ag 和 Cu-Co 等合金中亦如此。

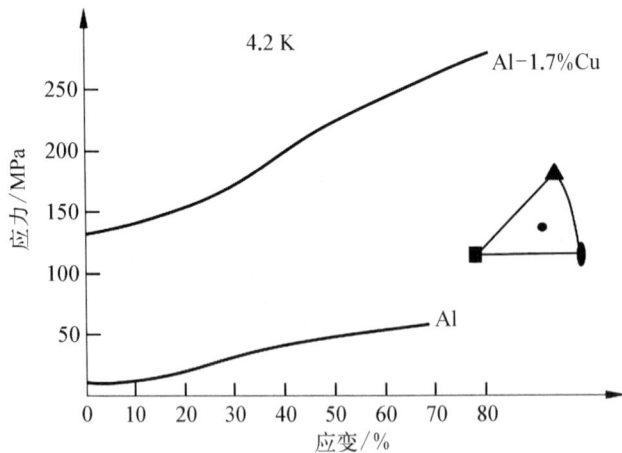

图 5.5.2　Al 单晶及 Al-1.7%Cu 合金(含 GP 区)加工硬化曲线

(哈宽富. 金属力学性质的微观理论[M]. 北京:科学出版社,1983.)

对不同 SiO_2 含量的铜单晶的实验发现,其加工硬化曲线也分为 3 个阶段,第Ⅰ阶段为抛物线硬化,第Ⅱ阶段为线性硬化,第Ⅲ阶段为动态回复硬化,并且随着 SiO_2 含量增加,第Ⅰ阶段有逐渐占据整个加工硬化曲线的趋势。

5.5.2 位错与第二相颗粒的交互作用

第二相颗粒强化是提高金属材料强度的重要手段,强化的物理本质是颗粒与位错的交互作用,并阻碍位错运动。位错与颗粒的交互作用与颗粒本身的性质、大小、分布等有关。例如颗粒较硬时,位错只能绕过;而颗粒较软时,位错可切过。另外,当颗粒体积分数较小时,其平均间距远远大于自身尺寸,在分析时可采取点障碍物近似;而当颗粒体积分数很大、颗粒之间存在相互作用时,情况较复杂,尚无很好的理论描述,多采用计算机模拟与实验对比的方法来处理。

5.5.2.1 弗莱舍-费里德模型

弗莱舍(Fleischer)和费里德(Friedel)[①]提出了在各向同性介质中位错与均匀分散的且具有同等强度的点状障碍物(以下简称颗粒)的相互作用的模型(简称 F - F 模型),如图 5.5.3 所示。类似于溶质原子对柔性位错钉扎的分析,可以得到位错克服颗粒钉扎的应力为

$$\tau = \frac{F_{\mathrm{m}}}{bL} = \left(\frac{2T_{\mathrm{L}}}{bL}\right)\left(\frac{F_{\mathrm{m}}}{2T_{\mathrm{L}}}\right) \qquad (5.5.1)$$

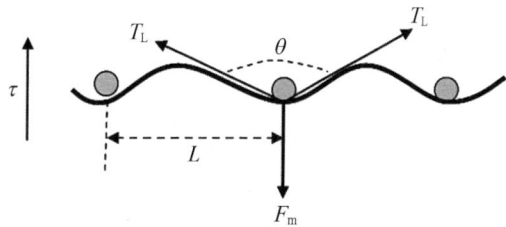

图 5.5.3　位错与颗粒交互作用

式中,b 为伯格斯矢量模;T_{L} 为位错线张力,L 为颗粒有效钉扎间距,F_{m} 为颗粒对位错的最大钉扎阻力。$F_{\mathrm{m}}/T_{\mathrm{L}}$ 称为颗粒的比强度。显然,要求 τ 需进行两方面的处理:第一,需对 L 进行评估;第二,要求出 F_{m} 或 $F_{\mathrm{m}}/2T_{\mathrm{L}}$。

根据位错柔性的差别,L 可在如下两个极限距离之间取值:

(1) $l_{\max}$ -理想化的随机直线上颗粒的平均间距;

(2) l -滑移面上完全柔软位错线上最小颗粒间距,它是颗粒的实际平均间距。

若颗粒呈正方排列,l 与颗粒密度 n_{s} 的关系为

$$l = n_{\mathrm{s}}^{-\frac{1}{2}} \qquad (5.5.2)$$

位错在外加应力作用下,会在所接触到的颗粒之间弯曲,以使能比在起始准直线位置时接触到更多的颗粒,因此 l 变短。对正方排列,F - F 模型求出有效钉扎间距为

$$L_{\mathrm{FF}} = \frac{l}{\left[F_{\mathrm{m}}/(2T_{\mathrm{L}})\right]^{\frac{1}{2}}} \qquad (5.5.3)$$

表明随着颗粒对位错运动的阻力加大,有效钉扎间距减小。将式(5.5.3)代入式(5.5.1),可得 F - F 模型的流变应力为

$$\tau_{\mathrm{FF}} = \left(\frac{F_{\mathrm{m}}}{2T_{\mathrm{L}}}\right)^{\frac{3}{2}} \cdot \left(\frac{2T_{\mathrm{L}}}{bl}\right) \qquad (5.5.4)$$

根据颗粒比强度 $F_{\mathrm{m}}/T_{\mathrm{L}}$,颗粒可以分为两类:

---

① FRIEDEL J. Dislocations[M]. Oxford:Pergamon Press, 1964:225.

(1) $F_m < T_L$，称为弱颗粒，位错可切过颗粒；

(2) $F_m = T_L$，称为强颗粒，位错只能绕过颗粒。

对于位错绕过颗粒的情况，在式(5.5.3)中令 $L_{FF} = l$，且 $T_L \doteq \frac{1}{2} \mu b^2$，则由式(5.5.4)可得

$$\tau_{OR} = \frac{2T_L}{bl} = \frac{\mu b}{l} \tag{5.5.5}$$

此即奥罗万应力的经典表达式[①]。

以上讨论是针对颗粒呈正方排列的，而表征实际情况采用随机排列更恰当一些。在随机排列情况下，通常采用计算机模拟的方法，所得结果如下。

对于弱颗粒：$\tau_{FF} = 0.9 \left(\frac{F_m}{2T_L}\right)^{\frac{3}{2}} \cdot \left(\frac{2T_L}{bl}\right)$ \tag{5.5.6}

对于强颗粒：$\tau_{OR} = 0.8 \frac{2T_L}{bl}$ \tag{5.5.7}

为了将 l 用冶金可控制参数来表征，假设颗粒为球形，r 为颗粒平均半径，r_s 为颗粒在滑移面上的平均半径，n_s 为滑移面单向面积上的颗粒数目，f 为颗粒体积分数，根据几何学及定量金相关系，有

$$r_s = \left(\frac{\pi}{4}\right) r \tag{5.5.8}$$

$$f = n_s \pi \left(\frac{2}{3}\right) r^2 \tag{5.5.9}$$

$$l = n_s^{-\frac{1}{2}} = \left(\frac{32}{3\pi f}\right)^{\frac{1}{2}} \cdot r_s = \left(\frac{2\pi}{3f}\right)^{\frac{1}{2}} \cdot r \tag{5.5.10}$$

$$l_{max} = \left(\frac{2}{3}\right) \frac{2r}{f} = \frac{2r_s}{f} \tag{5.5.11}$$

为了根据式(5.5.6)求出切割应力，必须求出最大交互作用力 F_m，这涉及不同的强化机制，将在 5.5.3 节讨论。在此仅做粗略估计。设 F_m 仅与位于颗粒的位错段长度有关，因此 F_m 与颗粒尺寸成正比

$$F_m = C_1 h^2 r_s \tag{5.5.12}$$

式中，C_1 为系数；h 为硬化参数。将式(5.5.10)和式(5.5.12)分别代入式(5.5.6)和式(5.5.7)，得

F-F 模型切割应力：$\tau_{FF} = C_2 \dfrac{h^{\frac{3}{2}}}{(\mu b)^{\frac{1}{2}}} \sqrt{fr}$ \tag{5.5.13}

---

① OROWAN E. Discussion in the symposium on internal stress in metals and alloys[J]. Nature, 1949, 164: 296.

奥罗万应力：$\tau_{OR} = C_3(\mu b)\dfrac{\sqrt{f}}{r}$ （5.5.14）

图 5.5.4 给出了位错遇到颗粒时会发生的两种相互作用的简单总结。

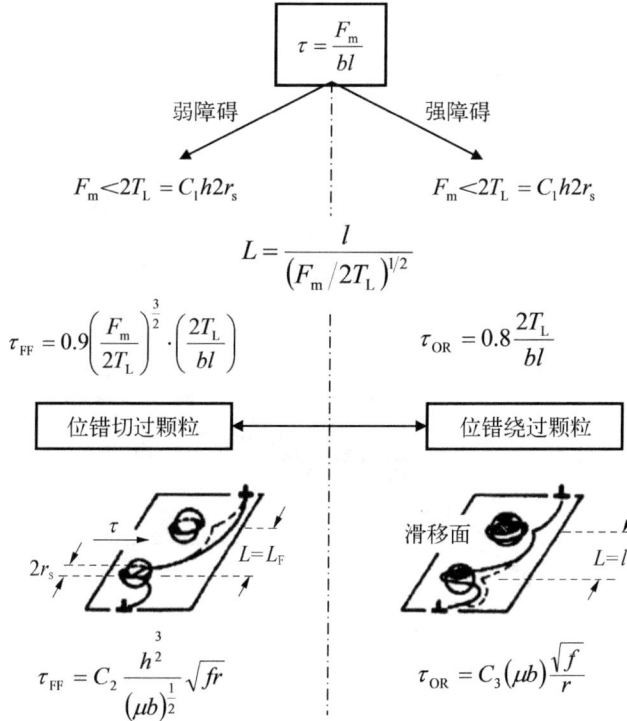

$$\tau = \frac{F_m}{bl}$$

弱障碍　　　　　　强障碍

$F_m < 2T_L = C_1 h 2r_s$ 　　　　　$F_m < 2T_L = C_1 h 2r_s$

$$L = \frac{l}{\left(F_m/2T_L\right)^{1/2}}$$

$$\tau_{FF} = 0.9\left(\frac{F_m}{2T_L}\right)^{\frac{3}{2}} \cdot \left(\frac{2T_L}{bl}\right)$$　　　$$\tau_{OR} = 0.8\frac{2T_L}{bl}$$

位错切过颗粒 ⟷ 位错绕过颗粒

滑移面

$$\tau_{FF} = C_2 \frac{h^2}{(\mu b)^{\frac{1}{2}}}\sqrt{fr}$$　　　　$$\tau_{OR} = C_3(\mu b)\frac{\sqrt{f}}{r}$$

图 5.5.4　含小体积分数颗粒的合金按 Fleischer-Friedel 近似的强化图

5.5.2.2　施瓦茨-拉布什模型

前述 F-F 模型只适用于颗粒间距 l 远远大于颗粒尺寸 r（即体积分数 f 很小）的情况，并且认为每个颗粒对位错有相同的阻力 F_m，且直接发生物理接触交互作用，即交互作用距离 $r=0$。若障碍物间距很小，F-F 模型不再适用。施瓦茨（Schwarz）和拉布什（Labusch）[1] 采用计算机模拟的方法进行了分析（简称 S-L 模型），此处不介绍模拟的方法和过程，仅简单介绍所得到的结果。

S-L 模型取消了 F-F 模型的两个基本假设，即点障碍和障碍正方排列，同时提出了两个描述交互作用的新参数：第一个是交互作用距离 Y_{SL}，即当位错靠近颗粒的距离小于 Y_{SL} 时，颗粒已对位错产生阻力；第二个是归一化障碍物深度 η_{SL}，

$$\eta_{SL} = \frac{Y_{SL}}{L}\left(\frac{F_m}{2T_L}\right)^{-\frac{1}{2}}$$ （5.5.15）

只有当 $\eta_{SL} \ll 1$ 时，F-F 模型才适用。

S-L 模型的分析表明，归一化应力 τ_{SL}/τ_{FF} 是归一化障碍物深度 η_{SL} 的单值函数，且根

① SCHWARZ R B, LABUSCH R. Dynamic simulation of solution hardening[J]. J. Appl. Phys., 1978, 49: 5174.

据交互作用的类型不同可分为两类,如图 5.5.5 所示。

(1) 对称交互作用:$\tau_{SL}^{I} = \tau_{FF} \times 0.94(1 + 2.5\eta_{SL})^{\frac{1}{3}}$ (5.5.16)

(2) 非对称交互作用:$\tau_{SL}^{II} = \tau_{FF} \times 0.94(1 + C_{SL}\eta_{SL})$ (5.5.17)

式中,$C_{SL} = \dfrac{2}{3}$,$\eta_{SL} \ll 1$ 时(F-F 硬化);$C_{SL} \gg 1$,$\eta_{SL} > 1$ 时,(S-L 硬化)。

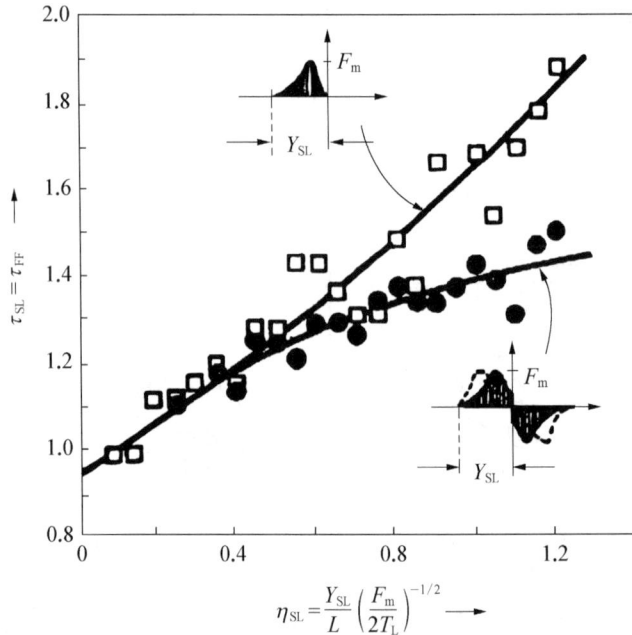

图 5.5.5 屈服应力与归一化障碍物深度 η_{SL} 的关系(由插图中的两个障碍物模拟而成)

在 S-L 模型中,有效钉扎间距为

$$l_{SL}^{I} = \frac{l_{FF}}{0.94(1 + 2.5\eta_{SL})^{\frac{1}{3}}}$$ (5.5.18)

$$l_{SL}^{II} = \frac{l_{FF}}{0.94(1 + C_{SL}\eta_{SL})}$$ (5.5.19)

应该指出,在根据式(5.5.16)或式(5.5.17)估计 S-L 模型硬化效果时需先求出 η_{SL},而 η_{SL} 应按式(5.5.15)计算,可见除了应已知 F_m、l、T_L 等参量以外,还需知道 Y_{SL} 值。然而 Y_{SL} 的确定存在很大分歧,有人把 Y_{SL} 确定为滑移面上颗粒平均尺寸的一半,即 $Y_{SL} = r_s$,但也有人提出如下的关系

$$Y_{SL} = \beta \cdot r_s$$ (5.5.20)

式中,β 为一可调的材料参数,由实验确定。

5.5.3 颗粒强化机制

5.5.3.1 位错绕过颗粒的情况

当颗粒的强度较高时,位错不能切过而只能绕过颗粒。位错绕过颗粒的机制可能有多种,如图 5.5.6 所示,包括位错在单滑移平面内通过弯曲伸长、汇合的奥罗万机制[见图 5.5.6(a)],刃型位错攀移绕过颗粒[见图 5.5.6(b)],螺型位错以双交滑移越过颗粒[见图 5.5.6(c)],以及联合奥罗万机制和双交滑移机制越过颗粒[见图 5.5.6(d)]。

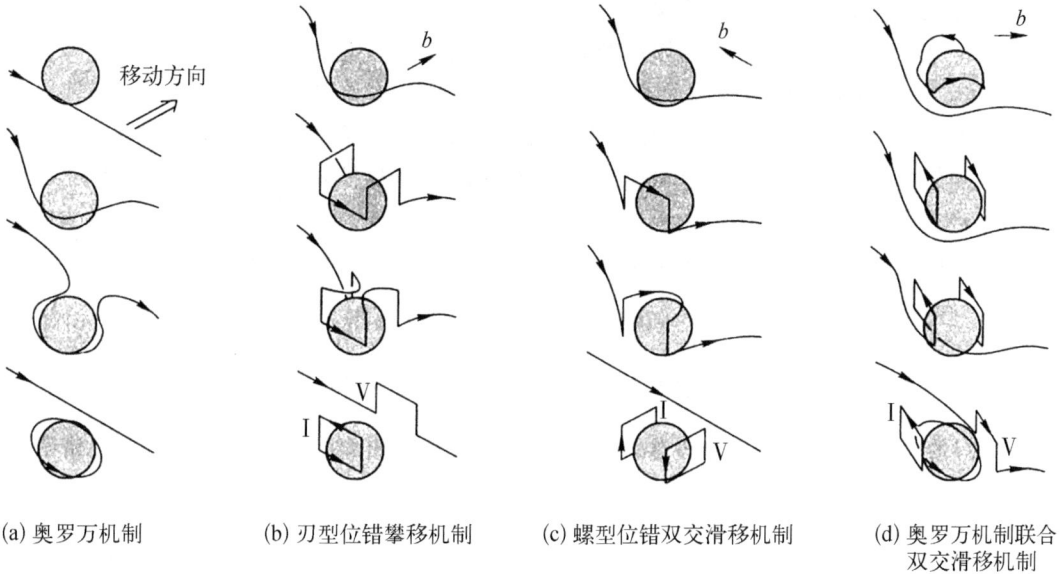

(a) 奥罗万机制 (b) 刃型位错攀移机制 (c) 螺型位错双交滑移机制 (d) 奥罗万机制联合双交滑移机制

图 5.5.6 位错绕过硬颗粒的可能方式

绕过应力由经典的奥罗万方程描述,即式(5.5.5)。然而,这个方程只能对屈服应力做数量级的估算,为了精确计算强化效果,还需在下列 3 个方面进行修正。

(1) 颗粒平均间距修正。当计算滑动位错和滑移面上质点障碍交互作用时,应该用平均的平面质点间距 l_s 代替 l,如图 5.5.7 所示。对任意分布的障碍,有效质点间距应取 $1.23r_s(2\pi/3f)^{\frac{1}{2}}$,由于考虑了这一统计因子,临界屈服应力应该减少至原来的 0.813,即乘以 0.81。此外,若第二相颗粒的尺寸与质点间距相比是不可忽略的,则以 $(l-2r_s)$ 代入公式。

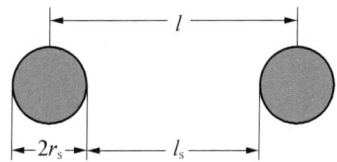

图 5.5.7 颗粒平均间距修正

(2) 位错偶的影响。当位错绕过第二相颗粒时,其弓出的位错两臂呈符号相反的位错偶,位错偶间的吸力会减小绕过的应力。经计算绕过的应力减小 $\ln\left(\frac{2r_s}{r_0}\right)$,其中,$2r_s$ 为位错偶的宽度(等于颗粒直径);r_0 为位错核心区半径,有时取 $r_0=b$。

(3) 位错线张力修正。刃型位错的线张力比螺型位错大一个因子 $(1-\nu)^{-1}$,螺型位错绕过颗粒时,在质点两侧演变为刃型位错;而刃型位错绕过颗粒时,在质点两侧演变为螺型位错,这样,似乎刃型位错绕过颗粒时,奥罗万应力应低于螺型位错绕过颗粒所需的应力。

但事实上,外加应力使位错环在滑移面上扩展时,螺型位错的曲率低于刃型位错,沿着螺型位错的平均障碍间距会大于刃型位错的障碍间距,这种影响补偿了线张力的差别。换句话说,线张力与质点间距之比 T_L/l 对刃型位错和螺型位错都是一样的。

综合以上 3 点修正,奥罗万应力的更精确表达式为

$$\tau = \frac{0.81\mu b}{2\pi(1-\nu)^{\frac{1}{2}}} \cdot \frac{\ln(2r_s/r_0)}{(l-2r_s)} \tag{5.5.21}$$

5.5.3.2 位错切过颗粒的情况

当颗粒比强度不高时,位错可切过颗粒,位错切过颗粒所需的应力由式(5.5.4)表示,因此为了对位错切过第二相的屈服应力做理论估计,就必须计算障碍力 F_m。而要计算障碍力,就必须分析位错与颗粒交互作用的具体物理机制,它们可以有如下几个方面:共格强化、化学强化、层错强化、有序强化及模量强化等。应该指出,针对具体的合金要对强化原因做具体分析,可能有一种强化原因是主要的,也可能有 2~3 个强化因素需同时考虑。但无论如何,不能笼统地将上述各种因素不加分析地同时运用到一种合金中。

1) 共格强化

共格强化的实质是基体/颗粒界面共格造成的畸变应力场与位错应力场的弹性交互作用,这与固溶强化中原子尺寸错配度造成的位错与溶质原子的弹性交互作用相类似。设颗粒半径为 r_0,颗粒与基体的错配度为 δ,颗粒体积分数为 f,滑移面单位面积上的颗粒数为 n_s,则由定量金相公式知

$$n_s = \frac{3f}{2\pi r_0^2} \tag{5.5.22}$$

又根据弹性力学原理知,由颗粒错配造成的基体中的切应变为

$$\gamma = \frac{\delta r_0^3}{r^3} \quad (r > r_0) \tag{5.5.23}$$

在颗粒表面,$r = r_0$,切应变最大,$\gamma = \delta$,则在颗粒表面产生的应力为

$$\tau' = \mu\gamma = \mu\delta \tag{5.5.24}$$

当位错接近颗粒时,单位长度位错受的阻力为

$$\tau'b = \mu\delta b \tag{5.5.25}$$

由于颗粒直径为 $2r_0$,位错所受一个颗粒的总阻力为

$$F_m = \mu\delta b 2r_0 \tag{5.5.26}$$

写成更一般的式子有

$$F_m = k\mu\delta b r_0 \tag{5.5.27}$$

式中,k 为一系数。将式(5.5.26)和式(5.5.22)代入式(5.5.4),并取 $T_L = \frac{1}{2}\mu b^2$,可得到由

共格强化控制的临界切应力：

$$\tau = k^{\frac{3}{2}} \delta^{\frac{3}{2}} \mu \left(\frac{3}{2\pi}\right)^{\frac{1}{2}} \cdot \left(\frac{r_0}{b}\right)^{\frac{1}{2}} \cdot f^{\frac{1}{2}} \tag{5.5.28}$$

此式表明，共格强化屈服应力与颗粒尺寸的平方根及颗粒体积分数的平方根成正比。一般来说，只有对错配度 δ 大于 1% 的球形颗粒，共格强化才是重要的，如 Cu - Co、Al - Cu 合金等。

2）化学强化

化学强化的实质是位错切过颗粒时会产生新的颗粒/基体界面（台阶），如图 5.5.8 所示，增加了界面能，而这需要额外做功。对于错配度较小的沉淀相（即使为球状），或片状沉淀相，如 Al - Cu 合金中的 GP 区或 θ''，以及 Cu - Be 合金中的沉淀相，共格强化效果较弱。在 Al - Cu、Cu - Be 合金中析出薄片状第二相，硬化速率显示出明显的温度关系，在第二相体积恒定时，随着颗粒粗化，强度连续下降，这都预示着化学强化可能起主导作用。在化学强化中位错与第二相有近程交互作用。

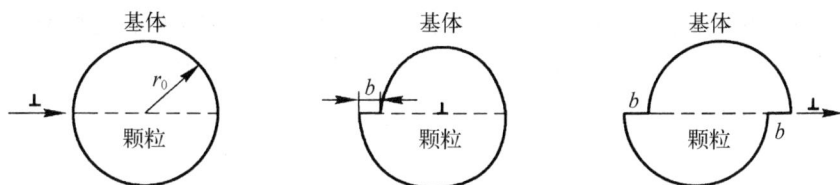

图 5.5.8 位错切过颗粒示意

设第二相半径为 r_0，则位错切过第二相颗粒时产生的新表面为 $2r_0 b$，若单位面积表面能为 γ_s，则位错切过一个颗粒所需的表面能为 $2r_0 b \gamma_s$。γ_s 可由两部分组成：一部分是切过界面时可能导致化学成分和化学键的改变；第二部分则是可能有晶体结构的改变，假如界面是完全共格的，那么作为一级近似只需考虑化学因素部分，此即化学强化名称的来由。粗略估计，应有 $\tau b = \dfrac{3f}{2\pi r_0^2} \cdot 2r_0 b \gamma_s$，即

$$\tau = \frac{3}{\pi} \gamma_s \frac{f}{r_0} \tag{5.5.29}$$

经修正后，更精确的公式为

$$\tau = \frac{1.1}{\sqrt{\alpha}} \cdot \frac{1}{\mu b^2} \cdot \gamma_s^{\frac{3}{2}} \cdot f^{\frac{1}{2}} \cdot r_0^{\frac{1}{2}} \tag{5.5.30}$$

式中，α 为位错线张力的函数。式(5.5.30)表明，化学强化的效果与颗粒半径及颗粒体积分数都是平方根正比关系，这一点与共格强化的规律相同。不同的是化学强化与基体剪切模量成反比，而共格强化与基体剪切模量则成正比。

3）层错强化

当第二相的层错能远低于基体时，在基体和第二相中扩展位错的平衡宽度就有很大差异。设 w_m、w_p 分别为基体和第二相颗粒中的扩展位错平衡宽度，γ_m、γ_p 分别为基体和颗

粒的比层错能,由于 $\gamma_m > \gamma_p$,则有 $w_m < w_p$,如图 5.5.9 所示。这样,位错与第二相会产生较强的相互作用。

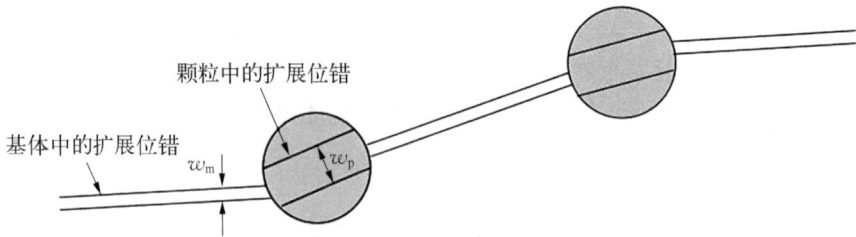

图 5.5.9 位错在基体与第二相中分解的扩展宽度

根据位错理论,扩展位错平衡宽度 w 与层错能 γ_{sf} 有如下关系:

$$w = k(\phi) \frac{\mu b_p^2}{4\pi(1-\nu)} \cdot \frac{1}{\gamma_{sf}} \tag{5.5.31}$$

式中,$k(\varphi)$ 为伯格斯矢量与位错线之间夹角的三角函数;b_p 为扩展位错伯格斯矢量模。扩展位错之间的层错能等于两个扩展位错的排斥力克服层错能引力做的功,以未扩展($w=0$)时层错能为 0,则每单位长度上的层错能为

$$\gamma_{sf} = k(\phi) \frac{\mu b_p^2}{4\pi(1-\nu)} \int \frac{1}{w} dw = k(\phi) \frac{\mu b_p^2}{4\pi(1-\nu)} \ln w \tag{5.5.32}$$

当扩展位错切入第二相时,平衡宽度加宽,则扩展位错能量之差为

$$\Delta E = k(\phi) \frac{\mu b_p^2}{4\pi(1-\nu)} \ln\left(\frac{w_p}{w_m}\right) \tag{5.5.33}$$

把位错从第二相中拉出时,需要做功,每单位滑移面积上做功 $\tau b_p \cdot 1 = \Delta E$,即有

$$\tau = \frac{\Delta E}{b_p} \tag{5.5.34}$$

当写成第二相颗粒体积分数 f 和尺寸 r_0 的函数时,则为

$$\tau = \left(\frac{8}{\pi}\right)^{\frac{1}{2}} \mu \left(\frac{\Delta E}{\mu b_p}\right) \cdot \left(\frac{r_0}{b_p}\right)^{\frac{1}{2}} \cdot f^{\frac{1}{2}} \cdot I_m \tag{5.5.35}$$

式中,I_m 为与 r_0 和 γ_{sf} 有关的复杂函数。用式(5.5.35)对 τ 做数量级的估计时与实验相符。在 Al - 4%Ag 合金系里,Ag 的层错能约为 20 mJ/m²,而铝的层错能约为 200 mJ/m²,因此在该合金系中,层错硬化是主要的。

4) 有序强化

假如颗粒为有序相,位错切过颗粒时会造成反相畴界的增多,必须附加一部分能量,这就是颗粒的有序强化。颗粒有序强化强化效果的测算方法与层错强化相类似,经精确处理后得到

$$\tau = 0.28 \frac{\gamma_{apb}^{\frac{1}{2}}}{\sqrt{\mu} b^2} \cdot f^{\frac{1}{2}} \cdot r_0^{\frac{1}{2}} \tag{5.5.36}$$

式中,γ_{apb} 为反相畴界的比界面能。

现在已发现了很多有序相,但并不是任何有序相都能使材料强化,最主要是选择那些反相畴界能适中的,如 Cu_3Au 类型的有序结构,以使位错对的间距比较适中,若反相畴界能过大,则几乎不能形成一定间距的位错对,使位错运动困难,这种材料难以变形而且通常十分脆。反之,对那些反相畴界能很低的有序结构,如 Fe_3Al,位错间的平衡间距很大,以至于它们的运动实际上是彼此独立的,这样虽然开始变形时稍困难些,但加工硬化作用微弱,也得不到显著的强化。镍基合金中析出相 Ni_3Al 具有 Cu_3Au 结构,Cu_3Au 结构的位错对间距约为 10 nm,析出相 Ni_3Al 的尺寸恰好相当于这一数值或稍小些,这时位错切过 Ni_3Al 时并不存在位错对,位错扫过 Ni_3Al 产生反相畴界需要较大的力,因此具有较大的强化效果,沉淀强化的镍合金已用来制造燃气轮机的叶片。

5) 模量强化

若颗粒与基体间弹性模量有差别,也会产生强化,这与考虑溶质原子与溶剂原子弹性模量差引起的固溶强化相类似。若第二相模量大于基体,相当于硬球,位错受到斥力;反之,若第二相模量小于基体,相当于软球,位错受到吸力。但是在考虑沉淀强化的诸因素中,一般可以不考虑模量强化。

5.5.4 复相颗粒强化

在实际材料中,往往会存在两种或两种以上不同类型和尺度的强化颗粒相,产生所谓的"复相颗粒强化"。分析复相颗粒强化效果时有两个步骤:第一步是分析每一种颗粒的单位强化效果 τ_1、τ_2 等;第二步是将各种颗粒的强化效果进行相叠加。叠加的形式取决于颗粒分布特征。以两种颗粒强化为例,若它们随机混杂分布,则可采取如下的叠加通式:

$$\tau^{\alpha} = \tau_1^{\alpha} + \tau_2^{\alpha} \tag{5.5.37}$$

式中,α 为叠加指数,一般有 4 种取值:1、2、3/2 和 1/2,这与位错和颗粒交互作用的性质有关。

若两种颗粒呈局域分布(偏聚分布),则一般按混合律来计算:

$$\tau = \tau_1 f_1 + \tau_2 f_2 \tag{5.5.38}$$

式中,f_1、f_2 分别为两种颗粒所占滑移面平面面积分数。

与单种颗粒强化相比,关于两类共存颗粒强化的叠加法则的实验研究很少,且所得结果颇有争议。不过综合起来有以下几点共识。

(1) 没有一种叠加法则能在所有的研究范围内适用。

(2) 线性叠加($\alpha = 1$)近似性不好,只适用于在众多弱颗粒中引入少数几个强颗粒的情况。

(3) 勾股叠加($\alpha = 2$)具有更大的合理性,特别是当不同颗粒具有相同"强度"时,所得结果相当精确。

(4) 如果"不可切过颗粒"与"可切过颗粒"呈随机混杂分布,则叠加指数 α 不是常数,而是随较弱颗粒半径的增大,α 在 $1\sim2$ 之间变化。

（5）对于空间上形成的依尺寸而调节的颗粒区域性分布,加权平均的混合律较准确。

5.6 纤维强化

在强度相对较低(因而塑性相对较好)的基体(如金属、聚合物)中定向排布强度和模量较高的纤维的复合材料中,沿纤维排列方向的强度和模量相对于基体均有很大程度的提高,此即纤维强化。与前述四大金属强化机制不同,纤维强化不是由于纤维能阻碍基体的位错运动,而是由于纤维因高于基体的弹性模量而能承担大部分载荷,充分发挥了纤维高强度的功能。

5.6.1 载荷分配

复合材料受力后,其纤维和基体承担载荷的大小是按它们的模量大小及体积分数分配的。假设沿纤维增强复合材料的纵向(平行纤维方向)施加载荷 P_L,在线弹性范围内,纤维承担载荷 P_f 与基体承担载荷 P_m 为

$$\frac{P_f}{P_m} = \frac{\sigma_f A_f}{\sigma_m A_m} = \frac{E_f \varepsilon_f \dfrac{A_f}{A}}{E_m \varepsilon_m \dfrac{A_m}{A}} = \frac{E_f V_f}{E_m V_m} = \frac{E_f}{E_m} \cdot \frac{V_f}{(1-V_m)} \tag{5.6.1}$$

式中,下标 f、m 分别表示纤维、基体;E 为杨氏模量;A 为截面积;V 为组元体积分数。当 V_f 一定时,P_f/P_m 与 E_f/E_m 呈正比关系。如图 5.6.1 所示。当 E_f/E_m 一定时,随 V_f 增大,P_f/P_m 也增大。

为了进一步说明此关系,还可以导出纤维承担载荷与复合材料总载荷的比值

$$\frac{P_f}{P_L} = \frac{\sigma_f A_f}{\sigma_L A} = \frac{E_f V_f}{E_L} = \frac{E_f V_f}{E_f V_f + E_m V_m} = \frac{E_f/E_m}{E_f/E_m + (1-V_f)/V_f} \tag{5.6.2}$$

相应的曲线示于图 5.6.2 中。

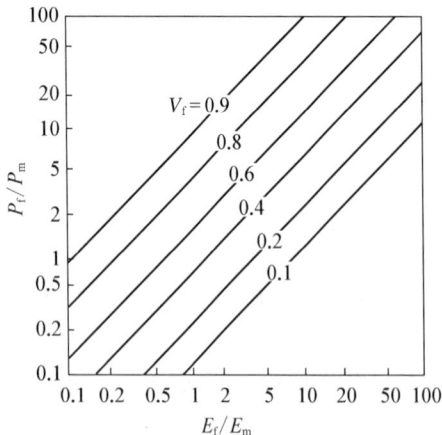

图 5.6.1 P_f/P_m 与 E_f/E_m 的关系 ． ． ． ． ． ． ． ． ． 图 5.6.2 P_f/P_L 与 E_f/E_m 的关系

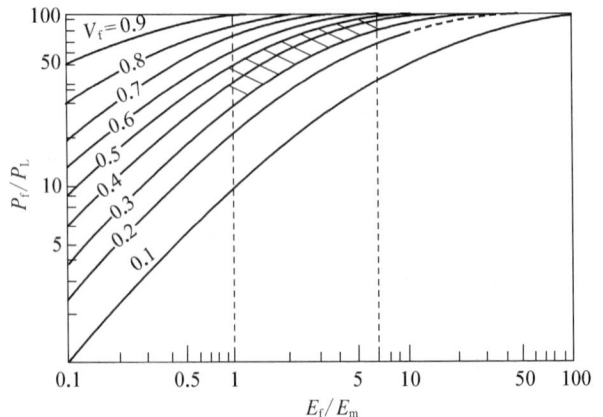

由上述分析可得出以下两个结论。

(1) 提高纤维杨氏模量,即提高 E_f/E_m 值,可以增加复合材料中纤维承载比例,由于多数情况下纤维强度大于基体强度,所以能提高复合材料的强度。以玻璃纤维/环氧复合材料为例,其 E_f/E_m 约为 20,因此,即使 $V_f=10\%$,P_f/P_L 也大约能达到 70%,即有 70% 的载荷是由纤维承担的。

(2) 增加纤维体积含量 V_f,也能增加纤维承载的比例及强度。

5.6.2 纤维增强原理

按纤维和基体性能的对比,纤维增强复合材料大致可分为 3 大类。

(1) 脆性纤维/塑性基体复合材料,例如硼纤维、碳纤维、石墨纤维、陶瓷纤维等增强金属基体的金属基复合材料,玻璃纤维、碳纤维、芳纶纤维等增强热塑性塑料的聚合物基复合材料。这一类是结构复合材料的主要类型。

(2) 塑性纤维/塑性基体复合材料,例如钛、钢、钨等金属纤维或丝束增强金属复合材料。

(3) 塑性或脆性纤维/脆性基体复合材料,例如聚合物、金属等纤维增强陶瓷或热固性聚合物的复合材料。

我们仅讨论第一种类型。在这一类复合材料中,纤维是脆性断裂的,而基体是塑性断裂的,并且纤维的断裂应变 ε_{fu} 小于基体的断裂应变 ε_{mu}。图 5.6.3 示意了纤维、基体和复合材料各自的应力-应变曲线,可以看出,复合材料的曲线介于纤维和基体之间,具体的位置取决于纤维和基体的性能,以及纤维的体积分数。

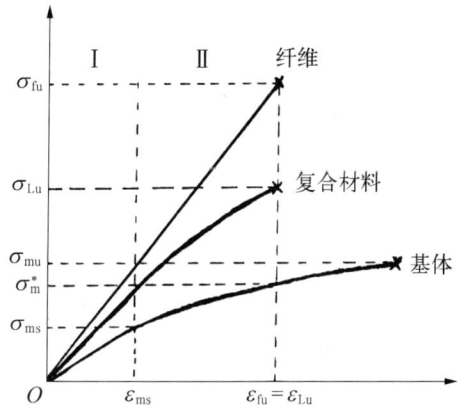

图 5.6.3　复合材料的应力-应变曲线示意

对于脆性纤维/塑性基体复合材料,其应力-应变曲线大致可分为两个阶段:第 I 阶段是纤维和基体均为弹性变形;第 II 阶段是纤维仍为弹性变形,而基体为塑性变形。复合材料第 I 阶段的斜率(即杨氏模量 E_L^{I})可由混合律计算。第 II 阶段可能占应力-应变曲线的大部分,特别是金属基复合材料。由于复合材料纤维体积分数一般较高,且纤维的杨氏模量又比基体高得多,所以第 II 阶段的应力-应变关系更多地取决于纤维的力学性能,表现为一近似直线关系,此阶段的杨氏模量可表示为

$$E_L^{\mathrm{II}} = E_f V_f + \left(\frac{\mathrm{d}\sigma_m}{\mathrm{d}\varepsilon}\right)_\varepsilon (1-V_f) \tag{5.6.3}$$

式中,$\left(\dfrac{\mathrm{d}\sigma_m}{\mathrm{d}\varepsilon}\right)_\varepsilon$ 为应变等于 ε 时基体应力-应变曲线的斜率。

在第 II 阶段的末期,当复合材料的应变 ε_L 达到纤维断裂应变 ε_{fu} 时,纤维发生断裂,从而导致复合材料断裂,此时复合材料中的平均应力即为复合材料纵向断裂强度 σ_{Lu},它也符合混合律:

$$\sigma_{Lu} = \sigma_{fu}V_f + \sigma_m^*(1 - V_f) \tag{5.6.4}$$

式中，σ_m^* 为基体达到纤维断裂应变时承受的应力，可在基体应力-应变曲线中求得。

式(5.6.4)表示的复合材料纵向强度 σ_{Lu} 与纤维体积分数 V_f 的关系如图 5.6.4 所示，可见当纤维体积分数 V_f 较小时，复合材料纵向强度 σ_{Lu} 甚至小于单纯基体时的强度 σ_{mu}，根本未达到增强效果，反而有所弱化。这是因为纤维增强复合材料主要靠纤维承担载荷，在 V_f 较小时，纤维承受不了很大的载荷即发生断裂，而改由基体承担载荷，然而由于纤维占去了一部分体积，使基体有效承载面减小，故复合材料的断裂载荷反而比全部是基体时所能承受的断裂载荷小。为了能达到增强的目的，必须要求 $\sigma_{Lu} \geqslant \sigma_{mu}$，即

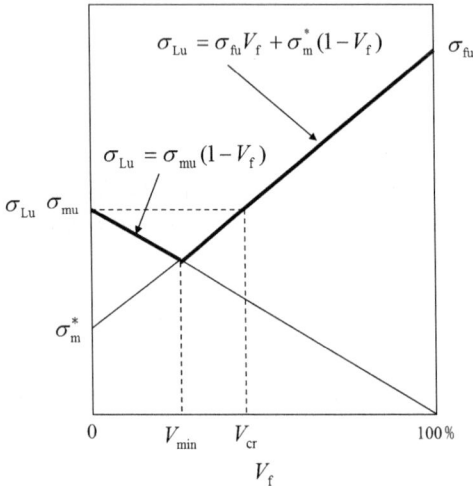

图 5.6.4 复合材料纵向强度与纤维体积分数的关系

$$\sigma_{Lu} \geqslant \sigma_{fu} + \sigma_m^*(1 - V_f) \geqslant \sigma_{mu} \tag{5.6.5}$$

令 $\sigma_{Lu} = \sigma_{mu}$ 时的 V_f 值为临界体积分数 V_{cr}，可解得

$$V_{cr} = \frac{\sigma_{mu} - \sigma_m^*}{\sigma_{fu} - \sigma_m^*} \tag{5.6.6}$$

只有当 $V_f > V_{cr}$ 时，纤维增强复合材料才能达到增强效果。

在上述分析中，已有了当纤维断裂时改由基体承载的概念，此时复合材料强度应为

$$\sigma_{Lu} = \sigma_{mu}(1 - V_f) \tag{5.6.7}$$

此式表明，随着 V_f 增大，纤维断裂后复合材料的强度减小，因此存在另一个临界体积分数（称为最小体积分数）V_{min}，当 $V_f < V_{min}$ 时，纤维断裂后，基体仍能承载；而当 $V_f > V_{min}$ 时，纤维断裂后基体也不能承载，整个复合材料断裂。令式(5.6.4)和式(5.6.7)相等，可解出临界值 V_{min}：

$$V_{min} = \frac{\sigma_{mu} - \sigma_m^*}{\sigma_{fu} + \sigma_{mu} - \sigma_m^*} \tag{5.6.8}$$

比较式(5.6.6)和式(5.6.8)可知，$V_{cr} > V_{min}$，因此在实际纤维增强复合材料（$V_f > V_{cr}$）中，纤维断裂后均导致复合材料断裂。

应该指出，纵向拉伸强度符合混合律有一个前提假设，即纤维强度不具有分散性，复合材料断裂时纤维同时全部断裂。但实际情况与此不符，纤维强度具有很大的分散性，往往产生多重破断，产生载荷再分配和应力集中，同时还可能出现纤维/基体界面脱粘等情况，使得复合材料的实际强度偏离混合律的预测值。尽管如此，强度的混合律预测值仍然作为一个理想的强度值，被经常用作与实测值比较的一个基准，以衡量复合材料的增强效果。

6

断 裂 力 学

工程材料和构件,特别是由高强度材料制成的构件或中、低强度材料制成的大型构件常常发生名义应力远低于屈服强度的"低应力脆断",这是用传统的经典强度设计理论无法解释的。通过对这类现象多年的大量研究,现已取得共识,即这类低应力脆断是构件存在裂纹类缺陷所导致的。由于裂纹的存在,在外载荷(远场名义应力)并不大的情况下,裂纹尖端附近区域产生的高度应力集中就可能达到材料的理论断裂强度,引发局部开裂并最终导致整体断裂。基于此,发展出了新的断裂力学设计方法,作为对经典强度设计理论的补充。目前对重要的或大型的受力构件,均须采用断裂力学设计方法,以保证构件的安全服役。

6.1 断裂强度

6.1.1 完整固体的强度

完整固体强度是指同时拉开断裂面原子键所需的平均应力,表征了无缺陷完整固体的内聚强度,是材料本征强度特性,又称为理论断裂强度。固体理论强度的近似估算方法如图 6.1.1 所示。假设晶体为理想完整晶体,在不受力时原子间平衡间距为 a_0,当沿垂直于 $m-n$ 截面施加拉应力 σ 后,原子间沿应力方向的相对位移为 x,而原子之间结合力是随 x 增加先增大后减小的,存在一个峰值 σ_{th},此值代表晶体在弹性状态下的最大结合力,这就是拉断原子键所需的应力——理论断裂强度。

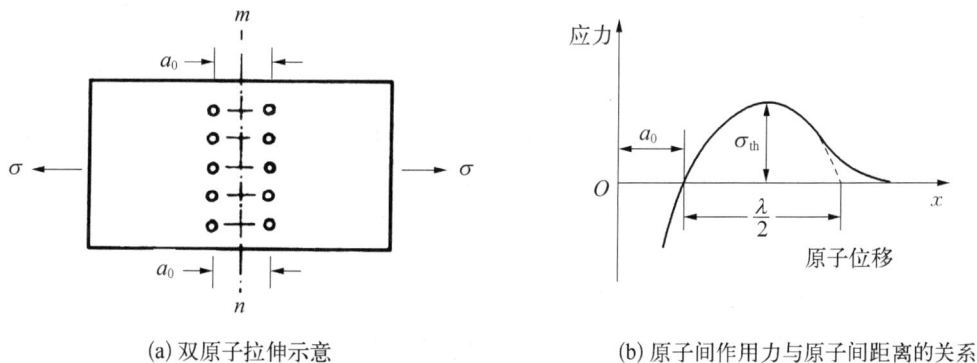

(a) 双原子拉伸示意　　　　　　(b) 原子间作用力与原子间距离的关系

图 6.1.1　理想强度计算的双原子拉伸模型

若设原子间结合力与其相互距离的关系近似为正弦曲线,则有

$$\sigma = \sigma_{th} \sin \frac{2\pi x}{\lambda} \tag{6.1.1}$$

式中，λ 为正弦曲线波长。如果原子间位移 x 很小，则 $\sin\dfrac{2\pi x}{\lambda} \approx \dfrac{2\pi x}{\lambda}$，于是

$$\sigma = \sigma_{th}\frac{2\pi x}{\lambda} \tag{6.1.2}$$

在小位移情况下，胡克定律也适用，有

$$\sigma = E\varepsilon = E\frac{x}{a_0} \tag{6.1.3}$$

合并式(6.1.2)和式(6.1.3)后得到

$$\sigma_{th} = \frac{\lambda E}{2\pi a_0} \tag{6.1.4}$$

另一方面，固体断裂时所消耗的功用来供给形成两个新表面所需之表面能。设单位面积表面能为 γ_s，则断裂时形成 2 个单位表面外力所做的功等于 σ-x 曲线下所包围的面积：

$$\int_0^{\frac{\lambda}{2}} \sigma_{th}\sin\frac{2\pi x}{\lambda}\mathrm{d}x = 2\gamma_s \tag{6.1.5}$$

由此解得

$$\lambda = \frac{2\pi\gamma_s}{\sigma_{th}} \tag{6.1.6}$$

将式(6.1.6)代入式(6.1.4)可得理论断裂强度：

$$\sigma_{th} = \left(\frac{E\gamma_s}{a_0}\right)^{\frac{1}{2}} \tag{6.1.7}$$

由式(6.1.7)可见，固体的理论断裂强度可以用 3 个简单的材料参数 E、γ_s 和 a_0 来计算。以钢为例，取 $E = 2.0 \times 10^5$ MPa，$a_0 = 6.0 \times 10^{-8}$ cm，$\gamma_s = 1.0$ J/m^2，计算得到 σ_{th} 约为 2.5×10^4 MPa，即 $\sigma_{th} \approx E/8$。这是力-位移曲线按正弦关系近似得到的结果，如果按更复杂的多原子模型，则估算出的 σ_{th} 将在 $E/4$ 至 $E/15$ 之间变动，一般取 $\sigma_{th} \approx E/10$。这是一个很大的值，在实际材料中，除了近似无缺陷的金属晶须和极细直径的硅纤维可近似接近这一理论值外，目前还没有任何实用材料可以达到这样的水平。即使以目前的高强度钢来说，断裂抗力能达到 2 000 MPa 以上的也为数不多，但与 σ_{th} 比较尚相差 10 倍，只相当于 $E/100$。

实际材料的断裂强度远低于理论强度的根本原因在于实际材料中总是存在这样或那样的缺陷，如缺口、孔洞、裂纹等。缺陷的存在会导致其附近产生应力集中，有可能使得在名义应力不高的情况下缺陷根部的应力就达到 σ_{th}，从而导致断裂发生。

6.1.2　带孔或缺口固体的强度

最早对带缺口固体的应力集中效应进行定量分析的是 Inglis[①]。他分析了含有椭圆孔

---

① INGLIS C E. Stresses in a plate duo to the presence of cracks and sharp corners[J]. Transactions of the Institute of Naval Architects，1913，55：219.

的无限大平板受单向拉伸的情况如图 6.1.2 所示。由于板的宽度远远大于 $2a$，且板的高度远远大于 $2b$，故可认为椭圆孔不受板边界的影响，由弹性力学理论可求得椭圆孔主轴顶端（A 点）的纵向应力为

$$\sigma_A = \sigma\left(1 + \frac{2a}{b}\right) \qquad (6.1.8)$$

σ_A/σ 值称为应力集中系数 K_t，当 $a = b$ 时（即为圆孔），$K_t = 3$。随着 a/b 增大，椭圆孔更趋狭长，则由椭圆主轴顶端的曲率半径 ρ 来表征应力集中效应更为方便：

$$\sigma_A = \sigma\left(1 + \sqrt{\frac{2a}{\rho}}\right) \qquad (6.1.9)$$

当 $a \gg b$ 时，上式可近似为

$$\sigma_A = 2\sigma\left(\frac{a}{\rho}\right)^{\frac{1}{2}} \qquad (6.1.10)$$

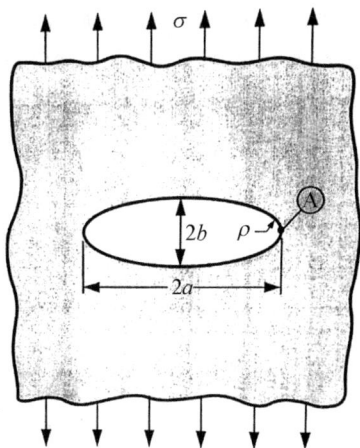

图 6.1.2 平板中的椭圆孔

此式也适用于带深度为 a、曲率半径为 ρ 的缺口固体。

由式(6.1.10)可见，当 $\rho \to 0$ 时，椭圆孔蜕变为无限尖锐裂纹，裂纹顶端的应力将趋于无穷大，这意味着即使极微小的外加应力都可以使裂纹尖端应力超过理论强度而断裂，这是连续介质弹性力学得到的结果。然而真实材料是由原子组成的，上述现象是不可能出现的，例如金属有塑性，当裂纹尖端应力超过屈服强度时，会产生塑性变形而使裂纹尖端钝化，并且松弛掉过高的弹性应力。即使对无塑性变形的极脆材料，例如陶瓷和玻璃，也无裂纹尖端钝化，但裂纹尖端最小曲率半径也是晶格间距 a_0 级别的。假设 $\rho = a_0$，则由式(6.1.10)得到原子尺度级别的尖锐裂纹顶端应力为

$$\sigma_A = 2\sigma\left(\frac{a}{a_0}\right)^{\frac{1}{2}} \qquad (6.1.11)$$

当 $\sigma_A = \sigma_{th}$ 时，发生断裂，则由式(6.1.7)可得含 $\rho = a_0$ 裂纹的固体的断裂强度为

$$\sigma_{\rho=a_0} = \left(\frac{E\gamma_s}{4a}\right)^{\frac{1}{2}} \qquad (6.1.12)$$

显然，断裂强度受缺口深度或椭圆孔主轴半长的影响。

6.1.3 带裂纹固体的强度

6.1.3.1 格里菲斯方程

1921 年，格里菲斯(Griffith)[1]分析了玻璃、陶瓷等脆性材料理论断裂强度与实际断裂强度存在巨大差异的原因，并采用能量分析法得到了表征脆性材料实际断裂强度与结构参数

① GRIFFITH A A. The phenomena of rupture and flow in solids[J]. Phil. Trans. Roy. Soc., Series A, 1921, 221: 163.

关系的方程。他的基本观点有两个：第一，实际材料中已经存在可测量的裂纹；第二，裂纹的存在将导致系统弹性能释放的降低和自由表面能的增加，如果弹性能降低足以满足表面能增加之需要时，裂纹就会失稳扩展引起脆性断裂。

格里菲斯模型如图 6.1.3 所示。设一个无限大平板受到均匀拉伸应力 σ 的作用，使其发生位移 Δ[见图 6.1.3(a)]。在保持位移恒定的条件下，在这块板的中心部位切割出一个垂直于应力且长度为 $2a$ 的穿透裂纹 Δ[见图 6.1.3(b)]，则板内原先储存的弹性能将释放一部分出来。假设板厚度为单位厚度，板中释放弹性能的区域为短轴为 $2a$、长轴为 $4a$ 的椭圆部分（椭圆中心在裂纹中心，长轴垂直于裂纹面，短轴平行于裂纹面），则根据弹性理论计算释放出来的弹性能 U_e 为

$$U_e = -\left[\pi(2a)a\left(\frac{\sigma^2}{2E}\right)\right] = -\left(\frac{\sigma^2\pi a^2}{E}\right) \tag{6.1.13}$$

式中的负号表示系统能量减少。

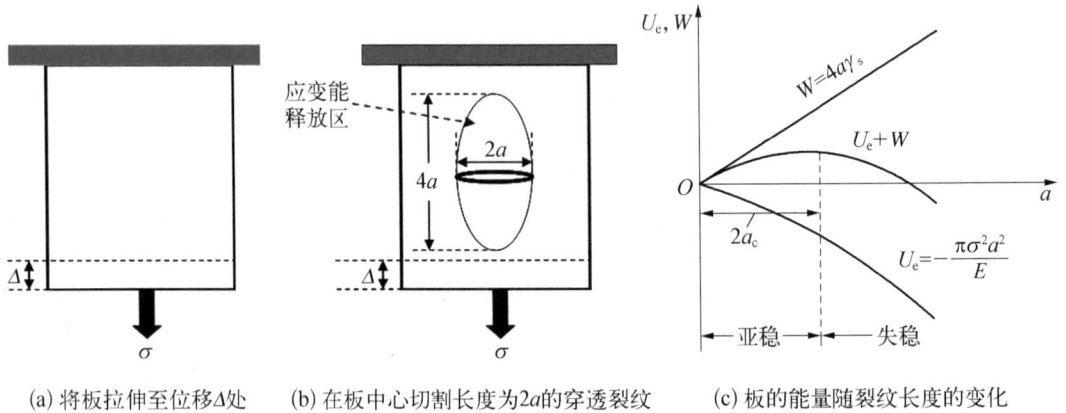

(a) 将板拉伸至位移Δ处　　(b) 在板中心切割长度为$2a$的穿透裂纹　　(c) 板的能量随裂纹长度的变化

图 6.1.3　格里菲斯模型

此外，割开裂纹时形成了两个新表面，从而增加了系统的表面能。令 γ_s 为单位面积表面能，则长度为 $2a$ 的裂纹表面能 W 为

$$W = 2 \times (2a \times 1) \times \gamma_s = 4a\gamma_s \tag{6.1.14}$$

裂纹尺寸变化时，平板中总能量变化为

$$U_e + W = -\frac{\sigma^2\pi a^2}{E} + 4a\gamma_s \tag{6.1.15}$$

总能量并非单调变化，而是存在一个临界裂纹尺寸 $2a_c$ 使总能量达到峰值[见图 6.1.3(c)]。若切割裂纹的长度 $2a < 2a_c$ 时，在当下给定的恒位移情况下，该裂纹不能自发扩展，处于亚稳定状态。若切割裂纹的长度 $2a > 2a_c$，弹性能释放足以补充裂纹表面能的增加，裂纹将自发扩展，并且随裂纹扩展总能量降低，裂纹会持续扩展直到平板整体断裂。由于裂纹自发扩展的速度非常快，故常称为失稳扩展。裂纹失稳扩展开始后，不需再增加额外的能量就会发生断裂，所以常常把失稳扩展等同于断裂。

综合以上分析，断裂的临界条件可表示为

$$\frac{\partial U_e}{\partial a} + \frac{\partial W}{\partial a} = 0 \qquad (6.1.16)$$

将式(6.1.15)代入式(6.1.16),可解得断裂时的名义应力:

$$\sigma_G = \sqrt{\frac{2E\gamma_s}{\pi a}} \qquad (6.1.17)$$

此即格里菲斯方程,σ_G 称为格里菲斯应力。

格里菲斯为了验证自己得到的公式,采用中空的薄壁玻璃圆管和球形灯泡进行了断裂实验。他将这些玻璃管和灯泡预制了长度为 $4\sim23$ mm 的裂纹,向内部泵入液体使之爆裂,并根据内部液体的压力确定临界应力。实验发现不论预制裂纹的长度如何,断裂应力 σ_c 与裂纹半长 a 的平方根的乘积为一个常数 0.26 MPa $\sqrt{m}$,即 $\sigma_c\sqrt{a} = 0.26$ MPa $\sqrt{m}$。 另外,格里菲斯又测定了实验用玻璃的杨氏模量 $E = 62$ GPa,代入由式(6.1.17)演变的关系式:

$$\sigma_G\sqrt{a} = \sqrt{\frac{2E\gamma_s}{\pi}} \qquad (6.1.18)$$

计算得到玻璃的比表面能 γ_s 约为 1.75 J/m^2,与实际值相近,由此验证了其方程的合理性。

仔细考察式(6.1.18)可见,等式的左端为断裂应力与裂纹半长平方根的乘积,而等式右端为材料常数组成的项,这表明对带裂纹固体,断裂强度并非是材料强度参数,因为它会随着裂纹尺度的变化而改变,只有等式右端的常数项才真正表征了材料对断裂的抗力,稍后我们将看到,这个常数被称为断裂韧度,是表征材料抵抗断裂的强度参数。

将格里菲斯方程式(6.1.17)与理论断裂强度 σ_{th} 计算式(6.1.7)相比,两者在形式上相似,只是前者用 $\pi a/2$ 代替了后者的 a_0。将两个强度进行比较,可得到

$$\frac{\sigma_{th}}{\sigma_G} \approx \left(\frac{a_c}{a_0}\right)^{\frac{1}{2}} \qquad (6.1.19)$$

作为数量级估算,$a_0 \approx 10^{-8}$ cm,若取 $a = 10^{-2}$ cm,则 $\sigma_c \approx 10^{-4}\sigma_m$。 由此可见,裂纹的存在会显著降低断裂强度。

实际上对如金属一类的塑性很好的材料,裂纹尖端的应力集中一旦超过屈服强度,将会在裂纹尖端前方产生塑性变形。从能量角度来考虑,裂纹扩展时弹性能的释放除了供给表面能增加以外,还需要消耗塑性变形功。格里菲斯模型并未考虑这一点,因此格里菲斯方程只适用于脆性材料,即裂纹前缘的塑性变形可以忽略不计的情况:

(1) 没有滑移面的非晶体材料,如玻璃;

(2) 结构的各向异性大,沿最大正应力面解理远比沿最大切应力面滑移容易的材料,如石墨、锌、层状结构的硅酸盐等;

(3) 位错运动晶格阻力大,易于脆断的材料,如金刚石、复杂结构的陶瓷、钨及其他难熔金属;

(4) 由于组织细化、第二相等原因,位错运动困难而易于脆断的材料,如超高强度钢、高强度铝合金等。

6.1.3.2 奥罗万方程

奥罗万[①]对格里菲斯方程进行了修正,将塑性变形功计入裂纹扩展阻力项中,得到

$$\sigma_O = \sqrt{\frac{2E(\gamma_s + \gamma_p)}{\pi a}} \tag{6.1.20}$$

式中,γ_p 为形成单位裂纹表面所耗塑性变形功。由于 γ_p 远远大于 γ_s(至少相差 1 000 倍),可以忽略表面能项,则有

$$\sigma_O = \sqrt{\frac{2E\gamma_p}{\pi a}} \tag{6.1.21}$$

奥罗万方程只适合于理论分析,而不似格里菲斯方程那样可进行实际计算。因为格里菲斯方程中的 γ_s 是与裂纹长度 a 无关的,而奥罗万方程中的 γ_p 则与 a 有关,一般裂纹愈长,γ_p 愈大,且不是线性关系。但无论如何,裂纹尖端的塑性松弛会导致切断原子间结合得不到足够的应力,最终的断裂应力 σ_O 就比纯弹性体的脆性断裂应力 σ_G 高。

6.1.3.3 奥罗万方程的进一步修正

在实际材料中,断裂时除了表面能和塑性变形功以外,还可能存在其他能量耗散机制,例如黏弹性、黏塑性、裂纹非平面扩展等,所以奥罗万方程还可以进一步修正为

$$\sigma_f = \sqrt{\frac{2Ew_f}{\pi a}} \tag{6.1.22}$$

式中,σ_f 为名义断裂应力;w_f 为断裂功,即裂纹扩展所需克服的所有能量耗散,视不同材料及不同断裂机制而异。图 6.1.4 示意地给出了 3 种裂纹扩展模式及相应的断裂功。

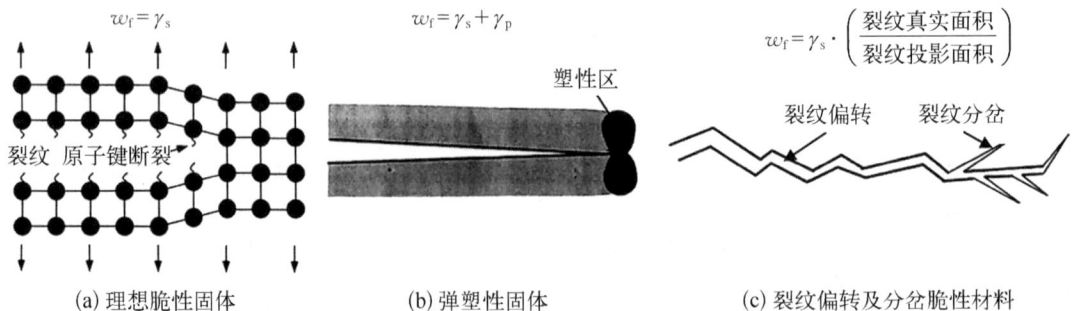

图 6.1.4 不同材料裂纹扩展模式及相应的断裂功

对理想脆性(完全线弹性)固体[见图 6.1.4(a)],断裂功仅是拉断原子键所需的能量,γ_s 为单位面积上所有原子键的断裂能。对于弹塑性的固体[见图 6.1.4(b)],由于裂纹尖端区域位错的活动,导致了额外的能量耗散(即塑性变形功)。对某些材料,如果裂纹扩展过程中发生方向偏转或分岔[见图 6.1.4(c)],使得真实的裂纹面积远大于平面投影面积,则表面能有较大的增加。这是材料韧化的一个重要原理,将在第 8 章详细讨论。

---

① OROWAN E. Fracture and strength of solids[J]. Reports on Progress in Physics. 1948,7:185.

综上所述,无论是格里菲斯方程还是奥罗万方程,实际上并未涉及裂纹的细部,而是从含有裂纹的构件整体的能量出发,提出了决定断裂载荷的基本方法。由于这种能量分析较难直接应用于具体的构件,所以人们开始着眼于裂纹尖端附近的应力场和位移场,提出了用表示裂纹尖端附近应力场和应变场特性的应力强度因子来描述断裂的方法,从而奠定了断裂力学的基础。

6.2 线弹性断裂力学

线弹性断裂力学是采用弹性力学原理研究含裂纹固体断裂的理论,针对的是断裂发生以前整体处于线弹性变形状态、应力-应变关系符合胡克定律的带裂纹材料或构件。

6.2.1 裂纹类型

为了分析简便,根据裂纹面位移或是受力方式,可将裂纹分为如图 6.2.1 所示的 3 种简单类型:

Ⅰ型:张开型裂纹,其上作用有垂直于裂纹面的拉应力,位移分量 u_y 不连续。

Ⅱ型:滑开型裂纹,受面内切应力作用,其上的切应力垂直于向前扩展的裂纹前缘,裂纹面位移分量 u_x 不连续。

Ⅲ型:撕开型裂纹,受面外切应力作用,位移分量 u_z 不连续。

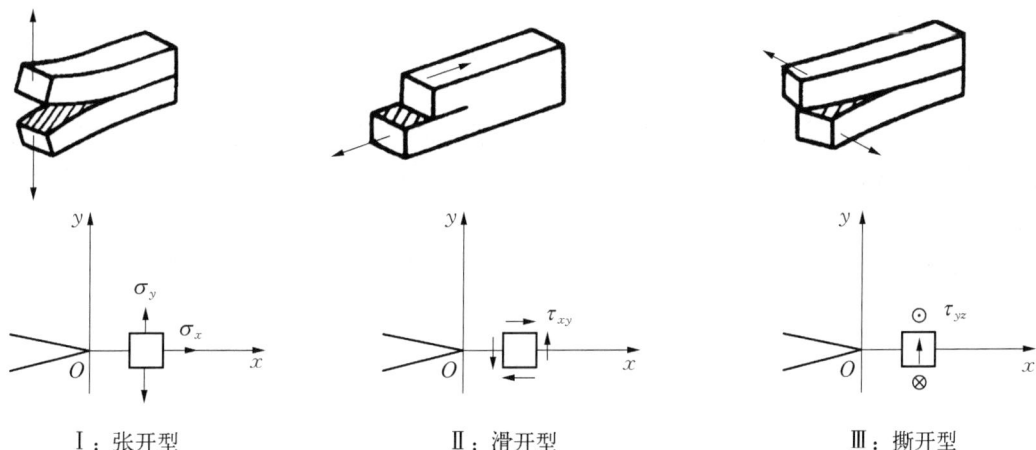

Ⅰ:张开型　　　　　Ⅱ:滑开型　　　　　Ⅲ:撕开型

图 6.2.1　裂纹类型

在工程中,Ⅰ型裂纹是最危险的一种类型,也是最常见的裂纹形式,因此本章的讨论以Ⅰ型裂纹为主。

6.2.2 裂纹尖端的应力场

对裂纹尖端区应力场的研究是非常重要的,因为这个场控制着裂纹尖端附近所发生的断裂过程。图 6.2.2 给出了带缺口固体和带裂纹固体在受单向拉伸应力 σ 时在缺口和裂纹顶端前方纵向应力的分布特征示意图。

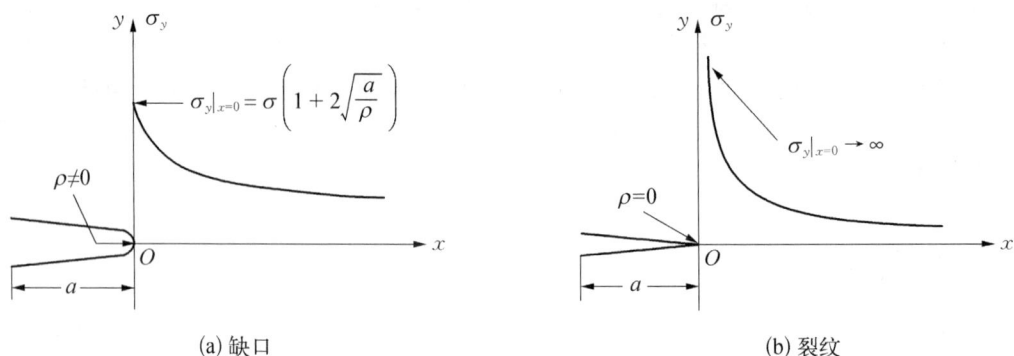

(a) 缺口   (b) 裂纹

图 6.2.2　缺口和裂纹顶端前方纵向应力分布特征

对缺口而言，$\rho \neq 0$，缺口顶端($x=0$)的纵向应力 $\sigma_y \mid_{x=0}$ 是"有界的"，且为最大值 σ_{ymax}，其值由式(6.1.9)计算。但是当缺口蜕变为裂纹时(即 $\rho \to 0$)，裂纹顶端的应力 $\sigma_{ymax} \to \infty$，即表现出"奇异性"。力学上早就得出，对于裂纹体，在沿裂纹线平面 y 方向(垂直于裂纹面)，应力 σ_y 与所研究点到裂纹顶端距离 r 有如下关系：

$$\sigma_y \propto r^{-\frac{1}{2}} \tag{6.2.1}$$

当 $r \to 0$ 时，$\sigma_y \to \infty$，表明裂纹前沿应力场具有 $r^{-\frac{1}{2}}$ 阶奇异性。式(6.2.1)也可写成

$$r^{-\frac{1}{2}} \cdot \sigma_y = K \tag{6.2.2}$$

式中，K 为一代表 $r^{-\frac{1}{2}}$ 阶奇异性大小的系数，表征了裂纹尖端附近应力场的强弱，称为应力强度因子。由式(6.2.2)可以看出，只要求得裂纹尖端的应力 σ_y，即可求出应力强度因子 K。

根据弹性力学理论，在平面应变或广义平面应力情况下，应力 σ_x、σ_y 及 τ_{xy} 由 Ariy 应力函数 Φ 给出：

$$\begin{cases} \sigma_x = \dfrac{\partial^2 \Phi}{\partial y^2} \\[2mm] \sigma_y = \dfrac{\partial^2 \Phi}{\partial x^2} \\[2mm] \tau_{xy} = -\dfrac{\partial^2 \Phi}{\partial x \partial y} \end{cases} \tag{6.2.3}$$

其他 3 个应力分量为

$$\begin{cases} \tau_{xz} = 0, \quad \tau_{yz} = 0 \\ \sigma_z = \nu(\sigma_x + \sigma_y) \quad (\text{平面应变}) \\ \sigma_z = 0 \quad\quad\quad\quad (\text{平面应力}) \end{cases} \tag{6.2.4}$$

Φ 函数本身满足双调和方程：

$$\nabla^4 \Phi = \frac{\partial^4 \Phi}{\partial x^4} + 2\frac{\partial^4 \Phi}{\partial x^2 \partial y^2} + \frac{\partial^4 \Phi}{\partial y^4} = 0 \tag{6.2.5}$$

用直接求导法可证明,应力函数 Φ 可以用 3 个调和函数 Φ_1、Φ_2、Φ_3 的组合表示:

$$\Phi = \Phi_1 + x\Phi_2 + y\Phi_3 \tag{6.2.6}$$

由于裂纹尖端存在奇异性,常采用复变函数形式的应力函数(以下简称复应力函数)求解式(6.2.5)。复应力函数可以写成

$$\Phi = \mathrm{Re}[\bar{z}\phi(z) + \chi(z)] \tag{6.2.7}$$

式中,$z = x + \mathrm{i}y$,$\bar{z} = x - \mathrm{i}y$,为共轭复数;$\phi(z)$ 和 $\chi(z)$ 均为解析函数。Φ 也可表示为 Ariy 应力函数的一般形式:

$$\Phi = \mathrm{Re}\chi(z) + x\mathrm{Re}\phi(z) + y\mathrm{Im}\,\phi(z) \tag{6.2.8}$$

将式(6.2.8)与式(6.2.6)对比,可知

$$\Phi_1 = \mathrm{Re}\chi(z); \quad \Phi_2 = x\mathrm{Re}\phi(z); \quad \Phi_3 = y\mathrm{Im}\,\phi(z) \tag{6.2.9}$$

三者均为调和函数。

Westergaard[①] 提出了一种特殊形式的复变函数解法,由于其简单、操作容易,很容易推导一些简单的弹性力学问题,在断裂力学发展初期发挥过积极作用。

6.2.2.1 张开型裂纹应力场

对于 I 型裂纹问题,Westergaard 假设:

$$\Phi_{\mathrm{I}} = \mathrm{Re}\int \mathrm{d}z \int Z_{\mathrm{I}}(z)\mathrm{d}z + y\mathrm{Im}\int Z_{\mathrm{I}}(z)\mathrm{d}z \tag{6.2.10}$$

式中,$Z_{\mathrm{I}}(z)$ 为一解析函数。根据解析函数的性质,$Z_{\mathrm{I}}(z)$ 的积分仍然是解析函数,这些函数的实部与虚部均为调和函数,因而式(6.2.10)的设定符合式(6.2.8)的要求,现在常把 $Z_{\mathrm{I}}(z)$ 称为 Westergaard 应力函数。为书写简便,令 $\bar{Z}_{\mathrm{I}}(z)$ 和 $\bar{\bar{Z}}_{\mathrm{I}}(z)$ 分别表示对 $Z_{\mathrm{I}}(z)$ 的一次积分和二次积分,$Z'_{\mathrm{I}}(z)$ 表示对 $Z_{\mathrm{I}}(z)$ 的一阶导数,则式(6.2.10)可写为

$$\Phi_{\mathrm{I}}(x, y) = \mathrm{Re}\bar{\bar{Z}}_{\mathrm{I}}(z) + y\mathrm{Im}\,\bar{Z}_{\mathrm{I}}(z) \tag{6.2.11}$$

将式(6.2.11)代入式(6.2.3),可得到各应力分量:

$$\begin{cases} \sigma_x = \dfrac{\partial^2 \Phi_{\mathrm{I}}}{\partial y^2} = \mathrm{Re}Z_{\mathrm{I}}(z) - y\mathrm{Im}\,Z'_{\mathrm{I}}(z) \\[2mm] \sigma_y = \dfrac{\partial^2 \Phi_{\mathrm{I}}}{\partial x^2} = \mathrm{Re}Z_{\mathrm{I}}(z) + y\mathrm{Im}\,Z'_{\mathrm{I}}(z) \\[2mm] \tau_{xy} = \dfrac{\partial^2 \Phi_{\mathrm{I}}}{\partial x \partial y} = -y\mathrm{Re}Z'_{\mathrm{I}}(z) \end{cases} \tag{6.2.12}$$

---

① WESTERGAARD H M. Bearing pressyres and cracks[J]. J. Appl. Mech., 1939, 6: 49.

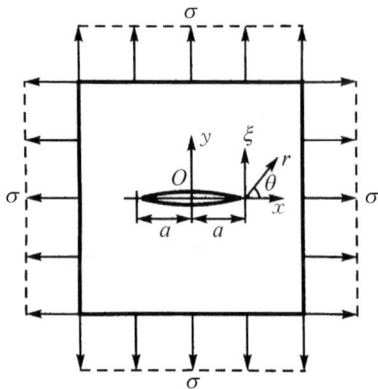

图 6.2.3 含 2a 长度中心穿透裂纹的无限大平板受双向等拉时裂纹尖端的应力场分析

式中,复变函数 $Z_I(z)$ 的具体形式与边界条件有关。现求解如图 6.2.3 所示的含 $2a$ 长度中心穿透裂纹的无限大平板受双向等拉时裂纹尖端的应力场。

采用逆解法,先假设 $Z_I(z)$ 为:

$$Z_I(z) = \frac{\sigma z}{\sqrt{z^2 - a^2}} \tag{6.2.13}$$

则其一阶导数为

$$Z_I'(z) = \frac{\sigma a^2}{(z^2 - a^2)^{\frac{3}{2}}} \tag{6.2.14}$$

当 $z \to \infty$ 时,$Z_I(z) = \sigma$,$Z_I'(z) = 0$,$\sigma_x = \sigma_y$,$\tau_{xy} = 0$;在 $y = 0$ 处,$\tau_{xy} = 0$,$\sigma_x = \sigma_y = \mathrm{Re}Z_I(z)$。但在 $|x| < a$ 时,$\sqrt{z^2 - a^2}$ 为一虚数,此时 $\sigma_x = \sigma_y = \tau_{xy} = 0$。在 $x = \pm a$ 处,$Z_I(z) = \infty$,裂纹尖端应力存在奇异性。可见函数 $Z_I(z)$ 满足此问题全部边界条件,因而它是本问题的应力函数的解。由应力表达式(6.2.12)可以求出任意一点的应力分量。但是在断裂力学中,我们更感兴趣的是裂纹尖端附近的应力场,此时采用以裂纹尖端为原点的极坐标更为方便。极坐标 r、θ 与直角坐标 z 的关系为

$$z = a + re^{i\theta} \tag{6.2.15}$$

则函数 $Z_I(z)$ 可表示为

$$Z_I(r, \theta) = \frac{\sigma(a + re^{i\theta})}{\sqrt{(2a + re^{i\theta})re^{i\theta}}} \tag{6.2.16}$$

$Z_I(z)$ 也可写为

$$Z_I(r, \theta) = \frac{\sigma a\left(1 + \dfrac{r}{a}e^{i\theta}\right)}{\sqrt{\left[2\dfrac{r}{a} + \left(\dfrac{r}{a}\right)^2 e^{i\theta}\right]e^{i\theta}}} \tag{6.2.17}$$

当 $\dfrac{r}{a}$ 远远小于 1 时,在分子中可略去 $\dfrac{r}{a}e^{i\theta}$ 项,在分母中可略去 $\left(\dfrac{r}{a}\right)^2 e^{i\theta}$ 项,得到

$$Z_I(r, \theta) = \frac{\sigma\sqrt{a}}{\sqrt{2r}}e^{-i\frac{\theta}{2}} = \frac{\sigma\sqrt{a}}{\sqrt{2r}}\left(\cos\frac{\theta}{2} - i\sin\frac{\theta}{2}\right) \tag{6.2.18}$$

$$Z_I'(r, \theta) = -\frac{\sigma}{2r}\frac{\sqrt{a}}{\sqrt{2r}}\cos\frac{3\theta}{2} + i\frac{\sigma}{2r}\frac{\sqrt{a}}{\sqrt{2r}}\sin\frac{3\theta}{2} \tag{6.2.19}$$

如直角坐标原点亦置于裂纹尖端,则有 $y = r\sin\theta$,将式(6.2.18)和式(6.2.19)代入式(6.2.12)并加以整理后得

$$
\begin{cases}
\sigma_x = \dfrac{\sigma\sqrt{a}}{\sqrt{2r}}\cos\dfrac{\theta}{2}\left(1-\sin\dfrac{\theta}{2}\sin\dfrac{3\theta}{2}\right) \\[3mm]
\sigma_y = \dfrac{\sigma\sqrt{a}}{\sqrt{2r}}\cos\dfrac{\theta}{2}\left(1+\sin\dfrac{\theta}{2}\sin\dfrac{3\theta}{2}\right) \\[3mm]
\tau_{xy} = \dfrac{\sigma\sqrt{a}}{\sqrt{2r}}\cos\dfrac{\theta}{2}\sin\dfrac{\theta}{2}\cos\dfrac{3\theta}{2}
\end{cases}
\tag{6.2.20}
$$

令

$$
K_{\mathrm{I}} = \sigma\sqrt{\pi a} \tag{6.2.21}
$$

则式(6.2.20)可改写为

$$
\begin{cases}
\sigma_x = \dfrac{K_{\mathrm{I}}}{\sqrt{2\pi r}}\cos\dfrac{\theta}{2}\left(1-\sin\dfrac{\theta}{2}\sin\dfrac{3\theta}{2}\right) \\[3mm]
\sigma_y = \dfrac{K_{\mathrm{I}}}{\sqrt{2\pi r}}\cos\dfrac{\theta}{2}\left(1+\sin\dfrac{\theta}{2}\sin\dfrac{3\theta}{2}\right) \\[3mm]
\tau_{xy} = \dfrac{K_{\mathrm{I}}}{\sqrt{2\pi r}}\cos\dfrac{\theta}{2}\sin\dfrac{\theta}{2}\cos\dfrac{3\theta}{2}
\end{cases}
\tag{6.2.22}
$$

或写成

$$
\sigma_{ij} = K_{\mathrm{I}} f_{ij}(r,\theta) \tag{6.2.23}
$$

式中，$f_{ij}(r,\theta)$ 为各应力分量的位置函数。可以看出，裂纹尖端区某一点处的应力除了取决于该点的位置 (r,θ) 以外，还取决于参数 K_{I}，即 K_{I} 表征了裂纹尖端区应力场强弱的程度，称为应力强度因子。

求得应力后，由物理方程(广义胡克定律)可以得到裂纹尖端区域的应变场：

$$
\begin{cases}
\varepsilon_x = \dfrac{(1+\nu)}{E}K_{\mathrm{I}}\dfrac{1}{\sqrt{2\pi r}}\cos\dfrac{\theta}{2}\left(1-2\nu-\sin\dfrac{\theta}{2}\sin\dfrac{3\theta}{2}\right) \\[3mm]
\varepsilon_y = \dfrac{(1+\nu)}{E}K_{\mathrm{I}}\dfrac{1}{\sqrt{2\pi r}}\cos\dfrac{\theta}{2}\left(1-2\nu+\sin\dfrac{\theta}{2}\sin\dfrac{3\theta}{2}\right) \\[3mm]
\gamma_{xy} = \dfrac{(1+\nu)}{E}K_{\mathrm{I}}\dfrac{1}{\sqrt{2\pi r}}\sin\dfrac{\theta}{2}\cos\dfrac{\theta}{2}\cos\dfrac{3\theta}{2}
\end{cases}
\tag{6.2.24}
$$

式中，ν 为泊松比；E 为杨氏模量。可见裂纹尖端前沿不同点的应变场的大小除了取决于其所在位置以外，还取决于参数 K_{I} 和材料的弹性常数。

求得应变后，由几何方程积分，可求得平面内位移场：

$$
\begin{cases}
u_x = \dfrac{1+\nu}{E}K_{\mathrm{I}}\sqrt{\dfrac{2r}{\pi}}\cos\dfrac{\theta}{2}\left[1-2\nu+\sin^2\left(\dfrac{\theta}{2}\right)\right] \\[3mm]
u_y = \dfrac{1+\nu}{E}K_{\mathrm{I}}\sqrt{\dfrac{2r}{\pi}}\cos\dfrac{\theta}{2}\left[2-2\nu+\cos^2\left(\dfrac{\theta}{2}\right)\right]
\end{cases}
\tag{6.2.25}
$$

或写成剪切模量表达式：

$$\begin{cases} u_x = \dfrac{K_{\mathrm{I}}}{4\mu}\sqrt{\dfrac{r}{2\pi}}\left[(2k-1)\cos\dfrac{\theta}{2}-\cos\dfrac{3\theta}{2}\right] \\ u_y = \dfrac{K_{\mathrm{I}}}{4\mu}\sqrt{\dfrac{r}{2\pi}}\left[(2k+1)\sin\dfrac{\theta}{2}-\sin\dfrac{3\theta}{2}\right] \end{cases} \tag{6.2.26}$$

式中，k 为表征应力状态的参数：

$$k = \begin{cases} 3-4\nu, & \text{平面应变} \\ \dfrac{3-\nu}{1+\nu}, & \text{平面应力} \end{cases} \tag{6.2.27}$$

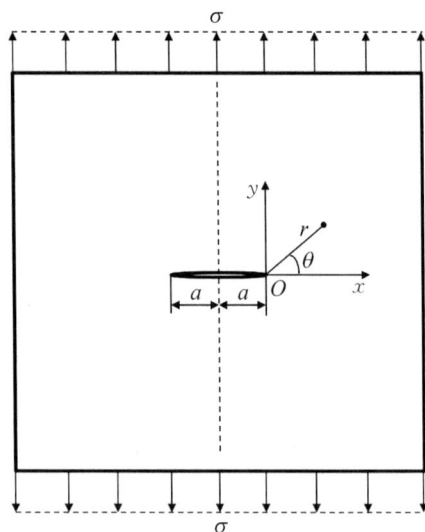

以上得到的应力场、应变场及位移场是针对含中心穿透 I 型裂纹的无限大平板受双向等拉的情况。在理论分析和实际应用中，还有一种更常见和重要的情况，即含中心穿透 I 型裂纹的无限大平板受单向拉伸的情况，简称为格里菲斯裂纹问题，如图 6.2.4 所示。采用 Muskhelishvili[①] 提出的普遍复变函数解法，可以求出格里菲斯裂纹尖端区的应力场为

$$\begin{cases} \sigma_x = \dfrac{K_{\mathrm{I}}}{\sqrt{2\pi r}}\cos\dfrac{\theta}{2}\left(1-\sin\dfrac{\theta}{2}\sin\dfrac{3\theta}{2}\right)-\sigma \\ \sigma_y = \dfrac{K_{\mathrm{I}}}{\sqrt{2\pi r}}\cos\dfrac{\theta}{2}\left(1+\sin\dfrac{\theta}{2}\sin\dfrac{3\theta}{2}\right) \\ \tau_{xy} = \dfrac{K_{\mathrm{I}}}{\sqrt{2\pi r}}\cos\dfrac{\theta}{2}\sin\dfrac{\theta}{2}\cos\dfrac{3\theta}{2} \end{cases} \tag{6.2.28}$$

图 6.2.4　受单向拉伸格里菲斯裂纹

式中，$K_{\mathrm{I}}=\sigma\sqrt{\pi a}$。在与式(6.2.22)比较后发现，只有 σ_x 分量的表达式中多出一个常数"$-\sigma$"，其他应力分量 σ_y、τ_{xy}、K_{I} 都完全相同，这表明 I 型裂纹沿横向的拉应力不影响纵向应力分量 σ_y，且受单向拉伸应力和受双向等拉应力的应力强度因子完全相同。

6.2.2.2　剪切型裂纹应力场

对于剪切型裂纹问题，同样可采用 Westergaard 复变函数解法来求解。

1) 滑开型裂纹

对于如图 6.2.5 所示的 II 型裂纹问题，x 轴为构件的对称轴，裂纹面与 x 轴重合，并且外载荷是关于 x 轴反对称的，则在 x 轴上应满足 $\sigma_y=0$。取 Westergaard 应力函数为

$$\Phi_{\mathrm{II}} = -y\mathrm{Re}\overline{Z}_{\mathrm{II}}(z) \tag{6.2.29}$$

则应力分量表达式为

---

① MUSKHELISHVILI H E. Some basic problems of the mathematical theory of elasticity[M]. Translated by RODAK J R M. Groninngen: Noordhoff P Ltd., 1958.

$$
\begin{cases}
\sigma_x = \dfrac{\partial^2 \Phi_{\mathrm{II}}}{\partial y^2} = y\,\mathrm{Re}Z'_{\mathrm{II}}(z) + 2\,\mathrm{Im}\,Z_{\mathrm{II}}(z) \\[2mm]
\sigma_y = \dfrac{\partial^2 \Phi_{\mathrm{II}}}{\partial x^2} = -y\,\mathrm{Re}Z'_{\mathrm{II}}(z) \\[2mm]
\tau_{xy} = -\dfrac{\partial^2 \Phi_{\mathrm{II}}}{\partial x \partial y} = \mathrm{Re}Z_{\mathrm{II}}(z) - y\,\mathrm{Im}\,Z'_{\mathrm{II}}(z)
\end{cases}
\tag{6.2.30}
$$

根据边界条件,取

$$
Z_{\mathrm{II}}(z) = \frac{\tau z}{\sqrt{z^2 - a^2}}
\tag{6.2.31}
$$

代入式(6.2.30),得到

$$
\begin{cases}
\sigma_x = -\dfrac{K_{\mathrm{II}}}{\sqrt{2\pi r}} \sin\dfrac{\theta}{2}\left(2 + \cos\dfrac{\theta}{2}\cos\dfrac{3\theta}{2}\right) \\[2mm]
\sigma_y = \dfrac{K_{\mathrm{II}}}{\sqrt{2\pi r}} \sin\dfrac{\theta}{2}\cos\dfrac{\theta}{2}\cos\dfrac{3\theta}{2} \\[2mm]
\tau_{xy} = \dfrac{K_{\mathrm{II}}}{\sqrt{2\pi r}} \cos\dfrac{\theta}{2}\left(1 - \sin\dfrac{\theta}{2}\sin\dfrac{3\theta}{2}\right)
\end{cases}
\tag{6.2.32}
$$

式中,

$$
K_{\mathrm{II}} = \tau\sqrt{\pi a}
\tag{6.2.33}
$$

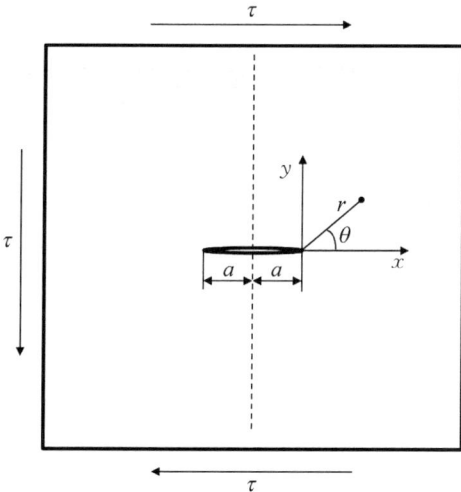

图 6.2.5 滑开型剪切裂纹   图 6.2.6 撕开型剪切裂纹

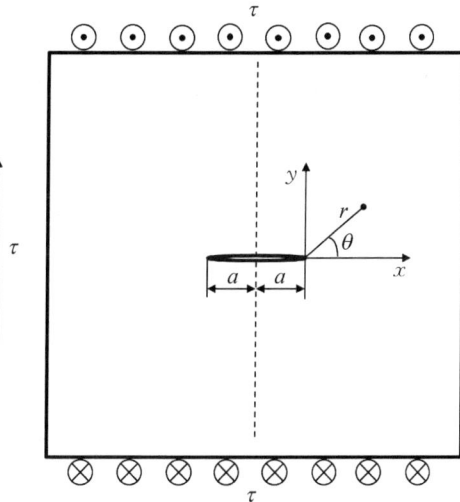

2) 撕开型裂纹

如图 6.2.6 所示的 Ⅲ 型裂纹问题属于反平面问题,其变形特点和受力特点可表示为

$$
\begin{cases}
u_x = 0 \\
u_y = 9 \\
u_z = u_z(x,\ y)
\end{cases}
\tag{6.2.34}
$$

及

$$
\begin{cases}
\tau_{xz} = \mu \dfrac{\partial u_z}{\partial x} \\[2mm]
\tau_{yz} = \mu \dfrac{\partial u_z}{\partial y} \\[2mm]
\sigma_x = \sigma_y = \sigma_z = \tau_{xy} = 0
\end{cases}
\tag{6.2.35}
$$

将式(6.2.35)表示的应力分量带入静力平衡方程可以证明,u_z 是一个调和函数。则选择一个解析函数 $Z_{\mathrm{III}}(z)$,并令

$$
u_z = \frac{1}{\mu} \operatorname{Im} \bar{Z}_{\mathrm{III}}(z)
\tag{6.2.36}
$$

注意,下标中的 z 代表坐标轴,而式中的 z 代表复变量。将式(6.2.36)带入式(6.2.35),得到

$$
\begin{cases}
\tau_{xz} = \operatorname{Im} Z_{\mathrm{III}}(z) \\
\tau_{yz} = \operatorname{Re} Z_{\mathrm{III}}(z)
\end{cases}
\tag{6.2.37}
$$

根据边界条件,取

$$
Z_{\mathrm{III}}(z) = \frac{\tau z}{\sqrt{z^2 - a^2}}
\tag{6.2.38}
$$

注意,III 型裂纹问题的 τ 的方向是平行于裂纹的,而 II 型裂纹问题的 τ 的方向是垂直于裂纹长度的。将式(6.2.38)代入式(6.2.37),得到

$$
\begin{cases}
\tau_{zx} = -\dfrac{K_{\mathrm{III}}}{\sqrt{2\pi r}} \sin \dfrac{\theta}{2} \\[3mm]
\tau_{yz} = \dfrac{K_{\mathrm{III}}}{\sqrt{2\pi r}} \cos \dfrac{\theta}{2}
\end{cases}
\tag{6.2.39}
$$

式中,

$$
K_{\mathrm{III}} = \tau \sqrt{\pi a}
\tag{6.2.40}
$$

6.2.3 应力强度因子

6.2.3.1 应力强度因子的定义

由前述分析可知,所有情况下 I 型裂纹尖端附近的应力分量都可以表示为

$$
\sigma_{ij} = \frac{K_{\mathrm{I}}}{\sqrt{2\pi r}} g_{ij}(\theta)
\tag{6.2.41}
$$

式中,$g_{ij}(\theta)$ 是角度 θ 的函数。式(6.2.41)也可改写为

$$K_{\mathrm{I}} = \sqrt{2\pi r} \cdot \sigma_{ij} \cdot \frac{1}{g_{ij}(\theta)} \tag{6.2.42}$$

在断裂力学中,应力强度因子定义为

$$K_{\mathrm{I}} = \lim_{r \to 0} \sqrt{2\pi r}\, \sigma_y(r,\ 0) \tag{6.2.43}$$

按照同样的方法可以定义Ⅱ型和Ⅲ型裂纹的应力强度因子,并且可以使用不同坐标系的形式。参照图6.2.7所示的坐标系,表6.2.1汇总了3种简单裂纹在不同坐标系下的应力强度因子定义。

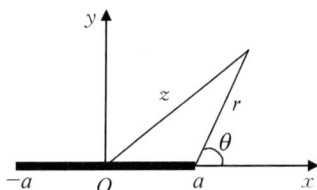

图 6.2.7　定义应力强度因子的参考坐标系

表 6.2.1　3 种简单裂纹应力强度因子定义

裂纹类型	极 坐 标	直 角 坐 标	复 坐 标
Ⅰ 型	$K_{\mathrm{I}} = \lim\limits_{r \to 0} \sqrt{2\pi r}\, \sigma_y(r,\ 0)$	$K_{\mathrm{I}} = \lim\limits_{x \to a} \sqrt{2\pi(x-a)}\, \sigma_y(x,\ 0)$	$K_{\mathrm{I}} = \lim\limits_{z \to z_1} \sqrt{2\pi(z-z_1)}\, Z_{\mathrm{I}}(z)$
Ⅱ 型	$K_{\mathrm{II}} = \lim\limits_{r \to 0} \sqrt{2\pi r}\, \tau_{xy}(r,\ 0)$	$K_{\mathrm{II}} = \lim\limits_{x \to a} \sqrt{2\pi(x-a)}\, \tau_{xy}(x,\ 0)$	$K_{\mathrm{II}} = \lim\limits_{z \to z_1} \sqrt{2\pi(z-z_1)}\, Z_{\mathrm{II}}(z)$
Ⅲ 型	$K_{\mathrm{III}} = \lim\limits_{r \to 0} \sqrt{2\pi r}\, \tau_{zx}(r,\ 0)$	$K_{\mathrm{III}} = \lim\limits_{x \to a} \sqrt{2\pi(x-a)}\, \tau_{zx}(x,\ 0)$	$K_{\mathrm{III}} = \lim\limits_{z \to z_1} \sqrt{2\pi(z-z_1)}\, Z_{\mathrm{III}}(z)$

从以上定义可见,虽然裂纹尖端区的应力趋于无穷大,但 K 在裂纹尖端区是有限量。并且,K 是取决于载荷及裂纹几何的复合力学参量,也是决定裂纹尖端附近应力场强弱的唯一参量。弹性分析表明,对每一种加载模式(Ⅰ型、Ⅱ型或Ⅲ型中的任一种),不论构件的几何形状和载荷类型如何,只要其应力强度因子 K 相同,则应力(包括应变和位移)在 K 主导区内的分布都是相同的,而其强度由 K 所控制。对于同一模式具有不同尺寸的裂纹和不同载荷,而其他方面都相同的两个构件,假如它们的 K 相同,那么它们裂纹尖端附近的应力场、应变场、位移场都是完全相同的。角函数 $f(\theta)$ 与裂纹尺寸、构件几何形状、载荷形式和大小无关;应力强度因子 K 则是构件几何、裂纹几何及外载荷的函数,它表征了裂纹尖端所受载荷和变形的强度,是裂纹扩展推动力的量度。因此,在断裂力学中,应力强度因子 K 已经取代了应力 σ,成为分析的主要力学参量。

在3种简单裂纹类型中,Ⅰ型裂纹是最危险的裂纹,故在理论分析和工程应用中,常用 K_{I} 指代应力强度因子的概念。

图 6.2.8　裂纹尖端前沿 K 主导区示意

6.2.3.2　K 主导区

必须强调指出,以上诸应力场表达式都是描述 $r/a \to 0$ 时的渐近场,或者说是在无限靠近裂纹尖端时裂纹体应力场展开式中的主项。在推导上述公式时,我们假设 $r/a \to 0$,且将高阶微量略去。所以在应用这些公式时,必须限制在裂纹尖端附近足够小的区域内,这个范围称为 K 主导区(或 K 控制区),如图6.2.8所示。

在裂纹前沿延长线($y=0$ 或 $\theta=0$)上,纵向应力

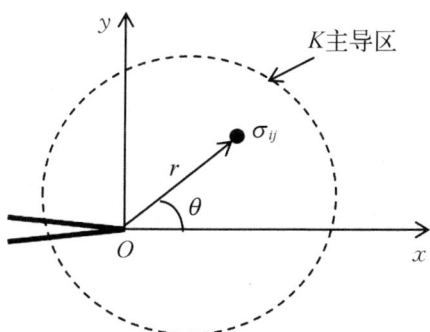

分量的精确解为

$$\sigma_y(r, 0) = \frac{\sigma\left(1 + \dfrac{r}{a}\right)}{\sqrt{2\dfrac{r}{a} + \left(\dfrac{r}{a}\right)^2}} \tag{6.2.44a}$$

而渐近解为

$$\sigma_y(r, 0) = \frac{\sigma}{\sqrt{2\dfrac{r}{a}}} \tag{6.2.44b}$$

按式(6.2.44a)和式(6.4.44b)计算得到的结果示于表 6.2.2,可见随 r/a 的增大,渐近解的误差也增大。当 r/a 较小时,误差可控制在很小的程度。例如 $r/a = 1/20$ 时,两者的差别在 5% 以下,这已经能满足工程分析的精度要求了。

表 6.2.2　裂纹尖端纵向应力的精确解与渐近解的比较

σ_y	r/a			
	$\dfrac{1}{50}$	$\dfrac{1}{20}$	$\dfrac{1}{10}$	$\dfrac{1}{5}$
精确解	5.07σ	3.28σ	2.40σ	1.80σ
渐近解	5.00σ	3.16σ	2.24σ	1.58σ
相对误差/%	0.13	3.6	6.7	12.2

6.2.3.3　裂纹形状因子

$K_I = \sigma\sqrt{\pi a}$ 仅适用于无限大平板、中心穿透裂纹、远场受拉伸(单向或双向)这 3 个条件成立的特殊情况。当平板是有限宽度或裂纹是边裂纹时,应力函数应满足的边界条件就改变了,求解得到的应力场及应力强度因子也就改变了。又或者当裂纹为表面裂纹或内部深埋裂纹时,就成为三维弹性力学问题,而非平面问题,应力强度因子表达式自然也不一样。

有关应力强度因子的求解是断裂力学的重要部分,最精确的方法是解析法,包括普遍形式的复变函数法、积分变换法、权函数法等,只有形状及受力情况均简单的裂纹体才能得到精确的解析解。对于较复杂的情况,常采用数值计算法,包括边界配置法、有限元法、边界元应力集中系数法、连续位错模拟法等。除此以外,工程上还常采用柔度试验法来确定应力强度因子。由于这些方法涉及较多的数学理论和技巧,无关材料的断裂特性,本书不予讨论,有兴趣的读者可参阅相关断裂力学教材及专著。但是无论何种解法,应力强度因子是表征裂纹尖端应力场强弱的唯一场强参量这一物理含义并没有改变,因此,应力强度因子可写为如下普遍形式:

$$K_I = Y\sigma\sqrt{\pi a} \tag{6.2.45}$$

式中,Y 为裂纹形状系数,在不同情况下可查表获得。

6.2.3.4 K 的叠加原理

线弹性断裂力学是建立在弹性理论基础上的,当裂纹体受到几种载荷联合作用时,其裂纹尖端应力场可以通过对每种载荷单独作用下求得的应力场进行线性叠加而求得,这意味着应力强度因子具有叠加性,即 $K_{\mathrm{I}}^{(\text{total})} = K_{\mathrm{I}}^{(\text{A})} + K_{\mathrm{I}}^{(\text{B})} + K_{\mathrm{I}}^{(\text{C})}$。

利用 K 的叠加性,可由几种简单载荷条件下的 K 求多种载荷联合作用下的 K。例如图 6.2.9 所示,有限宽板一端受远方均匀拉应力 σ,另一端受销钉反力 P 作用下(情况①)的应力强度因子的求解,可将情况①分解为情况②、情况③、情况④的叠加

$$K_1 = K_2 + K_3 - K_4$$

注意情况①和情况④的应力强度因子是相同的,即 $K_1 = K_4$,则有

$$K_1 = \frac{1}{2}(K_2 + K_3)$$

情况②为有限宽板两端受均匀拉伸,情况③为孔壁受销钉加载,均可在手册中找到 K 的表达式,也就很容易求得情况①的复杂加载状态的 K 值了。

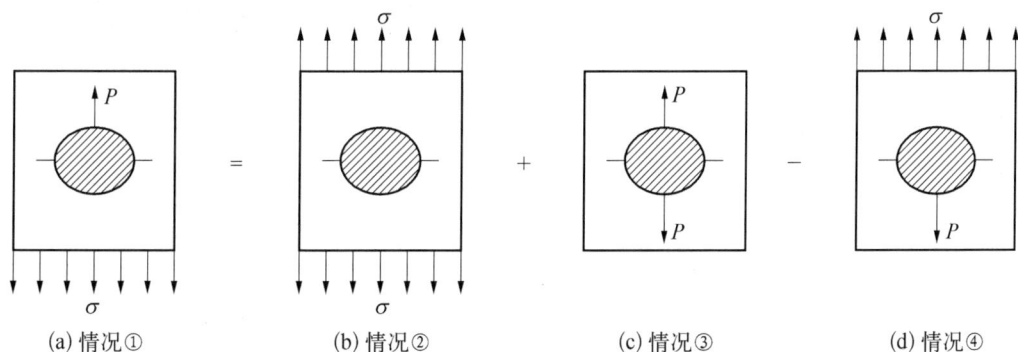

(a) 情况①　　　(b) 情况②　　　(c) 情况③　　　(d) 情况④

图 6.2.9　有限宽板在一端远方均匀拉伸、一端销钉加载条件下的应力强度因子求解

6.2.4　断裂韧度

6.2.4.1　临界应力强度因子

应力强度因子是描述应力场强弱程度的唯一参量,其大小决定了裂纹是否发生失稳扩展。当 K_{I} 大于等于某一临界值 K_{C} 时,裂纹便失稳扩展而导致材料断裂,K_{C} 称为临界应力强度因子。因 $K_{\mathrm{I}} = Y\sigma\sqrt{\pi a}$,当 $K_{\mathrm{I}} = K_{\mathrm{C}}$ 时,σ 与 $\sqrt{a}$ 之间为双曲线关系,如图 6.2.10 所示,可见,当名义应力 σ 或裂纹长度 a 单独增加,或者两者共同增加,都可能使应力强度因子达到临界值。换句话说,对于含裂纹固体,断裂应力(或断裂强度)已然不能作为材料的强度参数了,只有 K_{C} 才是材料抵抗脆性断裂的"强度参数"。

工程上有两种常见的断裂方式。

(1) 原始裂纹长度 a_0 保持不变,名义应力增加到

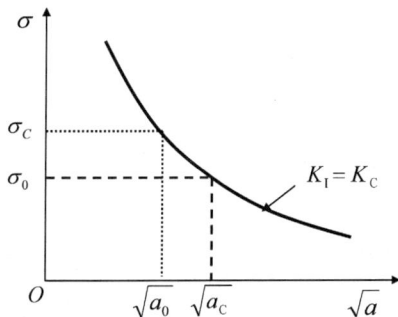

图 6.2.10　临界应力与临界裂纹长度的关系

临界应力 σ_C 时,发生断裂,即 $K_C = Y\sigma_C\sqrt{\pi a_0}$,这对应于含裂纹材料准静态脆性断裂的情况。

(2) 名义应力 σ_0 保持不变,裂纹长度增加到某一临界尺寸 a_C 时,发生断裂,即 $K_C = Y\sigma_0\sqrt{\pi a_C}$,这对应于疲劳断裂及应力腐蚀断裂的情况。

6.2.4.2 厚度对临界应力强度因子的影响

必须指出,K_C 值与试样的厚度有关,如图 6.2.11 所示,这是因为试样厚度对裂纹前沿应力状态影响很大。如张开型裂纹受拉伸载荷时,裂纹前沿有很大拉应力,使试样有沿厚度方向收缩的趋势。但在裂纹前沿的中间地段,由于两边材料的约束而不能自由收缩,使该处形成三向拉应力状态,甚至达到平面应变的程度,即沿厚度方向的变形等于零。这样使材料不易发生塑性变形,促使裂纹脆性开裂,K_C 降低。显然,试样厚度越厚,这种平面应变的部位所占比例就越大,K_C 就会降低越多。当试样厚度达到一定程度时,K_C 达到最低值,并且随着厚度进一步增加,K_C 值保持恒定不再降低。此时的 K_C 值即称为平面应变断裂韧度,简称断裂韧度,以 K_{IC} 表示,它是一个材料常数。

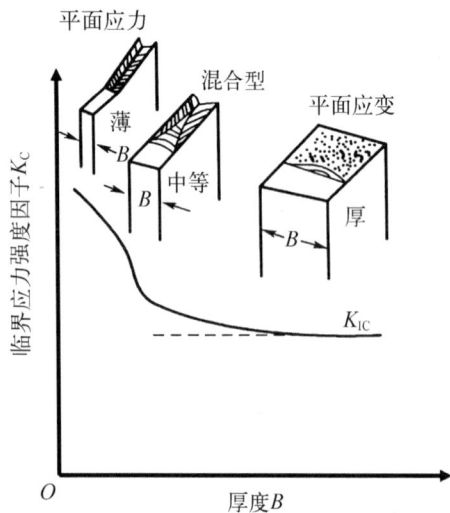

图 6.2.11 临界应力强度因子 K_C 与试样厚度 B 的关系

因此,通常在实际测定材料的断裂韧度时,对试样厚度有一定要求,根据经验有

$$B > 2.5\left(\frac{K_{IC}}{\sigma_s}\right)^2 \qquad (6.2.46)$$

应强调指出,断裂韧度 K_{IC} 是应力强度因子 K_I 的临界值,两者的物理意义不同。K_I 是描述裂纹尖端应力场强弱的力学参量,它与裂纹及物体的大小、形状、外加应力等参数有关,如应力 σ 加大,K_I 即增大。断裂韧度 K_{IC} 是评定材料阻止宏观裂纹失稳扩展能力的一种力学性能指标,它是材料常数,只与材料成分、热处理及加工工艺有关,而与裂纹本身大小、形状以及外应力大小无关。

6.2.5 断裂准则

6.2.5.1 简单裂纹的断裂准则

简单裂纹体脆性断裂准则:当裂纹体在外力作用下,裂纹尖端应力强度因子 K 达到临界值 K_C 时,裂纹就失稳扩展,发生脆断,其临界状态为

$$K_i = K_{iC} \qquad (6.2.47)$$

式中,$i = I,II,III$,分别表示 I 型、II 型、III 型裂纹。

在工程结构设计中,K_I 由公式 $K_I = Y\sigma\sqrt{\pi a}$ 计算,K_{IC} 由实验测定。在应力 σ、裂纹尺度 a 及应力强度因子 K_I 3 个参数中,只要确定了其中 2 个,便可计算另外一个。

(1) 结构设计。对于给定的材料,根据已知的断裂韧度 K_{IC} 以及由探伤检验确定的最大

裂纹尺寸 a，可计算结构许用应力 σ_C：

$$\sigma_C = \frac{1}{Y}\frac{K_{IC}}{\sqrt{\pi a}} \tag{6.2.48}$$

在计算出许用应力后，针对设计要求的承载量，设计结构的尺寸和形状。

（2）材料选择。根据结构的承载要求及可能出现的裂纹类型，计算可能的最大应力强度因子 $K_{I\max}$：

$$K_{I\max} = Y\sigma_C\sqrt{\pi a} \tag{6.2.49}$$

根据服役时可能出现的最大应力强度因子，选择能满足断裂韧度 K_{IC} 要求的材料。

（3）安全校核。对于给定材料（已知断裂韧度 K_{IC}）及给定工作条件（已知工作应力 σ），可计算临界裂纹尺寸：

$$a_C = \frac{1}{\pi Y^2}\left(\frac{K_{IC}}{\sigma}\right)^2 \tag{6.2.50}$$

由探伤检验确定最大裂纹尺寸 a，比较 a 及 a_C 的大小，可以判断该材料是否能在该工作条件下安全工作。

6.2.5.2　复合型裂纹的断裂准则

在实际工程应用中，带裂纹结构所受载荷常常是几种形式的复合。例如同时承受弯矩和扭矩，若某截面上有一裂纹，裂纹面与轴垂直，则弯矩使其承受的载荷为Ⅰ型，而扭矩使其承受的载荷为Ⅲ型。再如三点弯曲试样，若裂纹与施力点在同一平面内，则裂纹所受载荷为Ⅰ型，若裂纹与施力点不在一个平面，则因裂纹面上既有弯矩又有剪力，其所受载荷为Ⅰ型与Ⅱ型的复合。

1）最大周向（环向）拉应力准则

1963 年埃尔多安（Erdogan）[①]在研究有机玻璃板在纯Ⅱ型裂纹情况下的断裂问题时发现，裂纹沿与原裂纹平面约成 70° 方向扩展，这个方向非常接近裂纹尖端周向应力 σ_θ 达到最大的方向，于是提出了最大周向拉应力准则。该准则的基本思想是：第一，裂纹沿着周向拉应力达到最大值 $\sigma_{\theta\max}$ 的方向 θ_0 扩展，即有 $\frac{\partial \sigma_\theta}{\partial \theta}=0$；第二，当该方向应力强度因子 $K_{\theta\max}$ 达到临界值 K_{IC} 时，裂纹就开始扩展。

对于如图 6.2.12 所示的Ⅰ＋Ⅱ型复合裂纹，裂纹尖端应力场可以由Ⅰ型裂纹应力场和Ⅱ型裂纹应力场叠加得到：

$$\sigma_r = \frac{K_I}{\sqrt{2\pi r}}\left(\frac{5}{4}\cos\frac{\theta}{2}-\frac{1}{4}\cos\frac{3\theta}{2}\right)+\frac{K_{II}}{\sqrt{2\pi r}}\left(-\frac{5}{4}\sin\frac{\theta}{2}+\frac{3}{4}\sin\frac{3\theta}{2}\right) \tag{6.2.51a}$$

$$\sigma_\theta = \frac{K_I}{\sqrt{2\pi r}}\left(\frac{3}{4}\cos\frac{\theta}{2}+\frac{1}{4}\cos\frac{3\theta}{2}\right)+\frac{K_{II}}{\sqrt{2\pi r}}\left(-\frac{3}{4}\sin\frac{\theta}{2}-\frac{3}{4}\sin\frac{3\theta}{2}\right) \tag{6.2.51b}$$

---

① ERDOGAN F, SIH G C. On the crack extension in plates under plane loading and transverse shear[J]. J. Basic Eng. , 1963, 85: 519.

$$\tau_{r\theta} = \frac{K_{\mathrm{I}}}{\sqrt{2\pi r}}\left(\frac{1}{4}\sin\frac{\theta}{2} + \frac{1}{4}\sin\frac{3\theta}{2}\right) + \frac{K_{\mathrm{II}}}{\sqrt{2\pi r}}\left(\frac{1}{4}\cos\frac{\theta}{2} + \frac{3}{4}\cos\frac{3\theta}{2}\right) \qquad (6.2.51\mathrm{c})$$

将式(6.2.51b)对 θ 求偏导,并令其等于零,可解得

$$\theta_0 = 2\arctan\left[\frac{\dfrac{K_{\mathrm{I}}}{K_{\mathrm{II}}} - \sqrt{\left(\dfrac{K_{\mathrm{I}}}{K_{\mathrm{II}}}\right)^2 + 8}}{4}\right] \qquad (6.2.52)$$

在 θ_0 方向上,σ_θ 达到最大值 $\sigma_{\theta\max}$,则 $\tau_{r\theta}\mid_{\theta=\theta_0} = 0$,而 $\sigma_{\theta\max}$ 的值为

$$\sigma_{\theta\max} = \frac{\cos\dfrac{\theta_0}{2}\left[K_{\mathrm{I}}\cos^2\left(\dfrac{\theta_0}{2}\right) - \dfrac{3}{2}K_{\mathrm{II}}\sin\theta_0\right]}{\sqrt{2\pi r}} = \frac{K_{\theta\max}}{\sqrt{2\pi r}} \qquad (6.2.53)$$

故可以认为 $K_{\theta\max}$ 实际上相当于 Ⅰ 型裂纹的应力强度因子,断裂判据可表示为

$$K_{\theta\max} = \cos\frac{\theta_0}{2}\left[K_{\mathrm{I}}\cos^2\left(\frac{\theta_0}{2}\right) - \frac{3}{2}K_{\mathrm{II}}\sin\theta_0\right] = K_{\mathrm{IC}} \qquad (6.2.54)$$

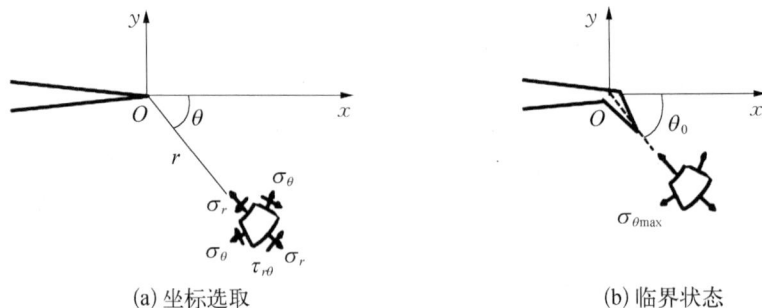

(a) 坐标选取　　　　　　　　　(b) 临界状态

图 6.2.12　Ⅰ＋Ⅱ型复合裂纹尖端应力分量的极坐标

2) 应变能密度准则

1974 年薛昌明(G C Sih)[1]提出了应变能密度理论,即认为复合型裂纹扩展的临界条件取决于裂纹尖端区的能量状态和材料性能。仍考虑以图 6.2.12 为参考坐标系的 Ⅰ＋Ⅱ型复合裂纹,在距离裂纹尖端为 r 处的应变能密度为

$$\frac{\mathrm{d}U}{\mathrm{d}V} = \frac{1-\nu^2}{2E}(\sigma_r^2 + \sigma_\theta^2) - \frac{(1+\nu)\nu}{E}\sigma_r\sigma_\theta + \frac{1}{2\mu}\tau_{r\theta}^2 \qquad (6.2.55)$$

将式(6.2.51)表示的各应力分量代入式(6.2.55),可得到

$$\frac{\mathrm{d}U}{\mathrm{d}V} = \frac{1}{r}(a_{11}K_{\mathrm{I}}^2 + 2a_{12}K_{\mathrm{I}}K_{\mathrm{II}} + a_{22}K_{\mathrm{II}}^2) \qquad (6.2.56)$$

式中,

---

① SIH G C. Mechanics of fracture-method of analysis and solution of crack problem[M]. Netherlands, Alphen aan den Rijn: NoordHoff International Publishers, 1973.

$$\begin{cases} a_{11} = \dfrac{1}{16\mu}(1+\cos\theta)(k-\cos\theta) \\[2mm] a_{12} = \dfrac{1}{16\mu}\sin\theta(2\cos\theta-k+1) \\[2mm] a_{22} = \dfrac{1}{16\mu}\big[(k+1)(1-\cos\theta)+(1+\cos\theta)(3\cos\theta-1)\big] \end{cases} \tag{6.2.57}$$

式中，k 为应力状态系数。由式(6.2.56)可见，某一单元体的应变能密度 $\dfrac{\mathrm{d}U}{\mathrm{d}V}$ 与该单元体到裂纹尖端的距离 r 成反比，亦即离裂纹尖端愈近，其应变能密度愈大。式(6.2.56)括号内的量反映了裂纹尖端附近各点应变能密度的强弱程度(能量场的强度)，称为应变能密度因子，记为 S，即

$$S = a_{11}K_{\text{I}}^2 + 2a_{12}K_{\text{I}}K_{\text{II}} + a_{22}K_{\text{II}}^2 \tag{6.2.58}$$

根据能量最小原理，裂纹扩展应沿应变能密度因子 S 最小的方向进行，即有

$$\begin{cases} \left(\dfrac{\mathrm{d}S}{\mathrm{d}\theta}\right)_{\theta=\theta_0} = 0 \\[3mm] \left(\dfrac{\mathrm{d}^2 S}{\mathrm{d}\theta^2}\right)_{\theta=\theta_0} > 0 \end{cases} \tag{6.2.59}$$

开始扩展的条件是应变能密度因子 S 达到某一临界值 S_{C}，即失稳扩展条件为

$$a_{11}K_{\text{I}}^2 + 2a_{12}K_{\text{I}}K_{\text{II}} + a_{22}K_{\text{II}}^2 = S_{\text{C}} \tag{6.2.60}$$

由于 S_{C} 为材料参数，与应力状态无关，故可以利用纯 I 型裂纹的条件求得 S_{C} 和 K_{IC} 的关系。在纯 I 型载荷下，$\theta=0$，由式(6.2.60)可知 $S_{\text{I}} = a_{11}K_{\text{I}}^2$。当 K_{I} 达到 K_{IC} 时，S_{I} 也达到 S_{C}，即有

$$S_{\text{C}} = a_{11}K_{\text{IC}}^2 = \frac{2(k-1)}{16\mu}K_{\text{IC}}^2 \tag{6.2.61}$$

将此式代入式(6.2.60)，可得复合型裂纹失稳扩展的临界判据为

$$\left[\frac{16\mu}{2(k-1)}(a_{11}K_{\text{I}}^2 + 2a_{12}K_{\text{I}}K_{\text{II}} + a_{22}K_{\text{II}}^2)_{\theta=\theta_0}\right]^{\frac{1}{2}} = K_{\text{IC}} \tag{6.2.62}$$

3) 经验准则

各种复合型裂纹断裂准则所预测的起裂角和断裂时的 K_{I}、K_{II} 的组合关系有较大的差别，而试验数据的分散性也很大。因此，为了便于处理实际工程问题，往往针对常采用材料的试验数据，拟合成经验公式。

(1) 直线型判据。图 6.2.13 为 3 种金属材料在 $-93\,^\circ\!\text{C}$ 进行的 I + II 型复合裂纹断裂的试验结果，显然这些试验数据可以拟合为直线，故断裂时 I + II 型应力强度因子的组合关系可用直线方程表示：

$$\frac{K_{\text{I}}}{K_{\text{IC}}} + \frac{K_{\text{II}}}{K_{\text{IIC}}} = 1 \tag{6.2.63}$$

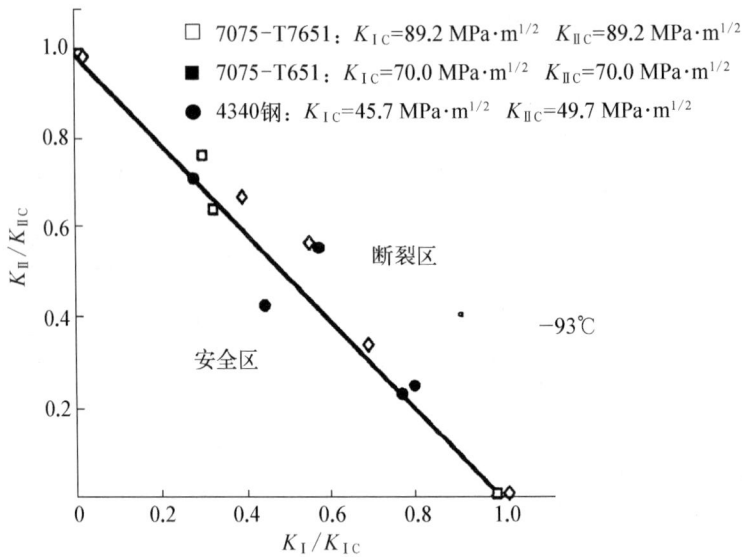

图 6.2.13 断裂时 K_I、K_{II} 轨迹图

（郦正能，关志东，张纪奎，等. 应用断裂力学[M]. 北京：北京航空航天大学出版社，2012.）

（2）二次曲线型判据。断裂时 Ⅰ+Ⅱ 型应力强度因子的组合关系可用椭圆型方程表示

$$\left(\frac{K_I}{K_{IC}}\right)^2 + \left(\frac{K_{II}}{K_{IIC}}\right)^2 = 1 \tag{6.2.64}$$

例如，4340 钢在 Ⅰ+Ⅲ 型复合裂纹下的断裂试验数据如图 6.2.14 所示，其断裂准则的下限为

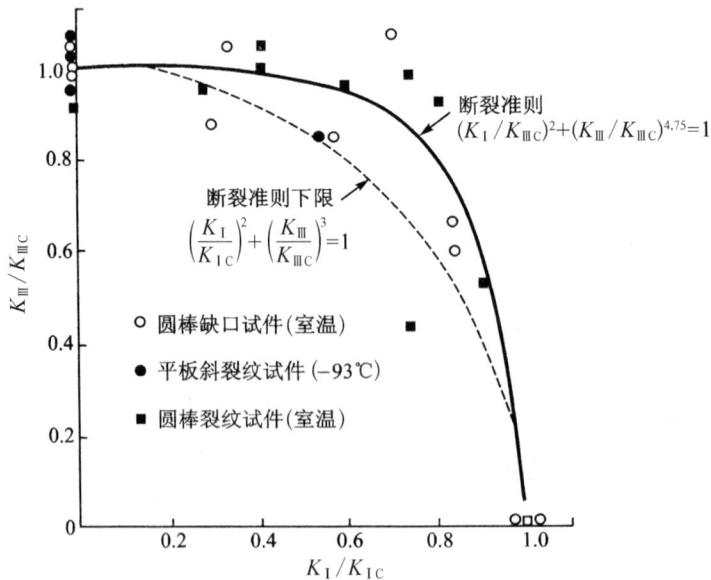

图 6.2.14 4340 钢复合型断裂 K_I、K_{II} 轨迹图

（郦正能，关志东，张纪奎，等. 应用断裂力学[M]. 北京：北京航空航天大学出版社，2012.）

$$\left(\frac{K_{\mathrm{I}}}{K_{\mathrm{IC}}}\right)^2 + \left(\frac{K_{\mathrm{III}}}{K_{\mathrm{IIIC}}}\right)^3 = 1 \tag{6.2.65}$$

（3）高次曲线型判据。断裂准则可用高次曲线方程表示

$$\left(\frac{K_{\mathrm{I}}}{K_{\mathrm{IC}}}\right)^{\alpha} + \left(\frac{K_{\mathrm{II}}}{K_{\mathrm{IIC}}}\right)^{\beta} = 1 \tag{6.2.66}$$

或

$$\left(\frac{K_{\mathrm{I}}}{K_{\mathrm{IC}}}\right)^{\alpha_1} + \left(\frac{K_{\mathrm{III}}}{K_{\mathrm{IIIC}}}\right)^{\beta_1} = 1 \tag{6.2.67}$$

式中，α、α_1、β、β_1 为大于 2 的正数。例如，图 6.2.14 所示的 4340 钢在 I + III 型复合裂纹下的断裂试验数据，其断裂轨迹的中间值的方程为 $\left(\frac{K_{\mathrm{I}}}{K_{\mathrm{IC}}}\right)^2 + \left(\frac{K_{\mathrm{III}}}{K_{\mathrm{IIIC}}}\right)^{4.75} = 1$。

（4）椭球型判据。对于三维复合型裂纹的脆性断裂准则，可用下列椭球方程表示：

$$\left(\frac{K_{\mathrm{I}}}{K_{\mathrm{IC}}}\right)^2 + \left(\frac{K_{\mathrm{II}}}{K_{\mathrm{IIC}}}\right)^2 + \left(\frac{K_{\mathrm{III}}}{K_{\mathrm{IIIC}}}\right)^2 = 1 \tag{6.2.68}$$

由于三维复合型裂纹的断裂过程判据需要 3 个断裂韧度参数 K_{IC}、K_{IIC} 及 K_{IIIC}，试验数据较少，所以工程上较少采用椭球型判据。

6.2.6 裂纹尖端塑性区及应力强度因子修正

前述结果均是在完全线弹性假设下分析得到的，但对于实际金属材料，情况却有了偏差。对于理想弹性体，当 $x \to 0$ 时，$\sigma_y \to \infty$，表明裂纹尖端前沿应力具有奇异性[见图 6.2.15(a)]；对于实际金属，即便是超高强度钢，在裂纹尖端前沿都会因高应力集中诱发一定范围的塑性变形，形成局部塑性区。在理想塑性假设下，在 $x < r_0$ 范围内，$\sigma_y = \sigma_s$，原来较高的弹性应力得到松弛，裂纹尖端的应力场是有界的，无奇异性[见图 6.2.15(b)]。在这种情况下，严格来说线弹性断裂力学的 K 参量已经失效，必须采用塑性力学方法，寻找新的力学参量来表征裂纹尖端场的强弱，并以此为基础分析断裂问题。但是当塑性区尺寸相比于裂纹本身长度较小时，换句话说，在整个材料或结构中，裂纹尖端的塑性区相比于其周围弹性区较小时，外载荷的绝大部分仍由弹性区承担，对已获得的线弹性断裂力学理论进行适当修正，继续采用 K 参量是可行且方便的，能适合很大范围内金属结构断裂分析的场合。

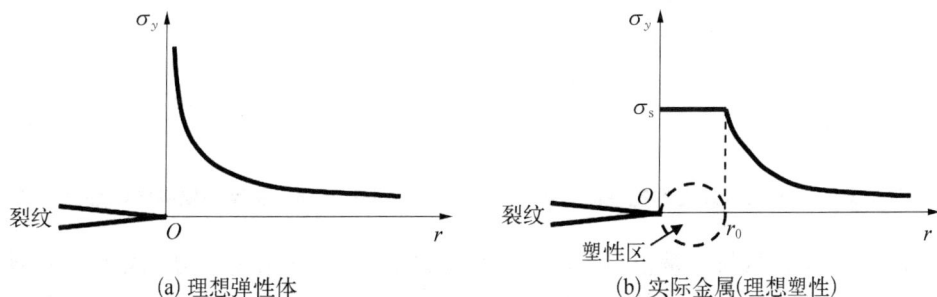

(a) 理想弹性体　　　　　　　　(b) 实际金属(理想塑性)

图 6.2.15　理想弹性体及实际金属裂纹尖端应力分布特征

因此有必要研究裂纹尖端塑性区的性质及 K 修正方法。

6.2.6.1　塑性区形状和尺寸

裂纹尖端区是复杂应力状态,可采用米泽斯屈服准则或特雷斯卡屈服准则来分析裂纹尖端前沿塑性区的形状。以Ⅰ型裂纹为例,将裂纹尖端区应力场各分量表达式代入米泽斯屈服准则,并整理后可得塑性区边界线方程:

$$r_p = \frac{K_I^2}{2\pi\sigma_s^2}\cos^2\left(\frac{\theta}{2}\right)\left[1 + 3\sin^2\left(\frac{\theta}{2}\right)\right]\text{(平面应力)} \qquad (6.2.69a)$$

$$r_p = \frac{K_I^2}{2\pi\sigma_s^2}\cos^2\left(\frac{\theta}{2}\right)\left[(1-2\nu)^2 + 3\sin^2\left(\frac{\theta}{2}\right)\right]\text{(平面应变)} \qquad (6.2.69b)$$

塑性区边界如图 6.2.16 所示。若令 $\theta=0$,可得到在裂纹延长线上的塑性区尺寸:

$$r_{y1} = \frac{1}{2\pi}\left(\frac{K_I}{\sigma_s}\right)^2 \approx \frac{1}{6}\left(\frac{K_I}{\sigma_s}\right)^2, \quad \text{平面应力}$$

$$(6.2.70a)$$

$$r_{y2} = \frac{(1-2\nu)^2}{2\pi}\left(\frac{K_I}{\sigma_s}\right)^2 \approx \frac{1}{36}\left(\frac{K_I}{\sigma_s}\right)^2, \quad \text{平面应变}, \nu=0.3$$

$$(6.2.70b)$$

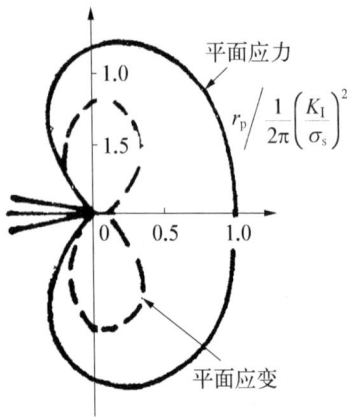

图 6.2.16　Ⅰ型裂纹尖端塑性区边界

显然,在平面应变情况下,三向拉伸应力对裂纹尖端塑性变形产生了强烈的约束,其应力达到屈服的塑性区宽度远较平面应力情况下为小,约为平面应力情况下的 1/6。

应用与上述类似的方法,按米泽斯屈服准则可以求得Ⅱ型裂纹和Ⅲ型裂纹的尖端塑性区的形状和尺寸,分别如图 6.2.17 和图 6.2.18 所示。

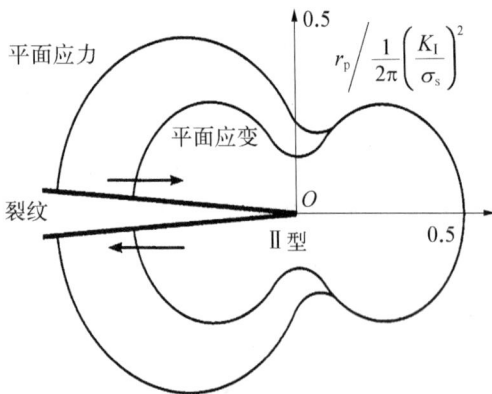

图 6.2.17　Ⅱ型裂纹尖端塑性区边界

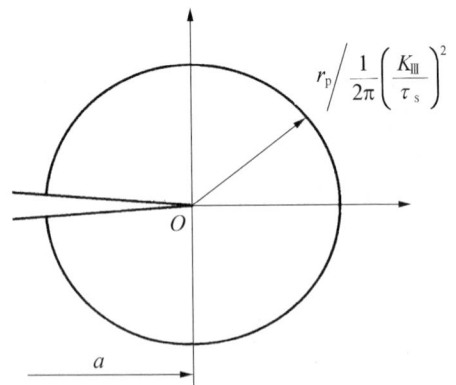

图 6.2.18　Ⅲ型裂纹尖端塑性区边界

上面估算的塑性区尺寸是粗略的,完全没有考虑塑性区应力重新分配效应。更精确地确定塑性区还应考虑到由于局部屈服松弛掉的应力要由毗邻塑性区的材料来承担的情况,因此实际塑性区尺寸还要进一步扩大。估算应力松弛对塑性区尺寸影响的模型如图 6.2.19

所示，裂纹尖端弹性应力分布如 ABC 曲线，在 y 方向发生屈服时，局部屈服应力为 σ_s，由 DB 直线表示，由式 (6.2.70a) 计算的塑性区宽度为 $OG(r_y)$。屈服使 OG 区域内超过 σ_s 的应力必须由邻近 OG 的区域来承担。又因外载荷恒定，计及屈服与不计屈服，其应力分布曲线积分面积应相等，即曲线 ABC 下的面积应等于曲线 $DBEF$ 下的面积（未考虑应变硬化）。EF、BC 均表示弹性应力场应力变化规律，可以认为其形状及下面的面积相等，则曲线 AB 段下的面积应该与 DE 线段下的面积相等，即

$$R\sigma_s = \int_0^{r_y} (\sigma_s)_{\theta=0} \mathrm{d}r \qquad (6.2.71)$$

式中，R 为 $\theta=0$ 面上考虑到应力松弛后的塑性区宽度；r_y 是 $\theta=0$ 平面上弹性应力场应力 $\sigma_y = \sigma_s$ 的宽度。

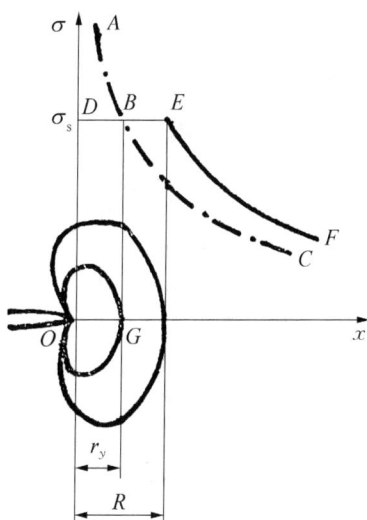

图 6.2.19　裂纹尖端由于屈服而产生的应力松弛

对于平面应力问题，$\theta=0$ 时，$\sigma_1 = \sigma_2 = \dfrac{K_{\mathrm{I}}}{\sqrt{2\pi r}}$，$\sigma_3 = 0$，代入米泽斯屈服准则，得

$$\sigma_s = \sqrt{\frac{1}{2}(\sigma_2^2 + \sigma_1^2)} = \sigma_1 \qquad (6.2.72)$$

这表明在平面应力情况下，在 y 方向应力屈服时，σ_{ys} 与单轴拉伸屈服应力 σ_s 相等（另外，当 $\theta=0$ 时，$\sigma_x = \sigma_y$，$\tau_{xy}=0$，故 σ_x、σ_y 就是主应力 σ_1、σ_2），所以

$$r_y = \frac{K_{\mathrm{I}}^2}{2\pi\sigma_s^2} \qquad (6.2.73)$$

将 $\displaystyle\int_0^{r_y} (\sigma_y)_{\theta=0} \mathrm{d}r = \int_0^{r_y} \frac{K_{\mathrm{I}}}{\sqrt{2\pi r}} \mathrm{d}r = \frac{2K_{\mathrm{I}}}{\sqrt{2\pi}}(r_y)^{\frac{1}{2}} = \frac{K_{\mathrm{I}}^2}{\pi\sigma_s}$ 代入式 (6.2.71)，可得

$$R_1 = \frac{1}{\pi}\left(\frac{K_{\mathrm{I}}}{\sigma_s}\right)^2 \qquad (6.2.74a)$$

仿照此方法，对平面应变情况也可得

$$R_2 = \frac{(1-2\nu)^2}{\pi}\left(\frac{K_{\mathrm{I}}}{\sigma_s}\right)^2 \qquad (6.2.74b)$$

可见无论是在平面应力还是在平面应变情况下，应力松弛后塑性区尺寸均扩大了 1 倍。

6.2.6.2　伊尔文等效裂纹

由于裂纹尖端塑性区内的应力松弛，实际线弹性应力场的应力分布已从 ABC 曲线移到 EF 曲线（见图 6.2.19），这时如果仍然要求用线弹性断裂力学的方法来分析问题，伊尔文 (Irwin)[①] 提

---

① IRWIN G R. Plastic zone near a crack and fracture toughness[C]. Sagamore Research Conference Proceedings，Vol. 4. Syracuse：Syracuse University Research Institute，1961：63－78.

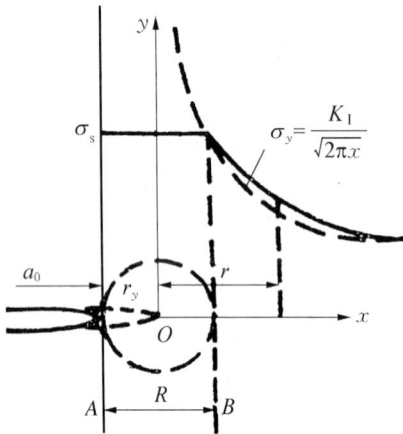

图 6.2.20　等效裂纹示意

出,可以将塑性区的出现看作相当于裂纹尺寸稍微有些增加(r_y),这样的裂纹称为等效裂纹。等效裂纹的尺寸为

$$a_{eq} = a_0 + r_y \qquad (6.2.75)$$

r_y 的大小可按下面的方法估算,如图 6.2.20 所示。

假想等效裂纹尖端已移到 O 点,则应有

$$\sigma_s = \frac{K_I}{\sqrt{2\pi(R - r_y)}} \qquad (6.2.76)$$

即

$$r_y = R - \frac{1}{2\pi}\left(\frac{K_I}{\sigma_s}\right)^2 \qquad (6.2.77)$$

将式(6.2.74)中的 R 值代入式(6.2.77),可得

$$r_y = \frac{1}{2\pi}\left(\frac{K_I}{\sigma_s}\right)^2 \quad (\text{平面应力}) \qquad (6.2.78a)$$

$$r_y = \frac{(1-2\nu)^2}{2\pi}\left(\frac{K_I}{\sigma_s}\right)^2 \quad (\text{平面应变}) \qquad (6.2.78b)$$

由此可见,不论平面应力或平面应变,等效裂纹尖端正好位于 x 轴上塑性区域的中心,裂纹中虚拟的增加部分恰好等于实际塑性区尺寸的一半。

由于等效裂纹的尺寸大于真实裂纹尺寸,故在名义应力 σ 不变的情况下,有效应力强度因子 K_{Ieq} 将增大。例如对格里菲斯裂纹,在平面应力情况下有

$$K_{Ieq} = \sigma\sqrt{\pi(a_0 + r_y)} = \sigma\sqrt{\pi\left(a_0 + \frac{K_I^2}{2\pi\sigma_s^2}\right)} = \frac{\sigma\sqrt{\pi a_0}}{\sqrt{\pi\left[1 - \frac{1}{2}\left(\frac{\sigma}{\sigma_s}\right)^2\right]}} = \frac{K_I}{\sqrt{1 - \frac{1}{2}\left(\frac{\sigma}{\sigma_s}\right)^2}}$$

$$(6.2.79a)$$

式中,$\left[1 - \frac{1}{2}\left(\frac{\sigma}{\sigma_s}\right)^2\right]^{-\frac{1}{2}}$ 为增大系数。当 $\frac{\sigma}{\sigma_s} = \frac{1}{2}$ 时,增大系数为 1.07;当 $\frac{\sigma}{\sigma_s} = 1$ 时,增大系数为 1.414。同理,对于平面应变情况有

$$K_{Ieq} = \frac{K_I}{\sqrt{1 - \frac{1}{2}\left(\frac{\sigma}{\sigma_s}\right)^2(1-2\nu)^2}} \qquad (6.2.79b)$$

6.2.7　断裂的能量分析原理

裂纹的扩展会导致含裂纹体的应变能或势能随之发生变化,因此可通过能量变化关系来研究断裂发生的条件。设有一含裂纹面积为 A 的裂纹体,在绝热状态下,外载荷增加 dP 时,受力点位移为 $d\Delta$,裂纹长度增加 da,裂纹面积增加 dA。在此过程中,体系发生 4 种能

量变化：外力做功 dW、弹性应变能释放 dU、裂纹表面能增加 $d\Gamma_s$ 及消耗塑性变形功 $d\Gamma_p$。根据能量守恒和转换定律，体系内能的增加等于外力做功之和，即

$$dW - dU = d\Gamma_s + d\Gamma_p \tag{6.2.80}$$

此式等号左端两项表示的是裂纹扩展 dA 时系统提供的能量（势能），用 $-d\Pi$ 表示，即

$$-d\Pi = dW - dU = d(W - U) \tag{6.2.81}$$

6.2.7.1 裂纹扩展能量释放率

定义裂纹扩展单位面积时系统释放的能量为裂纹扩展能量释放率（以下简称能量释放率），用 G 表示：

$$G = -\frac{\partial \Pi}{\partial A} = \frac{\partial W}{\partial A} - \frac{\partial U}{\partial A} \tag{6.2.82}$$

假设裂纹面积增加 dA，则由式(6.2.82)得

$$G dA = dW - dU \tag{6.2.83}$$

或

$$dW = dU + G dA \tag{6.2.84}$$

该式的意义是，外力做功 dW 除了提供弹性应变能增量 dU 以外，其余部分用于驱动裂纹向前扩展 dA 面积所消耗的能量 $G dA$。因为 $W = P\Delta$，则由式(6.2.84)得

$$G dA = P d\Delta + \Delta dP - dU \tag{6.2.85}$$

下面讨论两种特殊的加载情况。

（1）恒位移加载。在恒位移条件下，$d\Delta = 0$，外载荷不做功。此外，裂纹扩展所消耗的能量与 Δ 的取值无关，故可取 $\Delta = 0$，由式(6.2.82)可得

$$G = -\left(\frac{\partial U}{\partial A}\right)_\Delta \tag{6.2.86}$$

该式表明，在恒位移情况下，加载点固定，使裂纹扩展的能量只能由裂纹体释放出的应变能来提供，即裂纹体中应变能不仅不增加，反而要减小。

（2）恒载荷加载。此时 $dP = 0$，式(6.2.85)变成

$$G dA = P d\Delta - dU \tag{6.2.87}$$

在线弹性情况下，$U = \frac{1}{2}P\Delta$，$dU = \frac{1}{2}P d\Delta$，则式(6.2.87)可写为

$$G dA = P d\Delta - \frac{1}{2}P d\Delta = \frac{1}{2}P d\Delta = dU \tag{6.2.88}$$

则有

$$G = \left(\frac{\partial U}{\partial A}\right)_P \tag{6.2.89}$$

此式表明,在恒载荷情况下,外力所做功的一半用来增加裂纹体的应变能,另一半用来驱动裂纹扩展。

在对断裂过程进行能量分析时,经常需要计算 G 的值,这里仅给出 3 种计算方法的结果,证明过程请参见相关断裂力学书籍。

(1) 由加载点位移 Δ 与裂纹长度 a 的函数关系求 G。

$$G = \frac{1}{nB} \int_0^P \left(\frac{\partial \Delta}{\partial a} \right) \mathrm{d}P \tag{6.2.90}$$

式中,n 为裂纹尖端数,中心裂纹 $n=2$,边裂纹 $n=1$;B 为构件厚度。只要知道 Δ 与 a 的函数关系,便可求得 G 值。而 Δ 与 a 的关系一般可通过计算或实验确定。

(2) 由裂纹尖端前沿应力场和位移场求 G。

$$G = \lim_{\Delta a \to 0} \frac{1}{2\Delta a} \int_0^{\Delta a} \left[\sigma_y^+(x, 0) v^+(\Delta a - x, \pi) + \sigma_y^-(x, 0) v^-(\Delta a - x, \pi) \right] \mathrm{d}x \tag{6.2.91}$$

式中,σ_y^+、σ_y^-、v^+、v^- 分别表示裂纹上、下表面沿 y 轴的应力和位移分量。

(3) 由构件柔度确定 G。

在线弹性情况下,加载点位移与外载荷成正比,即 $\Delta = C(a)P$,其中 $C(a)$ 为构件的柔度,它取决于裂纹体的形状和尺寸,一般来说,C 随 a 的增大而增大。对 I 型裂纹,有

$$G = \frac{1}{2nB} P^2 \frac{\partial C}{\partial a} = \frac{1}{2} P^2 \frac{\partial C}{\partial A} \tag{6.2.92}$$

式中,C 为构件的柔度。可见,只要知道 C 与 a 的函数关系,便可计算 G 值。

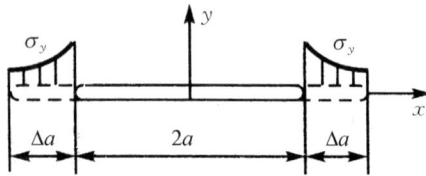

图 6.2.21 由裂纹尖端场参量求 G

6.2.7.2 能量释放率与应力强度因子的关系

以 I 型裂纹、恒载荷加载条件为例进行分析。设有一含 $2a$ 长度中心穿透裂纹的单位厚度无限大平板,在外载荷保持不变的条件下,裂纹两个尖端各扩展 Δa,如图 6.2.21 所示。

在恒载荷加载条件下,$G_I = \left(\frac{\partial U}{\partial A} \right)_P$。应变能增量为

$$\Delta U = -\frac{1}{2} \int_0^{\Delta a} 2 \left[\sigma_y^+(x, 0) v^+(\Delta a - x, \pi) + \sigma_y^-(x, 0) v^-(\Delta a - x, \pi) \right] \mathrm{d}x \tag{6.2.93}$$

对 I 型裂纹尖端延长线 $(y = 0)$ 上沿 y 轴的应力和位移分量分别为

$$\sigma_y^+(x, 0) = \frac{K_I(a)}{\sqrt{2\pi x}} = \sigma_y^-(x, 0) \tag{6.2.94}$$

及

$$v^+(\Delta a - x, \pi) = \frac{2(k+1)K_{\mathrm{I}}(a+\Delta a)}{4\mu}\sqrt{\frac{\Delta a - x}{2\pi}} = v^-(\Delta a - x, \pi) \quad (6.2.95)$$

将式(6.2.94)及式(6.2.95)代入式(6.2.93),并考虑到裂纹扩展后其上、下表面的应力与其位移方向相反,得到

$$\Delta U = \frac{(k+1)K_{\mathrm{I}}(a+\Delta a)K_{\mathrm{I}}(a)}{4\pi\mu}\int_0^{\Delta a}\sqrt{\frac{\Delta a - x}{2\pi}}\,\mathrm{d}x \quad (6.2.96)$$

由此得

$$G_{\mathrm{I}} = \lim_{\Delta a \to 0}\frac{(k+1)K_{\mathrm{I}}(a+\Delta a)K_{\mathrm{I}}(a)}{4\pi\mu\Delta a}\int_0^{\Delta a}\sqrt{\frac{\Delta a - x}{2\pi}}\,\mathrm{d}a \quad (6.2.97)$$

积分后取极限,得

$$G_{\mathrm{I}} = \frac{(k+1)K_{\mathrm{I}}^2}{4\mu} \quad (6.2.98)$$

式中,k 为应力状态系数。式(6.2.98)也可写为

$$G_{\mathrm{I}} = \frac{K_{\mathrm{I}}^2}{E'} \quad (6.2.99)$$

可见能量释放率与应力强度因子的平方成正比。式中,E' 为约合模量,对平面应力和平面应变状态是不同的:

$$\begin{cases} E' = E, & \text{平面应力} \\ E' = \dfrac{E}{1-\nu^2}, & \text{平面应变} \end{cases} \quad (6.2.100)$$

6.2.7.3 裂纹扩展阻力

式(6.2.80)等号右端两项代表裂纹扩展 dA 所消耗的能量,也即阻止裂纹扩展的能量,一般定义裂纹扩展单位面积所需消耗的能量为裂纹扩展阻力,用 R 表示:

$$R = \frac{\partial \Gamma_{\mathrm{s}}}{\partial A} + \frac{\partial \Gamma_{\mathrm{p}}}{\partial A} \quad (6.2.101)$$

设 γ_{s} 为单位面积表面能,γ_{p} 为形成单位裂纹表面所耗塑性变形功,则式(6.2.101)可写为

$$R = 2(\gamma_{\mathrm{s}} + \gamma_{\mathrm{p}}) \quad (6.2.102)$$

在完全线弹性情况下,$\gamma_{\mathrm{p}} = 0$,则有

$$R = 2\gamma_{\mathrm{s}} \quad (6.2.103)$$

对于厚板的平面应变状态,可以认为 $\gamma_{\mathrm{p}} \approx 0$,即 $R = 2\gamma_{\mathrm{s}} = G_{\mathrm{C}}$,为材料常数,称为临界能量释放率。当 $G > G_{\mathrm{C}}$ 时,裂纹立即发生失稳扩展而断裂。对于薄板的平面应力状态,$\gamma_{\mathrm{p}} \neq 0$,并且随裂纹尺寸 a 的增大而增大,因此,阻力 R 也是随裂纹扩展而增大的。换句话说,当 $G \geqslant 2\gamma_{\mathrm{s}}$ 时,裂纹开始缓慢(稳态)扩展,由于同时要消耗塑性功,所以 R 也逐渐增大。阻力

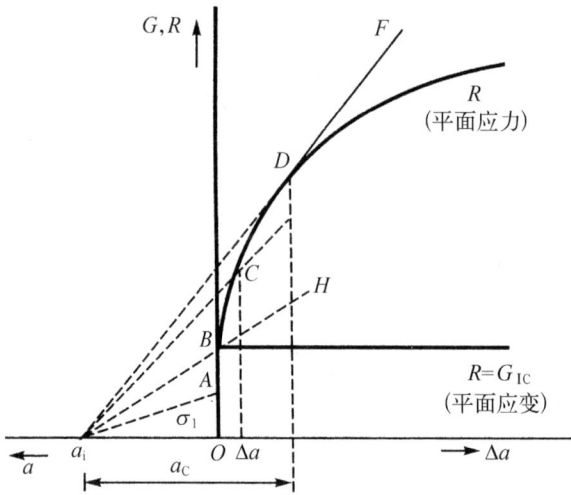

图 6.2.22　平面应力和平面应变状态的阻力曲线示意

R 与裂纹扩展量 Δa 之间关系曲线称为阻力曲线,或 R 曲线。图 6.2.22 给出了两种状态的阻力曲线示意图。

利用阻力曲线可以分析裂纹稳态扩展和失稳扩展的临界条件。以含中心穿透裂纹的无限大平板为例,有

$$G_{\mathrm{I}} = \frac{K_{\mathrm{I}}^2}{E} = \frac{\pi \sigma^2 a}{E} \quad (6.2.104)$$

该式表明 G_{I} 是外应力 σ 和裂纹长度 a 的函数。图 6.2.23 表示出裂纹扩展时 G 和 R 的变化趋势,图中 G_1,G_2…对应于不同外应力 σ_1,σ_2…的能量释放率,G 随 σ^2 而增大,而与 a 呈线性关系,因此 G-a 曲线为直线。当外应力为 σ_1、G 为 G_1 时,G-a 直线与 R 曲线相交于点 1。此时有 $G=R$,裂纹有一微小扩展量 Δa,并且停止了扩展,这是因为再一步扩展时的阻力 R 将大于动力 G。若想裂纹继续扩展,必须增加外应力,例如当外应力分别增加到 σ_2、σ_3 时,裂纹逐步扩展至平衡点 2,3。如此当应力达到 σ_4 时,G-a 直线与 R 曲线相切于点 4,此时有

$$G=R \quad (6.2.105)$$

和

$$\frac{\partial G}{\partial a} = \frac{\partial R}{\partial a} \quad (6.2.106)$$

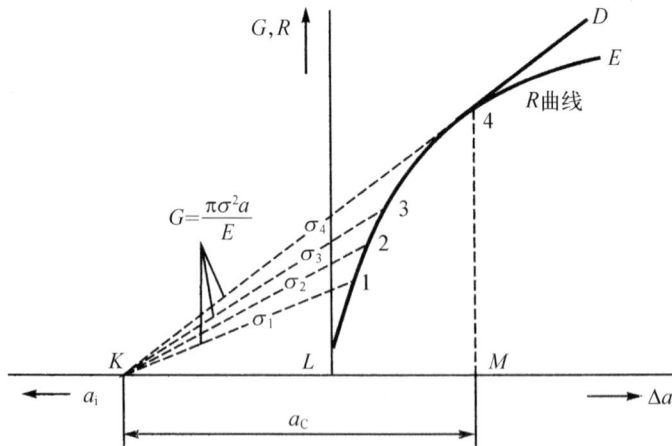

图 6.2.23　裂纹扩展时 G 与 R 的变化

因此,点 4 是裂纹失稳扩展的临界点。在裂纹失稳扩展中,始终有 $G>R$,且 $(G-R)$ 值愈来愈大,裂纹会加速扩展直至完全断裂。因此式(6.2.105)和式(6.2.106)就是断裂的临界条

件,其中 $G=R$ 是必要条件,$\dfrac{\partial G}{\partial a}=\dfrac{\partial R}{\partial a}$ 是充分条件。

6.3　弹塑性断裂力学

当裂纹尖端出现塑性变形时,应力奇异性消失,原则上说线弹性断裂力学参量 K 是不适用的。若裂纹尖端前沿仅是小范围屈服时,即塑性区尺寸 r_0 远小于裂纹尺寸 a[见图 6.3.1(a)],可采用伊尔文等效裂纹修正,继续使用 K 参量。但若裂纹尖端前沿为大范围屈服时,即 r_0 与 a 处于同一数量级时[见图 6.3.1(b)],甚至为全屈服时[见图 6.3.1(c)],则伊尔文修正失效,K 参量不能继续使用。

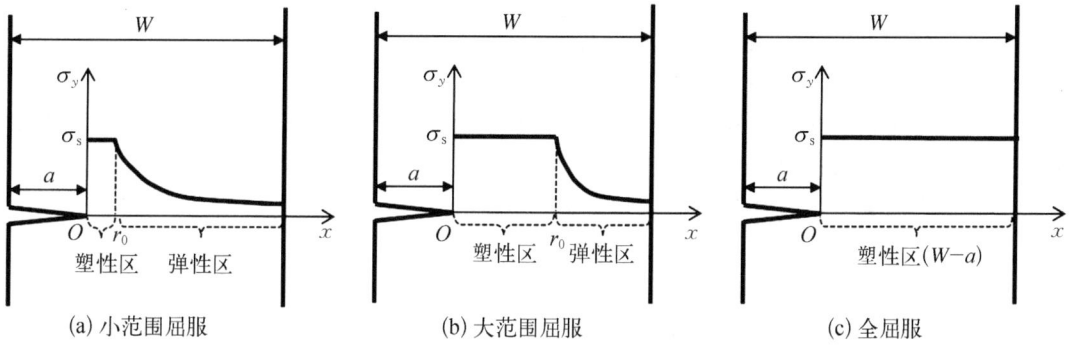

(a) 小范围屈服　　　　　　(b) 大范围屈服　　　　　　(c) 全屈服

图 6.3.1　裂纹尖端弹塑性应力分布特征(平面应力状态,且塑性为理想塑性)

另一方面,一些中低强度材料进行 K_{IC} 测试时,需要大尺寸试样和大吨位试验机,材料消耗及设备损耗很大,试样加工及试验费用昂贵。如果采用小尺寸试样进行测试,但试样往往在变形和断裂过程中处于弹塑性范围。

因此,无论是断裂理论研究还是实际工程应用,都要求研究弹塑性断裂问题,并希望得到一个这样的参数:从线弹性、小范围屈服、大范围屈服直到全屈服各阶段它都始终适用,且单值地反映了裂纹尖端应力场的强弱,当达到临界破坏状态时该参数也达到临界值,这个临界值既可在弹性阶段也可在塑性阶段作为断裂判据。目前已经提出了几种分析弹塑性断裂问题的力学参量,最主要的有裂纹尖端张开位移(crack tip opening displacemt, CTOD)和 J 积分。

6.3.1　CTOD

6.3.1.1　CTOD 的概念

在线弹性阶段,应力类参量变化明显,易于计算,因此用应力类参量来描述变形过程很方便。但当进入屈服阶段时,变形量增大很快,但应力增加却很小,因此考虑改用变形类参量作为描述参数。

1961 年,Wells[①] 提出 CTOD 的概念,即认为当裂纹体受力变形时,裂纹尖端首先是弹性张开,随后在塑性变形过程中裂纹尖端逐渐钝化,产生张开位移 δ,随着外载荷增大,δ 持

---

① WELLS A A. Unstable crack propagation in metals: cleavage and fast fracture[C]. Cranfield: Proceedings of the Crack Propagation Symposium, 1961, 1: 84.

续增大,当 δ 达到某一临界值 δ_C 时,钝化裂纹开裂,如图 6.3.2 所示。研究表明,在开裂前,δ 能反映裂纹端部的形变场强度,并且 δ_C 是一个与试样尺寸无关的常数,属于材料参数。因此,可用 δ 作为描述断裂过程的力学参量,而其临界值 δ_C 可作为表征断裂时的材料强度参数。

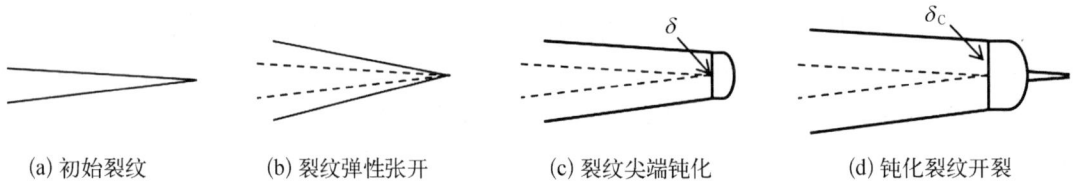

(a) 初始裂纹　　　　(b) 裂纹弹性张开　　　　(c) 裂纹尖端钝化　　　　(d) 钝化裂纹开裂

图 6.3.2　裂纹尖端张开位移

6.3.1.2　CTOD 的计算

1) 小范围屈服情况下的 CTOD

在小范围屈服情况下,采用伊尔文修正,将裂纹尺寸修正为 $a_{eq}=a+r_y$ 后,即可利用线弹性断裂力学理论来求得 CTOD。

设以 δ 表示裂纹尖端张开位移,则有

$$\delta = 2u_y \tag{6.3.1}$$

式中,u_y 表示裂纹面在 y 方向的位移。将式(6.2.26)的第二式代入式(6.3.1)得

$$\delta = \frac{K_I}{2\mu}\sqrt{\frac{r}{2\pi}}\left[(2k+1)\sin\frac{\theta}{2}-\sin\frac{3\theta}{2}\right] \tag{6.3.2}$$

式中,r 自等效裂纹尖端算起,在真实裂纹尖端处,$\theta=\pi$, $r=r_y$。在平面应力情况下,$r_{y1}=\frac{K_I^2}{2\pi\sigma_s^2}$;在平面应变情况下,$r_{y2}=\frac{K_I^2}{2\pi\sigma_s^2}(1-\nu^2)$,将上述结果代入式(6.3.2)可得

$$\delta = \frac{4K_I^2}{2(1+\nu)\mu\pi\sigma_s} = \frac{4K_I^2}{\pi E\sigma_s} = \frac{4}{\pi}\cdot\frac{G_I}{\sigma_s} = 1.27\frac{G_I}{\sigma_s}, \quad \text{平面应力} \tag{6.3.3}$$

$$\delta = \frac{4K_I^2}{\pi E\sigma_s}(1-2\nu)(1-\nu^2) = \frac{4(1-2\nu)}{\pi}\cdot\frac{G_I}{\sigma_s} = 0.43\frac{G_I}{\sigma_s}, \quad \text{平面应变} \tag{6.3.4}$$

式(6.3.3)和式(6.3.4)建立了 δ 与 K_I 和 G_I 之间的关系,即在线弹性和小范围屈服情况下,三者是一一对应的,当 $K_I \to K_{IC}$, $G_I \to G_{IC}$ 时,δ 也达到临界值 δ_C。因此,δ_C 也可同样作为断裂判据。

2) 大范围屈服时的 CTOD

在大范围屈服情况下,伊尔文等效裂纹修正方法已不适用。此时,由于裂纹尖端应力应变场的复杂性,要获得精确解较为困难。因此需要采用一些简化方法,提出一些假定,然后设法得出一些符合假定并能满足工程需要的近似解答。1960 年,达格代尔(Dugdale)[①]采用

---

① DUGDALE D S. Yielding in steel sheets containing slits[J]. J. Mech. Phys. Solids, 1960, 8: 100.

Maskhelishvili 复变函数解弹性问题的方法,针对含穿透裂纹的中低强度材料薄构件进行了断裂分析,如图 6.3.3 所示。设无限大薄板中有一长为 $2a$ 的穿透裂纹,在远处作用有均匀拉伸应力 σ,裂纹尖端延伸线一条窄带区已进入屈服,其宽度为 ρ,其余区域仍处于弹性状态[见图 6.3.3(a)]。材料无应变硬化时,$\sigma_{ys} = \sigma_s$。假想将屈服区切开,然后在切开表面上加上压应力,则裂纹切开面仍然闭合。这样就把一个弹塑性问题转化成一个无限大板中含有长为 $2c = 2(a + \rho)$ 的虚拟裂纹,并在无限远处受均匀拉应力 σ 而在裂纹两端长为 ρ 的段上受压应力 σ_s 的线弹性平面应力问题[见图 6.3.3(b)]。在这种情况下,虚拟裂纹尖端应力强度因子 K_{I} 由两个外加作用力决定。

(1) 由无限远处拉应力引起:$K_{\mathrm{I}1} = \sigma\sqrt{\pi c}$。

(2) 由裂纹两端 ρ 段上分布的 σ_s 引起:

$$K_{\mathrm{I}2} = -\int_a^c \frac{2\sigma_s \mathrm{d}x}{\sqrt{c^2 - x^2}} \cdot \sqrt{\frac{c}{\pi}} = -2\sigma_s\sqrt{\frac{c}{\pi}}\arccos\left(\frac{a}{c}\right)$$

由于虚拟裂纹尖端的应力无奇异性,故 $K_{\mathrm{I}1} + K_{\mathrm{I}2} = 0$,将上两式代入此式,可解得

$$\sigma = \frac{2\sigma_s}{\pi}\arccos\left(\frac{a}{c}\right) \tag{6.3.5}$$

由式(6.3.5)可解得虚拟裂纹半宽:

$$c = a\sec\left(\frac{\pi}{2}\frac{\sigma}{\sigma_s}\right) \tag{6.3.6}$$

由此得出塑性区宽度为

$$\rho = a\left[\sec\left(\frac{\pi}{2}\frac{\sigma}{\sigma_s}\right) - 1\right] \tag{6.3.7}$$

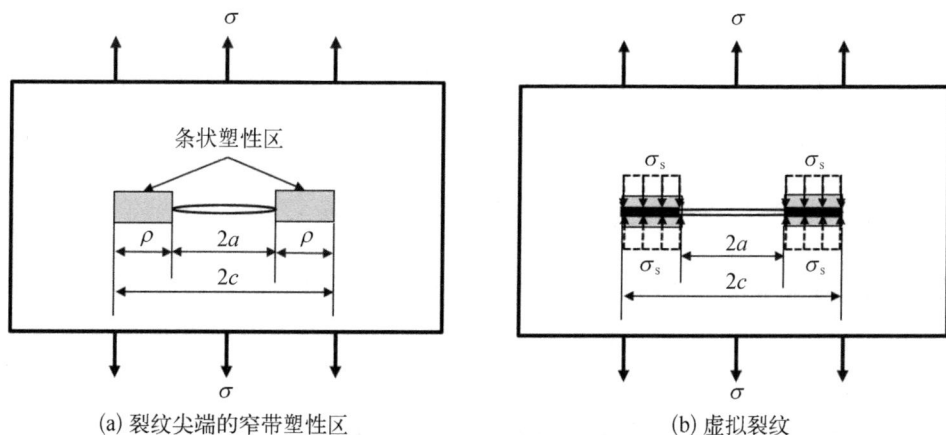

(a) 裂纹尖端的窄带塑性区　　　　　　　　(b) 虚拟裂纹

图 6.3.3　达格代尔模型

在大范围屈服情况下,ρ 值可作为断裂判据,即当外加应力 σ 达到断裂应力 σ_C 时,ρ 值也达到临界值 ρ_C 值。但是 ρ 及 ρ_C 很难在试验中测定,故希望将裂纹尖端张开位移 δ 作为参

数。Burdekin 及 Stone[①] 得到了达格代尔模型 $x = \pm a$ 处弹性张开位移 δ 的表达式：

$$\delta = \frac{8a\sigma_s}{\pi E} \ln\left[\sec\left(\frac{\pi}{2}\frac{\sigma}{\sigma_s}\right)\right] \qquad (6.3.8)$$

应该指出，达格代尔模型是在窄条塑性区、无应变硬化和平面应力三个假设条件下得到的，因而与实际情况相比只是粗略的近似，但可大致满足工程要求。当 $\sigma/\sigma_s \rightarrow 1$ 时，$\delta \rightarrow \infty$，达格代尔模型已不适用。一般认为，当 $\sigma/\sigma_s \leqslant 0.8$ 时，计算结果与实测结果符合得较好。在 $\left(\frac{\pi}{2}\frac{\sigma}{\sigma_s}\right) < 1$ 的情况下，可将式(6.3.8)展开成无穷级数：

$$\delta = \frac{8a\sigma_s}{\pi E}\left[\frac{1}{2}\left(\frac{\pi\sigma}{2\sigma_s}\right)^2 + \frac{1}{12}\left(\frac{\pi\sigma}{2\sigma_s}\right)^4 + \cdots\right]$$

当 $\sigma/\sigma_s \leqslant 0.5$ 时，只取该式中的第一项带来的误差小于 11%，此时得

$$\delta = \frac{\pi\sigma^2 a}{E\sigma_s} = \frac{K^2}{E\sigma_s} = \frac{G}{\sigma_s} \qquad (6.3.9)$$

这与小范围屈服情况下的计算式(6.3.3)相比少了一个系数 $\frac{4}{\pi}$。

3）全屈服情况下的 CTOD

达格代尔模型只适用于较低应力水平、裂纹还是被广大弹性区包围的情况。当外加应力接近或超过屈服应力 σ_s 时，称为全屈服，在此情况下，达格代尔模型也不再适用。全屈服后，应力增加很少，而变形大量增加，因而不再以应力 σ 作为计算 CTOD 的参量，而改用应变 ε 来计算 δ。

Wells[②] 假定塑性区应变 ε 与塑性区尺寸 r_y 之间有如下关系：

$$\frac{\varepsilon}{\varepsilon_s} = \frac{r_y}{a} \quad \text{或} \quad \frac{\varepsilon}{r_y} = \frac{\varepsilon_s}{a} \qquad (6.3.10)$$

式中，ε_s 为屈服应变；a 为裂纹尺寸。在小范围屈服条件下，有 $r_y = \frac{1}{2\pi}\left(\frac{K_{\mathrm{I}}}{\sigma_s}\right)^2$、$\delta = \frac{K_{\mathrm{I}}^2}{E\sigma_s}$ 及 $\sigma_s = E\varepsilon_s$，联合这 3 个关系式可得

$$r_y = \frac{E\delta}{2\pi\sigma_s} = \frac{\delta}{2\pi\varepsilon_s} \quad \text{或} \quad \delta = 2\pi\varepsilon_s r_y \qquad (6.3.11)$$

Wells 将上述关系进一步推广到全屈服的情况，将式(6.3.11)代入式(6.3.10)得

$$\frac{\delta}{2\pi\varepsilon_s a} = \frac{\varepsilon}{\varepsilon_s} \quad \text{或} \quad \delta = 2\pi a\varepsilon \qquad (6.3.12)$$

此即全屈服情况下计算 CTOD 的威尔斯经验公式，也可写为如下无量纲表达式：

① BURDEKIN F M, STONE D E W. The crack opening displacement approach to fracture mechanics in yielding materials[J]. Journal of Strain Analysis, 1966, 1: 145.

② WELLS A A. Notched bar test, fracture mechanics, and the brittle strength of welded structures[J]. British Welding Journal, 1965, 13: 2.

$$\Phi = \frac{\delta}{2\pi\varepsilon_s a} \tag{6.3.13}$$

Wells 的全屈服理论显然是很粗糙的,按该理论进行断裂设计的安全裕度过大。

6.3.1.3 CTOD 准则

当裂纹顶端张开位移 δ 达到临界值 δ_C 时,裂纹将会起裂扩展,即

$$\delta = \delta_C \tag{6.3.14}$$

由于 CTOD 是建立在综合性参数基础上的,原则上应既能用于线弹性断裂分析,又能用于弹塑性断裂分析。式(6.3.14)等号右侧的 δ_C 是材料常数,相当于裂纹扩展阻力,是材料弹塑性断裂韧度指标。式(6.3.14)等号左侧的 δ 是外载荷和构件形状及尺寸的函数,可采用有限元法计算,或通过试验测定。

必须注意,δ_C 是裂纹起裂临界值,而非断裂临界值。裂纹起裂以后,还要经过一段稳态扩展才到失稳扩展点,也就是说,裂纹起裂与裂纹失稳是两个不同的状态。通常,以 δ_C 表示裂纹起裂的临界 CTOD,以 δ_{max} 表示裂纹失稳扩展开始时的张开位移临界值。若 δ_C 等于或近似等于 δ_{max},便是完全的脆性断裂;若 $\delta_{max} > \delta_C$,则断裂便是半脆性或韧性的,两者差值愈大,韧性也愈大。图 6.3.4 表示了试样厚度 B 对 δ_C 及 δ_{max} 的影响,可见存在一个临界厚度 B_C,当 $B > B_C$ 时,$\delta_C = \delta_{max}$,属于平面应变断裂(脆性断裂);当 $B < B_C$ 时,$\delta_{max} > \delta_C$,则属于平面应力断裂(韧性断裂)。

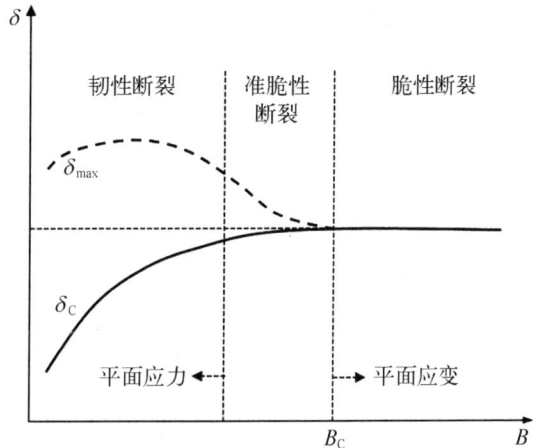

图 6.3.4 试样厚度对裂纹起裂时与裂纹失稳时的 CTOD 影响示意

6.3.2 J 积分

1968 年,Rice[1] 提出了一个围绕裂纹尖端与积分路径无关的线积分,称为 J 积分。由于其值与积分路径无关,因而可避开直接求解弹性边值问题。再则,由于 J 积分由围绕裂纹尖端周围的应力、应变和位移场组成的线积分给出,因而 J 积分值由场的强度决定。此外,J 积分还可通过外载荷对试样所做的变形功来测定。因此 J 积分是目前弹塑性断裂力学的主流参量。

6.3.2.1 J 积分的定义

设有一单位厚度($B=1$)的 I 型裂纹体,自裂纹下表面逆时针取一任一回路 Γ 达到裂纹上表面,如图 6.3.5 所示。回路 Γ 所包围体积内的弹性应变能密度为 w_e,回路 Γ 上任一点的作用力为 $\boldsymbol{T}$,位移为 $\boldsymbol{u}$,则其弹性能释放率可写成

[1] RICE J R. J. A path independent integral and the approximate analysis of strain concentration by notches and cracks [J]. Appl. Mech. , 1968,35: 379.

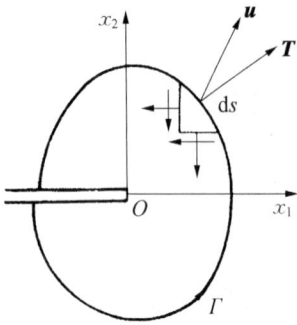

图 6.3.5 J 积分定义

$$G_{\text{I}} = -\frac{\partial \Pi}{\partial a} \tag{6.3.15}$$

$$\Pi = U - W \tag{6.3.16}$$

式中，Π 为试样的势能；U 为弹性应变能，$U = \int \mathrm{d}U = \int w_{\text{e}} \mathrm{d}A = \iint w_{\text{e}} \mathrm{d}x_1 \mathrm{d}x_2$；$W$ 为外力做的功，$W = \int \mathrm{d}w = \int_{\Gamma} \boldsymbol{u}\boldsymbol{T} \mathrm{d}s$。若取 x_1 轴沿裂纹方向，则 $\mathrm{d}a = \mathrm{d}x_1$，式(6.3.15)可写为

$$G_{\text{I}} = -\frac{\partial \Pi}{\partial a} = \int_{\Gamma} \left(w_{\text{e}} \mathrm{d}x_2 - \frac{\partial \boldsymbol{u}}{\partial x_1} \boldsymbol{T} \mathrm{d}s \right) \tag{6.3.17}$$

式(6.3.17)仅在线弹性条件下成立，等号右端的回路积分称为弹性能量线积分。

在弹塑性情况下，将 w 定义为弹塑性应变能密度，也存在式(6.3.17)等号右端的能量线积分，Rice 将其定义为 J 积分：

$$J = \int_{\Gamma} \left(w \mathrm{d}x_2 - \frac{\partial \boldsymbol{u}}{\partial x_1} \boldsymbol{T} \mathrm{d}s \right) \tag{6.3.18}$$

式中，w 可以理解为单调加载过程中试样各处体元所接受的形变功密度，包括弹性应变能密度 w_{e} 和塑性变形功密度 w_{p}，即 $w = w_{\text{e}} + w_{\text{p}}$。图 6.3.6 示意了线弹性和弹塑性两种情况下的能量组成，可见 J 积分的势能变化中多考虑了一项塑性变形功，这正是 J 参量和 G 参量的差别。显而易见，在线弹性情况下，J 和 G 是等效的，而在弹塑性情况下 G 失去意义。

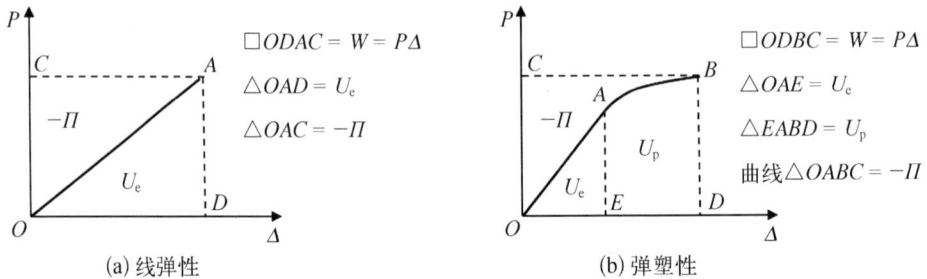

图 6.3.6 线弹性体和弹塑性体加载时的能量组成

既然在线弹性情况下 J 和 G 是等效的，那么 J 也与应力强度因子 K 有联系：

$$J = G_{\text{I}} = \frac{1}{E'} K_{\text{I}}^2 \tag{6.3.19}$$

在达到临界断裂的时刻，J、G、K 这 3 个力学参量都达到临界值（断裂韧度），且有

$$J_{\text{C}} = G_{\text{IC}} = \frac{1}{E'} K_{\text{IC}}^2 \tag{6.3.20}$$

依据式(6.3.20)，可以利用小试样测定的 J_{C} 值来换算必须由大试样才能测定的断裂韧度 K_{IC}，这是 J 积分重要工程应用之一。

J 积分的一个重要性质是守恒性,即积分与路径无关,如图 6.3.7 所示。对任意二积分回路 Γ_1 和 Γ_2 总有 $J_{\Gamma_1} = J_{\Gamma_2}$[见图 6.3.7(a)]。更一般的描述是,对二维物体的任一闭合回路 C(闭合回路中不能有裂纹或孔),恒有 $J_C = \oint_C \left(w \mathrm{d}x_2 - T_i \frac{\partial u_i}{\partial x_1} \mathrm{d}s \right) = 0$[见图 6.3.7(b)]。

J 积分守恒性的严格证明请参阅相关断裂力学专著,其中用到了小应变假设。在 $\varepsilon_{ij} \ll 0.1$ 的条件下,忽略几何方程中的二次项仍能满足工程应用的精度要求,因而 J 积分守恒性是成立的。如果回路 Γ 通过高应变区,或闭合回路 C 所包围面积中包含高应变区,只有对应变增量和位移增量才能用小应变几何方程。运用增量理论和有限元法进行计算的结果表明,J 积分的线路无关性在回路通过塑性区时仍近似成立。但是在裂纹尖端近处,无法证实 J 积分守恒性。因此一般应避免在裂纹尖端近处或顶端的高应变区中应用守恒性。

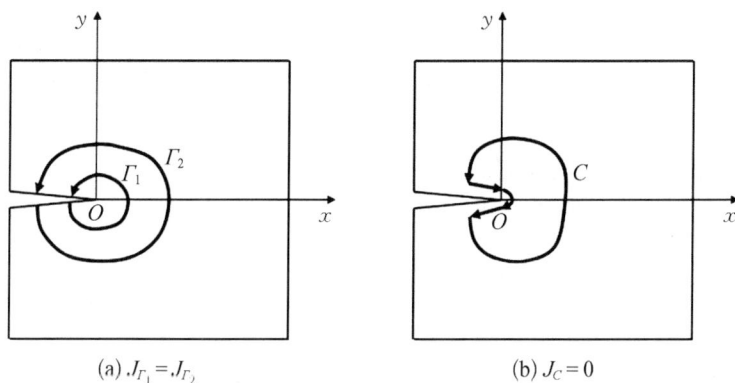

(a) $J_{\Gamma_1} = J_{\Gamma_2}$ (b) $J_C = 0$

图 6.3.7 J 积分守恒性

直接根据式(6.3.18)计算 J 积分比较困难,工程上常采用有限元或边界元等数值计算方法来计算 J 积分。通常的做法是,在裂纹尖端附近的塑性区域内选择 n 条不同的积分路径 Γ_i(通常 $n = 5 \sim 10$),然后按式(6.3.18)的定义分别进行数值计算,得到每条路径的回路积分 J_i,最后取平均值得到 J 积分:

$$J = \sum_{i=1}^{n} \frac{J_i}{n} \tag{6.3.21}$$

为避免表面力不连续引起的误差,一般积分路径应尽量选光滑曲线。

6.3.2.2 J 积分与裂纹尖端弹塑性应力场的关系

要想使 J 积分成为断裂判据的有效参量,裂纹尖端地区的应力场、应变场的强度必须能由 J 积分值单一确定。因为只有这样,当裂纹尖端地区应力场和应变场达到使裂纹开始扩展的临界强度时,J 积分也达到相应的临界值 J_C,而与试件几何尺寸和加载方式无关。

1968 年,Rice 与 Rosengren[1] 以及 Hutchinson[2] 利用全量理论方法得到了弹塑性裂纹尖端的应力场、应变场(简称 HRR 场):

---

[1] RICE J R, ROSENGREN G F. Plane strain deformation near a crack tip in a power-law hardening material[J]. J. Mech. Phys. Solids, 1968, 16: 1.

[2] HUTCHINSON J W. Singular behavior at the end of a tensile crack tip in a hardening material[J]. J. Mech. Phys. Solids, 1968, 16: 13.

$$\sigma_{ij}(r, \theta) = \sigma_0 \left(\frac{EJ}{\alpha \sigma_0^2 I_n} \right)^{\frac{1}{1+n}} \cdot r^{-\frac{1}{1+n}} \cdot \tilde{\sigma}_{ij}(n, \theta) \tag{6.3.22}$$

$$\varepsilon_{ij}(r, \theta) = \frac{\alpha \sigma_0}{E} \left(\frac{EJ}{\alpha \sigma_0^2 I_n} \right)^{\frac{n}{1+n}} \cdot r^{-\frac{n}{1+n}} \cdot \tilde{\varepsilon}_{ij}(n, \theta) \tag{6.3.23}$$

式中,σ_0 为单向拉伸时的屈服应力;α 为硬化系数;n 为硬化指数;E 为杨氏模量;I_n 为 n 的函数,对张开型裂纹平面应变情况,在 $n = 0.07 \sim 0.3$ 的宽广范围内的实际金属结构材料,$I_n = 4.4 \sim 5.6$;$\tilde{\sigma}_{ij}(n, \theta)$ 和 $\tilde{\varepsilon}_{ij}(n, \theta)$ 为角因子。式(6.3.22)表明 J 积分反映了弹塑性裂纹应力场 $r^{-\frac{1}{1+n}}$ 阶奇异性,是唯一、单值反映应力场强弱的参量,故 $J \geqslant J_C$ 可作为弹塑性断裂的判据。

HRR 场仍然是建立在全量理论基础上,并且只讨论了奇异性主项的结构,而不是完全解答,但是,由此提出 J 积分决定裂纹尖端场奇异性强度和 J 积分断裂判据的假设不是没有根据的。

6.3.2.3 J 积分的形变功率定义

一个工程上应用方便的断裂判据参量必须是易于试验测定的。Rice 经过分析证明,J 积分可由试件加载过程中接受的形变功与裂纹扩展之间的关系通过试验测定或计算得到。换句话说,J 积分有另一个形变功率定义,它物理意义明确,便于试验测量,从而为把 J 当作实际应用的力学参量打下了理论基础。

根据能量守恒原理、J 积分守恒性、全量理论,以及一些数学分析方法,可以证明 J 积分与载荷 P、施力点位移 Δ,以及它们对裂纹试件做的形变功 $U\left(= \int P \mathrm{d}\Delta \right)$ 有如下关系:

$$J = -\frac{1}{B}\frac{\mathrm{d}U}{\mathrm{d}a} + \frac{P}{B}\frac{\mathrm{d}\Delta}{\mathrm{d}a} \tag{6.3.24}$$

式中,B 为试件厚度;a 为裂纹长度。式(6.3.24)称为 J 积分的形变功率定义。

关于 J 积分形变功率定义的解释可以参照图 6.3.8 进行。两试件外形尺寸完全相同,只是裂纹尺寸差一个 $\mathrm{d}a$,单调加载到相近载荷和得到相近位移(P, Δ)及$(P + \mathrm{d}P, \Delta + \mathrm{d}\Delta)$,可得到两条 $P \sim \Delta$ 曲线。由 $P \sim \Delta$ 曲线下面积 A 给出形变功 $U = \int_0^{\Delta} P \mathrm{d}\Delta$,因此两试样形变功之差为 $\mathrm{d}U = A_{OBDO} - A_{OACO} = A_{ABDC} - A_{ABO}$,当 $\mathrm{d}a \to 0$,$\mathrm{d}P \to 0$,$\mathrm{d}\Delta \to 0$ 时,属于高阶无穷小时的 A_{AFB} 可以忽略,A_{ABDC} 的极限为 $P\mathrm{d}\Delta$,则 $\mathrm{d}U = P\mathrm{d}\Delta - A_{ABO}$,因此有

$$\lim_{\mathrm{d}a \to 0} \left(\frac{A_{ABO}}{B \mathrm{d}a} \right) = -\frac{\mathrm{d}U}{B \mathrm{d}a} + \frac{P \mathrm{d}\Delta}{B \mathrm{d}a} = J$$

即 J 的意义是两个尺寸形状完全相同、只是裂纹尺寸有一 $\mathrm{d}a$ 差别的试样,在加载过程中的形变功之差。

如果两试样加载到同样位移,即 $\mathrm{d}\Delta = 0$,那么

$$J = -\frac{1}{B}\frac{\mathrm{d}U}{\mathrm{d}a} \tag{6.3.25}$$

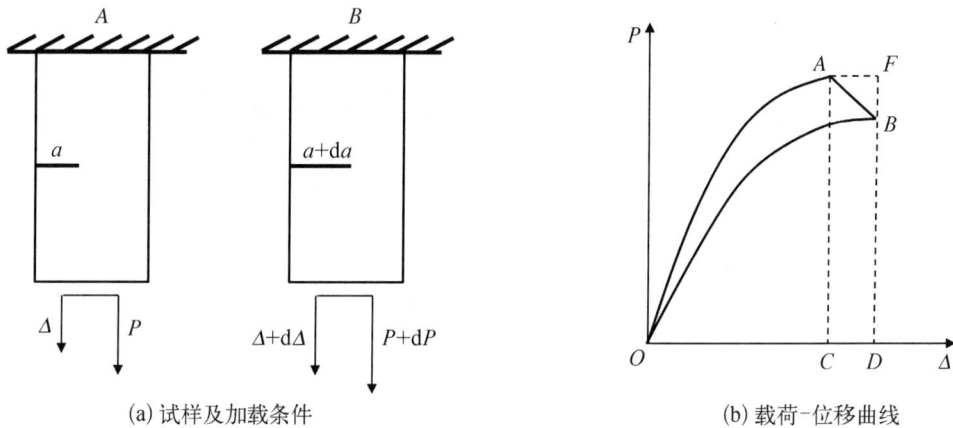

(a) 试样及加载条件   (b) 载荷-位移曲线

图 6.3.8 J 积分形变功率定义图解

式(6.3.25)与 G 的形式一样。前面已证明,在线弹性情况下,$J=G$,但在弹塑性情况下,$\dfrac{dU}{da}$ 的含义不再是裂纹扩展一个微量 da 所带来的形变功之差。因为在塑性变形范围,应力-应变不是单值函数。如一定要保持单值关系,就只能把讨论过程限制在加载过程而不允许有卸载的情况。但是在裂纹扩展过程中,应力场将随裂纹前进而推移,原裂纹尖端区域将不断发生卸载。因此在 J 的讨论中,原则上只讨论到裂纹即将扩展而尚未扩展的程度,故 $\dfrac{dU}{da}$ 不再是一个试样扩展 da 后的形变功变化,而是两个同样形状尺寸的试样因裂纹长度有微小差异 da 所带来的形变功之差。

J 积分的形变功率定义物理概念明确,便于实验测量。但更一般地,J 积分的能量定义可表述为,在相同的外加边界载荷下,外形尺寸相同、但裂纹长度相差 da 的两试样的单位厚度位能的差异,即

$$J = -\frac{1}{B}\frac{\partial \Pi}{\partial a} \tag{6.3.26}$$

在载荷为集中载荷 P 时,有 $\Pi = U - P\mathrm{d}\Delta$。 在恒位移及恒载荷两种加载条件下的 J 积分值如图 6.3.9 所示。

在给定位移时,$\mathrm{d}\Delta = 0$,故

$$J = -\frac{1}{B}\left(\frac{\partial U}{\partial a}\right)_{\Delta} = -\frac{1}{B}\int_0^{\Delta}\left(\frac{\partial P}{\partial a}\right)_{\Delta}\mathrm{d}\Delta \tag{6.3.27}$$

在给定载荷时,有

$$J = -\frac{1}{B}\left(\frac{\partial \Pi}{\partial a}\right)_{P} = \frac{1}{B}\int_0^{P}\left(\frac{\partial \Delta}{\partial a}\right)_{P}\mathrm{d}\Delta \tag{6.3.28}$$

应该指出,上述讨论仅限于单边裂纹试样。对作用有集中载荷 P 的中心裂纹(长度为 $2a$)和双边裂纹(每个裂纹长度为 a)的试样,由于试样几何及加载方式的对称,应有

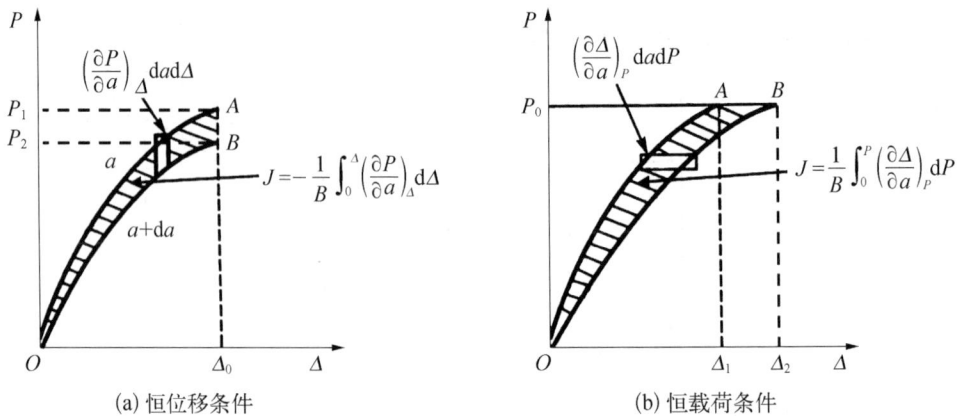

图 6.3.9　J 积分的位能或形变功差率含义的解释

$$J = -\frac{1}{B}\left[\frac{\partial \Pi}{\partial (2a)}\right]_P \tag{6.3.29}$$

$$J = -\frac{1}{B}\left[\frac{\partial U}{\partial (2a)}\right]_\Delta \tag{6.3.30}$$

6.3.2.4　J 与积分 CTOD 的关系

根据达格代尔模型，塑性区呈窄带状，在虚拟裂纹面上作用有相当于屈服应力 $\pm\sigma_s$ 的应力。积分线路沿窄带状塑性区边缘 ABC，如图 6.3.10 所示，在 AB 和 BC 上，$dx_2 = 0$，所以按 J 积分定义有

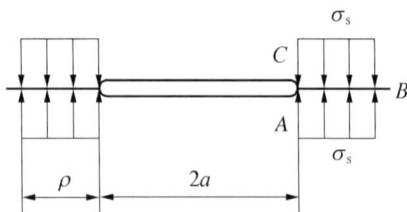

图 6.3.10　J 积分与 CTOD 的关系

$$J = -\int_{ABC} \boldsymbol{T}\frac{\partial \boldsymbol{u}}{\partial x}ds$$

式中，$|\boldsymbol{T}| = \sigma_s$，$\dfrac{\partial |\boldsymbol{u}|}{\partial x} = \dfrac{\partial v(x)}{\partial x} < 0$，$\boldsymbol{T}\dfrac{\partial \boldsymbol{u}}{\partial x} < 0$，$v(x)$ 是塑性区虚拟开裂面上的位移。所以

$$J = -\int_A^B \sigma_s \cdot 2\frac{\partial v(x)}{\partial x}dx = -\int_A^B \sigma_s \cdot \frac{d2v(x)}{dx}dx = -\sigma_s\left[(2v)_A - (2v)_B\right]$$

故有

$$J = \sigma_s \cdot \delta \tag{6.3.31}$$

可见，CTOD 断裂准则与 J 积分断裂准则是一致的。

　　与 CTOD 相比，J 积分理论较严格，定义明确，用有限元法能够计算不同受力情况和各种形状结构的 J 积分，而 CTOD 的计算仅限于简单的几何形状和受力情况。但 J 积分也存在缺点，J 积分仅限于二维情况，对表面裂纹尚待研究。

6.3.2.5　J 积分准则

当裂纹尖端的 J 积分达到临界值 J_C 时，裂纹开始扩展，即

$$J = J_C \tag{6.3.32}$$

与 CTOD 一样,也存在两个临界 J 积分:一个对应着裂纹起裂,记为 J_C;另一个对应着裂纹开始失稳扩展,记为 J_{max}。它们与板厚度的关系也与 CTOD 一样,如图 6.3.11 所示。

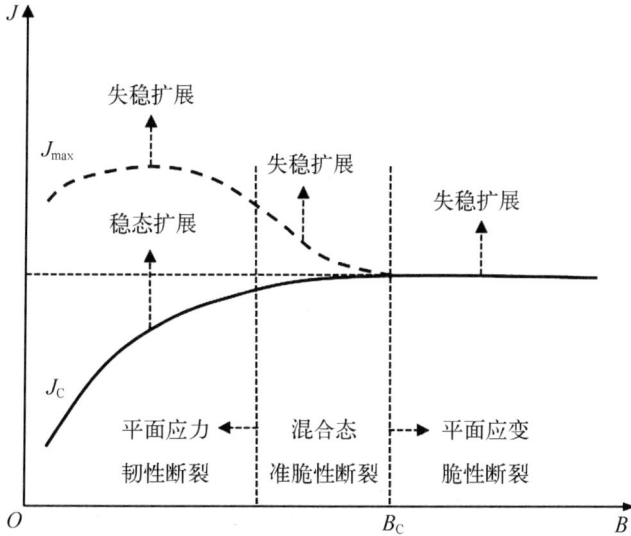

图 6.3.11 临界 J 积分与板厚度的关系

6.3.2.6 J 阻力曲线

韧性材料在裂纹起裂后首先开始稳态扩展的力学本质是,由于裂纹一旦扩展,其尖端附近的应力、应变的奇异性要比不扩展裂纹的奇异性弱得多。参见式(6.3.22)及式(6.3.23),对于幂律硬化材料,静止裂纹的应力、应变奇异性分别为 $\sigma_{ij} \propto r^{-\frac{1}{1+n}}$ 及 $\varepsilon_{ij} \propto r^{-\frac{n}{1+n}}$。而当裂纹在扩展中,其尖端的应力、应变奇异性变为 $\ln\left(\dfrac{1}{r}\right)$。因此,要裂纹起裂后持续扩展,就必须继续增大外载荷(或位移)。

韧性材料在裂纹起裂后首先开始稳态扩展的物理本质是,裂纹尖端区的塑性变形已经与试样边界的位移及周围弹性区的变形相适应,裂纹向这些塑性区扩展时应变集中比裂纹长度固定不变时裂纹尖端应力集中小得多。

裂纹在稳定扩展过程中,随裂纹长度增加,J 积分也在增加。类似于线弹性情况下的 R 阻力曲线,在弹塑性条件下,可以用扩展裂纹 J 积分与裂纹扩展量 Δa 的关系曲线来描述稳态扩展过程和条件,称为 J 阻力曲线,如图 6.3.12 所示。在变形初始阶段,阻力曲线近似为直线,斜率较高,因裂纹尖端钝化,有少量的表观裂纹扩展。随着 J 增大到临界值 J_{IC},裂纹尖端开裂(起裂),随后开始稳态扩展,并伴随着 J 的增大。

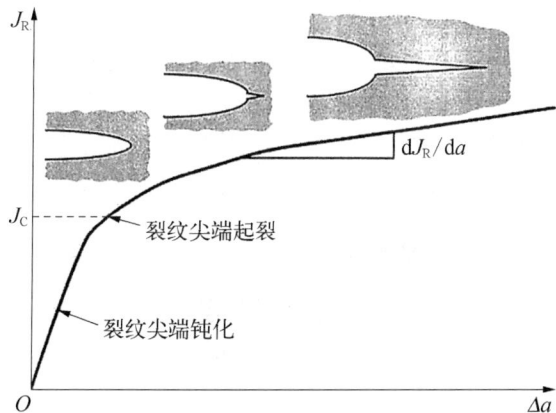

图 6.3.12 韧性材料 J 阻力曲线

J 阻力曲线的斜率表征了材料抵抗稳态扩展的能力,Paris 等[①]引入了一个无量纲力学参量:

$$T = \frac{E}{\sigma_{ys}^2}\left(\frac{\partial J}{\partial a}\right)_{\Delta_T} \tag{6.3.33}$$

式中,Δ_T 为加载点位移,可表示为

$$\Delta_T = \Delta + C_m P \tag{6.3.34}$$

式中,C_m 为柔度系数。对应于这个 T 参量,同样可以定义一个无量纲材料特性常数,称为撕裂模量 T_R:

$$T_R = \frac{E}{\sigma_{ys}^2}\left(\frac{\mathrm{d}J_R}{\mathrm{d}a}\right) \tag{6.3.35}$$

常用钢材的 T_R 值为 $0.1 \sim 500$,其中下限对应高强度低韧性钢,而上限对应低强度高韧性钢。

可以证明,在位移控制条件下,J 阻力曲线的斜率为

$$\left(\frac{\partial J}{\partial a}\right)_{\Delta_T} = \left(\frac{\partial J}{\partial a}\right)_P - \left(\frac{\partial J}{\partial P}\right)_a \left(\frac{\partial \Delta}{\partial a}\right)_P \left[C_m + \left(\frac{\partial \Delta}{\partial P}\right)_a\right] \tag{6.3.36}$$

对于载荷控制条件,$C_m = \infty$,式(6.3.36)中等号右边第二项消失,则有

$$\left(\frac{\partial J}{\partial a}\right)_{\Delta_T} = \left(\frac{\partial J}{\partial a}\right)_P \tag{6.3.37}$$

这样,裂纹稳态扩展准则可写成

$$T < T_R \tag{6.3.38}$$

对于失稳扩展,则有

$$T > T_R \tag{6.3.39}$$

6.4 动态断裂力学

动态断裂是工程结构常见的一种危险的失效形式。通常遇到的动态断裂问题可归纳为两类。第一类为物体或结构承受准静态载荷,但由于裂纹的快速扩展而产生断裂。裂纹的快速与长距离扩展将导致结构完整性的迅速破坏,这一类问题称为运动裂纹问题。第二类为含裂纹材料或结构承受冲击载荷而发生断裂的情况,称为冲击断裂问题。

6.4.1 运动裂纹

6.4.1.1 运动裂纹的扩展速度

当裂纹达到临界失稳扩展长度 a_C 时,由于裂纹扩展能量释放率 G 大于裂纹扩展阻力

---

① PARIS P C, et al. The theory of instability of the tearing made of elastic-plastic crack growth[J]. ASTM STP, 1979, 668: 5.

R,故多余能量$(G-R)$将转化为裂纹扩展的动能(见图 6.4.1),$(G-R)$的大小决定了裂纹扩展速度的大小。

下面以格里菲斯裂纹(初始裂纹半长为a_0)为例,简要分析裂纹扩展速度V(以下简称裂速)。在分析中做如下假设:① 裂纹扩展在不变的应力σ下进行,即裂纹尖端区域的应力场、位移场可由静态弹性理论的方程来确定;② 能量释放率和裂纹扩展阻力与裂速无关;③ 裂速远远小于材料的纵波速度C_0。

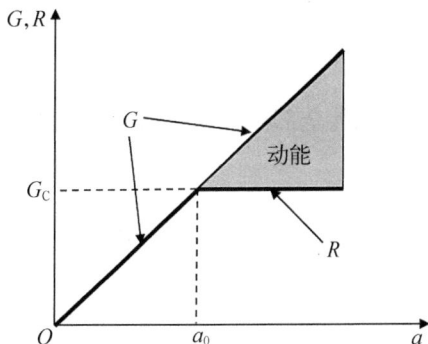

图 6.4.1 裂纹扩展时能量随裂纹尺寸的变化

在假设①的基础上,由线弹性断裂力学理论可知,裂纹尖端微小单元体中的位移u_x和u_y可表示为

$$u_x = 2\sigma \sqrt{ar} f_x(\theta)/E \tag{6.4.1a}$$

$$u_y = 2\sigma \sqrt{ar} f_y(\theta)/E \tag{6.4.1b}$$

式中,r、θ为裂尖前沿微小单元的极坐标;$f_x(\theta)$、$f_y(\theta)$为与幅角有关的函数。如将此单元固定,则当裂尖运动时,该单元离开裂尖越来越远,于是r正比于a,可得位移场

$$u_x = k_1 \sigma a/E \tag{6.4.2a}$$

$$u_y = k_2 \sigma a/E \tag{6.4.2b}$$

以及裂纹随时间向前扩展的速度场

$$\dot{u}_x = k_1 aV/E \tag{6.4.3a}$$

$$\dot{u}_y = k_2 aV/E \tag{6.4.3b}$$

式中,$V = \mathrm{d}a/\mathrm{d}t$。对于$(x, y)$处的单元,由于假设其厚度为单位厚度,则单元质量为$\rho\mathrm{d}x\mathrm{d}y$($\rho$为材料的质量密度),因此含有运动裂纹的板的动能为

$$E_k = \frac{1}{2}\rho \iint_S (\dot{u}_x^2 + \dot{u}_y^2)\mathrm{d}x\mathrm{d}y \tag{6.4.4}$$

式中,S为受到裂纹扩展扰动影响的区域。动能在S区域上的积分表示总动能。将式(6.4.2)代入式(6.4.4)可得

$$E_k = \left(\frac{1}{2}\rho V^2 \frac{\sigma^2}{E^2}\right) \iint_S (k_1^2 + k_2^2)\mathrm{d}x\mathrm{d}y \tag{6.4.5}$$

由于系数k_1、k_2的量纲为1,而且在无限大板中的裂纹尺寸a是仅有的长度参量,因此式(6.4.5)中积分所代表的面积只能与a^2成正比,即可表示为

$$\iint_S (k_1^2 + k_2^2)\mathrm{d}x\mathrm{d}y = ka^2 \tag{6.4.6}$$

式中,k为待定的比例系数。于是得到无限大弹性板中的动能表达式

$$E_k = \frac{1}{2} \frac{k \rho a^2 V^2 \sigma^2}{E^2} \tag{6.4.7}$$

又因动能全部由 $(G-R)$ 转化而来，所以动能也可以表示为（有两个裂纹尖端的情况，即为中心裂纹）

$$E_k = 2 \int_{a_0}^{a} (G-R) \mathrm{d}a = 2 \int_{a_0}^{a} \left(\frac{\pi \sigma^2 a^2}{E} - R \right) \mathrm{d}a = \frac{\pi \sigma^2 a}{E} (a - a_0) - 2R(a - a_0) \tag{6.4.8}$$

由于 R 为常数，在失稳扩展开始时，有 $R = G_{IC} = \dfrac{k \sigma^2 a_0^2}{E}$，故可得

$$E_k = \frac{\pi \sigma^2 a}{E} (a - a_0) \tag{6.4.9}$$

令式(6.4.9)与式(6.4.7)相等，可求得裂速为

$$V = \sqrt{\frac{2\pi}{k}} \sqrt{\frac{E}{\rho}} \sqrt{1 - \frac{a_0}{a}} \tag{6.4.10}$$

Robert 和 Wells[1] 采用 Westergaard 应力函数法得到了 k 的估算值，取 $\nu = 0.25$ 时，$\sqrt{\dfrac{2\pi}{k}} = 0.38$。由于 $\sqrt{\dfrac{E}{\rho}} = C_0$，则式(6.4.10)可简写为

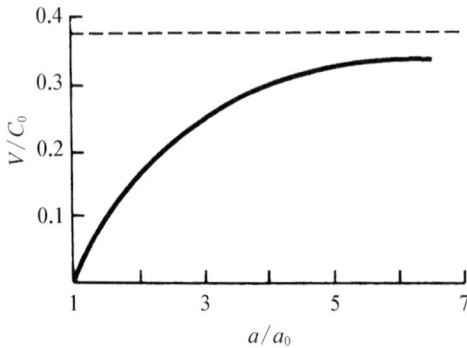

图 6.4.2 裂纹扩展速度与裂纹长度的关系

$$V = 0.38 C_0 \left(1 - \frac{a_0}{a} \right)^{\frac{1}{2}} \tag{6.4.11}$$

由式(6.4.11)计算的裂速与裂纹长度的关系如图 6.4.2 所示，可见裂纹扩展速度有一个极限值，即当 $a_0/a \to 0$ 时，$V = 0.38 C_0$。实验证实确实存在一个裂速的极限值，但所测得的极限值比式(6.4.11)预测的要小。在裂纹扩展的早期，裂速急剧上升，但这个加速过程时间很短 $(a/a_0 < 6)$，裂速很快趋于定常。因此，可认为在裂纹快速扩展的绝大部分时间内，裂纹扩展速度是恒定的。

6.4.1.2 运动裂纹尖端应力场参量

1) 动态应力强度因子

采用静态断裂力学方法或用准静态问题外推得到的动力学解是无效的，原因在于：第一，动态断裂是应力波起主导作用，应考虑惯性效应；第二，裂纹扩展时，裂纹作为物体边界的一部分也在运动，而它的运动状态是未知的，这使得问题成为高度非线性问题。当裂纹快速扩展时，裂纹尖端的应力分布与静态下有差别，计算快速扩展中裂纹尖端应力场必须以运动方

① ROBERT D K, WELLS A A. The velocity of brittle fracture[J]. Engineering, 1954, 178: 820.

程代替静态平衡方程。动态应力强度因子的求解方法主要有解析法和数值法。有限介质中的动态应力强度因子求解大多数必须凭借数值法。由于问题具有复杂性,目前只得到较少的几个动态应力强度因子的解析表达式。

Rose[①]在总结已有研究结果的基础上提出,对于无限介质,动态应力强度因子 K_I^d 可以分解成裂速函数 $k(V)$ 和静态应力强度因子 $K(0)$ 的乘积形式:

$$K_I^d = k(V) \cdot K(0) \qquad (6.4.12)$$

$$k(V) = \frac{1 - \dfrac{V}{C_R}}{(1 - hV)^{\frac{1}{2}}} \qquad (6.4.13)$$

$$h = \frac{2}{C_L} \left(\frac{C_T}{C_R}\right)^2 \left(1 - \frac{C_T}{C_L}\right)^2 \qquad (6.4.14)$$

式中,C_R 为瑞利波(Rayleigh wave)波速;C_L 为弹性波纵波速度;C_T 为弹性波横波速度。$K(0)$ 的值依赖于瞬时裂纹长度、外加应力、裂速和裂纹扩展历史,即 $K(0)$ 并非与运动裂纹等长度的静态裂纹应力强度因子 K_I^s[一般来说,$K(0)$ 小于 K_I^s]。

应注意,式(6.4.12)仅适用于无限大固体,因为其忽略了反射应力波的影响。由于裂速正比于应力波速,只要裂纹扩展量 Δa 相比于试样宽度很小,式(6.4.12)就成立,因为在试样背面反射的应力波没有足够时间到达裂纹尖端。在有限尺寸试样的情况下,应力波在极短时间内就会反射到达裂纹尖端,动态应力强度因子必须由试验测定或者按个案进行数值计算。

2) 动态能量释放率

类似于动态应力强度因子,对无限介质,动态能量释放率 G_I^d 也可以分解为裂速因子 $g(V)$ 和静态因子 $G(0)$ 的乘积:

$$G_I^d = g(V) \cdot G(0) \qquad (6.4.15)$$

$$g(V) = \frac{1 - V}{C_R} \qquad (6.4.16)$$

应指出,$G(0)$ 不等于相应裂纹长度的静态能量释放率 G_I^s,但是与 $K(0)$ 有如下关系:

$$G_I(0) = \frac{1 - \nu}{2\mu} [K_I(0)]^2 \qquad (6.4.17)$$

这个关系式与静态能量释放率及应力强度因子的关系式相同。

在平面应变状态下,对于一个随着裂纹尖端向前运动、在裂纹面上作用表面拉力、并以等速扩展的半无限长裂纹,K_I^d 与 G_I^d 的关系可表示为

$$G_I^d = \frac{1 - \nu^2}{E} \cdot (K_I^d)^2 \qquad (6.4.18)$$

① ROSE L R F. Recent theoretical and experimental results on the fast brittle fracture[J]. Inter. Journal of Fracture,1976,12:799.

3) 动态 J 积分

对准静态变形，J 积分等效于非线性能量释放率。通过对能量释放率的修正，就可将动态效应及材料时间相关效应（应变率相关效应）囊括进 J 积分中[①]。能量释放率通常定义为裂纹扩展单位距离时所释放的能量，更精确的定义应考虑流入裂纹尖端的变形功。

现在考虑一个二维固体中以速度 V 运动着的裂纹，如图 6.4.3 所示，流入裂纹尖端极小回路 Γ 的能量为 E，则能量释放率为

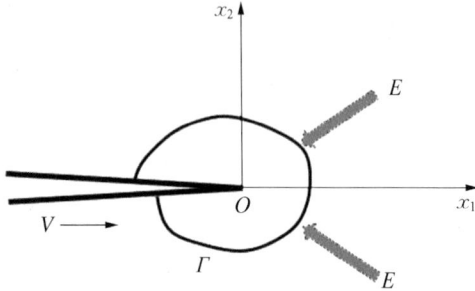

图 6.4.3　流入运动裂纹尖端小回路的能量流

$$G_{\mathrm{I}}^{\mathrm{d}} = \frac{E}{V} \qquad (6.4.19)$$

而计入惯性效应的广义能量释放率，即动态 J 积分为

$$J^{\mathrm{d}} = \lim_{\Gamma \to 0} \int_{\Gamma} \left[(w + w_{\mathrm{T}}) \mathrm{d}x_2 - \sigma_{ij} n_j \frac{\partial u_i}{\partial x_1} \mathrm{d}s \right] \qquad (6.4.20)$$

式中，w 为形变功密度（包括应变能及塑性功），定义为

$$w = \int_0^{\varepsilon_{ij}} \sigma_{ij} \, \mathrm{d}\varepsilon_{ij} \qquad (6.4.21)$$

w_{T} 为动能密度，定义为

$$w_{\mathrm{T}} = \frac{1}{2} \rho \frac{\partial u_i}{\partial t} \frac{\partial u_i}{\partial t} \qquad (6.4.22)$$

式(6.4.20)也适用于应变率相关及路径相关材料的情况。对应变率相关材料，w 可以由下式计算：

$$w = \int_{t_0}^{t} \sigma_{ij} \dot{\varepsilon}_{ij} \, \mathrm{d}t \qquad (6.4.23)$$

与 J 不同，J^{d} 是路径相关的，即不具有守恒性。这是因为路径 Γ 不同，进入 Γ 所包围区域的反射应力波就不同，因此 J^{d} 也就不同。

6.4.1.3　动态断裂韧度

运动裂纹扩展阻力可理解为保持快速扩展中的裂纹继续向前扩展所需要施加的应力强度因子值，以 K_{ID} 标记。它既与材料性质有关，也与裂速有关，故可称为动态断裂韧度。

控制裂纹快速扩展的断裂判据为

$$K_{\mathrm{I}}^{\mathrm{d}} \geqslant K_{\mathrm{ID}}(V, T) \qquad (6.4.24)$$

或

$$G_{\mathrm{I}}^{\mathrm{d}} \geqslant G_{\mathrm{ID}}(V, T) \qquad (6.4.25)$$

[①] NISHIOKA T, ATLURI S N. Path-independent integrals, energy release rates, and general solutions of near-tip fields in mixed-mode dynamic fracture mechanics[J]. Engineering Fracture Mechanics, 1983, 18: 1.

式(6.4.24)和式(6.4.25)中，K_I^d 和 G_I^d 是裂纹快速扩展的驱动力，与裂纹尺寸、裂速、结构的几何形状和加载方式有关。由于裂纹尺寸是时间的函数，所以，K_I^d 和 G_I^d 也是时间的函数。

图 6.4.4 显示了 K_{ID} 与裂速 V 的关系，在低速下，K_{ID} 对 V 相对不敏感，但是当 V 接近一个临界值时，K_{ID} 急剧升高。在 $V=0$ 的极限情况下，$K_{ID}=K_{IA}$，K_{IA} 为材料的止裂韧度。一般情况下，$K_{ID}<K_{IC}$。对含静态裂纹的弹塑性材料单调加载时，裂纹尖端会钝化，并在裂纹尖端形成塑性区。然而，一个扩展着的裂纹倾向于变尖，并且裂纹尖端塑性区比静止裂纹更小。因此，静止裂纹起裂所需的能量比运动裂纹维持扩展所需的能量更多。

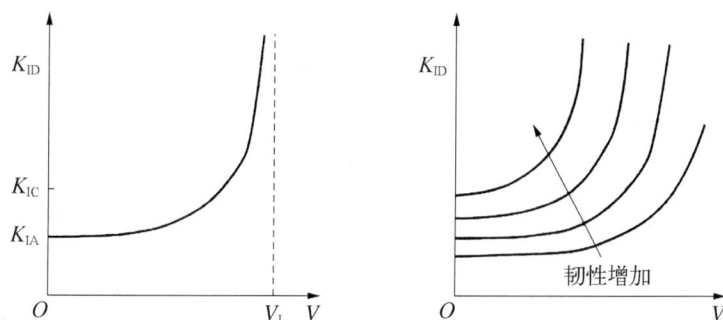

图 6.4.4　动态断裂韧度与裂纹速度的关系

裂纹扩展速度对止裂韧度的影响可由如下经验关系表示

$$K_{ID}=\frac{K_{IA}}{1-\left(\dfrac{V}{V_L}\right)^m} \tag{6.4.26}$$

式中，V_L 为裂纹扩展极限速度；m 为由实验确定的常数。随着材料韧性的增加，K_{IA} 增加，而 V_L 减小。

6.4.1.4　止裂

扩展中的裂纹因某种原因而停止扩展的现象称为止裂。止裂的产生无外乎两大原因：一是裂纹扩展动力随裂纹长度增加而下降；二是裂纹扩展阻力随裂纹长度增加而上升，可能是材料中裂纹扩展遇到韧性相、界面，也可能是材料或结构中存在温度梯度，裂纹由冷区向热区扩展，又或是结构中裂纹扩展遇到止裂带等等。图 6.4.5 示意地表示了运动裂纹发生止裂的原因、力学参量变化以及相应的材料韧度。

在得到运动裂纹尖端区力学参量和相应的临界值（即材料参数）后，便可从动态和静态两个角度建立止裂判据。

（1）动态观点的止裂判据为

$$K_I^d \leqslant \min_{0<V<c_R}\{K_{ID}(V)\} \tag{6.4.27}$$

式中，K_I^d 为由运动方程求解的动态应力强度因子；

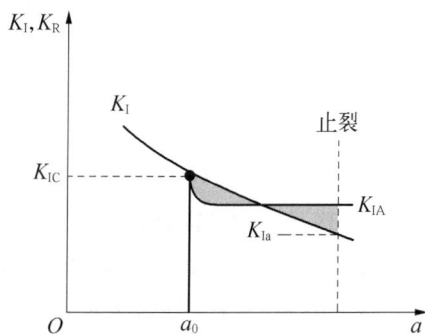

图 6.4.5　裂纹因某种原因而停止扩展的分析

$K_{ID}(V)$ 为与裂速有关的裂纹扩展阻力

（2）静态观点的止裂判据为

$$K_I^s \leqslant K_{Ia} \tag{6.4.28}$$

式中，K_I^s 为相应止裂时刻裂纹长度的静态应力强度因子；K_{Ia} 为材料（静态）止裂韧度。

6.4.2 冲击断裂

6.4.2.1 冲击断裂力学参量

图 6.4.6 为冲击加载时典型的载荷-时间响应示意图，载荷随时间而增加，但是在取决于试样几何与材料性能的某些特殊频率处出现振荡。注意到加载速率是有限的，即达到规定载荷需要一个有限的时间，振荡的幅度随时间而衰减。这是因为试样会耗散动能。这样，惯性效应在短时间内是非常显著的，而且持续很长一段时间。

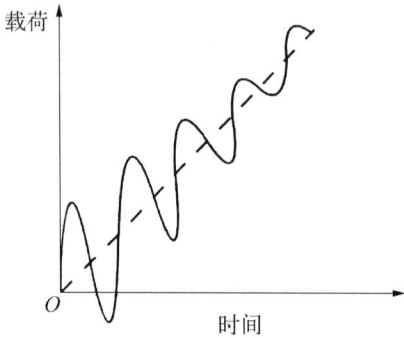

图 6.4.6　冲击加载时载荷-时间响应　　图 6.4.7　应力波反射到裂纹尖端的示意

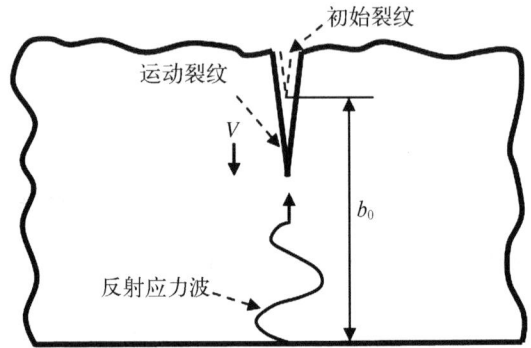

在冲击加载下，要确定一个冲击断裂表征参量，例如应力强度因子或 J 积分是困难的。假设裂纹尖端塑性区很小，则 I 型裂纹尖端的应力强度因子可表示为

$$\sigma_{ij} = \frac{K_I(t)}{\sqrt{2\pi r}} \tag{6.4.29}$$

这个表征奇异性的应力强度因子在加载早期阶段是不稳定的。在试样内来回反射的应力波互相干涉（见图 6.4.7）导致了应力场与时间相关，瞬时 K_I 取决于该时刻通过裂纹尖端的应力波幅度。当应力波幅度很大时，依靠远场载荷来推断 K_I 是不可能的。

Nakamura 等[①]定量分析了惯性效应，并且表明惯性效应在许多情况下可以忽略。他们观察到，动态加载的试样力学响应可以划分为短时响应和长时响应，前者由应力波控制，而后者基本上是准静态性质的。在中间的时刻，总体惯性效应是显著的，但裂纹尖端的局部振荡较小，这是因为动能被裂纹尖端塑性区吸收了。他们定义了一个转折时间 t_τ，即动能 E_k 与变形功 U（试样吸收的能量）相等的时间。当 $t < t_\tau$ 时，惯性效应起主导作用；当 $t > t_\tau$ 时，变形功起主导作用，裂纹尖端区就存在 J 控制场，就可以依据前述的弹塑性断裂力学方

---

① NAKAMURA T, SHIH C F, Freund L B. Analysis of a dynamically loaded three-point-bend ductile fracture specimen[J]. Engineering Fracture Mechanics，1986，25：323.

法由远场的载荷或位移来计算 J 积分。

由于在一个断裂实验中不可能直接分离出动能和试样吸收能,Nakamura 等提出了一个依据三点弯曲实验来估算 E_k/U 的简单模型,采用的试样如图 6.4.8 所示。该模型是建立在伯努利-欧拉(Bernoulli-Euler)梁的理论上的,并且假设加载初期的动能是由试样弹性变形控制的。Nakamura 给出的表达式为

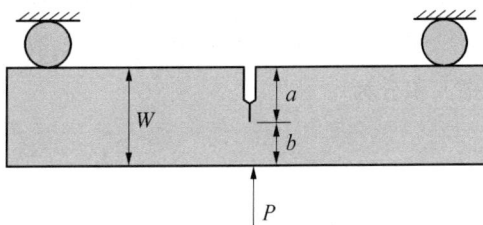

$$\frac{E_k}{U} = \left(\Lambda \frac{W \dot{\Delta}(t)}{c_0 \Delta(t)} \right)^2 \qquad (6.4.30)$$

图 6.4.8　三点弯曲试样

式中,W 为试样宽度;Δ 为加载点位移;$\dot{\Delta}$ 为位移速率;c_0 为一维杆纵波速度;Λ 为几何因子。该式的优点是式中的位移及位移速率是实验可测的量。转折时间定义为 $E_k/U = 1$ 的时间。为了得到明确的 t_τ,引入一个无量纲位移系数:

$$D = \frac{t \dot{\Delta}(t)}{\Delta(t)} \bigg|_{t_\tau} \qquad (6.4.31)$$

若假设位移随时间呈幂律变化:$\Delta = \beta t^\gamma$,则 $D = \gamma$。 根据式(6.4.30)和式(6.4.31),且设 $E_k/U = 1$,可得到

$$t_\tau = D \Lambda \frac{W}{c_0} \qquad (6.4.32)$$

Nakamura 为了评估式(6.4.30)和式(6.4.32)的精确性,对三点弯曲试样进行了动态有限元分析,图 6.4.9 比较了理论值和有限元计算值的结果,横轴是无量纲时间轴,c_1 为无约束固体中的纵波速度。比值 W/c_1 是一个表征应力波传播试样宽度所需时间的参数。根据式(6.4.32)及实验结果,$t_\tau c_1/W \approx 28$;而有限元计算值为 $t_\tau c_1/W \approx 27$,两者符合较好。

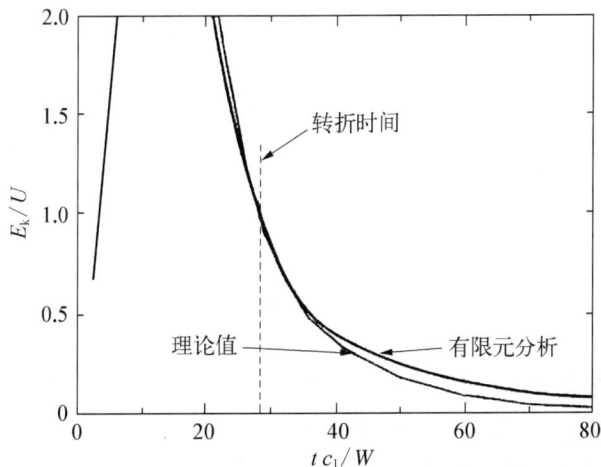

图 6.4.9　冲击加载下三点弯曲试样的动能与变形功比值的理论值与有限元分析比较

该模型在基于动能的基础上,未考虑应力波作用。因此该模型仅适用于应力波已经穿过试样宽度若干次以后的情况。但是这个限制并不影响对转折时间的分析,因为当达到 t_τ 时,应力波已经穿越试样宽度近乎 27 次以上了。

当 $t \gg t_\tau$ 时,惯性效应可以忽略,转为准静态问题。这样,开深裂纹弯曲试样在某时刻的 J 积分为

$$J_{dc} = \frac{2}{Bb} \int_0^{\Omega(t^*)} M(t) \mathrm{d}\Omega(t) \tag{6.4.33}$$

式中,B 为板材厚度;b 为未开裂纹段长度(韧带宽度);M 为施加于韧带段的力矩;Ω 为转动角度;t^* 为当前时刻。图 6.4.10 为 J_{dc} 与时间的关系曲线,其中 J_{ave} 为整个时间段 J 积分的平均值,图中还标出了转折时间。可见,当 $t < t_\tau$ 时,J_{dc} 显著大于 J_{ave},但随时间很快降低。至 $t = t_\tau$ 时,J_{dc} 降至最低值。当 $t > t_\tau$ 时,J_{dc} 开始上升;当 $t > 2t_\tau$ 时,J_{dc}/J_{ave} 达到稍稍大于 1 的一个常数,表明已进入了准静态理论适用范围。

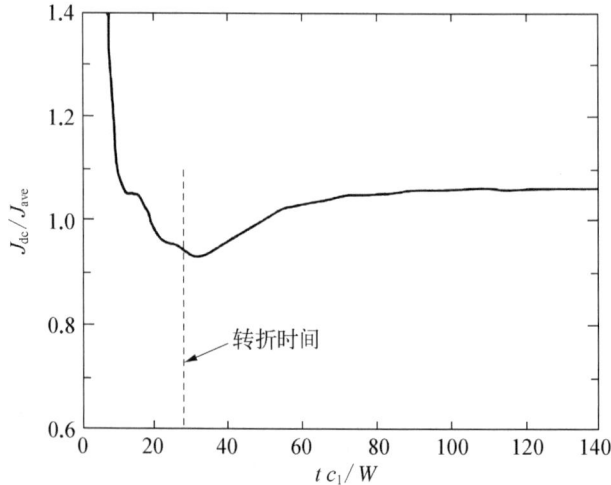

图 6.4.10 J_{dc} 与时间的关系曲线

式(6.4.33)适用于计算在动态加载条件下,时间大于转折时间约两倍以后的 J 积分值。换句话说,在动态加载时,若断裂发生在 $2t_\tau$ 以后,则式(6.4.33)得到的 J 积分就是临界 J 积分,表征了含裂纹材料抵抗动态断裂的能力。由于存在惯性效应和应力波反射作用时定义断裂参数较困难,因此倾向于采用式(6.4.33)。对于 $W = 50$ mm 的三点弯曲试样,$t_\tau \approx 300 \mu s$,因此只要断裂发生在 600 μs 以后,准静态理论及公式就可以应用了。韧性材料冲击试验很容易满足这个条件对,但对于脆性材料,只有降低位移速率或试样宽度,才能满足转折时间条件。

6.4.2.2　冲击断裂韧度

快速加载下的裂纹扩展阻力 K_{Id} 可理解为,以足够的加载速率 $\dot{K}$ 施加载荷,裂纹开始起裂(断裂)时的应力强度因子值,因此是加载速率的函数。

材料的 K_{Id} 与加载速率 $\dot{K}$ 之间的关系比较复杂,与材料断裂机理有关。对应力控制型的脆性断裂,K_{Id} 与 $\dot{K}$ 并非单调增加关系,如图 6.4.11 所示,当 $\dot{K}$ 达到某值时,K_{Id} 出现最

低值,随后 K_{Id} 又随 $\dot{K}$ 增加而增加。这是因为在某临界 $\dot{K}$ 前,高速加载使塑性变形受到限制,韧性下降;超过这个临界值,高速变形近似绝热过程,变形能不易散逸,转化成热量,升高了试样温度,又使韧性提高。对应变控制型的韧性断裂,随加载速率提高,断裂韧度(J 积分)增加,如图 6.4.12 所示。

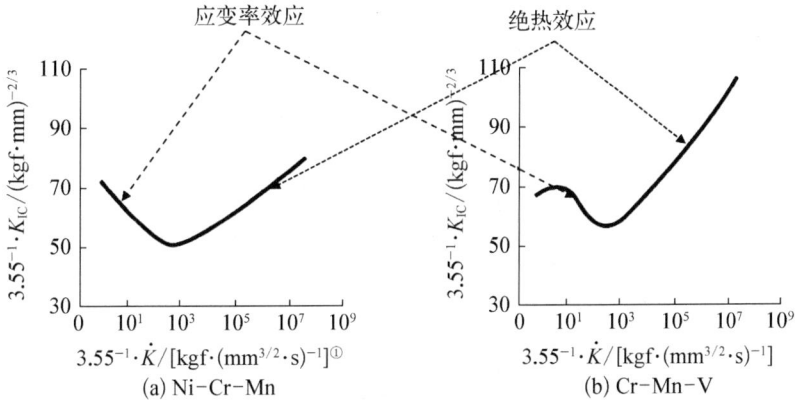

图 6.4.11 $\dot{K}$ 对两种钢 K_{Id} 的影响

(郦正能,关志东,张纪奎,等. 应用断裂力学[M]. 北京:北京航空航天大学出版社,2012.)

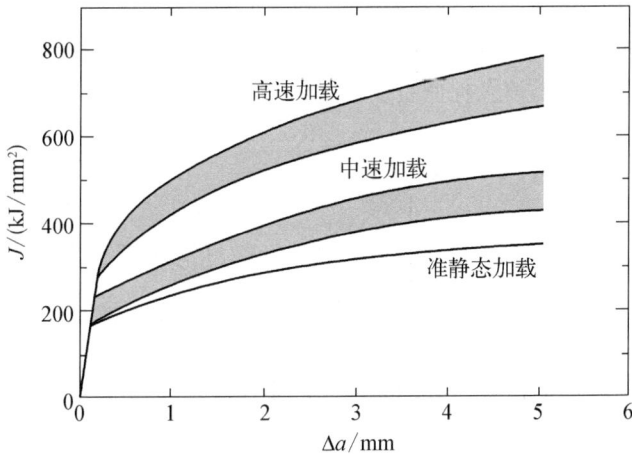

图 6.4.12 加载速率对材料弹塑性断裂韧度的影响

(ANDERSON T L. Fracture mechanics: fundamentals and applications[M]. 3rd ed. Boca Raton: CRC Press,2011.)

6.4.3 裂纹分岔

在一定的临界速度条件下,为了减少系统总能量,裂纹将分岔。裂纹分岔后有两种可能:一是降速而止裂;二是加速而再次分岔,这种连续分岔是断裂产生的主要原因。因此,准静态断裂归因于单个裂纹的传播,即一分为二,而动态裂纹传播可以产生碎裂。

---

① 1 kgf=9.806 7 N。

6.4.3.1 能量释放率判据

在不考虑动能影响的条件下，裂纹分岔的条件如图 6.4.13 所示。当 $G > R$ 时，裂纹开始扩展；当 $G > 2R$ 时，裂纹开始分岔；当 $G > 3R$ 时，裂纹再次分岔。

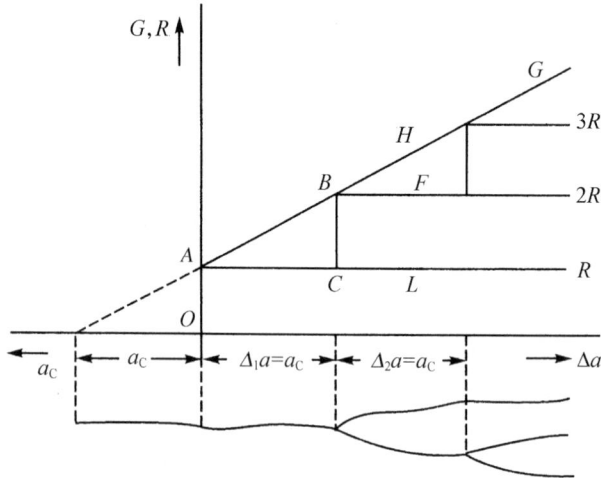

图 6.4.13　不考虑裂纹扩展动能的裂纹分岔条件

动能的存在，可使裂纹在较低的扩展速度下发生分岔，如图 6.4.14 所示。当裂纹扩展 $\Delta a = 0.5a_C$（P 点）时，动能为 ΔMNP，它可用于驱动裂纹扩展，此时总的驱动力为 $VN + QN = 2R$，可以促使 2 个裂纹扩展，以及促使裂纹开始分岔。裂纹持续扩展可能出现更多分岔。

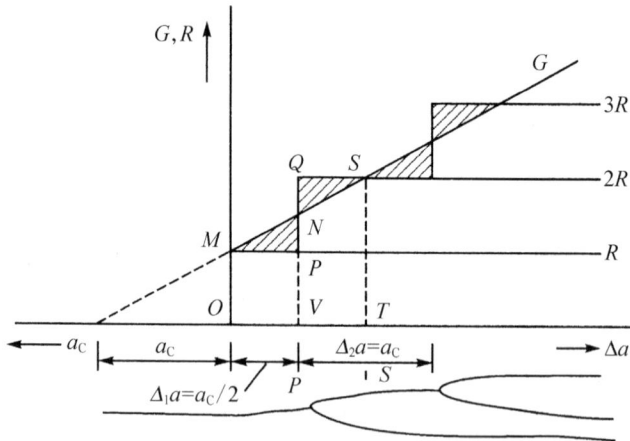

图 6.4.14　考虑裂纹扩展动能的裂纹分岔条件

6.4.3.2 应力强度因子判据

许多学者研究裂纹分岔前后的裂纹尖端应力场及应力强度因子，寻求裂纹分岔的必要条件，并研究是否存在裂纹分岔的临界应力和临界应力强度因子。Clark 和 Irwin[1] 认为，裂

---

① CLARK A B J, IRWIN G R. Crack-propagation behaviors[J]. Experimental Mechanics, 1966, 6: 321.

纹分岔时,要求达到临界的分岔应力强度因子 K_{IB},并且裂纹未分岔前的扩展速度接近其极限速度。Ramalu 和 Kobayashi[①] 将实验和数学分析相结合,得到一个与实验结果非常一致的裂纹分岔综合判据:

必要条件　$K_I > K_{IB}$ (6.4.34a)

充分条件　$r_0 \leqslant r_C$ (6.4.34b)

式中,K_{IB} 为裂纹分岔韧度;r_0 为特征距离;r_C 为特征距离的临界值。在此判据中,足够大的 K_I 可保证多个分岔裂纹的生长,而 $r_0 \leqslant r_C$ 则使这些裂纹分开,即满足弯曲的条件。裂纹角 θ_C 可以从裂纹弯曲半径确定,它是裂纹分岔角的一半。

拓展:6.5　黏弹性断裂力学简介

本节内容为拓展知识,可扫描旁边二维码查看。

黏弹性
断裂力
学简介

---

① RAMALU M, KOBAYASHI A S. Dynamic crack curving — A photoelastic evaluation[J]. Experimental Mechanics,1983,23:1.

$$\boldsymbol{7}$$

断 裂 物 理

断裂物理从材料微观结构入手,分析断裂条件和过程,研究断裂微观机制及影响因素,力求掌握断裂的宏观规律与微观结构的内在联系,从而为失效分析、材料增韧、新材料研发等一系列工作奠定基础。

7.1 断裂类型

断裂可以从很多角度分类,如按断裂前塑性变形量分类、按断裂微观机制分类、按宏观断裂面与外力方向分类、按裂纹扩展路径分类等,各种分类方法各有其特点及使用场合,下面重点介绍前两种分类。

7.1.1 按断裂前塑性变形量分类

图 7.1.1 为以单向静拉伸应力-应变曲线特征区分材料断裂类型的示意图,大致可分为脆性断裂和韧性断裂两大类。

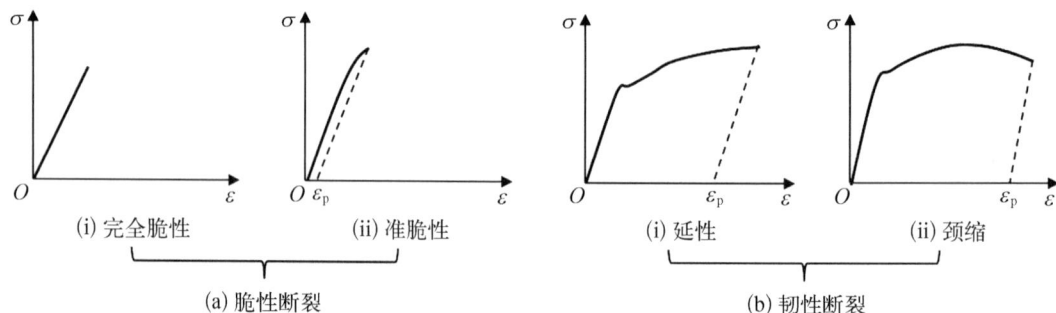

图 7.1.1 不同延伸率材料的拉伸应力-应变曲线

材料在无明显宏观塑性变形的情况下发生的断裂称为脆性断裂[见图 7.1.1(a)]。陶瓷、玻璃、热固性聚合物,以及很低温度下的 bcc 和 hcp 结构金属材料,一般在发生断裂前只有弹性变形,基本无塑性变形,属于完全脆性断裂[见图 7.1.1(a)(ⅰ)]。高强度合金、软玻璃态聚合物、高温下的部分结构简单的陶瓷等材料在断裂前有少量塑性变形但又不是很高,因此有时把这类断裂称为准脆性断裂[见图 7.1.1(a)(ⅱ)],一般归类到脆性断裂类型中。

材料在断裂前有明显的宏观塑性变形[见图 7.1.1(b)(ⅰ)],多数还有颈缩[见图 7.1.1(b)(ⅱ)],这样的断裂称为韧性断裂。由于这类断裂的延伸率很高,故也称为延性断裂。常温下的大多数金属及合金和热塑性聚合物一般发生此类断裂。

按断裂前塑性变形量大小分类的方法是从宏观角度入手,在工程上是最常用的,其好处是直观明了,反映了人们对一个材料韧/脆性的总体评价。譬如,当使用一种韧性材料时,人们往往比较放心;而使用脆性材料时就小心顾虑得多,不仅在强度设计时要将经典强度理论和断裂力学准则结合起来使用,而且在材料服役过程中还必须经常(定期)检查。但是,如此的韧/脆性划分也有不足。首先是并没有一个统一的韧/脆性评判标准。究竟延伸率(或断面收缩率)达到多少才能算韧性断裂并未获得一致认同;其次是材料的韧/脆性与试验条件(如加载方式、试样类型、试样大小)及环境(如温度高低、环境介质腐蚀性强弱)等诸多因素有关,一个常温、静态、小试样条件下发生韧性断裂的材料,在低温或高速加载或交变加载或大尺寸条件下很有可能发生脆性断裂。也就是说,一个所谓的韧性材料(通常是在室温、静载条件下评定的)并不能保证在其使用过程中一定发生韧性断裂,对这一点认识不清往往会造成灾难性后果。

7.1.2 按断裂微观机制分类

这种分类方法是从微观角度入手,便于直接了解断裂起因和过程,对失效分析很有帮助。

7.1.2.1 原子分离机制

从最本质的角度(原子尺度或纳观尺度)而言,固体断裂是沿其内部某一面的原子键的断开。从晶体结构层面来说,就是沿某一晶面发生原子分离。这种晶面分离可以是拉应力造成的,也可以是切应力造成的,因此可分为拉断和切断两种最基本的微观断裂机制,如图 7.1.2 所示。

拉断[见图 7.1.2(a)]是材料某一晶面在垂直于其拉应力作用下分离而导致的断裂,又称为晶面解理,断裂前只有弹性变形而无塑性变形,本质上属于脆性断裂。

切断[见图 7.1.2(b)]是材料在切应力作用下沿滑移面分离而断裂。切断究竟属于脆性断裂还是韧性断裂,取决于材料类型。陶瓷、玻璃等极脆材料,在常温下很难发生塑性

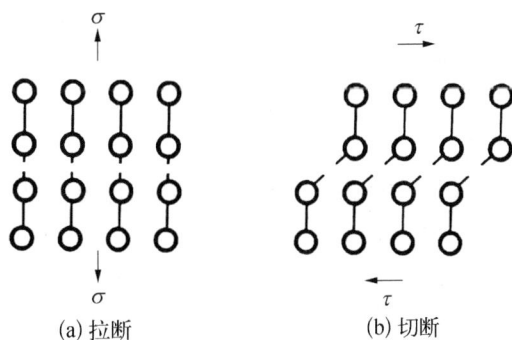

图 7.1.2 固体原子键断开的两种方式

变形,故属于脆断;而对于大部分工程材料,例如金属、合金、高分子聚合物,甚至高温下的陶瓷或玻璃,由于在滑移面最终分离前,首先要产生滑移,只有当滑移进行到后期严重受阻时,才可能产生滑移面分离,断裂前有较大量的塑性变形,本质上属于韧性断裂。在以下的讨论中,若不做特别说明,切断应为韧性断裂。

对于给定的材料,究竟是发生拉断还是切断,取决于材料本身性质和加载的应力状态。设 σ_k 为材料拉伸断裂强度,τ_s 为材料剪切屈服强度,σ_{max} 为某一加载方式下材料最大正应力面上的拉应力,τ_{max} 为该加载方式下材料最大切应力面上的分切应力,则该材料在该加载状态条件下发生拉断的条件为

$$\frac{\sigma_{max}}{\tau_{max}} > \frac{\sigma_k}{\tau_s} \quad \text{或} \quad \frac{\sigma_{max}}{\sigma_k} > \frac{\tau_{max}}{\tau_s} \tag{7.1.1}$$

而发生切断的条件为

$$\frac{\sigma_{max}}{\tau_{max}} < \frac{\sigma_k}{\tau_s} \quad 或 \quad \frac{\sigma_{max}}{\sigma_k} < \frac{\tau_{max}}{\tau_s} \tag{7.1.2}$$

显然，σ_k/τ_s 愈高（材料角度）或 σ_{max}/τ_{max} 愈低（加载方式角度），愈倾向于发生切断。

7.1.2.2 组织分离机制

一般工程材料都是多晶体或复相材料，从能体现组织特征的角度（介观或细观尺度）而言，断裂的机制又可分为解理断裂、微孔聚集断裂、沿晶断裂3种类型，如图7.1.3所示。

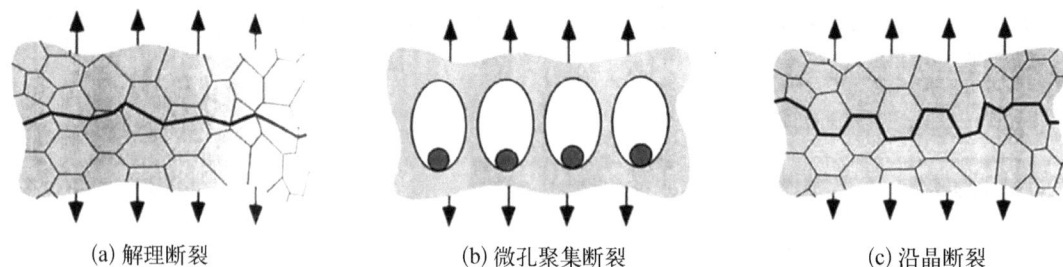

| (a) 解理断裂 | (b) 微孔聚集断裂 | (c) 沿晶断裂 |

图 7.1.3　多晶体微观断裂机制

（1）解理断裂［见图7.1.3(a)］。解理断裂的原子机制是拉断，只是在多晶体中，由于各个晶粒取向不同，每个晶粒的解理面取向也不同，但宏观断面是垂直于外力轴的，属于脆性断裂。解理断裂一般发生在陶瓷、玻璃、低温下的某些bcc和hcp结构金属、热固性高聚物，以及玻璃化温度以下的热塑性聚合物中。fcc结构的金属及合金一般不发生解理断裂。

（2）微孔聚集断裂（以下简称孔聚断裂）［见图7.1.3(b)］。它是通过微孔形核、长大、聚合而导致的断裂。微孔的形核及长大都伴随着塑性变形，原子机制是切断，属于比较典型的韧性断裂。常用金属材料在室温下多发生此类断裂。

（3）沿晶断裂［见图7.1.3(c)］。它是指断裂发展过程中裂纹始终或大部分沿着晶界扩展导致的断裂。沿晶断裂可以是解理型的，也可以是孔聚型的，因此也可以是脆性断裂或韧性断裂。例如金属材料在高温下常发生沿晶蠕变断裂，微观上是孔洞沿晶界形核、长大及聚合，宏观上看有明显塑性，断裂是延性的；但在室温下的沿晶断裂一般都是沿晶界解理，属于脆性断裂，它是由各种因素造成晶界弱化而导致的。

7.2　解理断裂

7.2.1　解理断裂特征

解理断裂是晶体材料在正应力作用下，由原子键的破坏而造成的沿特定的晶体学平面（即解理面）快速分离的过程。表7.2.1为部分金属解理断裂参数，可见在三种典型结构中，fcc结构金属不发生解理断裂，只有bcc结构金属和hcp结构金属会发生解理断裂，且一般都是发生在低温区间。

表 7.2.1 部分金属解理断裂参数

金 属	晶体结构	解 理 面	解理断裂临界正应力 / MPa	温度 /℃
α-铁	体心立方	{001}	260	−100
		{001}	260	−185
钨	体心立方	{001}	—	—
镁	密排六方	{0001},{10$\bar{1}$1},{10$\bar{1}$2},{10$\bar{1}$0}	—	—
锌-0.03%镉	密排六方	{0001}	1.8~2.0	−185
		{0001}	1.9	−80
		{10$\bar{1}$0}	18.0	−185
锌-0.13%镉	密排六方	{0001}	3.0	−185
锌-0.53%镉	密排六方	{0001}	12.0	−185
碲	六方	{10$\bar{1}$0}	4.3	+20
铋	菱方	(111)	3.2	+20
		(111)	3.2	−80
		(11$\bar{1}$)	6.9	+20

资料来源：哈宽富. 金属力学性质的微观理论[M]. 北京：科学出版社,1983.

解理断裂的宏观特征如下。

(1) 断裂应力较低,一般低于设计许用应力,故常称为低应力断裂。

(2) 构件破坏之前没有或只有局部的轻微塑性变形,一旦起裂,裂纹便以极高的速度扩展,可趋近声速。

(3) 宏观断面平直,与拉应力方向垂直。宏观断口反光较强,为结晶状断口。这些宏观特征表明解理断裂是典型的脆性断裂,是工程上最危险的失效形式,应极力避免。

解理断裂的微观特征如下。

(1) 解理面一般是表面能最小的面,对晶体而言,一般为晶格的最低指数面,因为其面间距较大,易被拉应力拉开。例如 bcc 结构的解理面通常为{001},hcp 结构的解理面通常为{0001}。

(2) 断裂源总是发生在材料内部缺陷处或几何形状突变的凹槽、缺口等处。

(3) 对具有相对完整晶体结构的金属来说,解理断裂具有裂纹形核、长大、扩展,直至断裂的完整过程。而对常含有气孔、微裂纹等固有缺陷的陶瓷、玻璃等材料,就省略了裂纹形核阶段。

(4) 在多晶体材料中,由于解理裂纹常多发形核于各处晶界区,并在长大阶段相遇时相互连接,使得微观断口呈现解理台阶,状似河流汇聚,故常称为河流花样。

解理断裂是脆性断裂的一种机理,但并不是脆断的同义语,有时解理可以伴有一定的微观塑性变形。

7.2.2　解理断裂的位错理论

在无缺陷的固体中,产生每单位面积解理面所需的表面能为 $2\gamma_s \approx \mu b/5$,外力做功为 $\sigma_{cl}b$,其值应等于新增表面能 $2\gamma_s$,则解理应力 $\sigma_{cl} = 2\gamma_s/b \approx \mu/5$。要产生如此大的解理应力,须满足下列两个条件:一是材料内部局部区域有很高的应力集中;二是材料本身很难发生塑性变形,即不能将局部集中的弹性应力松弛掉。在玻璃、陶瓷等极脆固体中,这两个条件容易得到满足。首先,这类极脆固体在制备过程中不可避免地会产生微裂纹,即材料内部本身就有很多应力集中源;其次,它们的塑性极差,应力集中不能被塑性变形松弛。因此,在不大的外力作用下,裂纹尖端处集中的应力即可达到解理断裂应力,促使裂纹失稳扩展,发生解理断裂。但是在结晶良好的特别是小体积的金属中,正常情况下不存在微裂纹,然而实际的解理应力仍然可以很低(约 $\mu/1\,000$)。即使金属材料内部存在裂纹,由于其塑性较好,裂纹尖端的应力集中也会被部分松弛掉,裂纹的扩展也总是依赖于其顶端的塑性区。换句话说,金属材料不论是裂纹形核还是裂纹扩展,都是局部塑性变形的结果,金属材料的脆性只是相对而言的,没有局部塑性变形,便不可能发生解理断裂。因此,在现今各种解理断裂机制理论中都有一个共同的出发点:局部位错滑移受阻产生高应力集中,应力峰值处裂纹形核、扩展以致最终断裂。

7.2.2.1　位错塞积机制

解理断裂的位错塞积机制首先是由斯特罗(Stroh)[1]提出的,其基本思想是,位错因在晶界前塞积而产生应力集中,当位错塞积群前端某处的应力达到原子键合力(即理论强度 σ_{th})时,微裂纹形核,当形核的微裂纹生长到临界尺寸时(对应于名义应力达到格里菲斯应力 σ_G),便失稳扩展。斯特罗模型如图 7.2.1 所示,L 为位错塞积群长度,τ 为作用在滑移面上

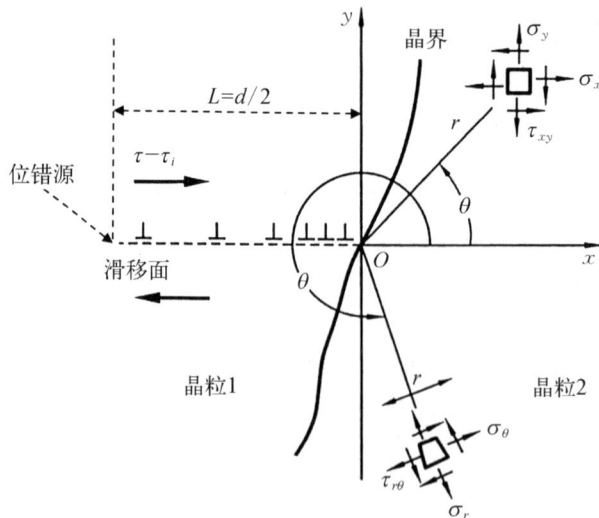

图 7.2.1　解理断裂的斯特罗机制

---

[1]　STROH A N. The formation of the cracks as a results of plastic flow[J]. Proc. Roy. Soc.,1954,223A:404.

的外加切应力，τ_i 为位错滑移晶格阻力。

位错塞积形成的滑移带顶端也存在应力集中，假设可用 II 型裂纹的应力场模拟：

$$\begin{cases} \sigma_r = \dfrac{K_{\text{II}}}{\sqrt{2\pi r}} \dfrac{1}{2} \sin\dfrac{\theta}{2}(3\cos\theta - 1) \\[3mm] \sigma_\theta = -\dfrac{K_{\text{II}}}{\sqrt{2\pi r}} \dfrac{3}{2}\sin\theta\cos\dfrac{\theta}{2} \\[3mm] \tau_{r\theta} = \dfrac{K_{\text{II}}}{\sqrt{2\pi r}} \dfrac{1}{2}\cos\dfrac{\theta}{2}(3\cos\theta - 1) \end{cases} \tag{7.2.1}$$

式中，θ 为晶粒 1 滑移面与晶粒 2 解理面之间的夹角；$K_{\text{II}} = (\tau - \tau_i)\sqrt{\pi L}$；$\sigma_\theta$ 为周向应力，即垂直于晶粒 2 解理面的正应力。当 $\cos\theta = \dfrac{1}{3}$，$\theta = 289.5°$ 时，σ_θ 达到最大值：

$$\sigma_{\theta\max} = \frac{2}{\sqrt{3}} \frac{K_{\text{II}}}{\sqrt{2\pi r}} = (\tau - \tau_i)\sqrt{\frac{4L}{3r}} \tag{7.2.2}$$

当外加应力 τ 增大至临界值 τ_n，以致点 $(r = c, \theta = 289.5°)$ 处的 $\sigma_{\theta\max}$ 等于原子键合力 σ_{th} 时，就产生一个长为 c 的微裂纹，即裂纹形核条件为

$$\sqrt{\frac{4L}{3c}}(\tau_n - \tau_i) = \sigma_{\text{th}} \tag{7.2.3}$$

根据理论强度公式 $\sigma_{\text{th}} = \sqrt{\dfrac{E\gamma_s}{a_0}}$（$a_0$ 为解理面间距），解理裂纹形核的临界切应力 τ_n 为

$$\tau_n = \tau_i + \sqrt{\frac{3E\gamma_s c}{4La_0}} \tag{7.2.4}$$

因 $L = \dfrac{d}{2}$，式（7.2.4）变为

$$\tau_n = \tau_i + \sqrt{\frac{3E\gamma_s c}{2a_0}} \cdot d^{-\frac{1}{2}} = \tau_i + K_\tau d^{-\frac{1}{2}} \tag{7.2.5}$$

其中，

$$K_\tau = \sqrt{\frac{3E\gamma_s c}{2a_0}} \tag{7.2.6}$$

将式（7.2.5）同乘一个泰勒取向因子 M，可把切应力换算成拉应力：

$$\sigma_n = M\tau_i + M\sqrt{\frac{3E\gamma_s c}{2a_0}} \cdot d^{-\frac{1}{2}} = \sigma_i + K_\sigma d^{-\frac{1}{2}} \tag{7.2.7}$$

其中，$\sigma_i = M\tau_i$；$K_\sigma = M\sqrt{\dfrac{3E\gamma_s c}{2a_0}} = MK_\tau$。

在 σ_{max} 作用下，形成长 $r = c$ 的微裂纹后释放的弹性能为 $-4(1-\nu)\sigma_{max}^2 c^2/(\pi\mu)$，表面能为 $2\gamma_s c$，总的能量变化为

$$U = -\frac{16(1-\nu)(\tau-\tau_i)^2 Lc}{3\pi\mu} + 2\gamma_s c \tag{7.2.8}$$

裂纹形核条件为 $\dfrac{dU}{dc} \leqslant 0$，形核时有 $\tau = \tau_n$，则有

$$\tau_n - \tau_i = \sqrt{\frac{3\pi\gamma_s\mu}{8(1-\nu)L}} \tag{7.2.9}$$

如果认为长为 c 的裂纹形核后就失稳扩展，则裂纹尖端 $r = c$ 处的正应力就应等于格里菲斯断裂应力：$\sigma_G = \sqrt{\dfrac{2E\gamma_s}{\pi a(1-\nu^2)}}$（式中 a 为中心裂纹半长），切应力等于 τ_{cl}。在现在讨论的情况下，$c = 2a$，因而裂纹失稳扩展条件为 $\sqrt{\dfrac{4L}{3c}}(\tau_{cl}-\tau_i) = \sqrt{\dfrac{4E\gamma_s}{\pi a(1-\nu^2)}}$，即解理断裂临界切应力为

$$\tau_{cl} = \tau_i + \sqrt{\frac{3\gamma_s E}{\pi(1-\nu^2)L}} \tag{7.2.10}$$

取 $L = \dfrac{d}{2}$，考虑泰勒取向因子 M，同样可把式(7.2.10)表示的解理断裂临界切应力转换为正应力表达式：

$$\sigma_{cl} = M\tau_i + M\sqrt{\frac{3E\gamma_s}{\pi(1-\nu^2)}} \cdot d^{-\frac{1}{2}} = \sigma_i + Kd^{-\frac{1}{2}} \tag{7.2.11}$$

其中，

$$\sigma_i = M\tau_i; \quad K = M\sqrt{\frac{3E\gamma_s}{\pi(1-\nu^2)}} \tag{7.2.12}$$

位错塞积机制虽然能解释解理断裂应力与晶粒大小之间符合霍尔-佩奇关系的事实，但也有很多不足。例如，按该理论，正应力相差不大，故微裂纹可以在位错塞积群前端任意方向上形核；在 hcp 结构金属中，解理面与滑移面是同一平面，而不是成 289.5°（或 70.5°）夹角；在单晶体中，并不存在能使位错大量塞积、成群的晶界，但单晶体中也可发生解理断裂。

7.2.2.2 位错反应机制

大量实验表明，bcc 结构金属常沿 {001} 面发生解理断裂。为此，科特雷尔[①]提出了解理裂纹形核的位错反应机制，如图 7.2.2 所示。bcc 晶体中两相交滑移面(101)及(10$\bar{1}$)与解理

① COTTRELL A H. Theory of brittle fracture insteel and similar metals[J]. Trans. AIME, 1958, 212：192.

面(001)相交,三面的交线为[010],沿(101)面具有一伯格斯矢量为$\frac{a}{2}[\bar{1}11]$的滑移位错,沿(10$\bar{1}$)面也有一伯格斯矢量为$\frac{a}{2}[111]$的滑移位错[见图7.2.2(a)]。这两个位错在[010]处相遇,产生位错合成反应$\frac{a}{2}[\bar{1}11]+\frac{a}{2}[111]\rightarrow a[001]$。此反应使体系能量下降,可自动进行,形成的新位错的伯格斯矢量为$a[001]$,半原子面平行于解理面,故此位错是固定的不可滑移位错[见图7.2.2(b)]。如在每一滑移系中有多个位错,则在(001)面上产生多个裂纹位错而形成一个大裂纹位错[见图7.2.2(c)和图7.2.2(d)]。

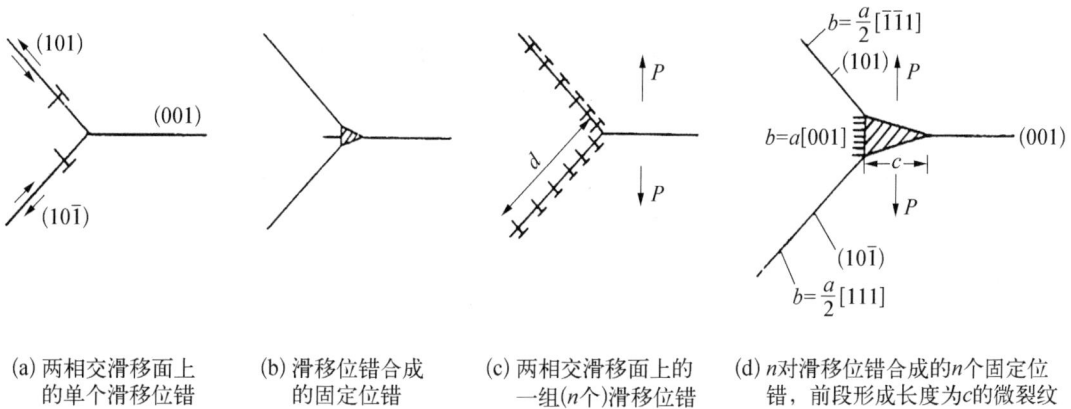

(a) 两相交滑移面上
的单个滑移位错

(b) 滑移位错合成
的固定位错

(c) 两相交滑移面上的
一组(n个)滑移位错

(d) n对滑移位错合成的n个固定位
错,前段形成长度为c的微裂纹

图7.2.2 解理断裂的科特雷尔机制

裂纹萌生后,将在外力作用下扩展,以达到格里菲斯条件而失稳断裂。可从总能量的变化入手分析该过程。假定n对位错滑移nb后合成的裂纹核长度为c,则此过程系统总能量变化为

$$U=\frac{\mu(nb)^2}{4\pi(1-\nu)}\ln\left(\frac{2R}{c}\right)+2\gamma_s c-\frac{\pi(1-\nu)\sigma^2 c^2}{8\mu}-\frac{1}{2}\sigma nbc \qquad (7.2.13)$$

在该式等号右边,第一项为产生nb大裂纹位错的应变能(R为该大位错应力场作用半径);第二项为新增裂纹表面能;第三项为释放的弹性能;第四项为裂纹形成时外力做的功。其中前两项为裂纹形核的阻力;后两项为裂纹形核的动力,用负号表示。当裂纹长度达到临界值时,应有$\frac{\partial U}{\partial c}=0$,故得$c$的二次方程:

$$c^2-\left[1-2\left(\frac{k_1}{k_2}\right)^{\frac{1}{2}}\right]c+k_1k_2=0 \qquad (7.2.14a)$$

其中,

$$k_1=\frac{(nb)^2\mu}{8\pi(1-\nu)\gamma_s};\ k_2=\frac{8\mu\gamma_s}{\pi(1-\nu)\sigma^2};\ \left(\frac{k_1}{k_2}\right)^{\frac{1}{2}}=\frac{\sigma nb}{8\gamma_s} \qquad (7.2.14b)$$

若$\left(\frac{k_1}{k_2}\right)^{\frac{1}{2}}<\frac{1}{4}$(即$\sigma nb<2\gamma_s$),此方程有两个实根,较小的一个代表对应的稳定裂纹长度;

若 $\left(\dfrac{k_1}{k_2}\right)^{\frac{1}{2}} \geqslant \dfrac{1}{4}$（即 $\sigma nb \geqslant 2\gamma_s$），方程无实根，表示裂纹已失稳扩展。因此，裂纹失稳的临界条件为

$$\sigma nb \geqslant 2\gamma_s \tag{7.2.15}$$

再假设滑移带长为晶粒直径 d，弹性切应力 τ 已被滑移松弛为 τ_s，有效切应力为 $(\tau_s - \tau_i)$，切应变为 $(\tau_s - \tau_i)/\mu$，切位移为

$$nb = \dfrac{(\tau_s - \tau_i)}{\mu} \cdot d \tag{7.2.16}$$

另外，屈服应力也符合霍尔-佩奇关系，即 $\tau_s = \tau_i + K_\tau d^{-\frac{1}{2}}$，代入式（7.2.16）可得

$$nb = \dfrac{K_\tau d^{\frac{1}{2}}}{\mu} \tag{7.2.17}$$

再将式（7.2.17）代入式（7.2.15），得

$$\sigma \geqslant \dfrac{2\mu\gamma_s}{K_\tau} d^{-\frac{1}{2}} \tag{7.2.18}$$

此式右端项中的量均为材料参数，故右端项的值为材料常数，可认为是发生解理断裂的临界应力，记为 σ_{cl}，即

$$\sigma_{cl} = \dfrac{2\mu\gamma_s}{K_\tau} d^{-\frac{1}{2}} \tag{7.2.19}$$

若材料的屈服强度 σ_s 大于解理强度 σ_{cl} 时，将发生解理断裂；反之，当 σ_s 小于 σ_{cl} 时，材料将首先发生屈服。可见，为了提高解理断裂应力和防止解理断裂，应增大剪切模量 μ 和表面能 γ_s，或降低常数 K_τ 值、细化晶粒尺寸 d。

7.2.2.3　碳化物开裂机制

位错反应机制并未考虑显微组织不均匀性对解理裂纹形核及扩展的影响，因而仅适用于较纯的 bcc 金属及单晶体解理断裂。对于显微组织相当复杂的钢，史密斯（Smith）[1] 提出了铁素体塑性变形导致晶界碳化物开裂形成解理裂纹的理论。该理论的模型如图 7.2.3 所示，铁素体中的位错源在切应力作用下开动，位错运动至晶界碳化物处受阻而形成塞积，位错塞积群头部的应力集中导致碳化物开裂而形成微裂纹。随后碳化物裂纹以解理扩展的方式向相邻铁素体扩展，导致解理断裂。

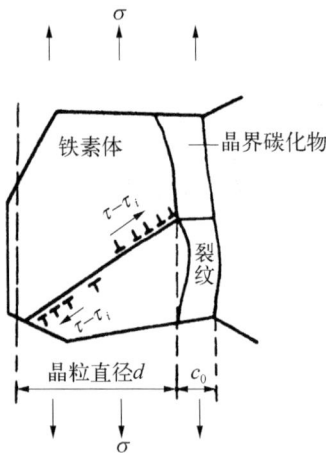

图 7.2.3　钢中解理裂纹形核的史密斯机制

按位错塞积理论及格里菲斯断裂临界条件，碳化物开裂（解理裂纹形核）条件为

---

① SMITH E. The formation of a cleavage crack in a crystalline solid-Ⅱ[J]. Acta Metall. , 1966, 14: 991.

$$\tau_n = \tau_i + \sqrt{3E\gamma_C} \cdot d^{-\frac{1}{2}} \tag{7.2.20}$$

式中，E 为铁素体杨氏模量；γ_C 为碳化物比表面能；d 为晶粒直径。因为铁素体比表面能 γ_F 远大于碳化物比表面能 γ_C，所以碳化物裂纹能否向铁素体内扩展就取决于能量条件。即只有系统提供的能量超过（$\gamma_F + \gamma_C$），碳化物裂纹才能扩展进入铁素体，导致解理断裂。相应的临界条件为

$$\tau_{cl} = \tau_i + \sqrt{3E(\gamma_F + \gamma_C)} \cdot d^{-\frac{1}{2}} \tag{7.2.21}$$

改写为正应力表示的解理断裂应力为

$$\sigma_{cl} = \left[\frac{4E(\gamma_F + \gamma_C)}{\pi(1 - \nu^2)c_0}\right]^{\frac{1}{2}} \tag{7.2.22}$$

式中，c_0 为晶界碳化物的厚度。c_0 愈大，σ_{cl} 愈低，即碳化物厚度是控制断裂的主要组织参数。

对于经热处理获得球状碳化物的中、低碳钢，裂纹核是在球状碳化物上形成的，故呈圆片状，此时的解理断裂应力修正为

$$\sigma_{cl}^{sph} = \left[\frac{\pi E(\gamma_F + \gamma_C)}{2c_0}\right]^{\frac{1}{2}} \tag{7.2.23}$$

式中，c_0 为碳化物的直径。比较式(7.2.22)和式(7.2.23)可见，平板状裂纹变为圆片状裂纹时，解理应力增加了近 1.6 倍。

7.2.3 解理裂纹扩展方式

解理裂纹可以通过两种基本方式扩展。第一种是裂纹顶端原子键接力断裂方式，如图 7.2.4 所示，裂纹顶端无塑性松弛，裂纹顶端应力达到理论强度而使第一列原子键断开，裂纹扩展一个晶格间距。随后应力集中区前移至第二列原子键处，又导致第二列原子键断开。如此循环接力，最终导致整体断裂。整个过程中裂纹扩展速度极快，甚至可趋近声速，如脆性材料在低温下实验就是这种情况。

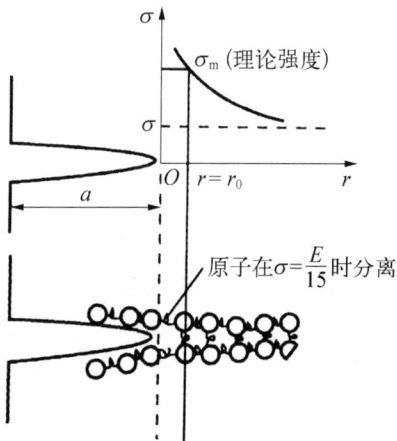

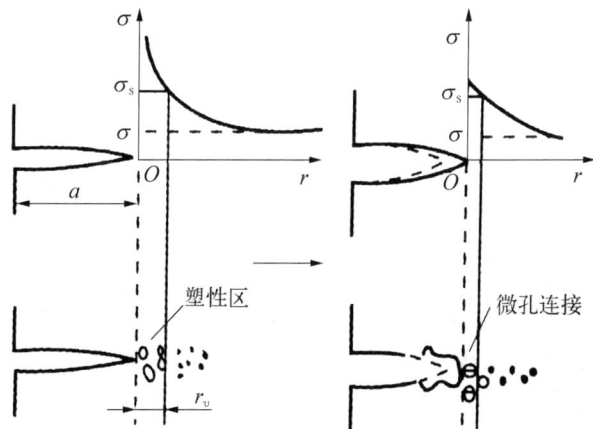

图 7.2.4 解理裂纹扩展的原子键接力断裂方式   图 7.2.5 解理裂纹扩展的韧性撕裂方式

第二种方式是在裂纹前沿先形成一些微裂纹或微孔,而后通过塑性撕裂方式相互连接,开始时裂纹扩展速度较慢,但达到临界状态时也迅速扩展而断裂,如图 7.2.5 所示。显然,在这种情况下,微观上是韧性的,宏观上则是脆性的。大型中、低强度钢构件的断裂往往就是这种情况。

7.2.4 解理断裂判据

对不含固有裂纹(或无法检测到裂纹)的材料,脆性断裂所需的名义应力就是材料的抗拉强度 σ_b,由拉伸试验确定。

对含微观裂纹的材料(裂纹特征尺度为 a),断裂时所需外应力由格里菲斯方程给出:

$$\sigma_G = \sqrt{\frac{2\gamma_s E}{\pi a}} \qquad (7.2.24)$$

对含宏观裂纹的试样或构件(裂纹尺度为 a),断裂应力可用材料的断裂韧度 K_{IC} 来计算:

$$\sigma_C = \frac{1}{Y}\frac{K_{IC}}{\sqrt{\pi a}} \qquad (7.2.25)$$

式中,Y 为裂纹形状因子。

上述 3 个参量均用临界条件下的外应力来表征。对缺口试样,缺口顶端塑性区中的应力远比名义应力要高,这是因为缺口根部为三向应力状态,塑性变形受到约束。所以缺口试样的解理断裂判据只能用局部应力表征。根据滑移线场理论,可以求得在外加名义应力 σ 下,缺口前端延长线上距离缺口顶端距离为 x 处的纵向应力 σ_{yy} 为[①]

$$\sigma_{yy} = \sigma_s\left[1 + \ln\left(1 + \frac{x}{\rho}\right)\right] \qquad (7.2.26)$$

式中,σ_s 为屈服强度;ρ 为缺口曲率半径。可见缺口前方的应力 σ_{yy} 是受材料性能(σ_s)和缺口几何形状(ρ)两方面控制的。令

$$Q = \left[1 + \ln\left(1 + \frac{x}{\rho}\right)\right] \qquad (7.2.27)$$

则式(7.2.26)可写为

$$\sigma_{yy} = Q\sigma_s \quad 或 \quad Q = \frac{\sigma_{yy}}{\sigma_s} \qquad (7.2.28)$$

可见 Q 是缺口顶端塑性区内应力基于屈服强度的放大倍数,故称为缺口强化系数。对给定的外加应力 σ,塑性区尺寸 R 一定,在 $x=R$ 处,σ_{yy} 有极大值 σ_{yymax},且 Q 也有极大值 Q_{max}。很显然,R 随 σ 的增大而增大,即 σ_{yymax} 和 Q_{max} 均随外加应力 σ 的增大而增大。当 σ_{yymax} 增大到某一临界值时 σ_c(同时 Q_{max} 也增大到一临界值 Q_c),就会引起解理裂纹形核,并立即失稳扩展,即

---

① 肖纪美. 金属的韧性与韧化[M]. 上海:上海科技出版社,1980.

$$\sigma_{yymax} = \sigma_c = Q_c \sigma_s \tag{7.2.29}$$

σ_c 称为解理临界应力。故解理断裂最大应力判据可表示为(见图 7.2.6)

$$\sigma_{yymax} \geqslant \sigma_c \tag{7.2.30}$$

最大应力判据只是从力学角度而言,联系到实际金属材料,并非当材料中某一点一出现临界拉应力就马上解理断裂,而是这样的临界应力必须作用在一定的范围。这个范围与组织的类型有关,如原奥氏体晶粒尺寸、铁素体晶粒尺寸、球状碳化物直径或马氏体板条束宽度等。这种解理断裂出现的组织范围称为解理断裂单元,其尺寸称为解理断裂特征距离 l^*。Ritchie、Knott 及 Rice[①] 提出,当裂纹前方特征距离 $l^* = 2d$(d 为晶粒直径)内各点的正应力 σ_{yy} 均大于或等于 σ_c 时,解理裂纹就形核,如图 7.2.7 所示,即发生脆性解理断裂的条件为

$$\sigma_{yy}(x \leqslant l^*) \geqslant \sigma_c \tag{7.2.31}$$

此式称为特征距离应力判据(又称 RKR 判据),特征距离约等于晶粒直径的 2 倍。由图 7.2.7 可见,$\sigma_{max} = \sigma_{yy}(x = l^*)$,因此特征距离应力判据比最大应力判据更为苛刻(即更难满足)。当外加应力 σ 较小时,有可能最大应力判据[式(7.2.30)]已满足,而特征距离应力判据[式(7.2.31)]仍尚未满足。

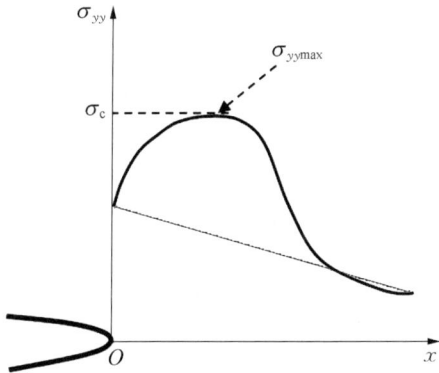

图 7.2.6 最大应力判据

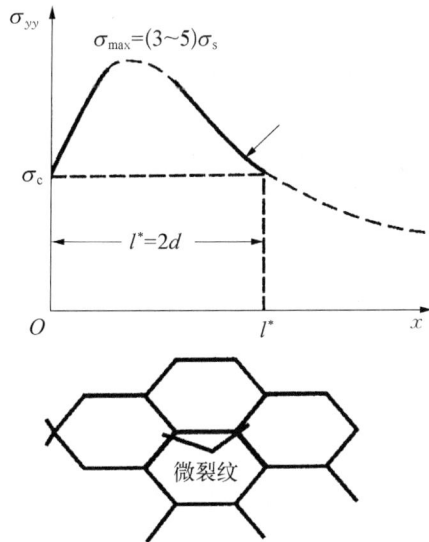

图 7.2.7 特征距离应力判据

7.2.5 解理断裂的统计分析

解理断裂是极脆性断裂,断裂强度与断裂韧度的数据都很分散,须做统计学分析。解理

① RITCHIE R O, KNOTT J F, RICE J R. On the relationship between critical tensile stress and fracture toughness in mild steel[J]. J. Mech. Phys. Solids, 1973, 21: 395.

断裂的强度可以由最弱链理论分析[①]。最弱链理论基于以下假设：将材料看成许多链节连接而成的链，只要链中有一个链节失效，整个链就失效。在应力从 0 增加到 σ，链节的失效概率用 $F(\sigma)$ 表示，则该链节的存活概率为

$$S(\sigma) = 1 - F(\sigma) \tag{7.2.32}$$

假设 $F(\sigma)$ 反映了链节的强度分布并且各个链节的强度分布相互独立，则材料的存活概率为

$$S_n(\sigma) = [1 - F(\sigma)]^n \tag{7.2.33}$$

式中，n 为链节数。于是材料在 σ 作用下的失效概率为

$$F_n(\sigma) = 1 - [1 - F(\sigma)]^n \tag{7.2.34}$$

$F(\sigma)$ 函数更一般的为泊松分布形式：

$$F(\sigma) = 1 - \exp[-\phi(\sigma)] \tag{7.2.35}$$

式中，$\phi(\sigma)$ 为强度分布密度函数。

对于解理断裂，在裂纹尖端前方的有限体积(V)内必须有一个足以引发解理裂纹形核的微裂纹源(如脆性颗粒、晶界等)，其上的应力条件满足 $\sigma_{yy} \geqslant \sigma_{cl}$，才能引发解理断裂，其断裂的概率为

$$F = 1 - \exp(-\rho V) \tag{7.2.36}$$

式中，ρ 为单位体积内的微裂纹源密度；V 为材料体积。该式等号右边第二项表示在 V 中找不到微裂纹源的概率，则 F 就是在 V 中至少能找到一个微裂纹源的概率。在应力 σ 和 ρ 均随位置而变化的情况下，解理断裂概率必须对整个体积积分求和：

$$F = 1 - \exp\left(-\int_V \rho \mathrm{d}V\right) \tag{7.2.37}$$

现考虑受均匀应力且体积为 V_0 的材料，作为随机变量的断裂应力可以用双参数 Weibull 分布描述，则断裂概率为

$$F = 1 - \exp\left[-\left(\frac{\sigma_{cl}}{\sigma_u}\right)^m\right] \tag{7.2.38}$$

式中，σ_u 为参考应力，为断裂概率为 0.632 1 的强度值；m 为 Weibull 模数。对比式(7.2.36)和式(7.2.38)可见

$$\rho = \frac{1}{V_0}\left(\frac{\sigma_{cl}}{\sigma_u}\right) \tag{7.2.39}$$

在应力随位置而变化的情况下，累积断裂概率可以由在整个体积上积分的主应力 σ_1 表示：

$$F = 1 - \exp\left[-\frac{1}{V_0}\int_{V_f}\left(\frac{\sigma_1}{\sigma_u}\right)^m \mathrm{d}V\right] = 1 - \exp\left[-\left(\frac{\sigma_w}{\sigma_u}\right)^m\right] \tag{7.2.40}$$

---

① ANDERSON T L. Fracture Mechanics: Fundamentals and Applications [M]. 3th ed. Boca Raton, et al: Taylor & Francis Group, 2011.

式中,σ_f 为断裂过程区体积;V_0 为参考体积;σ_w 为 Weibull 应力。σ_w 可以被认为是 V_0 体积的试样受均匀载荷时的等效断裂应力:

$$\sigma_w = \left[\frac{1}{V_0}\int_{V_f}\sigma_1^m \mathrm{d}V\right]^{\frac{1}{m}} \qquad (7.2.41)$$

对固有裂纹固体承载的情况,假设 ρ 仅取决于局部应力场,裂纹尖端场强由应力强度因子 K 或 J 积分唯一地表征,并且断裂仍遵从最弱链机制,则断裂概率为

$$F = 1 - \exp\left[-\left(\frac{K_{\mathrm{IC}}}{\Theta_K}\right)^4\right] \qquad (7.2.42)$$

或

$$F = 1 - \exp\left[-\left(\frac{J_C}{\Theta_J}\right)^2\right] \qquad (7.2.43)$$

式中,Θ_K 和 Θ_J 均为与组织结构及温度相关的材料参数,在数值上等于断裂概率为 0.632 1 时的 K_{IC} 和 J_C 值。

7.3 孔聚断裂

7.3.1 孔聚断裂特征

孔聚断裂的过程及基本步骤如图 7.3.1 所示,大致可分为 3 个阶段。第一阶段是孔洞形核。在外载荷作用下,材料首先发生变形,当变形达到一定程度后,由于材料内部组织的不均匀性,在薄弱处(应力集中处,最常见是夹杂物或第二相强化颗粒处)形成微孔洞。第二阶段是孔洞聚合。当应力升高时,已形核的微孔洞逐渐长大并连接,形成微裂纹。继续提高应力,微裂纹将发生扩展,扩展方式是微裂纹与其顶端邻近的微孔洞聚合,使裂纹向前扩展一步。如此过程反复循环进行。第三阶段是裂纹失稳扩展。当扩展裂纹的长度达到临界尺

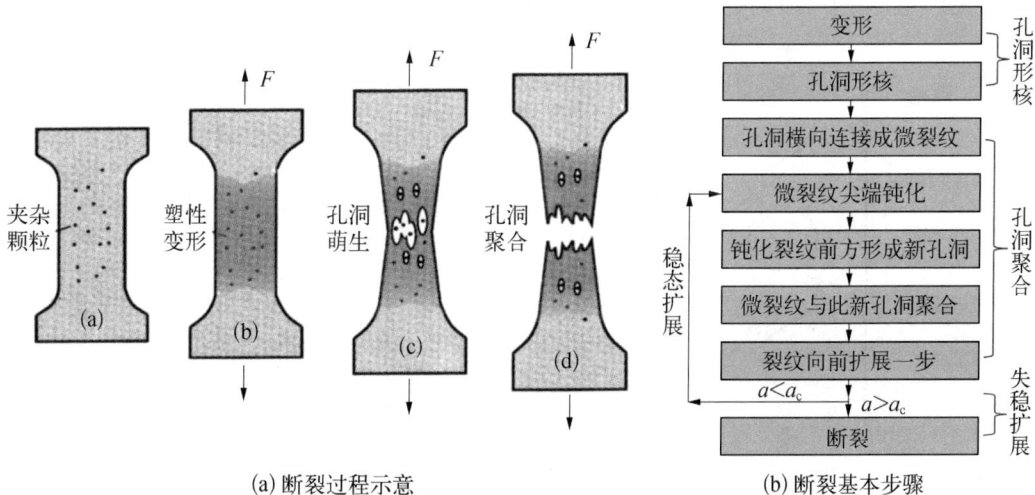

(a) 断裂过程示意

(b) 断裂基本步骤

图 7.3.1　孔聚断裂过程

寸时,裂纹便快速扩展,材料总体破坏就发生了。

孔聚断裂主要有如下特征。

(1) 断裂应力较高,高于屈服强度。

(2) 断裂前有较大量的塑性变形,在室温静拉伸时有颈缩发生。

(3) 宏观断面较粗糙,呈暗灰色。光滑圆柱试样的宏观断口呈典型的杯状或锥状,断口上分三个典型的区域:纤维区、放射区和剪切唇。断口的 3 个区对应着不同的应力状态和断裂机制。

(4) 断口的微观典型特征是存在韧窝。韧窝是材料在微区范围内塑性变形产生的显微孔洞,经形核、长大、聚集,最后相互连接而导致断裂后在断口表面所留下的痕迹。韧窝深度越深或尺寸越大,材料断裂前的塑性变形越大,韧性越高。

7.3.2　孔洞形核

7.3.2.1　孔洞形核的位置及方式

孔洞的形核位置和机制与材料纯度有很大关系:对于高纯度金属单晶体,在高度塑性变形后,孔洞往往在高密度位错区形成,在该区内材料已消耗掉形变硬化能力,并形成高度三向应力状态,空位在此聚集形成微裂纹,并松弛掉了部分应力,位错移动进入这些微裂纹便形成了孔洞;对于高纯度多晶体金属,孔洞则一般在三晶粒交界点或晶界不规则处形成;对于工程金属材料,孔洞形核一般都是从夹杂物或第二相颗粒处开始的,这是工程上最常见的孔洞萌生之处。

在第二相颗粒处孔洞形核的方式有两种:颗粒与基体界面脱黏和颗粒本身碎断。孔洞形核的机制可由图 7.3.2 简要说明。图 7.3.2(a)表示一个微型拉伸试样,在其滑移带中含有一个球状第二相颗粒,为了观察变形后组织的位移状况绘制了一条示踪线。图 7.3.2(b)表示变形后的状况,假设颗粒与基体是同质的(弹性模量相同),则两者的变形适配,颗粒变形后应为图 7.3.2(b)中虚线表示的细长椭球状,但是工程合金中的第二相颗粒或夹杂物的弹性模量一般高于基体金属,会产生弹性变形失配,尤其是当颗粒不能塑性变形时,变形失配程度更严重。颗粒的形状实际为图 7.3.2(b)中实线表示的"矮胖"椭球状。这样,在颗粒

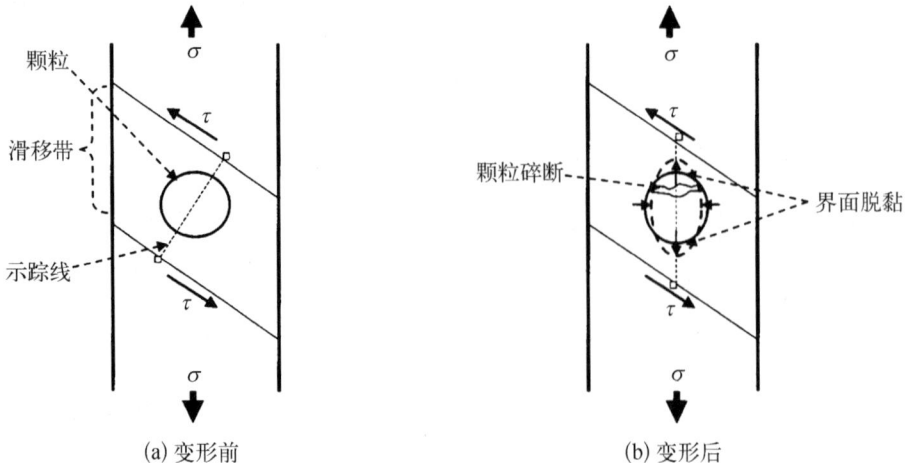

(a) 变形前　　　　　　　(b) 变形后

图 7.3.2　孔洞形核机制

与基体之间将产生失配应力,在颗粒的冠部(北极、南极)为张应力,在赤道部为压应力。若界面结合强度低,则会在冠部引发界面脱黏;若界面结合强度高,则可能在颗粒内部缺陷处引起断裂。无论何种方式,都是在材料内部形成了微孔洞。

究竟以哪种方式萌生孔洞,在很大程度上取决于夹杂物或第二相颗粒与基体界面结合力的强弱。例如钢中硫化锰(MnS)夹杂与基体结合力很弱,可在很低应力下因界面脱黏而萌生孔洞;而钢中氧化物、碳化物、氮化物等则与基体结合较强,不易界面脱黏,需要在较高的应力下才能发生碎断而萌生孔洞。此外,颗粒的形状也对孔洞形核方式有重要影响:近似球状的颗粒以界面脱黏的形式萌生孔洞;在较小的应力应变条件下大颗粒比小颗粒更易与基体脱黏;长宽比较大的颗粒及形状不规则的颗粒通过颗粒本身断裂而萌生孔洞;条状颗粒断裂的位置趋于在长度方向的中部。

7.3.2.2 孔洞形核的临界应变

郑长卿[①]、史耀武[②]及 Sun[③] 等对钢进行了拉伸夭折试验,观察塑性变形过程中孔洞萌生和长大的现象,分析了孔洞形核累积数 $\sum N$ 及孔洞体积 V_V 与有效塑性应变 ε_p 的关系,发现它们大致呈线性关系:

$$\sum N = a + b\varepsilon_p \qquad (7.3.1)$$

$$V_V = c + d\varepsilon_p \qquad (7.3.2)$$

式中,a、b、c、d 均为试验拟合的参数,其中 a 和 c 均为负值,暗示在塑性应变为零时已存在孔洞。分析表明这些孔洞为几微米数量级尺度的微小球形孔洞,属于冶炼过程中已存在的孔洞。研究结果表明,孔洞形核的临界应变值是存在的,但受组织和力学等许多因素影响,临界应变可以在很大范围内变动,并且所得的数值也只有统计意义。

利用能量平衡原理可以分析孔洞形核的临界应变。假设一种含微粒的材料,受力时基体可产生塑性变形,而颗粒则仅产生弹性变形,当由于微粒/基体界面分离所释放的弹性变形能足以补偿形成新表面的表面能时,将形成孔洞。因此孔洞形核的能量条件为

$$\Delta U_e + \Delta U_s \leqslant 0 \qquad (7.3.3)$$

式中,ΔU_e 为颗粒弹性变形能;ΔU_s 为形成新表面的表面能。ΔU_e 可写为

$$\Delta U_e = \frac{4}{3}\pi r^3 \mu_P \varepsilon_\Delta^2 \qquad (7.3.4)$$

式中,R_P 为颗粒半径;μ_P 为颗粒剪切模量;ε_Δ 为基体与颗粒变形不协调形成的应变差。如果基体没有塑性变形松弛,那么 ε_Δ 将等于试样形状变化相当的切应变 ε_p;但如果基体发生塑性松弛,则 ε_Δ 不等于 ε_p,而具有如下关系:

$$\varepsilon_\Delta = \left(\frac{b\varepsilon_p}{R_p}\right)^{\frac{1}{2}} \qquad (7.3.5)$$

① 郑长卿. 韧性断裂细观力学的初步研究及应用[M]. 西安: 西北工业大学出版社,1988.
② 史耀武,BARNBY J T. C-Mn 结构钢拉伸变形过程中空穴形核的研究[J]. 金属学报,1984,1: 20.
③ SUN J. Strength for decohesion of spheroidal carbide particle-matrix interface[J]. Int. J. of Fracture, 1990: 44.

式中，b 为伯格斯矢量。

总的颗粒内表面能为

$$\Delta U_s = 4\pi r^2 \gamma_s \tag{7.3.6}$$

式中，γ_s 为比表面能。将式(7.3.4)、式(7.3.5)和式(7.3.6)同时代入式(7.3.3)得到孔洞形核的临界应变：

$$\varepsilon_c = \frac{3\gamma_s}{b\mu_p} \tag{7.3.7}$$

该式表明，孔洞形核的临界应变与基体的比表面能和颗粒的剪切模量有关。例如，Cu 中含有 SiO_2 微粒，其 $\mu_P = 3.06 \times 10^3$ MPa，$\gamma_s = 1$ J $\cdot$ m^{-2}，$b = 0.3$，依式(7.3.7)估计，ε_c 大约为 27%。但根据透射电镜观察和密度变化测量发现 ε_c 仅约为 5%。产生如此大差异的原因在于上述模型是假设颗粒内表面全面脱开，而透射电镜观察表明，孔洞萌生并不是沿颗粒周围全面脱黏，而是在颗粒应力的两极处，呈小杯状，如图 7.3.3 所示，因此临界形核应变模型需要修正。

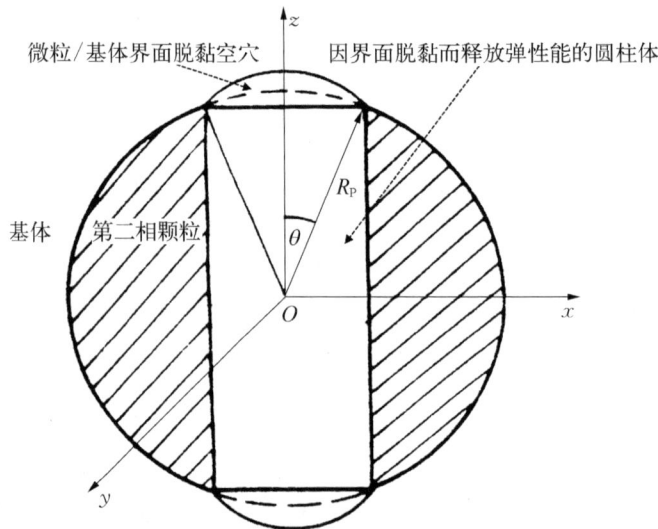

图 7.3.3　部分界面脱离的孔洞萌生模型

设 θ 为小杯半角，则无应力作用自由表面的面积为 $2\pi R_P^2(1-\cos\theta)$，自由表面能量增加部分为

$$\Delta U_s' = (1-\cos\theta)\Delta U_s \tag{7.3.8}$$

现假定形成小杯状自由表面时弹性能的释放全部来自小杯所覆盖的圆柱体 V_{cye}，则有

$$\Delta U_e' \propto \frac{\sigma_{max}^2}{\mu_P} V_{cye} \tag{7.3.9}$$

式中，σ_{max} 为微粒极部最大应力。假定 σ_{max} 在圆柱上、下端为常数(当 θ 很小时，假设近似成立)，圆柱体的所有应变能均计入，微粒总应变能为

$$\Delta U_e \propto \frac{\bar{\sigma}_n^2}{\mu_P} V_{sph} \qquad (7.3.10)$$

式中，V_{sph} 为颗粒体积；$\bar{\sigma}_n^2$ 为表面正应力均方值，约等于 σ_{max}^2，$\Delta U_e'$ 与 ΔU_e 的关系为

$$\Delta U_e' = \frac{8}{3}\left(\frac{3}{2}\sin^2\theta\right)\Delta U_e \qquad (7.3.11)$$

在局部脱黏前提下，新的能量关系为

$$\Delta U_e' + \Delta U_s' \leqslant 0 \qquad (7.3.12)$$

将式(7.3.8)及式(7.3.11)代入式(7.3.12)可得

$$(4\sin^2\theta)\Delta U_e + (1-\cos\theta)\Delta U_s \leqslant 0 \qquad (7.3.13)$$

设 $\theta = 30°$，则有 $\dfrac{1-\cos\theta}{4\sin^2\theta} \approx 0.14$，因此在 Cu 中含 SiO_2 颗粒的例子中，将由式(7.3.7)计算得 $\varepsilon_c = 27\%$，再乘以修正因子 0.14，可得修正临界应变 $\varepsilon_c' \doteq 3.78\%$，这与实际观察结果(约 5%)相接近。

7.3.2.3 孔洞形核的临界应力

由能量平衡原理导出的孔洞形核临界应变并不是充分的。还应有一个临界应力条件。

Argon 等[1]提出了一个孔洞形核的连续模型，他们认为颗粒脱黏的临界应力 σ_c 近似等于平均(静水)应力 σ_m 与米泽斯等效应力 σ_{eq} 之和：

$$\sigma_c = \sigma_m + \sigma_{eq} \qquad (7.3.14)$$

根据该模型，孔洞形核的临界应变随静水应力的增加而降低。这与实验结果相一致。

Goods 和 Brown[2]发展了一个针对亚微米颗粒脱黏的位错模型。他们估算得到，颗粒附近的位错能使界面应力提高 $\Delta\sigma_d$：

$$\Delta\sigma_d = 5.4\alpha\mu\sqrt{\frac{\varepsilon_1 b}{R_p}} \qquad (7.3.15)$$

式中，α 为一常数，其值在 $0.14\sim0.33$ 之间；μ 为剪切模量；ε_1 为远场最大名义应变；b 为伯格斯矢量模；R_p 为颗粒半径。最大界面应力等于最大主应力 σ_1 与 $\Delta\sigma_d$ 之和，并且当这两个应力之和达到一个临界值 σ_c 时，

$$\sigma_c = \Delta\sigma_d + \sigma_1 \qquad (7.3.16)$$

孔洞就形核了。该模型预测得到，随着颗粒尺寸减小，界面应力集中程度加大($\Delta\sigma_d$ 增大)，孔洞形核的名义应力 σ_1 就减小。

Sun[3]采用断裂力学方法计算了由界面部分脱黏导致的孔洞萌生临界应力。设孔洞为三维球冠状局部裂纹(参考图 7.3.3)，其应力强度因子的表达式为

① ARGON A S, IM J, SAFOGLU R. Cavity formation from inclusions in ductile fracture[J]. Metall. Trans., 1975, 6A: 825.

② GOODS S H, BROWN L M. The nucleation of cavities by plastic deformation[J]. Acta Metall., 1979, 27: 1.

③ SUN J. Strength for decohesion of spheroidal carbide particle-matrix interface[J]. Int. J. of Fracture, 1990: 44.

$$K = \frac{2}{\pi} \sigma \sqrt{\pi R_p \sin \theta} \, F(\theta) \tag{7.3.17}$$

其中，

$$F(\theta) = \frac{\left(1 + \frac{1}{2}\sin\theta\right)\left[2 - 3\sin^4\left(\frac{\theta}{2}\right) - 2\sin^2\left(\frac{\theta}{2}\right)\right]\cos\frac{\theta}{2}}{2\left[1 + \sin^2\left(\frac{\theta}{2}\right)\right]} \tag{7.3.18}$$

在平面应变情况下，界面脱黏应变能释放率为

$$G = \frac{1 - \nu^2}{E}K^2 = \frac{4}{\pi}(1-\nu)^2 R_p \frac{\sigma^2}{E} \cdot F^2(\theta)\sin\theta \tag{7.3.19}$$

形成球冠状裂纹释放的全部能量为

$$\Delta U_e = 2\pi R_p^2 \int_0^\theta G \sin\theta \, \mathrm{d}\theta \tag{7.3.20}$$

相应的裂纹表面能为

$$\Delta U_s = 2\pi R_p^2 (1 - \cos\theta)\Gamma_s \tag{7.3.21}$$

其中，$\Gamma_s = \Gamma_p + \Gamma_m - \Gamma_{pm}$。式中，$\Gamma_p$ 为颗粒自由表面能；Γ_m 为基体自由表面能；Γ_{pm} 为颗粒与基体的界面能。由能量平衡条件，令式（7.3.20）与式（7.3.21）相等，可求得孔洞形核的临界应力：

$$\sigma_c = \frac{1}{2}\sqrt{\left(\frac{E + E_p}{2}\right)\frac{(1 - \cos\theta_0)\pi\Gamma_s}{R_p(1 - \nu^2)} \cdot F(\theta)} \tag{7.3.22}$$

式中，E 和 E_P 分别为基体和颗粒的杨氏模量；ν 为泊松比；θ 为球冠半角，一般可由试验得出。

如果是由第二相颗粒本身碎断而导致孔洞萌生，也可采用断裂力学原理结合能量分析导出孔洞萌生的临界应力。假设颗粒沿垂直拉应力方向中截面位置断裂而成钱币状裂纹，则其应力强度因子可表示为

$$K = \frac{2\sigma\sqrt{\pi R_P}}{\pi} \tag{7.3.23}$$

在平面应变情况下，界面脱黏弹性能释放率为

$$G = \frac{1 - \nu^2}{E}K^2 = \frac{4(1 - \nu^2)}{\pi E}\sigma^2\Gamma \tag{7.3.24}$$

在颗粒中平面上形成这样一个裂纹所释放的能量为

$$\Delta U_e = \int_0^{R_p} G \cdot 2\pi r \, \mathrm{d}r = \frac{8}{3}(1 - \nu^2)\frac{\sigma^2}{E}R_p \tag{7.3.25}$$

相应形成新裂纹表面所需的能量为

$$\Delta U_s = \pi R_p^2 \Gamma_s \tag{7.3.26}$$

而 $\Gamma_s = 2\Gamma_P$,其中 Γ_P 为颗粒自由表面能。根据能量平衡条件,可导得颗粒断裂(即孔洞萌生)的临界应力为

$$\sigma_c = \sqrt{\frac{3E\pi\Gamma_s}{8(1-\nu^2)R_p}} \tag{7.3.27}$$

7.3.2.4 复杂应力状态对孔洞形核的影响

材料或试样中的复杂应力状态可能来自 3 个方面:一是塑性失稳出现颈缩,产生三向拉应力;二是试样开缺口或在试验装置上实施多向加载;三是试样尺寸不同会场生不同平面应变、平面应力程度。

图 7.3.4 为试验得出的孔洞形核临界总应变 ε_t 与静水应力 σ_{Hy} 的关系,可见随 σ_{Hy} 增大,ε_t 减小。同样,复杂应力状态也会影响孔洞形核临界应力。前述界面脱黏临界应力表达式(7.3.22)和颗粒碎断临界应力表达式(7.3.27)都是在单轴拉伸条件下得到的。若考虑应力三轴性,则这两种临界应力还应分别除以应力三轴性影响因子:

$$\sigma_c = \frac{\sigma_{c0}}{\sqrt{f\left(\dfrac{\sigma_m}{\bar\sigma}\right)}} \tag{7.3.28}$$

式中,σ_{c0} 为单轴条件下的孔洞形核临界应力;$f\left(\dfrac{\sigma_m}{\bar\sigma}\right) = \dfrac{2}{3}(1+\nu) + 3(1-\nu)\left(\dfrac{\sigma_m}{\bar\sigma}\right)^2$,为应力三轴性影响因子;$\dfrac{\sigma_m}{\bar\sigma}$ 表示应力三轴度,其中 σ_m 为静水拉应力,$\bar\sigma$ 为拉伸方向平均(名义)应力。由式(7.3.28)计算得到的孔洞形核临界应力与应力三轴度的关系如图 7.3.5 所示,可见应力三轴度愈高,孔洞萌生的临界应力愈低。

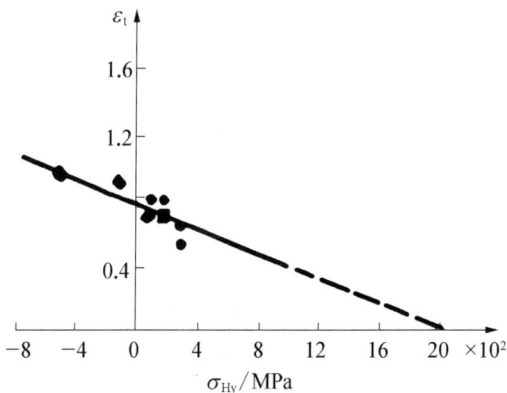

图 7.3.4 孔洞形核 ε_t 与 σ_{Hy} 的关系

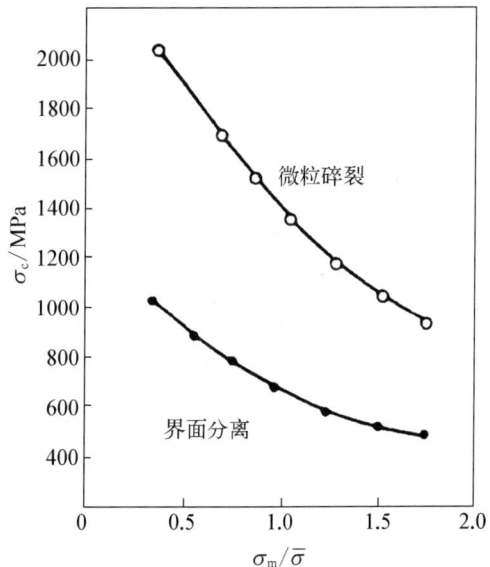

图 7.3.5 孔洞形核 σ_c 与 $\dfrac{\sigma_m}{\bar\sigma}$ 的关系

(邓增杰,周敬恩. 工程材料的断裂与疲劳[M]. 北京:机械工业出版社,1995.)

7.3.3 孔洞长大

孔洞萌生后,在外力作用下长大,彼此之间相互接近,并且在已有孔洞长大的同时,又有新的孔洞不断涌现。

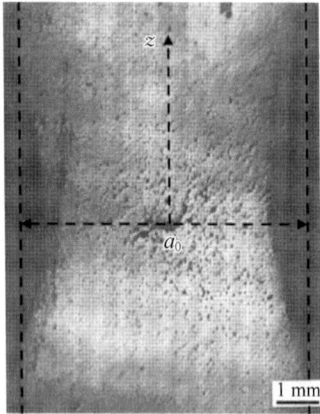

图 7.3.6 铜棒拉伸颈缩处孔洞分布金相照片

(HULL D. 断口形貌学:观察、测量和分析断口表面形貌的科学[M]. 李晓刚,董超芳,杜翠微,等译. 北京:科学出版社,2009:236.)

孔洞长大取决于应力应变状态及材料的性质。从应力应变状态来说,如果试样是严格单轴的,孔洞将沿拉伸方向伸长,横向逐渐缩小,即孔洞不发生聚合合,对材料断裂影响很小。然而在形成颈缩的范围内,由于变形制约产生三向应力状态,横向拉应力也会使孔洞张开,形成近似球形的孔洞,孔洞增大造成实际承载面积迅速减小,致使材料断裂。

图 7.3.6 为铜棒拉伸颈缩处孔洞分布的金相照片,可以看出,越接近颈缩部位,孔洞体积分数和面积分数越大,但远离颈缩处(即均匀变形段)仍有少量孔洞存在。张以曾[1]对低碳钢(0.2%C)分别进行球化(S)、退火(A)和正火(N)处理,研究了拉伸过程中不同颈缩程度与孔洞长大程度的关系,如图 7.3.7 所示。实验结果证实了这一规律。此外,球化状态比退火和正火状态的孔洞量大很多[见图 7.3.7(a)],并且退火和正火状态的孔洞在 ε_{eq}^p 大于 0.6 以后增加较快,球化态的孔洞在 ε_{eq}^p 大于 1.05 以后增加较快[见图 7.3.7(b)]。这些实验结果说明,不同组织对孔洞长大是有影响的。延性较好的组织,需要较高的塑性应变才会形成较多的孔洞(即孔洞形成较晚)。

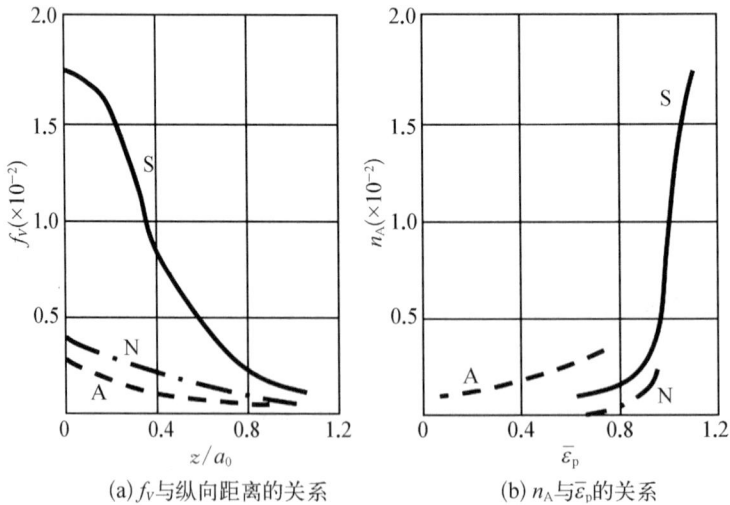

(a) f_V 与纵向距离的关系

(b) n_A 与 $\overline{\varepsilon}_p$ 的关系

图 7.3.7 孔洞分布特征

---

① 张以曾. 低碳钢中微空洞的形核长大的观测[J]. 金属学报,1983,1:19.

Sun[①]研究了拉伸过程中孔洞的横向长大问题,得出含半径为 R_0 球形孔洞的试样受载时,沿拉伸方向半径 R_z 和横向半径 R_x 的表达式分别为

$$R_z = R_0 \exp(D\varepsilon_p) [2\exp(1.5\varepsilon_p) - 1]^{\frac{2}{3}} \tag{7.3.29}$$

$$R_x = R_0 \exp(D\varepsilon_p) [2\exp(1.5\varepsilon_p) - 1]^{-\frac{1}{3}} \tag{7.3.30}$$

其中,

$$D = 0.5 \sinh\left(1.5 \frac{\sigma_m}{\bar{\sigma}}\right) \tag{7.3.31}$$

在式(7.3.29)和式(7.3.30)中,第一指数项对应于孔洞体积改变;第二指数项对应于孔洞形状改变。随应力增加,第一指数项均增加(即孔洞体积增加),而第二指数项则呈相反变化趋势:式(7.3.29)中第二指数项增大;式(7.3.30)中第二指数项减小。因此,在低三轴应力水平下,孔洞在拉伸方向不断伸长,而在横向不断收缩。在高三轴应力水平下,当 $(\sigma_m/\bar{\sigma})$ 达到一定程度时,D 达到一临界值 D_c。当 $D > D_c$ 时,式(7.3.30)中第一指数项(体积改变)随 ε_p 增大所得到的增量将超过第二指数项(形状改变)的减小量。这样,孔洞横向尺寸将开始增大,而不是收缩。

根据式(7.3.29)和式(7.3.30),对于光滑试样和不同缺口试样(缺口曲率半径为 R),可以绘出孔洞的纵向尺寸和横向尺寸与塑性应变的关系曲线,如图7.3.8所示。可见,随塑性应变加大,纵向尺寸 R_z 很快加大。横向尺寸 R_x 却比较复杂:对于光滑试样和 $R = 10$ mm 的缺口试样,R_x 逐渐减小(横向收缩);对于 $R < 10$ mm 的缺口试样,R_x 逐渐增大,即缺口越尖锐,孔洞越容易横向长大。

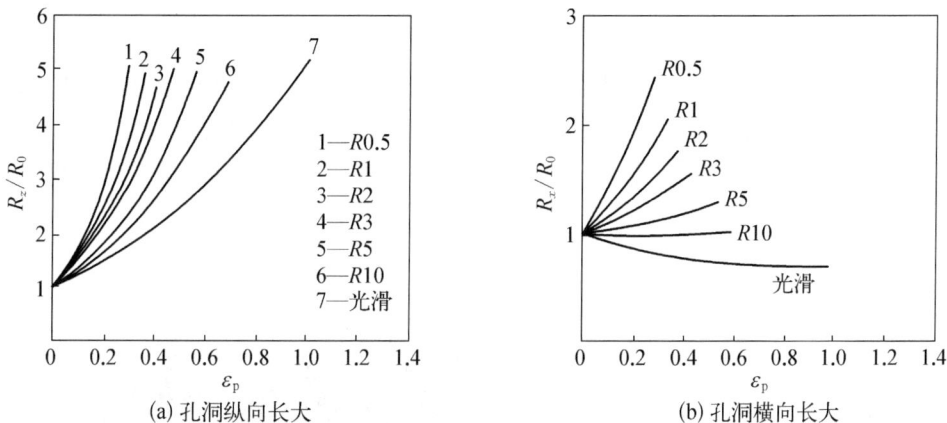

图7.3.8 孔洞尺寸与塑性应变的关系

7.3.4 孔洞聚合

从微观角度来看,孔洞的长大及聚合总是以裂纹扩展的方式进行的。裂纹扩展连接孔

① SUN J. Effect of stress triaxiality on micro-mechanisms of void coalesence and micro-fracture ductility of materials [J]. Eng. Fract. Mech., 1991, 5: 39.

洞的途径可大致分为内颈缩聚合和剪切型聚合两大类。

（1）内颈缩聚合。若材料在流变中尚未失去加工硬化能力，裂纹前端塑性变形较散漫，不会产生应变沿某特定滑移带集中的情况，此时裂纹扩展就是主裂纹和邻近孔洞之间的内颈缩过程，如图 7.3.9(a)所示，一种低碳钢的实际内颈缩金相照片如图 7.3.9(b)所示。在应力不大时，裂纹尖端区域的塑性应变和三轴应力还不是很高，孔洞首先在夹杂物颗粒处形核，随后在单向拉应力下纵向长大。随着应力升高，孔洞之间的基体逐渐处于三向应力状态，遂发生孔洞的横向长大，直至聚合在一起，形成裂纹。在孔洞横向长大至聚合的过程中，两孔洞之间的基体材料借助双滑移机制发生严重塑性变形，直至发生颈缩断裂。由于该颈缩发生在内部的孔洞之间，故得名内颈缩。

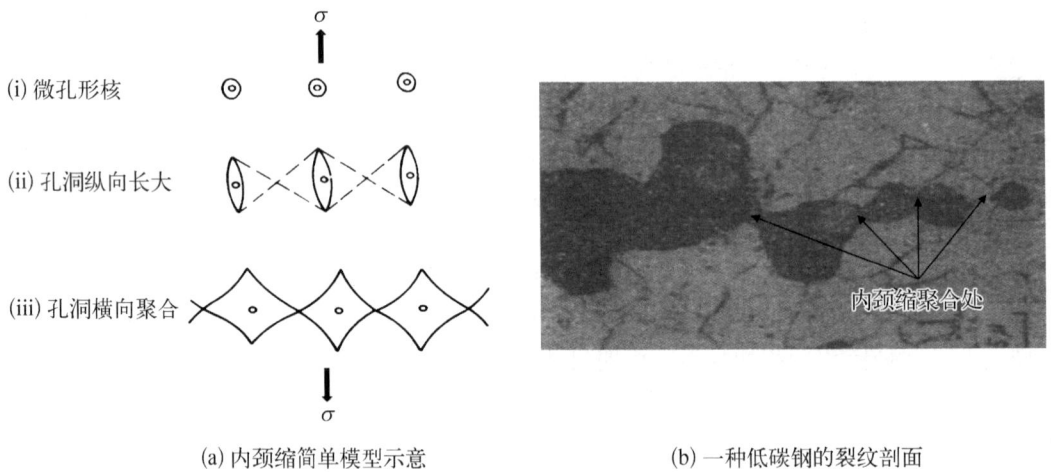

(a) 内颈缩简单模型示意　　　　　　(b) 一种低碳钢的裂纹剖面

图 7.3.9　内颈缩聚合

（2）剪切型聚合。当材料强度较高时，在流变后期失去加工硬化的能力，这时在裂纹尖端前方的塑性变形趋向于集中在某特定滑移带上，如沿着最大切应力方向而不是垂直于最大拉应力方向，主裂纹就与特定滑移带内的邻近孔洞连接、聚集，形成剪切带微裂纹（偏离原裂纹面），随后在Ⅰ型和Ⅱ型混合加载状态下，形成之字形扩展，如图 7.3.10 所示。

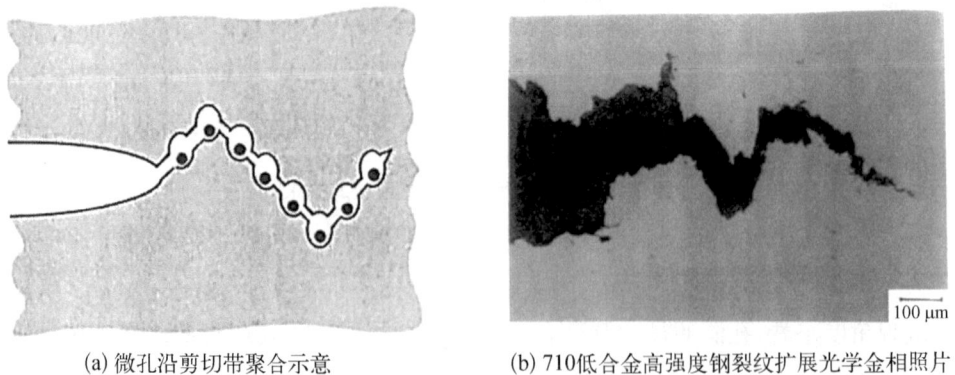

(a) 微孔沿剪切带聚合示意　　　　　　(b) 710低合金高强度钢裂纹扩展光学金相照片

图 7.3.10　孔洞剪切型聚合

7.3.5 裂纹稳态扩展

虽然裂纹稳态扩展现象很复杂,但从扩展方式来看,大体可分为两类:第一类,主裂纹钝化后,通过在其端部产生微裂纹的方式扩展;第二类,在主裂纹前方特征距离处的应力集中产生微裂纹(或微孔洞),然后与主裂纹连通,连通方式既可以以内颈缩方式进行,也可以通过滑移面剪开方式进行,如图 7.3.11 所示。

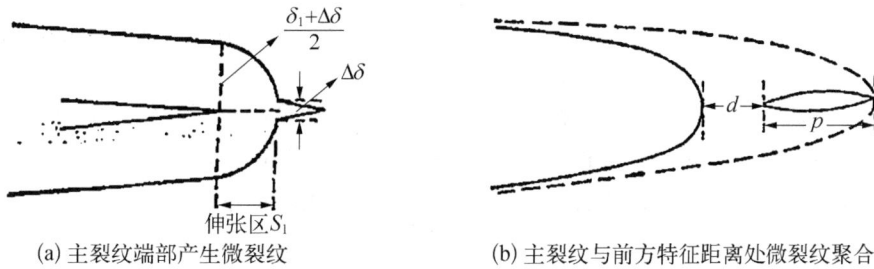

(a) 主裂纹端部产生微裂纹　　　　　(b) 主裂纹与前方特征距离处微裂纹聚合

图 7.3.11　裂纹稳态扩展两种基本方式

显然,第一类可出现裂纹稳态扩展。至于第二类能否出现主裂纹扩展的问题,Matake 和 Imai[1] 进行了研究,其结果如图 7.3.12 所示,其中 K_C 为主裂纹应力强度因子,K_T 为连通后的应力强度因子。由图可见,主裂纹前方出现微裂纹后能否以互相连通的方式进行稳态扩展,主要取决于微裂纹长度 p 及微裂纹与主裂纹之间的距离 d。对于给定的 p 值,存在一个临界距离 d^*,当 $d < d^*$ 时,可产生稳态扩展;当 $d > d^*$ 时,则产生失稳扩展。而临界距离 d^* 是随着微裂纹长度增加而迅速减小的,这表明微裂纹越大,越容易出现失稳扩展。

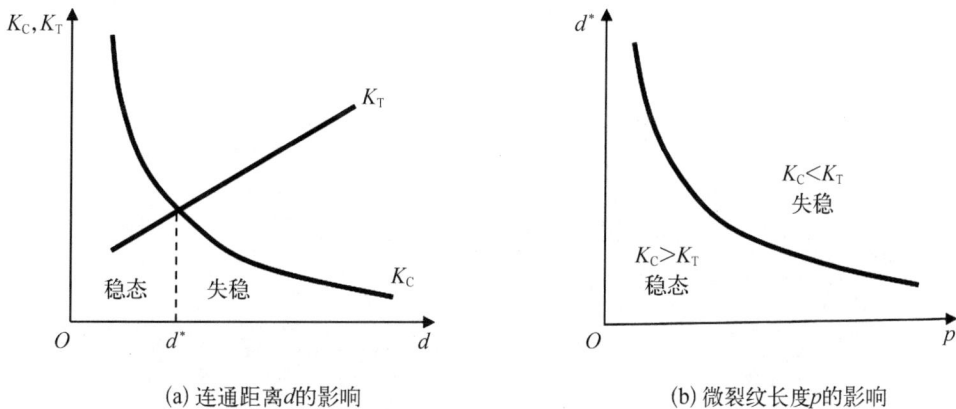

(a) 连通距离 d 的影响　　　　　(b) 微裂纹长度 p 的影响

图 7.3.12　主裂纹-微裂纹连通型稳态扩展条件示意

在裂纹稳态扩展过程中,裂纹尖端前沿的塑性变形会影响裂纹稳态扩展。第一个影响是导致裂纹尖端钝化,并在裂纹尖端前沿产生一个高度应变区。这个高度应变区不同于应

---

① MATAKE T, IMAI Y. Pop-in behavior induced by interaction of cracks[J]. Eng. Fract. Mech., 1977, 9: 17.

力松弛导致的塑性区,一般小于塑性区,这是裂纹尖端区位错滑移出该区后产生的高应力弹性区,所以又称为伸张区。伸张区中的高应力易引发主裂纹顶端开裂,并且它与裂纹尖端张开位移有如下近似关系:

$$\delta_i \approx \sqrt{2} S_1 \qquad\qquad (7.3.32)$$

并且此时裂纹向前扩展了$\delta_i/2$距离。因此裂纹尖端的钝化与材料本身塑性应变硬化能力有关。研究表明,任何降低硬化率及提高屈服强度的因素均不利于钝化和裂纹稳态扩展。由此可见,钝化、伸张区和CTOD在本质上是相同的,在分析裂纹稳态扩展时,只需考察其中之一的变化规律即可。

裂纹尖端前沿塑性变形对裂纹稳态扩展的第二个影响是决定了裂纹扩展路径。当材料强度较低、塑性较好、应变硬化率较高时,裂纹尖端前沿滑移方向较散漫,可以通过内颈缩方式进行稳态扩展;反之,当材料强度高、硬化率低时,裂纹尖端前沿滑移变形集中在特定滑移带内,造成滑移面剪切脱开,则裂纹以"之字形"路径进行稳态扩展。

7.4 沿晶断裂

7.4.1 沿晶断裂现象

在金属及陶瓷材料中,当晶界成为显微组织中最薄弱的部位时,在解理或滑移之前就会发生晶界开裂,多数晶界开裂形成的微裂纹相互连接造成裂纹沿晶界扩展,最终导致沿晶断裂。沿晶断裂多半属于脆性断裂,在工程上应极力避免。

沿晶断裂的宏观断口呈冰糖状,图7.4.1给出了含杂质元素磷(P)及硫(S)较高的两种钢的室温拉伸断口,显示出典型的冰糖状特征。但若晶粒很细小,肉眼无法辨认出冰糖状形貌,此时断口一般呈晶粒状,颜色较纤维断口明亮,但比纯解理脆性断口要灰暗些,因为它们没有反光能力很强的小平面。

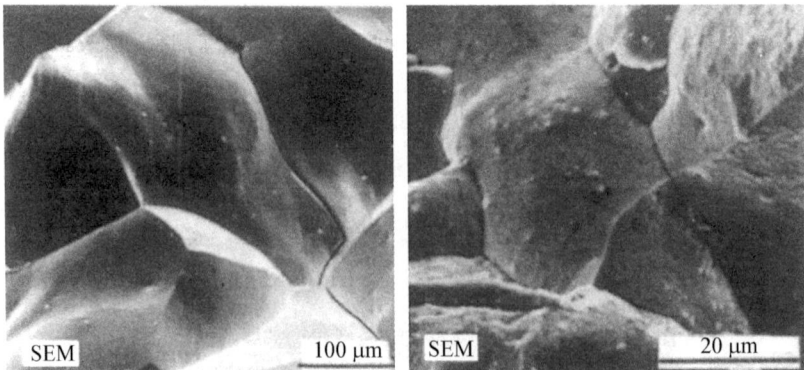

(a) 含0.68%P的粗晶退火铁   (b) 0.58%C-0.82%Mn-0.024%P-0.17%S钢

图7.4.1 两种钢室温拉伸的沿晶断裂断口扫描电镜形貌

(布鲁克斯,考霍莱. 工程材料的失效分析[M]. 谢斐娟,孙家骧,译. 北京:机械工业出版社,2003:140.)

7.4.2 等强应变

从结构-强度观点看,在晶界强度低于晶内强度时,晶界区的变形将会变得显著,其对总变形的贡献及对断裂形式的影响必须给予考虑。各种因素造成的对晶界的损伤主要表现为晶界区形变强化能力和潜力的降低。晶界强度和晶内强度在变形过程中有不同变化趋势,存在着一个晶界强度和晶内强度相等时的应变 ε_0,称为等强应变,如图 7.4.2 所示。当 $\varepsilon < \varepsilon_0$ 时,晶界强度比晶内强度高,不会产生沿晶断裂,只有当 $\varepsilon > \varepsilon_0$,晶界区成为材料中的弱区之后,才具备沿晶断裂的条件。

造成晶界弱化的原因有以下几种。

(1) 晶界上存在一薄层连续或不连续的脆性第二相、夹杂物,破坏了晶界的连续性。例如高碳钢或铸铁,常因晶界上存在网状碳化物而发生沿晶断裂。

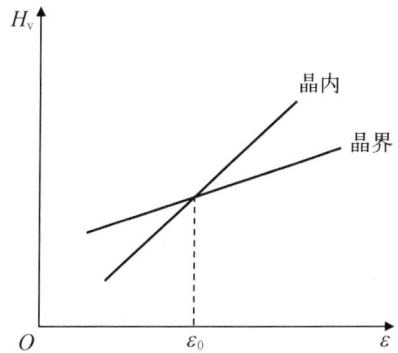

图 7.4.2 晶内及晶界强度随应变的变化

(2) 晶界上偏聚了杂质元素,降低了晶界结合强度。如钢中晶界上偏聚 P、S、Bi 等元素造成回火脆性就属于此类。

(3) 在加载时受环境影响,某些侵蚀性元素扩散到晶界上,造成晶界弱化。例如应力腐蚀开裂、氢脆等常呈现沿晶断裂的特征。

7.4.3 沿晶断裂的杂质偏聚理论

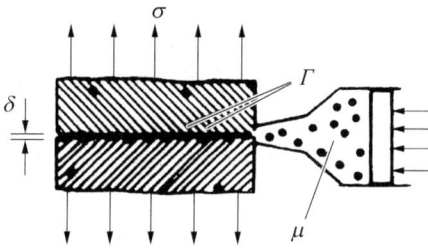

图 7.4.3 晶界偏析热力学模型示意

考虑如图 7.4.3 所示的一个晶界,杂质元素在晶界偏析的浓度为 Γ,此时晶界的平衡化学势为 μ。设在外加应力 σ 作用下,晶界因结合强度减弱而产生位移 δ,则 $\sigma - \delta$ 曲线下的面积为 $2\gamma_{\text{int}}$,亦即发生沿晶断裂所需的功为

$$2\gamma_{\text{int}} = \int_0^\infty \sigma \mathrm{d}\delta \tag{7.4.1}$$

再设断裂后晶界上的杂质均匀分布在新形成的两个表面上,每个面上的浓度为 $\Gamma/2$,则有

$$(2\gamma_{\text{int}})_{\Gamma=\text{const}} = (2\gamma_{\text{int}})_{\Gamma=0} - \int_0^\Gamma \left[\mu_{\text{b}}(\Gamma) - \mu_{\text{s}}\left(\frac{\Gamma}{2}\right) \right] \mathrm{d}\Gamma \tag{7.4.2}$$

式中,$(2\gamma_{\text{int}})_{\Gamma=0}$ 为晶界无杂质偏析时发生沿晶断裂所需的功;$\mu_{\text{b}}(\Gamma)$ 为杂质浓度为 Γ 的晶界在未受外加应力时的平衡化学势;$\mu_{\text{s}}\left(\frac{\Gamma}{2}\right)$ 为发生沿晶断裂后新形成的两个表面的化学势。令 $\int_0^\Gamma \mu_{\text{b}}(\Gamma)\mathrm{d}\Gamma = \Delta g_{\text{b}}\big|_\Gamma$,$\int_0^\Gamma \mu_{\text{s}}\left(\frac{\Gamma}{2}\right)\mathrm{d}\Gamma = \Delta g_{\text{s}}\big|_\Gamma$,则式(7.4.2)可写为

$$(2\gamma_{\text{int}})_{\Gamma=\text{const}} = (2\gamma_{\text{int}})_{\Gamma=0} - (\Delta g_{\text{b}} - \Delta g_{\text{s}})_\Gamma \tag{7.4.3}$$

式中,$(\Delta g_{\text{b}} - \Delta g_{\text{s}})_\Gamma$ 为杂质在晶界与晶界的两个表面上偏析时的自由能差。

杂质偏析常引起韧-脆转变温度 T_{c} 上升,因此,可用 ξ 表示沿晶脆性敏感性:

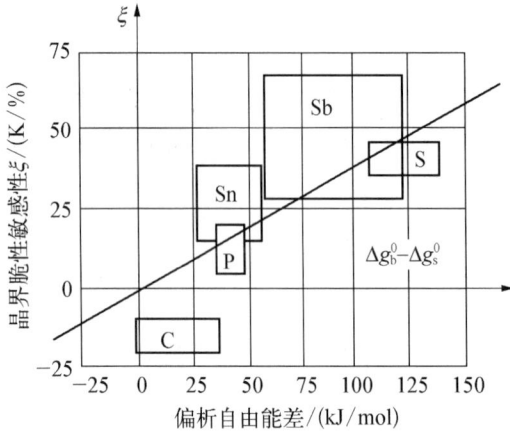

图 7.4.4 杂质元素在晶界偏析的偏析自由能之差对晶界脆性敏感性的影响

$$\Delta T_c = \sum \xi_i \Delta \Gamma_i \qquad (7.4.4)$$

此式适用于多种杂质在晶界共偏析的情况。

杂质元素在钢中偏析的脆性敏感性如图 7.4.4 所示,可见不同杂质偏析时结构钢的脆性敏感性不同,顺序是:P<Sn<Sb<S。C 偏析时,钢的脆性敏感性为负值,表示 C 偏析不仅不会导致沿晶断裂,反而会阻止沿晶断裂,原因有二:其一是 C 偏析的 $-\Delta g_b^0$ 值最大,最容易在晶界偏析而替换晶界中有害的偏析元素;其二是 C 偏析可增强晶界结合。

7.5 环境断裂

材料在应力和环境介质共同作用下发生断裂的现象称为环境诱发断裂(environmentally induced cracking,EIC),简称环境断裂。

7.5.1 环境断裂类型

EIC 有多种类型,根据载荷形式可分为:在静态载荷下的脆性断裂、在交变载荷下的腐蚀疲劳,以及在相互摩擦条件下的腐蚀磨损。本节对静载下的环境断裂做简要的介绍。

静态载荷条件下的环境断裂又可细分为如下几类。

(1) 应力腐蚀断裂(stress corrosion crack,SCC)。SCC 是材料在含电化学介质环境中,承受较低拉应力(小于其屈服强度)而造成材料开裂的现象。

(2) 氢致断裂(hydrogen induced cracking,HIC)。HIC 是材料受到含氢气氛的作用而引起的断裂的现象。因为 HIC 均为脆性断裂,所以常称为氢脆。

(3) 液体金属引致断裂(liguid metal induced cracking,LMIC)。LMIC 是当金属材料与低熔点金属的液体(可称为金属介质)接触时,由液体金属的作用引起脆性断裂的现象。此外,发生 LMIC 的温度,不一定要超过这些低熔点金属的熔点,也就是说金属介质可以是固态。只要温度接近介质金属的熔点,也可以引起脆性断裂,这实际上是固体金属引致脆断(solid metal induced cracking,SMIC),但可归为 LMIC 一类。例如 AISI4340 钢或 200B 马氏体钢的缺口试样,暴露在镉中,当温度在 230℃ 时就可能发生 LMIC,而这一温度低于镉的熔点(231℃)。

(4) 辐照引致断裂(radiation induced cracking,RIC)。RIC 是材料受高能粒子(γ 射线、电子、质子、离子、中子等)辐射而引起的材料脆化和脆性断裂的现象。其中中子的辐照效应又具有特别的意义。自 20 世纪 60 年代以来,原子反应堆迅速发展,反应堆压力容器需在一定温度、压力和严重的中子辐照下工作,而金属在中子辐照下会导致内部空洞成核和长大、氦气泡等辐照损伤,从而使材料脆化。

7.5.2　环境断裂要素

EIC 的发生需要具备三要素：应力、介质，以及与特定介质相对应的材料。

7.5.2.1　应力

一般认为，EIC 只有在拉应力下才发生。拉应力的来源包括但不限于以下几种：① 工作应力；② 制造过程（铸造、成型、焊接、安装等）中产生的残余应力；③ 因温度梯度产生的热应力；④ 因相变产生的相变应力（第二类残余应力）；⑤ 裂纹中腐蚀产物的楔入应力等。有统计表明，由残余应力引起的 SCC 占总的 SCC 事例的份额超过 80%，因此残余应力必须引起足够的重视。值得注意的是，近来有研究表明，在压应力作用下也可能发生 EIC，其机制有待深入研究。

与疲劳相似，作用于侵蚀性介质中的材料上的应力 σ 越低，引发断裂所需的时间 t_f（即寿命）就越高，并且也存在两类 σ-t_f 关系曲线，如图 7.5.1 所示。第一类曲线存在一个门槛应力 σ_{th}（见图 7.5.1 中曲线 1），小于该应力不发生 EIC，具有无限寿命。这里的 σ_{th} 与疲劳极限 σ_{-1} 在强度设计中的作用相似；第二类无明显的门槛应力，只不过随 σ 降低，曲线变得平缓（见图 7.5.1 中曲线 2），即 t_f 大大增加。究竟发生哪一种规律的断裂，取决于材料与介质的配合。例如，奥氏体不锈钢在沸腾的 42% $MgCl_2$ 溶液中的断裂属于第一类。再例如，40CrNiMo 高强钢在 3.5% NaCl 水溶液中的断裂属于第一类，而在 H_2S 水溶液中的断裂却属于第二类。

7.5.2.2　介质/材料

对于特定的材料，只有在与其相应的特定介质中才会发生 EIC。这种特定的介质/材料组合体系取决于 EIC 的机理。

图 7.5.1　金属材料在侵蚀性介质中的应力与断裂时间关系示意图

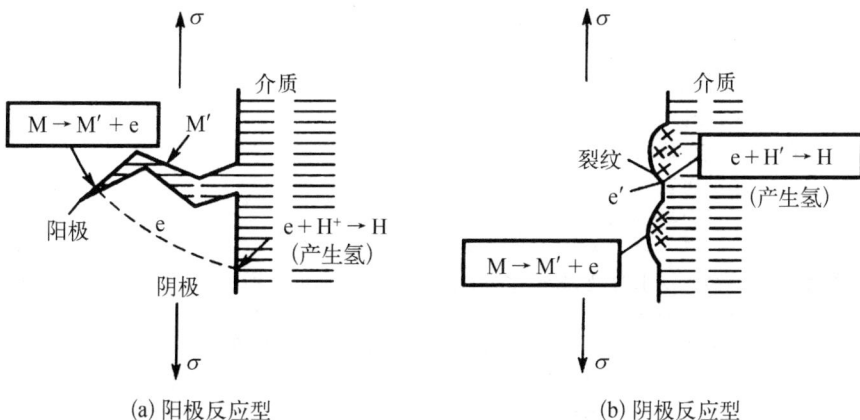

1）应力腐蚀断裂

SCC 的发生必伴有材料与环境介质相互作用的电化学腐蚀过程。依据伴随裂纹扩展过程的电化学反应，SCC 可以分为两种基本类型：阳极反应型和阴极反应型，如图 7.5.2 所示。

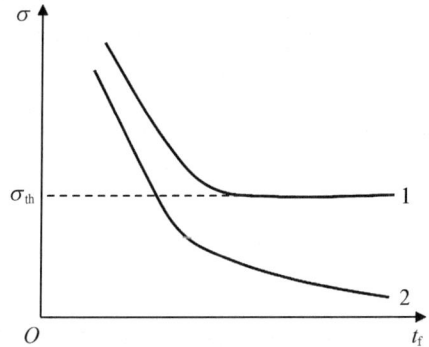

(a) 阳极反应型　　　　　　　(b) 阴极反应型

图 7.5.2　两种 SCC 类型

阳极反应型：金属原子在阳极（裂纹表面）发生氧化反应，失去电子而成为离子，并进入介质溶液中，产生腐蚀，促进裂纹扩展，最终导致 SCC[见图 7.5.2(a)]。该类型 SCC 的裂纹形成与扩展是以阳极金属溶解为基础的，裂纹扩展速度由阳极溶解速度决定。

阴极反应型：氢原子在阴极材料表面形成、以原子态向内部裂纹、缺陷、高应力集中处扩散，加剧裂纹扩展，导致滞后断裂，因此也称为氢脆型 SCC[见图 7.5.2(b)]。

在实际应力腐蚀过程中，裂纹生长是局部腐蚀的结果。局部腐蚀是金属和电解质之间的电化学反应造成的。由于这些部位存在着电化学不均匀性，故电极电位不相等的区域就会构成电池的两个极而开始发生腐蚀。相对电极电位较低的作为阳极不断溶解，向电解质（溶液）中放出正离子，并且把当量电子留在原处，而相对电极电位较高的局部（阴极）则把电子释放给溶液中的离子。

阳极腐蚀速度是由腐蚀电流 I 控制的，而 I 与阴极电位 V_C、阳极电位 V_A 及腐蚀电池电阻 R 的关系为 $I = \dfrac{V_C - V_A}{R}$。金属的表面腐蚀是由其与环境相互作用控制的。若在介质中的极化过程相当强烈，则 $(V_C - V_A)$ 值很低，腐蚀过程就被抑制。极端情况是阳极金属表面形成了保护膜（钝化膜），腐蚀停止。与此相反，若介质中去极化（活化）过程很强，则金属就受到全面腐蚀。局部腐蚀介于以上两者中间，在局部腐蚀过程中，活化与钝化交替进行，保护膜最易局部破裂，暴露的基体成为阳极，保护膜成为阴极，由此组成腐蚀电池。拉应力的存在不仅促进钝化膜破裂，而且降低阳极电位，加速阳极溶解，导致腐蚀加剧和 SCC 裂纹扩展。

对于一种合金，只有在特定的腐蚀介质中含有某些对发生 SCC 有特效作用的离子、分子时才会发生 SCC。例如锅炉钢在碱溶液中的碱脆，低碳钢在硝酸盐中的硝脆，奥氏体不锈钢在含有氯离子溶液中的氯脆，黄铜在含氨的气氛中的氨脆等。表 7.5.1 给出了常用合金发生 SCC 的特定腐蚀介质。但应当指出，随着工业进一步的发展，接触的介质将增多，所采用的合金种类也将增多，将有更多的介质/材料组合发生 SCC。因此可以断言，随着时间的推移，发生 SCC 体系的对应表也将更长。

表 7.5.1　对 SCC 敏感的介质/材料组合

材　料	腐　蚀　介　质	温　度
碳钢和低合金钢	NaOH 水溶液 NaOH＋NaSiO₂ 水溶液 硝酸盐水溶液，HCN 水溶液 液体氨，H₂S 水溶液，海水 混合酸（H₂SO₄＋HNO₃）	＞50℃ ＞250℃ 室温
奥氏体不锈钢	MgCl₂ 水溶液，高温水，海水，H₂SO₄＋NaCl，HCl	60～200℃
马氏体不锈钢	海水，NaCl 水溶液，NaOH 水溶液，NH₃ 水溶液，H₂SO₄，HNO₃，H₂S 水溶液	室温
Ni-高温合金	NaOH 水溶液，锅炉水，水蒸气＋SO₂，浓 NaS 水溶液	260～322℃

续　表

材　料	腐　蚀　介　质	温　度
Al－Zn Al－Mg Al－Cu－Mg Al－Mg－Zn Al－Zn－Cu	空气，NaCl＋H_2O_2 水溶液 空气，NaCl 水溶液 海水 海水 NaCl＋H_2O_2 水溶液	室温
Cu－Al Cu－Zn Cu－Zn－Sn Cu－Zn－Ni Cu－Sn Cu－Sn－P	NH_3，水蒸气 NH_3 NH_3 NH_3 NH_3 NH_3＋CO_2	室温
Ti，Ti 合金	熔融 NaCl 有机酸，海水，NaCl 水溶液，HNO_3	＞260℃ 室温

资料来源：张俊善. 材料强度学[M]. 哈尔滨：哈尔滨工业大学出版社，2004.

另外应该指出，环境中的腐蚀剂并不一定要大量存在，往往浓度很低，均匀腐蚀是微不足道的，但却能发生 SCC。例如，Inconel－600 常用来代替在含 Cl⁻ 离子介质中使用的不锈钢，但是在 300℃ 以上的只要含有百万分之几的 O_2 或 Pb 杂质，也会使其发生沿晶型 SCC。

2）氢致断裂

HIC 是由于环境介质中的氢（H_2）以原子态氢（H）扩散进入材料内部而导致的。在腐蚀介质中，H_2 可以通过阴极反应产生，如 $2H^+ + 2e \rightarrow H_2$，$2H_2O + 2e \rightarrow H_2 + 2OH^-$，上述阴极析氢过程的过渡态可以得到 H（氢离子还原成氢原子）。某些物质能够延迟 H_2 的形成，延长 H 在合金表面的存在时间，从而促进 H 向合金渗入，这些物质有 P、As、S、Se、Sb 等。此外，H 还可在热处理、焊接及其他加工过程中从含氢的环境渗入金属。

渗入金属中的氢可能以下列 3 种形式之一存在，并造成不同形式的氢脆。

（1）氢气压力引起的开裂。溶解在材料中的 H 在某些缺陷部位析出氢气 H_2（或与氢有关的其他气体），当 H_2 的压力大于材料的屈服强度时产生局部塑性变形，当 H_2 的压力大于原子间结合力时就会产生局部开裂。某些钢材在表面酸洗后能看到像头发丝一样的裂纹，在断口上则观察到银白色椭圆形斑点，称为白点。

（2）氢化物脆化。许多金属（如 Ti、Zr、Hf、V、Nb、Ta、稀土等）能够与渗入内部的氢形成稳定的氢化物。氢化物属于一种脆性相，金属中析出较多的氢化物会导致韧性降低，引起脆化。

（3）原子态氢造成氢致滞后断裂。H 可以溶解在金属中形成固溶体。室温下 H 在一般金属中的溶解度很低，约为 $10^{-10} \sim 10^{-9}$。在某些可形成氢化物的金属（如 V、Nb、Ti、Zr、Hf）中 H 的浓度可达 10^{-4} 量级。H 在固溶体中的分布是不均匀的。晶体中的各种缺陷，如空位、位错、晶界等可以与 H 发生交互作用，从而将 H 吸引到这些缺陷处，使这些缺陷成为氢陷阱。当材料中存在不均匀应力场时,H向高拉应力区富集,这与应力作用下的空位扩散类似。裂纹尖端存在应力集中,因此,H会向裂纹尖端集中。材料受到载荷作用时,原子氢H向拉应力高的部位扩散形成H富集区。当H的富集达到临界值时就引起氢致裂纹形核和扩展,导致断裂。由于H的扩散需要一定的时间,加载后要经过一定的时间才断裂,所以称为氢致滞后断裂。

3) 液体金属引致断裂

液体金属往往都是那些低熔点金属,如Zn、Cd、Na和Li等。在不太高的温度下,它们即能熔化成液体、气化成金属气体。当金属构件暴露在熔化了的金属中时,由于渗透作用,这些低熔点金属即可向金属构件内部沿晶界扩散,因而弱化了晶界,造成金属材料的低应力脆断。当构件承受较大的应力时,断裂可能立即发生。但是当构件受力较小时(低于材料的屈服强度),则要经过一定的孕育期后才会发生。

金属构件被液体金属长期接触,就可能产生LMIC,但并不是所有固体-液体接触都会产生LMIC一般应具备以下条件:① 它们之间不能形成稳定的高熔点金属间化合物;② 它们之间没有较大的溶解度;③ 固体金属必须与液体金属接触,建立固体-液体金属间的真正接触面,以浸湿固体金属,但接触面不一定要很大。

7.5.3 环境断裂特征

从宏观角度来看,环境介质侵蚀材料可引发材料脆化和低应力延滞断裂两种效果。

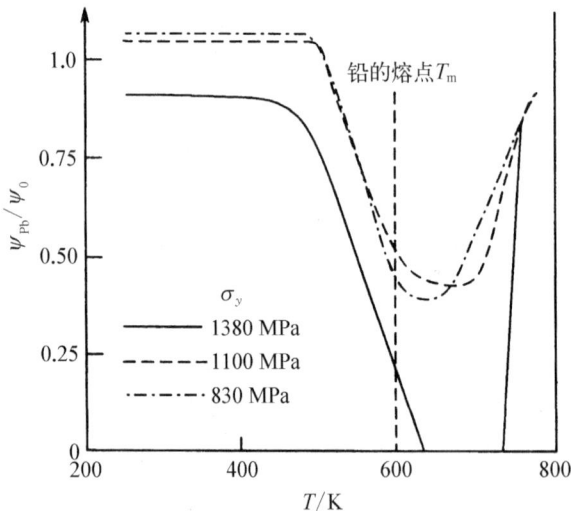

图 7.5.3 铅对不同强度的 4145 钢相对断面收缩率的影响

(王吉会,郑俊萍,刘家臣,等. 材料力学性能[M]. 天津:天津大学出版社,2006.)

7.5.3.1 材料脆化

长期的介质侵蚀可导致材料性能劣化,韧性下降、脆性增大,使得材料在后续的使用中达不到原先设计要求。例如氢化物脆化、辐照脆化,以及某些情况下的LMIC均属此类。图 7.5.3 给出了4145 钢与不同温度的铅(低熔点金属)接触时,相对断面收缩率的变化趋势,可以看出,与较低温度的固态铅接触,并未使塑性下降;温度接近铅的熔点后,塑性明显下降;当钢与液态铅接触时,塑性降到最低值,脆性达到最高程度。

这种性能劣化在材料经受辐射后表现更为明显。图 7.5.4 为低碳钢被快中子辐射后的拉伸应力-应变曲线,可见经一定剂量中子照射之后,强度有明显的增加,其中屈服强度可提高1倍以上,而加工硬化率却下降,因此抗拉强度虽然也增加,但不如屈服强度敏感。在大剂量(如 $10^{20}/cm^2$)辐射之后,可出现屈服之后立即颈缩、没有均匀硬化阶段的现象,这时屈服强度就是抗拉强度。塑性指标中受到损害最大的就是均匀延伸部分,严重时可达到均匀延伸为零的情况,因此总的延伸率和断面收缩率都下降,这就是辐照脆性。

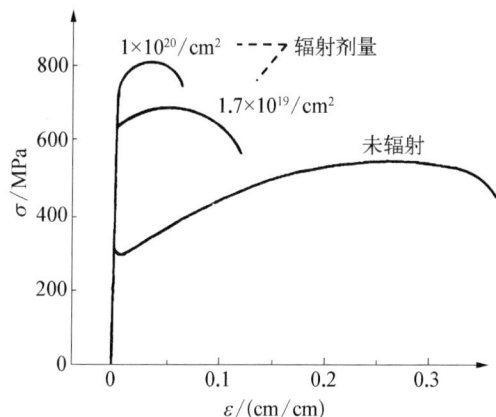

图 7.5.4 受快中子辐射的低碳钢应力-应变曲线
（王吉会, 郑俊萍, 刘家臣, 等. 材料力学性能[M].
天津: 天津大学出版社, 2006. ）

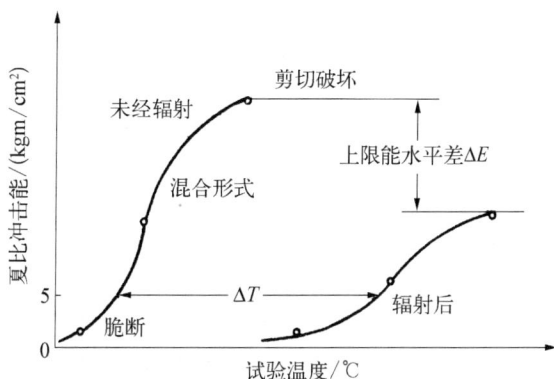

**图 7.5.5 辐照脆化对铁素体钢系列温度冲击
试验曲线的影响**

对于 fcc 结构的奥氏体钢, 其辐照脆性是以钢的塑性降低作为衡量标准; 而对于 bcc 结构的铁素体钢, 辐照脆性是以其韧-脆转变温度来衡量的, 经中子照射后韧-脆转变温度会升高。图 7.5.5 为辐照脆化对铁素体钢的系列温度冲击试验曲线的影响, 可见完全韧性断裂的冲击值降低, 即辐射后冲击功-温度曲线上限水平下降 ΔE; 辐射后韧-脆转变温度提高了 ΔT。现在已广泛接受将 40.68J 的夏比冲击功所对应的温度作为韧-脆转变温度。

当受到辐照损伤的金属所处的环境温度有利时, 其内部缺陷会发生重新排列, 并且把因辐照而形成的缺陷消灭一部分甚至全部, 它的物理、化学、力学性能逐渐回复到原来的水平。这种现象称为辐照损伤的回复。图 7.5.6 为低碳钢受辐射后在退火过程中的回复过程, 可见明显的回复是从 350℃ 开始, 在较高温度时回复率可达 100%。

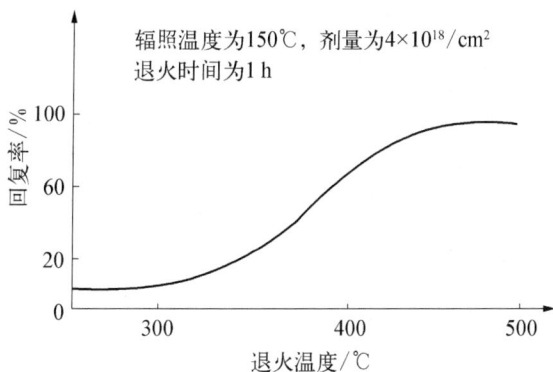

**图 7.5.6 低碳钢受辐射后强度及延伸率随
退火温度的变化**

（王吉会, 郑俊萍, 刘家臣, 等. 材料力学性能[M]. 天津:
天津大学出版社, 2006. ）

7.5.3.2 延滞断裂

延滞断裂是指在低应力（低于屈服强度）的持续作用下, 经过一段有限的时间后才发生断裂的现象。该有限的时间称为孕育期（或潜伏期）。图 7.5.7 为延滞断裂的应力-时间曲线示意图, 其形状和含义与一般疲劳的 S-N 曲线相似, 故有时也称为静疲劳曲线。曲线上存在两个临界应力: 第一个是上临界应力, 即正常拉伸速度下得到的断裂应力, 若应力超过此上限值, 材料立即产生断裂; 第二个是下临界应力, 即应力低于此值后, 加载时间再长也不发生断裂, 该值称为延滞断裂的门槛应力 σ_{th}。应力处于上、下临界应力之间时, 则发生延滞断裂, 且材料所承受的应力愈小, 至断裂的时间 t_f 愈长。

对于含裂纹的材料或构件, 同样可用断裂力学原理来分析环境断裂问题。下面以 SCC

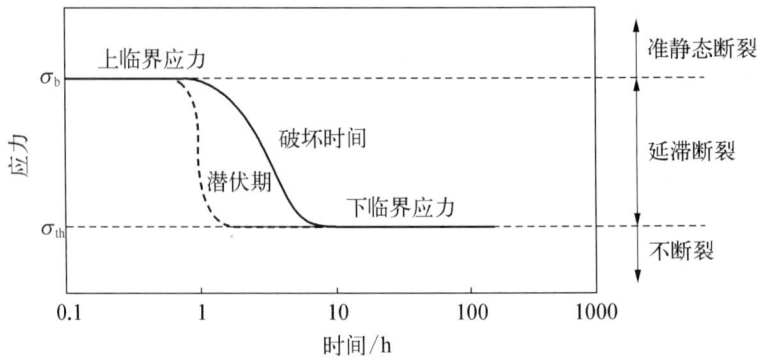

图 7.5.7 EIC 延滞断裂的应力-时间曲线示意

为例做简要讨论。

1) SCC 临界应力强度因子

根据断裂力学原理,对于无腐蚀环境的裂纹体,当 $K_I < K_{IC}$ 时,裂纹不会扩展,而 K_I 取决于裂纹长度 a 及工作应力 σ,即 $K_I = Y\sigma\sqrt{\pi a}$。

在给定工作应力下,若原始裂纹尺寸 a_0 小于临界裂纹尺寸 a_C,裂纹不会扩展,材料不会断裂。但在腐蚀环境下,由于应力腐蚀的作用,原始裂纹会随时间延续而缓慢长大,致使裂纹尖端应力强度因子升高,经过时间 t_f,裂纹尺寸达到 a_C,即 $K_I = K_{IC}$,则材料发生脆性断裂。随给定的工作应力下降(即 K_I 下降),断裂 t_f 延长,如图 7.5.8 所示。实验表明,对每一个特定的介质/材料体系,都存在一个临界应力 σ_{SCC} 或临界应力强度因子 K_{ISCC},当工作应力 $\sigma < \sigma_{SCC}$(或 $K_I < K_{ISCC}$)时,断裂时间无限长,即不发生 SCC。每一种材料在特定环境介质中的 K_{ISCC} 是个常数,可由实验测定。一般,$K_{ISCC} = (0.2 \sim 0.5)K_{IC}$,且随着材料强度级别的提高,$K_{ISCC}/K_{IC}$ 的比值下降。

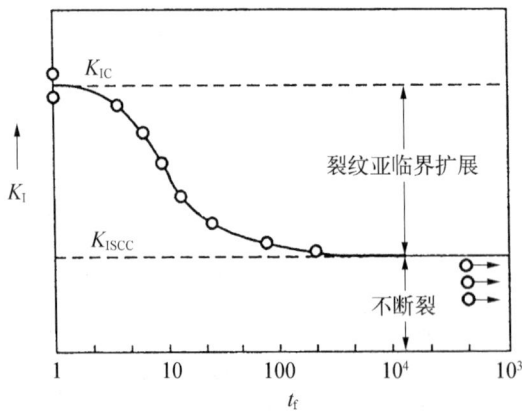

图 7.5.8 初始应力强度因子与 SCC 断裂时间的关系

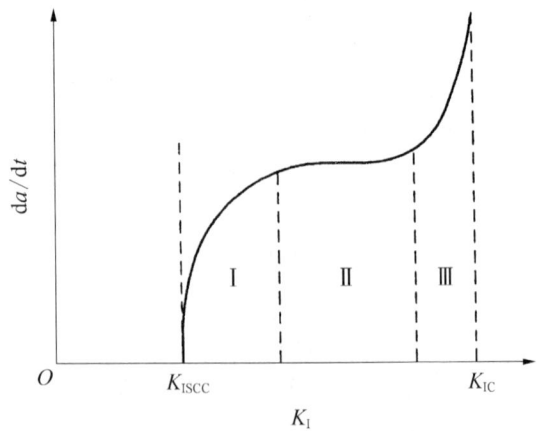

图 7.5.9 SCC 裂纹扩展速率与应力强度因子的关系

2) SCC 裂纹扩展速率

单位时间内裂纹扩展的长度称为 SCC 裂纹扩展速率,它是应力强度因子的函数

$da/dt = f(K_I)$。已经确认大多数材料的裂纹扩展速率与应力强度因子的关系可分为 3 个阶段(见图 7.5.9):第 I 阶段,随 K_I 上升,da/dt 迅速增加;第 II 阶段,da/dt 与 K_I 关系不大,主要由电化学过程控制;第 III 阶段,裂纹长度已接近脆断的临界尺寸,da/dt 又迅速增加,直到失稳断裂。由此可见,在恒定的工作应力下,由于应力和腐蚀的联合作用,裂纹经历了加速-恒速-再加速 3 个扩展阶段,致使 K_I 达到 K_{IC},发生 SCC。

3) SCC 寿命估算

根据 K_{ISCC} 和 da/dt 能够评估构件在腐蚀环境下的安全性和 SCC 寿命。因为 $K_I < K_{ISCC}$ 时,构件是安全的,所以可以利用 K_{ISCC} 计算出临界裂纹尺寸 a_0^*:如果 $a_0 < a_0^*$,则不发生 SCC;如果 $a_0 > a_0^*$,则在给定的工作应力下,裂纹会因应力腐蚀而不断扩展,此时可根据 da/dt 来预测构件的使用寿命(断裂时间)。构件的寿命中第 II 阶段占了绝大部分,而此阶段的 da/dt 近似为常数:

$$\frac{da}{dt} = A \tag{7.5.1}$$

裂纹由 a_0 扩展到第 II 阶段终了时(a_2)所需时间为

$$t_f = \frac{a_2 - a_0}{A} = \frac{\frac{1}{\pi}\left(\dfrac{K_{I2}}{Y\sigma}\right) - a_0}{A} \tag{7.5.2}$$

式中,K_{I2} 为第 II 阶段终了时的应力强度因子。应注意,由于未考虑第 I、第 III 阶段,这样估算的寿命偏于保守。

7.6　材料韧/脆性及影响因素

材料在工程应用中究竟是发生脆性断裂还是韧性断裂,取决于两个方面:第一是材料本质上的韧脆性,这是内因;第二是外界影响因素,例如温度、应变速率、应力状态等。本节简要讨论这两方面的影响。

7.6.1　材料本质韧/脆判据

7.6.1.1　凯利-泰森-科特雷尔判据

20 世纪 60 年代凯利(Kelly)、泰森(Tyson)和科特雷尔(Cottrell)[1] 3 人共同提出了针对单晶体本质韧/脆判据(简称 K-T-C 判据),它是根据解理裂纹尖端应力场状态与晶体理想拉伸强度 σ_{th} 和理想剪切强度 τ_{th} 的关系来判别韧性和脆性的。

设晶体中某个晶面存在解理裂纹,与裂纹面垂直的最大正应力为 σ_{max},裂纹面附近的滑移面上沿着滑移方向的最大剪切分应力为 τ_{max},裂纹前端应力状态系数 R 定义为两者的比值,$R = \dfrac{\sigma_{max}}{\tau_{max}}$,则 K-T-C 判据可表示为

---

① KELLY A, TYSON W R, COTTRELL A H. Ductile and brittle crystals[J]. Phil. Mag., 1967, 15: 567.

$$
\begin{cases}
R > \dfrac{\sigma_{th}}{\tau_{th}}, & \text{为本质脆性} \\[3mm]
R < \dfrac{\sigma_{th}}{\tau_{th}}, & \text{为本质韧性}
\end{cases}
\tag{7.6.1}
$$

几种典型材料的 K-T-C 判据参数如表 7.6.1 所示,可见,当 $\dfrac{\sigma_{th}}{\tau_{th}} \geqslant 2.5$ 时,为韧性;当 $\dfrac{\sigma_{th}}{\tau_{th}} <$ 2.5 时,为脆性。

表 7.6.1 几种材料的 K-T-C 判据参数

晶 体	泊松比	$R = \sigma_{max}/\tau_{max}$	σ_{th}/τ_{th}	韧/脆性
金刚石	0.1	2.71	1.16	脆性
NaCl	0.16	2.74	2.14	低温脆性
Cu	0.416	12.6	22.2	韧性
Ag	0.426	14.4	30.2	韧性
Au	0.457	24.7	32.7	韧性
Ni	0.366	2.7	22.1	韧性
α-Fe	0.362	2.7	8.75	韧性/脆性边界
W	0.278	5.5	5.04	韧性/脆性边界

7.6.1.2 赖斯-汤姆森判据

赖斯(Rice)和汤姆森(Thomson)[1]认为究竟是发生脆性(解理)断裂还是发生韧性断裂取决于裂纹尖端发射位错的难易程度:若裂纹尖端发射位错临界应力强度因子 K_{Ie} 小于解理断裂临界应力强度因子 K_{IC},则裂纹尖端区首先发射位错,产生塑性区和裂纹钝化,最终为韧性断裂;反之,则裂纹尖端不发射位错,而是发生解理,最终为脆性断裂。基于此,材料本质韧/脆性判据可表示为

$$
\begin{cases}
K_{Ie}/K_{IC} < 1, & \text{为韧性断裂} \\[2mm]
K_{Ie}/K_{IC} \geqslant 1, & \text{为脆性断裂}
\end{cases}
\tag{7.6.2}
$$

对于 I 型裂纹发射位错的情况,为简化分析而排除晶格摩擦阻力的影响,则裂纹尖端前方的一个位错将受到两种作用力:第一个是裂纹应力场的作用力 $f_1 \propto \dfrac{K_I b}{\sqrt{r}}$,它是排斥力,即发射位错的动力;第二个是裂纹表面的像力 $f_2 \propto -\dfrac{b^2 \mu}{r}$,它是吸引力,即发射位错的阻力。二

---

① RICE J R, THOMSON R. Ductile versus brittle behavior of crystals[J]. Phil. Mag., 1974, 29:73.

者均随位错至裂纹尖端的距离 r 增大而减小,但裂纹表面像力减小的速度更快,故存在一个临界距离 r_c,使二者相等,位错处在平衡位置:

$$r_c \doteq \left(\frac{\mu b}{K_I}\right)^2 \tag{7.6.3}$$

当 $r < r_c$ 时,像力为主,位错不能发射出去;当 $r > r_c$ 时,裂纹应力场排斥力为主,位错可发射出去。式(7.6.3)表明,临界距离 r_c 随外加 K_I 的增大而减小。赖斯－汤姆森模型假定,当随 K_I 增加而减小的 r_c 变得与位错芯半径 r_0 相等时,自发产生位错发射,因此,Ⅰ型裂纹自发发射位错的临界应力强度因子 K_{Ie} 为

$$K_{Ie} \doteq \frac{\mu b}{\sqrt{r_0}} \tag{7.6.4}$$

将 K_{Ie} 与 $K_{IC}\left[=\left(\frac{2E\gamma_s}{1-\nu^2}\right)^{\frac{1}{2}}\right]$ 相比较,可做出韧/脆性判断。表7.6.2给出了一些 fcc 结构及 bcc 结构金属的 r_0/b 及 r_c/b 值,可见 fcc 金属的 r_0/b 值均大于 bcc 结构金属,即 fcc 结构的 K_{Ie} 较小,故从本质上来说韧性较大。

表 7.6.2 一些金属的 r_0/b 及 r_c/b 值

结 构	材 料	r_0/b	r_c/b
fcc	Pb	2	1.1
fcc	Au	2	0.85
fcc	Cu	2	1.0
fcc	Ag	2	1.1
fcc	Al	2	1.4
fcc	Ni	2	1.7
bcc	Na	2/3	1.2
bcc	Fe	2/3	1.9
bcc	W	2/3	8.0

7.6.2 影响材料韧/脆性的外界因素

7.6.2.1 温度

温度对材料的断裂有极大影响。图7.6.1给出了金属材料在温度变化且无相变条件下一些力学性能的变化趋势,随温度的升高,材料的冲击韧度 a_K 和延伸率 δ 升高,屈服强度 σ_s

和抗拉强度 σ_b 降低。由于 σ_s 降低的速率快于 σ_b，故存在一个 $\sigma_s = \sigma_b$ 时的温度 T_C，当温度低于 T_C 时，材料由韧性状态变为脆性状态，冲击韧度显著下降，断裂机理由微孔聚集型转变为穿晶解理型，断口特征由纤维状变为结晶状。通常称此现象为韧-脆转变，而 T_C 称为韧-脆转变温度。

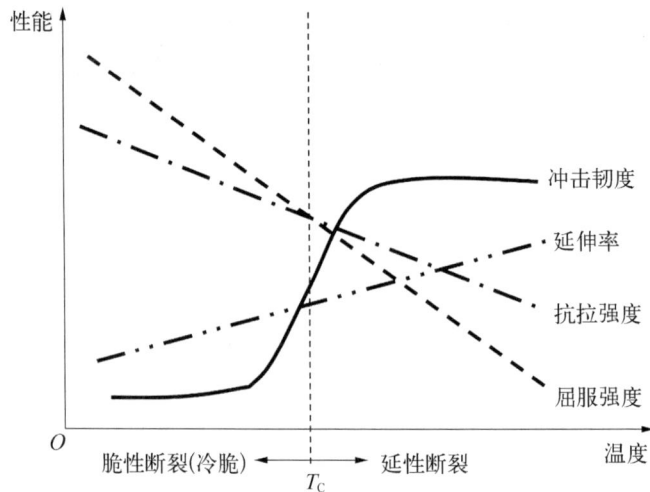

图 7.6.1　温度对常规力学性能的影响规律

　　不同结构的材料，韧-脆转变倾向不同。fcc 结构的金属及合金在高温和低温时的冲击功均很高，不存在韧-脆转变现象；陶瓷及高强度合金在高温及低温时的冲击功均很小，也不存在韧-脆转变现象；而 bcc 结构的金属及合金具有明显的韧-脆转变倾向。从材料角度来看，影响韧-脆转变的因素主要有晶体结构、杂质浓度和晶粒大小等。晶体结构愈复杂，对称性愈差，位错运动时晶格阻力愈高，且随温度变化愈敏感，本质上脆性愈大。从这个角度看，陶瓷材料和 bcc 结构金属属于本质脆性材料；而 fcc 结构金属晶格阻力很小，滑移系多，为本质韧性材料。杂质将提高韧-脆转变温度，使材料脆性断裂倾向增大。例如，超高纯铁在 $-270\,^\circ\text{C}$ 时韧性仍然很高，而工业纯铁在 $-100\,^\circ\text{C}$ 就显示脆性；纯铬无韧-脆转变，但加入 0.02% 的氮，在室温就显示脆性。一般来说，晶粒愈细，T_C 愈低，韧性愈大。

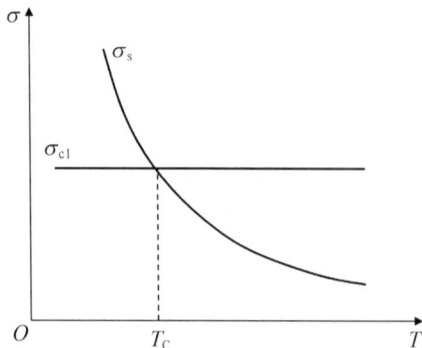

图 7.6.2　屈服强度与解理强度随
　　　　　温度变化

　　关于韧-脆转变的原因有很多解释，苏联物理学家约菲提出的一种观点得到了共识。他通过岩盐试验，首先指出产生冷脆的原因是材料的屈服强度随温度降低的趋势比解理强度降低得更快，如图 7.6.2 所示。由于屈服强度 σ_s 和解理强度 σ_{cl} 随温度的变化趋势不同，必然存在一个临界温度 T_C，使得二者相交。当 $T > T_C$ 时，$\sigma_s < \sigma_{cl}$，材料在解理前首先发生塑性变形，为韧性断裂；当 $T < T_C$ 时，$\sigma_s > \sigma_{cl}$，材料在尚未屈服前就已经达到了解理断裂强度，故为脆性断裂。

7.6.2.2　应变率

对于应变率敏感材料，应变率对断裂的韧/脆性

也是有影响的。图 7.6.3 示意地给出了非
fcc 结构材料在低应变率和高应变率下的屈
服强度及解理强度与温度的变化关系,可见
随应变率的增加,韧-脆转变温度上升,即脆
性断裂倾向增加。换言之,提高应变率与降
低温度一样,都具有由韧性向脆性转变的
趋势。

图 7.6.3 不同应变率下屈服强度及解理强度随
温度的变化关系

7.6.2.3 应力状态

1) 加载方式

在外力作用下材料内任一点的应力,可
以用截面上的正应力分量和切应力分量表
示,随截面方位不同,正应力和切应力的数
值,以及它们的比值也不同。必然存在具有
最大正应力的截面和具有最大切应力的截面,这两个截面的方位是不同的,并且随载荷形式
的不同,方位也在改变。例如,单向拉伸时,垂直截面上的正应力最大,为 σ;与拉伸方向呈
$45°$角的斜截面上的切应力最大,为 $\sigma/2$。在复杂应力状态下,由于要考虑泊松效应,则其相
当最大正应力 σ_{max} 和最大切应力 τ_{max} 分别为 $\sigma_{max} = \sigma_1 - \nu(\sigma_2 + \sigma_3)$ 及 $\tau_{max} = \frac{1}{2}(\sigma_1 - \sigma_3)$,式
中,σ_1、σ_2、σ_3 为所讨论点的 3 个主应力,且有 $\sigma_1 > \sigma_2 > \sigma_3$。

载荷形式不同,最大正应力和最大切应力的数值及方向均不同,因而导致塑性变形和断
裂特征不同。为便于分析和比较,定义最大切应力与相当最大正应力的比值为应力状态软
性系数:

$$\alpha = \frac{\tau_{max}}{\sigma_{max}} = \frac{\sigma_1 - \sigma_3}{2[\sigma_1 - \nu(\sigma_2 + \sigma_3)]} \tag{7.6.5}$$

α 值愈大,最大切应力所占比例愈大,材料越容易首先塑性变形然后断裂;反之,则易脆
断。表 7.6.3 给出了几种加载方式的应力状态软性系数,可以看出,拉伸是比较"硬"的加载
方式,特别是三向等拉,$\alpha = 0$,不可能产生塑性变形,是完全脆性断裂;压缩是比较"软"的加
载方式,α 较大,这也是为什么铸铁在拉伸时呈现脆性断裂而在压缩时却能显示一定塑性的
缘故。扭转应力状态的"软""硬"介于拉伸和压缩之间。

表 7.6.3 不同加载状态下的 α(取 $\nu = 0.25$)

加载方式	σ_1	σ_2	σ_3	α
扭转	σ	0	$-\sigma$	0.8
单向拉伸	σ	0	0	0.5
三向等拉伸	σ	σ	σ	0
三向不等拉伸	σ	$(8/9)\sigma$	$(8/9)\sigma$	0.1

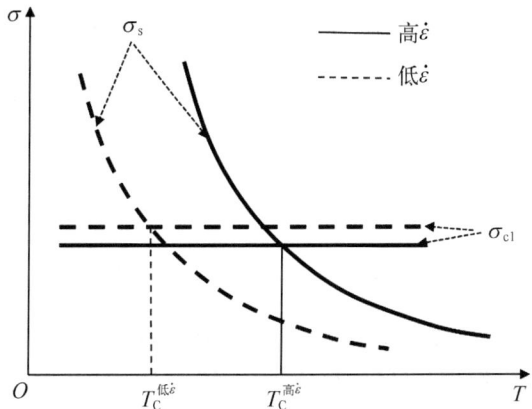

续　表

加 载 方 式	σ_1	σ_2	σ_3	α
单向压缩	0	0	$-\sigma$	2.0
双向压缩	0	$-\sigma$	$-\sigma$	1.0
三向压缩	$-\sigma$	-2σ	-2σ	∞

在简单加载条件下，α 不随载荷的增加而变化，则根据已知材料的剪切（屈服）强度与拉伸（解理）强度的比值，可以利用力学状态图判断在不同加载方式下的断裂方式。如图 7.6.4 所示，横坐标为正应力，纵坐标为切应力，以给定材料的脆性拉断强度 σ_k、剪切屈服强度 τ_s 及剪切断裂强度 τ_k 可以将状态图分为三个区：弹性区、塑性区及断裂区。在假设 α 不随载荷的增加而变化的条件下，应力状态的点将是从原点出发的射线，例如 α_1、α_2，以及 β_1、β_2。如果加载射线先与 σ_k 垂直线相交（例如 α_1），那么加载时材料中的拉应力首先达到了拉断强度，发生脆性断裂。反之，若加载射线先与 τ_s 水平线相交，再与 τ_k 水平线相交（例如 α_2），则说明加载时材料中的切应力首先达到了剪切屈服强度，随着载荷增加而发生塑性变形，最终切应力达到剪切断裂强度而发生剪切断裂，属于韧性断裂。定义 $\beta_1 = \dfrac{\tau_s}{\sigma_k}$ 及 $\beta_2 = \dfrac{\tau_k}{\sigma_k}$，则根据 α 与 β 值的比较可以判断材料断裂的类型：若 $\alpha < \beta_1$，为脆性断裂；若 $\alpha > \beta_2$，为韧性断裂；若 $\beta_1 < \alpha < \beta_2$，为先塑性变形随后拉断的混合断裂。

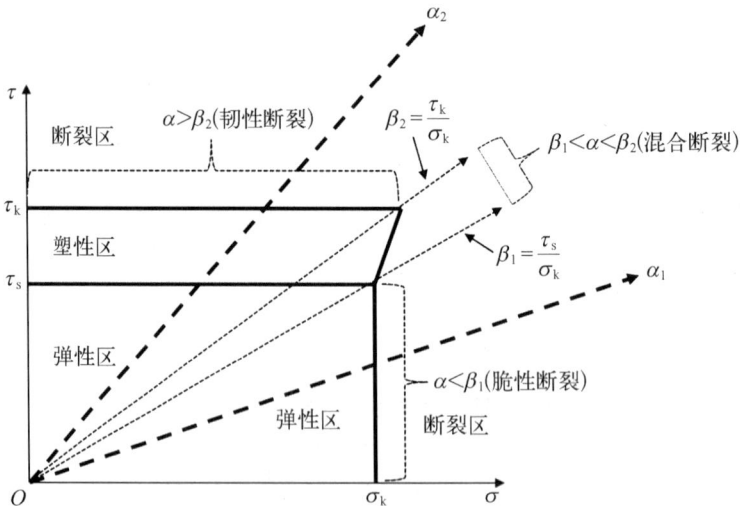

图 7.6.4　某种材料力学状态示意

2）试样厚度

在对实际材料或构件进行分析时，板材可以视作平面问题。若为薄板，由于板两侧表面（z 方向）的约束很小，建立不了应力，可以自由变形，可认为 $\sigma_z = 0$ 及 $\varepsilon_z \neq 0$，即属于平面应力状态；若为厚板，侧向约束较大，可认为 $\varepsilon_z = 0$ 及 $\sigma_z = \nu(\sigma_x + \sigma_y)$，即属于平面应变状态。

但是即使是厚板,在靠近两个侧表面的区域,仍然是平面应力状态。

假设对板材进行拉伸(y 方向),根据材料力学中最大切应力公式可得到薄板和厚板中的最大切应力分别为 $\tau_{薄板max} = \dfrac{1}{2}(\sigma_y - \sigma_z) = \dfrac{1}{2}\sigma_y$ 及 $\tau_{厚板max} = \dfrac{1}{2}(\sigma_y - \sigma_x)$。显而易见,$\tau_{薄板max} > \tau_{厚板max}$,也即薄板的最大切应力较大,在加载过程中更容易满足 $\tau_{max} > \tau_s$ 的条件,沿最大切应力面发生韧性剪切断裂。反之,厚板中的最大切应力较小,加载过程中,在 τ_{max} 尚未达到 τ_s 时,最大拉应力就达到了拉断强度,即 $\sigma_{max} > \sigma_k$,发生断裂面垂直于外力轴的脆性拉断。图 7.6.5 示意了厚板在不同区域的裂纹扩展面(断裂平面)的位向,在中心区域为平面应变状态,断裂面垂直于外力轴;在近表面区域为平面应力状态,断裂面与外力轴大致呈 45°夹角,即沿最大切应力面剪切断裂,此即断口上的剪切唇。随着试样厚度的变化,切断面和正断面(也称平断面)的面积比会变化,试样愈薄,切断面愈大,当试样薄到一定程度时则为 100%的韧性剪切断裂。

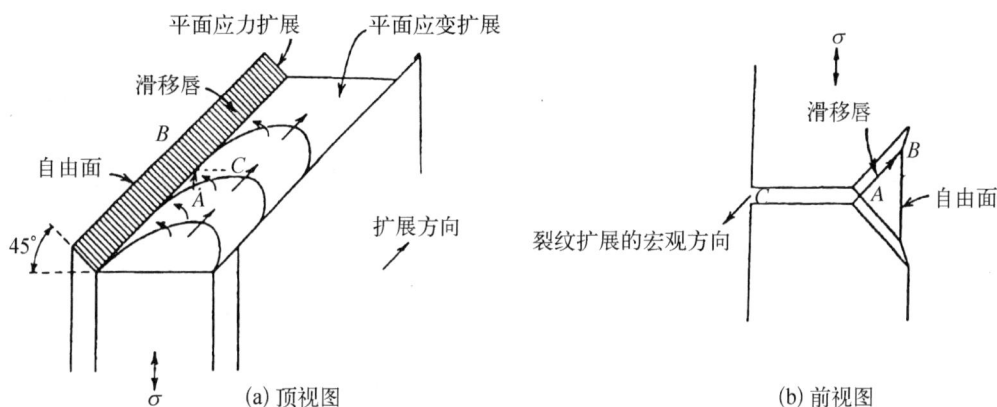

图 7.6.5　厚板中裂纹扩展在平面应力和平面应变时的方向

由于厚试样倾向于发生脆性断裂,因此其韧-脆转变温度也将升高。如图 7.6.6 所示为标准 Charpy 试样与厚试样的系列温度冲击曲线,可见厚试样的 T_C 向高温区移动。在给定使用温度时,若为小结构或零部件,则处于韧性状态;若为大结构,将处于危险的脆性状态。

用标准 Charpy 试样测定的 T_C 不同于实际结构的 T_C,这是因为 Charpy 缺口试样尺寸小,几何约束远小于大结构的几何约束,因而测定的 T_C 较厚结构为低,即 Charpy 试验往往过高估计了材料在实际结构中的韧性。

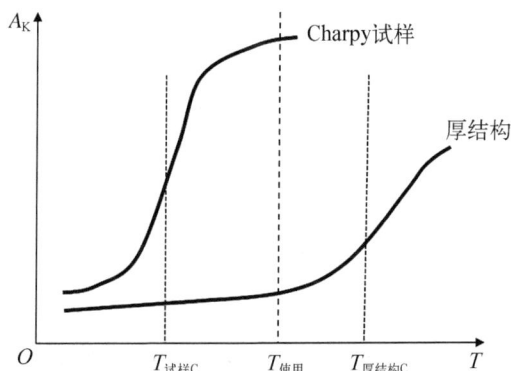

图 7.6.6　厚度对韧-脆转变温度的影响

7.7　裂纹尖端区

如前所述,断裂就是裂纹扩展的过程,在裂纹尖端区的应力、应变状态,以及微结构演变对断裂有重要影响,因此对裂纹尖端区的研究是断裂机制研究的重要内容。

7.7.1 裂纹尖端区的塑性变形

宏观断裂力学讨论塑性区时,仅讨论塑性区的大小、形状,是为了分析线弹性断裂力学的适用性并进行适当的修正。而断裂物理关注的是塑性区的变形特征,包括塑性区内应力大小、分布以及变形方式、方位,因为它们会影响裂纹的扩展方式,也决定了断裂的类型。本小节的讨论限于裂纹尖端区仅发生理想塑性变形的情况,实际上的裂纹尖端塑性区应该存在加工硬化效果,那样对塑性区的应力大小和分布的影响就更为复杂。

7.7.1.1 裂纹尖端塑性约束系数

裂纹尖端存在应力集中,应力超过材料屈服应力时会产生塑性区,并改变应力分布,而裂纹尖端的应力状态会影响应力分布特征。为了表征塑性区内的应力集中程度,定义塑性区内最大应力 $\sigma_{y\max}$ 与单轴屈服应力 σ_{ys} 之比为塑性约束因子(plastic constraint factor, PCF):

$$PCF = \frac{\sigma_{y\max}}{\sigma_{ys}} \tag{7.7.1}$$

若采用米泽斯屈服准则,通过简单的分析可以得到,平面应变状态的 PCF 为 3,而平面应力状态的 PCF 为 1。也就是说,对于平面应变状态,在裂纹尖端 $\theta=0$ 面上,正应力 σ_y 可以高达单轴屈服应力的 3 倍;而在平面应力状态下,最大正应力等于单轴屈服应力。图 7.7.1 为理想塑性条件下平面应变与平面应力两种状态下裂纹尖端的应力分布示意图。

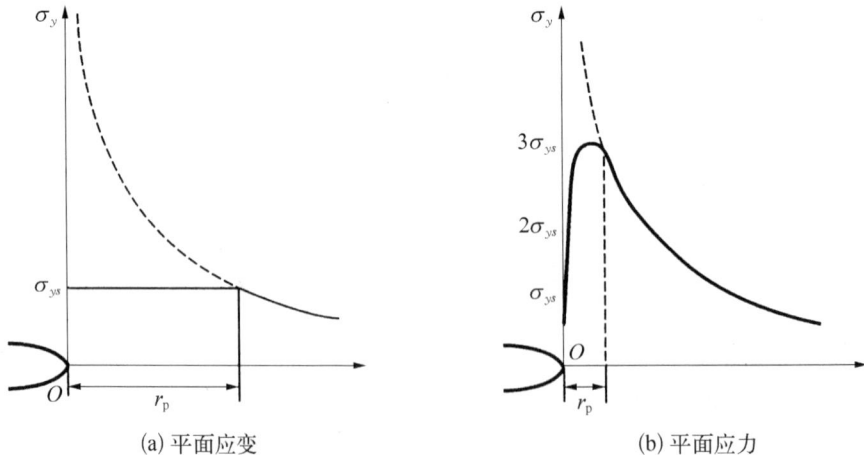

(a) 平面应变 (b) 平面应力

图 7.7.1 理想塑性条件下裂纹尖端应力分布示意

7.7.1.2 最大切应力方位及变形方式

平面应力状态和平面应变状态具有不同的变形特征。以 Ⅰ 型裂纹为例,在 $\theta=0$ 的线上,$\tau_{xy}=0$。在平面应力状态时,$\sigma_y > \sigma_x > \sigma_z = 0$,则有 $\tau_{\max} = \dfrac{\sigma_y - \sigma_z}{2} = \dfrac{\sigma_y}{2}$,即最大切应力处于通过 x 轴并与 yOx 面成 45° 角的平面内[见图 7.7.2(a)]。而在平面应变状态时,

$\sigma_y > \sigma_z = \nu(\sigma_x + \sigma_y) = \dfrac{1}{2}(\sigma_x + \sigma_y) > \sigma_x$，有 $\tau_{max} = \dfrac{\sigma_y - \sigma_x}{2}$，即最大切应力处于通过 z 轴并

于 yOz 面成 $45°$ 角的平面内[见图 7.7.2(b)]。

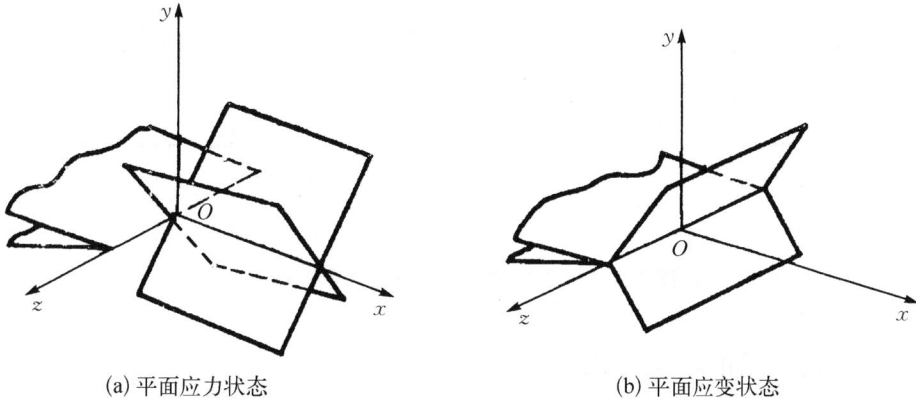

(a) 平面应力状态　　　　　　　　　　　(b) 平面应变状态

图 7.7.2　裂纹尖端 $\theta = 0$ 线上最大切应力平面

塑性变形是由切应力造成的滑移，最大切应力平面所处位置不同，就会导致不同形式的变形。通过 x 轴并与平板平面（xOz 面）成 $45°$ 角的平面内滑移，将造成剪切型的典型平面应力变形[见图 7.7.3(a)]；而发生在通过 z 轴并与板平面成 $45°$ 角的平面内滑移，会造成铰形的典型平面应变型变形[见图 7.7.23(b)]。

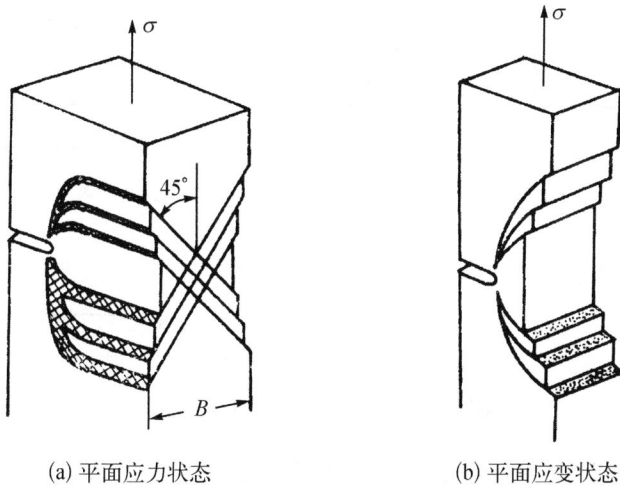

(a) 平面应力状态　　　　　　　　　　　(b) 平面应变状态

图 7.7.3　裂纹尖端前沿两种不同应力状态下的变形形式

7.7.1.3　裂纹尖端钝化的滑移机制

考虑单晶裂纹试样受到拉应力作用裂纹尖端两个对称滑移系开动的情形[见图 7.7.4(a)]。设 AB 滑移系首先开动，由此产生台阶 AA' 和 BB'[见图 7.7.4(b)]，之后在应力集中较高的 A' 处另一滑移系开动，同时产生新台阶 $A'A''$ 和 $C'C''$，在两个滑移系交替作用下，裂纹尖端发生塑性钝化和开口 $A'A''A$[见图 7.7.4(c)]。

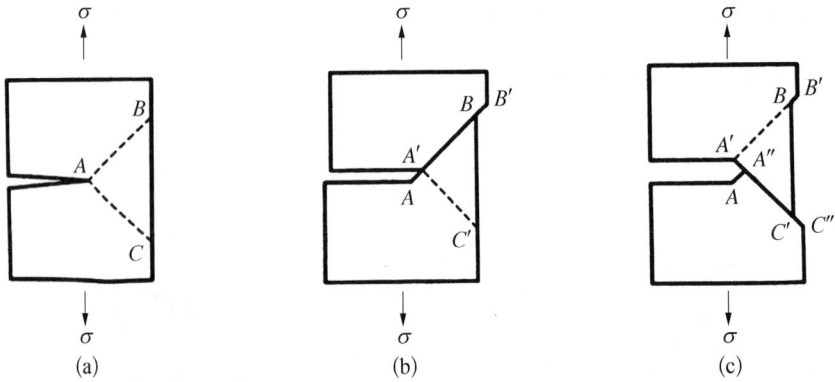

图 7.7.4 Ⅰ型裂纹尖端钝化的滑移机制

7.7.2 裂纹与位错的相互作用

7.7.2.1 裂纹尖端发射位错的类型

裂纹尖端发射位错的类型与裂纹本身类型有关,3 种类型裂纹发射的位错的类型及特征如图 7.7.5 所示。

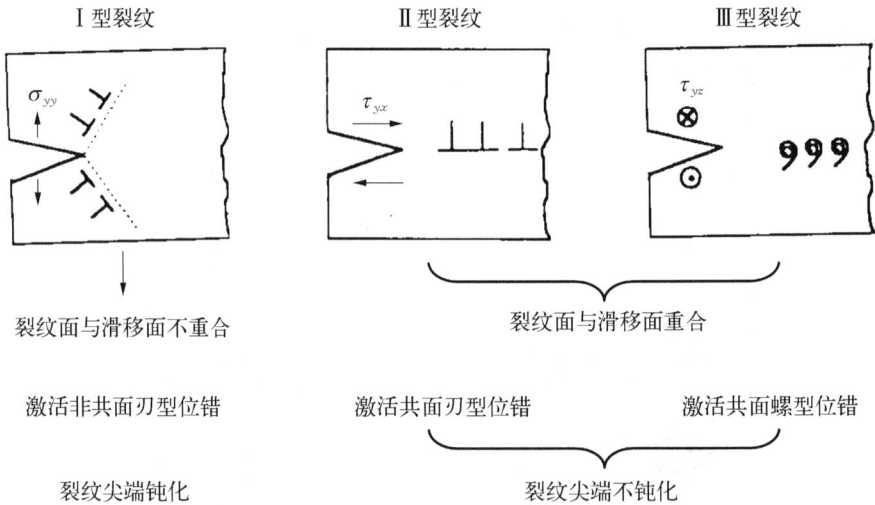

图 7.7.5 裂纹尖端发射位错类型

对于Ⅰ型裂纹,其裂纹尖端塑性区最大切应力面与裂纹面的交角为 $45°$,也即裂纹面与滑移面不重合,所以以裂纹尖端发射的是非共面刃型位错。发射一个刃型位错,裂纹尖端钝化一个台阶[见图 7.7.4(b)],裂纹尖端发射的位错越多,裂纹尖端钝化程度就越高。对Ⅱ型及Ⅲ型裂纹,滑移面与裂纹面均共面,因此不会产生裂纹尖端钝化。但是Ⅱ型裂纹发射的是与裂纹面共面的刃型位错,而Ⅲ型裂纹则发射共面螺型位错。

7.7.2.2 裂纹尖端位错的应力场

当裂纹前方存在一个位错时,该位错的应力场与无裂纹时不同。设至裂纹尖端 x 距离处有一个螺型位错,如图 7.7.6 所示。利用弹性力学复变函数解法可求得其应力场为

$$\tau_{yz}(r) = \left[-\frac{\mu b}{2\pi(x-r)} \right] \left(\frac{x}{r} \right)^{\frac{1}{2}} \quad (7.7.2)$$

当 $r < x$ 时，$\tau_{yz} < 0$，这表明裂纹自由表面吸引位错(类似像力)；当 $r > x$ 时，裂纹的影响变小，$\tau_{yz} > 0$。

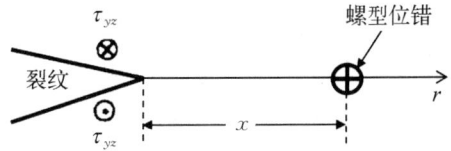

图 7.7.6 Ⅲ型裂纹尖端区螺型位错应力场计算坐标系

7.7.2.3 位错对裂纹的屏蔽

处在裂纹尖端前方的位错本身有应力场，它会产生一个附加应力强度因子 K_D。以螺型位错为例，螺型位错相当于一个Ⅲ型裂纹，根据应力强度因子的定义有

$$K_{\mathrm{Ⅲ}} = \lim_{r \to 0} (2\pi r)^{\frac{1}{2}} \cdot \tau_{yz} \quad (7.7.3)$$

将式(7.7.2)代入式(7.7.3)，得到螺型位错产生的附加应力强度因子为

$$K_{\mathrm{ⅢD}} = -\frac{\mu b}{\sqrt{2\pi r}} \quad (7.7.4)$$

由于每个位错应力场引起的 K 是负值，故使裂纹尖端 K 值下降。对式(7.7.4)求和，可得位错反塞积群的应力强度因子

$$K_{\mathrm{ⅢD}} = -\sum \frac{\mu b}{\sqrt{2\pi x_i}} = -\int \left(\frac{\mu b}{\sqrt{2\pi x}} \right) f(x) \mathrm{d}x \quad (7.7.5)$$

裂纹尖端有效应力强度因子 $K_{\mathrm{Ⅲeff}}$ 是外力引起的应力强度因子 $K_{\mathrm{Ⅲa}}$ 和位错引起的应力强度因子 $K_{\mathrm{ⅢD}}$ 之和：

$$K_{\mathrm{Ⅲeff}} = K_{\mathrm{Ⅲa}} + K_{\mathrm{ⅢD}} \quad (7.7.6)$$

对于Ⅰ型裂纹，有

$$K_{\mathrm{Ⅰeff}} = K_{\mathrm{Ⅰa}} + K_{\mathrm{ⅠD}} \quad (7.7.7)$$

由于 $K_{\mathrm{ⅠD}}$ 或 $K_{\mathrm{ⅢD}}$ 是负值，故 $K_{\mathrm{Ⅰeff}} < K_{\mathrm{Ⅰa}}$ 或 $K_{\mathrm{Ⅲeff}} < K_{\mathrm{Ⅲa}}$，即裂纹尖端发射的位错对裂纹尖端起屏蔽作用，导致有效应力强度因子降低。

7.7.2.4 裂纹尖端发射位错的临界应力强度因子

假设一螺型位错位于Ⅲ型裂纹延长线上至裂纹尖端 r 距离处，则该螺型位错所受的合力为

$$F_t(r) = \frac{bK_{\mathrm{Ⅲ}}}{\sqrt{2\pi r}} - \frac{\mu b^2}{4\pi r} - \tau_i b \quad (7.7.8)$$

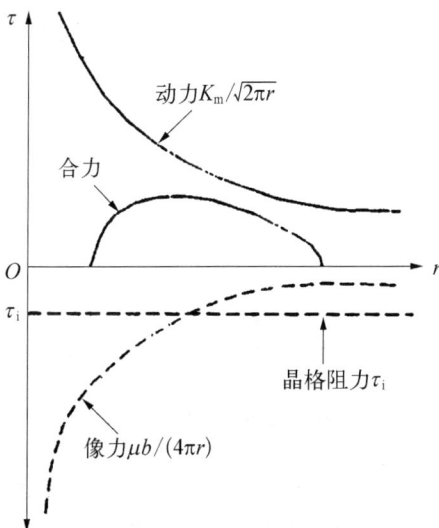

图 7.7.7 裂纹尖端位错受力分析

式中，等号右边第一项为裂纹尖端应力场作用在位错上的力，它是裂纹尖端发射位错的动力；第二项为裂纹自由表面对位错的吸引力(像力)；第三项为位错运动的晶格阻力。后两项作用力是裂纹尖端发射位错的阻力。动力、阻力及合力与 r 的关系如图 7.7.7

所示。阻力增大比动力增大更明显,r 的最小值应等于位错芯半径 r_0。因此,当 $r=r_0$ 时,如果动力大于阻力,即 $F_t(r_0)>0$,则位错就能发射并离开裂纹尖端。发射的临界条件为 $F_t(r_0)=0$,由此可解得

$$K_{\text{IIIe}}=\sqrt{2\pi r_0}\left(\frac{\mu b}{4\pi r_0}+\tau_i\right) \tag{7.7.9}$$

按同样分析方法可得到 II 型裂纹发射共面刃型位错的临界应力强度因子:

$$K_{\text{IIe}}=\sqrt{2\pi r_0}\left[\frac{\mu b}{4\pi(1-\nu)r_0}+\tau_i\right] \tag{7.7.10}$$

7.7.2.5 裂纹尖端位错分布特征

如图 7.7.8 所示,裂纹尖端发出一组位错后,作用在其中某一位错,如 A 位错上的力除了 F_t 所表示的 3 项外,还有其他位错对于 A 位错的作用力 F_d:

$$F_d=\sum_{i=1}^{n-1}\left[\frac{\mu b^2}{2\pi(x_i-r)}\right]\left(\frac{x_i}{r}\right)^{\frac{1}{2}} \tag{7.7.11}$$

此时总力平衡时应有(消去 b)

$$\frac{K_{\text{III}}}{\sqrt{2\pi r}}-\frac{\mu b}{4\pi r}-\tau_i-\sum\left[\frac{\mu b}{2\pi x_i(x_i-r)}\right]\left(\frac{x_i}{r}\right)^{\frac{1}{2}}=0 \tag{7.7.12}$$

此为 $(n-1)$ 个联立方程组。假设位错连续分布,位错密度为 $f(x)$,即在 x 和 $x+dx$ 间的位错数为 $f(x)dx$,用积分代替求和,并略去像力一项(二阶小量),则式(7.7.12)变为

$$\frac{K_{\text{III}}}{\sqrt{2\pi r}}-\int\frac{\mu b}{2\pi(x-r)}\left(\frac{x}{r}\right)^{\frac{1}{2}}f(x)dx=\tau_i \tag{7.7.13}$$

该式的解 $f(x)$ 如图 7.7.9 所示,可见在 $0<x<c$ 和 $x>d$ 的区间无位错。其中前者称为裂纹尖端无位错区(dislocation free zone,DFZ),后者为弹性区,而 $0<x<d$ 区间为塑性区。

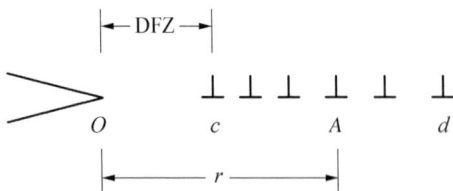

图 7.7.8 裂纹尖端前方的塞积位错

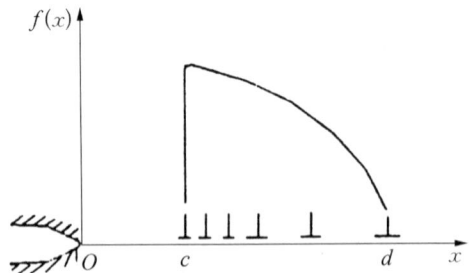

图 7.7.9 裂纹尖端前方的位错分布

此外,从图 7.7.9 还可看出,在 $x=c$ 点处,$f(x)$ 最大,随 x 增大,$f(x)$ 逐渐减小,这表明塑性区中的位错群是反向塞积于 DFZ 尾端的。应当指出,DFZ 的出现是相互作用力平衡的结果,它只有在恒载荷(或恒位移)条件下才能观察到,如果连续加载,平衡只能在瞬间成

立,故一般实验很难观察到 DFZ。

DFZ 的大小受很多因素影响,很难定量计算。一般有下面的规律:随外加 K_I 升高,或 τ_i/μ 升高,或裂纹尖端发射的位错数目 n 增多,或加载速率增大,则 DFZ 尺寸减小。在透射电镜中观察到的 DFZ 尺寸为几十纳米到几微米。DFZ 中不存在位错,故应当是一个弹性区,但有研究表明,DFZ 中存在很大的畸变,应变可高达 $0.04\sim0.08E$,远比正常弹性应变要大,故可知 DFZ 是一个畸变很大的异常弹性区。

7.7.2.6 无位错区中的应力分布

在忽略像力的条件下,裂纹处应力场为外应力引起的应力集中及所有位错应力场之和,即

$$\tau_{yz}(r) = \frac{K_{\mathbb{II}}}{\sqrt{2\pi r}} - \int \left[\frac{\mu b}{2\pi(x-r)}\right]\left(\frac{x}{r}\right)^{\frac{1}{2}} f(x)\mathrm{d}x \tag{7.7.14}$$

将由式(7.7.13)解出的 $f(x)$ 代入式(7.7.14),就可求出 $\tau_{yz}(r)$,其分布特征如图 7.7.10 所示。在 DFZ 中应力可以很高,有可能等于原子键合力。对于 I 型裂纹,发射位错后裂纹尖端钝化成一个尖缺口,利用离散位错有限元法计算的裂纹尖端前方正应力分布如图 7.7.11 所示,可见存在两个应力峰:第一个在裂纹尖端处;第二个在 DFZ 中。此两峰值应力的大小与外加 K_I 及 τ_i/μ 有关,随外加 K_I 升高,尖端应力峰增大而 DFZ 中应力峰相对下降;随 τ_i/μ 升高,此两应力峰均升高。当这两个应力峰之一或二者均等于原子键合力时,就会使微裂纹在裂纹顶端或 DFZ 中形核,或同时从这两处形核。

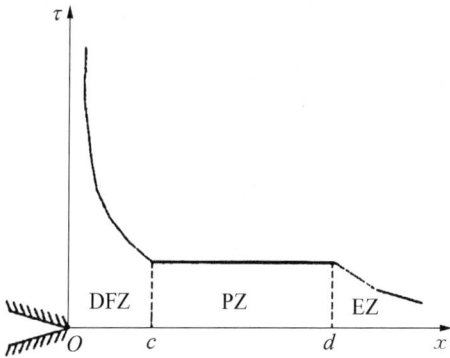

图 7.7.10　III 型裂纹前方的应力分布

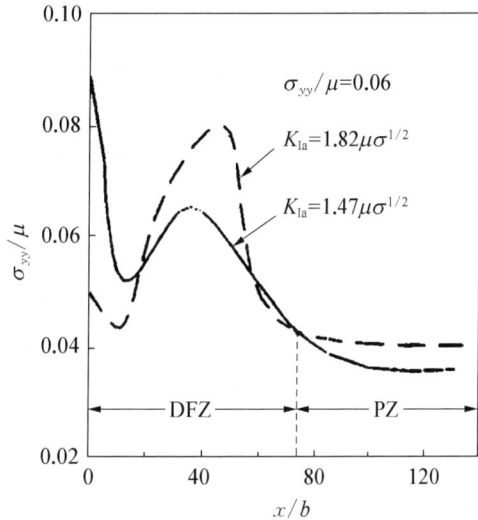

图 7.7.11　I 型尖缺口前方的正应力分布

7.7.3　裂纹尖端位错发射的分子动力学模拟

前述对断裂机制的研究集中于细观尺度,但是对断裂过程的本质理解必须深入到原子尺度,即所谓纳观尺度。纳观计算力学的主要手段是分子动力学(molecular dynamics,MD)模拟,它是直接建立在原子尺度上的,晶格中每个原子在不同外界条件下的行为可以得

到充分的体现。

MD 在计算材料学的很多方面都有成功的应用,本节仅简要介绍 MD 在裂纹尖端发射位错方面的模拟结果[1],采用如图 7.7.12 所示的裂纹与晶体几何构型,模拟 II 型裂纹加载条件下裂纹尖端位错发射特征、应力分布等。

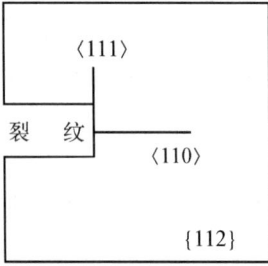

图 7.7.12 MD 模拟采用的
几何构型

7.7.3.1 位错发射形式

在实际晶体中,位错一般是以不全位错的形式运动的,两个不全位错之间夹着一片层错区。在 fcc 晶体中,一个全位错可分解为两个 Shockley 不全位错,如 $\frac{1}{2}[\bar{1}10] \rightarrow \frac{1}{6}[\bar{2}11] + \frac{1}{6}[\bar{1}2\bar{1}]$。 fcc 晶体裂纹尖端发射位错的过程如图 7.7.13 所示。

当加载到 $K_{II} = 0.521\,\mathrm{MPa \cdot \sqrt{m}}$ 时,裂纹尖端发射第一个不全位错,参见图 7.7.13(b),图中圆圈位置出现了一个多余半原子面,它对应不全位错 $\pm\frac{1}{6}[\bar{1}2\bar{1}]$ 的刃型分量 $\frac{1}{4}[\bar{1}10]$。 当加载至 $K_{II} = 1.6\,\mathrm{MPa \cdot \sqrt{m}}$ 时,裂纹尖端已发射出 26 个不全位错(即 13 个 $\frac{1}{2}[\bar{1}10]$ 全位错)。

保持 K_{II} 不变弛豫 6×10^3 时间步后,作用在每个位错上的合力均为零,整个位错组态达到平衡。裂纹尖端 A 到最后发射的一个不全位错 B 之间没有位错,这就是前已述及的 DFZ。离裂纹尖端越远,位错分布越稀疏,显示裂纹尖端发射的位错反向塞积于裂纹前方。由于采用

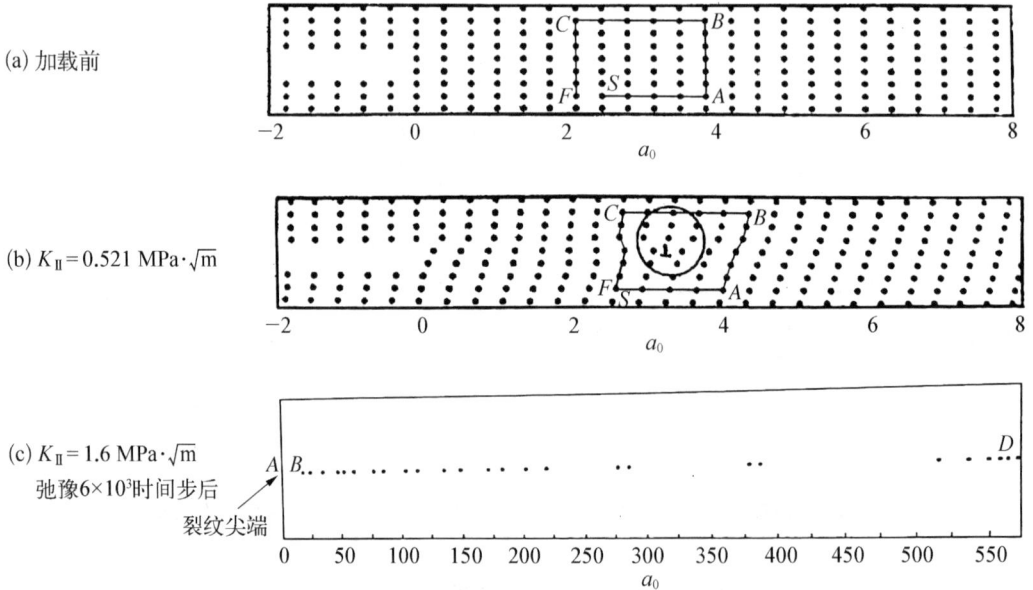

图 7.7.13 fcc 晶体裂纹尖端前方原子排列及位错发射

(褚武杨,乔利杰,陈奇志,等. 断裂与环境断裂[M]. 北京:科学出版社,2000.)

---

[1] 黄克智,肖纪美. 材料的损伤机理和宏微观力学理论[M]. 北京:清华大学出版社,1999.

了位移固定边界条件，故从裂纹尖端发射的位错运动到构型边界 D 时就会塞积在边界附近，越靠近边界 D，位错分布越密，从而形成双塞积组态[见图 7.7.13(c)]。透射电镜原位拉伸发现，当裂纹尖端发出的位错遇到第二相或晶界等强障碍时，领先位错会塞积在障碍处保持恒载荷(或恒位移)让位错达到平衡状态，较晚发出的位错会反向塞积于裂纹尖端前方，形成双塞积组态。由此可知，MD 模拟结果与实验观察结果是一致的，不仅可以获得裂纹尖端前方的双塞积组态，还可以揭示 DFZ 的存在。

7.7.3.2　裂纹尖端应力分布

在位错发射前，MD 模拟的裂纹尖端应力场与弹性解相吻合，但位错发射后，弹性力学解高于 MD 模拟结果，如图 7.7.14 所示。产生这种差别的主要原因可能与高应力部位(如裂纹尖端和位错核心)的原子松弛有关。

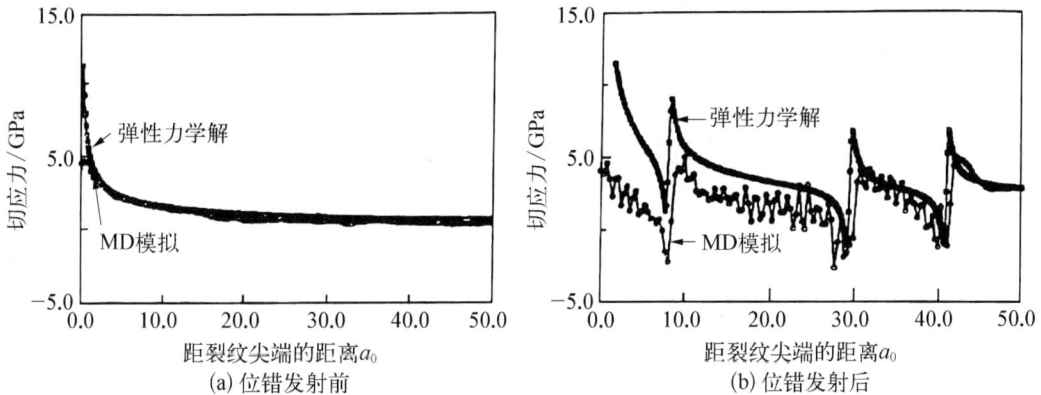

图 7.7.14　裂纹尖端应力 MD 模拟与弹性力学解的比较

7.7.3.3　加载速率的影响

加载速率对裂纹尖端位错发射的临界应力强度因子 $K_{\text{II}e}$ 值的影响如图 7.7.15 所示。可见，随着加载速率 $\dot{K}_{\text{II}}$ 的提高，$K_{\text{II}e}$ 升高。这一结果可以解释韧-脆转变的应变率效应。

7.7.3.4　温度的影响

温度对裂纹尖端位错发射也有很大影响。图 7.7.16 给出了温度分别为 100 K 和 300 K 的情况下的位错位置与加载水平的关系。可见随着温度上升，发射位错的临界 K 值下降，在相同的载荷水平下，更多的位错被发射出来。温度较高时，位错的运动速度不均匀，在某一瞬时，位错在局部可能发生反向运动。另外，还发现位错离开裂纹尖端的速度、位错的扩展宽度及全位错之间的距离对温度的变化均不敏感。

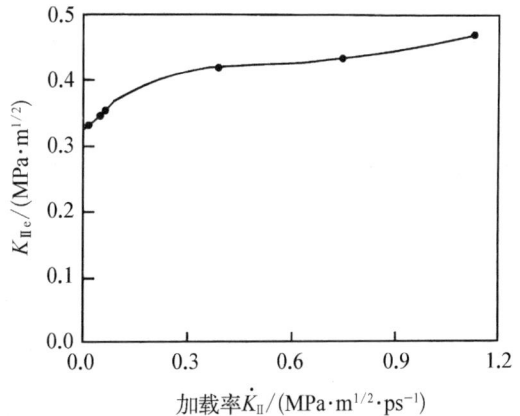

图 7.7.15　加载速率对位错发射的临界
应力强度因子的影响

图 7.7.17 给出了对裂纹附近原子的应力取时间和空间平均的切应力分布，可见，在 $T = 0 \text{ K}$ 时，$r > 5a_0$(a_0 为原子间距)区域内 MD 模拟与弹性力学解一致。这说明，由于实

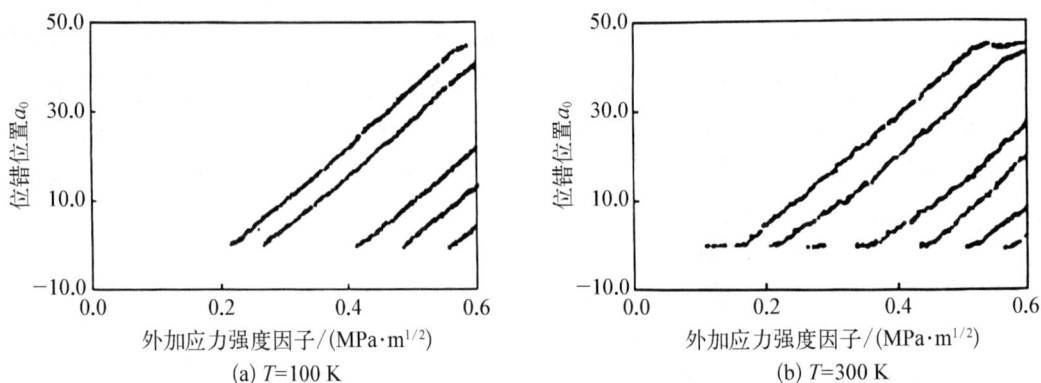

(a) *T*=100 K   (b) *T*=300 K

图 7.7.16   温度对位错发射的影响

际晶体的离散性,弹性解不适用于裂纹尖端附近的应力场($r < 5a_0$),要计算裂纹尖端附近的应力场,只能采用 MD 方法。此外,随温度上升,靠近裂纹尖端的应力水平反而有所上升,这似乎意味着由温度诱导的裂纹尖端应力松弛是不存在的。

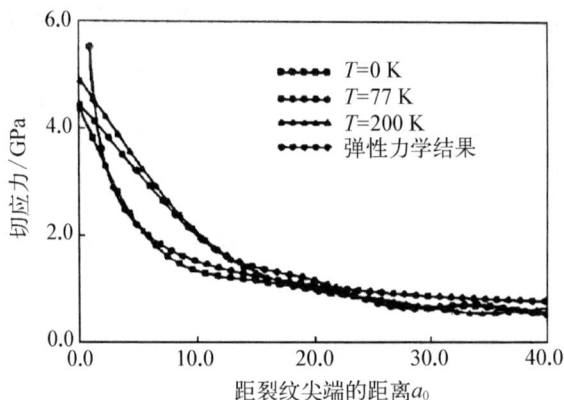

图 7.7.17   温度对裂纹尖端应力分布的影响

拓展: 7.8   损伤力学简介

本节内容为拓展知识,可扫描旁边二维码查看。

损伤力
学简介

8

韧 化 原 理

传统上,材料工作者总是力求提高材料的强度,而结构设计者也总是倾向于选择高强度材料进行结构设计。但是多数情况下材料强度的提高伴随着塑性和韧性的下降。这样,一味使用高强度材料将带来脆性断裂的危险,特别是有应变约束及不可避免有组织缺陷的大型结构更是如此。而脆性断裂是材料在应用中最忌讳的失效形式,因此,材料的韧化也应得到重视。

8.1 韧化原理概述

8.1.1 韧性表征及韧化的概念

韧性是指材料断裂前耗散外力功的能力。材料在受力而发生变形和断裂时,所吸收的外力功包括弹性变形功、塑性变形功、裂纹表面能 3 大部分,前两者统称为变形功,后者称为断裂功。在变形功中,弹性变形功以应变能的形式储存于材料内部并未耗散,断裂发生后这部分能量立即被释放出来,故弹性功应排除在外。因此,材料韧性的真正本质是耗散(吸收)塑性变形功和断裂功的能力。

韧度是衡量材料韧性大小的力学性能指标。根据试样的状态及试验方法,材料的韧性一般可用 3 种韧度指标来表征:静力韧度、冲击韧度及断裂韧度。

8.1.1.1 静力韧度

静力韧度是指在室温静拉伸试验中,单位体积材料吸收的塑性变形功和断裂功。从几何意义看,可以认为是静拉伸的真应力 S-真应变 e 曲线下包围的面积减去弹性变形功。图 8.1.1 为近似的 S-e 曲线塑性变形部分,其方程为

$$S = \sigma_s + e\tan\alpha = \sigma_s + De \quad (8.1.1)$$

式中,D 为变形强化模数。静力韧度的表达式为

$$a = \frac{S_f + \sigma_s}{2} \cdot e_f \quad (8.1.2)$$

式中,e_f 为断裂真应变。因为 $e_f = \dfrac{S_f - \sigma_s}{D}$,所以有

$$a = \frac{S_f^2 - \sigma_s^2}{2D} \quad (8.1.3)$$

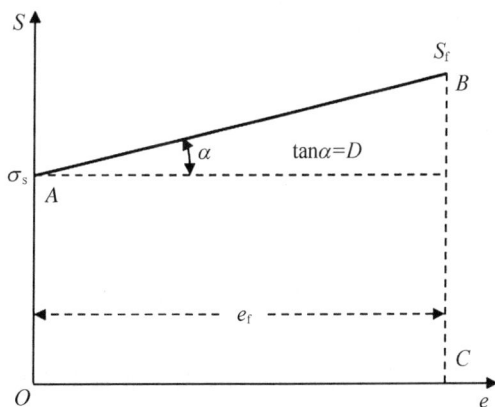

图 8.1.1 利用真应力-真应变曲线求静力韧度示意

可见静力韧度 a 与真实断裂强度 S_f、屈服强度 σ_s 及变形强化模数 D 三个量有关,是派生的力学性能指标。但 a 与 S_f、σ_s 的关系比塑性与它们的关系更密切,故在改变材料的组织状态或改变外界因素(如温度、应力等)时,韧度的变化比塑性变化更显著。

8.1.1.2 冲击韧度

冲击韧度是由一次冲击试验测定的。将待测材料先制备成带缺口的标准试样,然后放置在摆锤式冲击试验机支座上,将具有质量为 G 的摆锤举至一定高度 h,使其获得位能 Gh,再将摆锤释放,摆锤下落至最低位置时冲断试样,剩余的动能会将摆锤再扬起一定高度 h',即冲断试样后摆锤剩余的能量为 Gh'。冲断试样所用的能量称为冲击功,以 A_K 表示:

$$A_K = G(h - h') \tag{8.1.4}$$

将冲击功除以试样缺口处净截面积的值定义为冲击韧度,以 a_K 表示。A_K 和 a_K 都可以作为衡量冲击韧性的指标。

试样带缺口的目的是在缺口附近造成应力集中,使塑性变形局限在缺口附近不大的区域内,并保证在缺口处发生破断以便正确测定材料承受冲击载荷的能力。同一种材料,缺口愈深、愈尖锐,塑性变形的体积就愈小,冲击功也愈小,材料表现脆性愈显著。正因如此,不同类型和尺寸试样的冲击韧度是不能相互换算和直接比较的。

8.1.1.3 断裂韧度

如第 6 章所述,断裂韧度是指带裂纹试样发生断裂时的描述裂纹尖端场参量的临界值,对于不同的断裂形式,有不同的指标来表征。

(1)脆性断裂。在断裂前没有发生明显的塑性变形的情况下,表征材料韧性可以有两个参数:一是 K_{IC},它是试样发生断裂时的临界应力强度因子(断裂韧度),表征了材料抵抗裂纹失稳扩展的能力;二是 G_{IC},它是试样发生断裂时的临界裂纹扩展能量释放率,同样表征了材料抵抗裂纹失稳扩展的能力。二者有如下关系:

$$G_{IC} = \frac{K_{IC}^2}{E'} \tag{8.1.5}$$

式中,E' 为约合杨氏模量。对于平面应力状态,$E' = E$;对于平面应变状态,$E' = \dfrac{E}{1-\nu^2}$,ν 为泊松系数。

(2)韧性断裂。在断裂前有明显塑性变形的情况下,同样有两个表征材料韧性的参数:一是 δ_C,它是裂纹开始稳态扩展时的临界裂纹尖端张开位移,表征了材料抵抗裂纹起裂能力;二是 J_C,它是裂纹开始稳态扩展时的临界 J 积分值,表征了材料抵抗裂纹起裂的能力。这两个指标同样适用于脆性断裂,这时就分别表征了裂纹失稳扩展(即断裂)时的临界裂纹尖端张开位移和临界 J 积分值,与 K_{IC} 和 G_{IC} 等效,并且有下列关系:

$$\frac{1}{E'}K_{IC}^2 = G_{IC} = \sigma_s \delta_C = J_C \tag{8.1.6}$$

8.1.1.4 三种韧度的区别

上述三种材料韧性的表征方法分别对应于光滑试样、缺口试样和裂纹试样,具有不同的物理意义。

冲击韧度主要反映了加载速率和缺口效应对韧性的影响,由于缺口的应力、应变集中,冲断试样所耗的能量主要集中于缺口附近区域,无法准确计算,所以在韧化计算时较少采用冲击韧度的概念。

从断裂过程角度来看,光滑试样有裂纹形核及裂纹扩展两个阶段,所以静力韧度既表征了裂纹形核抗力,也表征了裂纹扩展抗力;而裂纹试样的断裂只存在裂纹扩展,故断裂韧度实际上表征了裂纹扩展抗力。这两种韧度的提升对宏观性能(强度和塑性)平衡及微观组织结构调控的要求既有相同,也有不同。

从材料力学设计角度,假设材料是连续的,无裂纹存在,断裂过程必然包含着裂纹萌生阶段,因此以静力韧度作为韧化评价参数,基本思路是在保证强度(σ_s)的前提下尽力提高塑性(e_f),可认为是基于变形控制的韧化。

从断裂力学设计角度,对于大型构件或重要构件,假设材料或结构中存在固有裂纹,因此以断裂韧度作为韧化的评价参数,基本思路是在给定裂纹(a)的前提下尽力提高断裂强度(σ_C),可认为是基于断裂控制的韧化。

8.1.2 基于变形控制的韧化

8.1.2.1 韧化原则

静力韧度的数值可以近似由拉伸曲线下的面积来估算。图 8.1.2 示意地给出了 3 种不同性能配合材料的应力-应变曲线及其静力韧度的估算式。

(1) 材料 A 为高强度/低延性材料,其应力-应变曲线近似为抛物线,静力韧度近似为 $\frac{2}{3}\sigma_b\varepsilon_f$。

(2) 材料 B 为低强度/高延性材料,屈服后几乎无应变硬化,应力-应变曲线包围面积近似矩形,故静力韧度近似为 $\sigma_b\varepsilon_f$。

(3) 材料 C 介于材料 A 和材料 B 之间,为中等强度/中等延性材料,应力-应变曲线包含应变硬化及颈缩(应变软化)两个阶段,颈缩阶段虽然载荷在下降,但材料所受的真实应力一直在增高,假设将真实应力曲线近似为一条直线(见图 8.1.2 中由 σ_s 连接 S_f 的虚线),则静力韧度为 $\frac{(\sigma_s + S_f)}{2}\varepsilon_f$。

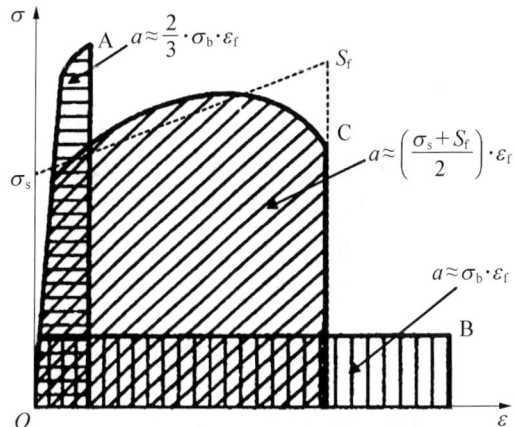

图 8.1.2 不同强度/延性配合材料的应力-应变曲线及其静力韧度估算

综合 3 种情况,静力韧度可表示为

$$a = \alpha(\sigma_b\varepsilon_f) \tag{8.1.7}$$

式中,α 为一常数。显然,静力韧度的高低取决于强度 σ_b 和断裂应变 ε_f 的乘积。由于 ε_f 近似等于材料的延伸率 δ,即 $\sigma_b\varepsilon_f \approx \sigma_b\delta$,故可认为,静力韧度取决于材料的强度与塑性的乘积(强塑积)。

多数情况下材料的强度与塑性呈相反的变化趋势,强度愈高塑性就愈低。因此,欲使材料强韧化可以采用如下两种思路:第一种是在保证塑性不变的前提下,尽量提高强度;第二种是在保证强度不变的前提下,尽量提高塑性。通常,第一种思路较难实现,因而总是采用第二种思路进行韧化设计。因此塑性变形在韧化中起着关键作用。

应该指出,高强韧性对塑性变形能力的要求,不仅仅是要求高的总延伸率,更重要的是要求有高的均匀变形延伸率 δ_b 和高的应变硬化指数 n,也就是要有较好的应变硬化能力(见图 8.1.2 中材料 C)。从这个角度看,高韧性材料应该具有高的 σ_b/σ_s、n 及 δ。

8.1.2.2 塑性技术指标及影响因素

从工程应用角度看,衡量材料塑性变形能力的技术指标主要有两类:第一类是极限塑性,以延伸率 δ 或断面收缩率 φ 来表征,反映了材料塑性变形容量。对于延性较好的材料,拉伸的塑性变形过程存在均匀应变硬化和颈缩两个阶段,达到应变硬化终点(即颈缩起点)时的伸长率 δ_b 或断面收缩率 φ_b 表征了材料均匀塑性变形能力。第二类是应变硬化能力,以应变硬化指数 n 表征,代表材料抵抗继续塑性变形的能力。n 值在数值上等于均匀塑性变形终了时的真实伸长率 e_b,因此 n 值高低表示了材料发生颈缩前的依靠硬化使材料均匀变形能力的大小,也意味着因硬化而使应变分配均匀能力的大小。一般来说,材料强度越高,n 值越小。

从组织结构角度看,影响材料塑性变形能力的主要因素有以下几个方面。

(1)原子结构(成分)。原子结合越强,滑移点阵阻力越大,塑性变形越困难。

(2)晶体结构。晶体结构决定了材料借滑移实现塑性变形的潜力,取决于滑移特征,如滑移系数目、交滑移可能性等。

(3)组织结构。组织结构决定了材料借滑移实现塑性变形的程度,凡是能阻碍位错的因素,一般都能使强度升高、塑性降低。组织结构因素包括晶界、溶质原子、杂质原子、相结构(有序/无序)、第二相、组织均匀性、缺陷等。

材料强韧化的基本原理就是对组织结构进行调控,使材料在强度保持不变或降低很少的情况下尽量提高均匀塑性变形能力(δ_b 和 n)。

8.1.3 基于断裂控制的韧化

针对含固有裂纹的材料或构件,韧化的研究在于探讨裂纹起裂和扩展过程能量消耗的宏观表征及微观机制。

8.1.3.1 韧化原则

为简单起见,仅考虑准静态加载情况,并忽略断裂所伴随的声、光、电、磁、热等物理过程中释放的能量。裂纹扩展时构件中蕴含的能量流入裂纹尖端区。该能量可转化为三部分耗散功:断裂过程功(裂纹表面能)、因裂纹尖端区高应力而激发的塑性变形功、断裂牵连过程所耗散的功(额外的增韧项)。后两部分的能量耗散往往远大于第一部分的能量,但第一部分的能量起到阀门控制的作用。材料的韧化在于提高这三部分能量的总和。材料断裂能 J 积分的变化可作为韧化的衡量指标。材料的韧化可以归纳为起裂韧度的增值和扩展韧度的增值两个方面。

1)起裂韧度的增值

裂纹实现起裂所需的 J 积分值为 J_c。对于脆性和准脆性断裂,J_c 等于临界裂纹扩展

能量释放率 G_{IC}，也等效于断裂韧度 K_{IC}，由式(8.1.6)得到

$$K_{IC} = \sqrt{EG_{IC}} \tag{8.1.8}$$

因 $G_{IC} = 2(\gamma_s + \gamma_p)$，代入式(8.1.8)得

$$K_{IC} = \sqrt{2E(\gamma_s + \gamma_p)} \tag{8.1.9}$$

式中，γ_s 为比表面能；γ_p 为产生单位面积裂纹面消耗的塑性功。对于陶瓷、玻璃等脆性材料，$\gamma_p \approx 0$。因此有

$$K_{IC} = \sqrt{2E\gamma_s} \tag{8.1.10}$$

即影响陶瓷材料韧性的主要材料参数是杨氏模量和表面能。

对于金属材料，$\gamma_s \ll \gamma_p$，可忽略表面能，因此有

$$K_{IC} = \sqrt{2E\gamma_p} \tag{8.1.11}$$

即影响金属材料韧性的主要材料参数是弹性模量和塑性变形功。塑性变形功与裂纹尖端的塑性区大小和形状有关，假设裂纹尖端前沿塑性区为高度等于钝化裂纹顶端曲率半径的窄条状区域(见图 8.1.3)，则有

$$\gamma_p = \beta \sigma_{yy} \varepsilon_{yy} \rho \tag{8.1.12}$$

式中，β 为应力状态参数。在断裂时

$$\gamma_p = \beta \sigma_f \varepsilon_f \rho \tag{8.1.13}$$

图 8.1.3 裂纹扩展过程中塑性区示意

式中，σ_f 为拉伸断裂强度；ε_f 为拉伸断裂应变。将式(8.1.13)代入式(8.1.11)，可得

$$K_{IC} = \sqrt{2\beta E \sigma_f \varepsilon_f \rho} \tag{8.1.14}$$

由式(8.1.14)可见，对于含裂纹材料的韧化，除了要提高材料的强度(σ_f)和塑性(ε_f)以外，还需要有高的杨氏模量(E)及裂纹尖端钝化能力(ρ)。这些性能参数是相互影响的，因此基于断裂控制的韧化是一个非常复杂的问题。图 8.1.4 给出了常用工程材料的断裂韧度与强度的相关性，从材料类型来看，断裂韧度由低到高增加的顺序：泡沫材料→传统陶瓷→聚合物→先进陶瓷→金属材料，每种类型都有数量级的差别。

仔细分析图 8.1.4 还可以看出，金属与陶瓷的断裂韧度与强度相关性有差别，如图 8.1.5 所示。首先从金属材料来看[见图 8.1.5(a)]，对于同一金属，强度越高，断裂韧度越低；对于不同金属，在强塑积相近时，弹性模量高，断裂韧度高。再看陶瓷材料[见图 8.1.5(b)]，强度越高，断裂韧度也越高。这一点恰与金属的规律相反。因此，陶瓷材料的强化即达到了韧化，而金属的强化与韧化则不能统一起来。从式(8.1.14)来看，提高金属材料的塑性(断裂应变)和强度(屈服应力)应能够提高材料的韧性。不幸的是，金属材料的强度和塑性往往是以相反趋势变化的，多数情况下提高一个必会降低另一个。特别是提高强度的影

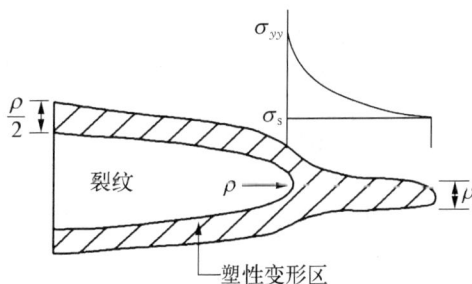

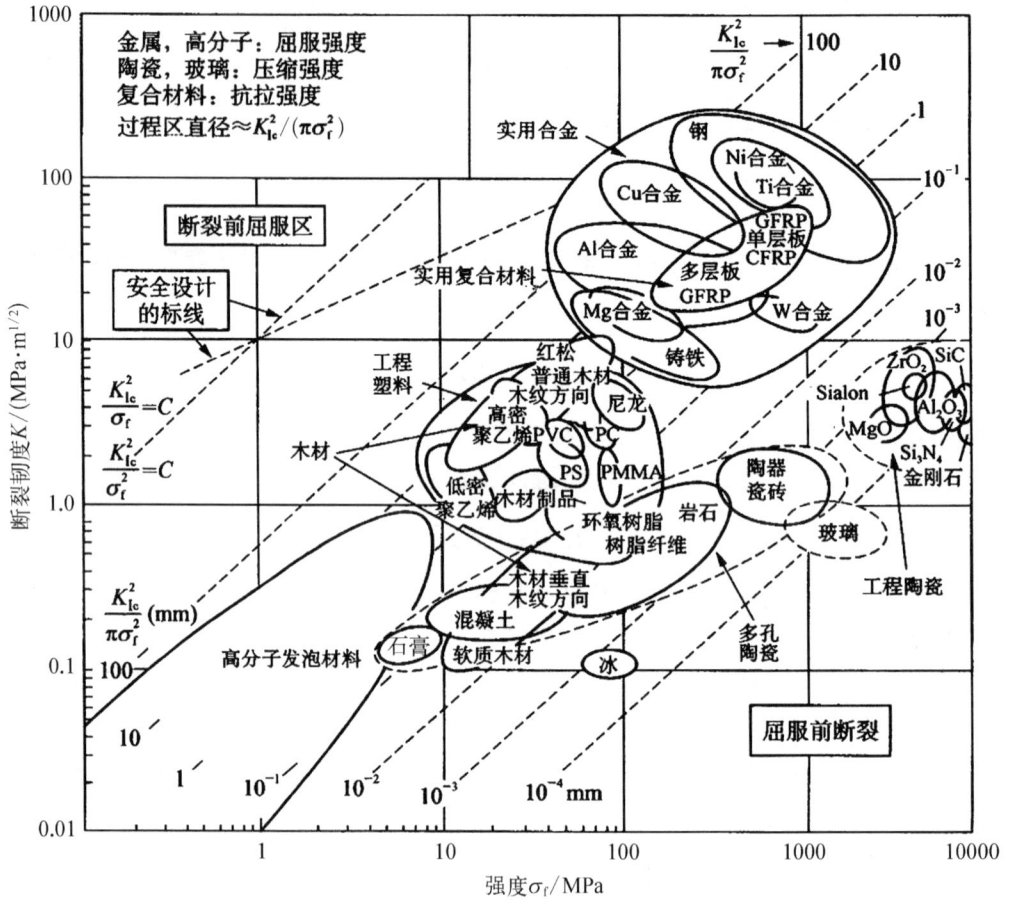

图 8.1.4 常用工程材料的断裂韧度与强度相关性

（张帆，郭益平，周伟敏. 材料性能学[M]. 3 版. 上海：上海交通大学出版社，2021.）

响并不是单一增加塑性变形功,因为强度的提高会降低裂纹尖端曲率半径,即使裂纹钝化程度及裂纹尖端塑性区尺寸均减小,从而降低韧性。大量试验表明,对于给定的材料(如淬火回火马氏体钢),强度较低时断裂韧性较高。这样,强韧化的原则不是单纯提高材料的强度,而是在维持屈服强度水平的基础上来整体提升断裂韧度。

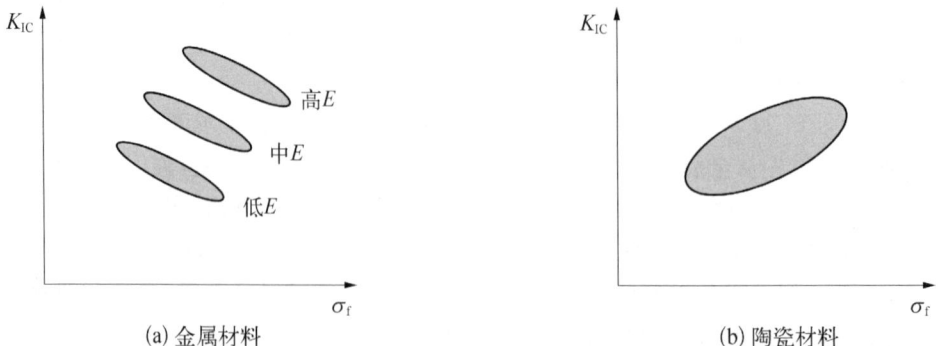

图 8.1.5 金属与陶瓷的断裂韧度-强度相关性差别示意

2）扩展韧度的增值

对于韧性断裂,裂纹起裂后还要经历一个稳态扩展阶段,稳态扩展过程中所产生的韧度增值可表示为

$$\Delta J = J_\infty - J_C \tag{8.1.15}$$

式中,J_∞ 为稳态扩展的 J 积分值,即 J 阻力曲线的水平渐近线。ΔJ 可通过能量积分来计算。选择一条围绕裂纹尖端的闭合回路,其对能量积分的贡献有 4 部分:① 围绕裂纹尖端的积分 J_C;② 外围道积分 J_∞;③ 桥联面上的积分;④ 尾区的积分。于是可得扩展韧度的增值:

$$\Delta J = 2\int_0^H U(y)\mathrm{d}y + \int_L \sigma_B(x)\mathrm{d}\delta(x) \tag{8.1.16}$$

式中,x 和 y 分别为平行和垂直于裂纹的坐标;δ 为裂纹张开位移;σ_B 为桥联应力;L 为裂纹桥联段长度;H 为尾区高度;$U(y)$ 为坐标高度为 y 的物质单元从裂纹前方无穷远处随裂纹扩展而后退至裂纹后方无穷远处后的残余应变能密度。式(8.1.16)的等号右边第一项代表尾区积分对增韧的贡献,第二项代表桥联面积分对增韧的贡献。

8.1.3.2 韧化机制

1）裂纹尖端屏蔽

在裂纹尖端区内存在诸如位错、微裂纹、相变区、畴变区等细观结构。裂纹尖端屏蔽是指利用这些细观结构降低应力强度因子 K 的情况。裂纹尖端屏蔽大致可分为 4 种机制,如图 8.1.6 所示。

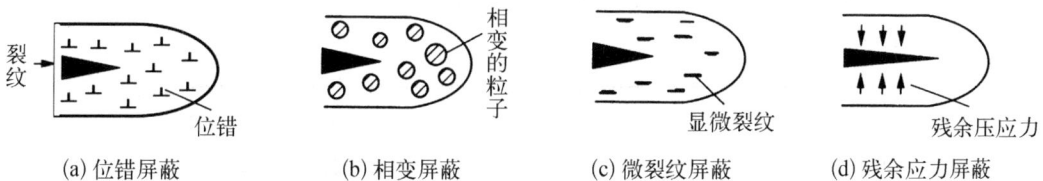

图 8.1.6 裂纹尖端屏蔽的几种典型机制

(1) 位错屏蔽:裂纹尖端高的集中应力诱发位错滑移,产生塑性变形松弛,吸收塑性变形功并降低裂纹尖端应力,即对裂纹产生屏蔽作用。这是金属材料最主要的增韧机制。

(2) 相变屏蔽:相变屏蔽是指裂纹尖端应力诱发相变,吸收大量能量,并且因体积膨胀对裂纹表面产生压应力,降低了裂纹扩展驱动力。这是精细结构陶瓷韧化的主要途径之一,也是相变诱发马氏体钢有较高韧性的主要原因。

(3) 微裂纹屏蔽:在主裂纹尖端过程区内,分散的微裂纹张开而吸收能量,使主裂纹扩展阻力增大,起到增韧效果。这种韧化机制在陶瓷和聚合物材料中比较常见。

(4) 残余应力屏蔽:当主裂纹扩展进入残余应力区时,残余应力将释放,同时有闭合主裂纹、阻碍其扩展的作用,从而产生增韧效果。这种韧化机制对金属、陶瓷及聚合物三大类工程材料均适用。

2）尾区耗能

尾区耗能是指在裂纹扩展过程中,除了要补偿裂纹表面能以外,还存在其他耗能机制达到增韧的效果。包括以下 3 种机制。

（1）塑性变形。对稳态扩展的裂纹，裂纹尖端前沿的塑性变形要消耗大量外力功，这是金属材料最主要的增韧机制。

（2）裂纹桥联。裂纹可以绕过障碍物并使障碍物保持原状。在这一情况下，障碍物就在裂纹尖端尾部构成了一条韧带（未断裂带），即产生所谓的裂纹桥联作用。桥联是复合材料主要的增韧机制，桥联带可以是架桥颗粒、晶须及纤维，如图 8.1.7 所示。

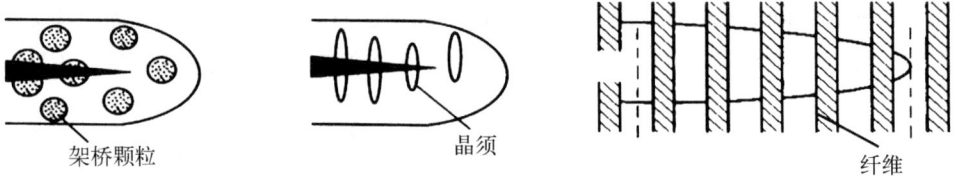

架桥颗粒　　　　　晶须　　　　　纤维

图 8.1.7　复合材料中裂纹桥联

（3）裂纹扩展路径控制。这类韧化机制的主要目的是在裂纹扩展路径上设置一些障碍物以抑制裂纹运动。这些障碍物可以是第二相颗粒、晶须、纤维，也可以是一些不容易产生解理的区域。当裂纹前缘受到一排障碍物的阻挡时会出现两种不同的情况，如图 8.1.8 所示。第一种情况是，尽管裂纹被障碍物阻挡，但是可以借助裂纹前缘弓形化过程绕过障碍物，裂纹将基本上处于初始平面上［见图 8.1.8(a)］，这一点与位错受障碍物钉扎的情况类似；第二种绕过障碍物的方式是借助于裂纹偏转过程，即改变裂纹扩展方向从而绕过障碍物［见图 8.1.8(b)］。裂纹偏转导致韧性的增加可能有两种原因：第一，裂纹偏转以后就不再是垂直于正应力方向的 I 型加载方式，裂纹扩展的驱动力下降；第二，裂纹偏转后扩展路程加长，断裂功增大。

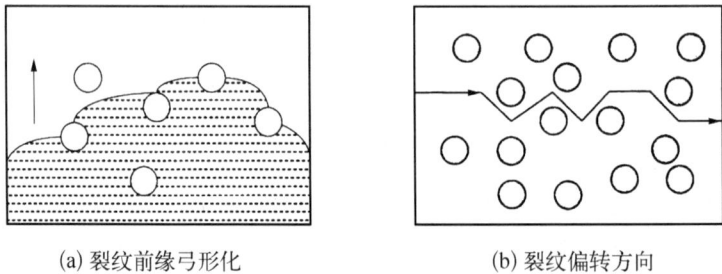

(a) 裂纹前缘弓形化　　　　　(b) 裂纹偏转方向

图 8.1.8　裂纹扩展遇到障碍时的两种情况

8.1.4　强化和韧化的关系

金属材料的 4 大基本强化机制分别是位错强化、固溶强化、颗粒强化及晶界强化（详见第 5 章）。图 8.1.9 为铜及其合金在上述前 3 种强化机制下的屈服强度 σ_s 与延伸率 δ 的关系。退火态纯铜的 σ_s 在 50 MPa 级别，δ 在 50% 级别（σ_s 和 δ 均以平均值为代表，下同），处在较软的状态。若在纯铜中添加置换型合金元素锌，形成黄铜固溶体合金（处理 1），因固溶强化，使得 σ_s 提升至 100 MPa，而 δ 则下降至 40%。若将黄铜再进行加工硬化（处理 2），叠加了固溶强化和加工硬化，σ_s 进一步提升（400 MPa），δ 也进一步降低（10%）。若直接对纯铜进行加工硬化（处理 3），相比于处理 1，σ_s 更高（300 MPa），δ 更低（15%），这说明加工硬化的强化效果远甚于固溶强化,相应地,塑性也降低得更厉害。最后,若在纯铜中添加置换型合金元素铍,形成铍青铜,并经时效处理(处理4),在固溶强化基础上产生显著的第二相颗粒沉淀硬化效果,σ_s 大大升高(1 000 MPa),而 δ 急剧降低(<5%)。由于这3种强化方法在提高强度的同时都使塑性明显降低,且因韧性对塑性指标更为敏感,所以韧性也都降低。本例中没有晶界强化的比较,但是大量实验结果均表明,在晶界强化中,随晶粒直径 d 的减小,强度和塑性均提高,即同时产生强化和韧化。

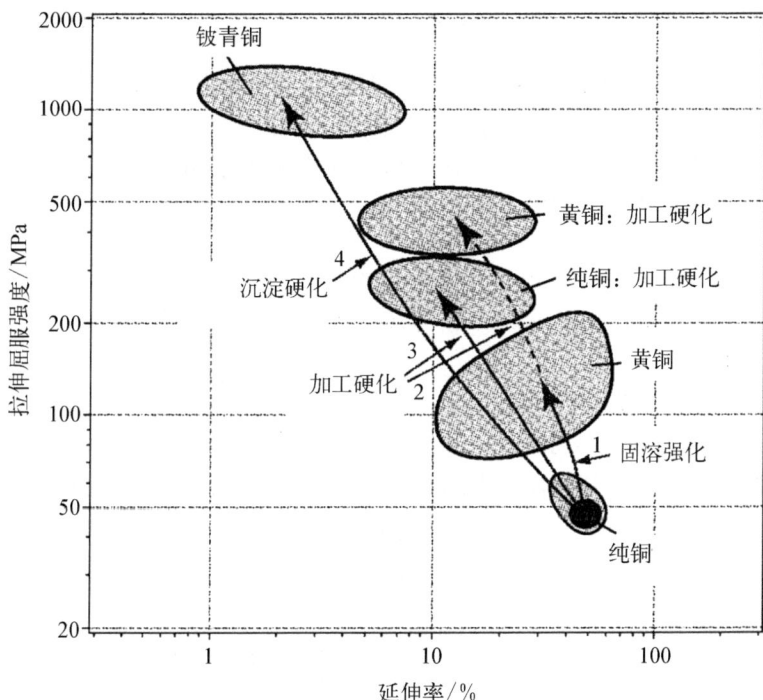

图 8.1.9　铜及其合金在不同强化方法下的强度及塑性

4大基本强化机制中控制强化效果的微结构参量及其变化对强度、塑性和韧性的影响汇总于表8.1.1中。在位错强化中随着位错密度 ρ 升高,或在固溶强化中随溶质浓度 c 升高,或在颗粒强化中随颗粒增多(颗粒平均间距 d_T 减小),位错遇到的障碍增多,位错运动自由程减小,滑移位错与障碍交互作用增强,应力集中程度增大,微裂纹形核概率增大,使得断裂前的塑性降低,所以在强化的同时韧性并未增加,甚至明显下降。

表 8.1.1　金属材料4大强化机制的强化规律及控制强化效果的结构参量

强化原理	强化规律及控制结构参量	控制参量变化	强度、塑性、韧性的变化			
			σ_s	δ	T_C	K_{IC}
位错强化	$\Delta\sigma_s \propto \rho^{\frac{1}{2}}$	ρ 增大	↑↑	↓	↑	↓
固溶强化	$\Delta\sigma_s \propto c^{\frac{1}{2}}$	c 增大	↑	(↓)	↑	↓

续　表

强化原理	强化规律及控制结构参量	控制参量变化	强度、塑性、韧性的变化			
			σ_s	δ	T_C	K_{IC}
颗粒强化	$\Delta\sigma_s \propto \mu b d_T^{-1}$	d_T 减小	↑↑↑	↓	↑	↓
晶界强化	$\sigma_s \propto k d^{-\frac{1}{2}}$	d 减小	↑↑	↑	↓	(↑)

注：ρ—位错密度；c—溶质浓度；d_T—颗粒平均间距；d—晶粒直径；↑—增大；↓—减小；( )—参考增减量。

在 4 种经典强化方法中只有晶粒细化能同时强化和韧化，至于原因有很多说法，包括晶界杂质偏聚浓度降低、晶界夹杂物尺寸(厚度)降低、塑性变形均匀化程度增高，以及裂纹沿晶界扩展路程加长等等。现从晶粒大小对滑移和解理竞争的影响来分析。已知材料屈服应力 σ_s 和解理应力 σ_{cl} 与晶粒直径的关系分别为

$$\sigma_s = \sigma_i + k d^{-\frac{1}{2}} \tag{8.1.17}$$

$$\sigma_{cl} = \frac{2\mu\gamma_{eff}}{k} d^{-\frac{1}{2}} \tag{8.1.18}$$

式中，σ_i 为非晶界因素对强度的贡献；k 为佩奇斜率；μ 为剪切模量；γ_{eff} 为有效比表面能，主要是裂纹扩展时的塑性功。从原理上分析，要提高材料的韧性，应尽量提高 σ_{cl}，使得 $\sigma_s < \sigma_{cl}$，避免发生脆性的解理断裂。而要提高 σ_{cl}，除了提高材料的剪切模量 μ、降低 Petch 斜率 k 和晶粒直径 d 外，很重要的一条原则是尽量提高 γ_{eff}。使 γ_{eff} 增加的因素有：① 增加可移动的位错数目 n；② 增加位错的平均运动速度 $\bar{v}$；③ 增加位错的运动时间 Δt。很明显，能容许的应变 ε_p 及应变率 $\dot{\varepsilon}_p$ 分别为

$$\varepsilon_p = n\bar{v}b(\Delta t) \tag{8.1.19}$$

$$\dot{\varepsilon}_p = \frac{\varepsilon_p}{\Delta t} = n\bar{v}b \tag{8.1.20}$$

因此，若 n、$\bar{v}$ 及 Δt 增加，则 ε_p 也增加，从而使 γ_{eff} 增加，结果导致 σ_{cl} 增加，不易发生解理断裂。遵循这个思路，便很容易理解强化措施对于韧性的影响：加工硬化、固溶强化及颗粒强化使式(8.1.17)中的 σ_i 增加，因此可起到强化作用；而这些措施使 σ_i 增加的原因是由于 n 及 $\bar{v}$ 的降低，从而使 γ_{eff} 减小，韧性下降。若使 k 增加，σ_s 可以提高，但 σ_{cl} 却下降。只有细化晶粒(d 减小)，才能使 σ_s 及 σ_{cl} 同时增加。

8.2　金属的断裂及韧化

第 7 章已详细讨论过金属断裂的过程、特征、机制及外部影响因素。本节讨论材料本身因素——成分、结构、组织等对断裂韧/脆性的影响及相应的韧化原则。

8.2.1　成分对断裂的影响

8.2.1.1　合金元素

大量试验表明，对纯金属而言，无论是 fcc、bcc 或 hcp 结构，只要纯度足够高，则即使在

低温下,断裂也表现出一定的延性。合金元素的引入,将使断裂逐渐由延性变成脆性。合金元素影响断裂行为的方式主要有 4 种机制。

(1) 强化晶格。即增加变形时晶格的阻力,使塑性变形困难,应力松弛难以进行,从而促进裂纹形成,以及伴随裂纹扩展塑性功的减少。因此无论从裂纹的形成还是从裂纹的扩展角度看,合金元素都会降低合金的断裂阻力。

(2) 改变变形机制。添加某些合金元素能有效降低基体的层错能,促进平面状滑移,抑制交滑移,从而对应力松弛造成极大的不利,导致合金易脆性断裂。例如,Cu 中加 Zn、Ag 中加 Al 都能产生此效果。此外,有些合金元素还能促进孪生,如 Fe 中加 P。而孪晶带的相交是裂纹形核的机制之一,因此也导致合金脆性断裂倾向增大。

(3) 改变组织。在基体金属中加入合金元素一般会引起组织的改变,视基体金属及合金元素的种类不同而引起组织改变的类型可能有以下三类。第一类是细化晶粒,例如 V 中加入少量的 Ti,形成的 TiC 能阻止晶粒长大、减小沿晶断裂倾向,有效提高合金的强度和韧性。第二类是产生晶界偏聚,是否致脆取决于偏聚元素的种类。例如,少量的 As 溶入 Cu 中能导致沿晶断裂,而 Mn 加入钢中能消除 Sn 的晶界偏聚,起到韧化作用。第三类是添加元素超过基体溶解度极限后会形成硬而脆的第二相,多数为中间相或金属间化合物,在提高强度的同时,一般总是引起脆化。

(4) 对特殊环境介质敏感。一般来说,合金相比于纯金属,对应力腐蚀断裂、氢脆、氮脆、液体金属脆等更为敏感。例如 Cu 中溶入 Zn、Al、Si 或 Ge 等元素后,层错能降低,位错明显扩展,然后置于致脆环境介质如氨水等中,将产生严重的应力腐蚀开裂。

8.2.1.2 杂质元素

除了为强化而添加的合金元素外,在金属材料冶炼、加工等生产环节中,还会引入所谓的"有害"元素,通常称为杂质。不同金属材料体系中的杂质元素种类不同,这与它们的原材料形式及冶炼方法有关。例如在钢中,最有害的是 S、P,其次是 As、Sn 等;在钛合金中,是 O、N、C 等。表 8.2.1 列出了钢的纯净度对力学性能的影响,可以看出,在主要合金元素含量不变的情况下,只是提高纯净度就会使材料的断裂韧度得到明显改善。

表 8.2.1 钢的纯度对力学性能的影响

力 学 性 能	4340 钢		18Ni 马氏体时效钢	
	工业纯	高纯度	工业纯	高纯度
屈服强度/MPa	1 406	1 401	1 328	1 303
抗拉强度/MPa	1 519	1 497	1 354	1 362
断裂应变	0.287	0.515	0.717	1.005
断裂韧度/MPa·$m^{1/2}$	74.8	109.5	121.8	164.6

8.2.2 晶体结构对断裂的影响

8.2.2.1 fcc 结构

fcc 结构金属大多发生韧性断裂,基本未发现有韧-脆转变现象。原因在于 fcc 结构有

12 个独立的{111}⟨110⟩滑移系统,能满足均匀变形需要至少 5 个独立滑移系的要求,此外也更容易满足交滑移条件。因此,fcc 结构金属一般具有良好的塑性,断裂都是以穿晶剪切方式进行,当外应力达到材料强度极限时,断裂以在缩颈处形成孔洞开始,最后以杯锥型或尖钉型分离而告终,故 fcc 结构合金的断裂是在一定应力范围内完成的,而无固定的断裂应力值。

8.2.2.2 bcc 结构

bcc 结构金属的常规滑移系{110}⟨111⟩中虽然也有 12 个独立滑移系,但是由于滑移面只有{110}一组,交滑移难以进行,故当出现局部应变不相容时,无法通过交滑移进行松弛,最后还是导致脆性断裂。这说明不能只看滑移系的数目,更重要的是要有足够的交滑移才能防止脆性断裂倾向。

bcc 结构合金的延性与变形温度有很大关系。以一般纯度的 α-Fe 为例,在 $-253℃$ 以下,任何取向的单晶都产生脆性断裂;变形温度上升至 $-196℃$ 时,与[001]取向大于 $20°$ 的单晶体就有较好的延性。纯度愈高,解理断裂所需晶体取向范围愈小,并且临界分切应力下降;变形温度在 $-200℃$ 至 $-100℃$ 之间时,易发生孪生;温度在 $-100℃$ 至室温时,滑移由{110}滑移面为主的平面状滑移转变为波纹状滑移,交滑移容易进行,断裂就是延性的。

大量研究表明,bcc 结构合金的断裂行为与合金元素种类及浓度的关系十分复杂。现分为间隙合金元素和置换合金元素两类进行简要介绍。

1) 间隙合金元素

间隙合金元素主要指的是 C、N、O、H 等原子半径较小的元素,它们在基体中的溶解度都很小,也比较难以测定。其对合金断裂的作用一般由它对韧-脆转变温度 T_C 的影响而定。

图 8.2.1 为采用弯曲试验测定的不同浓度 C、N、O、H 对 V 多晶体 T_C 的影响,可见它们致脆的差异是很大的,其中 H 的致脆最严重,这可能与 H 扩散快有关。同时还可以看出,溶解度愈小的元素,致脆的倾向愈大。在 5A 族(V、Nb、Ta)其他元素中也有类似现象。对于 6A 族(Cr、Mo、W)中,很少有试验结果发表。

在上述间隙元素中,除了 C 是为了强化目的而人为添加的以外,N、O、H 等元素都是生产过程中产生和残留的,它们都是致脆元素,可以称为杂质元素。其致脆机制主要有两方面:一方面是强化晶格,提高滑移抗力;另一方面是形成脆性化合物,导致裂纹萌生提前。

2) 置换合金元素

同样,置换合金元素也可分为强化元素和杂质元素两大类。对于钢,前者有 Mn、Ni、Si 等;后者有 P、S、Sn 等。置换型杂质

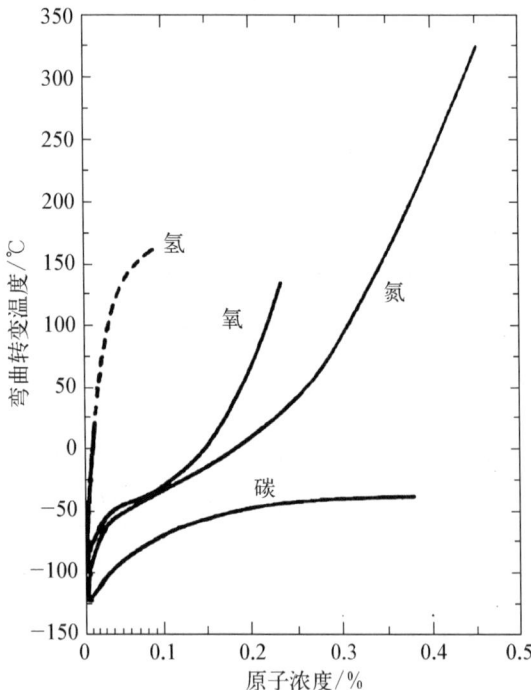

图 8.2.1 间隙原子浓度对多晶体钒弯曲韧-脆转变温度的影响

元素除了形成脆性夹杂物而降低合金的脆性以外,它们在晶界偏析是另一种重要的致脆机制。图 8.2.2 为一些合金元素的浓度对铁冲击韧-脆转变温度的影响,而表 8.2.2 给出了一些置换合金元素相对铁原子半径的差异及对 T_C 的影响。

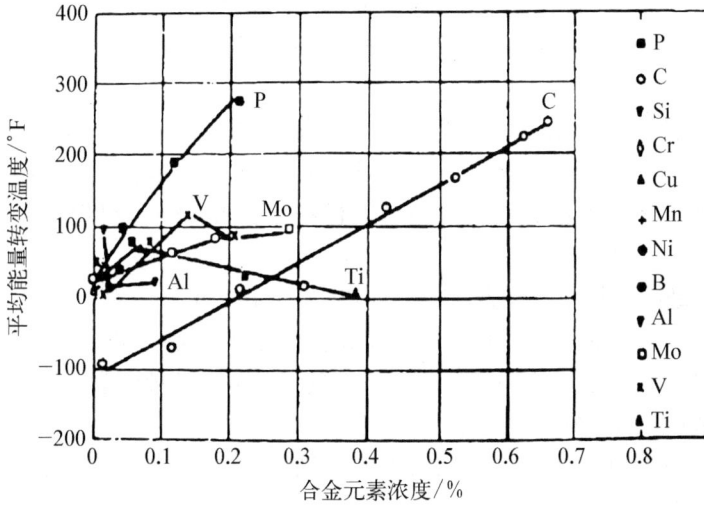

图 8.2.2　一些合金元素的浓度对铁冲击韧-脆转变温度的影响

表 8.2.2　铁素体中合金元素对韧-脆转变温度的影响

溶　质	原子直径[1] /nm	$\Delta\sigma_s$[2],25℃ [psi/%(原子浓度)][3]	△转变温度/[℃/%(原子浓度)]	
			冲　击	拉　伸
P	0.218	30 000	130[4] , 300[5]	—
Ir	0.271	8 000	—20	—
Rh	0.268	7 000	—12	—
Pt	0.277	7 000	—20	—
Ru	0.264	4 000	—12	—
Mo	0.272	6 000	—5	—
Mn	0.224	5 000	—100	—15
Si	0.235	5 000	25	22
Ni	0.249	3 000	—10	—10
Co	0.249	500	—	8
Cr	0.249	0	—5	—
V	0.263	—3 000	—	5

注:① Fe=0.248 nm;② 下屈服应力的改变;③ 1 psi=6.895 kPa;④ 炉冷;⑤ 空冷。

由以图 8.2.2 和表 8.2.2 可见,置换合金元素对钢的韧/脆性的影响比较复杂,视元素种类而定,影响机制也各异。

8.2.2.3　hcp 结构

在 3 种最常见的晶体结构中,hcp 结构的滑移系最少,因此整体而言,hcp 结构金属比 fcc 和 bcc 结构金属的脆性更大。工程中常应用的 hcp 结构金属是 Mg、Ti、Cd、Be、Zn 等,它们的断裂机制和脆性有一定的差异。

Mg:Mg 多晶体未合金化时,室温断裂多沿高指数面或晶界发生;低温时虽在晶粒角附近有棱柱滑移产生,但变形至 1%～4% 后便发生沿晶断裂。Mg 的合金化元素主要为 Li、Al、Cd,其中 Li 的作用最显著,它可引入棱柱滑移,加入 14.5%Li,可使合金在 $-196℃$ 还有颈缩。

Ti:α-Ti 也是产生基面解理脆性断裂,但它主要是由间隙元素引起的,并且 O 的作用最明显。如果 O 和 N 的原子浓度小于 10^{-4},因能导致棱柱滑移而不发生解理断裂。O 的原子浓度超过 0.75% 后,基面滑移一直坚持到高指数面上出现解理断裂。Fe 能降低 α-Ti 的缺口强度,0.2% 的 Fe 可使缺口强度下降 20%。

Cd:Cd 是延性较好的 hcp 结构金属,其 T_C 可低达 $-150℃$。但是 Cd 中加入 Mg 后,强度和 T_C 却不断上升,脆性加大。Mg 含量大于 15% 后便产生沿基面的解理断裂。

Be 和 Zn:二者都是在未合金化前就产生低温基面解理的两种金属。它们在低温下有两个独立的基面滑移系统及 $\{10\bar{1}2\}$ 孪生面,因此脆性不可避免。

8.2.2.4　有序固溶体

当某些合金的浓度达到 20%～50% 时,高温缓慢冷却往往能得到长程有序的超点阵结构,其韧性相比于同成分的无序态要小。长程有序合金的脆性来自两个方面:第一,由于超晶格位错存在反向畴,只能呈平面型滑移,不能交滑移;第二,晶界析出杂质,强化了晶界,也能导致脆性断裂。

8.2.2.5　金属间化合物

金属间化合物有较高的比模量、比强度、蠕变强度、化学稳定性,多数金属间化合物的屈服应力及流变应力具有正的温度系数,是良好的高温结构潜在应用材料。但金属间化合物的最大缺点是脆性较大,特别是那些低对称性的结构,易滑移系受到限制,滑移矢量短,交滑移困难,断裂多为解理型。在金属间化合物多晶体中,由于晶界本身的脆弱、夹杂造成的应力集中及环境中介质的作用,延性一般也很低。表 8.2.3 列出了一些常见的金属间化合物的主要特性。

表 8.2.3　不同结构金属间化合物的室温塑性

金属间化合物	晶 体 结 构		有用滑移系统数	室温断裂形式	室温最大拉伸伸长/%
	描　述	符　号			
γ-TiAl(多晶)	fct	L1$_0$	5	解理	约 0.1
Ti-48%Al($\gamma+\alpha_2$)(原子浓度)	fct +六方形	L1$_0$+DO$_{19}$	5	解理	约 3

续 表

金属间化合物	晶体结构		有用滑移系统数	室温断裂形式	室温最大拉伸伸长/%
	描 述	符 号			
α_2 - Ti_3Al(多晶)	六方形	DO_{19}	<5	解理	约 0.5
Ti_3Al+Nb, V, Mo(超 α - 2)	六方形+bcc	DO_{19}+B1	<5	解理	约 7
NiAl(Ni - 50%Al)(原子浓度)	bcc	B2	3	沿晶	约 2.5
Ni - 50%Al(原子浓度)+0.03%B	bcc	B2	3	解理	0
Ni - 30%Al—20%Fe(原子浓度)	bcc	B2	3	解理	2.5
Ni - 20%Al—30%Fe(原子浓度)	bcc+fcc	B2+$L1_2$	?	延断(韧窝)	22
Fe - 36.5%Al(氧)(原子浓度)	bcc	B2	5	沿晶	17.6
Fe - 40%Al(原子浓度)+0.03%B(氧)	bcc	B2	5	解理	16.8
Ni_3(Al, Ti)(单晶)	fcc	$L1_2$	5	解理/{111}/NCP	80
Ni_3Al(多晶)	fcc	$L1_2$	5	沿晶	0
Ni_3Al+0.1%B(多晶)(质量浓度)	fcc	$L1_2$	5	延断(韧窝)	50
(Fe, Co, Ni)$_3$V(多晶)	fcc	$L1_2$	5	延断	30 40
(Al, Cu, Zn, Ni, Fe···)$_3$Ti(多晶)	fcc	$L1_2$	5	解理	0(?)

由表 8.2.3 可见,Ni_3Al 单晶有 5 个独立的滑移系,其室温延性高达 80%,但 Ni_3Al 多晶却毫无延性。断裂为沿晶断裂,加入质量分数为 0.1% 的 B 后,延性又恢复到 50%。B 的韧化作用主要是改善了晶界状态。

综上所述,材料的基本结构对其韧/脆性有很大影响,十分复杂,表 8.2.4 给出了材料结构与韧脆性关系的简单总结。

表 8.2.4　材料的基本结构及其对脆性性质的影响

基本特性	脆性断裂倾向增加方向→		
化学键	金属键	离子键	共价键
晶体结构	密排晶体	低对称性晶体	
有序度	无序固溶体	短程有序	长程有序

8.2.3　组织对断裂的影响

8.2.3.1　晶粒大小

一般来说,强度和韧度均与晶粒直径 d 的平方根成反比,即符合霍尔-佩奇关系。对纯

铁,试验结果拟合出:

$$\sigma_s[\text{MPa}] = 119 + 25.4d^{-\frac{1}{2}} \tag{8.2.1}$$

$$K_{IC}[\text{MPa} \cdot \sqrt{m}] = 119.5 + 22.4d^{-\frac{1}{2}} \tag{8.2.2}$$

式中,d 的量纲为 mm。当 $d > 1$ mm 时,断口形貌由韧变脆。在讨论晶粒大小对韧性影响时应特别注意两点。第一是假定具有相同的晶界状态,即具有同样的断裂机制。例如,晶界无杂质元素偏聚,或晶界上无析出的夹杂物,无论晶粒大小都为穿晶型的韧窝断裂机制,这样晶粒大小对韧性的影响也基本符合式(8.2.2)的规律。但若因晶界偏聚严重而改变为沿晶断裂,则韧性就大大下降,产生突变。第二是要区分原始晶粒度与转变产物晶粒度的关系。严格地说,在分析金属材料室温韧性与晶粒度的关系时,应该采用室温时的晶粒度,这对于固态无同素异构转变的金属(例如 Al)是没有困难的,但对于有同素异构转变的金属(例如 Fe、Ti 等),却存在着母相晶粒度和转变产物晶粒度两种尺度。以钢为例,淬火组织特征如图 8.2.3 所示,其中板条状或片状马氏体(或贝氏体)是由母相奥氏体转变而来,其尺度(以 d_M 表示)远比奥氏体晶粒直径 d_A 小,即获得"细晶"组织,韧性较高。实验表明,其断口形貌表征的韧-脆转变温度 50%FATT 与晶粒直径之间的关系符合下述规律:

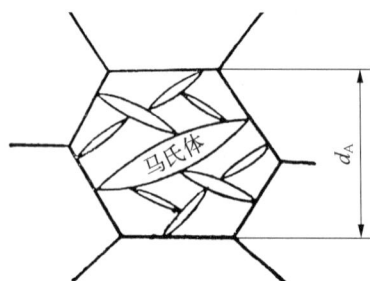

图 8.2.3 奥氏体晶粒直径(d_A)与转变产物尺度示意

$$-50\%\text{FATT} \propto d_M^{-\frac{1}{2}} \tag{8.2.3}$$

8.2.3.2 相组合

根据材料本质韧/脆性的讨论已经知道,fcc 结构的金属比起 bcc 和 hcp 结构的金属具有更好的韧性,但强度可能略低。因此,在组织中获得适量的 fcc 相,将在不降低强度或强度降低不大的条件下大幅度提高韧性。这在具有同素异构转变的铁及钛合金中都得到证实。

通常控制相结构的最常见办法是合金化。例如,在钢中加入稳定奥氏体的元素,如 Ni、Mn、N 等,可将高温奥氏体全部或部分保留至室温,从而提高韧性。当然,钢中的马氏体强度高而脆性大,奥氏体强度低而脆性小,因此马氏体及奥氏体含量的合理分布,才有望获得强度和韧性的最佳配合。钢中奥氏体相还可能起到相变增韧效果。室温的奥氏体一般是热力学亚稳相,在外界提供刺激(例如施加载荷)时,有可能诱发马氏体相变,相变过程中吸收大量能量,起到韧化效果。TRIP 钢即是最典型的实例。

为了使 hcp 结构的钛合金得到最佳的韧性,同样要重视相的组合。图 8.2.4 显示了钛合金相结构对屈服强度和断裂韧度的影响,可以看出,亚稳 β 相(bcc)合金的韧性最高,α 相(hcp)$+\beta$ 相组成的双相合金一般韧性较差。而且在双相合金中,β 基体中的针状 α 相比等轴 α 相的韧性高。

利用韧性相的合理分布来提高材料整体韧性的原理在金属间化合物中也有广泛应用。例如,Co_3V 是复杂立方结构,很脆,加入 Fe 就可变为 $L1_2$ 立方结构,韧性可大大提高;在 NiAl 中加入 Co、Fe、Cr,在 Ni_3Al 中加入 Mn、Fe、Cr,就可能在晶界处形成一薄层 fcc 韧性

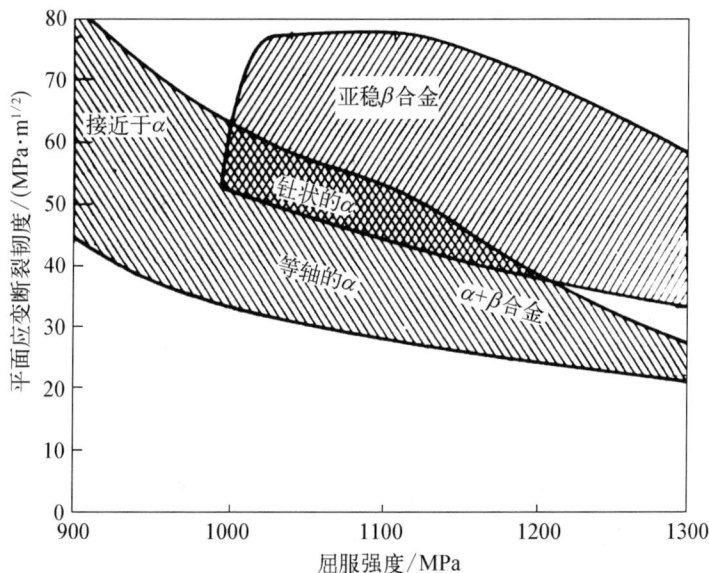

图 8.2.4 显微组织对钛合金强度和韧性的影响

相,从而提高韧性;hcp 结构的 Ti_3Al 在室温时独立滑移系只有 3 个(限于基面),而加入 Nb、Mo、V 等元素可使棱柱滑移面开动,提高塑性和韧性。

8.2.3.3 第二相颗粒

在金属材料中,总是含有很多第二相颗粒,颗粒可分为 3 种类型。

(1) 可在光学显微镜下看到的大颗粒,其粒径为 $1\sim20~\mu m$。它们通常是由各种合金元素的复杂化合物组成。

(2) 用电子显微镜才能看到的中等颗粒,其粒径量级为 $0.05\sim0.5~\mu m$。它们多是金属冶炼、铸造中为抑制晶粒长大而添加抑制剂形成的化合物。

(3) 小的沉淀颗粒,粒径量级为 $0.005\sim0.05~\mu m$。它们是有意通过"固溶＋时效"处理而形成的,用以提高屈服强度,即产生颗粒强化效果。

在这 3 类颗粒中,大颗粒通常都很硬脆,难以适应周围基体的塑性变形。应变只有百分之几量级的时候,在大颗粒处就形成了孔洞,可以想象大颗粒的存在将严重降低材料的断裂韧性。关于第二相颗粒对断裂韧度的影响,已有很多分析模型,下面简单介绍两种。

1) 克拉夫特模型

克拉夫特(Kraft)模型[1]如图 8.2.5 所示,假设第二相颗粒在裂纹尖端前方 r 处均匀分布,间距为 d_T,并构成塑性区。在 r 轴上的正应力分布为

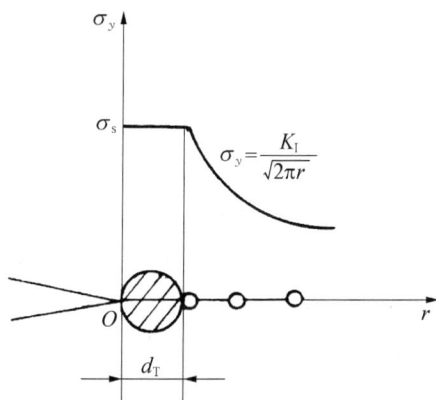

图 8.2.5 Kraft 模型示意

---

[1] KRAFT J M. Discussion:plane-strain fracture toughness of high-strength aluminum alloys[J]. Journal of Basic Engineering,1965,87:904.

$$\sigma_y = \frac{K_I}{\sqrt{2\pi d_T}} \tag{8.2.4}$$

根据胡克定律,在 r 轴上的正应变分布为

$$\varepsilon_y = \frac{\sigma_y}{E} = \frac{K_I}{E\sqrt{2\pi r}} \tag{8.2.5}$$

在 $r = d_T$ 处,即在基体与颗粒界面处,

$$\varepsilon_y = \frac{K_I}{E\sqrt{2\pi d_T}} \tag{8.2.6}$$

假定塑性区内的应变硬化规律与单向拉伸时应变硬化规律相同,也服从霍洛曼关系:$S = K\varepsilon^n$,$\varepsilon_B = n$,其中 n 为应变硬化指数,ε_B 为达到颈缩时的临界应变值。当 $\varepsilon_y = \varepsilon_B$ 时,裂纹尖端的应力集中使相邻第二相颗粒断裂或沿颗粒界面脱离形成空穴,空穴长大与主裂纹连接进而导致断裂,此时 $K_I = K_{IC}$,$\varepsilon_y = \varepsilon_B = n$,则式(8.2.6)变为

$$K_{IC} = nE\sqrt{2\pi d_T} \tag{8.2.7}$$

该式表明,断裂韧度 K_{IC} 与刚度参量(E)、塑性参量(n)以及组织结构参量(d_T)有关。颗粒平均间距 d_T 与颗粒直径 d_P 及其体积分数 f_V 有关。因为颗粒体积为 $\frac{\pi d_P^3}{6}$,单位体积内颗粒数为 $N = 6f_V/(\pi d_P^3)$,因此有

$$d_T = N^{-\frac{1}{3}} = d_p\left(\frac{\pi}{6}\right)^{\frac{1}{3}} f_V^{-\frac{1}{3}} \tag{8.2.8}$$

代入式(8.2.7)得

$$K_{IC} = nE\sqrt{2\pi}\left(\frac{\pi}{6}\right)^{\frac{1}{6}} \cdot d_p^{\frac{1}{2}} \cdot f_V^{-\frac{1}{6}} \tag{8.2.9}$$

由此可知,降低第二相颗粒或夹杂的含量,将使 K_{IC} 升高。但是应该指出,克拉夫特模型中将线弹性应力-应变关系(即胡克定律)外推到大量塑性变形的颈缩阶段,与实际情况有一定出入。表8.2.5列出了 Fe-0.45C-2Ni-1.5Cr-0.5Mo($n = 0.06$)中 S 含量对断裂韧度影响的实验结果,表中还列出了由定量金相法实测的颗粒间距以及由克拉夫特模型计算的颗粒间距,两者比较接近,说明克拉夫特模型有一定的适用性。

  2) 赖斯-约翰逊模型

  在韧性断裂时,由裂纹钝化在裂纹顶端附近产生的强烈应变区(D区)对断裂过程起重要作用。对钝化的裂纹顶端塑性区的滑移线场理论分析表明,D区在裂纹延长线上的尺寸约为 $1.9\delta_t$(δ_t 为裂纹顶端直径),这是在刚塑性假设下由滑移线场理论得到的。在材料有硬化的情况下,裂纹顶端的塑性区在较大区间内展开,而不是无硬化时那么集中于裂纹顶端附

表 8.2.5　Fe‑0.45C‑2Ni‑1.5Cr‑0.5Mo($n = 0.06$)中 S 含量对断裂韧度的影响

S 含量/(%)	K_{IC}/(MN/m$^{3/2}$)	$d_T/\mu m$	
		Kraft 模型计算值[1]	定量金相法实测值[2]
0.008	71.8	5.7	6.1
0.016	61.3	4.1	5.4
0.025	56.3	3.2	4.4
0.049	47.1	2.4	3.7

注：① $d_T = \dfrac{1}{2\pi}\left(\dfrac{K_{IC}}{nE}\right)^2$；② $d_T = \left(\dfrac{A}{N}\right)^{\frac{1}{2}}$，式中，$A$ 为测量面积，N 为测量面积内的碳化物颗粒数。

近。赖斯(Rice)和约翰逊(Johnson)[1]认为,只有当强烈应变区 D 中包围有第二相颗粒,并且在被包围颗粒处的应变达到某个临界的断裂应变使空穴形成和生长,才导致材料的断裂,如图 8.2.6 所示。

假设颗粒平均间距为 d_T,强烈变形区范围近似等于 δ,则断裂的准则为

$$\delta_C = d_T \tag{8.2.10}$$

根据线弹性及小范围屈服情况下 δ_C 与 K_{IC} 之间的关系,可以确定

$$K_{IC} \doteq \sqrt{2\sigma_s E d_T} \tag{8.2.11}$$

式中,σ_s 为屈服强度。将表示 d_T 与 d_P 及 f_V 关系的式(8.2.8)代入上式得到

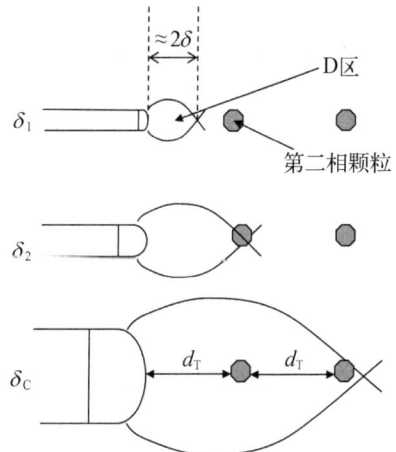

图 8.2.6　Rice-Johnson 模型

$$K_{IC} \doteq \left[\sqrt{2\sigma_s E}\left(\frac{\pi}{6}\right)^{\frac{1}{6}}\right] \cdot d_P^{\frac{1}{2}} \cdot f_V^{-\frac{1}{6}} \tag{8.2.12}$$

此式与克拉夫特所得到的式(8.2.9)相差不多,只是赖斯-约翰逊模型中多了一个强度参量 σ_s,而没有塑性参量。

综合上述讨论,比较式(8.1.14)、式(8.2.7)及式(8.2.11)可见,材料的断裂韧度不仅仅取决于强度和塑性,还取决于弹性模量(刚度),这与基于变形控制的韧化仅考虑强度和塑性的配合不同。这是因为,基于断裂控制的韧化针对的是带裂纹固体,弹性模量间接地反映原子键的强度,高的弹性模量具有较高的裂纹尖端区原子键断裂抗力。也就是说,高弹性模量固体就有较高的裂纹起裂抗力。这也是不同金属材料在强度相近时,刚度越高的材料断裂韧度越高的原因[参见图 8.1.5(a)]。

① RICE J R，JOHNSON A. Elastic Behavior of Solids[M]. New York：McGraw-Hill，1970.

8.3 陶瓷的断裂及韧化

8.3.1 陶瓷的强度

陶瓷材料一般由固体粉末烧结成形,不仅存在大量的气孔,而且这种气孔大多呈不规则形状,其作用相当于裂纹,这给陶瓷材料的强度带来许多特点。

(1) 陶瓷的理论强度 σ_{th} 与实际强度 σ_{ex} 之间的差异较大,其比值 σ_{th}/σ_{ex} 远大于金属材料,约差一个数量级。这反映了陶瓷材料内部固有缺陷多的事实。

(2) 陶瓷的强度具有明显的各向异性。陶瓷的抗拉强度 σ_{bt} 比抗压强度 σ_{bc} 小得多,其比值 σ_{bt}/σ_{bc} 也远小于金属。即使很脆的铸铁,其 σ_{bt}/σ_{bc} 也为 $1/4\sim1/3$,而陶瓷材料的 σ_{bt}/σ_{bc} 几乎都在 $1/10$ 以下。这是因为在压缩时裂纹类缺陷可以闭合,对抗压强度影响较小。

(3) 陶瓷强度的分散性很大,并且与材料的体积有关。陶瓷内部或表面缺陷的存在是概率性的,随试样体积增大,缺陷存在的概率也增加,强度下降。因此陶瓷材料的强度也具有随机性,应进行统计分析。通常认为陶瓷材料强度服从三参数威布尔分布规律,在拉应力下的断裂概率为

$$F = 1 - \exp\left[-\int_V \left(\frac{\sigma - \sigma_{min}}{\sigma_0}\right)^m \mathrm{d}V\right] \tag{8.3.1}$$

式中,m 为威布尔模数,它确定了强度分布的宽度,其值愈大,则强度值的波动范围愈小;σ_0 为特征强度,它确定了分布在应力空间中的位置;σ_{min} 为最低强度。陶瓷的 m 值通常为 $5\sim20$。

在许多场合中采用 $\sigma_{min} = 0$ 得到双参数威布尔分布,则式(8.3.1)可简化为

$$\ln\left(\frac{1}{1-F}\right) = L_F V \left(\frac{\sigma_{max}}{\sigma_0}\right)^m = \left(\frac{\sigma_{max}}{\sigma_0^*}\right)^m \tag{8.3.2}$$

式中,σ_{max} 为最大外加应力;V 为承载的体积;L_F 为承载因子,它反映的是物体内部的应力状态,在单轴拉伸条件下其值为 1。由式(8.3.2),σ_0 可以解释为具有单位体积的物体在断裂概率为 0.632 时所具有的单轴强度。使用参数 $\sigma_0^* = \sigma_0 (L_F V)^{1/m}$ 更方便一些,它表示了对于特定的 V 和 L_F,在 $F = 0.632$ 时的比特征强度。承载因子是与单轴拉伸情况相比较所获得的物体承载效率的一个量度。乘积 $(L_F V)$ 通常称为有效体积,因为它说明了物体是如何有效地承受应力的。表 8.3.1 给出了陶瓷材料常见力学性能试验方法的承载因子。上述分析是假定裂纹分布在整个材料体积内。通过用面积项取代体积项,类似的分析也适用于只含有表面裂纹的物体。

在分析强度数据时,式(8.3.2)通常写成

$$\ln\ln\left(\frac{1}{1-F}\right) = m \ln \sigma_{max} - m \ln \sigma_0^* \tag{8.3.3}$$

将式(8.3.3)的等号左边的项对强度的自然对数作图将得到一条直线,其斜率为 m,由截距项 $(-m \ln \sigma_0^*)$ 可以确定 σ_0^*。而参数 σ_0^* 与平均强度 σ_{av} 之间的关系为

表 8.3.1 陶瓷材料常见力学性能试验方法的承载因子

试　验　方　法		承载因子 L_F
单轴拉伸		1
弯曲试验	纯弯曲	$\dfrac{1}{2(m+1)}$
	三点弯曲	$\dfrac{1}{2(m+1)^2}$
	四点弯曲(L_1 为内跨距,L_0 为外跨距)	$\dfrac{mL_1+L_0}{2L_0(m+1)}$

$$\sigma_{av}=\sigma_0^* \Gamma\left(1+\frac{1}{m}\right) \tag{8.3.4}$$

在上述处理过程中,需要对每一个试样给出一个断裂概率。通常这个断裂概率为

$$F=\frac{n-0.5}{N} \tag{8.3.5}$$

N 个试样的强度数据从最小值到最大值按顺序排列,给出了一个序数 n,其中 $n=1$ 为强度最低的试样。

由上述分析可见,陶瓷材料的体积和承载方式对其强度有很大影响,如图 8.3.1 所示。图 8.3.1(a)给出了两组具有不同体积但在同样的加载方式下发生破坏的强度值。可以预期,具有较大体积的试样将表现出较低的强度,这是因为在大试样中存在较大裂纹的概率将会增大。在试样体积相同的情况下,承载方式变得重要起来。弯曲试样中应力对物体的作用不如拉伸试验中那么有效。因此在试样尺寸相同的情况下,弯曲试验得到的强度值大于单轴拉伸的结果[见图 8.3.1(b)]。显然,多轴加载也会降低强度[见图 8.3.1(c)]。

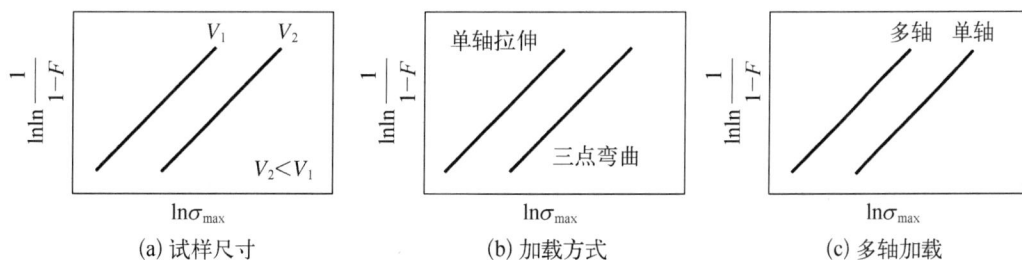

图 8.3.1 不同因素对强度分布的影响

8.3.2 陶瓷的断裂

8.3.2.1 裂纹特征

陶瓷中是共价键及离子键结合,塑性变形极其困难,几乎不存在类似于金属的微孔聚集型韧性断裂,只能发生解理断裂或沿晶断裂。陶瓷解理断裂和沿晶断裂的宏观特征及微观机制与金属相似。

在分析陶瓷的断裂时,经常假定陶瓷中一开始就含有裂纹。在某些情况下裂纹确实是存在的,但是也有足够的证据指出裂纹会在应力作用下形成。对于陶瓷材料,总是假定裂纹是通过高应力区域中原子键的解理而形成的。这些高应力可能起源于应力集中,也可能是残余应力。高应力的存在通常与材料在显微结构尺度上的不均匀性或者局部接触所导致的非弹性变形有关。例如,在陶瓷材料制备过程中总是不可能消除所有气孔,在材料的使用过程中,这些气孔尖锐边角处的应力集中就足以诱发裂纹。再例如,接触过程(如撞击、磨蚀、磨耗等)可以产生高应力,从而诱发裂纹在接触位置附近区域形成。另外,服役过程中的温度急剧变化也会导致热应力,进而引发裂纹。

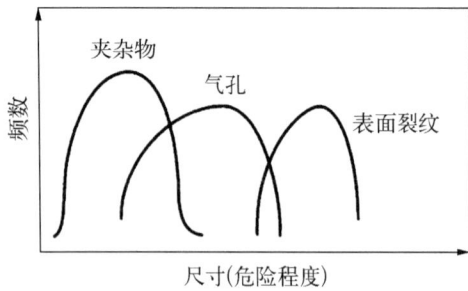

图 8.3.2　陶瓷材料中不同类型裂纹的尺寸-频数关系

除了不同类型的裂纹之间会相互竞争以成为断裂源外,在同一类型裂纹中,裂纹尺寸也存在一个分布。所以,脆性陶瓷的断裂应力不是一个确定的数值,而最好是将其视为一个分布。图 8.3.2 是陶瓷材料中可能存在的一组不同类型裂纹的尺寸-频数关系示意图。在这个例子中,最危险的裂纹类型是表面裂纹,可能由机械加工过程引进。如果这些表面裂纹被消除或者危险性减小,那么下一类最危险的裂纹就是气孔,它们可能成为最主要的断裂源。最后,如果气孔的危险性也得到减弱,断裂可能就由组织中的夹杂物主导。当然,也存在不同类型断裂源并存的可能性。

8.3.2.2　断裂韧度

脆性是陶瓷的特征,也是它的致命弱点,其断裂是典型的脆性断裂。工程陶瓷的断裂韧度比金属约低 1～2 个数量级,如图 8.3.3 所示。从断裂过程吸收的能量角度分析,由于陶

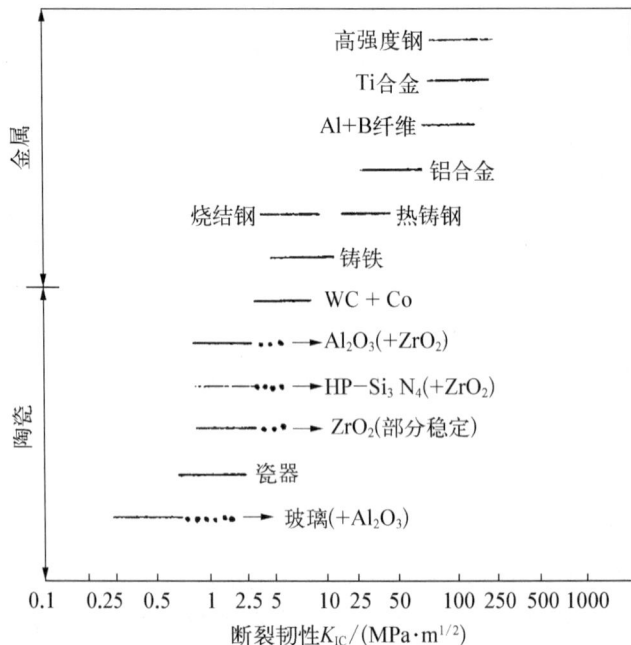

图 8.3.3　陶瓷材料与金属材料断裂韧度的比较

瓷断裂不消耗塑性变形功,因此断裂能远低于金属,差别甚至可达4～5个数量级。

8.3.3 影响陶瓷强度的组织因素

8.3.3.1 气孔

气孔是绝大多数陶瓷的主要组织缺陷之一,气孔明显地降低了载荷作用横截面积,同时也是引起应力集中的地方。实验发现,多孔陶瓷的强度随气孔率 P 的增加近似按指数规律下降:

$$\sigma = \sigma_0 \exp(-\alpha P) \tag{8.3.6}$$

式中,σ_0 为 $P=0$ 时的强度;α 为常数,其值为4～7。根据式(8.3.6)可推断,当 $P=10\%$ 时,陶瓷的强度下降到无气孔时的一半。因此,为了获得较高强度,应制备接近理论密度的无气孔陶瓷材料。

8.3.3.2 晶粒尺寸及形状

陶瓷材料的强度与晶粒尺寸 d 的关系也符合霍尔-佩奇关系。对于单相多晶陶瓷材料,晶粒形状最好为均匀的等轴晶粒,这样承载时变形均匀而不易引起应力集中,从而使强度得到充分发挥。

8.3.3.3 晶界相

陶瓷材料的烧结大都要加入助烧剂,形成一定量的低熔点晶界相而促进致密化。晶界相的成分、性质及数量(厚度)对强度有显著影响。晶界相最好能起阻止裂纹过界扩展并松弛裂纹尖端应力场的作用。晶界玻璃相的存在对强度是不利的,所以应通过热处理使其晶化。

8.3.4 陶瓷的增韧

陶瓷材料的塑性极差,其增韧大多遵循以断裂控制的韧化原则。从断裂力学角度看,陶瓷材料中裂纹扩展时所耗塑性变形功极低甚至没有,因此克服脆性的关键是在陶瓷材料结构中设置其余耗能机制,增加裂纹扩展阻力。此外,要尽量降低晶粒度、气孔尺寸及有害杂质含量。

8.3.4.1 相变增韧

某些陶瓷在应力诱发下也会发生马氏体相变,达到增韧效果。现以 ZrO_2 为例进行简要讨论。

1) ZrO_2 中的相变及组织

纯 ZrO_2 从高温液相冷却到室温的过程中会发生如下相变:

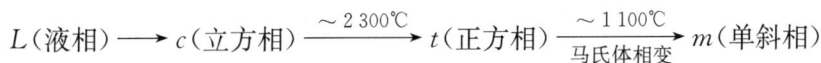

$$L(液相) \longrightarrow c(立方相) \xrightarrow{\sim 2\,300℃} t(正方相) \xrightarrow[马氏体相变]{\sim 1\,100℃} m(单斜相)$$

其中,$t \to m$ 相变属于马氏体相变,转变时将产生约5%的体积膨胀,并吸收大量能量。若能将 t 相亚稳定到室温,使其在承载时由应力诱发 $t \to m$ 转变,在相变吸收大量能量的同时,由体积膨胀的 m 相对周围区域特别是裂纹区产生压应力,使裂纹闭合,不易扩展,从而表现出较高的韧性。这就是相变增韧的机理。

为了使 t 相亚稳定至室温,通常需加入稳定剂,如 Y_2O_3、CaO、CeO 等。随稳定剂含量及热处理工艺的不同,室温下可分别获得4种类型的组织:$(t+m)$双相组织;$(c+t)$双相组织;$(c+t+m)$三相组织;全稳定 t 相组织(四方氧化锆多晶,tetragonal zirconia polycrystal,

TZP)。其中前 3 种均为含有亚稳 t 相的多相组织,统称为部分稳定氧化锆(partially atablized zirconia, PSZ)。

2) PSZ 应力诱发相变增韧机制

PSZ 相变增韧机制如图 8.3.4 所示。当裂纹扩展进入含有 t 相的区域时,在裂纹尖端应力场作用下形成 $t \rightarrow m$ 转变过程区[见图 8.3.4(a)]。在过程区内,除产生新的断裂表面而吸收能量外,还可能具有如下 3 种阻碍裂纹扩展的机制。

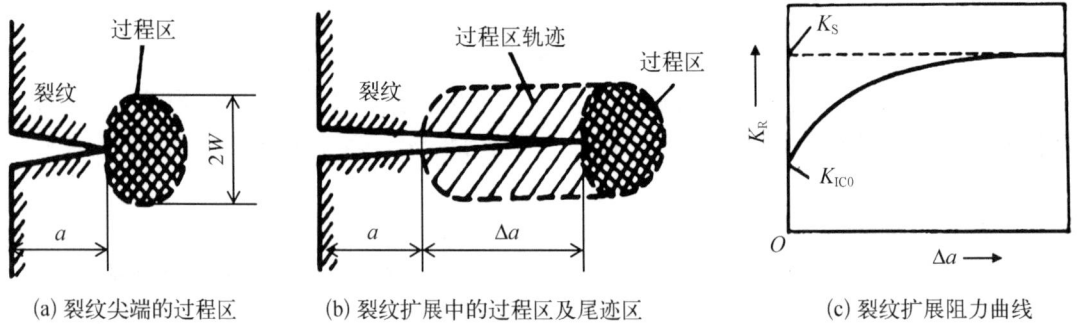

(a) 裂纹尖端的过程区　　(b) 裂纹扩展中的过程区及尾迹区　　(c) 裂纹扩展阻力曲线

图 8.3.4　PSZ 相变增韧机制

(1) 相变增韧:应力诱发 $t \rightarrow m$ 转变,因体积膨胀吸收能量,增韧效果为[①]

$$\Delta K_{ICT} = e^{T} E V_f Y \sqrt{W} \tag{8.3.7}$$

式中,e^{T} 为无约束相变应变;E 为杨氏模量;ν 为泊松比;V_f 为相变颗粒体积分数;W 为裂纹顶端相变区半高;Y 为裂纹形状因子,与 $\Delta a / W$ 比值及 W 有关。

(2) 微裂纹增韧:由裂纹尖端集中应力与相变比容差导致的相变应力叠加产生的高应力,可能导致过程区内产生微裂纹,微裂纹的形成会吸收额外的表面能,增韧效果为[②]

$$\Delta K_{ICM} = 0.25 E_1 f_s \Theta W^{\frac{1}{2}} \tag{8.3.8}$$

式中,E_1 为含微裂纹过程区的杨氏模量;f_s 为微裂纹密度;Θ 为微裂纹引起的膨胀应变。

(3) 残余应力增韧:因相变体积膨胀产生压应力,使裂纹尖端的有效应力强度因子降低,增韧效果记为 ΔK_{ICS}。

因为可能存在上述三种裂纹阻滞机制,裂纹倾向于停止扩展,所以必须提高外力才能使其继续扩展。这样,随应力水平的增加,裂纹尖端产生的 $t \rightarrow m$ 转变区不断前进,并在裂纹上、下面后部留下过程区轨迹[见图 8.3.4(b)]。随裂纹长度增加,裂纹尖端区应力强度因子 K_1 是逐渐增大的,相变过程区也随之增大,裂纹扩展的阻力也增大,形成类似于金属的稳态扩展阻力曲线[见图 8.3.4(c)]。

3) 晶粒尺寸对相变增韧的影响

上述几种增韧机制常常相伴而生,即所谓相变复合增韧。这是因为任何陶瓷材料的晶

---

① MCMEEKING R, EVANS A G. Mechanics of transformation—toughening in brittle materials[J]. J. Am. Cream. Soc. , 1982, 65: 242.
② FABER K T. Advances in ceramics[J]. Sci. Tech. Zironia-Ⅱ, Am. Cream. Soc. , 1984, 12(2): 293.

粒尺寸都不是均匀单一的,而是有一个尺寸分布范围,不同尺寸的晶粒具有不同的增韧方式。现仍以 ZrO_2 为例来说明。

在 ZrO_2 中,除稳定剂含量以外,t 相晶粒直径 d 也是影响冷却过程中 $t \rightarrow m$ 转变的一个重要因素。一般,随 d 减小,马氏体相变开始点 Ms 下降,即 t 相更稳定。在实际陶瓷中,晶粒尺寸并不均匀,而是有一个尺寸分布范围,因此存在一个临界直径 d_C,$d > d_C$ 的晶粒在冷却到室温后已转变为 m 相,不能产生应力诱发相变增韧;$d < d_C$ 的晶粒在冷却到室温后仍然保留为 t 相,有可能产生应力诱发相变增韧。此外,室温下 t 相对应力的稳定性也与 d 有关。一般,随 d 减小,t 相稳定性增加(即不易发生应力诱发 $t \rightarrow m$ 转变)。因此,又存在一个临界直径 d_1,$d > d_1$ 的晶粒可发生应力诱发 $t \rightarrow m$ 转变,起到增韧效果;$d < d_1$ 的晶粒不发生应力诱发 $t \rightarrow m$ 转变,无增韧效果。因此综合起来,能发生应力诱发相变增韧的晶粒尺寸应满足:$d_1 < d < d_C$。

另外,$d > d_C$ 的晶粒在冷却到室温时已转变成 m 相。实验表明,在较大的 m 相晶粒周围由于相变的体积效应会诱发显微裂纹;而在较小的 m 相晶粒周围无显微裂纹存在,但有残余压应力存在。这是因为,大晶粒相变时产生的累积变形大,因而使周围基体产生的应力超过了断裂强度;小晶粒相变时产生的累积变形小,不足以产生此效应。因此,存在一个临界晶粒直径 d_m,当 $d > d_m$ 时,$t \rightarrow m$ 转变会诱发显微裂纹,产生显微裂纹增韧;当 $d < d_m$ 时,无显微裂纹,但有残余应力,产生残余应力增韧。

综上所述,具有连续均匀分布晶粒尺寸的 ZrO_2 陶瓷存在相变复合增韧效果。其不同尺寸晶粒有不同的韧化机制:① 当 $d > d_m$ 时,显微裂纹增韧 ΔK_{ICM};② 当 $d_C < d < d_m$ 时,残余应力增韧 ΔK_{ICS};③ 当 $d_1 < d < d_C$ 时,相变增韧 ΔK_{ICT};④ 当 $d < d_1$ 时,无增韧。

图 8.3.5 给出了不同尺寸晶粒产生不同增韧机制及其对韧性贡献。当 t - ZrO_2 晶粒很

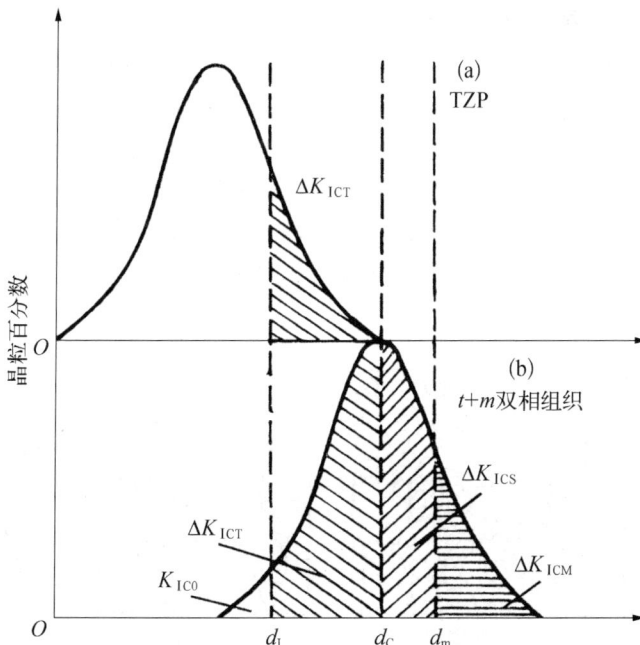

图 8.3.5　不同尺寸晶粒的增韧示意图

小时,只有一部分晶粒(表面层)产生相变增韧。所以,细晶粒 TZP 只存在单一相变增韧机制。而晶粒适当的$(t+m)$双相并带显微裂纹的组织,却存在诱发相变增韧、显微裂纹增韧、残余应力增韧等多种复合韧化效果:

$$K_{\mathrm{IC}(t+m)}=K_{\mathrm{IC0}}+\Delta K_{\mathrm{ICT}}+\Delta K_{\mathrm{ICM}}+\Delta K_{\mathrm{ICS}} \qquad (8.3.9)$$

而 TZP 的断裂韧度为

$$K_{\mathrm{IC(TZP)}}=K_{\mathrm{IC0}}+\Delta K_{\mathrm{ICT}} \qquad (8.3.10)$$

式中,K_{IC0} 为无韧化效应的基体的断裂韧度。

应注意,以上所述仅为 ZrO_2 陶瓷本身的增韧机制。若将其 $t \rightarrow m$ 相变作用引入 Al_2O_3、Si_3N_4、莫来石等其他陶瓷基体,也可产生显著的增韧效果,如表 8.3.2 所示。

表 8.3.2 ZrO_2 增韧莫来石及氮化硅复合材料的强度和断裂韧度

材　料	σ_f/MPa	$K_{\mathrm{IC}}/(\mathrm{MPa \cdot m^{1/2}})$
莫来石	224	2.8
莫来石＋ZrO_2	450	4.5
Si_3N_4	650	4.8~5.8
Si_3N_4＋ZrO_2	750	6~7

资料来源:周玉. 陶瓷材料学[M]. 哈尔滨:哈尔滨工业大学出版社,1995.

8.3.4.2 控制显微结构增韧

对于 SiC、Si_3N_4 陶瓷,主要通过控制显微结构来增韧,例如改变晶粒形状、尺寸、晶界特性等。图 8.3.6 为 SiC 烧结时显微结构变化示意图,随着烧结过程进行,初期出现液相,同时使晶粒重排和致密化,晶粒由等轴形态转变为板条形态,形成轴径比和晶粒较大的显微组织。因此,可通过控制烧结时间和温度来获得想要的显微组织形态。扫描电镜观察表明,当轴径比增大时,裂纹扩展过程产生较大的曲折,因此要消耗更多的能量,提高断裂韧度,如图 8.3.7 所示。图 8.3.8 为 SiC 烧结体的断裂韧度与平均轴径比的关系,可见当轴径比由 1.3 增加到 3.8 时,其断裂韧度增加 2 倍多。

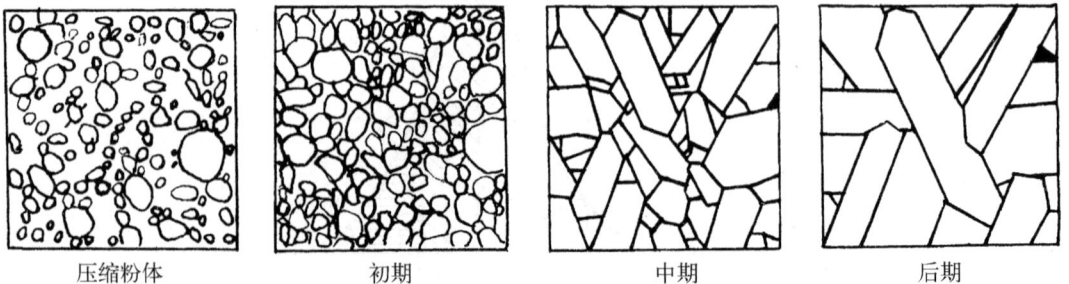

压缩粉体　　　　　初期　　　　　中期　　　　　后期

图 8.3.6 SiC(添加 Al_2O_3)烧结时显微结构的变化

图 8.3.7 柱状晶和等轴晶中裂纹走向对比

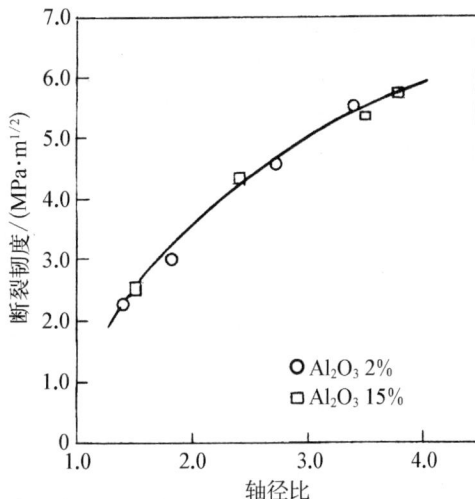

图 8.3.8 SiC 的断裂韧度与平均轴径比的关系

在多晶体陶瓷或多相陶瓷中,由于晶粒热膨胀系数的各向异性,在烧结后的冷却过程中会产生较大的热应力,容易产生微裂纹。由晶界残余应力引发微裂纹的尺寸与晶粒大小有关。图 8.3.9 为 Al_2O_3 晶粒尺寸 d 和断裂能 γ 之间的关系,可见随 d 增大,γ 下降,这说明较细微裂纹增韧效果较好;图 8.3.10 为 Si_3N_4 粒径与断裂韧度 K_{IC} 之间的关系,K_{IC} 随 d 增大而先升高后下降,在 $1\sim5$ μm 间出现峰值,表明存在一个最佳粒径,由此产生适度的微裂纹,达到最有效的微裂纹增韧效果。

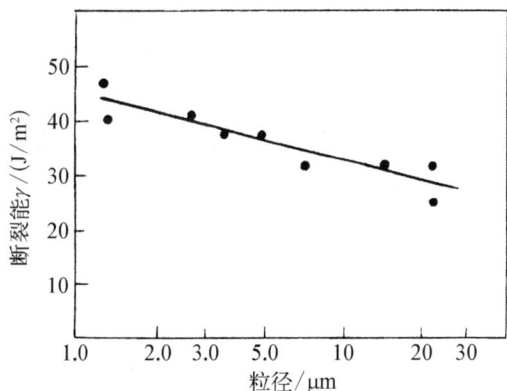

图 8.3.9 Al_2O_3 烧结体的断裂能与粒径的关系

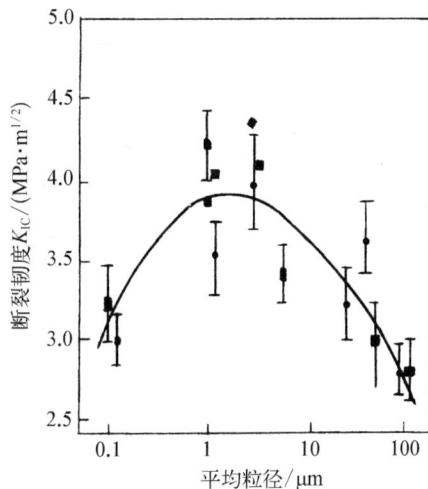

图 8.3.10 平均粒径对 Si_3N_4 断裂韧度的影响

8.3.4.3 复合增韧

陶瓷结构的本质脆性使得其仅自增韧的效果有限,若在陶瓷基体中添加纤维、晶须、颗粒等增强体(在此处,更确切说应是增韧体)制备成陶瓷基复合材料,就有可能使裂纹扩展受到抑制,可达到较显著的增韧效果,称为复合增韧。例如,B_4C_3 的断裂韧性在 $3.0\sim3.2$ MPa·$m^{\frac{1}{2}}$ 之间,添加体积分数为 20% 的 SiC 晶须后,其断裂韧度可达 5.3 MPa·$m^{\frac{1}{2}}$。

复合增韧的机制可分为两大类,即裂纹尖端相互作用和裂纹桥接。以下简要说明。

(1) 裂纹尖端相互作用。这类增韧机制的主要目的是在裂纹扩展路径上设置一些障碍物以抑制裂纹运动。这些障碍物可以是第二相颗粒、晶须、纤维,也可是一些不容易产生解理的区域。当裂纹前端受到一排障碍物的阻挡时会出现两种不同的情况。第一种情况是,尽管裂纹被障碍物所钉扎,却可以借助裂纹弓形化过程绕过障碍物,这一点与位错受障碍物钉扎的情况有些类似。图 8.3.11 给出了一个玻璃中裂纹在夹杂物处弓形化的实例,可见裂纹将基本上处于初始平面上。第二种情况是借助于裂纹偏转过程绕过障碍物,即改变裂纹扩展方向从而绕过障碍物,如图 8.3.12 所示。裂纹偏转导致韧性的增加可能有两种原因:第一,裂纹偏转以后就转变为Ⅱ型或Ⅲ型加载方式,裂纹扩展能量释放率 G 下降;第二,裂纹偏转后扩展路程加长,断裂功增大。

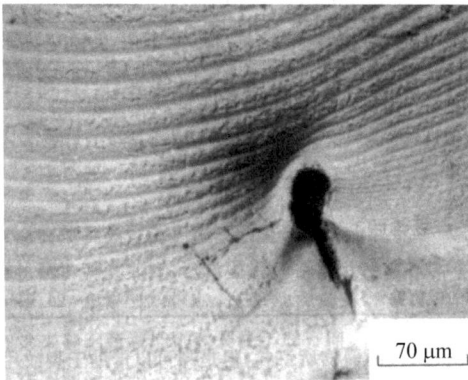

图 8.3.11 玻璃中裂纹前端在夹杂物处的弓形化

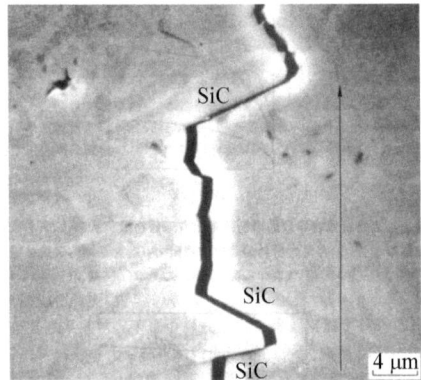

图 8.3.12 氧化铝基体中的 SiC 板状颗粒导致的裂纹偏转

显然,裂纹偏转的程度与障碍物的含量、尺寸及形状有很大关系。目前已有研究者采用各向异性断裂力学理论分析了障碍物体积分数及形状对断裂韧度的影响,如图 8.3.13 所示。在一定的体积分数范围内,随障碍物含量增多,韧性增大;从障碍物形状来看,圆柱形的增韧效果最好,饼形的次之,最差的是球形;就圆柱形障碍物来看,长径比愈大,增韧效果愈好。

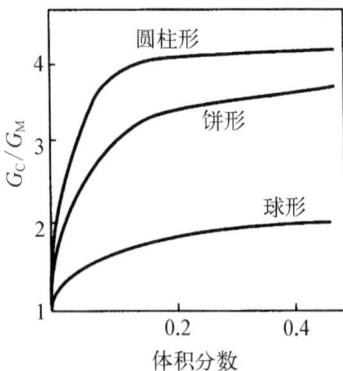

(a) 三种形状障碍物增韧效果比较

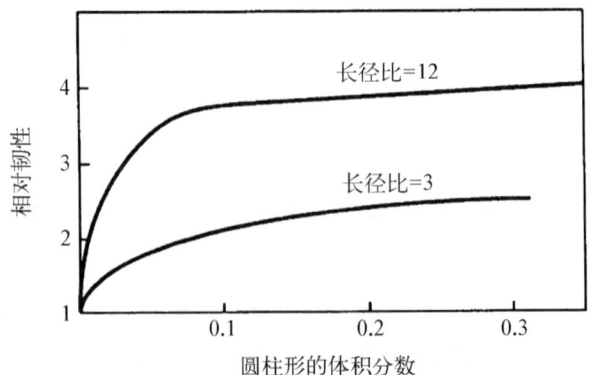

(b) 圆柱形障碍物的长径比对断裂韧度的影响

图 8.3.13 理论预测的障碍物体积分数及形状对断裂韧度的影响

（2）裂纹桥接。在8.3.4.2节讨论中已经指出，裂纹可以绕过障碍物并使障碍物保持原状。在这一情况下，障碍物就在裂纹尖端尾部构成了一条韧带（未断裂带），即产生所谓的裂纹桥接作用。在复合材料整体断裂过程中，这些桥接物将发生一些微观破坏过程，包括纤维或晶须的断裂、拔出、与基体脱黏，以及韧性颗粒的塑性变形、断裂等。图8.3.14显示了在氧化铝基体中拔出一根SiC晶须的情况。这些微观破坏过程都将吸收额外的能量，达到增韧效果。这一类增韧机制的定量效果可用复合材料力学理论进行分析，详见8.5.3节。

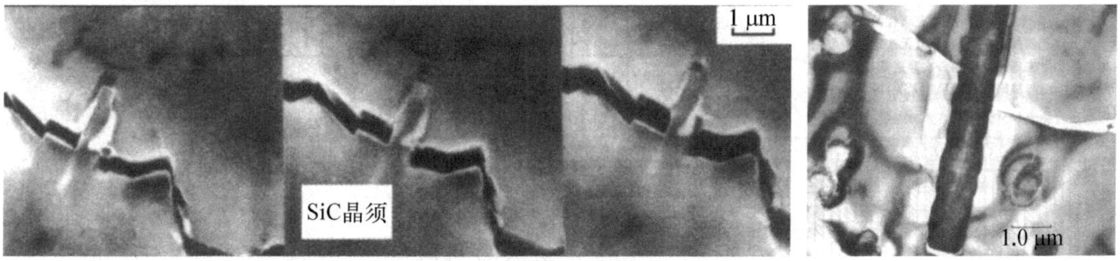

$K_I=2.6\ \mathrm{MPa\cdot m^{1/2}}$ $K_I=5.4\ \mathrm{MPa\cdot m^{1/2}}$ $K_I=5.9\ \mathrm{MPa\cdot m^{1/2}}$

（a）扫描电镜显示的拔出过程 （b）透射电镜显示的拔出后情况

图8.3.14 在氧化铝基体中拔出SiC晶须的情况

（褚武杨，乔利杰，陈奇志，等. 断裂与环境断裂[M]. 北京：科学出版社，2000.）

8.4 聚合物的断裂及韧化

8.4.1 聚合物断裂特征

聚合物的断裂从宏观角度也可分为脆性断裂和韧性断裂两大类。不同的聚合物，如非晶态聚合物、结晶态聚合物、交联聚合物、高取向聚合物（如纤维）及高弹体（橡胶）等，由于其大分子链的凝聚态不同而呈现不同的断裂特征。

8.4.1.1 温度效应

同一种聚合物在不同的温度下呈现不同的力学状态，例如玻璃态、黏弹态、高弹态及黏流态，因而断裂特征也不相同。典型的非晶态聚合物在不同温度下的单向拉伸应力-应变曲线如图8.4.1所示。当温度很低（$T \ll T_g$）时，为典型的脆性断裂（见曲线①）。当温度稍稍升高些但仍比T_g低很多时，在屈服以后马上断裂，为准脆性断裂（见曲线②）。如果温度升高到接近T_g时，试样屈服后发生较大的黏弹性和塑性变形，为韧性断裂（见曲线③）。当温度升至T_g以上时，聚合物处于橡胶态，在不大的应力下便可以产生高弹变形，断裂应变很大（见曲线④）。但这部分高弹变形在断裂后可回复，因此不能算作

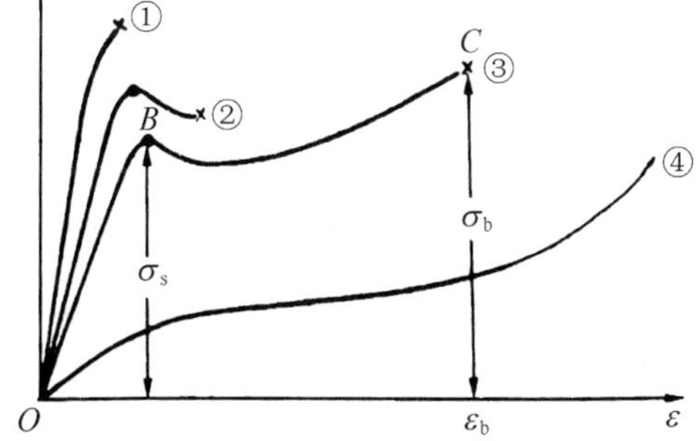

图8.4.1 非晶态聚合物在不同温度下单向拉伸的应力-应变曲线

韧性断裂,属于弹性体断裂。

也可以用系列摆锤冲击试验来研究温度对聚合物韧/脆性的影响。图 8.4.2 为甲基丙烯酸甲酯-丁二烯-苯乙烯共聚物(MBS)的系列冲击试验结果,与金属相似,也是温度愈低,冲击韧度(在聚合物中称为冲击强度)愈低,脆性愈大。但不像金属那样存在非常明显的韧-脆转变温度,而是存在 3 个与聚合物力学状态相关的温度区间。

(1) 低温区($T < -50℃$):橡胶处于玻璃态,在整个破坏过程中不能松弛,即橡胶球粒赤道平面上不能引发银纹,材料呈脆性破坏。

(2) 中间温度区($-50℃ \leqslant T \leqslant 20℃$):冲击破坏开始时,在试样缺口根部的裂纹速度较低,橡胶球粒赤道平面上能引发银纹,而在裂纹高速扩展时,材料呈脆性破坏。

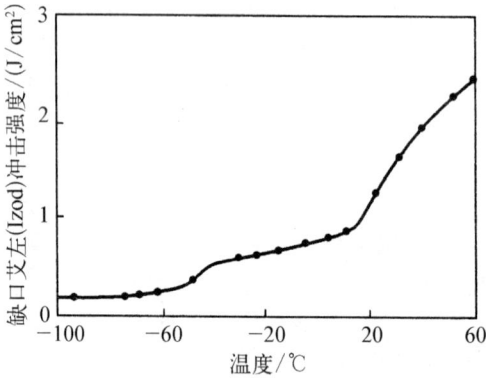

图 8.4.2 MBS 系列冲击试验结果

(3) 高温区($T > 20℃$):在缺口根部引发裂纹及随后裂纹高速扩展时,在橡胶球粒赤道平面上能引发大量银纹,吸收冲击能量,显示出增韧作用。

8.4.1.2 速率效应

聚合物是黏弹性材料,它的破坏过程也是一种松弛过程,因此外力作用速度或持续时间对聚合物强度有显著影响。如果一种聚合物在拉伸中链段运动的松弛时间与拉伸速度相适应,则材料在断裂前可以发生屈服,出现强迫高弹性。当拉伸速度提高时,链段运动跟不上外力的作用,为使材料屈服,需要更大的外力,即材料屈服强度提高了。进一步提高拉伸速度,材料终将在更高的应力下发生脆性断裂。图 8.4.3 是一组聚苯乙烯在 5 种不同拉伸速度下的应力-应变曲线,正显示了上述规律,并且与温度下降的影响规律是相似的。

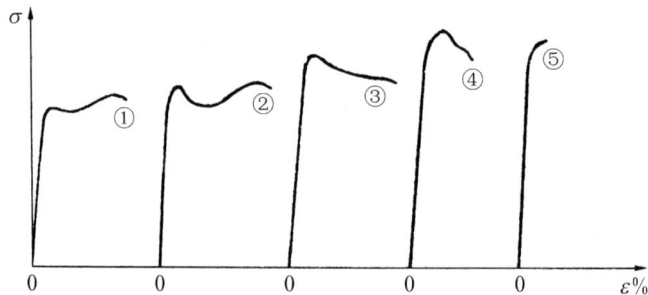

曲线编号	拉伸速度/(mm/s)	屈服强度(相对值)	断裂伸长率/%
①	0.021	239	22.2
②	0.106	268	26.0
③	0.529	319	22.3
④	2.117	353	12.0
⑤	8.467	334	3.5

图 8.4.3 聚苯乙烯在不同拉伸速度下的应力-应变曲线

根据这一原理,可以把不同温度和拉伸速度下得到的应力-应变曲线画成一簇曲线,如图 8.4.4 所示。如果把各曲线的断裂点连接起来,便得到材料的断裂轨迹 ABC。假定在某一温度和拉伸速度条件下,材料的应力应变关系沿曲线 OB 发展到达 D 点时,如果维持应力不变,则材料的伸长将随时间而增加,直到在 E 点断裂。而如果维持应变不变,则材料的应力将随时间而逐渐衰减,直到在 F 点断裂。这就是聚合物断裂的速率效应。

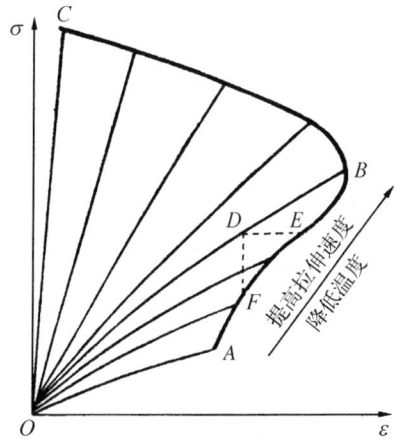

图 8.4.4　拉伸速度和温度对应力-应变曲线的影响

8.4.2　聚合物中的银纹

银纹(craze)是聚合物在变形过程中产生的一种微观损伤缺陷,因其密度低、对光线有很高的反射能力而得名。

8.4.2.1　银纹的结构特征

在拉应力作用下,非晶态聚合物的表面和内部会出现闪亮的、细长形的"类裂纹",称为银纹,如图 8.4.5 所示。银纹的走向一般垂直于外加主应力,其厚度为 $1 \sim 2~\mu m$,长几百微米。银纹内部含有一定量(约 $40\% \sim 50\%$)的称为银纹质的物质,不完全是孔洞,故仍有一定的力学强度,用电子显微镜对更微观的结构观察表明,银纹中的物质是一条一条平行于应力方向的微纤维,如图 8.4.6 所示。

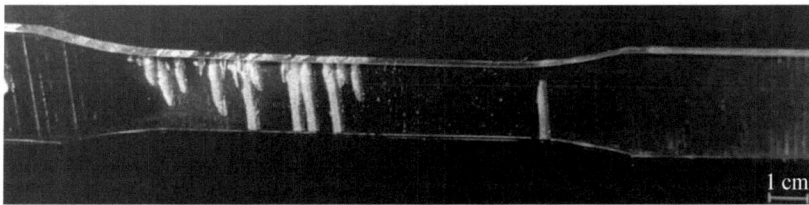

图 8.4.5　聚碳酸酯拉伸试样中的银纹

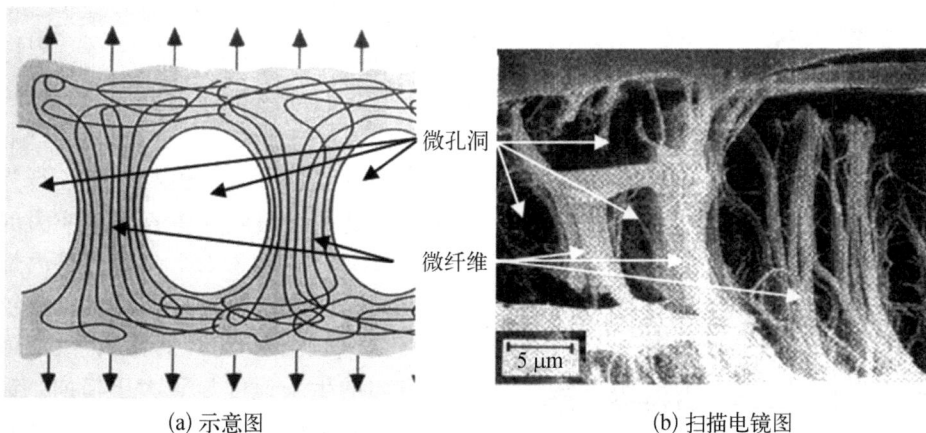

(a) 示意图　　　　　　　　　　(b) 扫描电镜图

图 8.4.6　银纹的内部结构

8.4.2.2 银纹化

银纹化包括银纹形核及银纹生长两个过程。

1）银纹的形核

银纹的形核伴随着局部成孔、同时沿变形方向形成微纤维的过程。为了与不发生成孔的剪切屈服相对照,可把银纹化称为正应力屈服,并且为了产生成孔作用,在与主应力垂直的两个正交方向(x 和 z 方向)上必然存在很强的制约。

针对银纹化的力学临界条件,现在已提出了以下多种判据。

（1）临界应力判据。当拉伸应力达某一临界值 σ_C 时,就发生银纹化:

$$\sigma = \sigma_C \qquad (8.4.1)$$

（2）临界应变判据。当拉伸应变达某一临界值 ε_C 时,产生银纹化:

$$\varepsilon = \varepsilon_C \qquad (8.4.2)$$

（3）断裂力学判据。该判据主要适用于裂纹尖端的银纹化,它可以通过测量银纹化时的临界应力场强度因子 K_{craze} 或能量释放率 G_{craze} 来得到:

$$K_I = K_{craze} \quad \text{或} \quad G_I = G_{craze} \qquad (8.4.3)$$

（4）膨胀应力判据。该判据的依据是银纹内发生成孔,就必须考虑膨胀应力分量（主应力）,也即多向应力的共同作用,可表示为

$$E\varepsilon_1 = \sigma_1 - \nu(\sigma_2 + \sigma_3) = A + B/(\sigma_1 + \sigma_2 + \sigma_3) \qquad (8.4.4)$$

式中,A、B 是与温度和时间相关的常数。式(8.4.4)也可写为

$$\varepsilon_1 = \frac{A}{E} + \frac{B}{E}(\sigma_1 + \sigma_2 + \sigma_3)^{-1} \qquad (8.4.5)$$

当 ε_1 达到 ε_C 时,产生银纹化。

2）银纹的生长

银纹形核后,其长度和厚度方向的生长随加载时间而增加。表面银纹并不是无限连续生长的,它们的尺寸随时间延长接近一个平衡值,逐渐演变成有一定的长/厚比。银纹的生长行为与它们周围特别是生长中的银纹尖端附近的应力状态有关。因此有理由推测,表面银纹与裂纹尖端过程区银纹的生长行为是不同的。但是一般银纹在垂直于主应力的方向上生长（增厚）。图 8.4.7 为聚甲基丙烯酸甲酯（PMMA）中裂纹尖端过程区内的银纹长度和厚度的生长结果,可以看出,银纹沿最大拉应力方向的生长速度显著大于横向。银纹在厚度上的生长有两种可能的机理:一是银纹微纤维的蠕变;二是在银纹界面区中未银纹化物质逐渐转变成微纤维。

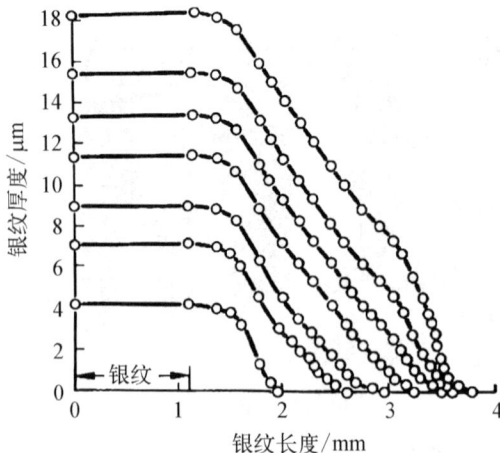

图 8.4.7 在 PMMA 中裂纹尖端的银纹的生长

聚合物在屈服前就可产生大量银纹,随着塑性变形量增大,银纹数量增多。高密度的银纹可产生超过100%的应变,因此,银纹是聚合物塑性变形的主要贡献者,银纹的产生和发展是聚合物塑性变形的主要形式。

8.4.2.3 银纹的断裂

在银纹化后,若应力足够大,会在银纹的中肋上发生微纤维断裂,并扩展形成较大的孔洞,如图8.4.8所示。每一个这样的孔洞开始生长时都是独立的,但最终相互紧密接触,在垂直于应力方向形成一个裂缝。当裂缝达到某一尺寸,它们穿过中肋或沿银纹平面已银纹化和未银纹化材料的界面区,通过破坏更多的微纤维而不断前进。当银纹中的微纤维物质全部断裂后即形成了微裂纹,这相当于聚合物断裂过程中的裂纹形核。

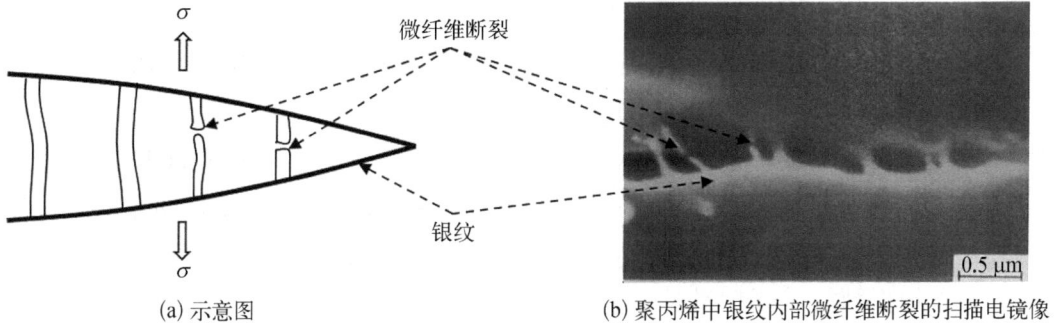

(a) 示意图　　　　　　　　(b) 聚丙烯中银纹内部微纤维断裂的扫描电镜像

图8.4.8　银纹的断裂

8.4.3　聚合物断裂机制

8.4.3.1　分子分离机制

从分子结构的角度看,聚合物抵抗外力破坏的能力,主要靠分子内的原子键键合力和分子间的范德瓦耳斯键及氢键键合力。为简化问题,可以把聚合物断裂的微观过程归结为如图8.4.9所示的3种类型:如果高分子链的排列方向平行于受力方向,则断裂时可能是分子内原子键的断裂或分子间的滑脱;如果高分子链的排列方向是垂直于受力方向,则断裂时可能是范德瓦耳斯键或氢键的破坏。

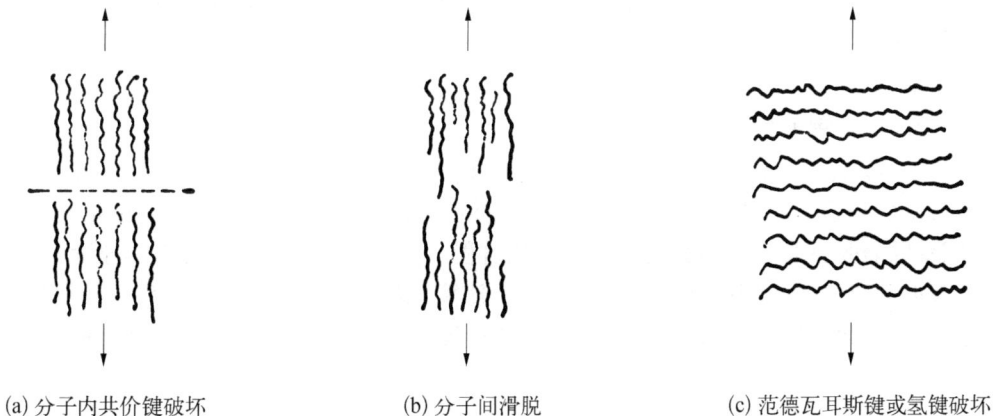

(a) 分子内共价键破坏　　　　(b) 分子间滑脱　　　　(c) 范德瓦耳斯键或氢键破坏

图8.4.9　聚合物断裂微观过程的3种模型

下面简要分析图 8.4.9 所示的 3 种情况的拉伸强度。

（1）分子内共价键破坏。在这种情况下，聚合物的断裂必须破坏所有分子链的共价键。断裂强度必然与键本身的强度及单位面积上键的数目有关。先分析破坏一根化学键所需要的力。较严格的计算化学键的强度与用晶体理论拉伸强度估算双原子模型的分析原理完全相同，为简单起见，下面只从键能数据进行粗略估算。大多数聚合物主链共价键的键能 U 一般约为 350 kJ/mol 或 5.8 erg/键。U 可以看作将成键的原子从平衡位置拉开一段距离 r 克服其相互作用力 f 所需要的功。对共价键来说，r 不超过 0.15 nm，超过 0.15 nm 的共价键就要遭到破坏。因此在共价键破坏时，有

$$f = \frac{U}{r} = \frac{5.8 \times 10^{-19}}{1.5 \times 10^{-10}} \text{N/键} = 3.9 \times 10^{-9} \text{N/键}$$

根据聚乙烯晶胞数据推算，每根高分子链的截面积约为 0.2 nm^2，每平方米的截面上将有 5×10^{18} 根高分子链，因此理想的拉伸强度为

$$\sigma_{\text{th}} = (3.9 \times 10^{-9}) \times (5 \times 10^{18}) \text{N/m}^2 = 1.95 \times 10^{10} \text{ N/m}^2 = 19.5 \text{ GPa}$$

实际上，即使高度取向的结晶态聚合物，其拉伸强度也只是这个理想值的几十分之一。也就是同时拉断断裂面上所有分子链的理想情况是不可能的，这与晶体解理情况完全相同。

（2）分子间滑脱。分子间滑脱的断裂必须使分子间的氢键或范德瓦耳斯键全部破坏。假定每 0.5 nm 链段的摩尔内聚能为 20 kJ/mol，分子链总长为 100 nm，则总的摩尔内聚能约为 4 000 kJ/mol，比共价键的键能大 10 倍以上。即使分子间没有氢键，只有范德瓦耳斯键，总的摩尔内聚能也达到 1 000 kJ/mol，比共价键键能大好几倍。因此完全以分子间滑脱产生断裂也是不可能的。

（3）范德瓦耳斯键或氢键破坏。氢键的解离能以 20 kJ/mol 计算，作用距离约为 0.3 nm，范德瓦耳斯键的解离能以 8 kJ/mol 计算，作用距离约为 0.4 nm，则拉断一个氢键和范德瓦耳斯键的力分别为 1×10^{-10} N 和 3×10^{-11} N。假定每 0.25 nm^2 面积上有 1 个氢键或范德瓦耳斯键，便可以估算出拉伸强度分别为 400 MPa 和 120 MPa。这个数值与实际测得的高度取向纤维的强度同数量级。

综上所述，实际聚合物取向状况达不到图 8.4.9 所示的理想结构。因此在实际断裂时，首先将发生在未取向部分的氢键或范德瓦耳斯键的破坏，随后应力集中到取向的主链上。尽管共价键强度比分子间结合力大 10～20 倍，但是由于直接承受外力的取向主链数目少，最终还是要以"接力传递"的方式被拉断。

8.4.3.2　断裂的分子热激活理论

上述断裂的原子（分子）分离机制是采用能量原理进行分析的，实质上是热力学理论。没有考虑聚合物断裂的时间因素。断裂的分子热激活理论认为聚合物的断裂也是一个松弛过程，宏观断裂是微观化学键断裂的一个活化过程，与时间有关，是一个动力学理论。

断裂的分子热激活理论是根据化学反应过渡状态理论引申而来。化学键的破裂是一个活化过程，要克服一定的势垒。在有外力存在时，势垒（活化能）将发生歪曲，可表示为

$$U = U_0 - F(\sigma) \tag{8.4.6}$$

式中，U_0 为无外力时的势垒；$F(\sigma)$ 为应力的某一函数，最简单的形式是与应力成正比，即

$$F(\sigma) = \alpha\sigma \tag{8.4.7}$$

式中，α 为包含应力集中因子的活化体积。化学键断裂的频率 ν 与势垒成指数关系：

$$\nu = \nu_0 \exp\left[-\frac{(U_0 - \alpha\sigma)}{kT}\right] \tag{8.4.8}$$

式中，ν_0 为热振动频率，约为 $10^{12} \sim 10^{13}\ \mathrm{s}^{-1}$。现假定，当一定数量的键（$N$ 个）发生了破坏，余下的键不能再支承载荷，即发生了宏观断裂，这就是断裂条件。因此在一定应力之下，材料从加载至断裂的时间可表示为

$$t_{\mathrm{f}} = \frac{N}{\nu} = \frac{N}{\nu_0}\exp\left(\frac{U_0 - \alpha\sigma}{kT}\right) \tag{8.4.9}$$

或写成对数形式：

$$\ln(t_{\mathrm{f}}) = \ln\left(\frac{N}{\nu_0}\right) - \frac{U_0 - \alpha\sigma}{kT} \tag{8.4.10}$$

由式(8.4.10)可见，外力降低了断裂活化能，使断裂过程加快，断裂时间缩短。该式已为许多材料（包括金属、陶瓷和聚合物）的实验结果所证实。如图 8.4.10 所示，在温度一定时，聚合物的断裂时间与施加应力的双对数关系呈现良好的负线性关系。当改变温度时，断裂强度对受载时间的依赖性随温度的升高而增加，只有在极低温度下，才可以认为断裂强度与受载时间无关。

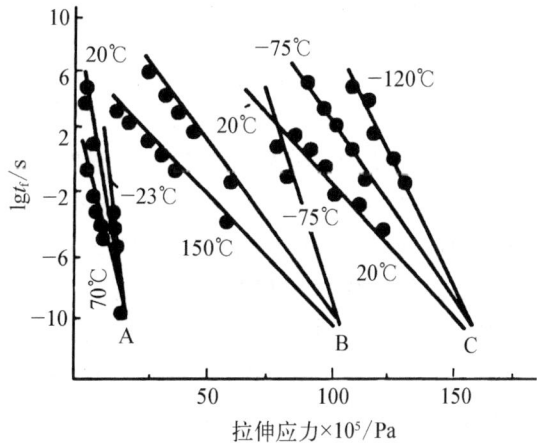

A—未取向的 PMMA；B—黏胶纤维；C—聚己内酰胺。

图 8.4.10 不同温度下几种聚合物的断裂时间 t_{f} 与应力的关系

8.4.3.3 凝聚态分离机制

从内应力和应变的宏观分布来看，非晶态聚合物比结晶态聚合物的均匀性高。无论什么状态，断裂总是发生在最薄弱的区域或相中。

1) 非晶态聚合物

非晶态聚合物在硬玻璃态温度区间通常发生脆性断裂，断面垂直于主拉伸方向，类似于金属中的解理断裂，但没有特定的解理面。一般没有或仅有少量塑性变形，可以用格里菲斯理论描述裂纹长度和断裂应力间的关系。

非晶态聚合物的在软玻璃态温度区间的断裂是由银纹化导致的韧性断裂。银纹的影响表现在两个方面，它既是主要裂纹源，又是韧性的主要源泉。断裂过程有几个步骤：① 首先是银纹在聚合物的一些弱结构、缺陷处产生，导致材料内部出现孔洞（见图 8.4.6）；② 随应变进一步增大，银纹内的孔洞横向聚合，导致银纹质（微纤维）断裂（见图 8.4.8）；③ 当微纤维全部断裂后，银纹断裂形成微裂纹；④ 微裂纹顶端的应力集中使得近顶端区域再产生银纹，并且这些银纹与裂纹以内颈缩的方式聚合，成为主裂纹并向前扩展，如图 8.4.11 所示；

⑤ 当裂纹达到临界尺寸时,发生最终断裂。可以看出银纹引发的断裂与金属中的孔聚断裂很相似,其微观断口也呈韧窝形貌特征,如图 8.4.12 所示。

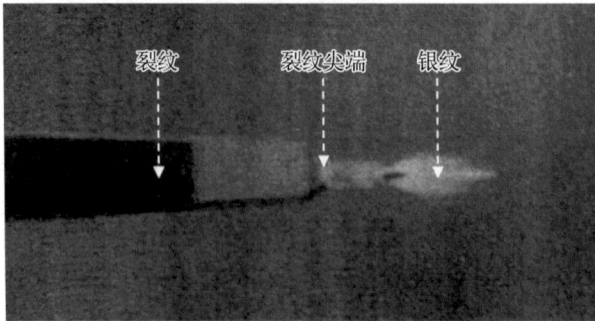

图 8.4.11　聚合物中裂纹尖端引发的银纹光学照片

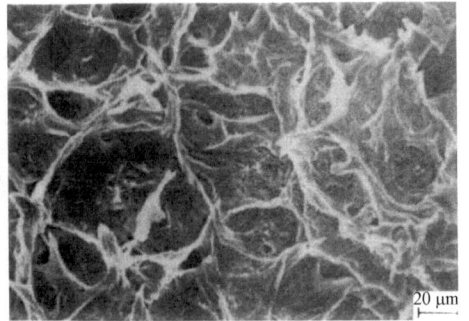

图 8.4.12　聚丙烯断口的扫描电镜像

2) 结晶态聚合物

结晶态聚合物结构一般是由非晶区和结晶区组成的混合结构,有时也被称为半晶态聚合物。在通常使用条件下,非晶区处在玻璃化温度 T_g 以上,因而是柔韧的橡胶态,这决定了半晶态聚合物断裂前可以承受高度拉伸,能发生较大塑性变形。在这种情况下,聚合物成为沿应力方向排列的纤维结构。显然,最大应力集中出现在长而窄的纤维末端,在这些弱结构部位,容易导致微裂纹形核。

随着应变增大,微裂纹既可能通过切断新的微纤维沿横向(与微裂共面)生长,也可能通过"拔出"一些微纤维,从而以与邻近微纤维末端孔洞相联结的方式生长。依据材料性质,有些聚合物微裂纹生长以前者为主,有些以后者为主。例如聚乙烯微裂纹生长以拔出微纤维的方式进行;而尼龙 6、尼龙 66 中微裂纹均倾向于以折断微纤维的方式进行。当半晶态聚合物中的非晶区处于软玻璃态时,断裂过程也会产生银纹,其形态和作用与非晶态聚合物中的银纹不同。半晶态聚合物的银纹在其外界造成微观缩颈,将晶体材料转变成纤维。这种过程将持续进行,直到全部的晶体材料都变成纤维结构为止。

8.4.4　聚合物的韧化

影响聚合物韧/脆性的主要结构因素有以下几个方面。

(1) 分子量。分子量对屈服强度 σ_s 无影响,但使抗拉强度 σ_b 降低。聚合物的 σ_b 与平均分子量 M_n 关系为

$$\sigma_b = A - \frac{B}{M_n} \qquad (8.4.11)$$

(2) 取代基。一般来说,刚性取代基使 σ_s 和 σ_b 增高,而柔性取代基则使 σ_s 和 σ_b 降低,但无严格规律。

(3) 交联。一般而言,交联会增加聚合物的 σ_s,使材料脆性增大,韧-脆转变温度 T_C 降低,但对 σ_b 影响不大。

(4) 增塑剂。在聚合物中加入增塑剂,可降低脆性断裂机会。

(5) 取向。分子链取向会导致各向异性。一般来说,σ_s 和 σ_b 都倚赖于所加应力方向,

但 σ_b 倚赖倾向更大。取向会提高材料的断裂强度。

通过以上影响因素的分析,可以得出聚合物韧化的原则。

在较脆的聚合物基体中,加入一些分散的、细小的橡胶态颗粒,可使材料韧性大大提高,成为强韧的共混聚合物。这种做法与双相合金很相似。

为获得强韧的共混聚合物,选择的橡胶颗粒应满足下列 3 个条件:① 橡胶颗粒的 T_g 必须低于使用温度;② 橡胶颗粒不能溶解于基体中;③ 橡胶颗粒应与基体有较强的结合力。橡胶颗粒对韧性的贡献来自多方面。第一,橡胶颗粒能松弛裂纹尖端的应力集中,即使裂纹穿越橡胶颗粒,其未被切断的纤维也将限制裂纹尖端张开,从而有效阻止裂纹扩展。第二,橡胶颗粒能促进银纹在承载条件下形成,这可能是由于橡胶相作为弱点,在其周围造成应力集中的缘故;银纹密度的增加又吸收了大量能量,减缓了应力集中,使韧性提高。第三,橡胶相较软,其变形较基体大,将产生比基体更大的力学损耗。这部分能量将转化为热能,使颗粒周围材料温度升高。此外,基体在应力作用下玻璃化温度也趋于降低。在以上双重因素共同影响下,橡胶相周围基体温度会升至玻璃化转变温度以上,致使基体软化。这样,在相同承载条件下,共混聚合物避免了单相基体材料所表现的脆性。

8.5　复合材料的断裂及韧化

颗粒增强复合材料的断裂可以参照第二相颗粒增强合金的理论进行分析,本节主要讨论纤维单向增强复合材料的断裂及韧化问题。

8.5.1　纤维增强复合材料断裂的宏观特征

因单向复合材料的各向异性特征,其断裂与加载形式有很大关系。

8.5.1.1　纵向拉伸断裂

单向复合材料纵向拉伸破坏后的断口大致有 3 种情况,如图 8.5.1 所示。① 所有纤维近似地在同一平面位置断裂,断口平齐。② 纤维在不同平面断裂并从基体中拔出。③ 纤维在不同部位断裂并伴随着界面开裂。出现上述哪一种断裂形式取决于纤维与基体界面结合强度以及纤维和基体的性能。若界面结合强度较大,基体又是延伸率较小的较脆材料,则裂纹沿原来方向扩展,引起纤维同平面断裂,即①类断裂形式,断裂时吸收的断裂能较小,材料的韧性

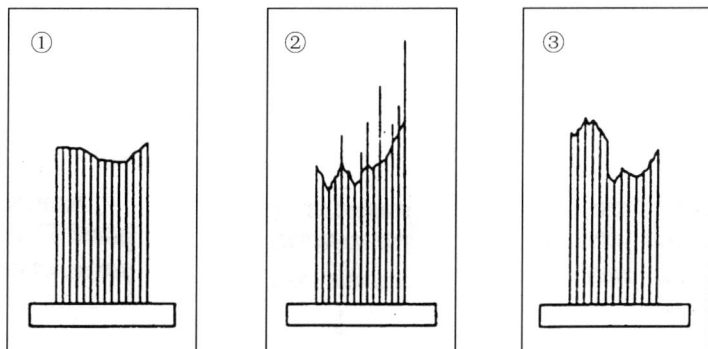

图 8.5.1　单向复合材料纵向拉伸断裂形态

很差;若界面结较弱,则纤维断裂后,裂纹不是横穿纤维扩展,而是沿着界面扩展,出现②和③的情况。在②类断裂情况中,断裂时有大量纤维从基体中拔出而吸收断裂能,使材料韧性显著增加。③类断裂形式中,裂纹发生多次转折,引起一部分界面开裂,材料的韧性介于①类和②类之间。但无论哪种情况,通常复合材料的断裂延伸率小于基体的断裂延伸率。

8.5.1.2 纵向压缩断裂

单向复合材料纵向压缩的宏观破坏模式也大致可分为 3 类,如图 8.5.2 所示。① 剪切破坏:当界面结合很好时,可由基体剪切变形切断纤维,发生整体剪切破坏。② 端部"帚化":当界面结合较弱时,基体和界面有微裂纹存在,经受不起横向拉伸和剪切,往往在纤维微观屈曲的同时引起横向开裂,在试样端部形成扫帚状破坏(简称帚化)。进行纵向压缩强度试验时,为了避免帚化,通常给试样一定的侧向约束(支撑),不过这样就提高了纵向压缩强度测定值,它是否能代表材料的真实值也值得商榷。③ 皱损:是纤维在某一截面附近突然发生屈曲和弯折的综合破坏,这主要与该截面处纤维、基体的状况有关。

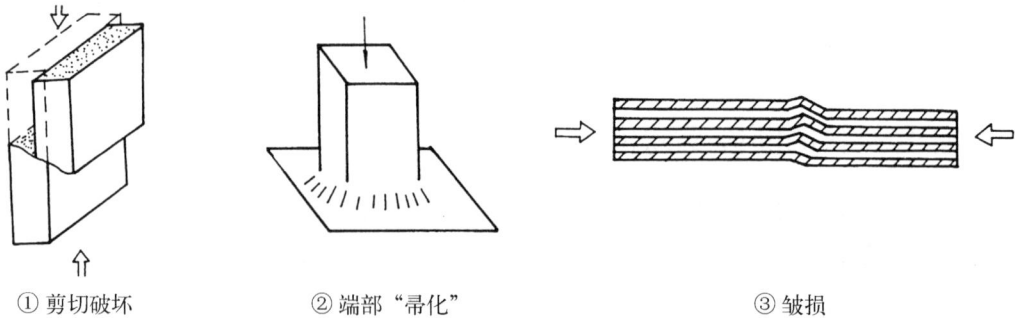

① 剪切破坏　　　　② 端部"帚化"　　　　③ 皱损

图 8.5.2　单向复合材料纵向压缩破坏的三种宏观形态

8.5.1.3 复杂加载断裂

在任意应力状态下,单向复合材料能以图 8.5.3 所示的 3 种方式之一失效。平行于纤维的很大的拉应力 σ_1 可以导致纤维的断裂,但是,在很低的横向拉应力 σ_2 或切应力 τ_{12} 下,

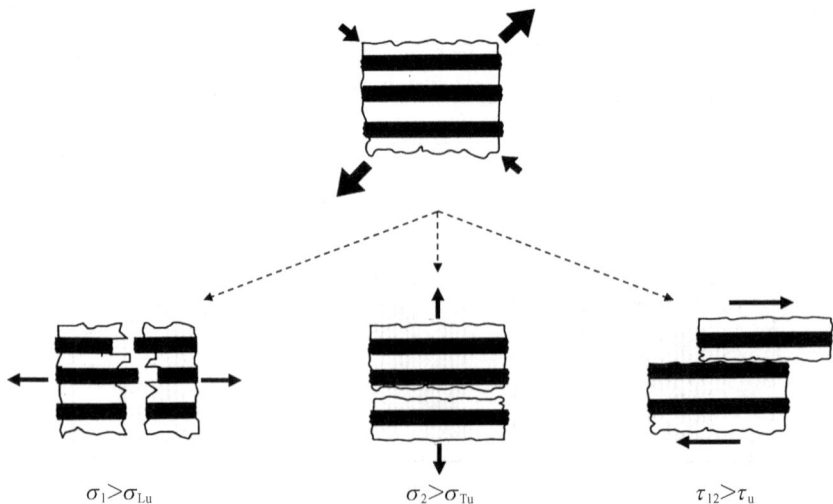

$\sigma_1 > \sigma_{Lu}$　　　　$\sigma_2 > \sigma_{Tu}$　　　　$\tau_{12} > \tau_u$

图 8.5.3　单层板断裂失效的 3 种方式

复合材料更易于在含纤维的平面上拉伸失效或剪切失效。在这些情况中,失效可以发生在基体内部、纤维/基体界面、纤维内部(相对来说比较少见),或者以这些方式交叉组合。为了预测具体的失效形式,必须知道单层板在各个方向的强度(纵向拉伸强度 σ_{Lu}、横向拉伸强度 σ_{Tu} 和面内剪切强度 τ_u)。实际上,这些强度值会在很宽的范围内变化,这取决于纤维/基体界面结合强度,而在很多情况下,它取决于复合材料的制造方式。

8.5.2 纤维增强复合材料断裂的细观特征

复合材料细观上的不均匀性使得受力后应力和应变在细观尺度上存在明显的不均匀性,材料就可能在应力大、强度低或最为薄弱的环节局部发生破坏。实验发现,一些复合材料在达到极限载荷的 60% 时就有纤维发生断裂,继续升高载荷时,纤维断裂增加,这是一个纤维损伤累积的过程。当然,断裂过程中不仅仅是纤维断裂,还包括基体开裂、纤维拔出、纤维脱黏、分层等。在损伤累积和裂纹扩展综合作用下最终发生宏观断裂。但是变形早期的纤维局部断裂是破坏的开始点。早期纤维局部断裂后,或者被抑制(局部化),或者造成材料和整体破坏,这取决于应力再分配特性,而应力再分配又取决于组分材料的弹/塑性性质、纤维体积分数 V_f、界面结合强度、纤维排列几何等因素,是一个非常复杂的问题。

根据界面结合强度的高低以及基体韧/脆性质的不同,一般来说,纤维局部损伤后可能发生如图 8.5.4 所示的 3 种模式的破坏过程。

(1)若界面结合强度低,则断裂处局部高切应力会使界面脱黏[见图 8.5.4(a)]。

(2)若界面结合强度高且基体较脆,则首先断裂的纤维会引起应力再分配,使与其相邻的纤维局部应力升高,并在与第一纤维断裂点相近的水平面再次发生断裂,使裂纹以脆性方式穿透基体[见图 8.5.4(b)]。此过程可重复在第三、第四及以后的纤维和基体间发生,就好像裂纹以"接力传递"方式进行扩展并形成主裂纹。这种断裂方式,裂纹扩展路径短,断口平齐,脆性较大。

(3)若界面结合强度适中且基体有一定延性,则复合材料将在不断增加应力的条件下按累积损伤方式破坏,即纤维陆续断成多段,损伤到一定程度后,微裂纹在不同平面连接导致最终破坏[见图 8.5.4(c)]。在该破坏模式下,断口较粗糙,断面不平整,断面上有大量纤维拔出,韧性较高。

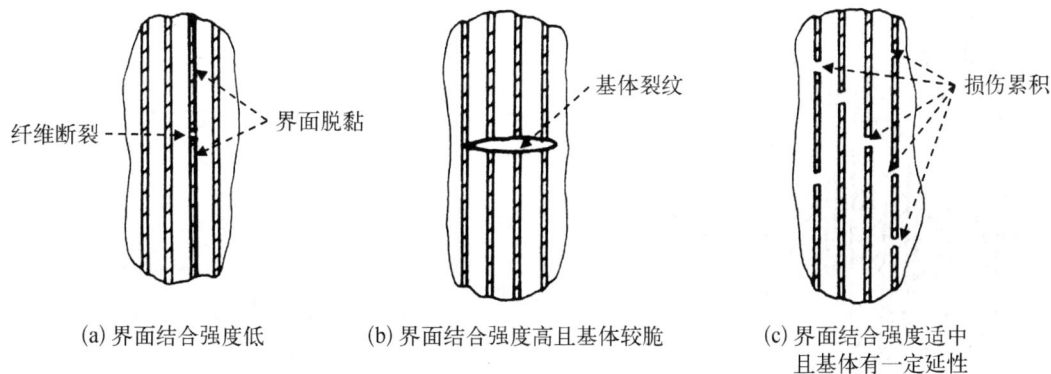

(a) 界面结合强度低　　(b) 界面结合强度高且基体较脆　　(c) 界面结合强度适中
　　　　　　　　　　　　　　　　　　　　　　　　　　　　　　且基体有一定延性

图 8.5.4　可能的复合材料拉伸破坏模型

8.5.3 纤维增强复合材料断裂的能量吸收机制

与分析金属材料断裂一样,可假设复合材料的破坏是从材料中固有的小缺陷发源的,例如有缺陷的纤维。在裂纹尖端及其附近,有可能发生纤维拔出、纤维断裂、基体变形和开裂、纤维与基体分离(纤维脱黏)等模式的破坏,如图 8.5.5 所示。因此,断裂时有多种能量吸收机制,比单一均质材料的断裂复杂得多。

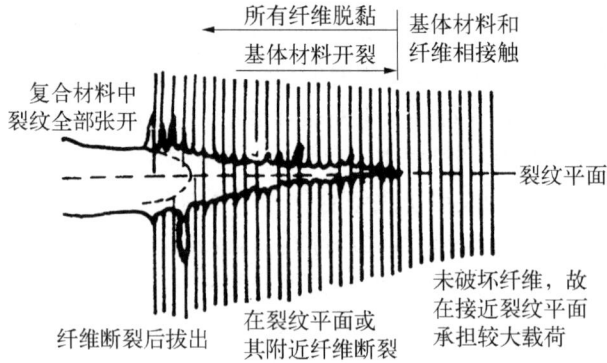

图 8.5.5　在裂纹尖端附近复合材料有可能发生破坏的几种模式

8.5.3.1 纤维拔出

考虑如图 8.5.6(a)所示的模型,裂纹尖端短纤维平行排列且具有相同的长度和直径的情形。在应力作用下裂纹张开的同时,纤维从两个裂纹面中拔出,假定拔出过程中界面切应力不变且等于 τ_s,纤维埋入端的长度为 $L/2$($L < L_c$,L_c 为临界载荷传递长度,即能够达到纤维强度极限 σ_{fu} 的最小纤维长度。换句话说,当 $L < L_c$ 时,纤维本身不会断裂),如图 8.5.6(b)所示,拔出的阻力为 $\pi r_f^2 \sigma_f$,则有

$$\sigma_f = L \cdot \frac{\tau_s}{r_f}, \quad L < L_c \tag{8.5.1}$$

拔出一根纤维所做的功为

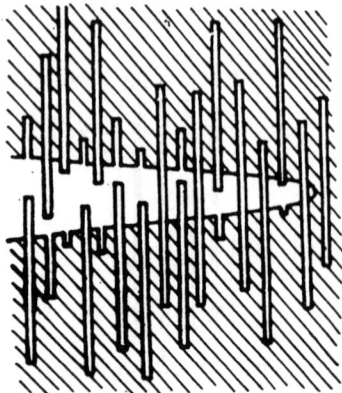

(a) 裂纹尖端短纤维排列模型　　　　(b) 拔出纤维时的受力分析

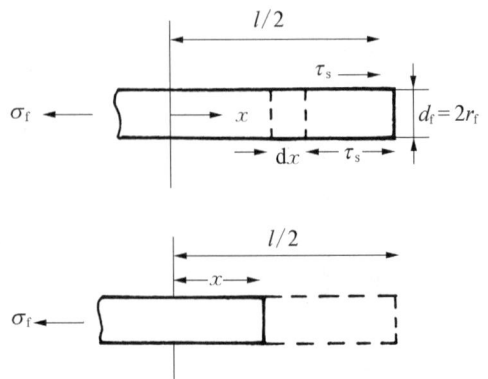

图 8.5.6　纤维拔出模型

$$U_f = \int_0^{\frac{L}{2}} 2\pi r_f x \tau_s dx = \frac{1}{4}\pi r_f L^2 \tau_s \tag{8.5.2}$$

若单位裂纹表面有 N 根纤维,则裂纹一侧单位面积上埋入长度为 $\frac{l}{2}$ 到 $\left(\frac{l}{2}+dl\right)$ 的纤维根数为 $2N\dfrac{dl}{l}$,设裂纹一侧单位面积上纤维的拔出功为 $G_{fp}/2$,考虑到裂纹有两个表面,则有

$$\frac{G_{fp}}{2} = \int_0^{\frac{L}{2}} \frac{2NU_f dl}{L} = \frac{2N}{L}\int_0^{\frac{L}{2}} \frac{1}{4}\pi r_f l^2 \tau_s dl$$

因为 $V_f = N\pi r_f^2$,所以有

$$G_{fp} = \frac{V_f \tau_s L^2}{24 r_f} \tag{8.5.3}$$

当 $L = L_c$ 时,G_{fp} 达最大值:

$$G_{fp,\,max} = \frac{V_f \tau_s L_c^2}{24 r_f} = \frac{V_f d_f}{48 \tau_s}\sigma_{fu}^2 \tag{8.5.4}$$

对于碳纤维/环氧复合材料,取 $\tau_s = 6\,\text{MPa}$,$\sigma_{fu} = 2.3\,\text{GPa}$,$V_f = 0.5$,$r_f = 4\,\mu\text{m}$,可算出拔出功为 $150\,\text{kJ/m}^2$。可见拔出功对断裂功的贡献很大。

为达到最大拔出功,从式(8.5.4)可知,应使 L_c 值大,同时纤维长度应接近 L_c。如果 $L > L_c$,那么由于纤维还要断裂,以及纤维拔出现象减少,实际拔出功降低,并反比于 L。若 L_c 一定,拔出功与 L 的变化关系如图 8.5.7 所示。

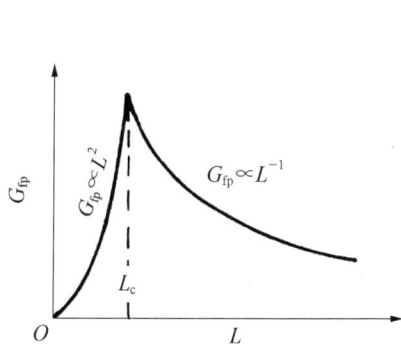

图 8.5.7 拔出功与纤维长度 L 的关系

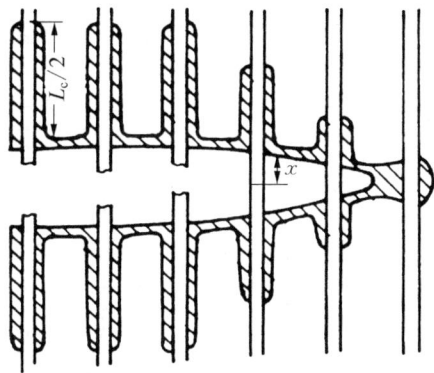

图 8.5.8 连续纤维在裂纹张开时在裂纹面处的破坏模型

(埋入基体内 $L_c/2$ 长的一段纤维被拉长和相对于基体错动,阴影部分为基体屈服区)

8.5.3.2 纤维断裂

对于连续纤维增强复合材料,裂纹尖端处的纤维在裂纹张开过程中被拉长,并相对于没有屈服的基体产生错动,最后因纤维受力过大发生断裂,断裂后纤维又缩回基体,错动消失,释放出弹性变形能。考虑如图 8.5.8 所示的模型,贮存在长为 dx 的一段纤维的弹性能为

$\pi r_{\mathrm{f}}^2 \mathrm{d}x \left(\dfrac{\sigma_{\mathrm{f}}^2}{2E_{\mathrm{f}}} \right)$，由于纤维断裂可以发生在离裂纹面的 $\dfrac{L_{\mathrm{c}}}{2}$ 处，则只需考虑这一长度的弹性能和相对于弹性基体的错动。

设 x 为纤维断裂时从纤维断面到裂纹表面的长度（即纤维伸出裂纹表面的长度），则在计算 σ_{f} 时，应用 $(L_{\mathrm{c}} - 2x)$ 代替式(8.5.1)中的 L。纤维元 $\mathrm{d}x$ 中贮存的弹性能为

$$\mathrm{d}U_{\mathrm{f}} = \frac{\pi r_{\mathrm{f}}^2 \mathrm{d}x \sigma_{\mathrm{f}}^2}{2E_{\mathrm{f}}} = \frac{\tau(L_{\mathrm{c}} - 2x)^2 \tau_{\mathrm{s}}^2 \mathrm{d}x}{2E_{\mathrm{f}}} \tag{8.5.5}$$

纤维元相对于基体错动所做的功为

$$\mathrm{d}U_{\mathrm{mf}} = 2\pi r_{\mathrm{f}} \tau_{\mathrm{s}} \mathrm{d}x \cdot u \tag{8.5.6}$$

式中，u 为纤维元相对于基体的位移，$u = \displaystyle\int_x^{\frac{L_{\mathrm{c}}}{2}} \varepsilon_{\mathrm{f}} \mathrm{d}x$。$\varepsilon_{\mathrm{f}}$ 可由 $\sigma_{\mathrm{f}}/E_{\mathrm{f}}$ 计算出，注意到 $\sigma_{\mathrm{f}} = (L_{\mathrm{c}} - 2x)\tau_{\mathrm{s}}/r_{\mathrm{f}}$，代入 u 的计算式进行积分得

$$u = \tau_{\mathrm{s}}(L_{\mathrm{c}} - 2x)^2 / (4r_{\mathrm{f}} E_{\mathrm{f}}) \tag{8.5.7}$$

将式(8.5.7)代入式(8.5.6)可知，$\mathrm{d}U_{\mathrm{mf}} = \mathrm{d}U_{\mathrm{f}}$，总功应为此二者之和，因它们的积分区间均为 0 到 $\dfrac{L_{\mathrm{c}}}{2}$，则有

$$U_{\mathrm{f}} + U_{\mathrm{mf}} = \frac{1}{E_{\mathrm{f}}} \int_0^{\frac{L_{\mathrm{c}}}{2}} \pi \tau_{\mathrm{s}}^2 (L_{\mathrm{c}} - 2x)^2 \mathrm{d}x \tag{8.5.8}$$

相应的断裂功 G_{f} 为 $2N(U_{\mathrm{f}} + U_{\mathrm{mf}})$，其中 N 为单位面积上的纤维根数，对式(8.5.8)进行积分并用 $\dfrac{\sigma_{\mathrm{fu}} d_{\mathrm{f}}}{4\tau_{\mathrm{s}}}$ 代替 $\dfrac{L_{\mathrm{c}}}{2}$，用 $N\pi r_{\mathrm{f}}^2$ 代替 V_{f}，得到

$$G_{\mathrm{f}} = \frac{V_{\mathrm{f}} d_{\mathrm{f}} \sigma_{\mathrm{fu}}^3}{6E_{\mathrm{f}} \tau_{\mathrm{s}}} = \frac{V_{\mathrm{f}} L_{\mathrm{c}} \sigma_{\mathrm{fu}}^2}{3E_{\mathrm{f}}} \tag{8.5.9}$$

对于 8.5.3.1 节中给出的碳纤维/环氧复合材料，算出 G_{f} 为 $3.6\ \mathrm{kJ/m^2}$，当然实际很少采用临界长度的短纤维（本例中 $L_{\mathrm{c}} = 3.6\ \mathrm{mm}$），但已可大致看出纤维断裂吸收的能量比纤维拔出吸收的能量小得多。

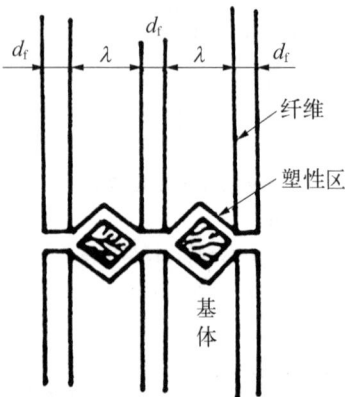

图 8.5.9 复合材料基体塑性区的二维模型

8.5.3.3 基体变形和开裂

考虑用图 8.5.9 所示的二维模型计算基体断裂功。由几何关系可得

$$\lambda / V_{\mathrm{m}} = d_{\mathrm{f}} / V_{\mathrm{f}} \tag{8.5.10}$$

在塑性区中，假设基体为理想塑性材料，单位基体的变形能为 $\varepsilon_{\mathrm{m}} \sigma_{\mathrm{m}}$（$\varepsilon_{\mathrm{m}}$、$\sigma_{\mathrm{m}}$ 分别为基体最大应变和应力），基体形成单位面积裂纹的能量 G_{mb} 正比于基体体积 V_{m} 与基体塑性变形能的乘积，则有

$$G_{\mathrm{mb}} = V_{\mathrm{m}}\varepsilon_{\mathrm{m}}\sigma_{\mathrm{m}}\lambda = V_{\mathrm{m}}\varepsilon_{\mathrm{m}}\sigma_{\mathrm{m}}d_{\mathrm{f}}\frac{V_{\mathrm{m}}}{V_{\mathrm{f}}} = d_{\mathrm{f}}\varepsilon_{\mathrm{m}}\sigma_{\mathrm{m}}V_{\mathrm{m}}^2/V_{\mathrm{f}} \tag{8.5.11}$$

当裂纹仅沿一个方向扩展时,产生的新表面积是很小的,因而断裂能也小。当基体裂纹碰到垂直于裂纹扩展方向(或与之成大角度)的强纤维时,裂纹可能分叉,平行于纤维扩展。这样,断裂过程中消耗的能量增加。

对于脆性的热固性树脂基体,例如环氧树脂,断裂前只发生很小的变形。虽然基体的变形和开裂都吸收能量,但这部分能量主要是弹性能和表面能。金属基体在断裂前产生大量塑性变形,而塑性变形所吸收的能量比弹性能和表面能之和大得多。因此金属基体对复合材料断裂能的贡献要比聚合物基体大得多。

8.5.3.4 纤维脱黏

断裂过程中,当裂纹平行于纤维方向扩展时,纤维可能与基体发生分离。纤维与基体之间的界面结合较弱时,容易发生这一类现象。裂纹扩展是沿界面还是沿基体,取决于它们的相对强度。在这两种情况下都可形成新表面,增加了断裂时所消耗的能量。脱黏往往先于纤维拔出。

估计脱黏所消耗的能量有多种方法,此处介绍一种比较简单的估算方法。若断裂纤维一端脱黏长度为 L_{d} 的一段纤维不再承载,则脱黏能被认为等于贮存于 L_{d} 一段纤维所贮存的弹性应变能,即一根纤维脱黏能 g_{d} 为

$$g_{\mathrm{d}} = \frac{\sigma_{\mathrm{fu}}^2}{2E_{\mathrm{f}}} \cdot \frac{\pi d_{\mathrm{f}}^2}{4} \cdot 2L_{\mathrm{d}} \tag{8.5.12}$$

考虑到单位横截面上有 N 根纤维,$V_{\mathrm{f}} = N\pi r_{\mathrm{f}}^2$,则脱黏功 G_{d} 为

$$G_{\mathrm{d}} = \frac{\sigma_{\mathrm{fu}}^2}{E_{\mathrm{f}}}V_{\mathrm{f}}L_{\mathrm{d}} \tag{8.5.13}$$

例如,典型纤维 $\sigma_{\mathrm{fu}} = 2\,000$ MPa,$\varepsilon_{\mathrm{fu}} = 1$。对于 $V_{\mathrm{f}} = 50\%$ 的复合材料,若存在脱黏长度 $L_{\mathrm{d}} = 50\ \mu m$,则可算得 $G_{\mathrm{d}} \approx 500$ J/m^2。

上述各种能量吸收机制中,因复合材料或试验条件不同,它们所占比例及对断裂的影响也各不相同,有的模式的影响可能是很小的。通常总是有几种断裂模式同时存在。

8.5.4 分级结构韧化

传统的复合材料设计理念力求增强体在基体中均匀分散,减小由增强体分布不均匀而在基体内部引发的应力集中,从而使材料获得均一、稳定的性能。但随着研究的深入,研究者发现各类增强体的强化作用均存在一定的限度,随着增强体体积分数的提高,增强体尺度显著增大,材料表现出明显的脆性,因此无法通过单一的均匀化设计解决材料"强度-塑性倒置"的问题。

而自然界中高性能的材料大多是因为具有多尺度的微观构型才表现出优异的性能,不仅具有超高的强度,也表现出优异的塑性。如贝壳结构[①],从宏观组织分析,贝壳中的珍珠层组织由体积分数约为 95% 的碳酸钙片层(长度为 5~8 μm,厚度为 200~900 nm)和层间体

---

① BARTHELAT F. An experimental investigation of deformation and fracture of nacre-mother of peail [J]. Experimental Mechanics, 2007, 47: 311.

积分数为5%的蛋白质有机结合而成,形成硬相与软相交替排布的层片状结构。而将组织进一步放大则会发现,贝壳内部存在从微米到纳米不同层级的组织和结构。另外,每一个层级的结构,其性能比和含量比都有严格的限制,这种分级的多尺度结构造就了贝壳超高的强度,这便是大自然优化出的理想的强塑性结构。

自然界中高性能材料的精细结构为实现金属基复合材料的强韧化提供了新的设计思路。研究人员逐渐打破了传统均匀强化设计的思维局限,通过模仿自然结构对增强体的分布进行构型化设计,在利用增强体提高强度的同时,借助构型对裂纹的偏转、钝化作用改善材料的塑韧性,达到"1+1>2"的效果。

目前在金属基复合材料中应用较为广泛的非均匀结构主要有:层状结构、网状结构、类纤维结构、砖砌叠层结构等,如图8.5.10所示。

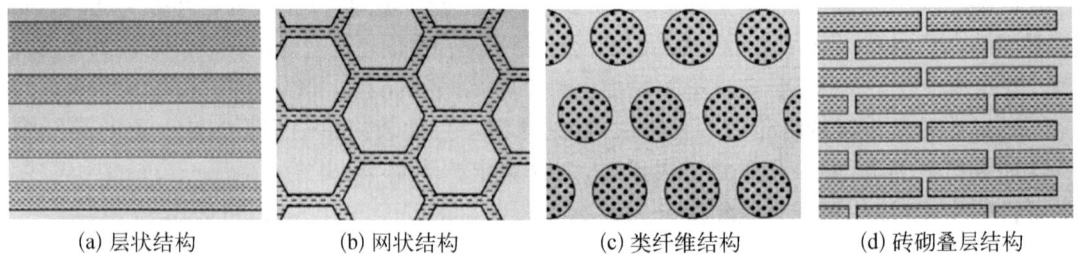

| (a) 层状结构 | (b) 网状结构 | (c) 类纤维结构 | (d) 砖砌叠层结构 |

图 8.5.10　金属基复合材料中几种典型的分级结构

(1) 层状结构[见图8.5.10(a)]是指复合材料层与基体层或高体积分数层与低体积分数层交替排列分布,呈现出硬质层与软质层交替排布的结构特点。

(2) 网状结构[见图8.5.10(b)]的特点是增强体在晶界或粒界富集,呈连续或准连续网状分布,而基体被阻断在网络内部,表现为硬质相包裹软质相的结构特点。在变形过程中,这种沿粒界分布的增强体可以改变应力分布,使裂纹沿"粒界"偏转,增加裂纹的扩展路径,从而提升材料的塑性。

(3) 类纤维结构[见图8.5.10(c)]的结构特征类似于连续纤维增强复合材料,其主要区别是长纤维增强体被复合材料区所替代,形成了贯穿基体的纤维状复合材料区,以及其周围包裹的连续的金属基体区,从而表现出塑性区包裹强化区的结构特点。

(4) 砖砌叠层结构[见图8.5.10(d)]的设计灵感来源于自然界中具有优异强韧性的珍珠母层状结构,由基体片层组成的软质的"砖"和层间增强体组成的硬质的"砂浆"堆叠而成。

不同构型增强金属基复合材料在组织特征及强韧化机理上存在一定的共性。根据增强体含量的差异可将材料组织分为两类区域,即存在增强体或增强体体积分数较高的增强体"富集区",以及不含增强体或者增强体体积分数较低的增强体"贫瘠区"。增强体含量和基体组织的差别会导致两个区域具有不同的模量、强度和变形能力,使异质区之间出现变形不协调的现象,在软区产生背向应力(简称背应力),在硬区产生正向应力。异质结构材料的强韧化协同效果正归因于非均匀变形诱导(hetero-deformation induced, HDI)强化和应变硬化,其中HDI强化增强了屈服强度,而HDI应变硬化有助于保持和提高塑性[①]。

---

① FANG X T, HE G Z, ZHENG C, et al. Effects of heterostructure and hetero-deformation induced hardening on the strength and ductility of brass[J]. Acta Mater. , 2020, 186: 644.

HDI 强化源于硬区和软区的相互约束,是在传统位错硬化基础上叠加的,其原理如图 8.5.11 所示。背应力是一种由几何必须位错(geometrically necessary dislocation,GND)产生的长程内应力,它的作用通常是抵消所施加的应力,以阻碍软区中的位错发射和滑移,使得软区表现出更高的强度。而 GND 的堆积则会在区域边界造成应力集中,在硬区产生正应力。在区域边界,由单个 GND 堆积引起的局部背应力和正应力的大小相等,方向相反,因此相互抵消。然而,它们在远离区域边界的情况下有不同的特征,这种差异导致了 HDI 强化和 HDI 应变硬化的出现。研究表明,在整体屈服前的弹塑性变形早期阶段,硬区保持弹性,背应力在提高非均匀结构材料的整体屈服强度方面起主导作用。而在塑性变形过程中,软区的塑性应变比硬区高,往往在区域边界附近形成应变梯度。应变梯度的产生,部分是为了适应跨区边界的应变差异,在边界附近形成界面影响区(interface-affected zone,IAZ)。随着施加应变的增加,IAZ 的宽度保持不变,但应变梯度线性增加,因此 IAZ 宽度是设计非均质结构材料的一个关键参数。有研究表明,当相邻的 IAZ 开始相互重叠时,可以获得更好的强韧化效果。

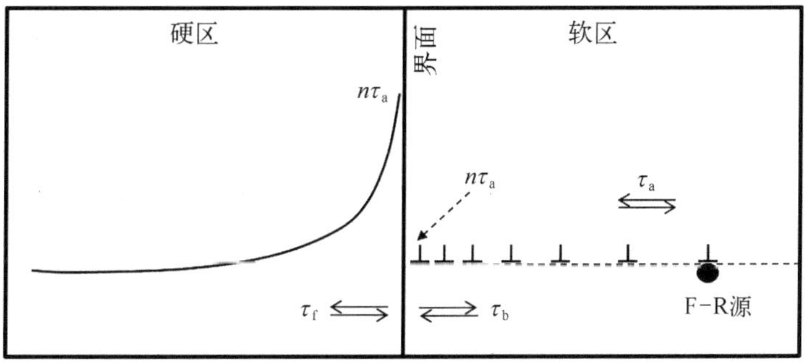

图 8.5.11　软区中几何必须位错塞积产生背应力的示意

值得注意的是,在传统均质结构的金属或合金中,GND 在晶界处堆积也会产生 HDI 强化和 HDI 应变硬化。然而,因为跨越晶界的强度差异比跨越区界的强度差异小得多,因此这种 HDI 强化效果通常不是很明显。

此外,从断裂角度分析,增强体的加入会降低增强体"富集区"的塑性,加载时易先于基体开裂形成裂纹源,因此,断裂时裂纹通常在该区域萌生,随后逐渐扩展到其他区域。而增强体"贫瘠区"往往具有良好的变形能力,可以缓解裂纹尖端应力集中,改变裂纹尖端应力场,从而有效钝化裂纹,延缓裂纹蔓延速率,或者使裂纹偏转,防止"骤断"的发生。因此,即使在增强体"富集区"出现了贯穿裂纹,复合材料也不会立即断裂,而是会在富集区内产生多重裂纹,当裂纹增加到一定数量后,沿着界面发生偏转、连接导致断裂。两个区域的协同作用会增加断裂过程的能量耗散,从而大幅提升材料的塑韧性。可见,在复合材料构型设计时,既要控制增强体富集区内增强体的含量、尺寸及均匀性,使其在发挥其强化作用的同时减少裂纹及缺陷的萌生,又要保证基体有足够的连通性,以钝化、偏转裂纹,充分吸收断裂能量。通过调控增强体"富集区"与增强体"贫瘠区"的形貌、尺寸及比例提升两个区域之间的协同作用,使材料具备更高的加工硬化能力与抗裂纹扩展能力,从而获得理想的强韧化效果。

9

使 役 强 度

前面各章已经讨论了材料的基本强度特性及理论。这里的"基本"主要指室温、准静态加载的条件。然而,很多工程材料的实际服役条件可能很复杂,例如在高温环境中,在带有相互接触、摩擦的工况下,在高速加载或循环加载时,甚至在更苛刻的极端环境下,如超高温、超低温、超高压、超真空、微重力、辐照等环境。材料在这些使役条件下的强度表征、宏微观理论都与"常态"下不同。限于篇幅,本章仅简要介绍 3 种最常见的材料使役强度:疲劳强度、冲击强度及蠕变强度,重点讨论它们与准静态强度特性的差异。

9.1 疲劳强度

材料在交变载荷作用一定时间后失效的现象称为疲劳。疲劳断裂是最常见的失效形式,并且可以在远低于屈服强度的应力水平下发生,断裂前整个材料或构件不发生明显塑性变形,故疲劳破坏通常属于脆性断裂,具有很大危险性。因此,材料的疲劳一直是材料强度研究中最重要的课题之一。

9.1.1 疲劳概述

9.1.1.1 循环应力

机件承受的变动应力是指应力大小或应力大小及方向随时间而变化的应力,通常分为周期变动应力和随机变动应力两大类。周期变动应力是大小和方向均随时间呈周期性变化的应力,又称为循环应力或交变应力。

实际工件所受的循环应力波形可以很复杂,但在材料的疲劳试验中,可以用正弦波形、三角波形或方波形来模拟,其中应用最多的是正弦波形,这是由于许多实际零件所承受的就是正弦波形应力,一些复杂的波形(包括随机波)也可由多种正弦波来叠加。

描述循环应力特征的参数有 5 个:最大循环应力 σ_{max}、最小循环应力 σ_{min}、循环平均应力 σ_m、循环应力半幅 σ_a 和循环应力比 r,如图 9.1.1 所示。这 5 个参数各有其含义,σ_{max} 和 σ_{min} 分别表示循环应力的峰值和谷值,两者一起限制了循环应力的范围(幅度)$\Delta\sigma$。σ_m 表征循环应力中的静应力部分。σ_a 表征在静应力之上叠加的变动应力部分,它是引起疲劳破坏的真正元凶。r 表征循环应力的对称性。这 5 个参数并非独立的,它们之间的关系在图 9.1.1 中也已给出,只要确定其中任意 2 个参数,其他 3 个参数均可确定。

$\sigma_m = 0$、$r = -1$ 的循环称为对称循环,此时 $\sigma_{max} = \sigma_a = |\sigma_{min}|$,大多数旋转轴类零件承受此类应力。疲劳试验也常采用对称循环加载,如常用的旋转弯曲疲劳试验。在以下讨论中,若非特指,均为对称循环状态。除此以外均为非对称循环,其中 $\sigma_m = \sigma_a > 0$、$r = 0$ 为拉伸脉动循环。$\sigma_m = \sigma_a < 0$、$r = \infty$ 为压缩脉动循环,齿轮的齿根及某些压力容器承受拉应力脉动循环,轴承则承受压应力脉动循环。$\sigma_m > \sigma_a$、$0 < r < 1$ 的情况称为波动循环,发动机气

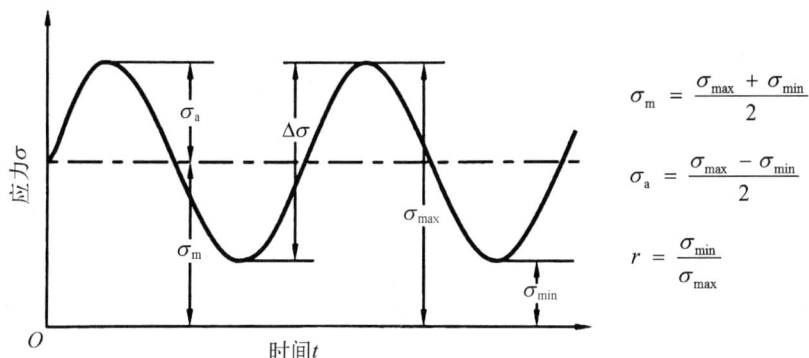

$$\sigma_m = \frac{\sigma_{max} + \sigma_{min}}{2}$$

$$\sigma_a = \frac{\sigma_{max} - \sigma_{min}}{2}$$

$$r = \frac{\sigma_{min}}{\sigma_{max}}$$

图 9.1.1 循环应力表征参数及相互关系

缸盖、螺栓承受这种应力。

要综合考虑 σ_a、σ_m 和 r 3 个循环特征参数，才能判断疲劳应力的强弱程度。在 σ_{max} 相同的情况下，当应力循环不对称度愈大时，平均应力 σ_m 愈大，σ_a 愈小，这表示交变幅度占最大应力的比例愈小，因此对材料的疲劳损害也愈小。反之，若循环不对称度减小，则 σ_m 变小，σ_a 增大，对材料的疲劳损害将增大。

9.1.1.2 疲劳曲线全图

绝大多数疲劳性能都是通过疲劳曲线来表征的。疲劳曲线通常是指给定循环应力（stress）与断裂循环周次（number of cycle）之间的关系曲线，简称 S - N 曲线。图 9.1.2 给出了材料疲劳曲线全图，根据断裂循环周次 N，可划分为几个区域：AB 段（$N < 10$）发生的断裂与准静态断裂的特征相同，若 N 超过 10 次，将发生由损伤累积引起的疲劳断裂；BC 段（$10 < N < 10^{-5}$）的循环应力较高，疲劳寿命较低，称为低周疲劳；CD 段的循环应力水平较低，循环寿命较高，称为高周疲劳；水平段，当循环应力低于水平段所对应的应力水平时，将不会发生疲劳断裂，即具有无限寿命，此应力

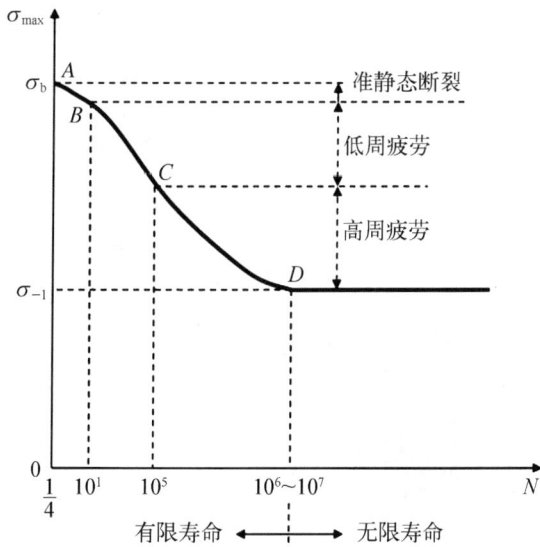

图 9.1.2 疲劳曲线全图

称为疲劳极限，用 σ_{-1} 表示。由此，疲劳可分为高周疲劳和低周疲劳两大类，两者在循环应力水平、寿命、试验方面的差别归纳于表 9.1.1 中。

表 9.1.1 高周疲劳与低周疲劳的区别

	高周疲劳	低周疲劳	备　　注
循环应力	$< \sigma_e$	$> \sigma_e$	σ_e 为弹性极限
疲劳寿命	$> 10^5$	$< 10^5$	分界并无统一规定

续　表

	高周疲劳	低周疲劳	备　注
试验频率	>10 Hz	<2 Hz	高频疲劳/低频疲劳
试验控制	恒应力幅度	恒应变幅度	应力疲劳/应变疲劳
疲劳曲线	应力-寿命曲线	应变-寿命曲线	皆可称为 S-N 曲线

9.1.1.3　疲劳过程

材料在远低于工程弹性极限的交变应力作用下仍能发生疲劳断裂的事实说明，在循环过程中材料产生了循环损伤。图 9.1.3 示意了延性金属循环损伤的 5 个基本微观过程。

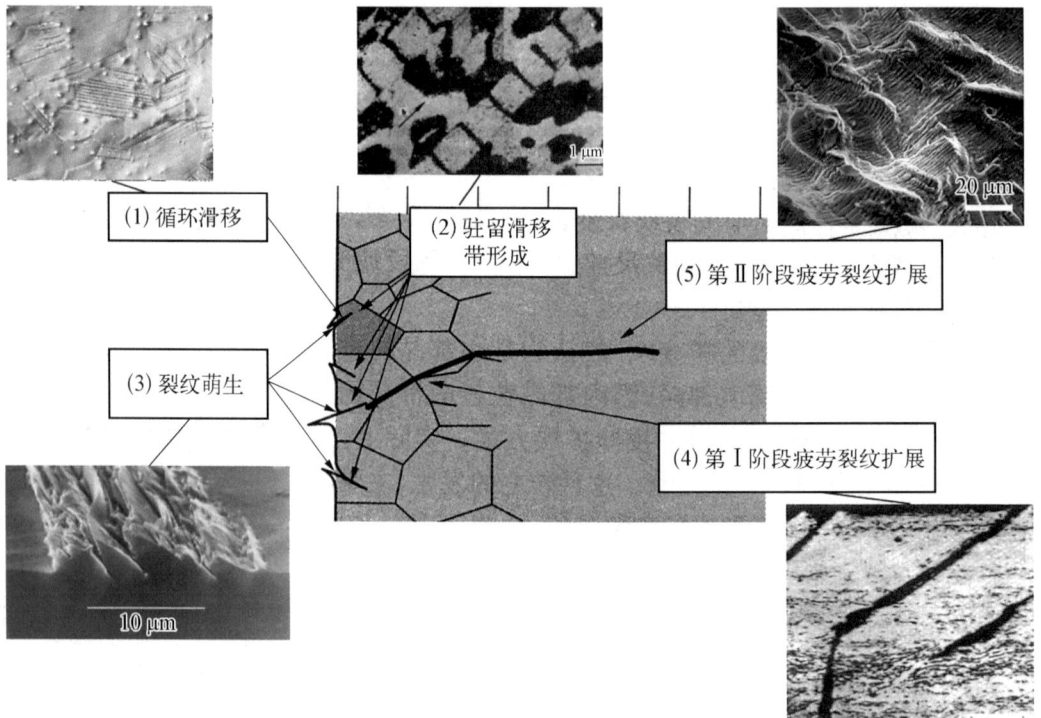

图 9.1.3　金属疲劳典型过程

（1）循环滑移。金属在低于弹性极限的循环应力作用下，虽然整体仍处在宏观弹性状态，但在某些部位，如表面、内部界面、夹杂物、应力集中区等微观结构不均匀处仍能发生塑性变形。这个塑性变形量虽然很小，一般在 $10^{-6} \sim 10^{-5}$ 量级，但对位错活动来说已是相当剧烈。某些局部区域位错密度较高，呈带状分布，而带之间区域的位错密度很低。当循环周次继续增加时，位错密度增加缓慢，并且位错分布更加不均匀，位错集中在较窄的带中，带之间的位错密度进一步降低。最后，当位错密度不再继续增加而趋于饱和时，位错结构也趋于稳定。

（2）驻留滑移带形成。循环加载和单向加载时位错滑移的特点不同，循环加载时还会形成单向加载时所没有的一种特殊位错组态。在单向加载时,随着载荷的增加,滑移可以传播至整个晶粒和整个金属试样。而在循环载荷下,位错滑移发生在一些晶粒的局部区域。将纯铜或纯铁的疲劳试样表面抛光,而后在疲劳循环过程中不断观察试样表面,发现滑移线逐渐出现、增多,并形成滑移带。但随着循环次数增加,已形成的滑移带变宽和滑移带内的滑移线变密,而没有出现新的滑移带,即在原有滑移带之间的广大区域没有发生滑移。并且还发现,这种不均匀的局部性滑移并不发生在所有的晶粒中,有些晶粒内根本没有发现滑移带。如果把试样抛光和疲劳循环反复进行,会发现有些部位的滑移带反复在原位置出现,就像驻扎在那里永远也不消失。故把这样的滑移带称为驻留滑移带(persistent slip band, PSB)。

(3)裂纹萌生。在循环应力下,金属的滑移集中在 PSB 中,随循环持续进行,在靠近自由表面的某些 PSB 继续发展,便在金属表面形成"挤出脊"和"挤入沟"。随循环周次进一步增加,挤入沟加深,逐渐演变成疲劳微裂纹。此外,挤出脊与表面的交界也可能产生疲劳微裂纹。

(4)第Ⅰ阶段疲劳裂纹扩展。疲劳裂纹自表面萌生后,由于处于平面应力状态,故易沿最大切应力方向的晶面向内扩展;由于各晶粒的位向不同及晶界有阻碍作用,各个晶粒内的扩展的距离不同,其中的一个微裂纹逐渐发展为主裂纹。

(5)第Ⅱ阶段疲劳裂纹扩展。随着主裂纹向内部扩展,逐渐由平面应力状态过渡到平面应变状态,裂纹扩展方向逐渐转向与最大拉应力垂直。第Ⅱ阶段是裂纹沿垂直于最大拉应力方向扩展的过程,由于裂纹扩展伴随着裂纹尖端的循环塑性变形,每个应力循环都会产生疲劳条带。第Ⅰ和第Ⅱ阶段的疲劳裂纹扩展均属于稳态扩展,直到未断裂部分不足以承担所加载荷,裂纹开始失稳扩展为止。

归纳起来,在循环载荷作用下,疲劳失效过程可以分为循环变形、疲劳裂纹萌生、疲劳裂纹扩展三个阶段。

9.1.1.4 高周疲劳

高周疲劳性能一般用应力-寿命曲线(S-N 曲线)表征。试验发现存在两种类型的 S-N 曲线,如图 9.1.4 所示。第一类曲线存在水平段(见曲线 1),倾斜段 AB 与水平段 BC

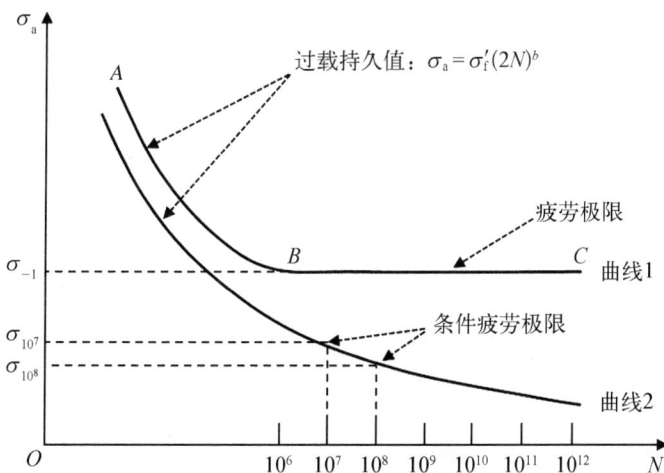

图 9.1.4 高周疲劳性能表征

的转折点 B 的对应循环周次 N_B 约为 10^6 次,水平段 BC 对应的应力即为疲劳极限 σ_{-1}。低于 σ_{-1} 的循环具有无限寿命。高于 σ_{-1} 的循环称为过载循环,为有限寿命。钢铁等黑色金属及陶瓷材料的 S-N 曲线多属此类;第二类 S-N 曲线不存在水平段(见曲线2),随循环应力降至很低时,仍能发生疲劳断裂。在这种情况下,工程上一般规定循环周次达到 10^7(或 10^8)所对应的应力为疲劳极限,称为条件疲劳极限。铝、镁等有色合金材料,或腐蚀和高温环境下的金属材料的 S-N 曲线多属此类。

材料在高于疲劳极限的应力下循环时,发生疲劳断裂的循环周次称为过载持久值。显然,循环应力过载程度愈高,疲劳寿命就愈低。将不同过载应力所对应的疲劳寿命连成一条曲线,就称为过载持久值线,与给定持久值对应的应力称为材料的持久极限。实际上,过载持久值就是给定应力下的疲劳寿命,广义上可理解为疲劳强度,表征了材料对过载荷的抗力。过载持久值线愈陡,材料对过载荷的抗力愈高。

巴斯坎(Basquin)[①]通过分析大量试验结果,给出了循环应力幅与发生破坏的应力反向数 $2N$(循环一周包括两次载荷反向)之间的经验关系式:

$$\frac{\Delta\sigma}{2} = \sigma_a = \sigma_f'(2N)^b \tag{9.1.1}$$

式中,σ_f' 为疲劳强度系数,对于大多数金属,它非常接近经过颈缩修正的单向拉伸真实断裂强度;b 为疲劳强度指数,对大多数金属,其值为 $-0.05 \sim -0.12$。巴斯坎方程表明,循环应力与寿命的双对数关系为一条直线。

巴斯坎方程仅适用于对称循环疲劳。对于非对称循环,过载持久值方程可由下式表示:

$$\sigma_a = (\sigma_f' - \sigma_m)(2N)^b \tag{9.1.2}$$

9.1.1.5 低周疲劳

许多零件或结构件,例如气缸、炮筒、压力容器、飞机起落架、桥梁、建筑物等,在工作寿命内只承受有限次应力反复,显然,按疲劳极限来设计将造成材料的浪费及运行效率低下。因此,有必要研究寿命小于 10^5 的低周疲劳的抗力问题。

曼森(Manson)[②]发现,对于控制塑性应变幅 $\Delta\varepsilon_p$ 的循环,$\Delta\varepsilon_p$ 与 $2N$ 呈幂律关系:

$$\frac{\Delta\varepsilon_p}{2} = \varepsilon_f'(2N)^c \tag{9.1.3}$$

式中,ε_f' 为疲劳延性系数,对于很多金属,其值约等于断裂真应变;c 为疲劳延性指数,一般为 $-0.7 \sim -0.5$。

工程上控制恒 $\Delta\varepsilon_p$ 的疲劳试验很困难,而控制总应变幅 $\Delta\varepsilon_t$ 的试验比较方便,为此,卡芬(Coffin)[③]将总应变幅 $\Delta\varepsilon$ 分为弹性应变幅 $\Delta\varepsilon_e$ 与塑性应变幅 $\Delta\varepsilon_p$ 两部分:

$$\frac{\Delta\varepsilon}{2} = \frac{\Delta\varepsilon_e}{2} + \frac{\Delta\varepsilon_p}{2} = \frac{\sigma_a}{E} + \frac{\Delta\varepsilon_p}{2} \tag{9.1.4}$$

① BASQUIN O H. The exponential law of endurance tests[J]. Proc. Am. Soc. for Testing and Mater., 1910, 10: 625.
② MANSON S S, HIRSCHBERG M H. Fatigue[M]. Syracuse: Syracuse University Press, 1964.
③ COFFIN L F. A study of the effects of cyclic thermal stresses on a ductile metal[J]. Trans. ASME, 1954, 76: 931.

弹性应变幅由巴斯坎方程给出,塑性应变幅由曼森方程给出,从而得到总应变量与疲劳寿命的关系为

$$\frac{\Delta\varepsilon}{2}=\frac{\sigma_{\mathrm{f}}'}{E}(2N)^{b}+\varepsilon_{\mathrm{f}}'(2N)^{c} \tag{9.1.5}$$

此即著名的卡芬-曼森(Coffin-Manson)方程。以双对数坐标表示卡芬-曼森方程的应变-寿命关系如图 9.1.5 所示,其中两条直线分别为 $\Delta\varepsilon_{\mathrm{e}}$ 和 $\Delta\varepsilon_{\mathrm{p}}$ 对总寿命的贡献。显然,在高应变幅循环(低周疲劳)时,$\Delta\varepsilon_{\mathrm{p}}$ 对总寿命影响起主导作用;而在低应变幅循环(高周疲劳)时,$\Delta\varepsilon_{\mathrm{e}}$ 起主导作用。两条直线交点所对应的寿命称为转折寿命 N_{t},$N<N_{\mathrm{t}}$ 的为低周疲劳;反之,则为高周疲劳。N_{t} 与材料性能有关,一般来说提高材料强度将使 N_{t} 左移;提高材料的塑性则使 N_{t} 右移。

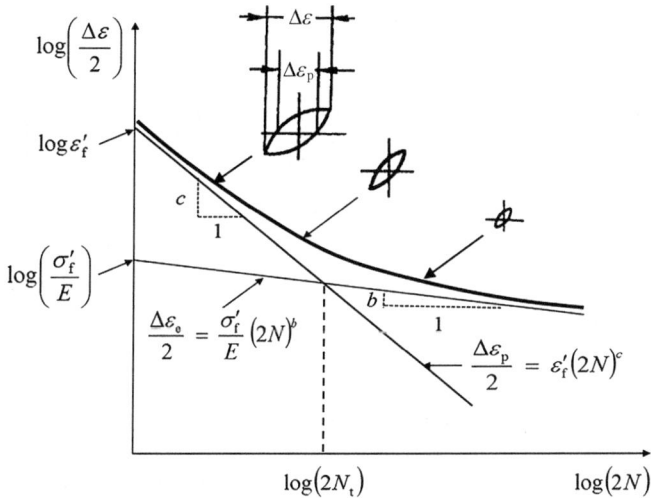

图 9.1.5 应变-寿命曲线

由以上分析可见,不同疲劳对材料性能的要求也不同。如属于高周疲劳,应主要考虑强度;如属于低周疲劳,则应在保持一定强度的前提下,尽量提高材料的塑性和韧性。一般来说,材料的强度和塑性不可兼得。因此,对于承受低周疲劳的构件如压力容器等,应尽量选择有较高延性及较低屈强比($\sigma_{\mathrm{s}}/\sigma_{\mathrm{b}}$)的材料;而对承受高周疲劳的构件,则应尽量选取高强度的材料。

9.1.1.6 疲劳裂纹扩展速率及门槛值

高周疲劳和低周疲劳的寿命是初始无裂纹的实验室试样(简称光滑试样)在恒应力幅或应变幅下循环至断裂的总寿命,其中包括了裂纹萌生寿命和裂纹扩展寿命两部分。由于裂纹萌生寿命占据光滑试样疲劳总寿命的主要部分,经典的应力和应变描述方法在多数情况下体现抵抗疲劳裂纹萌生的设计思想。然而实际的工程材料特别是大型结构中本身就存在预裂纹,疲劳循环中不存在裂纹萌生阶段,疲劳寿命只有裂纹扩展寿命。这种情况下,材料或构件的疲劳抗力取决于裂纹的扩展阻力和扩展速率,可采用断裂力学进行分析,疲劳设计方法称为"损伤容限法"。

由断裂力学知,控制裂纹扩展的力学参量是裂纹尖端的应力强度因子 K。在循环应力

作用下,裂纹扩展的动力则是裂纹尖端的应力强度因子幅度 ΔK:

$$\Delta K = K_{\max} - K_{\min} = Y\Delta\sigma\sqrt{\pi a} \tag{9.1.6}$$

疲劳裂纹扩展速率定义为经受一次应力循环后疲劳裂纹扩展量,用 $\mathrm{d}a/\mathrm{d}N$ 表示。大量试验表明,在等幅疲劳加载条件下,$\mathrm{d}a/\mathrm{d}N$ 与 ΔK 有关:

$$\frac{\mathrm{d}a}{\mathrm{d}N} = f(\Delta K) \tag{9.1.7}$$

若将 $\mathrm{d}a/\mathrm{d}N$ 和 ΔK 关系用双对数图表示,则呈 S 形曲线,如图 9.1.6 所示,整个曲线可分为 A、B、C 3 个区段。

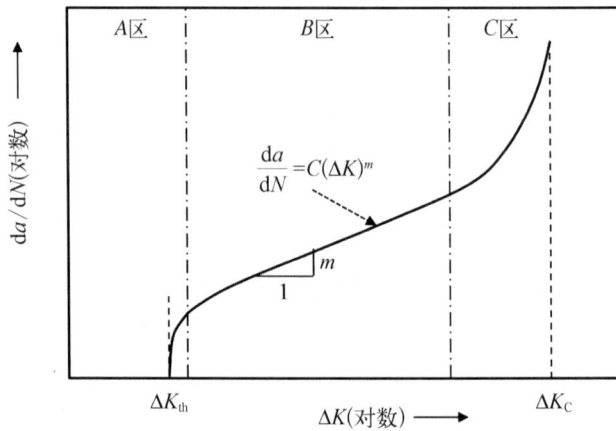

图 9.1.6　疲劳裂纹扩展速率曲线

在 A 区内,有一个门槛值 ΔK_{th},它对应着 $\mathrm{d}a/\mathrm{d}N = 0$ 时 的应力强度因子幅度,但是试验中很难测定该值,所以一般定义该值所对应的 $\mathrm{d}a/\mathrm{d}N$ 值等于 10^{-11} m/次。这意味着对有预裂纹的结构,当 $\Delta K < \Delta K_{\mathrm{th}}$ 时,裂纹基本不扩展。而高于此值,随着 ΔK 的增加,裂纹扩展速率急剧增加。在此区内,裂纹为非连续的扩展机制,扩展速率受显微组织、平均应力、环境介质的强烈影响。门槛值 ΔK_{th} 是反映带裂纹构件抗疲劳性能的一个重要指标,在物理意义上可以认为是裂纹试样的疲劳极限,它是工程设计、选材和安全评定不可缺少的重要参数。在实际结构中,对于一些重要的受力构件,需要根据材料的 ΔK_{th} 来确定其工作应力水平。或反过来,根据 ΔK_{th} 确定不发生扩展的允许裂纹尺寸。

在 B 区内,$\mathrm{d}a/\mathrm{d}N$ 和 ΔK 的双对数关系呈线性关系,裂纹为连续的条纹扩展机制,扩展速率受显微组织、平均应力及试样厚度等因素的影响相对较小,但对某些腐蚀介质可能十分敏感。用于描述裂纹扩展规律的公式有数十种之多,它们都是经验或半经验公式,其中最著名的是帕里斯(Paris)方程[①]:

$$\frac{\mathrm{d}a}{\mathrm{d}N} = C(\Delta K)^m \tag{9.1.8}$$

---

① PARIS P C, ERDOGAN F. A critical analysis of crack propagation laws[J]. J. Bas. Eng. Trans. ASME, Series D, 1963, 85: 528.

式中，C 和 m 均为材料常数，由试验确定。m 值为 $2\sim7$，其中多数材料为 $2\sim4$。

在 C 区内，裂纹扩展速率曲线上升并趋于一条渐近线，即疲劳载荷中的最大应力强度因子 K_{max} 趋近于临界应力强度因子 K_C。C 区出现静断裂方式，受显微组织、平均应力、试样厚度影响较大，但对环境不敏感。

9.1.2 疲劳极限的本质

关于疲劳极限的本质是一个相当复杂的问题，迄今也没有取得完全共识。从理论上来说，弹性变形是完全可逆的，在弹性极限水平以下的循环应该是无损伤而有无限寿命的。所以弹性极限似乎应该相当于理论疲劳极限。但实际情况是工程材料在低于弹性极限的循环应力作用下，虽然整体仍处在宏观弹性状态，但仍能发生疲劳破坏。其原因有二：第一，弹性极限是单向拉伸试验获得的材料宏观名义应力值，实际上金属可以在远低于弹性极限的应力下发生微塑性变形，这个塑性变形量虽然很小，一般为 $10^{-6}\sim10^{-5}$ 量级，但对位错活动来说已是相当剧烈；第二，也是更重要的是，材料组织结构总是微观非均匀的，在某些部位，如表面、内部界面、夹杂物等处会产生应力集中，局部应力可能超过弹性极限，从而产生局部塑性变形。由于循环滑移的不可逆性，某些局部区域位错密度较高，呈带状分布，而带之间区域的位错密度很低。当循环周次继续增加时，位错密度增加缓慢，并且位错分布更加不均匀，位错集中在较窄的带中，形成集中滑移带（例如驻留滑移带）。这些集中滑移带正是随后产生损伤和裂纹萌生之处。

关于疲劳极限的一个较流行的观点是，凡是具有应变时效能力的材料均有明确的疲劳极限，而没有应变时效能力的材料，就没有明确的疲劳极限。图 9.1.7 示意地说明了这种作用机制，图中曲线 A 是纯金属的 S-N 曲线，是连续单调变化的。在纯金属中加入置换型合金元素，虽然会使滑移变得困难，屈服强度提高，导致 S-N 曲线向右上方移动（曲线 B），但寿命和应力之间仍然是单调关系。如果在合金中加入适量的间隙合金元素，则疲劳循环过程中就会产生动态应变时效，这是一种新的附加强化过程。由于应变时效并不是一种强烈的外加应力的函数，因此当外加应力升高到某一个临界值时，在循环时就会出现损伤和应变时效强化之间的平衡。这种平衡表现为存在一个明显的疲劳极限（曲线 C）。假如采用进一步增加间隙元素的含量或者提高温度的办法来加强应变时效的作用，那么就可以在更高的应力水平达到损伤与强化过程的平衡，表现为疲劳极限提高，且曲线的拐点出现在更低的循环周次（曲线 D）。

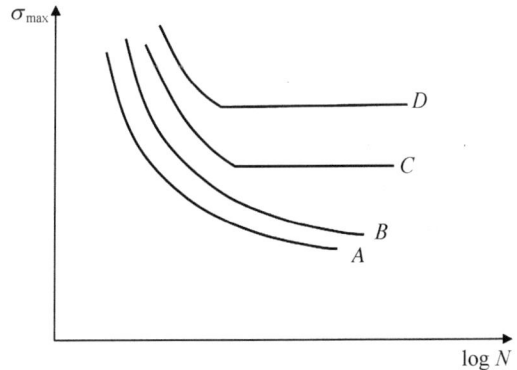

图 9.1.7 由无明显疲劳极限到有明显疲劳极限的变化

疲劳滑移过程的微观研究表明，外来原子（如低碳钢中的碳、氮间隙原子）所形成的科氏气团、沉淀物以及环绕这些沉淀物的位错环等，均是疲劳滑移过程的障碍物，导致滑移带的阻塞，它表现为一个强化过程，是疲劳极限存在的原因。此外在低应力下，多数位错均为拉长的位错结所捕捉，因而开动的滑移面受阻，这或许是除了上述原因外，存在疲劳极限的本质所在。当然从物理学角度，这两种机制造成的结果是相同的。

但是随着超高周疲劳服役需求增加(例如高铁行业),对循环周次远超 10^7 次,甚至达到 10^{12} 次的疲劳行为(称为超高周疲劳)的研究也开展起来,发现即使有色金属在超过 10^{10} 周次循环后,其 S-N 曲线仍存在平台。此外,高强度钢和超高强度钢在超过 10^7 周次循环时仍可能发生疲劳断裂,只不过其应力-寿命曲线的斜率低于传统曲线的斜率。因此超高周疲劳只能定义条件疲劳极限,例如 σ_{10^9}、$\sigma_{10^{10}}$,甚至 $\sigma_{10^{12}}$,需视工程需要而定。关于超高周疲劳断裂现象的试验研究发现了许多新的有趣的现象,如疲劳裂纹萌生源通常都认为是在构件表面,然而对许多材料的超高周疲劳试验显示出两种裂纹萌生机制:一种起源于构件表面;另一种在构件内部,如图 9.1.8 所示。

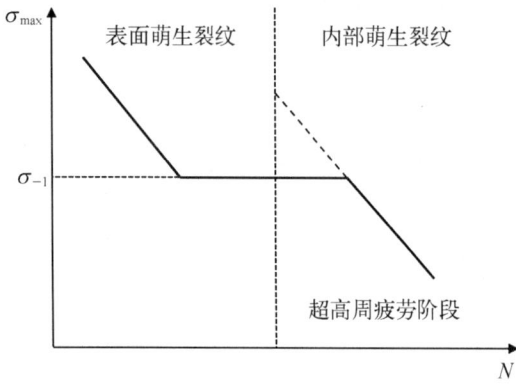

图 9.1.8 超高周疲劳 S-N 曲线特征

最近,许金泉[1]提出了基于原子各向异性热扰动的疲劳极限理论,如图 9.1.9 所示。根据点缺陷理论可知,由于热起伏而使原子从其平衡位置逃逸的概率 P 可表示为

$$P = \exp\left(-\frac{Q}{kT}\right) \tag{9.1.9}$$

式中,Q 为原子逃离激活能。原子逃逸后,在晶体中成为间隙原子,而其原始平衡位置则成为空位。

在无载荷情况下[见图 9.1.9(a)],Q 较大,但原子仍有一定的概率逃逸,只不过原子在各个方向上逃逸的概率是相同的,这意味着原子逃逸所产生的空位会被别的地方释放过来的原子所填补,即处于一个动态的空位平衡状态,不会形成固定的缺陷,故不会引起损伤。

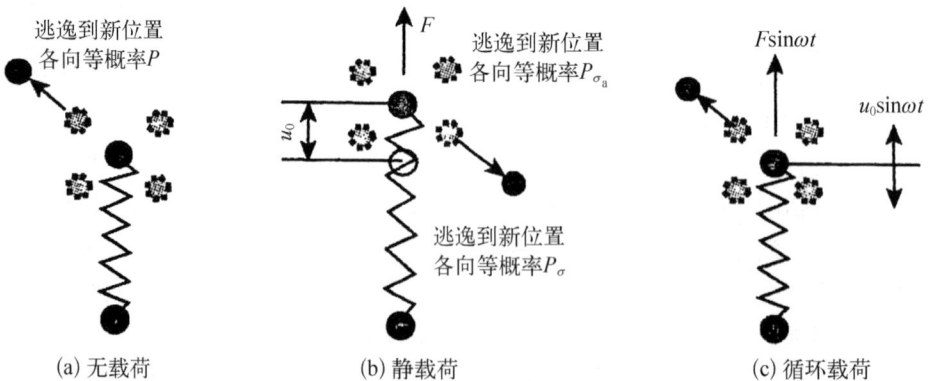

图 9.1.9 在不同载荷条件下的原子热扰动

---

[1] 许金泉. 疲劳力学[M]. 北京:科学出版社,2017.

在静载荷情况下[见图9.1.9(b)],由于应力的帮助,原子逃逸概率 P 升高,也可以理解为逃逸激活能 Q 减小。逃逸激活能 Q 与外加应力 τ 之间的关系有多种表达式,其中之一为

$$Q = \frac{(\tau_{\text{th}} - \tau)^2}{2\mu} \tag{9.1.10}$$

但是,由于此时原子平衡位置的位移 u_0 是固定的,相对于该平衡位置,原子向各方向逃逸的概率仍然是相同的。因此原子逃逸所产生的空位仍会相互湮灭,而不会累积起来形成缺陷或使缺陷生长。

在循环载荷情况下[见图9.1.9(c)],平衡位置也是在不断循环改变的。虽然原子逃逸相对于瞬时平衡位置仍是各向同性的,但平衡位置本身的运动却破坏了这种各向同性的性质。因此,随机产生的空位就不能完全相互湮灭,从而会累积起来形成损伤,以至于最终发展成疲劳微裂纹。

该理论可以解释为什么疲劳损伤总是发生在内部缺陷处。在内部缺陷处,由于应力集中的原因,一方面使得原子逃逸激活能 Q 减小,更容易逃逸;另一方面,因平衡位置变化幅度增大,导致原子逃逸空位更难以相互湮灭,损伤更容易累积。值得指出的是,该理论是建立在循环加载时原子逃逸的各向异性的基础上,似乎暗示不存在理论上的疲劳极限,因为原子逃逸总是有概率的,即便其概率非常之小。

9.1.3 疲劳循环变形

9.1.3.1 循环变形的一般特征

图9.1.10示意了金属材料恒应变幅循环变形的特征。对于应变控制循环,在开始的若干周次内应力幅是变化的[见图9.1.10(a)],应力与应变关系呈不封闭回线[见图9.1.10(b)],可显示初期循环硬化或软化特征,本例为循环硬化。通常,循环硬化或软化不会无休止延续下去,到达一定周次 N_s 后(一般为50~200次),循环应力幅将稳定下来,形成封闭的稳定滞后环[见图9.1.10(c)],相应的周次 N_s 称为饱和周次,与此对应的最大应力称为"饱和"应力。稳定滞后环的总宽度即为总应变幅 $\Delta\varepsilon_t = 2\varepsilon_a$,$\varepsilon_a$ 为应变半幅。环的总高度为总应力幅 $\Delta\sigma = 2\sigma_a$。总应变幅可以分解为弹性应变幅 $\Delta\varepsilon_e$ 和塑性应变幅 $\Delta\varepsilon_p$ 两部分,即 $\Delta\varepsilon_t = \Delta\varepsilon_e + \Delta\varepsilon_p$。施加的应变幅不同,则稳定滞后环的大小就不同,将不同应变幅下得到的稳定滞后环的顶点连线,便得到循环应力-应变曲线[见图9.1.10(d)]。当循环应力-应变曲线高于静载应力-应变曲线时,称为循环硬化;反之,则称为循环软化[见图9.1.10(e)]。

一般来说,当 $\sigma_b/\sigma_s > 1.4$ 时,材料多为循环硬化;$\sigma_b/\sigma_s < 1.2$ 时,材料表现为循环软化;当 $1.2 < \sigma_b/\sigma_s < 1.4$ 时,材料比较稳定。一般说来,退火的纯金属、多种铝合金及淬火状态的钢为循环硬化;经冷加工的纯金属及经淬火和中、高温回火的钢为循环软化;而有些低合金高强钢及一些低碳、低硬度钢在开始时为循环硬化,而后为循环软化。

与准静态应变硬化类似,循环应力-应变曲线也有下列关系:

$$\sigma_a = k(\varepsilon_p)^n \tag{9.1.11}$$

式中,k 为循环强度系数;n 为循环应变硬化指数。

9.1.3.2 单晶体的循环变形

为研究循环变形过程中微观结构的变化,常常从纯金属单晶体开始,然后推广到多晶

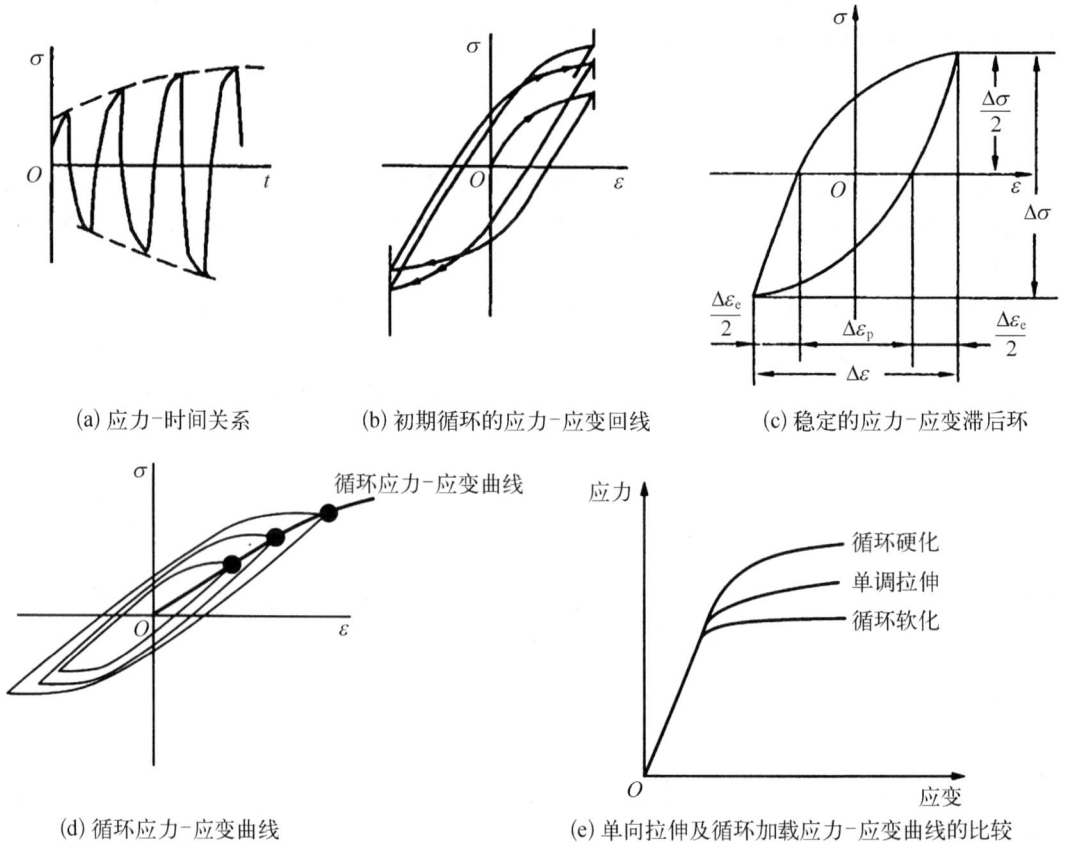

(a) 应力-时间关系　　　(b) 初期循环的应力-应变回线　　　(c) 稳定的应力-应变滞后环

(d) 循环应力-应变曲线　　　(e) 单向拉伸及循环加载应力-应变曲线的比较

图 9.1.10　恒应变幅循环变形特征

体、单相合金和多相合金。其中又以 fcc 结构金属的研究较为成熟，bcc 结构金属次之，而对 hcp 结构金属研究得最少。图 9.1.11 给出了单滑移取向铜单晶体在恒塑性应变幅条件下的循环应力应变曲线及相应的微结构，可以看出，此循环应力-应变曲线与 fcc 单晶体准静态加工硬化曲线有些相似，也存在 3 个阶段，但两者的变形机制和位错结构有很大差别。在循环应力-应变曲线为 A、B、C 的 3 个阶段中，材料表现出明显不同的应变硬化特征。

A 区：循环塑性应变幅较低，有加工硬化现象。在此区内，随着应力反复循环，主滑移面上的位错也往复运动，异号螺型位错相遇时会湮灭，而异号刃型位错相遇时则形成位错偶极子，随后形成位错偶极子的网络，这种结构通常称为脉络结构，又称束状结构[见图 9.1.11(b)]。在束状结构中，脉络呈长条形(图中黑色区域)，其长轴与初级位错线平行，而与长轴的横截面是等轴的。它们被通道(白色区域)所分隔。脉络中的位错密度为 $10^{15}/m^2$ 量级，而通道中的位错密度要小 3 个数量级。脉络对主滑移面上的位错运动有一定阻碍作用，因而对疲劳早期的快速硬化有一定贡献。

B 区：随应变增加，循环应力几乎不变，为一水平台。在此区内微观结构变化的一个最显著特征是滑移的局部化，形成 PSB。PSB 呈梯状结构，它被基体脉络及通道所分割[见图 9.1.11(c)]。在 B 区的整个水平线部分是 PSB 由产生到充满整个试样长度的体积内的过

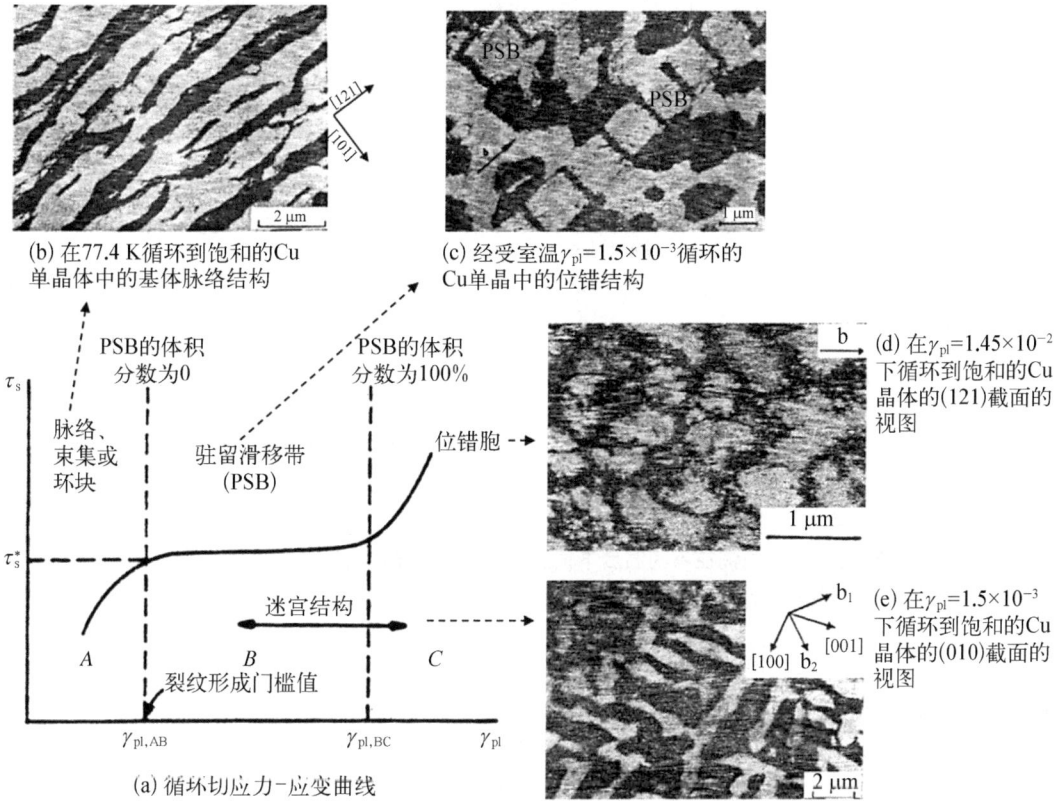

(b) 在77.4 K循环到饱和的Cu单晶体中的基体脉络结构

(c) 经受室温$\gamma_{pl}=1.5\times10^{-3}$循环的Cu单晶中的位错结构

(d) 在$\gamma_{pl}=1.45\times10^{-2}$下循环到饱和的Cu晶体的(121)截面的视图

(e) 在$\gamma_{pl}=1.5\times10^{-3}$下循环到饱和的Cu晶体的(010)截面的视图

(a) 循环切应力-应变曲线

图 9.1.11 取向满足单滑移条件的铜单晶体恒塑性应变幅条件下的循环应力-应变曲线及相应的微结构透射电镜像

(SURESH S. Fatigue of materials[M]. 2nd ed. Cambridge：Cambridge University Press，1998.)

程[见图 9.1.11(a)]。图 9.1.12 为循环变形位错结构的示意图。在 PSB 内通过位错墙中的位错弯出并扫过墙之间的通道的方式滑移,位错增殖被适当的位错湮灭过程抵消,以保持饱和状态。由于滑移集中在 PSB 内,PSB 内同一滑移面上位错都是同方向运动的平行位错,因此滑移阻力较小,表现为在循环应力-应变曲线的 B 区几乎不发生硬化。当塑性切应变较大时(在 B 区后段和 C 区前段),则可看到一种迷宫结构[见图 9.1.11(e)]。此时除一次滑移外,还可能发生二次滑移。

C 区:循环应变幅很大,循环应力复又上升,重新出现加工硬化现象。这是因为在该阶段中,多滑移系统启动,位错交互作用增强,故形成胞状结构[见图 9.1.11 (d)]。

位错结构由束状结构到 PSB 再到胞状结构的变化过程受许多因素的影响。一般来说,温度越高、循环次数越多、塑性应变幅越大,上述结构变化就来得越快。图 9.1.13 是纯铜在不同温度下恒应变幅循环至不同次数时的位错结构,可以

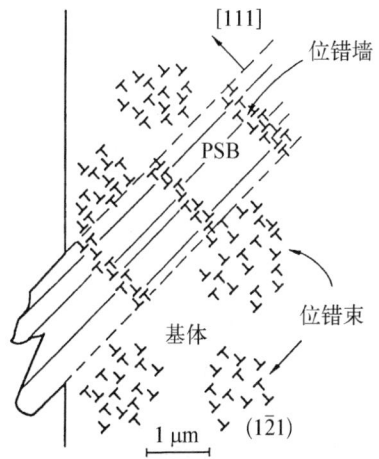

图 9.1.12 在 B 区循环变形的位错结构示意

看出,在 $\Delta\varepsilon_t = 0.032\%$ 时,400℃以下直到循环次数 $N = 10^4$ 时仍为束状结构,而当 $\Delta\varepsilon_t$ 增加一倍时相同循环次数在 300℃便出现胞状结构。

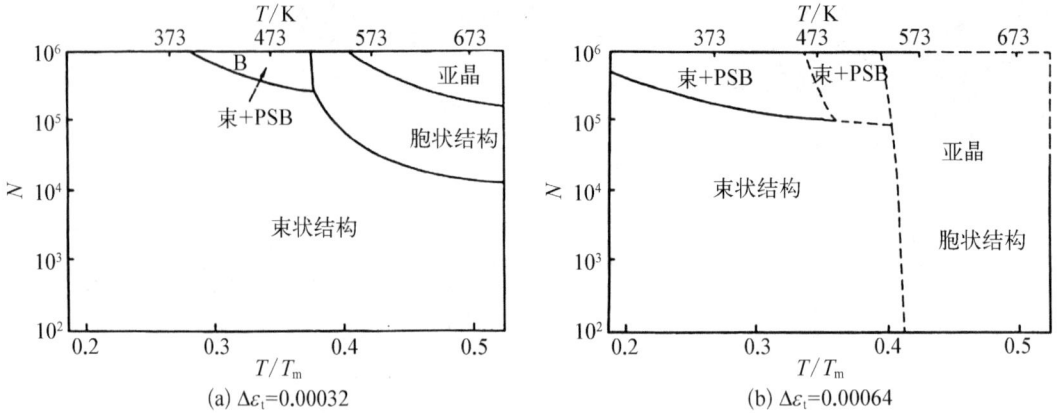

图 9.1.13　纯铜在不同温度下恒应变幅循环至不同次数时的位错结构

(张俊善. 材料强度学[M]. 哈尔滨:哈尔滨工业大学出版社,2004:214.)

当 fcc 单晶体处于多滑移位向时,其疲劳行为与上述有所不同。首先是疲劳硬化速率很高,其次是没有饱和现象。

bcc 单晶体(如 α-Fe)在具有易滑移位向时呈现平直的滑移带,而处在多滑移位向时,则出现波纹状滑移带。对取向满足单滑移条件的纯 bcc 晶体,如 α-Fe、Mo 和 Nb,其循环变形行为与 fcc 晶体有显著差别:在低塑性应变幅($\leqslant 10^{-3}$)下,基本不发生硬化,循环应变只是刃型位错运动的表现;在较高应变幅下,有循环硬化。在此阶段,通过刃型位错和螺型位错做大范围运动进行变形,最终形成胞状结构;在高应变幅下,由于螺型位错的拉、压不对称滑移造成晶体形状变化;在单晶中未发现 PSB,但是观察到可能导致裂纹形核的不规则滑移带;由于应变时效的原因,含有杂质原子的 bcc 晶体的循环变形特征接近于 fcc 晶体,而且滑移带类似于 PSB。

hcp 单晶体(如 α-Ti)取向合适时,会产生循环孪生,引起循环硬化明显增高;在恒定应变幅下,促进单滑移和交滑移的取向,形成平面位错偶极子阵列和位错环(类似循环的 fcc 晶体);而满足双滑移和多滑移取向的晶体形成胞状结构。

9.1.3.3　多晶体的循环变形

对多晶体金属的研究表明[①],对晶粒尺寸在 $100\sim300~\mu m$ 的多晶铜,在约 10^{-4} 应变幅下可观察到 PSB;PSB 局限于单滑移系中,虽然能穿过小角晶界,但不能穿越大角晶界;在应变幅达到 10^{-3} 量级时,出现迷宫结构和胞状结构(与单晶体类似);单晶和多晶的主要差别在于,由于存在各种晶粒取向,即使在低应变幅下也能出现次级滑移;在粗晶铜的循环应力-应变曲线上,也有类似于单晶体的平台区;而对细晶铜,由于滑移的多样性及应变约束,循环应力-应变曲线上不出现平台区,如图 9.1.14 所示。

---

① WINTER A T, PEDERSON O B, RASMUDDEN K V. Dislocation microstructures in fatigued copper polycrystals [J]. Acta Metallurgica, 1981, 29:735.

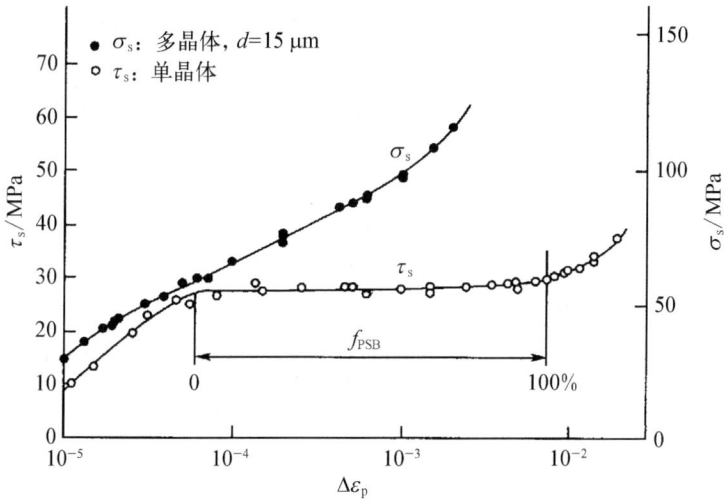

图 9.1.14 Cu 单晶和多晶试样循环应力-应变曲线

(LUKAS P, KUNZ L. Is there a plateau in the cyclic stress-strain curves of polycrystalline copper[J]. Mater. Sci. & Eng., 1985, 74: 11.)

9.1.3.4 单相合金的循环变形

研究表明,单相合金的循环应力-应变曲线与滑移模式有关[1],如图 9.1.15 所示。对于平面状滑移金属,如 Cu-7%Al、Fe-3%Si 和有序合金,虽然在高应变量下的循环硬化曲线的斜率与其基体金属(具有波纹状滑移特征)相似,但其饱和状态下的流变应力却低很多。刚开始时,平面状滑移材料的软化速率比波纹状滑移材料的软化速率更大,但随后就很快降低,最后达到零。所以以加工过程对平面状滑移材料的循环应力-应变曲线影响更大。在低应力下,平面状滑移材料的硬化率比波纹状滑移材料小得多,但它可以一直延续到整个疲劳寿命的很大一段时间。例如在恒应变循环下,Cu 的硬化阶段小于总寿命的 1%;而 Cu-31%Zn(平面滑移合金)却大约要到总寿命的 20% 才可能达到完全饱和的最大应力振幅。因为

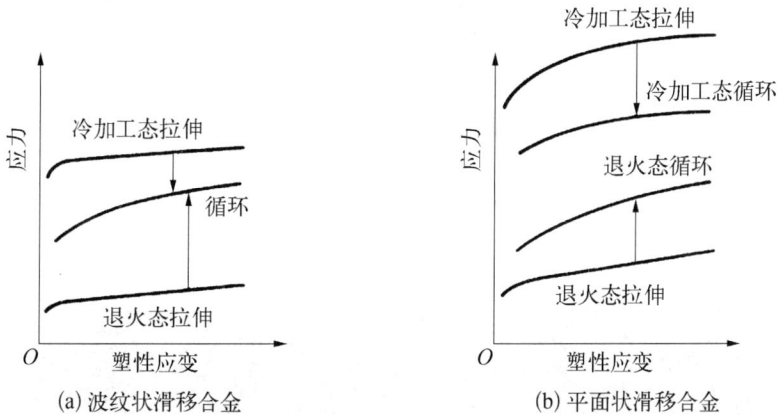

图 9.1.15 合金滑移特征对循环应力-应变曲线影响的示意

---

[1] FELTNER C E, LAIRD C. Cyclic stress-strain response of f. c. c. metals and alloys-I. Phenomenological experiments [J]. Acta Metallurgica, 1967, 15: 1621.

加工过程对平面滑移材料比波纹状滑移材料的作用大得多,所以循环应力-应变曲线一般处于更高的流变应力处。

从总体倾向来看,预加载对波纹状滑移材料的循环应力-应变曲线几乎无影响,但却能严重影响平面状滑移材料的循环应力-应变曲线。

9.1.3.5 两相合金的循环变形

在含有细小颗粒和间距很小的质点的显微结构中,位错弯曲绕过质点所需的应力是极高的,结果位错只能切过质点,如图 9.1.16 所示为 Al - 4%Cu 合金硬化曲线的例子。Al - 4%Cu 合金时效处理时析出细小、片状的 θ'' 强化相,在疲劳循环时是先硬化到峰值,再软化,这种软化现象在中等应变时最明显,而且这种特征在单相合金中没有见过。

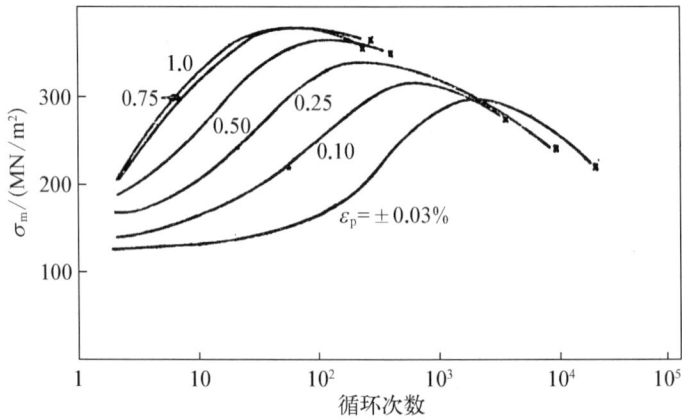

图 9.1.16 Al - 4%Cu 合金恒应变循环下的 σ_m - N 曲线

(田家凯,ANSELL G S,叶锐曾. 合金及显微结构设计[M]. 北京:冶金工业出版社,1985.)

研究发现,在循环硬化达到峰值后再软化的原因与集中滑移带内的微结构演变有关,软化局限于集中滑移带内。这种局部软化反映了一种不稳定性,与纯金属中形成 PSB 相似。图 9.1.17 描绘了时效态 Al - 4%Cu 合金循环特征及各阶段表面滑移带结构,开始硬化时,

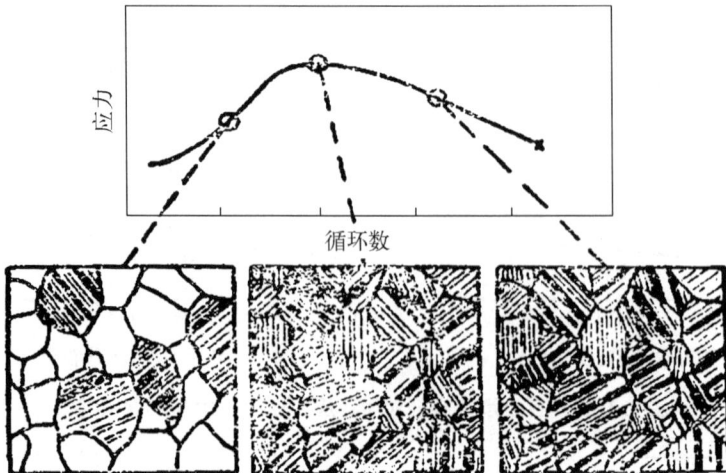

图 9.1.17 时效态 Al - 4%Cu 合金循环特征

只有少数晶粒有普遍的滑移和集中滑移带。这些晶粒都处于软位向。当软位向晶粒硬化后,应变开始转移到附近晶粒上,在应力峰值处,全部晶粒都已滑移。随后开始软化过程,此时,集中滑移带的数目和程度都增加了。

有利于形成集中滑移带和裂纹形核、扩展的情况有以下几种。

(1) 带内析出物遭受过时效而引起局部软化。虽然在常温疲劳中这种机制的证据尚不充分,但对高温疲劳而言这是完全应该考虑的。

(2) 带内析出物被位错反复切割破碎到极小尺寸而不稳定,结果导致再溶解并局部弱化。

(3) 合金内存在沿滑移带不均匀析出现象,使某些滑移带首先软化,循环应变集中在这些地方。

(4) 有序颗粒被位错反复切割而无序化,反相畴强化消失。

9.1.4 疲劳裂纹萌生

9.1.4.1 疲劳裂纹萌生位置及方式

根据经验,疲劳裂纹萌生之地(疲劳裂纹源)一定是在材料组织结构中的最大应力处,或局部强度最低处。一般来说,疲劳裂纹最可能萌生在表面,原因有以下几种。

(1) 自由表面在变形时受到约束较小,呈平面应力状态,易屈服,造成疲劳损伤。

(2) 在许多加载条件下,如弯曲、扭转等加载方式,表面应力最大。

(3) 表面缺口、台阶、沟槽等处引起高度应力集中。

(4) 表面存在腐蚀性介质,助长裂纹的萌生。

只有内部有较严重的冶金缺陷时,裂纹才产生于内部。但从组织结构的微观角度来看,裂纹源将萌生于滑移高度集中的地方。

金属疲劳裂纹的萌生可以有 3 种方式(见图 9.1.18):表面滑移带开裂、夹杂物/基体界面开裂(脱黏)或夹杂物本身开裂,以及晶界或亚晶界处形成微裂纹。其中,第一种为表面裂纹萌生机制;后两种为内部裂纹萌生机制,它们与准静态下的裂纹萌生机制相同,不再赘述。

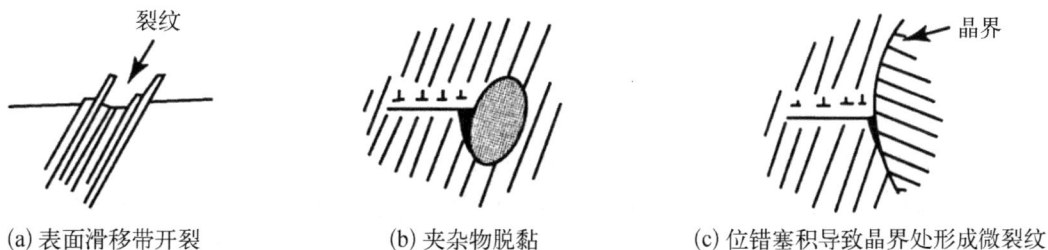

(a) 表面滑移带开裂   (b) 夹杂物脱黏   (c) 位错塞积导致晶界处形成微裂纹

图 9.1.18　疲劳裂纹形成的 3 种方式

在静负荷和疲劳负荷下,金属表面产生滑移带的情况有所不同,如图 9.1.19 所示。在疲劳载荷下,滑移不均匀,滑移局部集中,形成 PSB。PSB 在材料表面形成挤出和凹入,这些地方是应力集中处,经过应力多次交变后,会在该处形成疲劳裂纹。

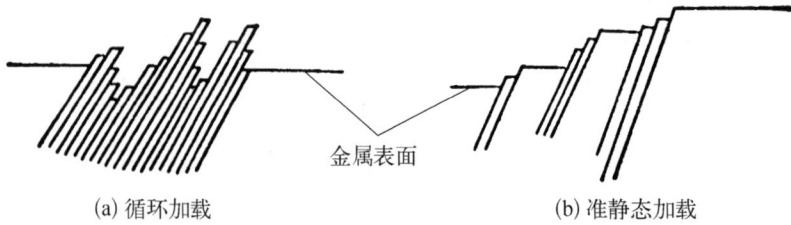

(a) 循环加载　　　　　　　　　　　　　(b) 准静态加载

图 9.1.19　不同载荷方式下滑移带在表面产生的结果

9.1.4.2　疲劳裂纹萌生机制

PSB 在表面造成挤出挤入的微观机制有多种,这里仅介绍空位偶极子模型[①]。

在循环饱和的开始阶段,在 PSB 形核的同时也伴随着形成挤出,当受疲劳载荷作用的基体中的位错平均间距接近位错湮灭距离时,就会由此而使表面变粗糙。研究表明,存在一个临界位错间距,当位错间的距离小于这个临界值时,位错易于湮灭。考虑两个在 PSB 通道内滑动的异号螺型位错,如图 9.1.20(a)所示,S_{LH} 为左旋位错,S_{RH} 为右旋位错,当这对位错间的距离小于临界距离 $y_s \approx 50$ nm 时,由于交滑移的作用,它们将成对湮灭。同样,由异号刃型位错组成的偶极子如图 9.1.20(b)所示,如果其间距 y_e 小于 1.6 nm,位错将湮灭而形成一个空位。如果在 1 和 2 平行平面上,刃型位错的符号与图中相反,则位错湮灭时形成一个间隙原子。TEM 研究表明,疲劳循环中湮灭的位错中多数会形成空位。因此,循环滑移产生的单个空位或空位群会使金属膨胀,这种膨胀使承受疲劳载荷的试样在表面出现凸起和挤出。如果没有湮灭现象,位错在 PSB 墙和 PSB 通道内的往返运动将是可逆的,因此试样表面的外观形貌不会发生永久性变化。

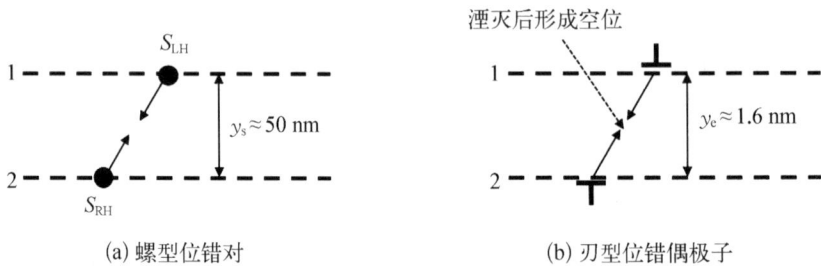

(a) 螺型位错对　　　　　　　　　　　　(b) 刃型位错偶极子

图 9.1.20　位错湮灭临界距离

Essmann 等人根据位错在滑移带内的湮灭使滑移具有不可逆性这一假设,提出了一个解释表面粗糙化和裂纹形核的综合模型,如图 9.1.21 所示。

图 9.1.21(a)示意了由两个微观滑移过程如何形成挤出。图中用实心符号表示在循环拉伸半周期中运动的位错,用空心符号表示循环压缩半周期中运动的位错。由于位错湮灭,在弗兰克-里德源产生的位错在应变反向之前就已消失。在拉伸载荷的作用下,借助从 A 到 A' 的相继发生的微观过程,滑移穿越试样。刃型位错的湮灭过程可改变发生大量滑移的滑移面,因此在位错湮灭部位(例如 PSB 墙)有效滑移面 $A - A'$ 与初级矢量 $\boldsymbol{b}$(伯格斯矢量)

---

① ESSMANN U, GOSELE U, MUGHRABI H. A Model of extrusions and intrusions in fatigued metals. I. Point-defect production and the growth of extrusions[J]. Phil. Mag. , 1981,A44: 405.

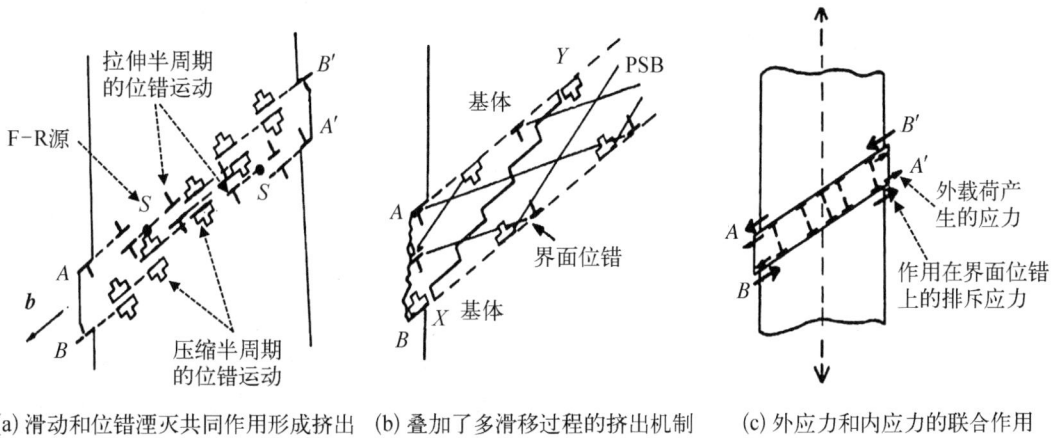

(a) 滑动和位错湮灭共同作用形成挤出　(b) 叠加了多滑移过程的挤出机制　(c) 外应力和内应力的联合作用

图 9.1.21　疲劳裂纹萌生的空位偶极子模型示意

没有平行关系,它们之间有一个小倾角。在循环的拉伸半周期中,在试样表面的 A 和 A' 部位诱生滑移台阶。在应变反向进入到压缩时,由类似的过程在 B 和 B' 处形成滑移台阶。就这样,由台阶 A-B 和台阶 A'-B' 构成一个挤出。如果所讨论的是间隙型偶极子,那么就会形成侵入而不是挤出。在滑移带中由于刃型位错湮灭所产生的空位的浓度达到某一个饱和值时,挤出就停止生长。饱和时,有效滑移面不再偏离 b。

图 9.1.21(b) 则表示了叠加了多滑移过程后如何形成挤出。路径 X-Y 表示由湮灭促成的复合滑移过程所产生的锯齿形滑动。为清晰起见,其他类似的路径仅用直线表示。这些线连接那些在湮灭过程中保留下来且到达了自由表面的刃型位错或在 PSB-基体界面上沉积的刃型位错。沉积在界面上的位错符号相同,因而产生内应力。因此在一个循环中,不可逆滑移的净结果是在 PSB/基体的界面上形成一排刃型位错。这些界面位错会在 PSB 内产生一个沿着 b 方向作用的压应力,同时使邻近 PSB 的基体产生一个拉应力。

图 9.1.21(c) 表示了外应力和由界面位错产生的内应力的综合效应。图中较大的箭头表示由界面位错相互排斥而产生的内应力,较小的箭头表示远场轴向载荷在 PSB 方向上的分解应力。经过每半个循环周期,轴向载荷改变一次符号。当在拉伸半周期时,A 和 A' 点是应力集中点,这里的内应力与外应力同号,产生高的局部应力。在 B 和 B' 点,两种应力的符号相反,当在压缩半周期时,它们是应力集中点。

9.1.5　疲劳裂纹扩展

9.1.5.1　疲劳裂纹扩展的断裂力学分析

1) 疲劳裂纹扩展从第Ⅰ阶段向第Ⅱ阶段过渡的条件

从疲劳裂纹扩展走向与外力方向之间的关系可将疲劳裂纹扩展分为两个阶段,参见图 9.1.3。第Ⅰ阶段的扩展方向一般是沿着最大切应力的滑移面,故其与拉力轴线呈约 45°角。此阶段的扩展取向与晶体学平面有关,其长短和明显程度因材料类型及其他因素而定。例如一些奥氏体型高温合金,其第Ⅰ阶段比较明显。第Ⅱ阶段一般与拉力轴线垂直,扩展取向与结晶学平面无关。

裂纹受(Ⅰ+Ⅱ)混合型载荷时,可用图 9.1.22 来表示疲劳裂纹扩展第Ⅰ阶段过渡到第

Ⅱ阶段在载荷条件上的定量关系。图中由 $K_{\sigma\theta,\,max}$ 和 $K_{\tau\theta,\,max}$ 两条常数曲线将过渡状态分为 3 个区。$K_{\sigma\theta,\,max}$ 和 $K_{\tau\theta,\,max}$ 分别是与 θ 有关的正应力强度因子 $K_{\sigma\theta}$ 和切应力强度因子 $K_{\tau\theta}$ 的极大值,而 $K_{\sigma\theta}$ 和 $K_{\tau\theta}$ 可用下式表示:

$$
\begin{cases}
K_{\sigma\theta} = \sigma_\theta \sqrt{2\pi r} = \cos\dfrac{\theta}{2}\left[K_{\mathrm{I}}\cos^2\left(\dfrac{\theta}{2}\right) - \dfrac{3}{2}K_{\mathrm{II}}\sin\theta\right] \\[3mm]
K_{\tau\theta} = \tau_{r\theta} \sqrt{2\pi r} = \dfrac{1}{2}\cos\dfrac{\theta}{2}\left[K_{\mathrm{I}}\sin\theta + K_{\mathrm{II}}(3\cos\theta - 1)\right]
\end{cases}
\tag{9.1.12}
$$

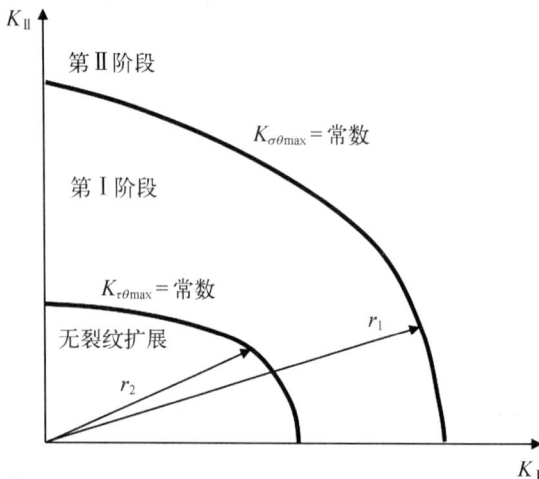

图 9.1.22 从第Ⅰ阶段过渡到第Ⅱ阶段的载荷条件

由图 9.1.22 可以看出,在 $K_{\tau\theta,\,max}$ 常数曲线内的载荷条件时,无裂纹扩展,$K_{\tau\theta,\,max}$ 常数曲线与 $K_{\sigma\theta,\,max}$ 常数曲线之间为扩展第Ⅰ阶段的载荷条件,此阶段由切应力控制;$K_{\sigma\theta,\,max}$ 常数曲线以外是扩展第Ⅱ阶段的载荷条件,此阶段由正应力控制。

2)疲劳裂纹尖端的循环塑性区

(1)循环载荷下材料的反向屈服。若对试样施加拉伸载荷,在弹性阶段的 σ 与 ε 之间一般为线性关系。当 $\sigma = \sigma_s$ 时,进入屈服,在屈服后的某一点开始卸载并反向加载(压缩),σ-ε 曲线将沿与加载时的弹性线平行的路径返回,直到材料又一次发生屈服。如果将第一次屈服作为正向屈服,则这种又一次屈服就称为反向屈服。在反向屈服后的某一点再卸载并开始拉伸加载,σ-ε 曲线仍沿同样斜率的弹性线上升,直到材料再一次进入屈服。图 9.1.23 示出了理想弹塑性材料和幂硬化材料在加、卸载过程中的 σ-ε 响应。值得注意的是,若材料的屈服强度为 σ_s,则无论理想弹塑性材料或幂硬化材料,由载荷反向引起的反向屈服的应力增量均为 $2\sigma_s$。因此可以认为,材料反向加载至屈服,会形成反向塑性流动;发生反向屈服的应力增量为 $\Delta\sigma = 2\sigma_s$。

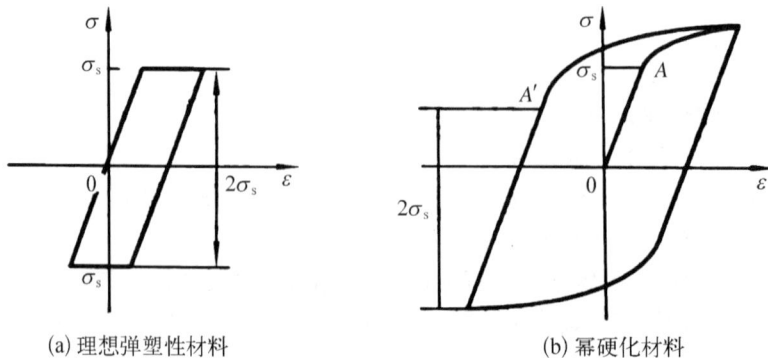

(a)理想弹塑性材料　　　　　(b)幂硬化材料

图 9.1.23 循环加载与反向屈服

（2）裂纹尖端循环塑性区。对于理想塑性材料，在单调载荷作用下，裂纹尖端延长线方向的塑性区宽度为

$$2r_0 = \frac{1}{\alpha\pi}\left(\frac{K}{\sigma_s}\right) \tag{9.1.13}$$

式中，平面应力情况下，$\alpha=1$；平面应变情况下，$\alpha=2\sqrt{2}$。

在循环载荷下，裂纹尖端弹塑性响应更为复杂。为了能对循环再和作用下裂纹尖端的弹塑性响应进行一般性分析，赖斯[①]以弹性-理想塑性模型为基础，在比例加载条件下，提出了"塑性叠加法"。假定某一含 $2a$ 长中心穿透裂纹的板，先承受应力 σ 的作用；然后卸载，卸载幅度为 $\Delta\sigma$，则应力便成为 $\sigma-\Delta\sigma$。第一次施加应力到达 σ 时，按单调加载可以给出裂纹尖端塑性区宽度为

$$\omega_M = 2r_p = \frac{1}{\alpha\pi}\left(\frac{K}{\sigma_s}\right) = \frac{Y^2 a}{\alpha}\left(\frac{\sigma}{\sigma_s}\right)^2 \tag{9.1.14}$$

式中，Y 为裂纹形状因子。此时，裂纹线上的应力分布为

$$\sigma_{y/\sigma} = \sigma_s \quad 0 \leqslant x \leqslant \omega_M \tag{9.1.15a}$$

$$\sigma_{y/\sigma} = \frac{K}{\sqrt{2\pi\left(x-\dfrac{\omega_M}{2}\right)}} \quad x \geqslant \omega_M \tag{9.1.15b}$$

式（9.1.15b）的弹性应力已按伊尔文的有效裂纹长度进行了修正，如图 9.1.24(a)所示。

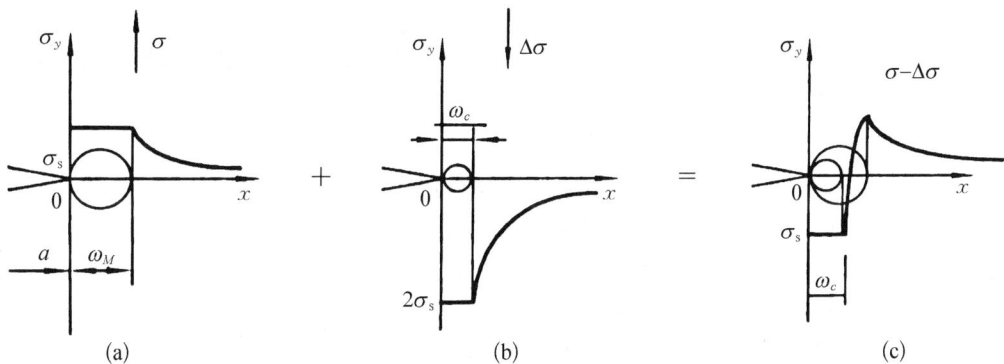

图 9.1.24 循环应力下裂纹尖端的应力分布

卸载 $\Delta\sigma$（可视为反向加载 $\Delta\sigma$）时，张开了的裂纹仍然会形成很大的应力集中。因此，从载荷一开始下降，裂纹尖端就会出现反向塑性流动。依据发生反向屈服的应力增量为 $2\sigma_s$，可以写出反向塑性区尺寸为

$$\omega_c = \frac{Y^2 a}{\alpha}\left(\frac{\Delta\sigma}{2\sigma_s}\right)^2 \tag{9.1.16}$$

① RICE J R. Mechanics of crack tip deformation an extension by fatigue[J]. ASTM International Fatigue Crack Propagation，1967：247.

上式表明,反向塑性区尺寸可用与单调塑性区尺寸类似的方法计算,只要用 $\Delta\sigma$ 代替 σ、用 $2\sigma_s$ 代替 σ_s 即可。ω_c 也称为循环塑性区,如图 9.1.24(b)所示。

反向加载 $\Delta\sigma$ 时,裂纹延长线上的应力分布为

$$\sigma_{y/\Delta\sigma} = 2\sigma_s$$

$$\sigma_{y/\Delta\sigma} = \frac{K_1}{\sqrt{2\pi\left(x - \dfrac{\omega_M}{2}\right)}} \tag{9.1.17}$$

将加载到 σ 时的应力[见图 9.1.24(a)]与卸载 $\Delta\sigma$ 时的应力[见图 9.1.24(b)]相叠加,就可得到从加载大 σ 后再卸载 $\Delta\sigma$ 时裂纹延长线上的应力分布[见图 9.1.24(c)],表达式为

$$\sigma_{y/\sigma-\Delta\sigma} = \sigma_{y/\sigma} - \sigma_{y/\Delta\sigma} = -\sigma_s \quad 0 \leqslant x \leqslant \omega_c \tag{9.1.18}$$

$$\sigma_{y/\sigma-\Delta\sigma} = \sigma_{y/\sigma} - \sigma_{y/\Delta\sigma} = \sigma_s - \frac{K_1}{\sqrt{2\pi\left(x - \dfrac{\omega_c}{2}\right)}} \quad \omega_c \leqslant x \leqslant \omega_M \tag{9.1.19}$$

$$\sigma_{y/\sigma-\Delta\sigma} = \frac{K_1}{\sqrt{2\pi\left(x - \dfrac{\omega_M}{2}\right)}} - \sigma_s - \frac{K_1}{\sqrt{2\pi\left(x - \dfrac{\omega_c}{2}\right)}} \quad x \geqslant \omega_M \tag{9.1.20}$$

若再继续施加反向载荷 $\Delta\sigma$,回到应力 σ,同样应用上述叠加法,则可得到图 9.1.3(a)所示的结果。即若载荷在 $\sigma-(\sigma-\Delta\sigma)-\sigma$ 间循环,则裂纹尖端的塑性区尺寸将在 $\omega_M-\omega_c-\omega_M$ 间变化。

当循环应力比 $R=-1$ 时,$\Delta\sigma=2\sigma$,有 $\omega_c=\omega_M$。当 $R=0$ 时(压缩脉动循环),$\Delta\sigma=\sigma$,比较式(9.1.14)和式(9.1.16),有 $\omega_c=\omega_M/4$。

3)疲劳裂纹扩展的矢量裂纹尖端位移判据

疲劳裂纹扩展不仅取决于整体断裂力学参量,而且取决于裂纹尖端区的变形机制。在单向循环拉-压应力作用下,疲劳裂纹既可由于裂纹尖端区多系滑移沿垂直于应力轴方向做张开型扩展,扩展速率取决于裂纹尖端张开位移 CTOD 的幅度 ΔCTOD;也可以由于裂纹尖端区共面单滑移做剪切型扩展(小裂纹,或接近于 ΔK_{th} 条件)。纯切应力作用下情况也类似,当裂纹尖端区有强共面剪切滑移带时,裂纹沿原裂纹面进行剪切型扩展,扩展速率取决于裂纹尖端滑开位移(crack tip shear displacement,CTSD)的幅度 ΔCTSD;疲劳裂纹在混合型载荷作用下的扩展有两个基本特征:一是较短裂纹可偏离原裂纹面沿一定方向扩展;二是剪切型载荷明显提高了裂纹扩展速率。据此,Li[①] 提出了矢量裂纹尖端位移判据,将裂纹尖端变形机制与整体断裂力学参量相结合,以预测混合型裂纹的扩展方向和速率。

图 9.1.25 给出了裂纹尖端各种类型位移的定义及关系。$\mathbf{\Delta CTOD}$ 作用于张开型裂纹扩展方向,其模为单纯拉压应力循环产生的裂纹尖端张开位移幅度 ΔCTOD[见图 9.1.27

---

① LI C S. Vector CTD criterion applied to mixed-mode fatigue crack growth[J]. Fatigue Fract. Eng. Mater. Struct.,1989,12:59.

（a）］。在多系滑移情况下，剪切载荷作用下裂纹按张开型扩展，代表裂纹扩展力的矢量 **ΔCTSD** 作用方向同原裂纹面成 45°角，其模为 $\sqrt{2}$ CTSD［见图 9.1.25(b)］。矢量 **ΔCTD** 定义为 **ΔCTOD** 与 **ΔCTSD** 两矢量之和［见图 9.1.25(c)］，即

$$\mathbf{\Delta\,CTD} = \mathbf{\Delta\,CTOD} + \mathbf{\Delta\,CTSD} \tag{9.1.21}$$

把 **ΔCTD** 作为混合型疲劳裂纹扩展的驱动力的基本假设包括：

（1）疲劳裂纹扩展沿 **ΔCTD** 方向；

（2）疲劳裂纹扩展速率取决于 **ΔCTD** 的模，表达式为

$$\frac{\mathrm{d}a}{\mathrm{d}N} = c(\Delta\,\mathrm{CTD})^m \tag{9.1.22}$$

式中，c 和 m 为材料常数。由于 **ΔCTOD** 和 **ΔCTSD** 依赖于裂纹尖端区滑移系数目，显示 **ΔCTD** 是机制相关的。

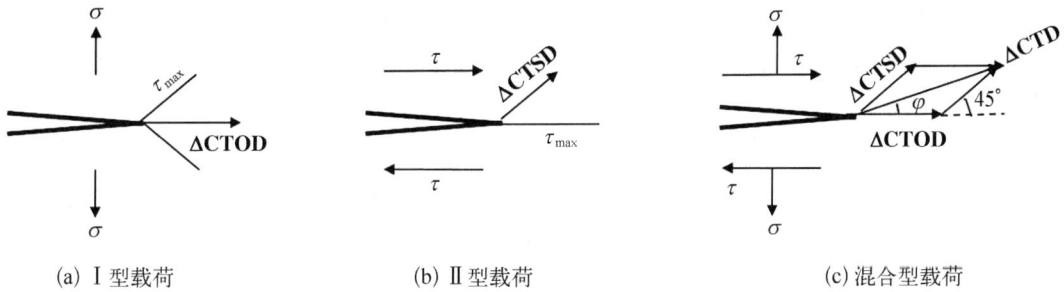

(a) Ⅰ型载荷　　　　　(b) Ⅱ型载荷　　　　　(c) 混合型载荷

图 9.1.25　裂纹尖端位移定义

对各向同性材料中的混合型裂纹，ΔCTD 可用 ΔK 描述。将 Ⅰ+Ⅱ 复合型裂纹尖端应力场分量代入米泽斯屈服准则，可得到沿裂纹长度方向$(\theta=0)$塑性区尺寸为

$$r_{\mathrm{p}} = \frac{1}{2\pi\sigma_{\mathrm{s}}}(K_{\mathrm{I}}^2 + 3K_{\mathrm{II}}^2) \tag{9.1.23}$$

按照伊尔文塑性区修正的有效裂纹尺寸为 $(a+r_{\mathrm{p}})$，实际裂尖张开位移为

$$\mathrm{CTOD} = \frac{4\sigma}{E}[(a+r_{\mathrm{p}})^2 - a^2]^{\frac{1}{2}} \tag{9.1.24}$$

将式(9.1.15)代入式(9.1.16)，可得到

$$\mathrm{CTOD} = \frac{4K_{\mathrm{I}}}{\pi\sigma_{\mathrm{s}}E}(K_{\mathrm{I}}^2 + 3K_{\mathrm{II}}^2)^{\frac{1}{2}} \tag{9.1.25}$$

类似地，可得到裂纹尖端滑开位移为

$$\mathrm{CTSD} = \frac{4K_{\mathrm{II}}}{\pi\sigma_{\mathrm{s}}E}(K_{\mathrm{I}}^2 + 3K_{\mathrm{II}}^2)^{\frac{1}{2}} \tag{9.1.26}$$

因为 **ΔCTOD** 与 **ΔCTSD** 两矢量之间的夹角为 45°，故有

$$\Delta\mathrm{CTD} = \left[(\Delta\mathrm{CTOD})^2 + 2(\Delta\mathrm{CTSD})^2 + 2(\Delta\mathrm{CTOD})(\Delta\mathrm{CTSD})\right]^{\frac{1}{2}} \quad (9.1.27)$$

将 ΔK 置换式(9.1.24)和式(9.1.25)中的 K,可分别得到 $\Delta\mathrm{CTOD}$ 和 $\Delta\mathrm{CTSD}$,再代入式(9.1.27),得到

$$\Delta\mathrm{CTD} = \frac{4}{\pi\sigma_s E}\left[(\Delta K_{\mathrm{I}}^2 + 3\Delta K_{\mathrm{II}}^2)(\Delta K_{\mathrm{I}}^2 + 2\Delta K_{\mathrm{II}}^2 + 2\Delta K_{\mathrm{I}}\Delta K_{\mathrm{II}})\right]^{\frac{1}{2}} \quad (9.1.28)$$

混合型裂纹由原始裂纹延长线偏转扩展角度 φ_p 也可由 **ΔCTD** 判据求出[见图 9.1.25(c)],即

$$\varphi_p = \arcsin\frac{\Delta\mathrm{CTSD}}{\Delta\mathrm{CTD}} \quad (9.1.29)$$

4) 疲劳裂纹扩展寿命

含有裂纹的构件,在交变载荷作用下,其寿命(又称疲劳剩余寿命)是由裂纹的扩展行为决定的。若外加应力的水平低,裂纹尺寸小,相应的应力场强度因子范围 ΔK 低于 ΔK_{th} 时,裂纹不会扩展,有无限剩余寿命;反之,裂纹的扩展速率将决定构件的使用寿命。对于恒幅循环载荷,可以使用断裂力学方法,通过对裂纹扩展速率表达式积分来估算裂纹构件的寿命。其估算步骤如下:

(1) 通过无损检验确定裂纹构件的初始裂纹尺寸 a_0 及其形状、位置和取向,并确定应力场强度因子表达式。

(2) 根据材料的断裂韧度 K_{IC} 计算构件的临界裂纹尺寸 a_{C}。

(3) 计算构件承受的名义应力范围 $\Delta\sigma$。

(4) 选择合理的裂纹扩展速率表达式(工程常用的是帕里斯公式),并试验确定表达式中的常数,将有关参量代入表达式进行积分,得到裂纹从 a_0 扩展到 a_{C} 的循环周次,即为疲劳剩余寿命。

例如选用帕里斯公式作为裂纹扩展速率表达式,则有

$$\frac{\mathrm{d}a}{\mathrm{d}N} = CY^m(\Delta\sigma)^m \pi^{\frac{m}{2}} a^{\frac{m}{2}} \quad (9.1.30)$$

将变量分离并积分得

$$\begin{cases} N_{\mathrm{C}} = \int_0^{N_{\mathrm{C}}}\mathrm{d}N = \dfrac{a_{\mathrm{C}}^{(1-\frac{m}{2})} - a_0^{(1-\frac{m}{2})}}{\left(1-\dfrac{m}{2}\right)CY^m\pi^{\frac{m}{2}}(\Delta\sigma)^m}, \ m \neq 2 \\[4mm] N_{\mathrm{C}} = \dfrac{1}{CY^2\pi(\Delta\sigma)^2}\ln\left(\dfrac{a_{\mathrm{C}}}{a_0}\right), \ m = 2 \end{cases} \quad (9.1.31)$$

9.1.5.2 疲劳裂纹扩展的物理机制

1) 第 I 阶段扩展机制

第 I 阶段的扩展方向一般是沿着最大切应力的滑移面,微观上属于滑移面剪切滑开,疲劳断口为锯齿形,或呈现解理小平面。

除表面外,当内部裂纹顶端塑性区只局限在几个晶粒直径范围内时,裂纹也主要沿主滑

移系方向以纯剪切方式扩展,如图 9.1.26 所示。在许多铁合金、铝合金及钛合金中已观察到这种剪切扩展,并且即使裂纹长度比晶粒尺寸大得多,只要近顶端塑性区尺寸比晶粒尺寸小(即 ΔK 很小),就会出现这种扩展。

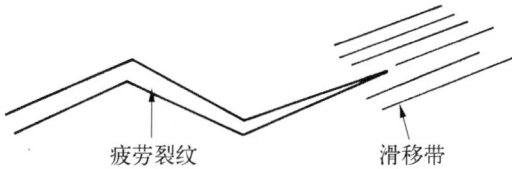

图 9.1.26　疲劳裂纹第 I 阶段扩展方式　　　图 9.1.27　疲劳裂纹第 II 阶段扩展方式

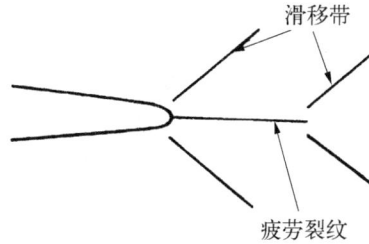

2) 第 II 阶段扩展机制

当裂纹扩展逐渐进入内部后,裂纹长度增加,裂纹尖端应力强度因子幅度 ΔK 较高,裂纹顶端塑性区跨越多个晶粒。这时裂纹扩展沿两个滑移系同时或交替进行,如图 9.1.27 所示,导致形成垂直于远场拉伸轴方向的平面(I 型)裂纹路径。

许多工程合金的第 II 阶段裂纹扩展产生疲劳条带。当疲劳裂纹扩展速率 da/dN 为 $10^{-4} \sim 10^{-3}$/周时,每一个条纹对应于一次应力循环;当 $da/dN < 10^{-4}$ mm/周时,疲劳条纹往往不连续,每一条纹对应多次应力循环;当应力强度因子较高($da/dN > 10^{-3}$ mm/周)时,由于静断型断裂方式的发生,疲劳条纹间距小于宏观疲劳裂纹扩展速率。

通常,韧性材料疲劳时会产生较明显的条带形貌,而对于脆性材料或高强度材料,条带特征不明显,甚至完全看不到。

关于韧性疲劳条带形成机制的模型有很多,其中最著名的是 Laird[1] 提出的塑性钝化模型,如图 9.1.28 所示。图中左侧曲线的实线段表示交变应力的变化,右侧为疲劳裂纹扩展第二阶段中疲劳裂纹的剖面图。应力为零时,裂纹呈闭合状态[见图 9.1.28(a)]。拉应力增加时,裂纹张开,裂纹尖端处由于应力集中而沿 45° 方向发生滑移[见图 9.1.28(b)]。拉应力达到最大时,滑移区扩大,裂纹尖端钝化为半圆形,裂纹停止扩展[见图 9.1.28(c)]。这种由于塑性变形使裂纹尖端应力集中减小、滑移停止、裂纹不再扩展的过程称为塑性钝化。交变应力达到压应力时,滑移沿相反方向进行,原裂纹和新扩展的裂纹表面被压近,裂纹尖端被弯折成一对耳

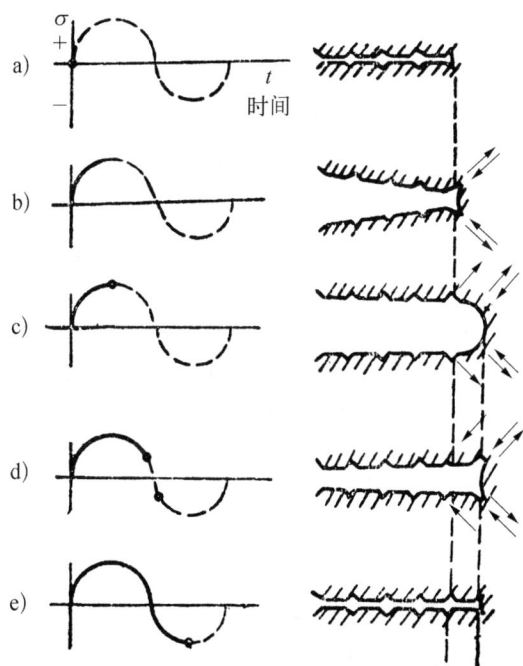

图 9.1.28　Laird 塑性钝化模型

① LAIRD C, SMITH G C. Crack propagation in high stress fatigue[J]. Phil. Mag., 1962, 8: 847.

状切口,这对耳状切口又为下一循环沿 45°方向滑移准备了应力集中条件[见图 9.1.28(d)]。压应力达到最大时,裂纹表面被压合,裂纹尖端由钝变锐,形成一对尖角[见图 9.1.28(e)]。综上,应力循环一周期,在断口上便留下一条疲劳条带,裂纹就向前扩展一个条带的间距。如此反复进行,不断形成新的条带,疲劳裂纹也就不断向前扩展。

按塑性钝化模型,应力循环一周即产生一个条带,但有研究表明,循环一次是否能产生一个条带与循环应力强度因子幅度 ΔK 有关。当 ΔK 较大时,每循环一周可产生一个条带,但是若 ΔK 较小,例如裂纹起始扩展初期,则有可能要循环数次才能产生一个条带,这是因为 ΔK 较小时,裂纹尖端循环塑性累积不够,裂纹尖端不足以钝化及向前伸展一步。为此,Forsyth 及 Ryder[1] 提出了再生核模型,如图 9.1.29 所示。再生核模型认为,裂纹扩展是断续的,通过主裂纹前方萌生新裂纹核、长大并与主裂纹连接来实现。在循环拉应力半周期,裂纹尖端发生塑性变形,在其前方弹/塑性区交界处的三向拉应力区若存在第二相或夹杂物,便会产生新微裂纹(界面脱黏或碎断),随后主裂纹和新裂纹核之间因内颈缩而发生聚合,使主裂纹扩展一段距离。

(a) 在力半周期内,裂纹前沿形成孔洞(再生核)　　(b) 再生核与主裂纹聚合

图 9.1.29　再生核模型

9.1.5.3　疲劳裂纹闭合效应

应力比 r 对裂纹扩展速率和门槛值都有重大影响,解释这种影响的一个有说服力的模型是闭合效应。Elber[2] 在 1977 年通过试验首先发现,即使远场载荷为拉伸载荷,疲劳裂纹也能够闭合。他在带中心裂纹的 2024 - T3 铝合金薄板试样的侧表面裂纹顶端后部,距顶端大约 2 mm 处,于裂纹面的上方和下方粘贴应变片,借此测量疲劳循环过程中裂纹顶端的张开位移 δ。图 9.1.30 为试样在远场应力全卸载过程中 δ 随应力的变化。图中 A、B 两点之间的线段为一条具有特定斜率的直线段,该斜率等于在一块带一条与疲劳裂纹具有相同长度的锯缝的全同板上所测得的刚度。这说明在名义应力由 σ_{max} 减小到 σ_{op} 的过程中,疲劳裂纹是完全张开的。当由 B 点连续卸载到 C 点时,应力-位移曲线的二阶导数变为负值,相对裂纹面已经闭合是唯一可能使其发生的原因。在 C 点以下的最后卸载阶段,应力-位移曲线又呈线性关系,CD 线的斜率等于不含疲劳裂纹的全同板的刚度(见图中直线 OE),这说明,在对应于 C 点的应力水平以下,裂纹是完全闭合的。当远场应力为零时,仍存在大小为 δ_0 的残余裂纹张开位移。

疲劳裂纹闭合效应如图 9.1.31 所示,在疲劳加载时,裂纹在高于 K_{min} 的某一值 K_{cl} 时

① FORSYTH P J E, RYDER D A. Fatigue fracture[J]. Aircraft Engineering,1960,32:96.
② ELBER W. The significance of fatigue crack closure[M]//ROSENFELD M S. Damage tolerance in aircraft structures. Philadelphia:ASTM International,1971:230.

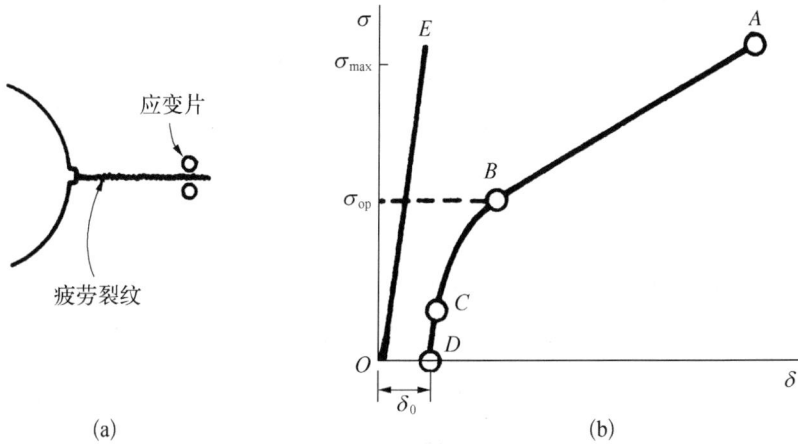

图 9.1.30　Elber 疲劳裂纹闭合效应实验原理

过早地发生了闭合现象,此时裂纹表面能传递压应力,从而使循环的一部分载荷(即使为拉伸载荷)对裂纹的张开没有贡献。裂纹在加载过程中高于 K_{min} 的某一 K_{op} 上裂纹才延迟张开,张开点 K_{op} 和闭合点 K_{cl} 往往不在同一点上,但差别不大。在实际应用中 K_{op} 和 K_{cl} 可视为一点,互相混用。

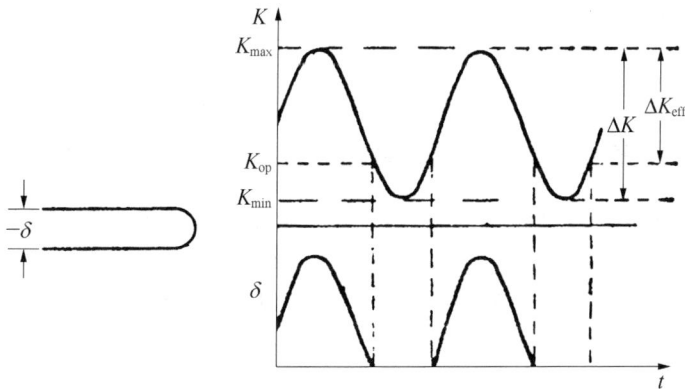

图 9.1.31　疲劳裂纹闭合效应示意

　　在存在裂纹闭合效应时,对裂纹扩展有贡献的材料力学参量是有效应力幅 $\Delta\sigma_{eff}$,断裂力学参量是有效应力强度因子幅 ΔK_{eff}。定义裂纹闭合系数 U 为

$$U = \frac{\Delta K_{eff}}{\Delta K} = \frac{K_{max} - K_{op}}{K_{max} - K_{min}} \tag{9.1.32}$$

U 为一个小于 1 的参数,与应力比、试样几何条件、应力状态等因素有关。因此,应力和应力强度因子的"有效值"与它们的"名义值"的关系可表示为

$$\Delta\sigma_{eff} = \Delta\sigma_{max} - \Delta\sigma_{op} = U\Delta\sigma \tag{9.1.33}$$

$$\Delta K_{eff} = \Delta K_{max} - \Delta K_{op} = U\Delta K \tag{9.1.34}$$

相应的裂纹扩展速率表达式为

$$\frac{\mathrm{d}a}{\mathrm{d}N} = C(\Delta K_{\mathrm{eff}})^m = C(U\Delta K)^m \tag{9.1.35}$$

试验表明,对于给定材料,U 主要受应力比 r 的影响,在 $-0.1 < r < 0.7$ 范围内,有下面的经验关系式:

$$U = 0.5 + 0.4r \tag{9.1.36}$$

对疲劳裂纹闭合效应的最初解释是塑性诱发闭合机制,如图 9.1.32 所示。在循环的加载时,在裂纹尖端产生一塑性区,而在循环卸载时产生小得多的反向塑性区 $\left(约为加载塑性区的 \frac{1}{4}\right)$,因此存在残余塑性区。当裂纹穿过塑性区时裂纹面上卸载,原塑性区中只发生弹性恢复,而遗留下残余拉伸变形。随着裂纹逐渐扩展,应力强度因子和裂纹尖端塑性区尺寸都增大,在裂纹后部留下逐渐增大的塑性包络区。裂纹面上下都有残余拉伸变形就会使裂纹张开位移减小,在拉应力状态下提前闭合。

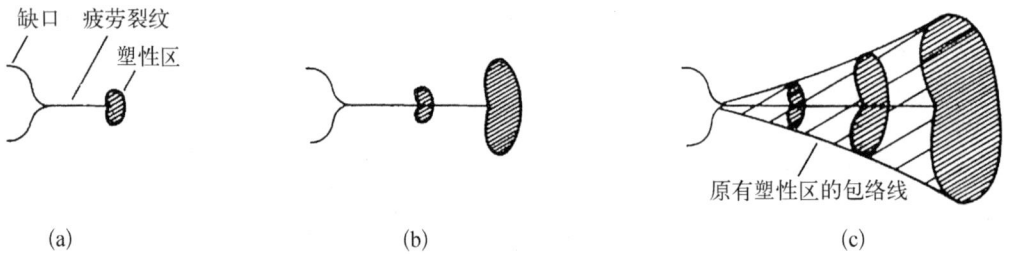

图 9.1.32　扩展疲劳裂纹周围的塑性包络区的形成过程

在 Elber 发现塑性诱发裂纹闭合效应后,人们对疲劳裂纹闭合问题进行了大量研究,又提出了一些其他类型的裂纹闭合及裂纹阻滞机制,包括氧化物诱发裂纹闭合、裂纹面粗糙诱发裂纹闭合、渗入裂纹内的黏性流体诱发裂纹闭合、裂纹顶端相变诱发裂纹闭合、裂纹偏折、纤维桥联、颗粒桥联(捕获)等。这些机制在图 9.1.33 中给出了简单的图示说明,此处不再一一讨论。

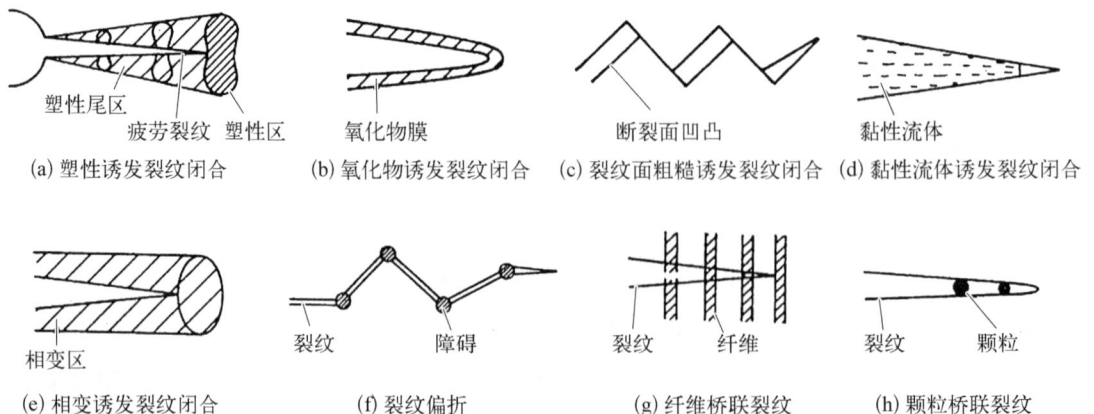

图 9.1.33　疲劳裂纹扩展阻滞机制的图示说明

总体来说,疲劳裂纹闭合具有以下基本特征。

(1)一般来说,在较低的 ΔK 和较低的应力比 r 条件下,裂纹闭合现象更为明显,因为此时疲劳循环的最小裂纹张开位移较小。

(2)每一种闭合过程都相应有一个特征尺度 d_0。对于塑性诱发裂纹闭合,d_0 为裂纹后部的残余塑性延伸量;对于氧化物诱发裂纹闭合,d_0 为断裂面氧化层厚度;对裂纹面粗糙诱发裂纹闭合,d_0 为断裂面凹凸不平的高度;对相变诱发裂纹闭合,d_0 为相变区在裂纹面垂直方向上的尺寸增加量。

(3)当疲劳裂纹出现在自由表面或应力集中部位时,裂纹闭合的程度通常随裂纹长度的增加而提高,直到裂纹长度达到一饱和值为止。裂纹长度超过该饱和值后,闭合度通常与裂纹长度无关。

(4)导致疲劳裂纹闭合的作用机制可能涉及裂纹尖端,例如塑性诱发和相变诱发裂纹闭合;也可能涉及裂纹尖端后部,例如氧化物诱发裂纹闭合。

9.2 冲击强度

加载过程非常短暂或应力上升非常迅速的载荷称为冲击载荷。在冲击载荷作用下,材料的应变率往往超过 $10^2\ s^{-1}$,甚至超过 $10^6\ s^{-1}$。材料在这样高的应变率下,变形和断裂的宏观表现及微观机制与准静态下有很大差别。

9.2.1 冲击概述

9.2.1.1 应变率谱

应变速率 $\dot{\epsilon}$ 定义为相对变形速度,即 $\dot{\epsilon}=d\epsilon/dt$,量纲为 s^{-1},简称应变率。这是真实应变率,另外还有名义应变率 $\dot{\delta}=d\delta/dt$。若试样长度为 L_0,试验机夹头移动速度为 $V=dL/dt$,则名义应变率可按下式计算:

$$\dot{\delta}=\frac{d\delta}{dt}=\frac{d\left[(L-L_0)/L_0\right]}{dt}=\frac{1}{L_0}\frac{dL}{dt}=\frac{V}{L_0} \tag{9.2.1}$$

这表明 $\dot{\delta}$ 与 V 成正比,只要试验机夹头移动速度恒定,则名义应变率也就恒定。同样分析可得到真实应变率为

$$\dot{\epsilon}=\frac{d\epsilon}{dt}=\frac{d\left[\ln(L/L_0)\right]}{dt}=\frac{1}{L}\frac{dL}{dt}=\frac{V}{L} \tag{9.2.2}$$

可见即使试验机夹头移动速度是恒定的,真实应变率并不是恒定的,而是在减小,因为试样长度在增长。因此,欲保持恒定 $\dot{\epsilon}$,就必须使试验机夹头移动速度随试样长度呈比例增长。$\dot{\epsilon}$ 与 $\dot{\delta}$ 的关系为

$$\dot{\epsilon}=\frac{V}{L}=\frac{L_0 \cdot \dot{\delta}}{L}=\frac{\dot{\delta}}{1+\delta} \tag{9.2.3}$$

图 9.2.1 给出了力学试验的应变率范围、力学行为类型及特征,大致可以划分为以下几个区间。

（1）$\dot{\varepsilon} \leqslant 10^{-5}\ \mathrm{s}^{-1}$：为静态，蠕变试验属于此类；

（2）$10^{-5}\ \mathrm{s}^{-1} \leqslant \dot{\varepsilon} \leqslant 10^{-1}\ \mathrm{s}^{-1}$：为准静态，常规的拉伸、压缩、弯曲、扭转等力学试验属于此类；

（3）$10^{-1}\ \mathrm{s}^{-1} \leqslant \dot{\varepsilon} \leqslant 10^{1}\ \mathrm{s}^{-1}$：为低（中）速冲击，摆锤、落锤等冲击试验属于此类；

（4）$10^{1}\ \mathrm{s}^{-1} \leqslant \dot{\varepsilon} \leqslant 10^{4}\ \mathrm{s}^{-1}$：为高速冲击，Hopkinson 压杆冲击试验属于此类；

（5）$\dot{\varepsilon} \geqslant 10^{4}\ \mathrm{s}^{-1}$：为超高速冲击，由轻气炮或爆炸加载。

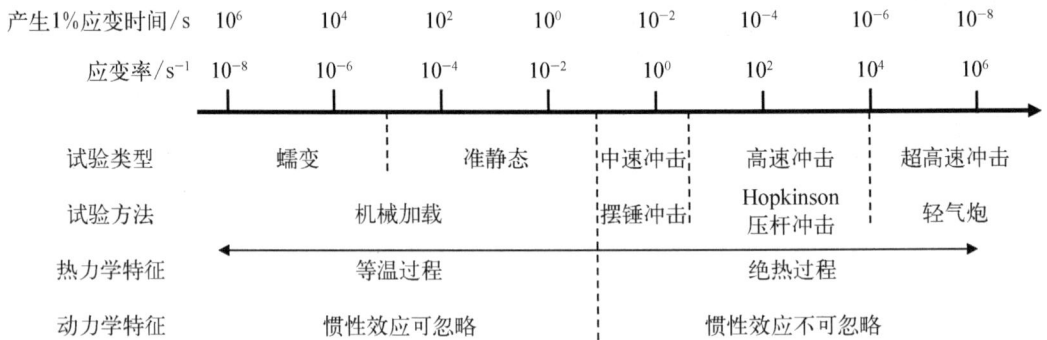

图 9.2.1　各种力学试验的应变率范围

以上第（1）和第（2）类属于准静态试验，应变率对力学性能的影响较小。从热力学角度看，系统与环境能充分交换能量，属于等温过程。从动力学角度看，惯性力可以忽略，即可近似认为材料内部受力状态与外加力时时刻刻达到平衡状态，应力可以由静力平衡方程求解。第（3）、第（4）和第（5）类属于动态试验，应变率对力学性能有明显影响。从热力学角度看，系统与环境能无能量交换，属于绝热过程；从动力学角度看，惯性力不可忽略，外力是以应力波的形式向内部传播，材料中的应力与应力波的波速有很大关系，需由波动方程求解。

9.2.1.2　惯性效应

在理论力学中研究质点或刚体运动时，总是运用牛顿惯性定律：$F=ma$，这时忽略了受力后物体的变形。在材料力学中研究弹性体的应力和应变之间的关系时，总是运用胡克定律：$\sigma = E\varepsilon$，这时物体因变形而产生的运动被忽略了。在外力是恒定的或者相对于时间而言变化很缓慢时，我们可以分别运用牛顿定律和胡克定律。这是因为我们所要观察的效果，变速（速度变化）或变形的时间是相当长的。在观察变速时，变形早已稳定了；在观察变形时，变速也早已结束，处于平衡状态了。但是在冲击载荷下，由于力的变化率 $\dot{F}(=\mathrm{d}F/\mathrm{d}t)$ 很大，必须同时采用牛顿定律和胡克定律。物体受力部位的质点克服惯性发生速度变化，这种变化是符合牛顿定律的。但与此同时，它必定造成物体变形。这种变形阻碍着速度的变化。反过来说，在物体的受力部位造成了变形，这个变形是符合胡克定律的。但在实现变形的同时，质点必定出现变速运动（质点有加速度，必表现出惯性），这就妨碍了变形的进展。由此可见，在研究冲击载荷下物体的运动状态时，必须同时应用 $F=ma$ 和 $\sigma=E\varepsilon$ 两个关系式，从而建立波动方程。

9.2.1.3　绝热效应

在低应变率下的塑性变形通常处理成等温过程。在应变率为 $10^{-4} \sim 10^{-3}\ \mathrm{s}^{-1}$ 范围内，拉伸试样并没有表现出明显的温升现象。在一定时间内，热量能够传输的距离被称为热扩散距离,可由 $2\sqrt{\alpha t}$ (α 为热扩散系数)表示,热扩散的持续时间为 $t = \varepsilon/\dot{\varepsilon}$。例如,当铜试样($\alpha = 1.14\ \mathrm{cm^2 s^{-1}}$)以 $10^{-4}\ \mathrm{s^{-1}}$ 应变率进行拉伸时,假设热扩散距离为 150 cm,可算出持续时间为 $t = 5 \times 10^{-3}\ \mathrm{s}$。但是若以 $10^{-3}\ \mathrm{s^{-1}}$ 应变率进行拉伸,产生同样的应变需要的时间为 $5 \times 10^{-4}\ \mathrm{s}$,相应的热扩散距离只有 1.5 mm。因此,高应变率的变形过程往往是绝热过程,变形做功的一部分转换成热量,并且由于来不及热扩散散失而导致试样温度升高 ΔT,产生热软化效应。这种绝热温升对材料的力学行为有重要影响。

与塑性变形相关联的温度升高,可以通过考虑塑性变形的摩擦功转换成热,用本构方程直接求得。习惯上,这些值都可通过量热法测定所储存的变形能量,并从总的变形功中将其减去而获得。通过分析可以得到温升的表达式为

$$\Delta T = \frac{\beta}{\rho C_{\mathrm{p}}} \int_0^{\varepsilon_{\mathrm{f}}} \sigma \mathrm{d}\varepsilon \tag{9.2.4}$$

式中,ρ 为介质密度;C_{p} 为介质比热容;β 为功热转换分数,定义为变形时可转换成热量的功与总变形功的比值。对于 2024Al 和 4340 钢,β 为 0.8~0.9;而对于 Ti-6Al-4V 合金,当其应变由 0.05 增加至 0.2 时,其 β 值由 1.0 降低到 0.6。这一反常的转换分数与变形机理有关,其中位错不是塑性应变的主要载体,而孪晶和马氏体相变则可能是主要贡献因素。对于大多数金属,其 β 值通常为 0.9,这意味着只有约 10% 的变形功被储存于材料中,而约 90% 转换成热量,它们或被散失(等温过程)或造成材料温升(绝热过程)。

9.2.1.4 材料的动力学响应

材料动态力学响应与准静态有很大不同,表 9.2.1 给出了典型的动力学响应特征,可分 3 种情况。

(1)弹性响应:当冲击载荷产生的最大应力低于材料的屈服点,应力以弹性波的形式在材料中传播,且应力波的传播不造成材料不可逆变化,材料表现为线弹性。

(2)弹塑性响应:当应力超过屈服点而低于 1×10^4 MPa 时,材料表现为弹塑性,可由耗散过程来描述,要考虑大变形、黏滞性、热传导等,本构方程十分复杂,呈非线性。

(3)流体动力学-热力学响应:当应力超过材料强度几个数量级、达到 GPa 数量级或更高时,材料可作为非黏性可压缩流体来处理,其真实结构可不予考虑;材料的响应可用热力学参数来描述。其本构方程可用状态方程表示,也为非线性。

表 9.2.1　材料对冲击的动力学响应

范　围	压力或应力	本　构　方　程	应　力　波
线弹性	低于屈服应力	胡克定律	弹性
有限应变塑性	高于屈服应力	复杂(速率效应、应变历史等)	弹塑性波或激波
非黏性可压缩流体	很高	状态方程	激波

9.2.1.5 动态应力-应变曲线

在准静态载荷下,应力-应变曲线是唯一的。但在高速加载条件下,应变不仅取决于应

力,而且与应变率有关。所以一般应用 σ、ε、$\dot{\varepsilon}$ 坐标系中的某一曲面来表示三者的函数关系。这在实际应用中颇不方便,为简化起见,经常把若干条恒应变率下的应力-应变曲线表示在 $\sigma \sim \varepsilon$ 坐标中,以显示变形的应变率效应,

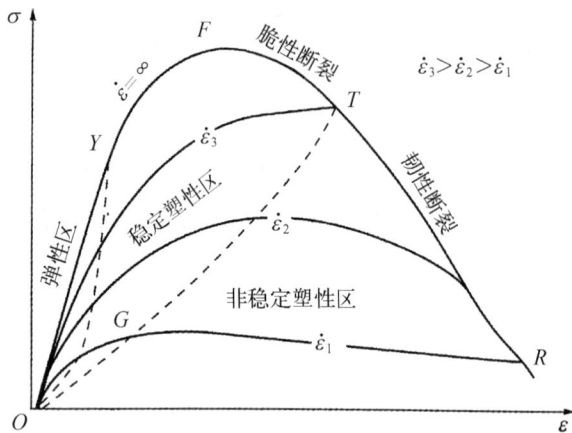

图 9.2.2 不同应变率的应力-应变曲线

如图 9.2.2 所示。一般来说,高应变率下的曲线位于低应变率曲线的上方,而以 $\dot{\varepsilon} = \infty$ 的曲线 OYF 为极限。这条曲线代表了材料本构关系中与时间无关的部分。各曲线终点的连线 FTR 则代表材料在不同应变率 $\dot{\varepsilon}$ 下发生断裂的临界条件的轨迹。这样,材料的本构关系便可在 $\sigma-\varepsilon$ 平面上用分布在以 $OYFTR$ 曲线为界的区域中的一簇恒应变率的曲线来描述。按变形性质不同,整个区域可分为以下三区。

(1) 弹性区。对于金属,弹性阶段内耗很小,其应变率敏感性也很小,不同应变率下的应力-应变曲线实际是重叠在一起的,其弹性就缩为一条斜率为 E 的直线 OY。而对高分子材料,由于其黏弹性性质,在弹性变形阶段的应变率效应也是明显的。

(2) 稳定塑性区。弹性区和稳定塑性区的分界线如图 9.2.5 中虚线 OY 表示,代表了材料在不同应变率下由弹性状态进入塑性状态临界条件的轨迹,这就是计及应变率效应的屈服条件。在稳定塑性区,材料塑性变形是均匀的,不会产生颈缩等局部大变形,最终断裂是脆性的。

(3) 非稳定塑性区。OT 虚线代表了材料在不同应变率下由稳定塑性状态进入非稳定塑性状态的轨迹,因此也是在不同应变率下颈缩产生的临界条件,涉及应变率效应的塑性失稳准则。

随应变率升高,材料也会发生韧/脆转变,图 9.2.2 也表示出了这种现象。虚线 OT 和断裂点连线 FTR 的交点 T 把断裂分成韧性和脆性两种类型。FT 段为稳定塑性区边缘,表征材料在断裂前不产生颈缩、不产生大量塑性变形,属于脆性断裂;而在 TR 段,应变率较低,断裂前产生颈缩,伴随有大量塑性变形,为韧性断裂。因而 T 点代表韧-脆转变点,T 点所对应的恒应变率 $\dot{\varepsilon}_0$ 代表了材料由韧性断裂转变为脆性断裂的临界应变率。当 $\varepsilon < \dot{\varepsilon}_0$ 时,材料表现为韧性断裂;在 $\varepsilon > \dot{\varepsilon}_0$ 时,材料表现为脆性断裂。

9.2.2　应力波

当物体的局部位置受到冲击时,物体内质点的扰动会向周围地区传播开去,这种现象称为应力波的传播。固体中的应力波通常可分纵波和横波两大基本类型。纵波包括压缩波和拉伸波,前者质点运动方向与波的传播方向一致,后者则是质点运动方向与波的传播方向相反。质点的运动方向与波的传播方向相互垂直的称为横波(剪切波),例如扭转波。此外,还有由纵波和横波叠加得到的复合波,例如表面波,Rayleih 波等。

9.2.2.1　应力波的类型

根据应力波波幅的大小,可以将应力波分为弹性波、塑性波和冲击波 3 大类。

1）弹性波

当应力 σ 低于屈服强度 σ_s 时，$\dfrac{\mathrm{d}\sigma}{\mathrm{d}\varepsilon}=E$，因此弹性波波速为

$$C_{e,L}=\sqrt{E/\rho}\,,\tag{9.2.5}$$

即弹性应力波以声速在介质中匀速传播，波速与介质的杨氏模量和密度有关。金属及陶瓷材料中弹性应力波的波速是非常大的，例如弹性波在钢中的速度约为 5 800 ms^{-1}，在铝中为 6 100 ms^{-1}，在铍中甚至达到 10 000 ms^{-1}，因此一般认为应变率对材料的弹性模量影响不大。

2）塑性波

当 $\sigma > \sigma_s$ 后，进入弹塑性变形阶段，介质内除弹性应力波外还将有塑性应力波传播。塑性波的波速可表示为

$$C_{p,L}=\sqrt{\frac{1}{\rho}\left(\frac{\mathrm{d}\sigma}{\mathrm{d}\varepsilon}\right)_p}\tag{9.2.6}$$

式中，$\left(\dfrac{\mathrm{d}\sigma}{\mathrm{d}\varepsilon}\right)_p$ 为应力-应变曲线中塑性部分的斜率。由于 $\left(\dfrac{\mathrm{d}\sigma}{\mathrm{d}\varepsilon}\right)_p$ 非恒定值，塑性波的传播方式与材料的本构关系有关，如图 9.2.3 所示。

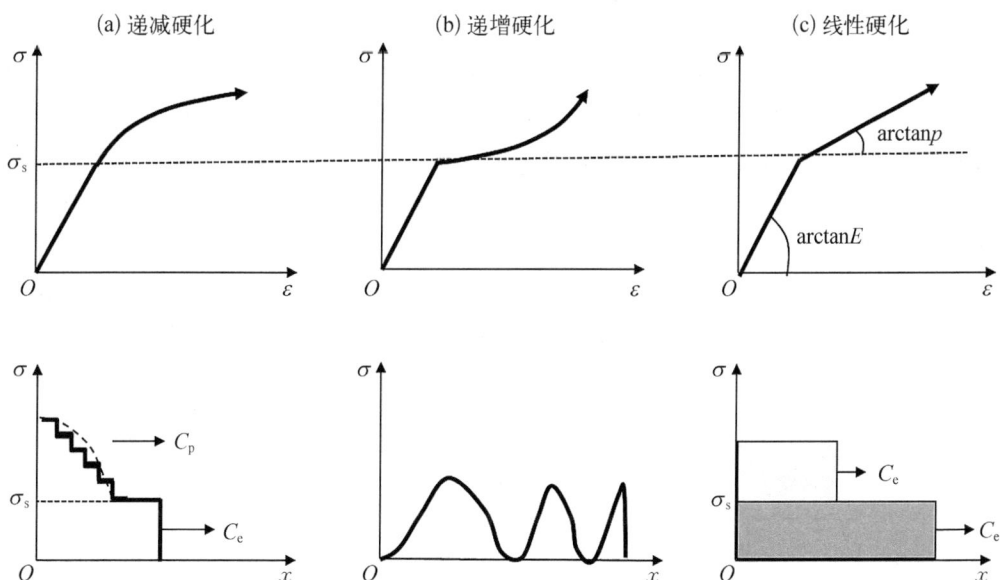

图 9.2.3　弹塑性本构方程的 3 种形式及其应力波的传播方式

（1）递减硬化材料具有凸面应力-应变曲线 $\left(\dfrac{\mathrm{d}^2\sigma}{\mathrm{d}\varepsilon^2}<0\right)$ ［见图 9.2.3(a)］，属于此类的材料有碳钢、铜及铝合金等。根据式(9.2.6)，随着应变量的增加，斜率减小，波速也逐渐减小。一次冲击中产生的塑性应变将以不同速度传递，因此塑性波部分实际上是由一束束速度不同的应力波组成，即塑性波部分可视为由若干个不同速度传播的子波组成。随着时间推移，

弹性波与塑性波,以及塑性波各子波间的距离拉大,波形愈来愈平坦,称为弥散波。

(2) 递增硬化材料具有凹面应力-应变曲线 $\left(\dfrac{\mathrm{d}^2\sigma}{\mathrm{d}\epsilon^2}>0\right)$ [见图 9.2.3(b)],随着应变的增加,波速不断增加,在传播过程中波形逐渐减短,称为会聚波。会聚波最后必将形成一个陡峭的波阵面,成为冲击波,也称激波。某些合金钢,塑料和橡皮属于这类材料。

(3) 线性硬化是一种理想情形[见图 9.2.3(c)],是对大多数实际材料硬化行为的近似,即在塑性阶段的应力-应变曲线仍是直线,其斜率 p 称为塑性模量。p 一般远小于弹性模量 E。在这种情况下,有两个应力波在传播:一个是弹性波,波速 $C_e=\sqrt{E/\rho}$,应力幅为 σ_s;另一个是塑性波,波速 $C_P=\sqrt{p/\rho}$,应力幅大于 σ_s。因为 $C_e>C_P$,所以虽然两个波形不变,但两者相隔的距离随时间延长而不断加大。

3) 冲击波

当应力波的振幅大大超过材料的动态屈服强度时,与静水压应力分量相比,可忽略切应力,可以认为材料进入高压状态,原子外部电子的壳层被挤压在一起且相互作用,可压缩性大大减小,这是冲击波形成的必要条件。因为高振幅区的波阵面比低振幅区的波阵面传播得快,所以扰动波阵面在穿过物质时会变得"陡峭"。冲击波可以简单地定义为压力、温度(内能)和密度的间断,其典型特征为:① 应力波的振幅大大超过材料的动态屈服强度;② 介质被约束,不允许有横向流动,压缩应力状态与流体静力学压缩状态相似,波传过材料后不改变宏观尺寸;③ 波阵面变得"陡峭"。

理想情况下,冲击波由波阵面、顶部平台和卸载部分组成,图 9.2.4 给出了冲击波的简化结构图。冲击波的前面是弹性先驱波①,其幅值等于材料的弹性极限,通常称为于戈尼奥(Hugoniot)弹性极限(HEL)。既然速度 U_S 随压力 P 增大而增大,那么在足够大的压力作用下,冲击波可超过弹性先驱波。由板撞击产生的冲击波最初是矩形的[见图 9.2.4(a)],这种波形的顶部有一个平台③,平台的宽度由波通过材料所需的时间决定。由炸药直接和材料相接触或由激光脉冲产生的冲击波是三角形的[见图 9.2.4(b)]。压力逐渐变为零的那部分叫作波的卸载部分④。当波传过材料时,卸载速率下降(波后面部分的斜率减小了)。冲击波的卸载速率主要取决于 3 个因素:材料、脉冲在材料中传播的距离及脉冲在其中传播的介质。

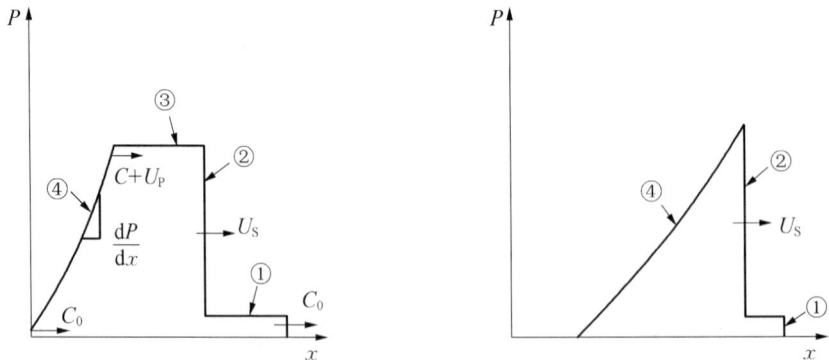

(a) 由板撞击产生的梯形冲击波   (b) 由炸药爆炸或激光脉冲产生的三角形冲击波

C_0—弹性波波速;U_S—冲击波波速;U_P—质点速度;P—压力。

图 9.2.4　两种冲击波的波形特征

9.2.2.2 应力波的反射

考虑如图 9.2.5 所示的由两截不同材质、不同截面积的杆组成的复合杆,几何及材料参数分别为 A_1、ρ_1、C_1 和 A_2、ρ_2、C_2。设在杆 1 中有一强度为 σ_I 的轴向入射波自左向右传播,至两杆界面(A - B)处,这个应力波将在 A - B 面部分地透射,部分地反射。设在杆 1 中产生强度为 σ_R 的反射波,在杆 2 中产生强度为 σ_T 的透射波。

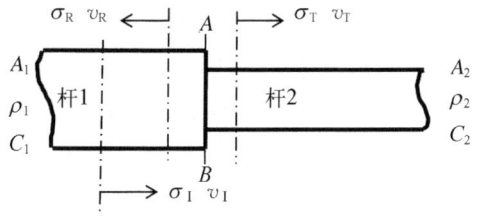

图 9.2.5　由不同材质、不同截面积的杆组成的复合杆

由波动力学可解得透射波和反射波的应力幅分别为

$$\sigma_T = \frac{2A_1\rho_2 C_2}{A_2\rho_2 C_2 + A_1\rho_1 C_1} \cdot \sigma_I \tag{9.2.7}$$

$$\sigma_R = \frac{A_2\rho_2 C_2 - A_1\rho_1 C_1}{A_2\rho_2 C_2 + A_1\rho_1 C_1} \cdot \sigma_I \tag{9.2.8}$$

现在来讨论两个特例。

(1) 自由端的反射:此时 $A_2 = 0$,由式(9.2.8)知 $\sigma_R = -\sigma_I$,这表示应力波在自由端反射后应力改变了符号,原来的压缩波改变为强度相等的拉伸波。杆端的总应力为 $\sigma_I + \sigma_R = 0$,正好满足自由端的边界条件。

(2) 固定端的反射:此时 $A_2 \to \infty$,因而 $\sigma_R = \sigma_I$,表示应力波在固定端反射时的应力和入射时的应力相同,所以杆端的总应力加倍。

9.2.3　冲击性能

9.2.3.1　强度及塑性

大量试验证明,存在一个临界应变率 $\dot\varepsilon_c$(不同材料的 $\dot\varepsilon_c$ 不同,一般为 $10^2 \sim 10^3\ \mathrm{s}^{-1}$),当 $\dot\varepsilon$ 小于 $\dot\varepsilon_c$ 时,材料的强度和塑性不会有明显变化;当 $\dot\varepsilon$ 大于 $\dot\varepsilon_c$ 时,随 $\dot\varepsilon$ 增加屈服强度和抗拉强度也升高,但对塑性(延伸率)的影响却很复杂。图 9.2.6 为经淬火回火的 35NiCrMoV 钢

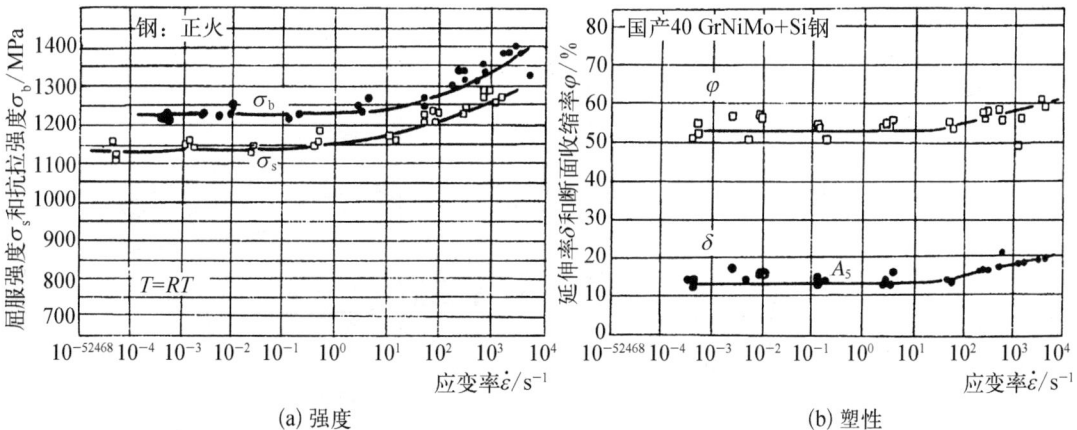

(a) 强度　　　　　　　　　　　(b) 塑性

图 9.2.6　应变率对淬火回火钢强度和塑性的影响

(匡震邦,顾海澄,李中华. 材料的力学行为[M].北京:高等教育出版社,1998.)

的试验结果,随应变率的提高,强度也随之提高,但并非必然使塑性降低;恰恰相反,$\dot{\varepsilon}$ 在 $10^2 \sim 10^4 \, \text{s}^{-1}$ 范围内,断面收缩率和延伸率都有所提高。在 CrMoV 钢中也得到类似结果。

图 9.2.7 为 18Ni 马氏体时效钢的试验结果。该钢是一种新型的超高强度钢,含 18% Ni、8% Co、5% Mo 和 0.6% Ti,依靠析出金属间化合物(Ni_3Ti 等)而时效强化,具有很好的强度和塑性配合。这种钢的屈强比很高,均匀延伸率较小,但仍有相当高的塑性。随着应变率的提高,其屈服强度和抗拉强度单调地提高,其断面收缩率几乎保持不变,或者略有下降,但绝对值仍在 40% 以上。

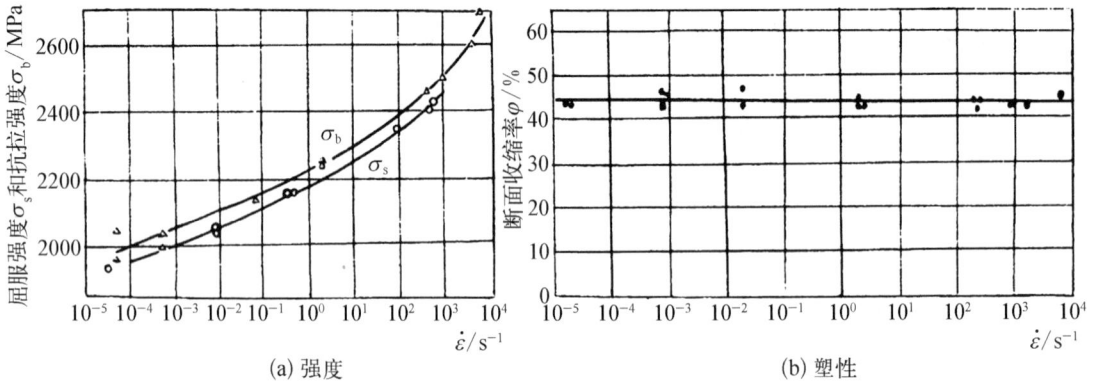

图 9.2.7　应变率对马氏体时效钢强度和塑性的影响

(匡震邦,顾海澄,李中华. 材料的力学行为[M]. 北京:高等教育出版社,1998.)

9.2.3.2　韧-脆转变

高应变速率可使某些金属由韧性断裂转变为脆性断裂,例如,Mo 在 $2 \, \text{s}^{-1}$ 应变率下,延伸率已降为零,如图 9.2.8 所示。但不同晶格金属的延伸率随应变率变化趋势并不相同,如图 9.2.9 所示。一般,对 bcc 结构金属,随应变速率增高,延伸率明显降低;对 fcc 金属,延伸率不发生明显变化;对 hcp 结构金属,则较复杂,例如 Zn 的延伸率下降,而 Ti 的延伸率无明显变化。

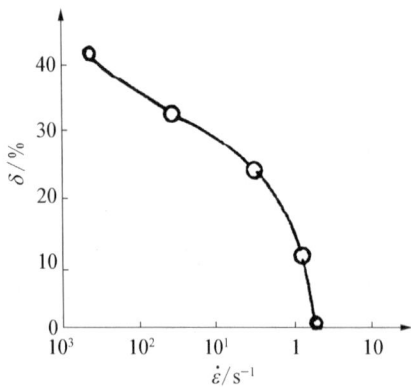

图 9.2.8　Mo 的延伸率随应变率的变化

(李庆生. 材料强度学[M]. 太原:山西教育科技出版社,1990.)

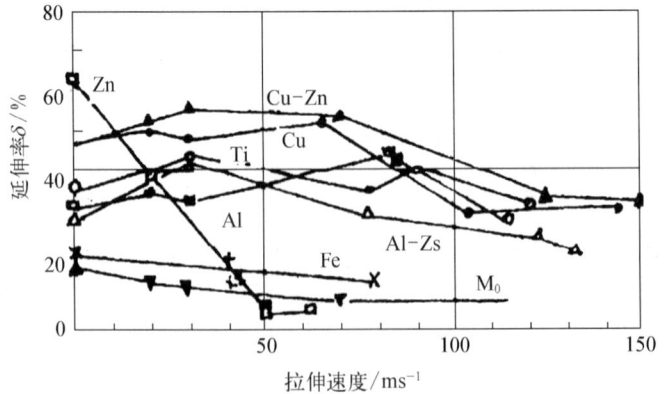

图 9.2.9　一些纯金属及合金的延伸率随应变率的变化

(李庆生. 材料强度学[M]. 太原:山西教育科技出版社,1990.)

9.2.3.3 冲击波强化

与冷加工一样,金属经受冲击波作用后也会产生强化。图 9.2.10 给出了镍锰钢经冷轧和冲击波后在不同温度时效 1 h 后的显微硬度,可以看到,受 16 GPa 压力冲击的硬度与 20%冷轧的硬度几乎相当,如果施加 33 GPa 的冲击波,则会使材料硬度由 HV200 增至 HV300,大约与 30%冷轧的效果相当。

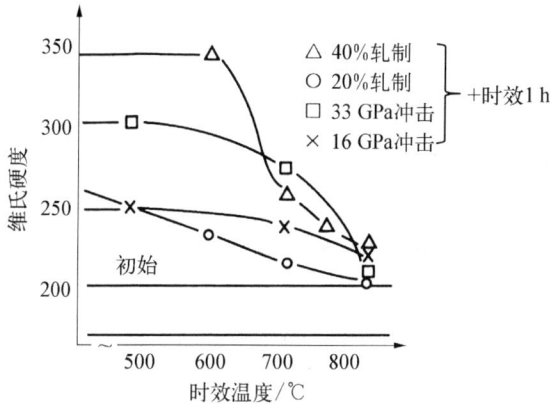

图 9.2.10　不同状态 Ni‑Mn 钢的显微硬度

(DERIBAS A A, GAVRILIEVR I N, SOBOLENKO T M, et al. In: MURR L E, STAUDHAMMER, MEYERS M A. Metallurgical applications of shock-wave and high-strain-rate phenomena[M]. New York: Dekker, 1986: 345.)

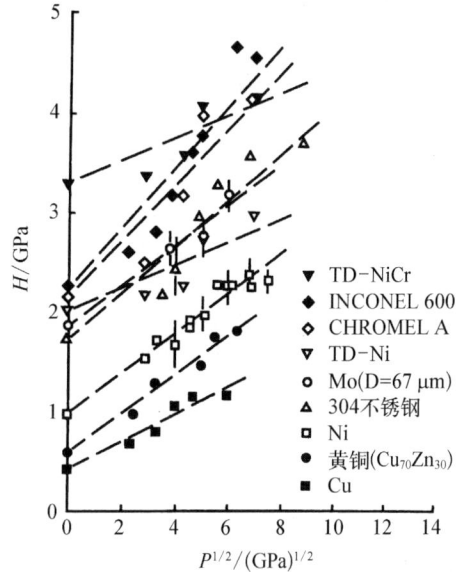

图 9.2.11　冲击波压力对一些金属冲击硬化的影响

(MURR L E. In: MEYERS M A, MURR L E. Shock-waves and high-strain-rate phenomena in metals[M]. New York: Plenum, 1981: 607.)

研究表明,冲击波强化的效果主要取决于波形参数,即压强(压力)和脉冲时间(周期)。图 9.2.11 给出了冲击波压力对一些金属材料显微硬度的影响规律,可见显微硬度与压力的平方根可以拟合成线性关系,即

$$\mathrm{HV} = kP^{\frac{1}{2}} \tag{9.2.9}$$

式中,k 为与材料有关的常数,说明冲击硬化效果也与材料类型相关。显然,冲击波强化的本质在于内部形成了大密度的晶体缺陷。另外,由于冲击波的传播是单轴应变过程,冲击硬化会随应变的增加而增大,该应变在实际工程中可以忽略;而轧制、挤压及其他产生加工硬化的工艺都需要实质性的塑性应变。

冲击硬化不会无限制地随压力增加而增加。当冲击硬化达到一定饱和状态后,则开始随压力的增加而减小。因为冲击生成的热会在结构中形成材料的回复和再结晶,从而减小冲击形成的缺陷的密度。图 9.2.12 给出了铁中的这种效应,其硬化曲线在 13 GPa 处有一个明显突跃,该压力正是使铁发生 α(bcc)→ε(hcp)相变的压力。压力为 50 GPa 时,硬度达到饱和,当压力继续升高,硬度则开始下降。从图中还可以看到,不同材料达到硬化饱和的压力是不同的,并且硬化饱和压力与冲击生成的亚结构的热稳定性有关。

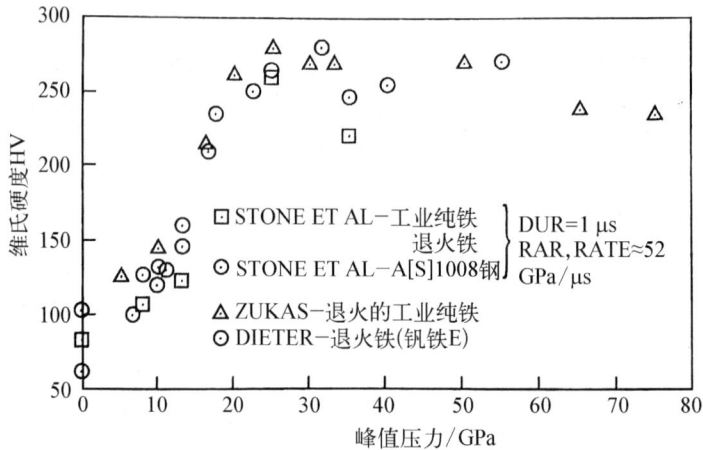

图 9.2.12　冲击波压力对铁和钢冲击硬化的影响

（STONE G A, ORAVA R N, GEAY G T, et al. An investigation of the influence of shock-wave profile on the mechanical and thermal responses of polycrystalline iron[R]. Report No. SMT-1-18, U. S. Army Research Office Final Report, Grant No. DAAG29-76-G-0180, 1978.）

　　冲击波脉冲时间对硬化也有影响。图 9.2.13 给出了脉冲时间 Δt 对一些金属冲击硬化的影响，在 $\Delta t < 1\,\mu s$ 时，随 Δt 增加，硬度增加。当 Δt 为 $1\sim10\,\mu s$ 时，多数材料的硬度基本与 Δt 无关，但是少数材料有不规则变化现象。可以认为，位错的产生只与压力有关，而孪晶的形成则是与持续时间相关的。

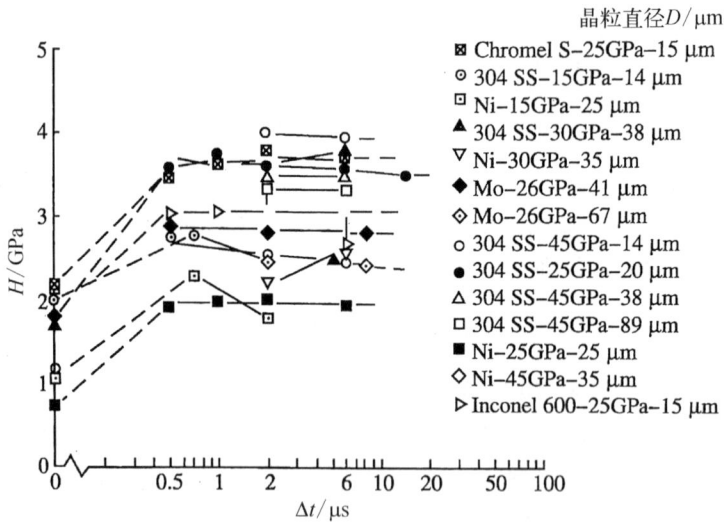

图 9.2.13　冲击波脉冲时间对一些金属冲击硬化的影响

（MURR L E. In：MEYERS M A, MURR L E. Shock-waves and high-strain-rate phenomena in metals[M]. New York：Plenum, 1981：607.）

9.2.4　绝热剪切

　　在低速冲击载荷作用下，材料的应变率不太高时，其断裂特征及微观机理与准静态时相仿。当材料承受高速冲击载荷作用时,应变率很高,绝热效应和惯性效应越来越明显,呈现明显区别于准静态时的独特的断裂特征。最典型的就是由绝热效应导致的绝热剪切断裂和由惯性效应导致的剥落破裂。这两种失效形式在准静态加载时是没有的。

9.2.4.1 绝热剪切失稳

绝热剪切是材料在高速压缩载荷下产生的两个效果完全相反的过程相互作用的结果。一方面,流变应力随应变硬化及应变率提高而提高(硬化过程);另一方面,随应变率提高,塑性变形局部化的倾向也随之增加,在塑性应变集中部位,局部塑性变形能转化为热,导致该地区材料软化。当材料软化倾向大于硬化倾向时,局部的软化将进一步促进变形更加集中。反过来更进一步促进局部温度剧烈上升,有时甚至会超过相变温度。由于应变率很高,这一过程进行得很快,可视为绝热过程。如此的软化和硬化的循环过程都集中在一个剪切变形高度局部化的"窄带形"区域内,称为绝热剪切带(adiabatic shear band,ASB)。ASB 的宽度约 10^2 μm 量级,切应变为 $10\sim100$,切应变率为 $10^5\sim10^7$ s^{-1},带中的温升约 $10^2\sim10^3$ K,冷速约为 10^5 K·s^{-1}。所谓"绝热"只是一种近似的说法,在高速变形时,约 90% 的塑性功转化为热量来不及散失。

大量的金属、合金和聚合物均可形成剪切带。剪切带产生的条件及其微观结构都是极其复杂的。图 9.2.14 为两种金属材料中剪切带的例子。

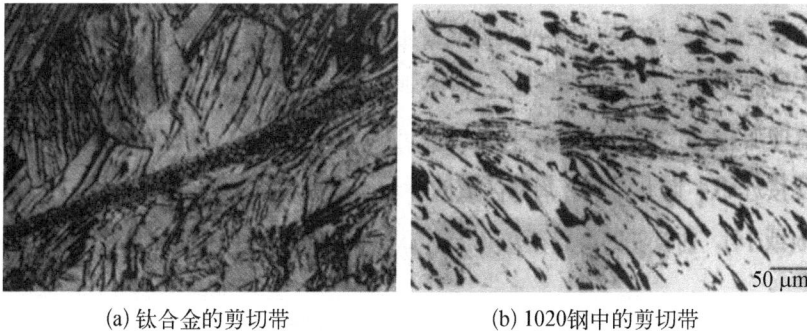

(a) 钛合金的剪切带   (b) 1020钢中的剪切带

图 9.2.14　两种金属材料中的剪切带

(MURR L E. In: MEYERS M A, MURR L E. Shock-waves and high-strain-rate phenomena in metals[M]. New York: Plenum, 1981: 607.)

在金属材料中,绝热剪切带可大致分为两类:第一类为变形带,其中晶粒经受严重畸变,但晶体结构未变化;第二类为相变带,其晶体结构经快速加热和冷却已然发生变化。在钢中常称为"白亮带",它其实是未回火的马氏体。

绝热剪切普遍存在于爆炸复合、撞击、侵彻冲孔、切削、高速成形等过程中。由于 ASB 是一种独特的局部失稳现象,与材料失效有密切关系。材料中出现 ASB,即意味着承载能力的下降或损失,被认为是材料失效的前兆。

绝热剪切带形成的机理可以用图 9.2.15 简单地解释。一个平行六面体受到切应力 τ 的均匀剪切[见图 9.2.15(a)]。在一定应变 γ_C 下,其变形只局限于剪切带中[见图 9.2.15(b)]。图 9.2.15(c)给出了应变(或温度)的变化过程,它是不断增加的应力 τ 的函数。试样的初始应变是均匀的:γ_0、γ_1、γ_2。在 γ_C 时出现了一个小的波动,当施加应力进一步增加时这种波动逐渐加剧:γ_4、γ_5、γ_6、γ_7。这种局部化是由于软化超过硬化引起的。

图 9.2.15(d)所展示的应力应变曲线表明,当应变超过 γ_C 时软化效应占优势。应变为 γ_C 时,应力最大。

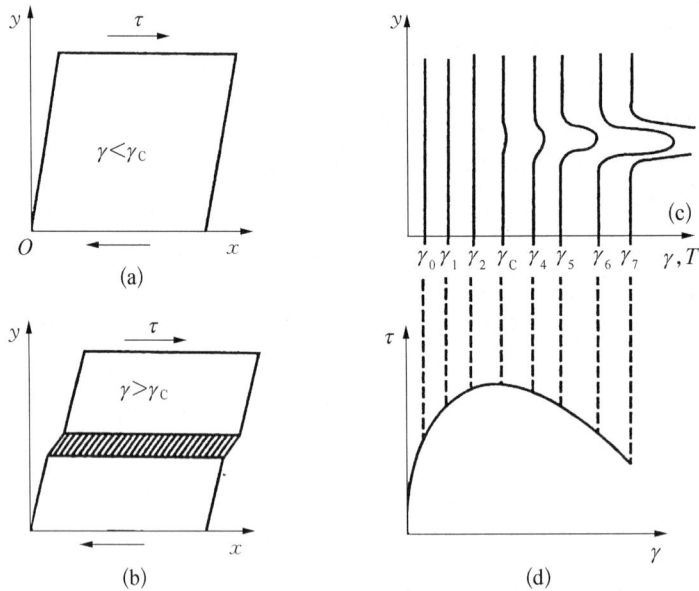

图 9.2.15 一个平行六面体在绝热条件下受到切应力时发生剪切失稳的分析
(a) 均匀剪切;(b) 剪切失稳;(c) 应变(温度)剖面;(d) 具有临界应变 γ_C 的绝热应力-应变曲线

Zener 和 Hollomon[1] 最早分析了绝热剪切带形成过程中的热软化与加工硬化之间的竞争问题,Recht[2] 也对此做了定量分析。在准静态时,$\tau = f(T, \gamma)$,进行微分可以得到

$$d\tau = \left(\frac{\partial \tau}{\partial T}\right)_\gamma dT + \left(\frac{\partial \tau}{\partial \gamma}\right)_T d\gamma \tag{9.2.10}$$

$$\frac{d\tau}{d\gamma} = \left(\frac{\partial \tau}{\partial T}\right)_\gamma \left(\frac{\partial T}{\partial \gamma}\right) + \left(\frac{\partial \tau}{\partial \gamma}\right)_T \tag{9.2.11}$$

当材料开始"软化"时,就可以形成剪切带[见图 9.2.15(d)]。在数学上可表示为

$$\frac{d\tau}{dT} \leqslant 0 \tag{9.2.12}$$

$$\left(\frac{d\tau}{d\gamma}\right)_\tau = -\left(\frac{\partial \tau}{\partial T}\right)_\gamma \left(\frac{\partial T}{\partial \gamma}\right) \tag{9.2.13}$$

在动态变形时,本构方程中须引入应变率变量,即 $\tau = f(\gamma, \dot{\gamma}, T)$,则有

$$d\tau = \left(\frac{\partial \tau}{\partial \gamma}\right)_{\dot{\gamma}, T} d\gamma + \left(\frac{\partial \tau}{\partial \dot{\gamma}}\right)_{\gamma, T} d\dot{\gamma} + \left(\frac{\partial \tau}{\partial T}\right)_{\gamma, \dot{\gamma}} dT \tag{9.2.14}$$

$$\frac{d\tau}{d\gamma} = \left(\frac{\partial \tau}{\partial \gamma}\right)_{\dot{\gamma}, T} + \left(\frac{\partial \tau}{\partial \dot{\gamma}}\right)_{\gamma, T} \frac{d\dot{\gamma}}{d\gamma} + \left(\frac{\partial \tau}{\partial T}\right)_{\gamma, \dot{\gamma}} \frac{dT}{d\gamma} \tag{9.2.15}$$

[1] ZENER C, HOLLOMON J H. Effect of strain rate upon plastic flow of steel[J]. J. Appl. Phys., 1944, 15: 22.
[2] RECHT F R. Catastrophic thermoplastic shear[J]. J. Appl. Mech., 1974, 31: 189.

失稳条件为

$$\frac{d\tau}{d\gamma}=0 \tag{9.2.16}$$

如果实验中保持应变率 $\dot{\gamma}$ 为常数,则可以得到式(9.2.13)。

假设整个变形过程是绝热的,根据材料的热容和热密度,可将变形所做的功转换成温升,从而计算绝热状态下的温升值。图9.2.16 给出了商用纯钛以100 K 为间隔,从100 K 一直到1 000 K 的切应力-切应变曲线[①]。假设曲线可近似为直线(线性关系),并假设从室温开始有90%的变形功可转化为热,则可得到绝热曲线。而相对于等温应力应变曲线表现出来的线性硬化规律,绝热应力应变曲线则出现硬化峰值,即先硬化后软化,硬化峰值的应力为280 MPa,应变为1,温度约为400 K。通过对式(9.2.13)中的微分项 $\left(\dfrac{\partial\tau}{\partial T}\right)_\gamma$ 及 $\left(\dfrac{\partial\tau}{\partial\gamma}\right)_T$ 进行分析,可以得到绝热条件下的失稳应变、应力和温度值。

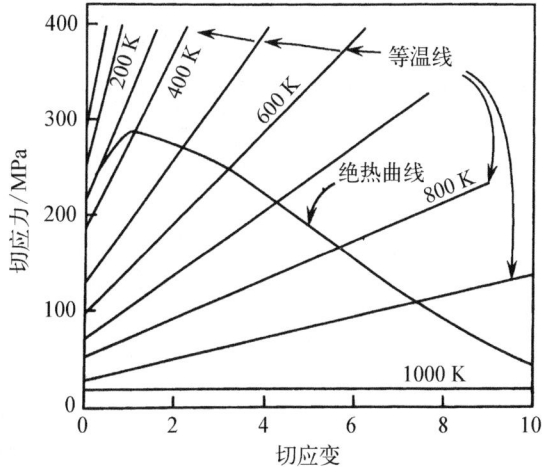

图9.2.16 商用纯钛在100~1 000 K 范围内的等温(直线)切应力-应变响应

(绝热切应力-应变曲线在 $\gamma=1.0$ 处有最大值)

首先考虑硬化方面,通常用幂函数来表示等温加工硬化规律:

$$\tau=A+B\gamma^n \tag{9.2.17}$$

式中,A、B 和 n 与温度有关,但可假设它们为常数。

由切应变增量 $d\gamma$ 所产生的温度增量 dT,可通过将单位体积变形功($dW=\tau d\gamma$)转变成温度来确定:

$$dT=\frac{\beta}{\rho C_V}dW=\frac{\beta}{\rho C_V}\tau d\gamma \tag{9.2.18}$$

式中,ρ 为密度;C_V 为比热容,可假设在所考察的区域内与温度无关;β 为功热转换系数,实验值为 $0.9\sim1$。由式(9.2.18)和式(9.2.17)可得

$$\frac{dT}{d\gamma}=\frac{\beta}{\rho C_V}\tau=\frac{\beta}{\rho C_V}(A+B\gamma^n) \tag{9.2.19}$$

积分得到

$$T=\frac{\beta}{\rho C_V}\int_0^V\tau d\gamma \tag{9.2.20}$$

其次考虑软化方面,可将热软化分量表示为如下的线性关系:

[①] MEYERS M A, PAK H R. Observation of an adiabatic shear band in titanium by high-voltage transmission electron microscopy[J]. Acta Metall., 1986, 34(12): 2496.

$$\tau_T = \tau_{T_0} \left(\frac{T_m - T}{T_m - T_0} \right) \qquad (9.2.21)$$

在从初始温度 T_0 升温至熔点 T_m 的过程中,应力由 τ_{T_0} 线性地降为 τ_T。将式(9.2.17)代入式(9.2.21)得到

$$\tau_T = (A + B\gamma^n) \left(\frac{T_m - T}{T_m - T_0} \right) \qquad (9.2.22)$$

$$\frac{\partial \tau}{\partial T} = -\frac{A + B\gamma^n}{T_m - T_0} \quad (\gamma \text{ 为常数}) \qquad (9.2.23)$$

将式(9.2.19)和式(9.2.23)代入式(9.2.13),得到

$$\frac{d\tau}{d\gamma} = \left[-\frac{(A + B\gamma^n)}{T_m - T_0} \right] \left[\frac{\beta}{\rho C_V}(A + B\gamma^n) \right] \qquad (9.2.24)$$

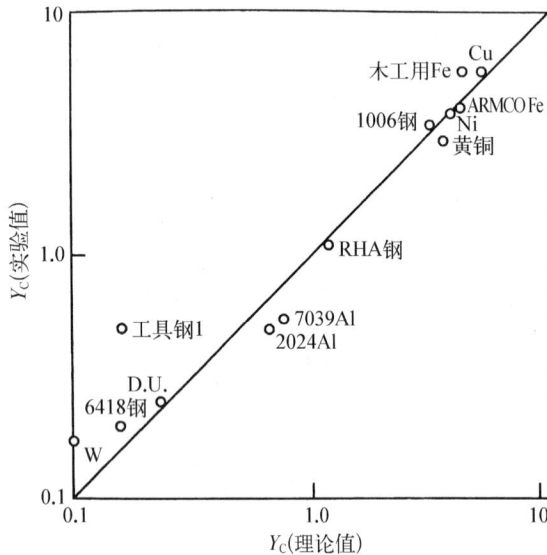

图 9.2.17 临界应变的实验值与理论值的比较

(LINDHOLM U S, JOHNSON G R. In: MESCALL J, WEISS V. Material behavior under high stress and ultrahigh loading rates [M]. New York: Plenum, 1983: 61.)

把失稳量代入此式,可确定临界应变 γ_C。将该式计算值与实验值进行比较,其结果如图 9.2.17 所示,可见预测值与实验结果符合很好。从图中可以清楚地看到,像铜、镍和工业纯铁等材料,加工硬化使其剪切失稳受到了抑制;但是淬火回火钢等材料是非常易于产生剪切带变形的材料。

9.2.4.2 绝热剪切断裂

如上所述,高速冲击时塑性变形倾向于集中在剪切带内,带内应变量极大,则孔洞和微裂纹等损伤就易萌生在剪切带内,最终导致沿绝热剪切带的断裂。

绝热剪切断裂的微观过程具有准静态断裂的一些特征。对于延性较好的材料,或者应变率不是太高的情况,是由孔洞形核及聚合造成的,如图 9.2.18 所示。

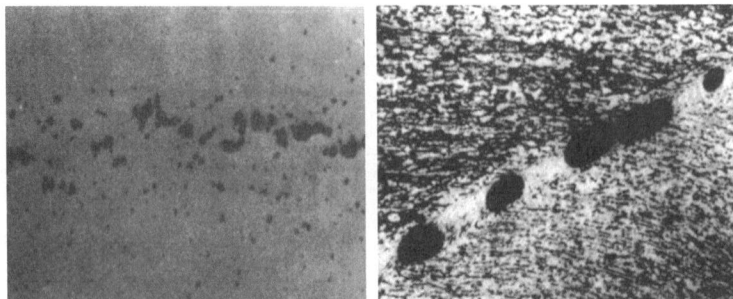

(a)铝   (b)钛

图 9.2.18 由孔洞形核及聚合导致的绝热剪切断裂实例

对于本质较脆的材料,或者应变率较大、绝热剪切造成相变的情况,则是由微裂纹形核及沿着剪切带快速扩展造成断裂,如图 9.2.19 所示。

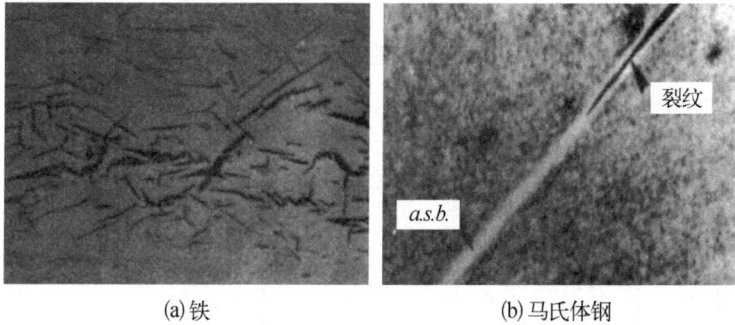

(a)铁   (b)马氏体钢

图 9.2.19　由微裂纹形核及沿绝热剪切带扩展导致的绝热剪切断裂实例

此外,剪切带并不是通过在整个带内的"同时"剪切来传播的,而是通过其顶端的扩展来传播的。因此,可将剪切带视为剪切裂纹(Ⅱ型、Ⅲ型裂纹),其中要用热软化层代替裂纹表面。

9.2.5　剥落破裂

9.2.5.1　剥落破裂现象

剥落破裂与应力波的传播密切相关,由压缩波在材料自由表面反射转变为拉伸波所造成。

当固体中一个压缩波垂直地冲击一个自由面时,将被反射回固体一个同等强度的拉伸波。反射的拉伸波将与原压缩波的尚未到达自由表面的部分进行叠加,如图 9.2.20 所示。其中左图表示了波形为三角形、波前最大应力为 σ_0、波长为 λ 的应力波在自由表面的反射。原压缩波波前 GH 反射为拉伸波的波前 $G'C$,$G'C$ 与该处入射压缩波 BC 叠加,拉伸合力为 CD。当波继续向左方运动,拉伸合力 CD 将增加。若材料不破裂,则拉伸应力将达到最大值 σ_0,如图 9.2.20 的右图所示。

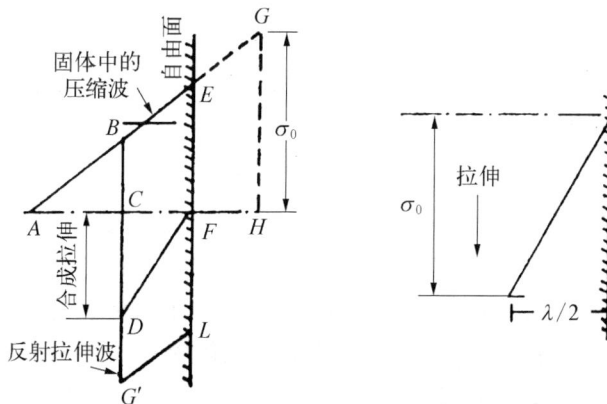

图 9.2.20　三角形压缩波在自由表面的反射

当瞬间合成拉伸应力 $\sigma_{CD}(x)$ 大于材料的临界断裂强度 σ_c 时,材料就会发生一层剥落。

显然,剥落层的厚度 δ 与材料强度有关:

$$\delta = \frac{1}{2}x \tag{9.2.25}$$

式中,x 为 $\sigma_{CD}(x) = \sigma_0 - \sigma_c$ 时的反射波传播距离。

若应力波的强度足够大,就可能发生多层剥落。图 9.2.21 表示产生多层剥落的过程。第一层剥落破裂产生后,就在原来波的尾部产生一个新的自由面,并立即对原压缩波的剩余部分进行反射。这个过程将一直持续到波的后部应力绝对值小于临界断裂强度时为止。

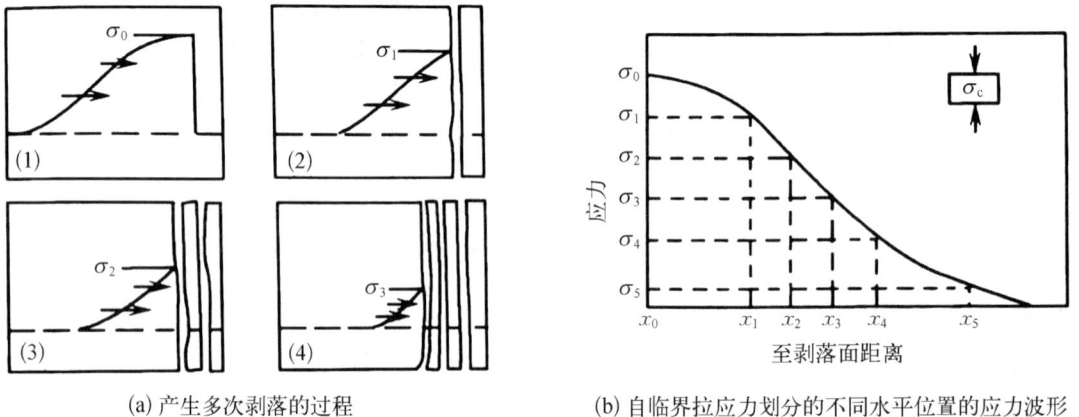

(a) 产生多次剥落的过程   (b) 自临界拉应力划分的不同水平位置的应力波形

图 9.2.21　多层剥落示意

对于发生多层剥落的情况,根据式(9.2.25)可以估算每层剥落的厚度。第一层厚度为

$$\delta_1 = \frac{1}{2}x_1$$

式中,x_1 为 $\sigma(x_1) = \sigma_0 - \sigma_c$ 时的反射波传播距离。对于第二次剥落,厚度为

$$\delta_2 = \frac{1}{2}(x_2 - x_1)$$

其中,$\sigma(x_1) - \sigma(x_2) = \sigma_c$。这个过程不断重复直到应力幅减小到低于 σ_c 时为止。应该指出,上述结果仅限于一维应力波反射引起的剥落破裂,由于其剥落部分是层状的,所以常把剥落破裂称为层裂。

由应力波反射引起的剥落还与物体形状有关。物体形状不同,剥落开裂的位置也不同。图 9.2.22 表示炸药在一方柱体的端面产生应力波,此应力波在柱体的侧面发生反射,两个反射的应力波在中心线上相遇,因而可能产生中心纵裂。图 9.2.23 表示另一种形式和柱体,此时两个反射的应力波在角上相遇,就会产生角裂。值得注意的是,沿对角线方向厚度最大,在静载作用下不可能在角上造成断裂;但在动载作用下,角裂是很常见的现象。

以上的分析是在瞬时断裂准则,即 $\sigma \geqslant \sigma_c$ 的基础上进行的。但是实验研究表明,材料在高速载荷下的断裂不仅取决于应力波的峰值,而且依赖于应力波的持续时间。这是由于动态断裂也是由微裂纹形核和扩展两个阶段组成,而裂纹的形核及扩展需要在短时间内有持续应力作用。

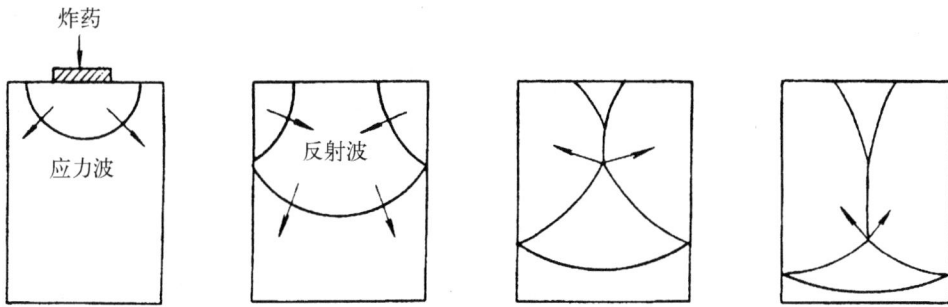

图 9.2.22 由于反射波造成的中心纵裂

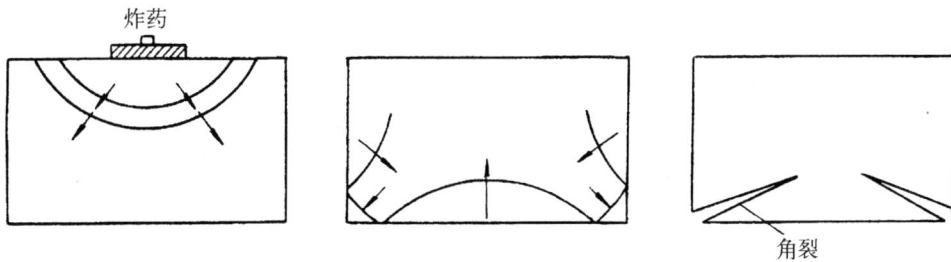

图 9.2.23 由于反射波造成的角裂

9.2.5.2 剥落破裂损伤模型

在损伤理论中,可以把层裂分为瞬态的和累积的、局部的和非局部的。瞬态的是指层裂只依赖于场变量的当前值,累积的是指层裂依赖于场变量的历史过程;局部的是指只有在选定的层裂面处的场变量值才能决定这个面的损伤,非局部是指在一定距离的远点处的场变量值也能决定板的损伤。另外,累积损伤准则又可分为简单的和复合的:前者是指损伤积累的机理与先前损伤的量无关;而后者则恰恰相反。Davison 和 Stevens[1] 引入了连续损伤参量 D,并且提出了复合损伤累积理论。D 可假设为沿层裂表面开裂的程度,取值范围是从 0(无初始层裂)到 1(完全层裂)。在简单损伤累积中,如果在 t_0 时刻,应力为 σ 时产生的损伤为 D_0,那么在 Δt 时间内将产生一个损伤增量 ΔD,可表示为

$$\frac{\Delta D}{\Delta t} = \frac{D_0}{t_0} \tag{9.2.26}$$

换句话说,损伤随时间单调递增。可把依赖于损伤累积的应力引入时间 t_0 中,这里 t_0 是产生特定损伤为 D_0 的时刻,t_0 随拉应力增大而减小:

$$t_0 = g(\sigma) \tag{9.2.27}$$

对于两个或更多载荷情况,由式(9.2.26)得

$$\Delta D_i = \Delta t_i \frac{D_0}{g(\sigma)} \tag{9.2.28}$$

① DAVISON L, STEVENS A L. Continuum measures of spall damage[J]. J. Appl. Phys., 1972, 43: 988.

施加一系列的载荷产生的损伤为

$$D = \sum_i \Delta D_i = \sum \left[\frac{\Delta t_i}{g(\sigma)} \right] D_0 \tag{9.2.29}$$

也可表示为积分形式:

$$D(x, t_f) = D_0 \int_{-\infty}^{t_f} \frac{\mathrm{d}t}{g[\sigma(x, t)]} \tag{9.2.30}$$

$g(\sigma)$ 与 σ 之间可表示为如下的反函数关系[①]:

$$g = A \left[\frac{(\sigma - \sigma_0) + |\sigma - \sigma_0|}{2\sigma_0} \right]^{-\lambda} \tag{9.2.31}$$

式中,σ_0 为将出现损伤时的临界应力。将式(9.2.31)代入式(9.2.30)得

$$D(x, t_f) = \frac{D_0}{A} \int_{-\infty}^{t_f} \left\{ \frac{[\sigma(x, t) - \sigma_0] + |\sigma(x, t) - \sigma_0|}{2\sigma_0} \right\}^{\lambda} \mathrm{d}t \tag{9.2.32}$$

但是应注意,缺陷的存在加快了损伤累积速率,也就是说,有缺陷的微观结构更容易失效。因此,需要采用复合损伤累积假设:

$$\dot{D} = f(\sigma, D) \tag{9.2.33}$$

式中,$f(\sigma, D)$ 为损伤率函数,将其展开成幂级数的形式:

$$\dot{D} = f(\sigma, D) = \frac{D_f}{t_0} \left[f_0(\sigma) + f_1(\sigma) \frac{D}{D_f} + f_2(\sigma) \left(\frac{D}{D_f} \right)^2 + \cdots \right] \tag{9.2.34}$$

忽略第二项以上的高阶项,有

$$\dot{D} = \frac{D_f}{t_0} \left[f_0(\sigma) + f_1(\sigma) \frac{D}{D_f} \right] \tag{9.2.35}$$

式中,D_f 为完全破裂时的损伤值(临界损伤变量)。解此损伤率方程(f_0 及 f_1 在常应力 σ_1 下为常量),可得

$$\frac{D}{D_f} = \frac{f_0}{f_1} \left[\exp\left(\frac{f_0 t}{t_0} \right) - 1 \right] \tag{9.2.36}$$

其中,

$$f_0 = \frac{1}{2} A V_N B \sigma_G [(\Sigma - \Sigma_N) + |\Sigma - \Sigma_N|] \tag{9.2.37}$$

$$f_1 = 3 A C \sigma_G \Sigma \tag{9.2.38}$$

式中,A、V_N、B 和均 C 为材料常数;Σ 及 Σ_N 为重新定义的应力:

---

① TULER F R, BUTCHER B M. A criterion for the time dependence of dynamic fracture[J]. Int. J. Fract. Mech., 1968, 4: 431.

$$\Sigma = \frac{1}{2}[(\sigma - \sigma_0) + |\sigma - \sigma_0|] \qquad (9.2.39)$$

$$\Sigma_N = \frac{1}{2}[(\sigma_N - \sigma_G) + |\sigma_N - \sigma_G|] \qquad (9.2.40)$$

式中,σ_N 和 σ_G 分别为损伤形核和长大所需要的阈应力($\sigma_N > \sigma_G$)。当 $\sigma < \sigma_G$ 时,$\Sigma = 0$;当 $\sigma > \sigma_G$ 时,$\Sigma = \sigma - \sigma_G$。又由式(9.2.35)和式(9.2.36)可得

$$D = \frac{BV_N[(\Sigma - \Sigma_N) + |\Sigma - \Sigma_N|]}{6C\Sigma}[\exp(3C\sigma_G t\Sigma) - 1] \qquad (9.2.41)$$

当 $\sigma > \sigma_G$ 时,$[(\Sigma - \Sigma_N) + |\Sigma - \Sigma_N|] \approx 2(\sigma - \sigma_G)$。

对于铝,图 9.2.24 显示了式(9.2.41)的典型解,其中方程的参数为:$\sigma_G = 0.3 \text{ GPa}$,$V_N B = 0.0116 \text{ kbar}^{-1} \mu s^{-1}$(注:1 bar = 100 kPa),$C = 0.667 \text{ kba}$。可以看到,对于压力为常量时,损伤随时间增加而增加。当压力为 0.8 GPa 时,在损伤出现之间似乎有 0.3 μs 的延迟时间。

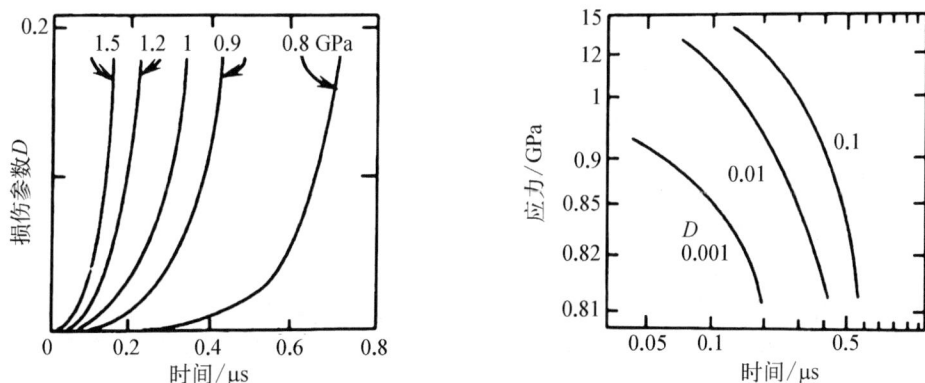

(a) 五种压力下层裂损伤累积与时间的关系　　(b) 在时间-应力平面内的等损伤曲线

图 9.2.24　Davison-Stevens 模型对金属铝层裂损伤的预测

9.3　蠕变强度

材料在持续载荷作用下,除了在加载瞬间产生的瞬态变形(弹性变形、塑性变形)以外,都会随时间延长而不断地变形,这种变形称为蠕变。金属在低温,甚至接近绝对零度条件下,仍然可发生蠕变,但是其蠕变变形量微乎其微,可以忽略不计。只有在高温时 $[T = (0.3 \sim 0.7)T_m]$,蠕变才变得比较明显。

9.3.1　蠕变概述

9.3.1.1　蠕变曲线

蠕变现象可以发生在温度和应力变化的条件下,但是研究材料蠕变性能的试验大多是在恒定温度及恒定应力(或载荷)下进行的。通常把恒温恒应力下应变随时间变化的关系曲

线称为蠕变曲线。晶体材料的典型蠕变曲线如图9.3.1所示。按照蠕变速率的变化可将其分为3个阶段：第Ⅰ阶段为减速蠕变阶段，又称过渡蠕变阶段或初始蠕变阶段。这一阶段开始的蠕变速率很大，随着时间延长，蠕变速率逐渐减小；第Ⅱ阶段为恒速蠕变阶段，又称稳态蠕变。其特征是蠕变速率几乎保持不变，并且是整个蠕变阶段中蠕变速率最小的阶段。这一阶段越长，变形速率越低，表示材料抵抗蠕变的能力越高。因此，一般所指的蠕变速率就是此阶段的蠕变速率值；第Ⅲ阶段为加速蠕变阶段。随时间延长，蠕变速率逐渐增大，最终产生断裂。

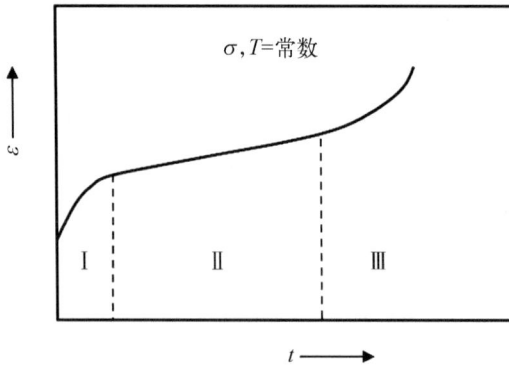

图9.3.1 恒应力蠕变曲线

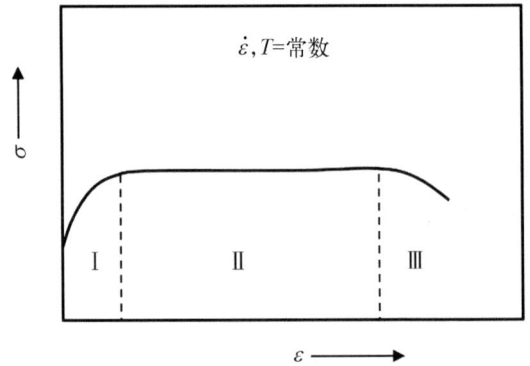

图9.3.2 恒应变率变形曲线

如果以恒定的应变率拉伸，记录流变应力随试样应变的变化，则得到另一种高温变形曲线，如图9.3.2所示。这个曲线也分3个阶段：第Ⅰ阶段随变形量的增加流变应力增加；第Ⅱ阶段流变应力保持恒定；第Ⅲ阶段随变形量的增加流变应力下降。

这两种曲线均反映了伴随高温变形中的加工硬化和回复软化过程。在蠕变初期，变形速度很快，说明材料的变形抗力小。随后由于变形引起加工硬化，蠕变速率逐渐降低（或流变应力逐渐增加）。随加工硬化程度的增加，动态回复速率也逐渐增加，至某一时刻，加工硬化与回复软化达到动态平衡，蠕变速率保持恒定（或流变应力保持恒定），进入稳态蠕变阶段。随着稳态蠕变的持续，进入后期时试样内部产生损伤、孔洞、应力集中、截面减小、颈缩等组织结构变化，导致变形速率急剧升高（或流变应力下降），进入蠕变第Ⅲ阶段并很快达到断裂。

这两种高温变形方式都可以称为蠕变。若在恒定应力 σ_1 下蠕变达到稳定态时得到该应力相应的稳态蠕变速率 $\dot{\varepsilon}_1$，那么以恒定应变率 $\dot{\varepsilon}_1$ 变形达到稳态时其相应的稳态流变应力就是恒定应力 σ_1。也就是说，稳态 $\sigma/\dot{\varepsilon}$ 与变形过程无关。这两种高温变形方式对应两种工程应用状态。恒应力蠕变对应材料在高温下的服役状态，构件在一定（或变动）的已知载荷（应力）下服役时需要知道（测量或预测）材料的应变、应变率、断裂时间等数据；恒应变率变形对应材料的塑性加工过程，在高温轧制、拉拔、挤压等塑性加工时，材料以一定的速率变形时需要计算变形应力来确定设备的负荷。

9.3.1.2 蠕变律

蠕变律是指描述蠕变变形与时间关系的经验公式，它不涉及具体的蠕变机制，通常是由大量实验数据拟合得到的，可满足设计的需要。蠕变速率随时间的变化一般可表示为

$$\dot{\varepsilon} = \sum_i A_i t^{-n_i} \tag{9.3.1}$$

式中，$i = \mathrm{I}$，II，III，表示蠕变的 3 个阶段；A_i 和 n_i 为依赖于应力和温度的常数。除第 III 阶段外，$0 \leqslant n_i \leqslant 1$。要很好地拟合蠕变曲线(不考虑弹性瞬时应变 ε_0 部分)，一般需要用三项式表示。但在下面两种典型情况下，仅用一项或两项即可基本描述蠕变曲线。

(1) 对数蠕变。蠕变过程中不易发生回复，只有减速蠕变阶段，并且在一定时间后，蠕变几乎停止。蠕变曲线可用式(9.3.1)中 $n_{\mathrm{I}} = 1$ 的单项表示，积分可得

$$\varepsilon = \alpha \ln(\gamma t) \tag{9.3.2}$$

即应变和时间呈对数关系，故称对数蠕变。式中，α 和 γ 为依赖于应力和温度的常数。多晶体铜、铝在 200 K 以下、多数 hcp 结构金属在室温都符合对数蠕变规律。

(2) 回复蠕变。在回复可以显著进行的温度范围内，蠕变曲线一般出现 3 个阶段，其中第 I 阶段蠕变符合幂律，并且幂指数 $n_{\mathrm{I}} = \dfrac{2}{3}$，积分可得

$$\varepsilon_{\mathrm{I}} = \beta t^{\frac{1}{3}} \tag{9.3.3}$$

式中，β 是依赖于应力和温度的常数。

在第 II 阶段蠕变过程中，应变和时间呈线性关系，这可由令式(9.3.1)中 $n_{\mathrm{II}} = 0$ 并积分得到

$$\varepsilon_{\mathrm{II}} = \chi t \tag{9.3.4}$$

式中，χ 也是依赖于应力和温度的常数。

在第 III 阶段，即加速蠕变阶段，尚未能建立有普遍意义的关系式，但是由于加速蠕变阶段一般很短，很快就发生断裂，因此常省略此阶段的蠕变，而将蠕变应变表示为两项之和：

$$\varepsilon_{\mathrm{creep}} = \beta t^{\frac{1}{3}} + \chi t \tag{9.3.5}$$

回复蠕变规律对许多金属都适用。

9.3.1.3　蠕变极限

蠕变极限定义为在给定温度下使试样产生规定稳态蠕变速率的最大应力，记为 $\sigma_{\dot{\varepsilon}}^T$。例如，某材料在 500℃下产生稳态蠕变速率 1×10^{-5} h^{-1} 的应力为 80 MPa，则其 500℃时的蠕变极限记为 $\sigma_{1 \times 10^{-5}}^{500} = 80\,\mathrm{MPa}$，如图 9.3.3 所示。这意味着，如果应力大于 80 MPa，则蠕变稳

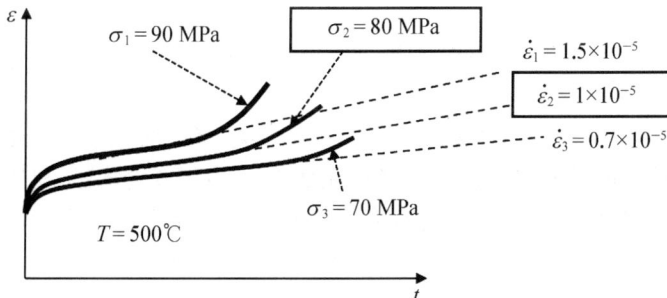

图 9.3.3　蠕变极限表征

态速率一定大于 $1 \times 10^{-5}/\mathrm{h}$。换句话说,就是在给定的时间里,蠕变变形量会超过设计规定量。

此外,也可以将蠕变极限定义为在给定温度和时间条件下,使试样产生规定蠕变应变的最大应力,记为 $\sigma_{\frac{\varepsilon}{t}}^{T}$。例如,$\sigma_{\frac{1\%}{10\,000}}^{500} = 100\ \mathrm{MPa}$,表示在 500℃下使试样在 10 000 h 产生 1% 蠕变应变的应力为 100 MPa。因为蠕变第 Ⅱ 阶段很长,所以蠕变初期阶段的蠕变量相对很小,可以忽略不计。因而上述两种蠕变极限有着当量关系,即 $\sigma_{1 \times 10^{-5}}^{T} = \sigma_{\frac{1\%}{10^{5}}}^{T}$ 和 $\sigma_{1 \times 10^{-4}}^{T} = \sigma_{\frac{1\%}{10^{4}}}^{T}$。此两种蠕变极限常在火力发电用材料中采用。其他工程耐热材料的蠕变极限另有规定。

9.3.1.4 持久强度和寿命

持久强度是在给定温度下,恰好使材料能够在规定时间发生断裂的应力值,记为 σ_{t}^{T}。这里所指的规定时间、温度是以设计要求而定的,对于锅炉、汽轮机等,设计寿命为数万以至数十万小时;而航空发动机则为一千或几百小时。例如,某材料在 700℃承受 300 MPa 的应力作用下,经 1 000 h 后断裂,则称这种材料在 700℃、1 000 h 的持久强度为 300 MPa,即 $\sigma_{1\,000\,\mathrm{h}}^{700℃} = 300\ \mathrm{MPa}$。相应地也可以说,这种材料在 700℃、300 MPa 应力下的持久寿命为 1 000 h。

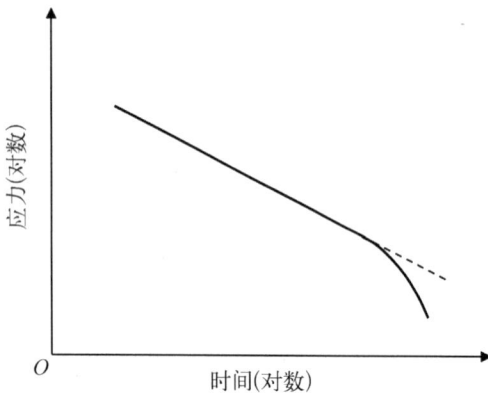

图 9.3.4 应力与持久寿命的关系曲线

对于设计寿命为数百至数千小时的构件,其材料的持久强度可以直接用同样时间的试验来确定。但是对于设计寿命为数万乃至数十万小时的构件,要进行这么长时间的试验是不现实的,因此需要采用外推法。通常用在一定温度下的规定应力 σ 和持久寿命 t_r 的双对数曲线(即持久曲线 $\lg \sigma - \lg t_r$)来整理持久试验数据。图 9.3.4 为典型的持久曲线,可以看出,高应力、短时间的曲线呈直线;但低应力、长时间的数据偏离原有直线关系,有向下弯曲的趋势,也就是说,实际低应力持久寿命将低于利用高应力数据外推预测的寿命。

大量持久试验数据表明,持久寿命与稳态蠕变速率 $\dot{\varepsilon}_s$ 呈反比关系:

$$t_r \dot{\varepsilon}_s^{\beta} = C_0 \tag{9.3.6}$$

式中,β 和 C_0 为与材料常数。式(9.3.6)称为蒙克曼(Monkman)-格朗(Grant)关系[①],它的实际意义在于,在早期稳态蠕变阶段得到 $\dot{\varepsilon}_s$ 后,再通过较高应力和较高温度的短期蠕变实验获得 C_0,则长期蠕变断裂寿命即可由 $t_r = C_0/\dot{\varepsilon}_s^{\beta}$ 预测。C_0 的物理意义是反映材料蠕变断裂的临界应变,而蠕变断裂的总应变除了稳态应变外,还包括减速蠕变和加速蠕变两个阶段的应变,况且材料还可能发生颈缩,因此只有稳态蠕变阶段起决定作用的情况下,蒙克曼-格

---

① MONKMAN F C, GRANT N J. The effect of composition and structure on the creep rupture properties of 18—8 stainless steel[J]. Proc. ASME, 1956, 56: 593.

朗关系才适用。蒙克曼-格朗关系已在许多纯金属、固溶体合金和复杂的商用合金(如奥氏体不锈钢、镍基高温合金等)中得到证实。大量试验结果表明,β 接近于 1,则根据稳态蠕变速率与温度和应力的关系(参见 9.3.2 节),持久寿命也可以用下式表示:

$$\frac{1}{t_r} \propto \dot{\varepsilon} = A\sigma^n \exp\left(-\frac{Q_c}{RT}\right) \tag{9.3.7}$$

式中,R 为气体常数;A、n 和 Q_c 皆为与材料有关的常数。

9.3.2　蠕变本构方程

同一种材料的蠕变曲线随应力或温度的高低而不同。在给定温度下改变施加的应力,或者在给定应力下改变实验的温度,蠕变曲线的变化趋势如图 9.3.5(a)所示,应力或者温度较低时,蠕变第 Ⅱ 阶段(稳态蠕变阶段)持续时间较长,甚至可能不产生第 Ⅲ 阶段。随应力或温度的增高,曲线向左上方抬升,蠕变速率加快,稳态蠕变阶段持续时间缩短。当应力或温度较高时,稳态蠕变阶段很短,甚至完全消失,试样在很短时间内便断裂。

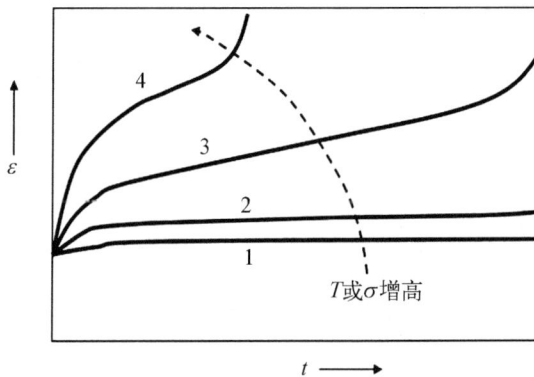

(a) 应力和温度对蠕变曲线的影响

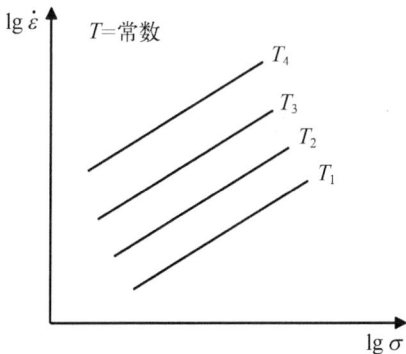

(b) 应力对蠕变速率的影响

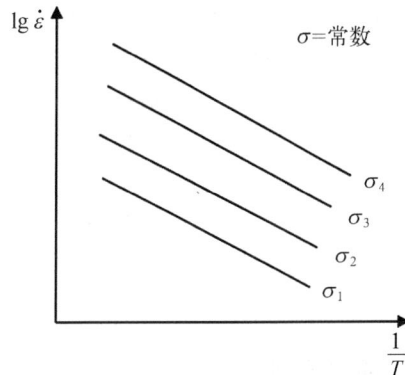

(c) 温度对蠕变速率的影响

图 9.3.5　应力和温度对蠕变的影响

虽然应力和温度对蠕变速率都有影响,但两者的影响规律不同。实验表明,在给定温度下,稳态蠕变速率与应力的双对数呈线性关系,可写为如下幂律形式[见图 9.3.5(b)]:

$$\dot{\varepsilon} = A_1 \sigma^n \tag{9.3.8}$$

式中，n 为稳态蠕变速率应力指数。

实验还表明，在给定应力条件下，稳态蠕变速率对数与绝对温度的倒数呈线性关系[见图 9.3.4(c)]。因此，稳态蠕变速率与温度的关系可表示为如下的阿伦尼乌斯关系：

$$\dot{\varepsilon} = A_2 \exp\left(-\frac{Q_c}{RT}\right) \tag{9.3.9}$$

式中，Q_c 为蠕变表观激活能。表 9.3.1 给出了一些金属的 Q_c 及自扩散激活能 Q_{sd}，可见两者很相近，说明蠕变和扩散过程紧密相关。

表 9.3.1　一些金属的蠕变表观激活能 Q_c 和自扩散激活能 Q_{sd}

材　料	Q_c/eV	Q_{sd}/eV	材　料	Q_c/eV	Q_{sd}/eV
Al	1.55	1.5	Cu	2.1	2.1
β - Ti	1.4	1.35~1.52	Nb	4.26	4.1~4.6
γ - Fe	3~3.2	2.8~3.2	Mo	4.2~4.6	4~5
β - Co	2.9	2.7~2.9	W	6.1	5.2~6.7
Ni	2.74~	2.9~3.1	Au	1.8	1.7~1.95

资料来源：普里瓦尔 J P. 晶体的高温塑性变形[M]. 关德林，译. 大连：大连理工大学出版社，1985：35.

综合温度和应力的影响，蠕变的经验本构方程可写为下列形式：

$$\frac{\dot{\varepsilon} k T}{D_{sd} \mu b} = A\left(\frac{\sigma}{\mu}\right)^n \tag{9.3.10}$$

以上诸式中，A_1、A_2 及 A 均为经验常数；k 为玻尔兹曼常数。图 9.3.6 是根据式 (9.3.10) 整理的多种金属（包括 fcc 结构和 bcc 结构）的蠕变试验数据。这些不同结构的金属蠕变数据反映了如下一些基本规律。

（1）在一定温度和应力范围内，纯金属的蠕变服从幂律本构方程。

（2）蠕变激活能等于金属的自扩散激活能。

（3）纯金属的稳态蠕变速率的应力指数 n 为 4~7，典型值为 5。

（4）当应变率过大或温度过低时，幂律蠕变规律失效，呈指数蠕变规律，蠕变激活能较小，且不等于自扩散激活能。

9.3.3　蠕变机制

9.3.3.1　蠕变过程中的微结构运动

在纯金属和耐热钢中均能发现，蠕变过程常伴随硬度、弹性模量、内耗及电阻等性能随时间而变化的现象，说明在蠕变过程中有组织结构的变化。这些变化包括位错运动（滑移、攀移）、点缺陷（原子、空位）扩散、晶界滑动，它们是蠕变变形的主要机制。

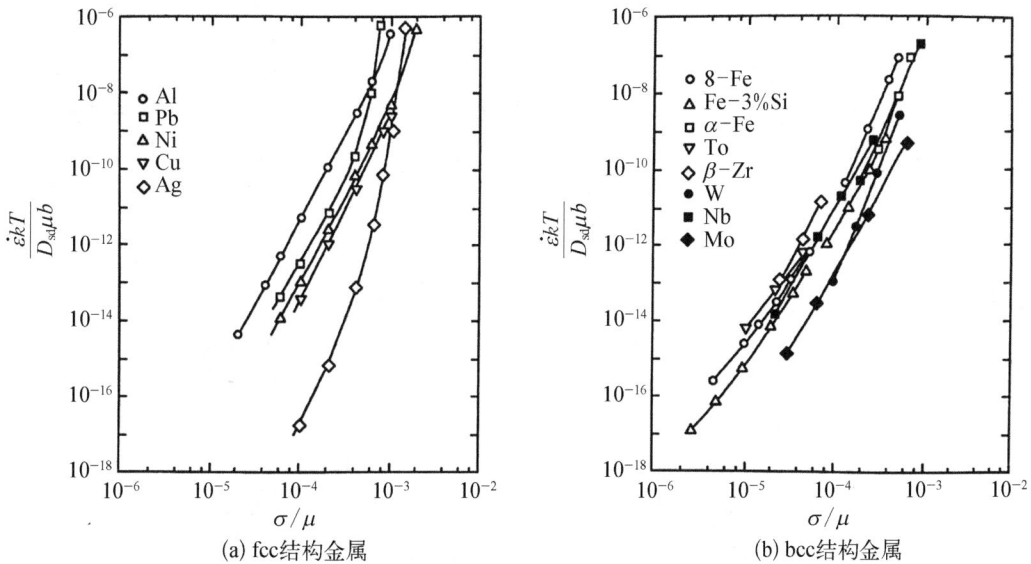

(a) fcc结构金属　　　　　　　　(b) bcc结构金属

图 9.3.6　各种金属稳态蠕变速率与应力的关系

(KASSNER M E, PEREZ-PRADO M T. Fundamentals of creep in metals and alloys[M]. New York：Elsevier，2004.)

在温度高于 $0.5T_m$ 时，蠕变过程与低温时的情况截然不同，可发生位错攀移、晶界滑动、扩散引起的质量转移等，图 9.3.7 示意了这些微观过程。一般地说，这些微观过程可以同时发生，也可以几种方式结合进行。但是在一定温度、应力条件，通常只有一种过程是主要的，是蠕变速率的控制因素。譬如在较高温度、较高应力作用下，蠕变主要机制是位错攀移控制的位错蠕变；在高温（$>0.5T_m$）、低应力条件下，发生空位（原子）扩散引起的蠕变。

9.3.3.2　位错蠕变

1）蠕变过程的位错结构

在蠕变整个阶段都有滑移产生，所以滑移是蠕变过程中的重要机制。对纯金属和单相固溶体的观察表明，经过仔细退火、内部位错密度很低的金属，在蠕变初期位错密度迅速增加，很快形成位错缠结并最终过渡到胞状结构，大部分位错相互缠结形成胞壁而胞内位错很少。当应力较大、蠕变第一阶段变形量较大时，胞壁位错逐渐整齐排列形成亚晶界，胞状结构也就变成亚晶组织。图 9.3.8 为 Fe 在 873 K 温度、75 MPa 恒应力蠕变时的位错密度与应变量的关系曲线，图中给出了总位错密度 ρ_t、晶界位错密度 ρ_B 及位错密度增量 $\Delta\rho$ 三者的变化趋势。在蠕变第 I 阶段，随着变形量增加，总位错密度增加，位错缠结形成胞状组织并逐渐细化。在第 II 阶段达到稳态蠕变时，位错结构也达到稳定胞状组织或亚晶，位错密度基本不变。

研究表明，亚晶粒直径 d_s 与稳态流变应力之间有下列关系：

$$d_s = K_1 \frac{\mu b}{\sigma} \tag{9.3.11}$$

式中，K_1 为常数。亚晶内位错密度与稳态流变应力有下列关系：

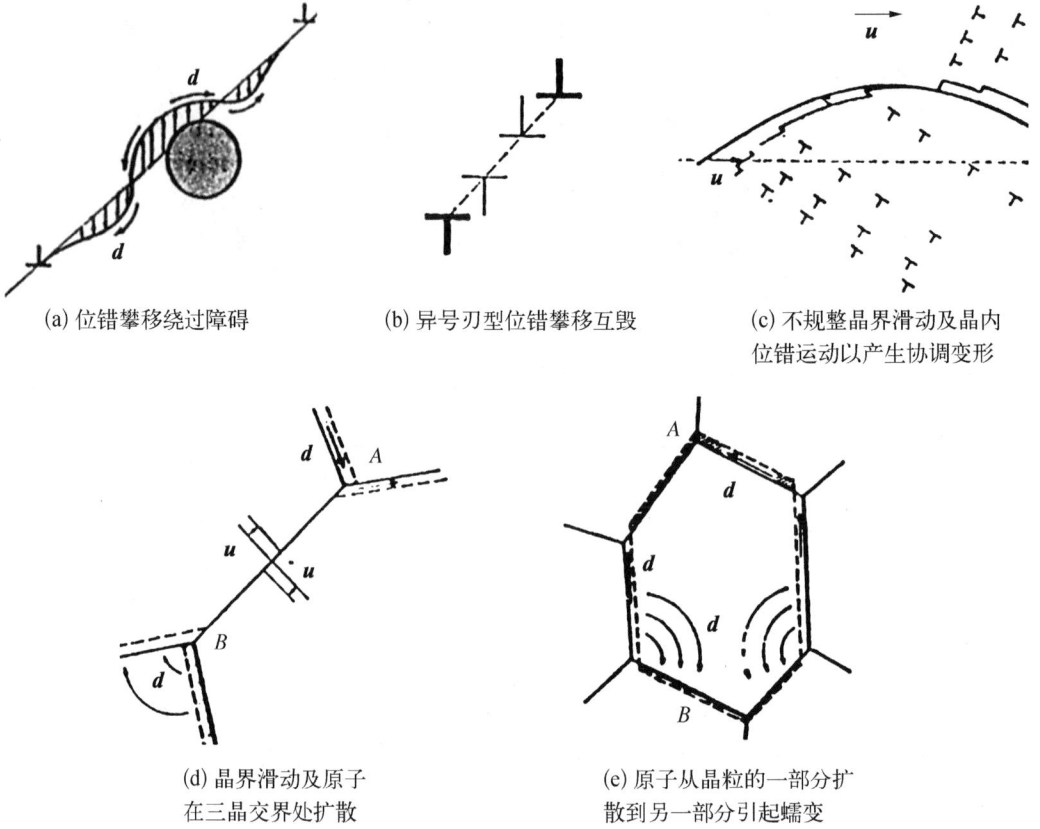

(a) 位错攀移绕过障碍　　　(b) 异号刃型位错攀移互毁　　　(c) 不规整晶界滑动及晶内
　　　　　　　　　　　　　　　　　　　　　　　　　　　位错运动以产生协调变形

(d) 晶界滑动及原子
　在三晶交界处扩散

(e) 原子从晶粒的一部分扩
　散到另一部分引起蠕变

图 9.3.7　金属蠕变微观过程示意

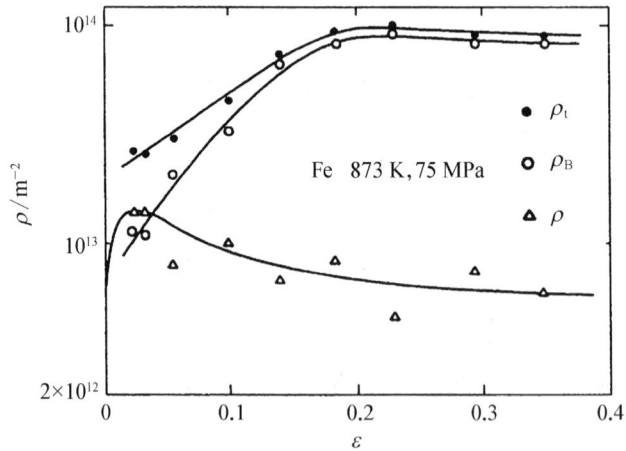

图 9.3.8　位错密度随蠕变应变的变化

（OLOVA A, CADEK J. Some substructural aspects of high-temperature
creep in metals[J]. Phil. Mag. , 1973, 28 (4) : 891. ）

$$\rho = K_2 \left(\frac{\sigma}{\mu b} \right)^2 \tag{9.3.12}$$

2) 回复蠕变基本方程

根据位错动力学理论，位错运动速度 v 与宏观应变率 $\dot{\varepsilon}$ 存在如下关系：

$$\dot{\varepsilon} = \rho_m b v \tag{9.3.13}$$

式中，ρ_m 为可动位错密度。在高温下，假定位错滑移一个距离 L 后遇到障碍受阻，然后攀移一个距离 d 而离开滑移面。由于滑移速率很快（无障碍滑移速率为声速量级），整个滑移-攀移过程的位错运动速率为

$$v = L \frac{v_c}{d} \tag{9.3.14}$$

式中，v_c 为位错攀移速率；$\dfrac{d}{v_c}$ 为滑移-攀移过程所需时间。将此式代入式(9.3.13)，得到

$$\dot{\varepsilon} = \rho_m b \frac{L}{d} v_c \tag{9.3.15}$$

此即回复蠕变的基本方程。

3) 唯象模型

假设位错均匀分布，从几何关系和量纲上分析，位错密度 ρ 与位错分布的特征长度（如位错间距）l 的关系为 $\rho \propto l^{-2}$，位错应力场随 r^{-1} 而变化，因此各位错的应力场相互作用而达到平衡的位错间距与应力之间应有 $l \propto \sigma^{-1}$，故有 $\rho \propto \sigma^2$。此外，在较低的应力下，攀移速率与应力成正比，即 $v_c \propto \sigma$。将以上诸关系代入式(9.3.15)，得到

$$\dot{\varepsilon} \propto \sigma^3 \tag{9.3.16}$$

由式(9.3.16)可见，当采用位错均匀分布假设时，得到幂律蠕变关系的应力指数 $n=3$，称为本征应力指数。实际上，许多实验结果得到的 n 值并不等于3，纯金属的 n 值多等于5。这说明蠕变过程中位错分布不是均匀的，而是倾向于集中在位错胞壁或亚晶界上，胞壁和亚晶界是刃型位错攀移湮灭的场所。

4) 位错攀移控制模型

利用位错理论来解释蠕变规律有很多模型，其中较为经典的是威特曼（Weertman）提出的位错攀移模型[1-3]。该模型认为，蠕变从第Ⅰ阶段向第Ⅱ阶段过渡以及在第Ⅱ阶段，位错不断增殖，同时又不断通过攀移而消失，并且后一过程是由位错攀移控制的。例如，位错通过攀移运动，或者绕过障碍，或者与反号位错合并湮灭，或者进入小角晶界和大角晶界，如图9.3.9所示。这一过程的蠕变速率取决于位错攀移速率，而位错攀移速率最终又取决于原子及空位的扩散速率。这样，由位错增殖产生的加工硬化与由位错攀移控制产生的回复软化达到动态平衡，造成稳态蠕变。

① WEERTMAN J. Theory of steady state creep through dislocation climb[J]. J. Appl. Phys., 1955, 26(10): 1213.
② WEERTMAN J. Steady state creep through dislocation climb[J]. J. Appl. Phys., 1957, 28(3): 362.
③ WEERTMAN J. Dislocation climb theory of steady state creep[J]. Trans. ASM, 1968, 61(3): 681.

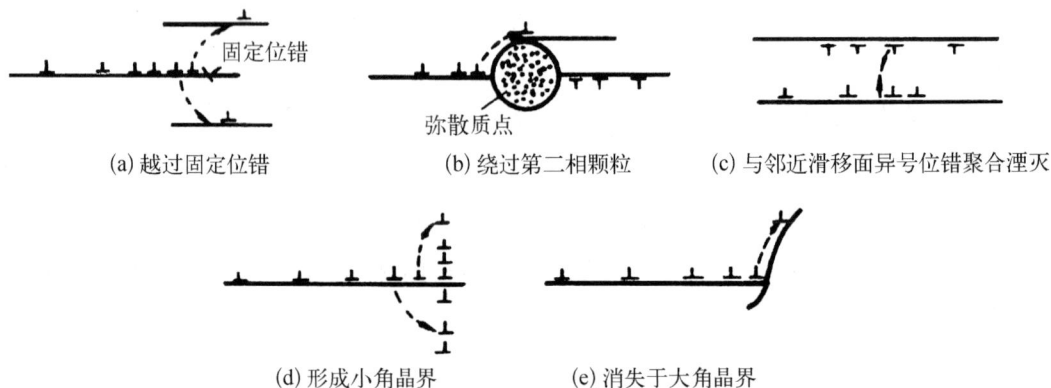

(a) 越过固定位错　　　　(b) 绕过第二相颗粒　　　(c) 与邻近滑移面异号位错聚合湮灭

(d) 形成小角晶界　　　　(e) 消失于大角晶界

图 9.3.9　刃型位错通过攀移克服障碍的几种机制

现在简单推导位错攀移控制模型得到的蠕变本构方程。当刃型位错在蠕变滑移过程中遇到强障碍时,会形成位错塞积群。塞积群顶部的空位浓度 c_V 可由下式给出:

$$c_V = c_0 \exp\left(\frac{\pm 2L\sigma^2 b^2}{\mu kT}\right) \tag{9.3.17}$$

式中,$2L$ 为位错塞积群长度;c_0 为无位错晶体的平衡空位浓度。离开塞积群顶端 r 距离处的空位浓度可以假设为 c_0。位错攀移速率为

$$\dot{v}_c = \frac{2c_0 D_V \sigma^2 L b^4}{\mu kT} \tag{9.3.18}$$

式中,D_V 为空位扩散系数;$\dfrac{2Lb^2\sigma^2}{\mu kT} < 1$。若假设空位很容易产生和湮灭,且在位错塞积群内的空位浓度均为平衡浓度,则自扩散系数可写为

$$D_S = c_0 D_V = \frac{\nu}{b} \exp\left(\frac{\Delta S}{R}\right) \exp\left(-\frac{Q_{sd}}{RT}\right) \tag{9.3.19}$$

及

$$\dot{v}_c = \frac{2\sigma^2 L b^3}{\mu kT} \nu \exp\left(\frac{\Delta S}{R}\right) \exp\left(-\frac{Q_{sd}}{RT}\right) \tag{9.3.20}$$

式中,ν 为频率因子;ΔS 为熵变。在稳态蠕变阶段,蠕变速率 $\dot{\varepsilon}$ 与位错攀移速率 $\dot{v}_c$ 的关系为

$$\dot{\varepsilon} = NAb \frac{\dot{v}_c}{2r} \tag{9.3.21}$$

式中,N 为参与攀移过程的位错密度(或位错源密度);A 为在塞积群内的位错环扫过面积;$2r$ 为塞积群间距。迫使两组位错环在平行滑移面交错通过所需的应力必须大于 $\dfrac{\mu b}{4\pi\sigma}$。满

足此条件时，$r = \dfrac{\mu b}{4\pi\sigma}$，阻塞由三个位错源产生的一个位错环的概率 p 为

$$p = \frac{8\pi NL^2 r}{3} = \frac{2NL^2 \mu b}{3\sigma} \tag{9.3.22}$$

联合以上诸式，并设 $p = 1$ 及 $A = 4\pi L^2$，可得到低应力下的蠕变速率为

$$\dot{\varepsilon} = \frac{C_1 D_S \sigma^{4.5}}{\sqrt{bN}\mu^{3.5}kT} \tag{9.3.23}$$

式中，c_1 为一常数，约为 0.25。该模型相比于其他理论得到了更多纯金属试验结果的证实，应力指数 4.5 非常接近于实验值。

5）位错交滑移控制模型

前述模型只涉及了刃型位错攀移控制因素，忽略了螺型位错交滑移的贡献。Caillard 和 Martin[1-3]的研究发现螺型位错的运动在蠕变过程中起重要作用。图 9.3.10 所示为蠕变中位错的运动和湮灭基本过程，一个正在扩张的位错环的刃型位错段被相邻滑移面上两根很长的刃型位错锁住，位错环的尺寸 W 等于亚晶或胞的大小，而两根长刃型位错的长度则比 W 大得多[见图 9.3.10(a)]。位错环的螺型位错部分通过交滑移与长位错结合并在长位错所在滑移面上向两端滑移[见图 9.3.10(a)(b)]，使长位错逐渐被湮灭。当螺型位错段滑移到原长刃型位错的两端时长位错完全消失，留下一个由两个棱柱位错构成的位错偶[见图 9.3.10(c)]。这样，大部分刃型位错可通过螺型位错的交滑移湮灭而无需攀移湮灭，但剩余刃型位错仍为攀移而湮灭。

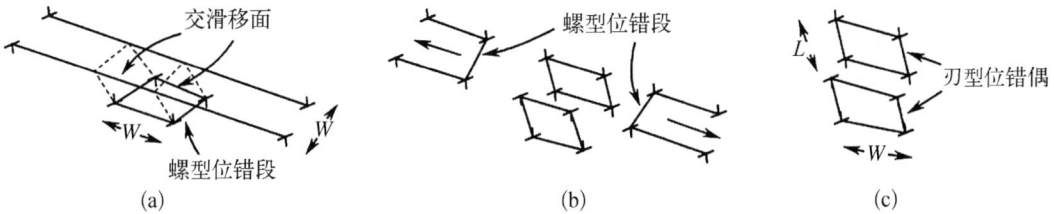

图 9.3.10 位错滑移和湮灭过程

据此，威特曼[4]根据 Caillard 和 Martin 的研究结果又提出了新的交滑移控制蠕变模型。该模型假设如图 9.3.11 所示的亚结构，位错胞的尺寸为 W，构成胞壁的刃型位错间距为 $L = \dfrac{W}{n}$，构成胞壁的螺型位错包含很多割阶而呈阶梯状。胞内运动位错环的刃型位错段到

① CAILLARD D, MARTIN J L. Microstructure of aluminum during creep at intermediate temperature-Ⅰ. Dislocation networks after creep[J]. Acta Metall., 1982, 30（2）：437.
② CAILLARD D, MARTIN J L. Microstructure of aluminum during creep at intermediate temperature-Ⅱ. In situ study of sub-boundary properties[J]. Acta Metall., 1982, 30（4）：791.
③ CAILLARD D, MARTIN J L. Microstructure of aluminum during creep at intermediate temperature-Ⅲ. The rate controlling process[J]. Acta Metall., 1983, 31（5）：813.
④ WEERTMAN J. Nature fifth creep law for pure metals[C]. Proc. Second Int. Conf. Creep and Fracture in Engineering Materials and Structures, 1984：1-13.

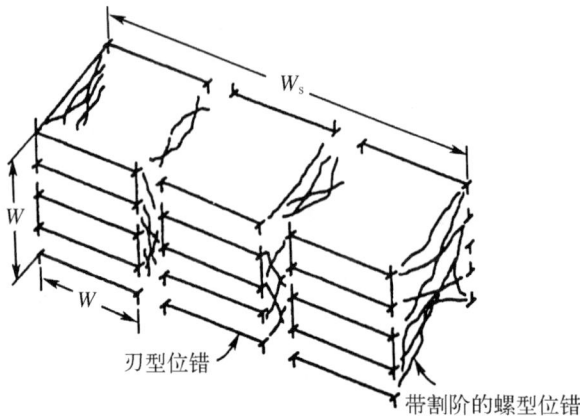

图 9.3.11　位错亚结构示意

达胞壁后被胞壁刃型位错锁住,其滑移距离为 W。由于螺型位错容易交滑移,胞壁内螺型位错对运动中的螺型位错段不构成强烈障碍,螺型位错段滑移很长距离: $W_s = 2mW$(m 为系数)。

在该模型中,蠕变变形主要由螺型位错段的滑移产生,而变形速率仍由刃型位错段的攀移控制,因此蠕变速率仍可用奥罗万关系给出,最终得到

$$\dot{\varepsilon} = C_2 \left(\frac{D}{b^3} \right) \left(\frac{\sigma}{\mu} \right)^5 \cdot \frac{\mu b^3}{kT} \tag{9.3.24}$$

此即本征 5 次幂蠕变方程。

9.3.3.3　扩散蠕变

在高温、低应力条件,应力诱导的空位扩散成了蠕变的主要机制。在多晶体蠕变过程中,近似球状或等轴状晶粒的四面晶界与应力的取向不同,垂直于应力的晶界上受拉应力,平行于应力的两侧晶界由于侧向收缩而受压应力。在受拉应力晶界上,空位形成能较低,空位浓度较高,在受压晶界上,空位浓度较低,这样便造成了晶内空位浓度梯度,将导致受拉晶界附近的空位向受压晶界附近扩散,而原子扩散方向恰好相反,这样,晶粒将沿拉伸方向伸长。空位(原子)的扩散有两条路径:第一是沿晶粒内部扩散,称为纳巴罗(Nabarro)-赫林(Herring)扩散蠕变;第二是沿晶界扩散,称为科布尔(Coble)扩散蠕变。这两种蠕变得到的本构方程是不同的。

1) 纳巴罗-赫林蠕变本构方程[①]

考虑边长为 d 的立方体单晶体,应力状态如图 9.3.12(a)所示。假定晶体中没有位错,空位生成和湮灭的位置只在晶体表面上。在受压面上形成一个空位相当于将表面附近的原子拉到晶体外放在表面上[见图 9.3.12(c)],为此需克服压应力做功。设想将原子均匀地展布在受压面上,则上述做功为 $\sigma b^3 = \sigma \Omega$,其中 $\Omega = b^3$ 为原子体积。这意味着受压面上空位形成能增加 $\sigma \Omega$。与之相反,在受拉面上的空位形成能将减少 $\sigma \Omega$。若无应力时,空位形成能为 E_V,空位热平衡浓度为

$$c_V^0 = \frac{n_V}{N} = \exp\left(-\frac{E_V}{kT}\right) \tag{9.3.25}$$

式中,n_V 为热平衡的空位数;N 为晶体中的原子数。

对于图 9.3.12(a)所示的应力状态,晶体上、下表面的空位浓度(原子百分数)为

$$c_V^+ = \exp\left[-\frac{(E_V - \sigma \Omega)}{kT}\right] = c_V^0 \exp\left(\frac{\sigma \Omega}{kT}\right) \tag{9.3.26}$$

图 9.3.11 图中标注: W_s、W、W、刃型位错、带割阶的螺型位错

① HERRING C. Diffusional viscosity of a polycrystalline solid[J]. J. Appl. Phys., 1950, 21 (1): 437.

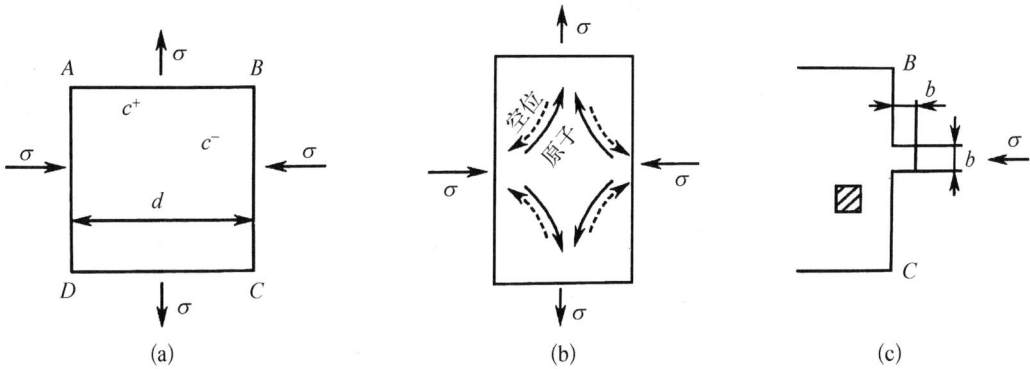

图 9.3.12　纳巴罗-赫林扩散蠕变模型

侧表面的空位浓度为

$$c_V^- = \exp\left[-\frac{(E_V + \sigma\Omega)}{kT}\right] = c_V^0 \exp\left(-\frac{\sigma\Omega}{kT}\right) \tag{9.3.27}$$

由于拉应力表面的空位浓度(c_V^+)大于压应力表面的空位浓度(c_V^-),空位将从拉应力面向压应力面扩散,而原子则反方向扩散,导致晶体沿拉应力方向伸长变形,产生蠕变,如图 9.3.12 (b)所示。

根据菲克扩散第一定律,单位时间内通过单位面积的扩散流量为

$$J = -D_V \text{grad} C_V \tag{9.3.28}$$

式中,D_V 为空位扩散系数;C_V 为空位的体积浓度,$C_V = \dfrac{c_V}{\Omega}$。假设浓度梯度是线性的,则有

$$\text{grad} C_V = \alpha \frac{C_V^+ - C_V^-}{d} \tag{9.3.29}$$

式中,α 为扩散行程中位置的参数。于是,单位时间内通过面积 d^2 的空位数为

$$Z_V = -J d^2 = D_V d^2 \text{grad} C_V = \alpha D_V C_V^0 d \left[\exp\left(\frac{\sigma\Omega}{kT}\right) - \exp\left(-\frac{\sigma\Omega}{kT}\right)\right] \tag{9.3.30}$$

或

$$Z_V = 2\alpha D_V C_V^0 d \sinh\left(\frac{\sigma\Omega}{kT}\right) \tag{9.3.31}$$

式中,$C_V^0 = \dfrac{c_V^0}{\Omega}$。原子的自扩散系数 D 与空位扩散系数 D_V 之间存在下列关系:

$$D = D_V c_V^0 = D_V C_V^0 \Omega \tag{9.3.32}$$

由于空位流等于反向原子流,式(9.3.31)也是单位时间内通过面积 d^2 的原子数 Z_A,即

$$Z_A = \frac{2\alpha D d}{\Omega} \sinh\left(\frac{\sigma\Omega}{kT}\right) \tag{9.3.33}$$

一个原子到达拉应力表面引起的晶体应变为

$$\Delta\varepsilon = \frac{\Omega}{d^2} \cdot \frac{1}{d} = \frac{\Omega}{d^3} \qquad (9.3.34)$$

于是,应变率为

$$\dot{\varepsilon} = \frac{\mathrm{d}\varepsilon}{\mathrm{d}t} = Z_A \frac{\Omega}{d^3} = \frac{2\alpha D}{d^2}\sinh\left(\frac{\sigma\Omega}{kT}\right) \qquad (9.3.35)$$

在低应力条件下,取一级近似,$\sinh\left(\dfrac{\sigma\Omega}{kT}\right) \approx \dfrac{\sigma\Omega}{kT}$,则式(9.3.35)可写为

$$\dot{\varepsilon} = \frac{BD\Omega}{kT} \cdot \frac{\sigma}{d^2} \qquad (9.3.36)$$

式中,B 为与晶粒形状和载荷类型有关的参数。

2) 科布尔蠕变本构方程[①]

假设晶界的厚度为 δ_B,则空位沿 δ_B 晶界薄层扩散时,单位时间内通过晶界横截面积的扩散通量为 $\delta_B D_B$,其中 D_B 为晶界扩散系数。在假设晶粒为理想六边形的条件下,可得到

$$\dot{\varepsilon} = \frac{B_1(\delta_B D_B)\Omega}{kT} \cdot \frac{\sigma}{d^3} \qquad (9.3.37)$$

比较式(9.3.36)和式(9.3.37)可见,纳巴罗-赫林蠕变速率与应力成正比,与晶粒大小的平方成反比,蠕变激活能等于原子的体扩散激活能;科布尔蠕变与应力也成正比,但是与晶粒直径的立方成反比。显然,后者对晶粒尺寸更敏感。

许多金属、合金、离子晶体的扩散蠕变研究表明,在高温时通常为纳巴罗-赫林蠕变,较低温度时为科布尔蠕变。当然,在一定条件下两种机制可以同时发生,此时可以用一个统一的方程来表示:

$$\dot{\varepsilon} = \frac{BD\Omega}{kT} \cdot \frac{\sigma}{d^2}\left(1 + \frac{\pi\delta_B}{d}\frac{D_B}{D}\right) \qquad (9.3.38)$$

在高温时,$\dfrac{D_B}{D}$ 很小,式(9.3.38)趋于纳巴罗-赫林蠕变本构方程;在低温时,$\dfrac{D_B}{D}$ 增加,式(9.3.38)趋于科布尔蠕变本构方程。此外,晶粒尺寸较大时,纳巴罗-赫林蠕变占优;反之,晶粒尺寸较小时,Coble 蠕变占优。

9.3.3.4 晶界滑动

在高温下,由于晶界强度下降,在载荷作用下晶界将产生滑动和迁移,从而对蠕变伸长做出贡献。但贡献的大小视蠕变试验条件而定。温度升高和形变速度下降,晶界滑动对蠕变伸长的贡献加大,有时可以占总蠕变量的 30%~40%。

---

① COBLE R I. A model for boundary-diffusion controlled creep in materials[J]. J. Appl. Phys., 1963, 34 (4): 1679.

晶界滑动和迁移的过程如图 9.3.13 所示。在外加载荷下,A,B 两晶粒的晶界产生滑动,B,C 两晶粒的晶界在垂至于外力的方向迁移,从而使 A、B、C 三晶粒的交点位置由 1 变到 2[见图 9.3.13(a)和图 9.3.13(b)]。为了适应 A、B 两晶粒的滑动和迁移,在 C 晶粒内会产生相应的形变带。此后,A、B 两晶粒边界继续滑动,但在原滑动方向将受阻,从而使 B、C 晶粒边界又在其垂直方向进行迁移。此时三晶粒的汇合点又由 2 迁移到 3[见图 9.3.13 (c)]。而 A 晶粒边界在另一方向可以产生滑动而达到图 9.3.13(d)的状态。这样 A、B、C 三晶粒由于滑动和迁移而产生了变形,从而对蠕变伸长量做出了贡献。

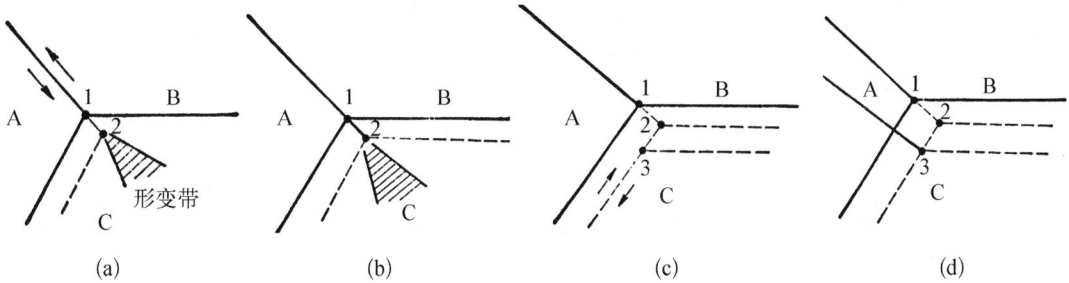

图 9.3.13 晶界滑动和迁移的过程

晶界滑动必须由原子扩散或位错滑移等过程来协调,否则在晶界上将产生空隙或物质堆积。在不同的应力下晶界滑动的协调机制是不同的,如图 9.3.14 所示。图中晶界滑动的结果在晶粒 3 和 4 间的晶界(3/4 晶界)上产生物质堆积,而在晶粒 3/2 晶界产生空隙。在较低应力下,可以通过晶粒 3 中的扩散蠕变(原子沿虚线扩散),使 3/4 晶界处多余物质输送到 2/3 晶界处,防止物质堆积和空隙,保持材料的完整性,即通过扩散蠕变来协调晶界滑动。在应力较高、晶粒内部发生位错蠕变的条件下,晶界滑动由晶粒(图中晶粒 2)内部蠕变变形来协调。晶界滑动使晶粒 2 的上半部向左移动而下半部向右移动,结果在 1/2 晶界上物质堆积而在 2/3 晶界上产生空隙。这种材料的不完整性可通过刃型位错在晶粒中心附近的滑移来消除,即通过晶内塑性变形来协调晶界滑动。在这种情况下,晶界滑动速度依赖于材料的蠕变性能,是应力的非线性函数。如果应力很低,晶界滑动量很小,晶界滑动可以通过弹性变形来协调,如图中晶粒 1 的情况。如果晶界滑动未能得到充分协调,晶界上将形成孔洞或微裂纹,这就是蠕变断裂的裂纹形核,将在后续讨论。

研究表明,在高应力(或高蠕变速

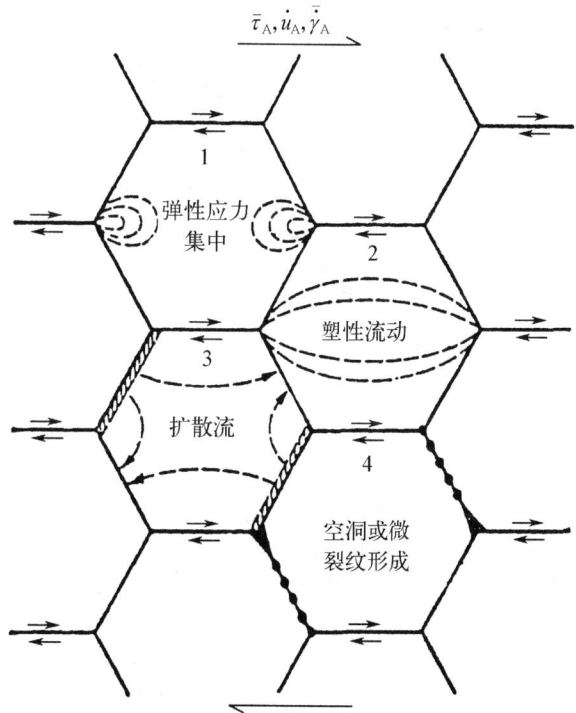

图 9.3.14 晶界滑动的协调机制

率)下,多晶体蠕变速率与晶内蠕变速率相同,几乎不发生晶界滑动,晶内变形是均匀的;而在低应力下,晶界滑动对多晶体蠕变速率的贡献较大。在晶界滑动显著的情况下,晶内变形很不均匀,在三叉晶界处产生高的应力集中,因而在三叉晶界前沿容易形成变形带,也是楔形微裂纹形核之地。

从上述有关晶界滑动协调机制的讨论中可以看出,晶界滑动并不是仅仅发生在晶界面上的原子行为,晶界滑动与晶粒内部的弹塑性变形、原子扩散及蠕变等宏观现象密切相关。与扩散蠕变不同,位错蠕变不需要晶界滑动来协调,因此,在高应力下位错蠕变占优势时,晶界滑动对材料蠕变变形的贡献很小,可以忽略。随应力的降低,位错蠕变速率降低,晶界滑动对总变形的贡献逐渐增加,当应力很低、晶界自由滑动时,多晶体蠕变速率将高于无晶界滑动情况下的蠕变速率。

对于金属材料和陶瓷材料,晶界滑动一般是由晶粒的纯弹性畸变和空位的定向扩散引起的。但前者的贡献不大,主要还是空位的定向扩散。所以有时将晶界滑动蠕变机制也归类到扩散蠕变机制当中。对于含有牛顿液态或似液态第二相的陶瓷材料,第二相的黏性流动也可引起蠕变。

9.3.4　影响蠕变的材料因素

9.3.4.1　结合键

原子结合键越强,蠕变的滑移和扩散两个基本原子过程越困难,蠕变抗力越高。因此,根据结合键的类型可粗略比较工程材料的蠕变抗力,一般顺序为:陶瓷>金属间化合物>金属>聚合物。

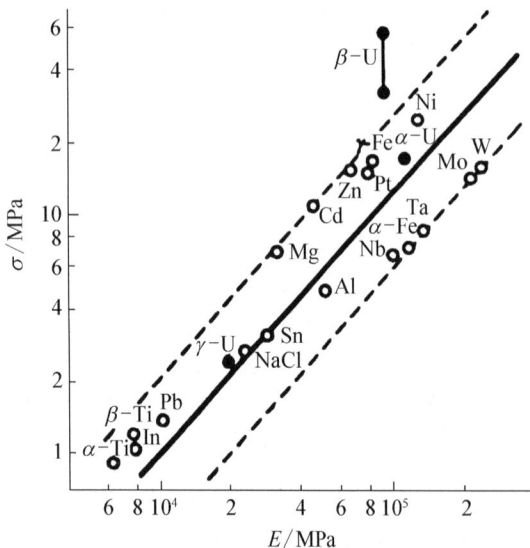

图 9.3.15　稳态流变应力与弹性模量的关系

(KASSNER M E, PEREZ-PRADO M T. Fundamentals of creep in metals and alloys [M]. New York: Elsevier, 2004.)

弹性模量本质上反映了原子间结合键的强弱。弹性模量越高,原子结合键越强,晶体滑移和原子自扩散都越困难,因此无论是位错蠕变还是扩散蠕变都越困难,蠕变速率越低。图 9.3.15 是给定扩散系数归一化应变率 $\dfrac{\dot{\varepsilon}}{D}=10^7$ 所对应的不同金属的流变应力与弹性模量的关系。可以看出,尽管数据比较分散,流变应力与弹性模量之间大致呈线性关系,说明弹性模量对材料的蠕变速率有相当大的直接影响。

9.3.4.2　层错能

对 fcc 结构金属而言,蠕变速率与层错能 γ_{sf} 有很大关系,根据大量试验结果的拟合,得到含层错能的蠕变本构方程:

$$\frac{\dot{\varepsilon}kT}{D\mu b}=A''\phi\left(\frac{\gamma_{sf}}{\mu b}\right)\left(\frac{\sigma}{\mu}\right)^n \tag{9.3.39}$$

式中，$\phi\left(\dfrac{\gamma_{sf}}{\mu b}\right)$ 为关于层错能的函数，可通过试验得到。Mohamed 和 Langdon 分析整理了 25 种 fcc 结构金属的蠕变速率数据和层错能数据，如图 9.3.16 所示。图中直线的斜率约为 3，说明除少数固溶体外大部分数据符合 $\phi\left(\dfrac{\gamma_{sf}}{\mu b}\right)=\left(\dfrac{\gamma_{sf}}{\mu b}\right)^3$ 的关系，因此有

$$\frac{\dot{\varepsilon}kT}{D\mu b}=A''\left(\frac{\gamma_{sf}}{\mu b}\right)^3\left(\frac{\sigma}{\mu}\right)^n \tag{9.3.40}$$

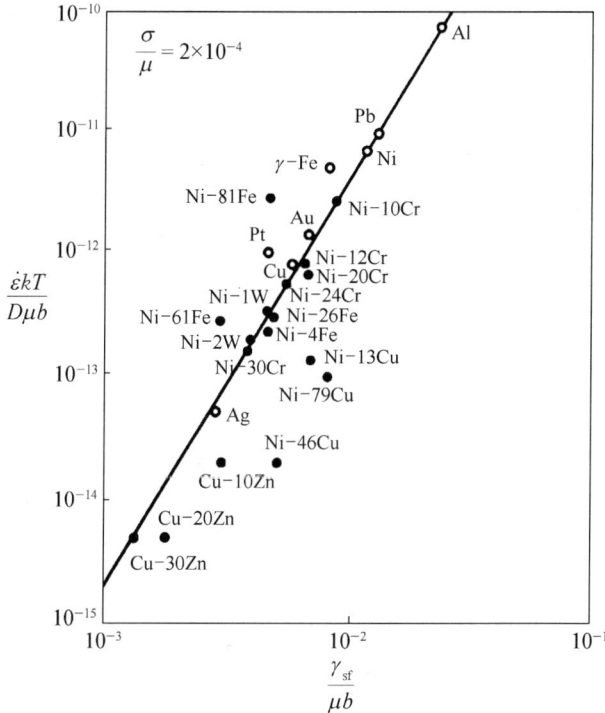

图 9.3.16　层错能与稳态蠕变速率的关系

(MOHAMED F A, LANGDON T G. The Transition from dislocation climb to viscous glide in creep of solid solution alloys[J]. Acta Metall. ，1974，22（6）：779.)

目前，层错能对螺型位错交滑移的影响很清楚，但对刃型位错攀移的影响还不是很清楚。因为在幂律蠕变的温度和应力条件下的蠕变速率是由位错攀移控制的，而不是位错交滑移控制的，所以层错能对蠕变影响的具体机制仍需进一步研究。

9.3.4.3　致密度

一般来说，材料结构越致密，原子的扩散越难进行，蠕变抗力越高。对具有同素异构体的金属，当为 fcc 结构时（致密度为 0.74），其蠕变抗力要远高于其为 bcc 结构（致密度为 0.68）时，因为前者的自扩散系数远低于后者。这也是为什么镍基高温合金（fcc 结构）要比铁基高温合金（bcc 结构）的蠕变抗力高，在更高温度工作时被优先选用的原因之一。

对陶瓷材料来说，随气孔率的增加，蠕变速率增大，例如对 MgO，12%气孔率时的蠕变速率比 2%气孔率的快 5 倍。

9.3.4.4 晶粒尺寸

多晶体的蠕变变形是由晶粒本身的变形和晶界滑动两部分组成。显然,晶粒越细,晶界面积越大,晶界滑动对总变形量的贡献就越大。因此,对高温蠕变来说,晶粒细的蠕变速度较快。另外,晶粒越细,扩散蠕变的贡献也越大,蠕变速率也越大。但晶粒尺寸足够大以致晶界滑动对总变形量的贡献小到可以忽略时,蠕变速度将不依赖于晶粒尺寸。图 9.3.17 是多晶铜蠕变速率与晶粒直径的关系曲线,随晶粒尺寸增加,蠕变速率减小,但晶粒尺寸超过 150 μm 后,蠕变速率与晶粒尺寸无关,大晶粒金属的稳态蠕变特征和蠕变规律与单晶体没有明显的差别。

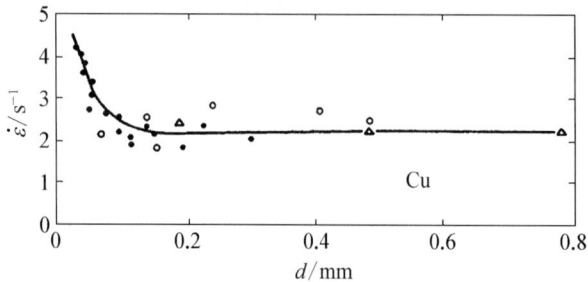

图 9.3.17 多晶铜稳态蠕变速率与晶粒直径的关系

(BARRETT C R, LYTTON J K, SHERBY O D. Effect of grain size and annealing treatment on steady state creep of copper[J]. Trans. AIME, 1967, 239 (1): 170.)

Fang[1] 进一步研究了 18Cr - 14Ni 不锈钢的蠕变速率与晶粒尺寸的定量关系,得到考虑晶粒尺寸的蠕变本构方程:

$$\frac{\dot{\varepsilon}}{D} = A_g \frac{\mu b}{kT} \left(\frac{b}{d}\right)^2 \left(\frac{\sigma}{E}\right)^{n-1} \tag{9.3.41}$$

式中, $n = 5.5$,是蠕变速率不依赖于晶粒尺寸的粗大晶粒条件下的应力指数。当晶粒尺寸小到与亚晶粒尺寸 d_s 相当时,式(9.3.41)变为

$$\frac{\dot{\varepsilon}}{D} = A'_g \frac{\mu b}{kT} \left(\frac{b}{d}\right) \left(\frac{\sigma}{E}\right)^n, \quad d \leqslant d_s \tag{9.3.42}$$

应当特别指出,"高温下晶粒越细,蠕变速率越快(蠕变抗力越低)"这一结论只适用于在足够高的温度(发生显著晶界滑动的温度)和一定晶粒尺寸范围内(小于 150 μm)的纯金属和单相合金的情况。如果晶界上有第二相析出,由于它可阻碍晶界滑动,晶界的作用与单相合金不同。

9.3.4.5 溶质原子

溶质原子溶入基体金属晶格中时,会引起晶格畸变,产生内应力。蠕变时位错在晶格畸变的弹性内应力场中运动,外应力的一部分需要克服内应力,因此,使固溶体获得相同蠕变速率所需的外应力比纯金属大。也就是说,在蠕变条件下也存在类似于第 5 章介绍的固溶强化机制。但是,由于高温下原子扩散活跃,溶质原子的作用与常温有很大区别。根据高温蠕变过程中溶质原子与位错弹性交互作用的类型,可以将固溶体蠕变行为分为两大类[2][3]。

1) 第一类固溶体的蠕变

第一类是溶质原子与位错的弹性交互作用能大,溶质原子偏聚在位错周围形成科氏气

[1] FANG T T, MURTY K L. Grain-size dependent creep of stainless steel[J]. Mater. Sci. Eng., 1983, 61 (3): L7.

[2] SHERBY O D, BURKE P M. Mechanical behavior of crystalline solids at elevated temperature[J]. Prog. In Mater. Sci., 1967, 13 (7): 325.

[3] CADEK J. Creep in metallic materials[M]. Amsterdam: Elsevier, 1988.

团,位错运动时,溶质气团通过扩散跟着位错运动。由于扩散速率比位错滑移速率慢,位错运动受到溶质气团的钉扎。研究表明,被钉扎的位错滑移呈现牛顿黏滞性,滑移速率与应力成正比。由于位错黏滞性滑移较慢,与攀移越过障碍过程相比,黏滞性滑移是慢过程,蠕变速率受位错黏滞性滑移控制。这种固溶体称为第一类固溶体,相应的蠕变行为称为第一类蠕变行为,其基本特征如下。

(1) 稳态蠕变速率与应力之间仍然符合幂律关系,但是应力指数 n 随应力的高低变化而不同。如图 9.3.18 所示为第一类固溶体在不同应力范围的蠕变本构关系,图中标出了不同应力范围控制蠕变速率的主要机制。当在低应力扩散蠕变为主时,应力指数 $n=1$;当位错黏滞滑移起控制作用时,应力指数 $n=3$;当位错攀移起控制作用时,应力指数 $n=5$。

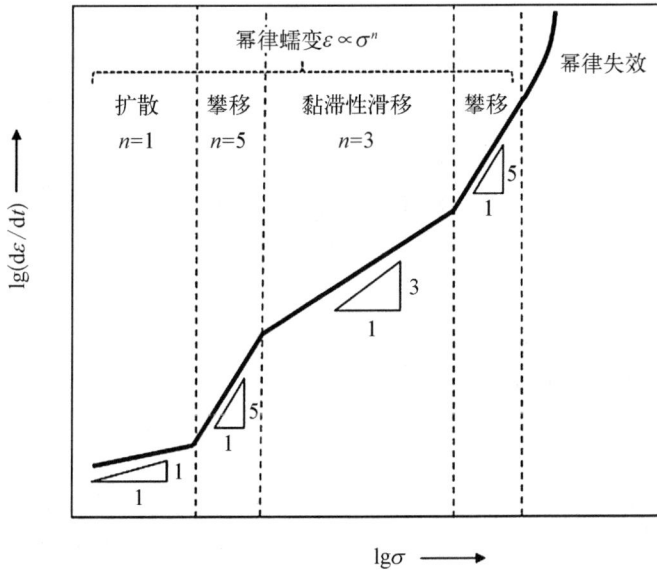

图 9.3.18　第一类固溶体蠕变行为

(2) 稳态蠕变速率与温度的关系也仍然符合阿伦尼乌斯关系,但蠕变激活能 Q_c 等于固溶体中的互扩散激活能。对于稀固溶体,互扩散系数 $\tilde{D}$ 近似等于溶质的扩散系数 D_B,故本构方程可写为经典形式:

$$\frac{\dot{\varepsilon}kT}{D_B\mu b} = A\left(\frac{\sigma}{\mu}\right)^3 \tag{9.3.43}$$

(3) 溶质浓度对第一阶段和第二阶段的蠕变行为都有影响。图 9.3.19 显示了 Al-Mg 合金中 Mg 含量对第一阶段蠕变行为的影响,可以看出,Mg 的原子分数小于 1.1% 时,合金表现出正常过渡行为,即为减速蠕变;而 Mg 的原子分数大于 3.1% 时,则呈现加速蠕变。这是第一类固溶体特有的"非正常过渡"行为,它是由位错黏滞性滑移的特点所决定的。由于位错黏滞性滑移速率很慢,且大致向同一方向滑移,很少发生位错缠结,也不形成亚结构,所以大部分位错是可动位错。在蠕变第一阶段随应变量的增加位错逐渐增殖时,主要是可动位错密度 ρ_m 在增加。由奥罗万关系 $\dot{\varepsilon}=b\rho_m v$ 可知,此时蠕变速率逐渐增加,表现出非正常过渡行为。

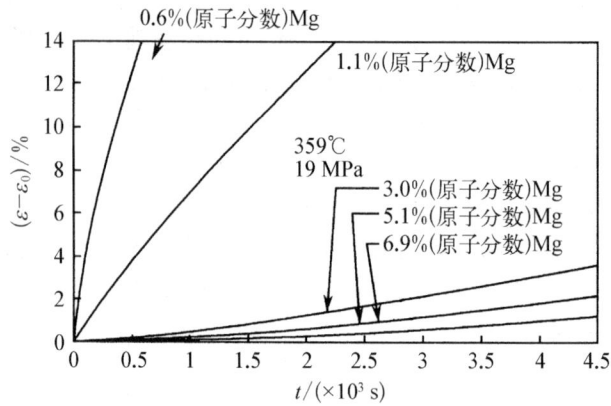

图 9.3.19　不同 Mg 含量的 Al‐Mg 合金第一阶段蠕变曲线

（张俊善. 材料的高温变形与断裂[M]. 北京：科学出版社，2007.）

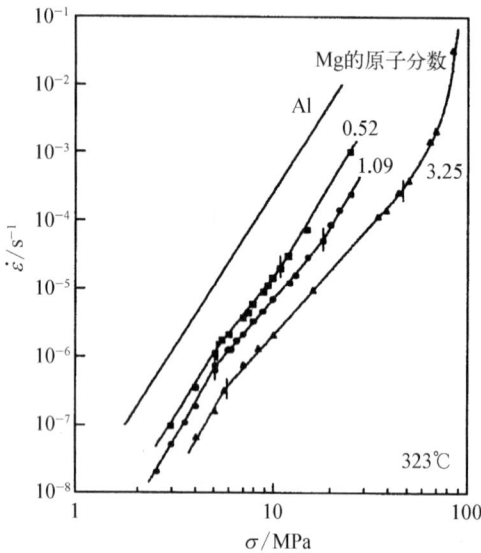

图 9.3.20　不同 Mg 含量的 Al‐Mg 合金蠕变速率与应力的关系

（张俊善. 材料的高温变形与断裂[M]. 北京：科学出版社，2007.）

图 9.3.20 显示了不同 Mg 含量的 Al‐Mg 合金蠕变速率与应力的关系。纯 Al 的 $n \approx 5$，而随 Mg 含量的提高，合金的 n 逐渐减小（图中直线斜率变小），当 Mg 的原子分数为 3.25% 时，$n = 3$。

2）第二类固溶体的蠕变

第二类是溶质与位错的弹性交互作用能小，位错周围不形成溶质气团。这时的位错运动与纯金属中位错运动相似，位错滑移本身阻力较小，滑移速度很快，蠕变速率受位错攀移过程控制。这种固溶体称为第二类固溶体，相应的蠕变行为称为第二类蠕变行为。第二类固溶体的蠕变行为与纯金属类似，前述纯金属蠕变的本构关系和蠕变理论同样适合于第二类固溶体，只是由于溶质原子的溶入可能改变诸如弹性模量、晶格常数、扩散系数等材料基本力学、物理性质而影响蠕变速率。

9.3.4.6　第二相颗粒

实用的高温结构材料大多是第二相颗粒强化的合金，如各种奥氏体耐热钢中的碳化物沉淀强化、Ni 基高温合金中的 γ' 相沉淀强化、氧化物弥散强化（oxide dispersion strengthening，ODS）合金中的氧化物弥散强化等。不管第二相颗粒是从母相析出的（沉淀强化），还是通过复合工艺添加进去的（弥散强化），其蠕变行为具有以下共同特征。

（1）蠕变速率比没有弥散第二相颗粒的合金小得多。第二相弥散分布显著地提高了蠕变抗力，且在颗粒体积分数一定时颗粒越细小，颗粒间距越小，强化作用越大。

（2）稳态蠕变速率与应力的关系仍服从幂律关系，而应力指数一般为 7～8，甚至达到 10～40。

（3）蠕变激活能远大于基体金属的自扩散激活能。

（4）许多弥散强化合金及复合材料（如氧化物弥散强化 Ni 基合金）存在蠕变门槛应力，外加应力低于门槛应力时合金不发生蠕变。门槛应力值一般是奥罗万应力的一半左右。

第二相颗粒强化材料的蠕变仍然有 3 种典型机制，即位错蠕变、扩散蠕变和晶界滑移蠕变。当第二相颗粒弥散分布于基体中时，颗粒对扩散的影响不大，但对位错运动起到强烈的阻碍作用；当颗粒主要分布在晶界上时，对晶界滑移起到阻碍作用。

9.3.5 蠕变断裂

9.3.5.1 蠕变断裂类型

金属材料在蠕变过程中可发生不同形式的断裂，按照断裂时塑性变形量大小顺序，可将蠕变断裂分为 3 个类型：如图 9.3.21 所示。

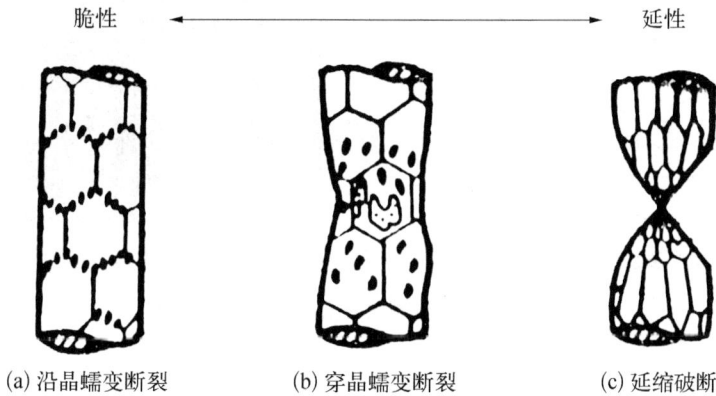

脆性 ←————————————————————————————→ 延性

(a) 沿晶蠕变断裂　　　　(b) 穿晶蠕变断裂　　　　(c) 延缩破断

图 9.3.21　蠕变断裂类型

（1）沿晶蠕变断裂。沿晶蠕变断裂是裂纹形核及扩展都沿着晶界发生的断裂[见图 9.3.22(a)]。它是常用高温金属材料，如耐热钢、高温合金等蠕变断裂的一种主要形式，这是由晶界的性质决定的。晶界原子排列比较紊乱，也比较稀疏，因此晶界具有黏滞性质，晶界强度对温度的敏感性比晶内高。在高温低应力较长时间作用下，随着蠕变不断进行，晶界滑动和晶界扩散比较充分，促进了孔洞、裂纹沿晶界形成和发展。由于蠕变断裂多在晶界上产生，因此，晶界的形态、晶界上的析出物和杂质偏聚，以及晶粒的大小和均匀性对蠕变断裂会产生很大影响。

（2）穿晶蠕变断裂。穿晶蠕变断裂主要发生在高应力条件，其断裂机制与室温条件下的韧性断裂类似，是孔洞在夹杂物处形成，并随着蠕变进行而长大、聚合的过程[见图 9.3.22(b)]。但蠕变条件下，材料的应力较韧性断裂情况低，因而孔洞形成的应变量较大。此外，材料的应变率敏感性较低温时大，这样局部颈缩塑性流变将比较稳定，这会推迟孔洞的汇合。

（3）延缩破断。延缩破断主要发生在高温（$T > 0.6T_m$）条件。这种断裂过程总伴随着动态再结晶，在晶粒内不断产生细小的新晶粒，由于晶界面积不断增大，空位将均匀分布，从而阻碍孔洞的形成和生长[见图 9.3.22(c)]。因此，动态再结晶抑制晶界断裂。晶粒大小和应变量成反比。颈缩可伴随动态再结晶一直进行至截面积减小为零时为止。

由于穿晶蠕变断裂发生在高应力下,延缩破断发生在较高温下,这两种工况导致的蠕变寿命都比较低,是高温结构部件设计尽力避免的情况。因此,本节仅简要讨论工程上最常发生的是沿晶蠕变断裂。

9.3.5.2 沿晶蠕变断裂过程

1) 孔洞形核

蠕变裂纹的形核有以下两种可能方式。

第一种方式是在三晶粒交界处由于晶界滑动造成应力集中,如果应力集中不能被松弛,则会在三叉晶界处形成楔形裂纹,如图 9.3.22 所示。这种形核方式发生在相对较高的应力水平下。

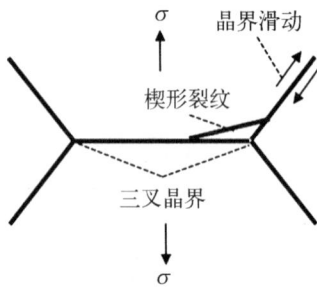

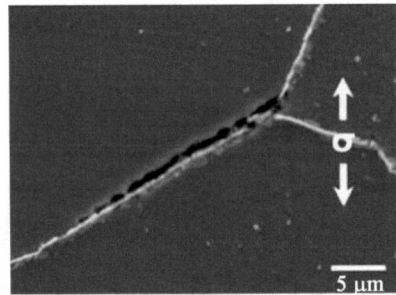

(a) 楔形裂纹形成示意　　　(b) 耐热合金中形成楔形裂纹的金相照片

图 9.3.22　楔形裂纹在三叉晶界处的萌生

第二种方式是孔洞在晶界上聚集形成裂纹,在垂直于拉应力的晶界上,当应力水平超过临界值时,通过空位聚集的方式形成孔洞。这种孔洞形核方式主要发生在相对较低的应力水平下。孔洞核心一旦形成,在拉应力作用下,空位将由晶内或沿晶界向孔洞处扩散,使孔洞长大并相互聚合形成裂纹。此外,若晶界上有偏聚的夹杂物,并且夹杂物与基体已脱黏形成了孔洞,则空位也倾向于向夹杂物脱黏处的孔洞沉淀,使孔洞长大成微裂纹,如图 9.3.23 所示。

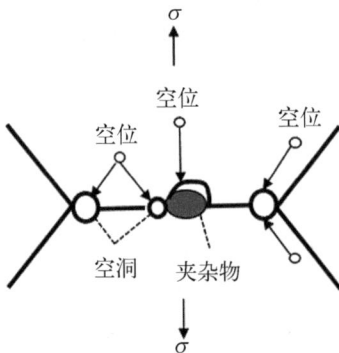

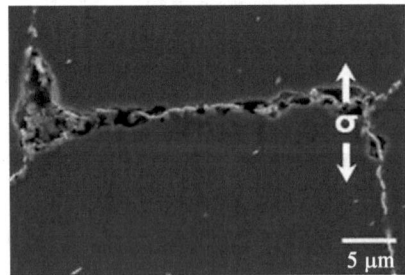

(a) 空位聚集成空洞示意　　　(b) 耐热合金中晶界上形成空洞的金相照片

图 9.3.23　晶界上孔洞聚集形成微裂纹

纯金属在相当低的应力条件下也能形成蠕变孔洞。实验表明,纯金属约在 10 MPa 以下的低应力形成蠕变孔洞,但工程合金的孔洞则在较高的应力水平下才能形核。与室温准静态的情况类似,高温蠕变的孔洞形核也是一个连续的过程,首先在材料内部最薄弱处形成孔洞,接着在第一批孔洞长大的同时,另外的地方又相继孔洞形核。因此,蠕变孔洞形核的临界应力也是一个统计学上的概念。

大量实验结果表明,晶界孔洞密度 C(单位晶界面积上的孔洞数目)与蠕变应变量 ε 成正比,即

$$C = \alpha\varepsilon \tag{9.3.44}$$

式中,α 为常数,量纲为 m^{-2}。在一级近似下,α 与应力无关。故孔洞形核率 $\dot{C}$ 为

$$\dot{C} = \alpha\dot{\varepsilon} \tag{9.3.45}$$

式(9.3.45)表明,孔洞形核率 $\dot{C}$ 与蠕变速率 $\dot{\varepsilon}$ 成正比。表 9.3.2 给出了几种材料的 α 值以及断裂应变 ε_f 的实验测定值。从表中可以看出,不同材料的 α 显著不同,即便是同类材料但加工状态不同的 α 也不同。过热处理的钢的 α 比正常处理的大得多,这是因为过热钢中析出细小的硫化物颗粒,而孔洞很容易在这些夹杂物上形核。另外,降低 Cu、As、Sb、S 和 O 等微量杂质元素的含量能显著降低钢的孔洞形核率。对表 9.3.2 中的数据进行拟合,可得到断裂延伸率与 α 的关系:

$$\varepsilon_f = 1\,250\alpha^{-0.4} \tag{9.3.46}$$

表 9.3.2　几种材料的孔洞形核速率常数 α 和断裂应变 ε_f

材　　料	α/m^{-2}	$\varepsilon_f/\%$
2.25Cr-1Mo 钢 1 300℃奥氏体化	4×10^{12}	2.7
1Cr-1Mo-1/4V 钢 1 300℃奥氏体化	1.4×10^{12}	0.21
1/2Cr-1/2Mo-1/4V 钢	1.5×10^{12}	2.2
1Cr-1Mo-1/4V 钢	4×10^{10}	7
高纯度钢	$(2\sim10)\times10^9$	6~19
347 不锈钢	8×10^{11}	8
Nimonic 80A	4×10^{10}	25

资料来源:RIEDEL H. Fracture at high temperature[M]. Berlin:World Publishing Corporation,1987.

2)孔洞长大

蠕变孔洞长大是非常复杂的行为,目前已提出了许多模型,归纳起来有以下两大类。

(1)孔洞无约束长大。孔洞在多晶体的所有晶界上形核,并在直到断裂的过程中都自由长大。该理论的基本思想是孔洞吸收空位而长大。空位在晶界上形成并沿晶界扩散到孔洞,同时与空位扩散相反方向上产生原子的扩散,即原子从孔洞表面扩散到晶界并沉积在晶界上。原子沉积在晶界的结果使晶界两边的晶粒产生位移(变形)。空位扩散的驱动力是晶

界和孔洞表面之间空位化学位梯度。晶界上受正应力 σ_n 作用,其空位浓度比无应力的孔洞表面高,结果空位从晶界向孔洞扩散。当所有晶界上均有孔洞长大时,长大速率只受扩散控制,是一种不受限制的孔洞长大。推导出的孔洞长大速率的表达式为

$$\frac{\mathrm{d}V}{\mathrm{d}t} = \frac{2\pi D_B \delta_B}{kT} \cdot \frac{a}{\lambda} \cdot \left(\sigma_n - \frac{2\gamma_S}{a}\right) \tag{9.3.47}$$

式中,D_B 为晶界扩散系数;δ_B 为晶界厚度;a 为初始孔洞半径(可近似为临界孔洞形核半径);λ 为初始孔洞间距之半;γ_S 为孔洞比表面能。

(2)孔洞约束长大。孔洞的长大受到晶界两边晶粒的位移的限制,只有周围基体蠕变时孔洞才能以与该蠕变变形相协调的速度长大。孔洞扩散长大时原子沉积在晶界使晶界两侧上、下两个晶粒发生位移。如果孔洞长大的速度很快,使两侧晶粒的位移速度比周围基体的蠕变速度快得多,则多晶体材料发生应力再分布。载荷从有孔洞的晶界向周围基体部分转移,使带孔洞晶界的正应力 σ_n 降低,从而使孔洞长大速度也降低,最终导致孔洞只能以与周围基体的蠕变速率相协调的速度长大。在此情况下导出的孔洞长大速率为

$$\dot{a} = \frac{1}{2.5}\left(\frac{\lambda}{a}\right)^2 d_f \dot{\varepsilon}_\infty \tag{9.3.48}$$

式中,d_f 为孔洞晶界边长;$\dot{\varepsilon}_\infty$ 为远场蠕变速率。

3)孔洞连接

对于沿晶蠕变断裂,可以用图 9.3.24 示意地说明蠕变裂纹形核、长大、连接的过程:如图 9.3.24(a)所示,在蠕变初期,由于晶界滑动,在三叉晶界处形成裂纹核心或在晶界台阶处形成孔洞核心。如图 9.3.24(b)所示,已形成的核心达到一定尺寸后,在应力和空位流的同时作用下,优先在与拉应力垂直的晶界上长大,形成楔形裂纹和微孔洞,为蠕变第Ⅱ阶段。如图 9.3.24(c)所示,蠕变第二阶段后期,楔形裂纹和微孔洞连接而形成终止于两个相邻的三叉晶界处的横向裂纹段。此时,在其他与应力相垂直的晶界上,这种横向裂纹段相继产生。如图 9.3.24(d)所示,相邻的横向裂纹段通过向倾斜晶界扩展而形成曲折裂纹,裂纹尺寸迅速增大,蠕变速度迅速增加。此时,蠕变过程进入第Ⅲ阶段。如图 9.3.24(e)所示,蠕变

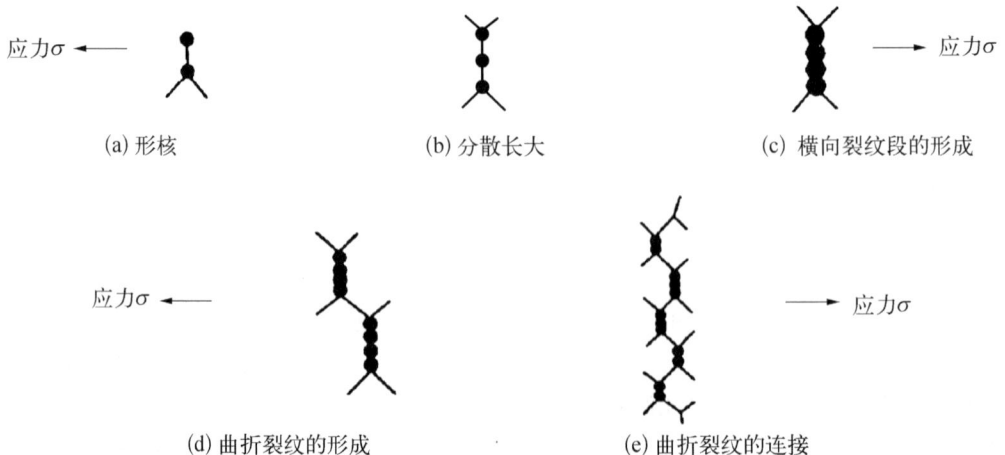

(a) 形核   (b) 分散长大   (c) 横向裂纹段的形成

(d) 曲折裂纹的形成   (e) 曲折裂纹的连接

图 9.3.24 沿晶蠕变断裂过程

第Ⅲ阶段后期,曲折裂纹进一步连接,当扩展至临界尺寸时,便产生蠕变断裂。

9.3.5.3 蠕变断裂力学

蠕变断裂有两种情况。一种是对于那些不含裂纹的高温零部件,在高温长期服役过程中,由于蠕变裂纹相对均匀地在构件内部萌生和扩展,显微结构变化引起的蠕变抗力的降低以及环境损伤导致的断裂。其设计依据是光滑试样在恒定载荷作用下材料的蠕变曲线和持久强度。另一种是对于预先存在裂纹或类裂纹缺陷的高温工程构件,其断裂是由主裂纹的扩展引起的。显然对这类构件的设计、安全评定和寿命估算需要了解主裂纹在高温外载荷作用的扩展规律,属于高温断裂力学的范畴,目前仍在发展之中。本节仅讨论含裂纹或缺口构件的蠕变断裂问题。在这种条件下,蠕变断裂包括了在裂纹或缺口顶端起裂、主裂纹扩展和最终断裂3个过程。

缺口构件的起裂时间(裂纹扩展孕育期)t_i、缺口根部截面的初始应力 σ_0 和绝对温度 T 之间有如下关系:

$$\frac{1}{t_i} = A_i \sigma_0^c \exp\left(\frac{Q_i}{RT}\right) \tag{9.3.49}$$

式中,A_i 和 c 为与温度有关的材料常数;Q_i 为起裂激活能。裂纹体的蠕变起裂时间可用应力强度因子 K_I 描述:

$$t_i = A_i' K_I^{-C'} \tag{9.3.50}$$

式中,A_i' 和 C' 为与温度有关的材料常数。

对于不同的材料和温度,裂纹扩展速率由不同的参量控制。温度较低、裂纹尖端仅发生小范围屈服时,蠕变裂纹扩展速率 da/dt 与 K_I 之间有类似于疲劳条件下 da/dN 的关系:

$$\frac{da}{dt} = H K_I^S \tag{9.3.51}$$

式中,H 为与温度有关的材料常数;S 为应力灵敏度参数,其值为 $2\sim30$。

在只承受拉应力、缺口或裂纹根部不受附加弯矩的情况下,韧性材料的蠕变裂纹扩展时,裂纹尖端的应力将因较大的局部蠕变变形而松弛,使裂纹尖端附近能够发生快速的应力重新分布。因而可以不考虑应力集中的影响,直接用缺口根部截面换算的净截面应力 σ_{net} 作为裂纹扩展速率的控制参量。试验表明,在双对数坐标中,da/dt 与 σ_{net} 呈线性关系:

$$\frac{da}{dt} = N \sigma_{net}^p \tag{9.3.52}$$

式中,N 和 p 为试验确定的材料常数。

对于蠕变塑性良好的材料,也可采用参考应力 σ_{ref} 作为表征蠕变裂纹扩展速率的参量,σ_{ref} 由下式计算:

$$\sigma_{ref} = \frac{P}{mBW} \tag{9.3.53}$$

式中,m 为开裂试样与具有相同尺寸的未开裂试样的屈服载荷之比;P 为载荷;B 为试样厚度;W 为试样宽度。

20 世纪 70 年代中期以来，人们根据弹塑性断裂力学参量 J 积分的原理，提出了 C^* 积分（也称为修正 J 积分），将其作为控制蠕变裂纹扩展速率的断裂力学参量[1]。在蠕变情况下，如果用应变率 $\dot{\varepsilon}$ 和位移速率 $\dot{u}$ 置换 J 积分表达式中的应变 ε 和位移 u，则可得 C^* 积分表达式：

$$C^* = \int_\Gamma \left(w^* \, \mathrm{d}y - T_i \frac{\partial \dot{u}_i}{\partial x} \mathrm{d}s \right) \tag{9.3.54}$$

$$w^* = \int_0^{\dot{\varepsilon}} \sigma_{ij} \, \mathrm{d}\dot{\varepsilon}_{ij} \tag{9.3.55}$$

式中，w^* 为应变能速率密度；T_i 为应力矢量；$\mathrm{d}s$ 为积分路径上的弧线元；$\dot{u}_i$ 为 $\mathrm{d}s$ 弧线元上的位移速率；Γ 为积分路径；σ_{ij} 为应力张量；$\dot{\varepsilon}_{ij}$ 为应变率张量。

C^* 与 J 一样具有与积分路径无关的性质，因此 C^* 表征了裂纹尖端附近的应力场和应变率场的强弱，即

$$\sigma_{ij} \propto \left(\frac{C^*}{r} \right)^{\frac{1}{n+1}} \tag{9.3.56}$$

$$\dot{\varepsilon}_{ij} \propto \left(\frac{C^*}{r} \right)^{\frac{1}{n+1}} \tag{9.3.57}$$

式中，n 为稳态蠕变速率应力指数。

与 J 积分可通过形变功概念来实际测定一样，C^* 积分也可由试验测定。对于给定的裂纹张开位移速率 $\dot{\delta}$，C^* 与单位裂纹扩展增量引起的应变能速率 $\dot{U}$ 的变化有关：

$$C^* = -\frac{1}{B} \frac{\partial \dot{U}}{\partial a} = -\frac{1}{B} \frac{\partial}{\partial a} \int P \, \mathrm{d}\dot{\delta} \tag{9.3.58}$$

这是试验测定 C^* 的依据。

有了 C^* 参量后，原则上就可以对蠕变裂纹扩展进行分析。试验证实，对于符合幂律蠕变的材料，蠕变速率与 C^* 之间有如下关系：

$$\frac{\mathrm{d}a}{\mathrm{d}t} = \beta^* (C^*)^{\frac{1}{n+1}} \tag{9.3.59}$$

式中，β^* 为材料常数。

C^* 作为表征蠕变裂纹扩展速率的控制参量虽然得到了广泛应用，但是也有其局限性。对于蠕变脆性材料，在外载荷作用下，短时间即发生断裂，材料对外载荷的响应基本上是弹性和弹塑性的，裂纹尖端的蠕变区与裂纹尺寸和试样韧带尺寸相比很小（小范围蠕变），裂纹扩展的控制参量应为 K_I 或 J；对于蠕变塑性材料，在外载荷长时间持续作用下，由于幂律蠕变将裂纹尖端的蠕变区扩大到整个韧带区，此后，蠕变应变控制整个试样，裂纹扩展速率由 C^* 描述；进入加速蠕变阶段，韧带区受到蠕变孔洞的严重损伤，C^* 作为蠕变裂纹扩展控制参量不再适用，参考应力 σ_ref 成为更适用的参量。

---

① LANDES J D, BEGLEY J A. A Fracture mechanics approach to creep crack growth[R]//Mechanics of Crack Growth, ASTM STP 590. Philadelphia：ASTM, 1976：128 - 148.

附　　录

A1　张量简介

物理中常用的量可以分成几类：只有大小没有方向的物理量称为标量，例如温度、密度、时间等；既有大小又有方向的物理量称为矢量，例如力、速度、位移等；既有大小又有多重方向的物理量称为张量，例如，一点的应力就是具有两重方向的二阶张量，第一重方向是应力以其作用的截面分解为正应力和切应力，第二重方向是正应力和切应力均可在三维空间坐标系中沿坐标分解为分量。

研究张量表征、运算、分析的理论就是张量理论，它实质上是一个数学工具。用张量表示物理量及其满足的基本方程具有形式简洁统一、物理意义明确、与坐标系选择无关等特点，因此在近几十年越来越多的力学文献和教材中纷纷采用张量符号。本附录仅简单介绍本书讨论中涉及的一些张量的基本知识，仅限于三维空间直角坐标系中的张量。

A1.1　坐标系和矢量

A1.1.1　矢量表示法

在空间中取一个直角坐标系 $Ox_1x_2x_3$，任一坐标用 $x_i(i=1,2,3)$ 来表示；e_1,e_2,e_3 表示沿 3 个坐标轴正向的基矢量（单位矢量），记为 $e_i(i=1,2,3)$，如图 A1.1 所示。

从原点 O 到点 P 的矢量 $\boldsymbol{OP}$ 称为点 P 的矢径，用 r 表示：

$$r = x_1e_1 + x_2e_2 + x_3e_3 = \sum_{i=1}^{3} x_ie_i \quad (A1.1a)$$

通常采用爱因斯坦（Einstein）求和约定，将式（A1.1a）简写为

$$r = x_ie_i \quad (A1.1b)$$

A1.1.2　爱因斯坦求和约定

爱因斯坦求和约定指，如果在多项式的某一项中，某下标重复出现两次，表示要把该项在下标的取值范围内遍历求和，例如，

$$a_{ij}x_j = a_{i1}x_1 + a_{i2}x_2 + a_{i3}x_3$$

项 $a_{ij}x_j$ 中的重复下标"j"称为哑下标，简称哑标。对项中只出现一次的下标"i"，称为自由下标，则不必求和。当某一项出现两对重复出现两次的下标时，上述规则仍然有效。例如，

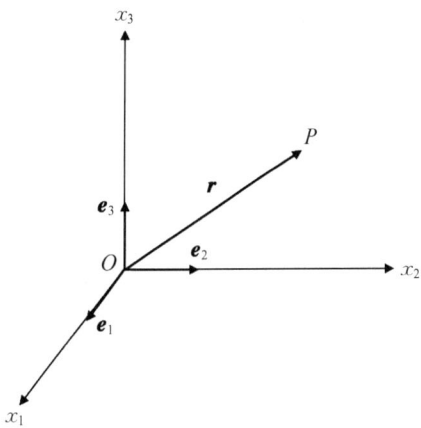

图 A1.1　空间直角坐标系

$$a_{ij}x_ix_j = \sum_{i=1}^{n}\sum_{j=1}^{n} a_{ij}x_ix_j$$

即对两种下标 i 和 j 均求和。显然，重复出现的下标变量组合可以是任意的，如

$$a_{ij}x_j \equiv a_{ik}x_k$$

对重复出现三次以上的下标，一般不能应用上述规则，例如 $\sum_{i=1}^{n} a_ib_ic_i$ 并不能用 $a_ib_ic_i$ 表示。

A1.1.3　克罗内克符号

克罗内克(Kronecker)符号 δ_{ij} 的定义是

$$\delta_{ij} = \begin{cases} 1, & \text{当 } i=j \text{ 时} \\ 0, & \text{当 } i \neq j \text{ 时} \end{cases} \quad (i, j = 1, 2, 3) \tag{A1.2}$$

表明 δ_{ij} 的分量的集合对应于单位矩阵：$\delta_{ij} = \begin{bmatrix} \delta_{11} & \delta_{12} & \delta_{13} \\ \delta_{21} & \delta_{22} & \delta_{23} \\ \delta_{31} & \delta_{32} & \delta_{33} \end{bmatrix} = \begin{bmatrix} 1 & 0 & 0 \\ 0 & 1 & 0 \\ 0 & 0 & 1 \end{bmatrix}$。此外，$\delta_{ij}$ 有对

称性：$\delta_{ij} = \delta_{ji}$。据此，矢量 $\boldsymbol{a}$ 与 $\boldsymbol{b}$ 的点积可表示为

$$\boldsymbol{a} \cdot \boldsymbol{b} = a_i\boldsymbol{e}_i \cdot b_j\boldsymbol{e}_j = a_ib_j\boldsymbol{e}_i \cdot \boldsymbol{e}_j = a_ib_j\delta_{ij} = a_ib_i \tag{A1.3}$$

A1.1.4　置换符号

置换符号 e_{ijk} 的定义是

$$e_{ijk} = \begin{cases} 1, & \text{当 } i, j, k \text{ 为顺序排列时} \\ -1, & \text{当 } i, j, k \text{ 为逆序排列时} \\ 0, & \text{当指标中任意两个相同时} \end{cases} \quad (i, j, k = 1, 2, 3) \cdot \tag{A1.4}$$

可见 e_{ijk} 含有 27 个元素，其中 $e_{123} = e_{231} = e_{312} = 1, e_{213} = e_{321} = e_{132} = -1$，其余 21 个元素均带有重复下标，皆为 0。因此，e_{ijk} 又称为排列符号。由该定义可以看出，e_{ijk} 对任何两个下标都是反对称的，即：

$$e_{ijk} = -e_{jik} = -e_{ikj} = -e_{kji} \tag{A1.5}$$

当 3 个下标轮流换位时(相当于下标连续对换两次)，e_{ijk} 的值不变，即：

$$e_{ijk} = e_{jki} = e_{kij} \tag{A1.6}$$

据此，两个矢量的叉积可以由 e_{ijk} 表示。例如：

$$\boldsymbol{e}_i \times \boldsymbol{e}_j = e_{ijk}\boldsymbol{e}_k \tag{A1.7a}$$

$$e_{ijk} = e_{ijl}\boldsymbol{e}_l \cdot \boldsymbol{e}_k = (\boldsymbol{e}_i \times \boldsymbol{e}_j) \cdot \boldsymbol{e}_k = (\boldsymbol{e}_k \times \boldsymbol{e}_i) \cdot \boldsymbol{e}_j = (\boldsymbol{e}_j \times \boldsymbol{e}_k) \cdot \boldsymbol{e}_i \tag{A1.7b}$$

$$\boldsymbol{u} \times \boldsymbol{v} = u_i\boldsymbol{e}_i \times v_j\boldsymbol{e}_j = u_iv_j\boldsymbol{e}_i \times \boldsymbol{e}_j = u_iv_je_{ijk}\boldsymbol{e}_k \tag{A1.7c}$$

很容易证明 δ_{ij} 与 e_{ijk} 有下列关系：

$$e_{ijk}e_{lmn} = \begin{vmatrix} \delta_{il} & \delta_{im} & \delta_{in} \\ \delta_{jl} & \delta_{jm} & \delta_{jn} \\ \delta_{kl} & \delta_{km} & \delta_{kn} \end{vmatrix} \tag{A1.8}$$

$$e_{ijk}e_{rjk} = \delta_{ir} \tag{A1.9}$$

$$e_{ijk}e_{ijk} = 2\delta_{ii} = 6 \tag{A1.10}$$

A1.1.5　坐标变换

固定原点 O，把坐标系转动到新的位置，得到一个新的直角坐标系 $Ox_{1'}x_{2'}x_{3'}$，其对应的单位基矢量为 $e_{i'}(i' = 1, 2, 3)$，如图 A1.2 所示。

新基矢 $e_{i'}$ 可以用老基矢 e_i 表示，老基矢 e_i 也可以用新基矢 $e_{i'}$ 表示，即：

$$e_{i'} = \beta_{i'k}e_k \tag{A1.11}$$

$$e_i = \beta_{j'i}e_{j'} \tag{A1.12}$$

用 e_j 对式(A1.11)的两边进行点积，可得

$$\beta_{i'j} = e_{i'} \cdot e_j \tag{A1.13}$$

因为 $e_{i'}$ 和 e_j 都是单位矢量，所以 $\beta_{i'j}$ 是 $e_{i'}$ 与 e_j 之间夹角的余弦，称为变换系数。因 $e_{i'}$ 和 e_i 都是正交基矢量，故有

图 A1.2　坐标系的转动

$$\delta_{i'j'} = e_{i'} \cdot e_{j'} = \beta_{i'k}e_k \cdot \beta_{j'i}e_i = \beta_{i'k}\beta_{j'k} \tag{A1.14}$$

$$\delta_{ij} = e_i \cdot e_j = \beta_{k'i}e_{k'} \cdot \beta_{i'j}e_{i'} = \beta_{k'i}\beta_{k'j} \tag{A1.15}$$

任一矢量 u 既可用旧坐标系中的分量表示，也可用新坐标系中的分量表示，即 $u = u_ie_i = u_{i'}e_{i'}$，利用式(A1.11)和式(A1.12)可得

$$u_{j'} = \beta_{j'i}u_i \tag{A1.16}$$

$$u_j = \beta_{i'j}u_{i'} \tag{A1.17}$$

当坐标系选定后，一个矢量 u 完全由它的 3 个分量 u_i 确定，当坐标系变换时，这些分量必须按式(A1.16)或式(A1.17)变换。因此，可以给出矢量的新定义：在给定的坐标系中，有 3 个数 $u_i(i = 1, 2, 3)$，在坐标变换时，按式(A1.16)变换成新的 3 个数，则这 3 个数作为一个有序整体称为矢量。

A1.2　张量的定义

将矢量的概念推广，可以给出张量的定义：如果在空间任意一组基矢 e_i 下，有用 n 个下标编号的 3^n 个数 $T_{i_1i_2\cdots i_n}$，当基矢按 $e_{i'} = \beta_{i'i}e_i$ 变换成 $e_{i'}$ 时，3^n 个数 $T_{i_1i_2\cdots i_n}$ 按如下规律变换：

$$T_{i_1'i_2'\cdots i_n'} = \beta_{i_1'i_1}\beta_{i_2'i_2}\cdots\beta_{i_n'i_n}T_{i_1i_2\cdots i_n} \tag{A1.18}$$

那么，就称 3^n 个数 $T_{i_1i_2\cdots i_n}$ 的有序集合为 n 阶张量，称 $T_{i_1i_2\cdots i_n}$ 为对应基下的张量分量。有时也简单地称 $T_{i_1i_2\cdots i_n}$ 为 n 阶张量。

按上述张量的定义，标量可以认为是零阶张量，它是一个不随坐标变换而变的不变量，因此标量符号中没有对应基矢的指标符号。矢量就是一阶张量，一共有 3^1 个分量，例如图 A1.1 中的矢量 r。在连续介质力学中，一点的应力 σ 需要用 3^2 个直角坐标分量 $\sigma_{ij}(i$，

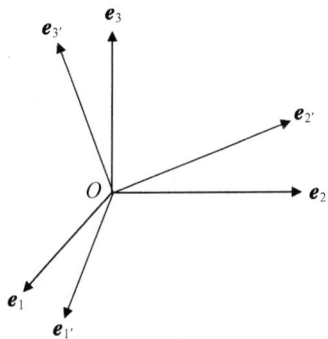

$j=1$，2，3）来表示，属于二阶张量。类似地，一点的应变 $\boldsymbol{\varepsilon}$ 也是二阶张量。

一般可以用 3 种符号系统来表示张量。

（1）抽象记法（或直接记法）：直接用一个黑体字母表示，例如应力张量 $\boldsymbol{\sigma}$、应变张量 $\boldsymbol{\varepsilon}$ 等。这种表示法的特点是与坐标系无关。

（2）分量记法：用张量的分量来表示，如 $\sigma_{ij}(i,j=1,2,3)$、$\varepsilon_{ij}(i,j=1,2,3)$ 等。在三维空间笛卡儿坐标系中，约定俗成 $i,j=1,2,3$，故可简写为 σ_{ij}、ε_{ij} 等。

（3）并矢记法：一个 n 阶张量可表示为 $\boldsymbol{T}=T_{i_1 i_2 \cdots i_n}\boldsymbol{e}_{i_1}\otimes\boldsymbol{e}_{i_2}\otimes\cdots\otimes\boldsymbol{e}_{i_n}$，其中 $\boldsymbol{e}_{i_1}\otimes\boldsymbol{e}_{i_2}\otimes\cdots\otimes\boldsymbol{e}_{i_n}$ 表示把 n 个基矢量并写在一起，称为基张量，这种基张量共有 3^n 个。

若在一个坐标系中，某一张量的分量都为零，则由式（A1.18）可知，在其他任何坐标系中，这一张量的所有分量也为零，这种张量称为零张量，用 $\boldsymbol{0}$ 表示。

可以证明，e_{ijk} 是一个三阶张量，即满足 $e_{i'j'k'}=\beta_{i'i}\beta_{j'j}\beta_{k'k}e_{ijk}$，故 e_{ijk} 称为置换张量。

最后应指出，用指标符号表示一物理量或几何量的分量时，指标的位置在张量代数和张量分析中，可以全在下标位置，也可以全在上标位置，还有上、下标位置混合写的。例如，在一般的曲线坐标系中，一个应力张量 $\boldsymbol{\sigma}$ 可以写成以下 4 种形式：

$$\sigma_{ij},\ \sigma^{ij},\ \sigma_i^{\cdot j},\ \sigma_{\cdot j}^i$$

后两者是上、下标混合写的，但它们的指标上下位置次序不同。以上 4 种表示法都代表同一个张量，但其中的指标与坐标系对应，且对应的方式不同，因此这些分量一般并不相同，只有在笛卡儿坐标系中，以上 4 种分量才完全相同。

A1.3 张量代数

加减：同维同阶张量可以进行加或减运算，其和或差为一个新的同维同阶张量。例如 $\boldsymbol{A}$ 和 $\boldsymbol{B}$ 为两个二阶张量，则

$$\boldsymbol{C}=C_{ij}\boldsymbol{e}_i\otimes\boldsymbol{e}_j=\boldsymbol{A}+\boldsymbol{B}=(A_{ij}+B_{ij})\boldsymbol{e}_i\otimes\boldsymbol{e}_j \tag{A1.19}$$

为一个新二阶张量。与矢量一样，张量的线性组合也满足加法交换律、结合律及乘数分配律。

数积：张量 $\boldsymbol{A}$ 与一个数 λ（或标量函数）相乘得到另一个同维同阶张量 $\boldsymbol{C}$，

$$\boldsymbol{C}=C_{ij}\boldsymbol{e}_i\otimes\boldsymbol{e}_j=\lambda\boldsymbol{A}=(\lambda A_{ij})\boldsymbol{e}_i\otimes\boldsymbol{e}_j \tag{A1.20}$$

缩并：对张量中任意两个基矢进行点积，则原张量将缩并为低两阶的一个新张量。例如一个四阶张量 $\boldsymbol{A}=A_{ijkl}\boldsymbol{e}_i\otimes\boldsymbol{e}_j\otimes\boldsymbol{e}_k\otimes\boldsymbol{e}_l$，对指标 j 和 l 缩并（即对 $\boldsymbol{e}_j$ 和 $\boldsymbol{e}_l$ 进行点积）后得

$$A_{ijkl}\boldsymbol{e}_i\otimes\boldsymbol{e}_k\boldsymbol{e}_j\cdot\boldsymbol{e}_l=A_{ijkl}\boldsymbol{e}_i\otimes\boldsymbol{e}_k\delta_{jl}=A_{ijkj}\boldsymbol{e}_i\otimes\boldsymbol{e}_k=S_{ik}\boldsymbol{e}_i\otimes\boldsymbol{e}_k \tag{A1.21}$$

式中，为 $S_{ik}=A_{ijkj}$ 为一新的二阶张量。

并积：两个同维不同阶（或同阶）张量 $\boldsymbol{A}$ 和 $\boldsymbol{B}$ 的并积（或称外积）$\boldsymbol{C}$ 是一个阶数等于 $\boldsymbol{A}$、$\boldsymbol{B}$ 阶数之和的新高阶张量。例如，$\boldsymbol{A}$ 为 n 阶张量，$\boldsymbol{B}$ 为 p 阶张量，则其并积 $\boldsymbol{C}$ 为

$$\begin{aligned}\boldsymbol{C}&=\boldsymbol{A}\otimes\boldsymbol{B}=A_{i_1 i_2 \cdots i_n}B_{j_1 j_2 \cdots j_p}\boldsymbol{e}_{i_1}\otimes\boldsymbol{e}_{i_2}\otimes\cdots\otimes\boldsymbol{e}_{i_n}\otimes\boldsymbol{e}_{j_1}\otimes\boldsymbol{e}_{j_2}\otimes\cdots\otimes\boldsymbol{e}_{j_p}\\&=C_{i_1 i_2 \cdots i_n j_1 j_2 \cdots j_p}\boldsymbol{e}_{i_1}\otimes\boldsymbol{e}_{i_2}\otimes\cdots\otimes\boldsymbol{e}_{i_n}\otimes\boldsymbol{e}_{j_1}\otimes\boldsymbol{e}_{j_2}\otimes\cdots\otimes\boldsymbol{e}_{j_p}\end{aligned} \tag{A1.22}$$

其中，

$$C_{i_1 i_2 \cdots i_n j_1 j_2 \cdots j_p} = A_{i_1 i_2 \cdots i_n} B_{j_1 j_2 \cdots j_p} \tag{A1.23}$$

显然，$\boldsymbol{C}$ 是一个 $n + p$ 阶张量。注意，张量积的结果与并积的次序有关。一般情况下，$\boldsymbol{A} \otimes \boldsymbol{B} \neq \boldsymbol{B} \otimes \boldsymbol{A}$。

点积：对两个张量先进行并积，然后进行缩并的运算，结果得到一个新张量。若 $\boldsymbol{A} = A_{ijk} \boldsymbol{e}_i \otimes \boldsymbol{e}_j \otimes \boldsymbol{e}_k$，$\boldsymbol{B} = B_{lmn} \boldsymbol{e}_l \otimes \boldsymbol{e}_m \otimes \boldsymbol{e}_n$，则 $\boldsymbol{A}$ 与 $\boldsymbol{B}$ 的点积是对 $\boldsymbol{A}$ 和 $\boldsymbol{B}$ 先进行并积，然后将 $\boldsymbol{A}$ 的最后一个基矢量与 $\boldsymbol{B}$ 的第一个基矢量进行缩并，即：

$$\boldsymbol{A} \cdot \boldsymbol{B} = A_{ijk} B_{lmn} \delta_{kl} \boldsymbol{e}_i \otimes \boldsymbol{e}_j \otimes \boldsymbol{e}_m \otimes \boldsymbol{e}_n = A_{ijk} B_{kmn} \boldsymbol{e}_i \otimes \boldsymbol{e}_j \otimes \boldsymbol{e}_m \otimes \boldsymbol{e}_n \tag{A1.24}$$

双点积：双点积是对前后张量中两对紧挨着的基矢量进行缩并的运算，定义为

$$\boldsymbol{A} : \boldsymbol{B} = A_{ijk} B_{jkn} \boldsymbol{e}_i \otimes \boldsymbol{e}_n \tag{A1.25}$$

叉积：张量的叉积是矢量叉积的推广。若 $\boldsymbol{A} = A_{ijk} \boldsymbol{e}_i \otimes \boldsymbol{e}_j \otimes \boldsymbol{e}_k$，$\boldsymbol{B} = B_{lmn} \boldsymbol{e}_l \otimes \boldsymbol{e}_m \otimes \boldsymbol{e}_n$，则该两张量叉积的定义为

$$\begin{aligned}
\boldsymbol{A} \times \boldsymbol{B} &= (A_{ijk} \boldsymbol{e}_i \otimes \boldsymbol{e}_j \otimes \boldsymbol{e}_k) \times (B_{lmn} \boldsymbol{e}_l \otimes \boldsymbol{e}_m \otimes \boldsymbol{e}_n) \\
&= A_{ijk} B_{lmn} \boldsymbol{e}_i \otimes \boldsymbol{e}_j (\boldsymbol{e}_k \times \boldsymbol{e}_l) \otimes \boldsymbol{e}_m \otimes \boldsymbol{e}_n \\
&= A_{ijk} B_{lmn} e_{kls} \boldsymbol{e}_i \otimes \boldsymbol{e}_j \otimes \boldsymbol{e}_s \otimes \boldsymbol{e}_m \otimes \boldsymbol{e}_n
\end{aligned} \tag{A1.26}$$

A1.4　二阶张量

二阶张量是连续介质力学中用的最多的张量。一点的应力及应变都是二阶张量。因此，这里多介绍一些二阶张量的基本特性。

根据定义式(A1.18)，在三维空间中的一个二阶张量可表示为

$$\begin{aligned}
\boldsymbol{T} &= T_{ij} \boldsymbol{e}_i \otimes \boldsymbol{e}_j \\
&= T_{11} \boldsymbol{e}_1 \otimes \boldsymbol{e}_1 + T_{12} \boldsymbol{e}_1 \otimes \boldsymbol{e}_2 + T_{13} \boldsymbol{e}_1 \otimes \boldsymbol{e}_3 \\
&\quad + T_{21} \boldsymbol{e}_2 \otimes \boldsymbol{e}_1 + T_{22} \boldsymbol{e}_2 \otimes \boldsymbol{e}_2 + T_{23} \boldsymbol{e}_2 \otimes \boldsymbol{e}_3 \\
&\quad + T_{31} \boldsymbol{e}_3 \otimes \boldsymbol{e}_1 + T_{32} \boldsymbol{e}_3 \otimes \boldsymbol{e}_2 + T_{33} \boldsymbol{e}_3 \otimes \boldsymbol{e}_3
\end{aligned} \tag{A1.27}$$

可见需要 9 个分量才能确定二阶张量，且当坐标转换时分量间应满足如下转换规律：

$$T'_{ij} = \beta_{i'm} \beta_{j'n} T_{mn} \tag{A1.28}$$

$$T_{mn} = \beta_{i'm} \beta_{j'n} T'_{ij} \tag{A1.29}$$

需要指出的是，若 $i \neq j$，则 $\boldsymbol{e}_i \otimes \boldsymbol{e}_j \neq \boldsymbol{e}_j \otimes \boldsymbol{e}_i$。

A1.4.1　二阶张量的基本特性

二阶张量 $\boldsymbol{T}$ 和矢量 $\boldsymbol{u}$ 的点积是矢量 $\boldsymbol{v} = \boldsymbol{T} \cdot \boldsymbol{u}$。因此，也可以把二阶张量看成一个线性变换，这一线性变换把一个矢量变换为另一个矢量。

矢量和二阶张量可用矩阵形式表示，如

$$[\boldsymbol{u}] = [u_1 \quad u_2 \quad u_3]^{\mathrm{T}}, \ [\boldsymbol{v}] = [v_1 \quad v_2 \quad u_3]^{\mathrm{T}}, \ [\boldsymbol{T}] = [T_{ij}] = \begin{bmatrix} T_{11} & T_{12} & T_{13} \\ T_{21} & T_{22} & T_{23} \\ T_{31} & T_{32} & T_{33} \end{bmatrix}$$

如此，$v=T \cdot u$ 就可以表示为 $[v]=[T][u]$。若 A 和 B 是两个二阶张量，则 $C=A \cdot B$ 可写为 $[C]=[A][B]$。

二阶张量的行列式定义为

$$\det T=\det[T_{ij}]=\det[T] \tag{A1.30}$$

以 $[I]$ 表示单位矩阵，由式(A1.14)和式(A1.15)可知

$$[\beta_{i'i}]^{\mathrm{T}}[\beta_{j'j}]=[I] \tag{A1.31}$$

则可以简单证明

$$\det[T_{ij}]=\det[T_{i'j'}] \tag{A1.32}$$

即二阶张量的行列式与坐标系的选择无关，称为不变量。

与单位矩阵 $[I]$ 对应的张量称为单位张量 I：

$$I=\delta_{ij}e_i \otimes e_j=e_i \otimes e_i=e_1 \otimes e_1+e_2 \otimes e_2+e_3 \otimes e_3 \tag{A1.33}$$

单位张量的分量就是 δ_{ij}。单位张量 I 与除标量以外的任意张量 A 的点积仍为张量 A，即

$$A \cdot I=I \cdot A=A \tag{A1.34}$$

对一个二阶张量 T，若存在一个二阶张量 A，使得 $A \cdot T=T \cdot A=I$，则称 T 是可逆的，称 A 为其逆张量，用 T^{-1} 表示。显然，张量可逆的充要条件是其行列式不为零。

对一个二阶张量 A_{ij}，可以定义 $B_{ji}=A_{ij}$，则 B_{ji} 也为二阶张量 $B=B_{ji}e_i \otimes e_j=A_{ji}e_i \otimes e_j$，则称 B 为 A 的转置张量，记为 $B=A^{\mathrm{T}}$。显然，转置运算有如下性质：

$$(A \cdot B)^{\mathrm{T}}=B^{\mathrm{T}} \cdot A^{\mathrm{T}} \tag{A1.35}$$

$$(u \otimes v)^{\mathrm{T}}=v \otimes u \tag{A1.36}$$

$$A \cdot u=u \cdot A^{\mathrm{T}} \tag{A1.37}$$

式中，A 和 B 为任意二阶张量；u 和 v 为任意矢量。

若 A 和 B 均是可逆二阶张量，类似于矩阵的求逆运算，有

$$(A^{-1})^{-1}=A \tag{A1.38}$$

$$(A \cdot B)^{-1}=B^{-1} \cdot A^{-1} \tag{A1.39}$$

$$\det(A)^{-1}=(\det A)^{-1} \tag{A1.40}$$

$$(A^{\mathrm{T}})^{-1}=(A^{-1})^{\mathrm{T}}=A^{-\mathrm{T}} \tag{A1.41}$$

若 $A=A^{\mathrm{T}}$，即 $A_{ij}=A_{ji}$，则称 A 是对称二阶张量。若 $A^{-\mathrm{T}}=-A$，即 $A_{ij}=-A_{ji}$，则称 A 为反对称二阶张量。任意一个二阶张量 T 可以表示成一个对称张量 S 和一个反对称张量 W 之和：

$$T=S+W \tag{A1.42}$$

其中，

$$\boldsymbol{S} = \frac{1}{2}(\boldsymbol{T} + \boldsymbol{T}^{\mathrm{T}}) \quad 即 \ S_{ij} = \frac{1}{2}(T_{ij} + T_{ji}) \tag{A1.43}$$

$$\boldsymbol{W} = \frac{1}{2}(\boldsymbol{T} - \boldsymbol{T}^{\mathrm{T}}) \quad 即 \ W_{ij} = \frac{1}{2}(T_{ij} - T_{ji}) \tag{A1.44}$$

对一个给定的反对称张量 $\boldsymbol{W}$，必存在唯一的矢量 $\boldsymbol{w}$，使得

$$\boldsymbol{W} \cdot \boldsymbol{u} = \boldsymbol{w} \cdot \boldsymbol{u} \tag{A1.45}$$

对任意矢量 $\boldsymbol{u}$ 成立，称 $\boldsymbol{w}$ 为对应于 $\boldsymbol{W}$ 的轴向矢量。

A1.4.2　对称二阶张量的谱表示

对于某个对称二阶张量 $\boldsymbol{S}$，若存在一个数 λ 和单位矢量 $\boldsymbol{a}$，使得

$$\begin{cases} \boldsymbol{S} \cdot \boldsymbol{a} = \lambda \boldsymbol{a} & 即 (\boldsymbol{S} - \lambda \boldsymbol{a}) = \boldsymbol{0} \\ S_{ij} a_j = \lambda a_i & 即 (S_{ij} - \lambda \delta_{ij}) a_j = 0 \end{cases} \tag{A1.46}$$

成立，则称标量 λ 为张量 $\boldsymbol{S}$ 的特征值（主值），称矢量 $\boldsymbol{a}$ 为张量对应于特征值 λ 的特征矢量。由于 $\boldsymbol{a}$ 是单位矢量，故有 $a_i a_i = 1$。该式可以看成是关于 a_i 的齐次线性方程组，要使式 (A1.46) 成立，其行列式必须为零，即：

$$\det(\boldsymbol{S} - \lambda \boldsymbol{I}) = \begin{vmatrix} S_{11} - \lambda & S_{12} & S_{13} \\ S_{21} & S_{22} - \lambda & S_{23} \\ S_{31} & S_{32} & S_{33} - \lambda \end{vmatrix} = 0 \tag{A1.47a}$$

将式 (A1.47a) 整理可得

$$\lambda^3 - I_1 \lambda^2 + I_2 \lambda - I_3 = 0 \tag{A1.47b}$$

其中，

$$I_1 = S_{ii} = S_{11} + S_{22} + S_{33} \tag{A1.48a}$$

$$I_2 = \frac{1}{2}(S_{ii} S_{jj} - S_{ij} S_{ji}) = S_{11} S_{22} + S_{22} S_{33} + S_{33} S_{11} - S_{12}^2 - S_{23}^2 - S_{31}^2 \tag{A1.48b}$$

$$I_3 = \det[S_{ij}] \tag{A1.48c}$$

令

$$\mathrm{tr}\,\boldsymbol{S} = S_{ii} \tag{A1.49}$$

$$(\mathrm{tr}\,\boldsymbol{S})^2 = (\mathrm{tr}\,\boldsymbol{S})(\mathrm{tr}\,\boldsymbol{S}) = S_{ii} S_{jj} \tag{A1.50}$$

$$\mathrm{tr}\,\boldsymbol{S}^2 = \mathrm{tr}(\boldsymbol{S} \cdot \boldsymbol{S}) = \mathrm{tr}(S_{ij} S_{jk} \boldsymbol{e}_i \otimes \boldsymbol{e}_k) = S_{ij} S_{ji} \tag{A1.51}$$

则有

$$\begin{cases} I_1 = \mathrm{tr}\,\boldsymbol{S} \\ I_2 = \frac{1}{2} \big[(\mathrm{tr}\,\boldsymbol{S})^2 - \mathrm{tr}\,\boldsymbol{S}^2 \big] \\ I_3 = \det \boldsymbol{S} \end{cases} \tag{A1.52}$$

$\text{tr}\boldsymbol{S}$ 称为张量 $\boldsymbol{S}$ 的迹,它是 $\boldsymbol{S}$ 分量行列式主对角线元素之和。由于 λ 是标量,I_1、I_2 和 I_3 也都应该是标量,即与坐标系无关的不变量,它们分别称为 $\boldsymbol{S}$ 的第一、第二和第三不变量。

式(A1.47b)称为 $\boldsymbol{S}$ 的特征方程,它有 3 个根,分别用 λ_1、λ_2 和 λ_3 表示,则该式可改写为

$$(\lambda - \lambda_1)(\lambda - \lambda_2)(\lambda - \lambda_3) = 0 \tag{A1.53}$$

将式(A1.53)展开并与式(A1.47b)比较,可得

$$\begin{cases} I_1 = \lambda_1 + \lambda_2 + \lambda_3 \\ I_2 = \lambda_2 \lambda_3 + \lambda_3 \lambda_1 + \lambda_1 \lambda_2 \\ I_3 = \lambda_1 \lambda_2 \lambda_3 \end{cases} \tag{A1.54}$$

二阶张量的特征值和特征矢量有两个性质:① 与不相等的特征值对应的特征矢量相互垂直;② 三个特征值都是实数。

谱定理:设 $\boldsymbol{S}$ 为一个对称二阶张量,则必定存在由其特征矢量构成的一组单位正交基 $(\boldsymbol{e}_1, \boldsymbol{e}_2, \boldsymbol{e}_3)$,与 $\boldsymbol{e}_i$ 对应的特征值 $\lambda_i (i=1, 2, 3)$ 构成 $\boldsymbol{S}$ 的谱,使得

$$\boldsymbol{S} = \sum \lambda_i \boldsymbol{e}_i \otimes \boldsymbol{e}_i \tag{A1.55}$$

反之,如果 $\boldsymbol{S}$ 具有该式的形式,且 $\boldsymbol{e}_1$、$\boldsymbol{e}_2$ 和 $\boldsymbol{e}_3$ 是相互正交的单位矢量,则 λ_i 和 $\boldsymbol{e}_i$ 分别是 $\boldsymbol{S}$ 的特征值和对应的特征矢量。

A1.5 张量分析中常用的导数及微分

若 $\boldsymbol{\varphi}$ 是定义在空间区域中的张量,则称 $\boldsymbol{\varphi}$ 是一个张量场。张量场 $\boldsymbol{\varphi}$ 在其定义域中是矢径 $\boldsymbol{r}$ 的函数 $\boldsymbol{\varphi}(\boldsymbol{r})$,当然也可以看成 3 个坐标 x_i 的函数 $\boldsymbol{\varphi}(x_1, x_2, x_3)$。以二阶张量为例,把 $\boldsymbol{\varphi}$ 对坐标的一阶偏导数和二阶偏导数记为

$$\frac{\partial \boldsymbol{\varphi}}{\partial x_i} = \boldsymbol{\varphi}_{,i} = \frac{\partial \varphi_{jk}}{\partial x_i} \boldsymbol{e}_j \otimes \boldsymbol{e}_k = \varphi_{jk,i} \boldsymbol{e}_j \otimes \boldsymbol{e}_k \tag{A1.56}$$

$$\frac{\partial^2 \boldsymbol{\varphi}}{\partial x_i \partial x_n} = \boldsymbol{\varphi}_{,in} = \frac{\partial \varphi_{jk}}{\partial x_i \partial x_n} \boldsymbol{e}_j \otimes \boldsymbol{e}_k = \varphi_{jk,in} \boldsymbol{e}_j \otimes \boldsymbol{e}_k \tag{A1.57}$$

式中,对坐标的偏导数采用下标“,”来表示,而对应的坐标则用其对应的下标变量,例如 $r_{i,j} = \dfrac{\partial r_i}{\partial x_j}$,$\boldsymbol{r}_{,j} = \dfrac{\partial \boldsymbol{r}}{\partial x_j}$,……。“,”后为偏导对象的下标变量,仍然服从爱因斯坦求和约定,例如,在 $\sigma_{ij,j} + b_i = 0$ 的式子中,因为 j 出现了两次,故该式表示为

$$\begin{cases} \sigma_{11,1} + \sigma_{12,2} + \cdots + b_1 = 0 \\ \sigma_{21,1} + \sigma_{21,2} + \cdots + b_2 = 0 \end{cases}$$

$\boldsymbol{\varphi}$ 的导数和微分可表示为

$$\frac{\mathrm{d}\boldsymbol{\varphi}}{\mathrm{d}\boldsymbol{r}} = \boldsymbol{\varphi}_{,i} \otimes \boldsymbol{e}_i \tag{A1.58}$$

$$\mathrm{d}\boldsymbol{\varphi} = \boldsymbol{\varphi}_{,i} \mathrm{d}x_i = (\boldsymbol{\varphi}_{,i} \otimes \boldsymbol{e}_i) \cdot (\mathrm{d}x_j \boldsymbol{e}_j) = \frac{\mathrm{d}\boldsymbol{\varphi}}{\mathrm{d}\boldsymbol{r}} \cdot \mathrm{d}\boldsymbol{r} \tag{A1.59}$$

引入哈密顿（Hamilton）算符：

$$\nabla = e_i \frac{\partial}{\partial x_i} = e_1 \frac{\partial}{\partial x_1} + e_2 \frac{\partial}{\partial x_2} + e_3 \frac{\partial}{\partial x_3} \tag{A1.60}$$

则式（A1.58）和式（A1.59）可改写为

$$\frac{\mathrm{d}\boldsymbol{\varphi}}{\mathrm{d}\boldsymbol{r}} = \boldsymbol{\varphi} \otimes \nabla = \boldsymbol{\varphi}_{,i} \otimes e_i \tag{A1.61}$$

$$\mathrm{d}\boldsymbol{\varphi} = \boldsymbol{\varphi} \otimes \nabla \cdot \mathrm{d}\boldsymbol{r} \tag{A1.62}$$

为书写简便，把 $\boldsymbol{\varphi} \otimes \nabla$ 简写为 $\boldsymbol{\varphi}\nabla$，称 $\boldsymbol{\varphi}\nabla$ 为 $\boldsymbol{\varphi}$ 的右梯度。同样，可以定义 $\boldsymbol{\varphi}$ 的左梯度：

$$\nabla\boldsymbol{\varphi} = \nabla \otimes \boldsymbol{\varphi} = e_i \otimes \boldsymbol{\varphi}_{,i} \tag{A1.63}$$

显然

$$\mathrm{d}\boldsymbol{\varphi} = \nabla\boldsymbol{\varphi} \cdot \mathrm{d}\boldsymbol{r} = \boldsymbol{\varphi}_{,i} \mathrm{d}x_i = (\mathrm{d}x_j e_j) \cdot (e_i \otimes \boldsymbol{\varphi}_{,i}) = \mathrm{d}\boldsymbol{r} \cdot \nabla\boldsymbol{\varphi} \tag{A1.64}$$

若 φ 为一个标量，则

$$\nabla\varphi = \varphi\nabla = \mathrm{grad}\,\varphi \tag{A1.65}$$

是标量场的梯度。

若 $\boldsymbol{u}$ 为一个矢量 $\boldsymbol{u} = u_i e_i$，则其右梯度和左梯度分别为

$$\boldsymbol{u}\nabla = \boldsymbol{u}_{,j} \otimes e_j = u_{i,j} e_i \otimes e_j \tag{A1.66}$$

$$\nabla\boldsymbol{u} = e_i \otimes \boldsymbol{u}_{,i} = u_{j,i} e_i \otimes e_j \tag{A1.67}$$

它们皆为二阶张量。显然有

$$(\boldsymbol{u}\nabla)^{\mathrm{T}} = \nabla\boldsymbol{u} \tag{A1.68}$$

矢量 $\boldsymbol{u}$ 的散度定义为

$$\mathrm{div}\,\boldsymbol{u} = \nabla \cdot \boldsymbol{u} = \left(e_i \frac{\partial}{\partial x_i}\right) \cdot (u_j e_j) = u_{j,i}\delta_{ij} = u_{i,i} = \boldsymbol{u} \cdot \nabla \tag{A1.69}$$

可以证明，$\varphi_{i',i'} = \varphi_{i,i}$，所以矢量的散度为一标量场。

矢量 $\boldsymbol{u}$ 的旋度定义为

$$\mathrm{curl}\boldsymbol{u} = \nabla \times \boldsymbol{u} = e_i \frac{\partial}{\partial x_i} \times u_j e_j = u_{j,i} e_{ijk} e_k = \begin{vmatrix} e_1 & e_2 & e_3 \\ \dfrac{\partial}{\partial x_1} & \dfrac{\partial}{\partial x_2} & \dfrac{\partial}{\partial x_3} \\ u_1 & u_2 & u_3 \end{vmatrix} \tag{A1.70}$$

若 $\boldsymbol{\varphi}$ 是一个二阶张量 $\boldsymbol{\varphi} = \varphi_{ij} e_i \otimes e_j$，则其右、左梯度分别为

$$\boldsymbol{\varphi}\nabla = \varphi_{ij,k} e_i \otimes e_j \otimes e_k \tag{A1.71}$$

$$\nabla\boldsymbol{\varphi} = \varphi_{ij,k} e_k \otimes e_i \otimes e_j \tag{A1.72}$$

二阶张量 $\boldsymbol{\varphi}$ 的右散度和左散度定义为

$$\boldsymbol{\varphi} \cdot \nabla = \varphi_{ij,k} \boldsymbol{e}_i \otimes \boldsymbol{e}_j \cdot \boldsymbol{e}_k = \varphi_{ij,j} \boldsymbol{e}_i \tag{A1.73}$$

$$\nabla \cdot \boldsymbol{\varphi} = \boldsymbol{e}_k \cdot \varphi_{ji,k} \boldsymbol{e}_j \otimes \boldsymbol{e}_i = \varphi_{ji,j} \boldsymbol{e}_i \tag{A1.74}$$

显然,二阶张量的左、右散度都为矢量。若 $\boldsymbol{\varphi}$ 为对称二阶张量,即 $\varphi_{ij} = \varphi_{ji}$,则其散度为

$$\mathrm{div}\boldsymbol{\varphi} = \boldsymbol{\varphi} \cdot \nabla = \nabla \cdot \boldsymbol{\varphi} = \varphi_{ij,j} \boldsymbol{e}_i = \varphi_{ji,j} \boldsymbol{e}_i \tag{A1.75}$$

最后,引入拉普拉斯(Laplace)算子 Δ,其定义为

$$\Delta = \nabla^2 = \nabla \cdot \nabla = \boldsymbol{e}_i \frac{\partial}{\partial x_i} \cdot \boldsymbol{e}_j \frac{\partial}{\partial x_j} = \frac{\partial^2}{\partial x_i \partial x_j} = (\quad)_{,ii} = \frac{\partial^2}{\partial x_1^2} + \frac{\partial^2}{\partial x_2^2} + \frac{\partial^2}{\partial x_3^2} \tag{A1.76}$$

对一个 n 阶张量 $\boldsymbol{\varphi}$,有

$$\Delta \boldsymbol{\varphi} = \nabla^2 \boldsymbol{\varphi} = \boldsymbol{\varphi}_{,ii} = \varphi_{i_1 i_2 \cdots i_n, ii} \boldsymbol{e}_{i_1} \otimes \boldsymbol{e}_{i_2} \otimes \cdots \otimes \boldsymbol{e}_{i_n} \tag{A1.77}$$

特别地,当 φ 为标量场时,有

$$\nabla^2 \varphi = \varphi_{,ii} = \frac{\partial^2 \varphi}{\partial x_1^2} + \frac{\partial^2 \varphi}{\partial x_2^2} + \frac{\partial^2 \varphi}{\partial x_3^2} \tag{A1.78}$$

若 $\nabla^2 \varphi = 0$,则称 φ 为调和函数。

A2 弹性力学的边值问题

A2.1 弹性力学的基本方程

在各向同性三维弹性体 V 中,位移、应变和应力需要满足下列基本方程:

运动方程: $\sigma_{ji,j} + f_i = \rho \ddot{u}_i \tag{A2.1}$

几何方程: $\varepsilon_{ij} = \dfrac{1}{2}(u_{i,j} + u_{j,i}) \tag{A2.2}$

物理方程: $\sigma_{ij} = 2\mu \varepsilon_{ij} + \lambda \Theta \delta_{ij} \tag{A2.3}$

式中,f_i 为作用在弹性体上的体力;ρ 为弹性体密度;μ 和 λ 为拉梅常数,其中 μ 也称为剪切模量;Θ 为体积应变。上述方程组包含 15 个独立的方程,即 3 个运动方程、6 个几何方程、6 个物理方程。方程组包含的未知函数的个数也是 15 个,即 3 个位移分量、6 个应力分量、6 个应变分量。因此,方程组是封闭的,可用这 15 个方程求解 15 个物理量。

由式(A2.1)、式(A2.2)及式(A2.3)组成的方程组有无限多个解,要从这无限多个解中找出符合实际情况的解,还必须给出对应于实际情况的边界条件。以 S 表示弹性体 V 的表面,S_u 表示 S 上的某些局部部分,S_T 表示 S 上除去 S_u 的余下部分,显然,S_u 与 S_T 互不重叠。边界条件可表示为

$$u_i = u_i^*, \text{ 在 } S_u \text{ 上} \tag{A2.4}$$

$$\sigma_{ji} n_j = T_i^*, \text{ 在 } S_T \text{ 上} \tag{A2.5}$$

式中,u_i^* 为边界 S_u 上位移分量;T_i^* 为边界 S_T 上面力分量。

求解弹性力学问题可以归结为求解下述边值问题:求 3 个位移分量、6 个应变分量和 6 个应力分量,使它们满足由式(A2.1)、式(A2.2)及式(A2.3)组成的 15 个方程以及边界条件式(A2.4)及式(A2.5)。按不同的边界条件,常把弹性力学边值问题分成如下 3 类:

(1) 应力边值问题,即已知整个弹性体的 S 表面上的面力;

(2) 位移边值问题,即已知整个弹性体的 S 表面上的位移;

(3) 混合边值问题:凡不属上述两种边值问题的均归为此类。

值得指出的是,对于弹性动力学问题,还应给出初始条件,即已知 $t=0$ 时的位移场 $\boldsymbol{u}$ 和速度场 $\dot{\boldsymbol{u}}$。对于静力学问题,若在弹性体的全部边界 S 上给出面力条件,则已知的面力 $\boldsymbol{T}^*$ 和体力 $\boldsymbol{f}$ 必须满足合力平衡条件:$\int_V \boldsymbol{f} \mathrm{d}V + \int_S \boldsymbol{T}^* \mathrm{d}S = 0$,以及合力矩平衡条件:$\int_V \boldsymbol{r} \times \boldsymbol{f} \mathrm{d}V + \int_S \boldsymbol{r} \times \boldsymbol{T}^* \mathrm{d}S = 0$。

最后,在弹性体中,6 个应变分量之间还必须满足应变协调方程(相容方程):

$$\varepsilon_{ij,kl} e_{ikp} e_{jlq} = 0 \tag{A2.6}$$

A2.2　弹性力学边值问题的解法

弹性力学边值问题有两种基本解法,即位移解法和应力解法。

A2.2.1　位移解法

在位移解法中,以位移作为基本未知函数,为此应在基本方程中消去应变和应力,得出仅用位移表示的方程组。经如此操作,可得到用位移表示的平衡方程,称为拉梅—纳维叶方程:

张量式:$(\lambda + \mu) \nabla \Theta + \mu \nabla^2 \boldsymbol{u} + \boldsymbol{f} = 0$　　　　　　(A2.7a)

分量式:$(\lambda + \mu)\Theta_{,i} + \mu \nabla^2 u_i + f_i = 0$　　　　　　(A2.7b)

展开式:
$$\begin{cases} (\lambda + \mu) \dfrac{\partial \Theta}{\partial x} + \mu \nabla^2 u + f_1 = 0 \\[2mm] (\lambda + \mu) \dfrac{\partial \Theta}{\partial y} + \mu \nabla^2 v + f_2 = 0 \\[2mm] (\lambda + \mu) \dfrac{\partial \Theta}{\partial z} + \mu \nabla^2 w + f_3 = 0 \end{cases} \tag{A2.7c}$$

同时,已知表面力的边界条件也应该用位移表示:

$$\lambda \Theta n_i + \mu(u_{i,j} + u_{j,i}) n_j = T_i^*, \text{ 在 } S_T \text{ 上} \tag{A2.8}$$

如此,可以把位移解法归结为:求 3 个位移分量,使其满足平衡方程式(A2.7)和边界条件式(A2.4)及式(A2.8),求出位移后,用几何方程式(A2.2)求出应变,再用物理方程式(A2.3)求出应力。

特别地,当体力 $\boldsymbol{f}$ 为常量时,有

$$\nabla^2 \nabla^2 \boldsymbol{u} = 0 \tag{A2.9}$$

$$\nabla^2 \nabla^2 \boldsymbol{\varepsilon} = 0 \tag{A2.10}$$

$$\nabla^2 \nabla^2 \boldsymbol{\sigma} = 0 \tag{A2.11}$$

表明当体力为常数时,位移、应变和应力都是双调和函数。

A2.2.2 应力解法

在上述位移解法中,先求出位移,然后用几何方程求出应变,所以,应变协调方程式(A2.6)是自动满足的。在应力解法中,是以应力为基本未知函数进行求解,求出的应力理所当然满足平衡方程和边界条件,但是这样应力解不一定是真正的解,因为由这样的应力代入物理方程(本构方程)求出的应变却不一定满足应变协调方程,进而不一定能再通过几何方程求出真正的位移。因此,用应力算出的应变必须满足相容方程,需用本构关系消去应变协调方程中的应变分量,导出用应力表示的相容方程。

对单连通弹性体,边值问题的应力解法可归结为

$$\begin{cases} \nabla^2 \boldsymbol{\sigma} + \dfrac{1}{1+\nu} \nabla \nabla \theta + \dfrac{\nu}{1-\nu} (\nabla \cdot \boldsymbol{f}) \boldsymbol{I} + \nabla \boldsymbol{f} + \boldsymbol{f} \nabla = 0, & \text{在 } V \text{ 中} \\ \nabla \cdot \boldsymbol{\sigma} + \boldsymbol{f} = 0, & \text{在 } V \text{ 中} \\ \boldsymbol{\sigma} \cdot \boldsymbol{n} = \boldsymbol{T}^*, & \text{在 } S \text{ 上} \end{cases} \tag{A2.12}$$

式中,ν 为泊松比;$\theta = 3K\Theta$,其中 K 为体积模量。

A2.3 弹性平面问题

A2.3.1 平面应变及平面应力状态

平面应变状态定义:若弹性体各点位移的分量 w 为零或为常数,而其他分量 u 和 v 都是 x 和 y 的函数,则弹性体处于 Oxy 平面的平面应变状态。例如,所考虑的物体是等截面柱体,其纵轴(z 轴)方向很长,外载荷及体力为作用在垂直于 z 轴方向且沿 z 轴均匀分布的一组力。若略去端部效应,则由于外载荷沿 z 轴方向为常数,故可认为各点沿 x 轴方向的位移 u 和沿 y 轴方向的位移 v 都是 x 和 y 的函数,但沿 z 轴方向的位移 w 与 z 轴坐标无关。换句话说就是,各点沿 z 轴方向的位移 w 相同,为一常数。等于常数的位移 w 并不产生 Oxy 平面的翘曲变形,因此在研究应力、应变问题时可取 $w = 0$。

在平面应变状态下,因 $\varepsilon_z = 0$,由胡克定律知 $\sigma_z \neq 0$,应为

$$\sigma_z = \nu(\sigma_x + \sigma_y) \tag{A2.13}$$

平面应力状态定义:若弹性体各点应力的分量 σ_z 为零,而其他分量 σ_x 和 σ_y 都是 x 和 y 的函数,则弹性体处于 Oxy 平面的平面应力状态。例如,所考虑的物体是一个很薄的平板,外载荷只作用在板边,且并行于板面,即沿 z 轴方向的体力及面力分量均为零。由于板的厚度很小,外载荷又沿厚度均匀分布,故可以近似地认为应力沿厚度方向(即 z 轴方向)均匀分布。因此,板内各点都有 $\sigma_z = \tau_{yz} = \tau_{zx} = 0$,只有平行于 Oxy 平面的 3 个应力分量 σ_x、σ_y 和 τ_{xy} 不全为零。

在平面应力状态下,虽然沿 z 轴方向的应力为零,但是应变 $\varepsilon_z \neq 0$。

A2.3.2 平面问题的基本方程

平面问题的特点是物体所受的面力和体力及其应力都与某个坐标轴(例如 z 轴)无关,使得上述基本方程的个数减少,求解简化。在不计体力、小变形及各向同性条件下,有

平衡方程：
$$
\begin{cases}
\dfrac{\partial \sigma_x}{\partial x} + \dfrac{\partial \tau_{xy}}{\partial y} = 0 \\[3mm]
\dfrac{\partial \tau_{xy}}{\partial x} + \dfrac{\partial \sigma_y}{\partial y} = 0
\end{cases}
\tag{A2.14}
$$

几何方程：
$$
\begin{cases}
\varepsilon_x = \dfrac{\partial u}{\partial x} \\[3mm]
\varepsilon_y = \dfrac{\partial v}{\partial y} \\[3mm]
\gamma_{xy} = \dfrac{\partial u}{\partial y} + \dfrac{\partial v}{\partial x}
\end{cases}
\tag{A2.15}
$$

物理方程：

$$
\left.
\begin{cases}
\varepsilon_x = \dfrac{1}{E}(\sigma_x - \nu\sigma_y) \\[3mm]
\varepsilon_y = \dfrac{1}{E}(\sigma_y - \nu\sigma_x) \\[3mm]
\gamma_{xy} = \dfrac{2(1+\nu)}{E}\tau_{xy}
\end{cases}
\right\} \quad 平面应力
\tag{A2.16a}
$$

或

$$
\left.
\begin{cases}
\varepsilon_x = \dfrac{1}{E}\left[(1-\nu^2)\sigma_x - \nu(1+\nu)\sigma_y\right] \\[3mm]
\varepsilon_y = \dfrac{1}{E}\left[(1-\nu^2)\sigma_y - \nu(1+\nu)\sigma_x\right] \\[3mm]
\gamma_{xy} = \dfrac{2(1+\nu)}{E}\tau_{xy}
\end{cases}
\right\} \quad 平面应变
\tag{A2.16b}
$$

相容方程：
$$
\frac{\partial^2 \varepsilon_x}{\partial y^2} + \frac{\partial^2 \varepsilon_y}{\partial x^2} = 2\frac{\partial^2 \gamma_{xy}}{\partial x \partial y}
\tag{A2.17}
$$

将相容方程代入物理方程，可得到以应力表示的相容方程：
$$
\nabla^2(\sigma_x + \sigma_y) = 0
\tag{A2.18}
$$

A2.3.3　平面问题的应力函数

取 Ariy 函数 $\phi(x, y)$，与各应力分量的关系为

$$
\begin{cases}
\sigma_x = \dfrac{\partial^2 \phi}{\partial y^2} \\[3mm]
\sigma_y = \dfrac{\partial^2 \phi}{\partial x^2} \\[3mm]
\tau_{xy} = -\dfrac{\partial^2 \phi}{\partial x \partial y}
\end{cases}
\tag{A2.19}
$$

显然，$\phi(x, y)$ 满足平衡方程，将式(A2.19)代入式(A2.18)，得到

$$\nabla^2\nabla^2\phi = \nabla^4\phi = 0 \tag{A2.20}$$

此即双调和方程,满足此方程的函数 $\phi(x,y)$ 为双调和函数。

由此可见,求解弹性力学平面问题的应力解法可归结为:选择适当的双调和函数 $\phi(x,y)$ 作为应力函数,并使其满足所研究问题的全部边界条件,则可由上述平面问题的基本方程求出应力、应变和位移。

在边界上,应力函数的定义:设边界上 A 点的 $\phi = \dfrac{\partial\phi}{\partial x} = \dfrac{\partial\phi}{\partial y} = 0$ 沿边界逆时针方向由 A 点走到 B 点(见图 A2.1),则 B 点的应力函数及其导数为

$$\begin{cases} \phi = \sum M \\[2mm] \dfrac{\partial\phi}{\partial y} = \sum X \\[2mm] \dfrac{\partial\phi}{\partial y} = -\sum Y \end{cases} \tag{A2.21}$$

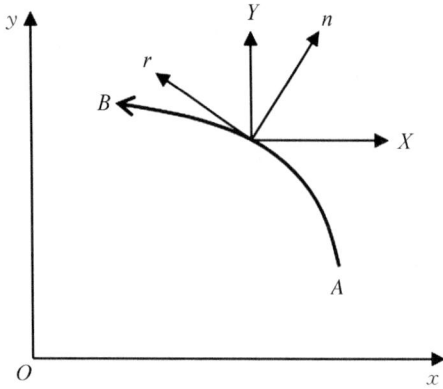

图 A2.1 载荷边界条件

式中,$\sum M$ 为边界上外力对 B 点的合力矩;$\sum X$ 为边界上外力在 x 轴上投影的和;$\sum Y$ 为边界上外力在 y 轴上投影的和。

参 考 文 献

［1］李庆生. 材料强度学［M］. 太原：山西教育科技出版社，1990.

［2］徐金泉. 材料强度学［M］. 上海：上海交通大学出版社，2009.

［3］张帆，郭益平，周伟敏. 材料性能学［M］. 3 版. 上海：上海交通大学出版社，2021.

［4］卓家寿，黄丹. 工程材料的本构演绎［M］. 北京：科学出版社，2009.

［5］朱兆祥. 材料本构关系理论讲义［M］. 北京：科学出版社，2015.

［6］李兆霞. 损伤力学及其应用［M］. 北京：科学出版社，2002.

［7］道林. 工程材料力学行为：变形、断裂与疲劳的工程方法（中文版. 原书第 4 版）［M］. 江树勇，张艳秋，译. 北京：机械工业出版社，2015.

［8］MEYERS M A, CHAWLA K K. Mechanical behavior of materials［M］. 2nd ed. Cambridge：Cambridge University Press，2009.

［9］师昌绪，钟群鹏，李成功. 中国材料工程大典：第 1 卷 材料工程基础［M］. 北京：化学工业出版社，2005.

［10］吴兴惠，项金钟. 现代材料计算与设计教程［M］. 北京：电子工业出版社，2002.

［11］米格兰比. 材料的塑性变形与断裂［M］. 颜鸣皋，等译. 北京：科学出版社，1998.

［12］国风林，王国庆. 弹性力学［M］. 上海：上海交通大学出版社，2023.

［13］陈尧舜. 弹性力学基础［M］. 上海：同济大学出版社，2009.

［14］TIMOSHENKO S, GOODIER J N. Theory of elasticity［M］. New York：McGraw Hill，1970.

［15］格林. 陶瓷材料力学性能导论［M］. 龚江宏，译. 北京：清华大学出版社，2003.

［16］GILMAN J J. Electronic basis of the strength of materials［M］. Cambridge：Cambridge University Press，2003.

［17］ASHBY M F, JONES D R H. Engineering materials1：an introduction to properties，applications and design［M］. Oxford：Pergamon Press，1980.

［18］NEWNHAM R E. Properties of materials：anisotropy，symmetry，structure［M］. London：Oxford University Press，2009.

［19］林政，刘旻. 材料弹性常数之新探［M］. 北京：科学出版社，2011.

［20］周玉. 陶瓷材料学［M］. 哈尔滨：哈尔滨工业大学出版社，1995.

［21］焦剑，雷渭媛. 高聚物结构、性能与测试［M］. 北京：化学工业出版社，2003.

［22］哈里斯. 工程复合材料（原著第二版）［M］. 陈祥宝，张宝艳，译. 北京：化学工业出版社，2004.

［23］邹祖讳. 复合材料的结构与性能［M］. 吴人洁，等译. 北京：科学出版社，1999.

［24］SHERBY O D. Nature and properties of materials［M］. New York：John Wiley & Sons. Inc. ，1967.

[25] 何曼君,陈维孝,董西侠. 高分子物理(修订版) [M]. 上海：复旦大学出版社,1990.

[26] TRELOAR L R G. The physics of rubber elasticity[M]. 3rd ed. Oxford：Clarendon Press，1975：87.

[27] 马德柱. 聚合物结构与性能(性能篇) [M]. 北京：科学出版社,2013.

[28] 何平笙. 高聚物的力学性能[M]. 合肥：中国科学技术大学出版社,2021.

[29] FRIEDEL J. 位错[M]. 王煜,译. 北京：科学出版社,1984.

[30] 杨顺华. 晶体位错理论基础(第一卷)[M]. 北京：科学出版社,1988.

[31] 林栋梁. 晶体缺陷[M]. 上海：上海交通大学出版社,1996.

[32] 甄良,邵文柱,杨德庄. 晶体材料强度与微观理论[M]. 北京：科学出版社,2018.

[33] HIRTH J P, LOTHE J. Theory of dislocations[M]. 2nd ed. New York：John Wiley & Sons. Inc. , 1982.

[34] MURA T. Mathematical theory of dislocations[M]. New York：Am. Soc. Mech. Eng. , 1969.

[35] ROSENFIELD A R, HAHN G T, BEMENT A L, et al. Dislocations dynamics[M]. New York：McGraw Hill, 1967.

[36] 余永宁. 金属学原理[M]. 2 版. 北京：冶金工业出版社,2013.

[37] ARGON A S. Strengthening mechanisms in crystal plasticity [M]. Oxford：Oxford University Press，2008.

[38] DUESBERY M S. Dislocations in solids. Vol. 8：The Dislocation core and plasticity [M]. Amsterdam：Elsevier Science, 1989：67-173.

[39] SCHMID E and BOAS W. Plasticity of crystals[M]. London：F. A. Hughes and Co. , 1950.

[40] 毛卫民. 金属材料塑性变形晶体学[M]. 北京：科学出版社,2022.

[41] 魏坤霞,魏伟. 金属塑性变形理论基础[M]. 北京：中国石化出版社,2020

[42] 王自强,段祝平. 塑性细观力学[M]. 北京：科学出版社,1995.

[43] 王仁,熊祝华,黄文彬. 塑性力学基础[M]. 北京：科学出版社,1998.

[44] 谢根全. 弹塑性力学[M]. 长沙：中南大学出版社,2015.

[45] 陈明祥. 大变形弹塑性理论[M]. 北京：科学出版社,2022.

[46] 哈宽富. 金属力学性质的微观理论[M]. 北京：科学出版社,1983.

[47] 徐金泉,丁浩江. 现代固体力学理论及应用[M]. 杭州：浙江大学出版社,1997.

[48] 周惠久,黄明志. 金属材料强度学[M]. 北京：高等教育出版社,1989.

[49] 师昌绪,李恒德,周廉. 材料科学与工程手册[M]. 北京：化学工业出版社,2004：5-40.

[50] 迈耶斯. 材料的动力学行为[M]. 张庆明,刘彦,黄风雷,等译. 北京：国防工业出版社,2006.

[51] 格拉汉姆. 固体的冲击波压缩[M]. 贺红亮,译. 北京：科学出版社,2010.

[52] 陈志源,林江. 高强材料学[M]. 上海：同济大学出版社,1994.

[53] SEEGER A. Dislocations and mechanical properties of crystals[M]. New York：John Wiley & Sons. Inc. , 1957.

[54] 冯端. 金属物理学(第Ⅲ卷)：金属力学性质[M]. 北京：科学出版社,1999.

[55] 赫奈康. 金属塑性变形[M]. 张猛, 胡亚民, 李先禄, 译. 重庆：重庆大学出版社, 1989.

[56] SUZUKI H. Dislocation in solids：Vol. 4[M]. Amsterdam：North-Holland, 1979：193.

[57] MCLEAN. Mechanical properties of metals[M]. New York and London：John Wiley & Sons. Inc., 1962.

[58] OROWAN E. Symposium on internal stress in metals and alloys[M]. Institute of Metals, 1948：451.

[59] 石德珂. 位错与材料强度[M]. 西安：西安交通大学出版社, 1988.

[60] 乔生儒. 复合材料细观力学性能[M]. 西安：西北工业大学出版社, 1997.

[61] ANDERSON T L. Fracture mechanics：Fundamentals and applications[M]. 3rd ed. Boca Raton：Taylor & Francis Group, 2011.

[62] 郦正能, 关志东, 张纪奎, 等. 应用断裂力学[M]. 北京：北京航空航天大学出版社, 2012.

[63] 范天佑. 断裂理论基础[M]. 北京：科学出版社, 2003.

[64] 程靳, 赵树山. 断裂力学[M]. 北京：科学出版社, 2006.

[65] 哈宽富. 断裂物理基础[M]. 北京：科学出版社, 2000.

[66] 陈建桥, 杨辉. 材料的强度与破坏[M]. 武汉：华中科技大学出版社, 2021.

[67] 褚武杨, 乔利杰, 陈奇志, 等. 断裂与环境断裂[M]. 北京：科学出版社, 2000.

[68] 郑长卿. 韧性断裂细观力学的初步研究及应用[M]. 西安：西北工业大学出版社, 1988.

[69] 邓增杰, 周敬恩. 工程材料的断裂与疲劳[M]. 北京：机械工业出版社, 1995.

[70] HULL D. 断口形貌学：观察、测量和分析断口表面形貌的科学[M]. 李晓刚, 董超芳, 杜翠微, 等译. 北京：科学出版社, 2009：236.

[71] 布鲁克斯, 考霍莱. 工程材料的失效分析[M]. 谢斐娟, 孙家骧, 译. 北京：机械工业出版社, 2003：140.

[72] 张俊善. 材料强度学[M]. 哈尔滨：哈尔滨工业大学出版社, 2014.

[73] 王吉会, 郑俊萍, 刘家臣, 等. 材料力学性能[M]. 天津：天津大学出版社, 2006.

[74] 杨卫. 宏微观断裂力学[M]. 北京：国防工业出版社, 1995.

[75] 黄克智, 肖纪美. 材料的损伤机理和宏微观力学理论[M]. 北京：清华大学出版社, 1999.

[76] 王磊, 涂善东. 材料强韧学基础[M]. 上海：上海交通大学出版社, 2012.

[77] COURTNEY T H. Mechanical behavior of materials[M]. New York：McGraw Hill, 2000.

[78] 肖纪美. 金属的韧性与韧化[M]. 上海：上海科学技术出版社, 1980.

[79] 周益春, 郑学军. 材料的宏微观力学性能[M]. 北京：高等教育出版社, 2009.

[80] 肖纪美. 材料能量学[M]. 上海：上海科学技术出版社, 1999.

[81] 俞德刚, 谈育煦. 钢的组织强度学[M]. 上海：上海科学技术出版社, 1983.

[82] RICE J R, JOHNSON A. Elastic behavior of solids[M]. New York：McGraw-Hill, 1970.

[83] LAWN B. 脆性固体断裂力学[M]. 龚江宏, 译. 北京：高等教育出版社, 2010.

[84] 托马斯. 聚合物的结构与性能[M]. 施良和, 沈静姝, 等译. 北京: 科学出版社, 1999.

[85] 克莱因, 威瑟斯. 金属基复合材料导论[M]. 余永宁, 房志刚, 译. 北京: 冶金工业出版社, 1996.

[86] SURESH S. Fatigue of materials[M]. 2nd ed. Cambridge: Cambridge University Press, 1998.

[87] 康国政, 刘宇杰, 阚前华. 疲劳与断裂力学[M]. 北京: 科学出版社, 2023.

[88] 陈传尧. 疲劳与断裂[M]. 武汉: 华中科技大学出版社, 2002.

[89] 郑修麟, 王泓, 鄢君辉, 等. 材料疲劳理论与工程应用[M]. 北京: 科学出版社, 2013.

[90] MASON S S, HIRSCHBERG M H. Fatigue[M]. Syracuse: Syracuse University Press, 1964.

[91] DIETER G E. Mechanical metallurgy[M]. 2nd ed. New York: McGraw-Hill Book Company, 1970.

[92] 徐金泉. 疲劳力学[M]. 北京: 科学出版社, 2017.

[93] 田家凯, ANSELL G S, 叶锐曾. 合金及显微结构设计[M]. 北京: 冶金工业出版社, 1985.

[94] 匡震邦, 顾海澄, 李中华. 材料的力学行为[M]. 北京: 高等教育出版社, 1998.

[95] 张俊善. 材料的高温变形与断裂[M]. 北京: 科学出版社, 2007.

[96] KASSNER M E, PEREZ-PRADO M T. Fundamentals of creep in metals and alloys [M]. New York: Elsevier, 2004.

[97] 普里瓦尔. 晶体的高温塑性变形[M]. 关德林, 译. 大连: 大连理工大学出版社, 1985: 35.

[98] CADEK J. Creep in metallic materials[M]. Amsterdam: Elsevier, 1988.

[99] RIEDEL H. Fracture at high temperature [M]. Berlin: World Publishing Corporation, 1987.

[100] 沃国纬, 王元淳. 弹性力学[M]. 上海: 上海交通大学出版社, 1998.